高等学校机械设计制造及其自动化专业“十一五”规划教材

工程材料及应用

主　编　汪传生　刘春廷

副主编　李镇江　马　继　马伯江

参　编　张　淼　林广义　丛海燕　王为波　赵朋成　韩　莉　等

主　审　张永康

西安电子科技大学出版社

2008

内容简介

本书是依据高等教育面向21世纪教学内容和课程体系改革项目“机械类专业人才培养方案及教学内容和课程体系改革的研究与实践”的研究成果编写的。

全书共11章，分三大部分：第一部分为工程材料的基础理论(第1～4章)，阐述了工程材料的结构与性能，金属材料的凝固与结晶、金属的塑性变形与再结晶以及材料的固态相变及热处理等工程材料的基本理论和基本规律；第二部分为常用工程材料的基本知识(第5～8章)，介绍了四种常用工程材料即金属材料、高分子材料、陶瓷材料及复合材料；第三部分为工程材料的应用(第9～11章)，介绍了机械零件的失效与选材原则、典型工件的选材及工艺路线设计、工程材料的应用。本书每章最后都配有思考与练习，以巩固学生所学知识和培养学生分析问题的能力。

本书语言简洁，信息量大，内容新颖，科学性、实用性强。书末附有工程材料常用词汇中英文对照表，可供读者阅读有关英文参考书或英文文献时查阅。

本书适用教学时数为64学时，可作为普通高等学校机械设计制造及自动化专业的教学用书，也可作为职工大学、电视大学机械类或近机械类各专业的教学用书，还可供有关科技人员参考、学习。

★本书配有电子教案，需要者可与出版社联系，免费提供。

图书在版编目(CIP)数据

工程材料及应用/汪传生，刘春廷主编. —西安：西安电子科技大学出版社，2008.2
高等学校机械设计制造及其自动化专业“十一五”规划教材
ISBN 978-7-5606-1950-7

Ⅰ.工… Ⅱ.①汪…②刘… Ⅲ.工程材料-高等学校-教材 Ⅳ.TB3

中国版本图书馆CIP数据核字(2007)第192836号

策　　划　毛红兵
责任编辑　任　婧　毛红兵
出版发行　西安电子科技大学出版社(西安市太白南路2号)
电　　话　(029)88242885　88201467　　邮　编　710071
http://www.xduph.com　　E-mail: xdupfxb@pub.xaonline.com
经　　销　新华书店
印刷单位　陕西天意印务有限责任公司
版　　次　2008年2月第1版　2008年2月第1次印刷
开　　本　787毫米×1092毫米　1/16　印　张　22
字　　数　520千字
印　　数　1～4000册
定　　价　31.00元
ISBN 978-7-5606-1950-7/TH·0084

XDUP 2242001-1

高 等 学 校

自动化、电气工程及其自动化、机械设计制造及自动化专业

“十一五”规划教材编审专家委员会名单

前　言

“工程材料”是高等院校机械类和近机械类专业一门重要的技术基础课。随着科学技术的发展，新材料和新技术的不断问世及应用，对工程材料的教学也提出了新的要求。本书是依据高等教育面向21世纪教学内容和课程体系改革项目“机械类专业人才培养方案及教学内容和课程体系改革的研究与实践”的研究成果，结合目前教改的基本指导思想和原则以及实施素质教育和加强技术创新的精神，根据高等学校机械类教学的实际需要而编写的，属于西安电子科技大学出版社组织国内部分本科院校编写的高等学校机械设计制造及其自动化专业“十一五”规划教材之一。

本书以材料的性能—结构—组织—应用这一普遍规律为主线，系统地阐述了金属材料、高分子材料、陶瓷材料和复合材料的基本原理、基本知识和工程应用三个层次的内容。同时，书中也引入了较多的新材料与新技术等知识，有利于培养学生的创新意识，拓宽学生专业知识面，让学生及时了解当前国内外最新工程材料的发展动向。与以往同类教材相比，本书具有以下几方面的特点：

(1) 精简了理论叙述，丰富和深化了理论基础知识。

(2) 注重实践应用。在阐述基础知识的同时，还在不同失效形式的选材分析、典型工件的选材及工艺路线设计等方面注重紧密联系生产实际。

(3) 详细地介绍了工程材料的应用。

(4) 书中增加了新材料和新技术等知识的内容，反映了工程材料的发展趋势。

(5) 本书适应性强，有较大的选择余地，可根据不同专业的需要及课时要求选择适当的内容进行讲授。

参与本书编写的人员都是多年从事本专业工作的教师、科研工作者，他们分别是：青岛科技大学的汪传生、刘春廷、李镇江、马伯江、张淼、林广义、丛海燕、赵朋成、王为波，青岛零点电子有限公司的马继，海军航空工程学院青岛分院的韩莉，中国科学院金属研究所的刘朝霞、刘俊。全书由汪传生和刘春廷担任主编，由马继和刘伟负责统稿，由江苏大学的张永康教授和青岛科技大学的赵程教授负责主审。

在本书的编写过程中，中国科学院金属研究所的胡壮麒院士、管恒荣研究员和孙晓峰研究员参加了审稿工作，提出了许多宝贵的意见。本书参考了已出版的多种教材(见参考文献)，并注意吸收各院校、研究所和企业的教学改革经验及科研成果。在此，谨向上述涉及的单位和个人表示衷心的感谢！

由于编者水平有限，加之时间仓促，书中难免存在不足之处，恳请广大读者批评指正。

编　者

2007年9月

目　录

第一部分　工程材料的基础理论

第二部分 常用工程材料的基本知识

第三部分　工程材料的应用

绪 论

材料是指人们能够用来制造各种机器、器件、工程结构等的物质，是人类生活和生产的物质基础，是人类社会物质文明和精神文明发展的前提，它关系到一个国家的航空航天、国防装备、机械化工设备等的发展。

人类文明的发展史，就是一部学习利用材料、制造材料、创新材料的历史。在材料发展的历史过程中，我们勤劳智慧的祖先创造了辉煌的成就，为人类的文明和世界的进步作出了巨大贡献。人类最早使用的材料是石头、兽皮等天然材料，其后，发明了陶器、瓷器、青铜器和铁器。因此，历史学家将人类早期的历史划分为石器时代、青铜器时代和铁器时代。人类社会的发展史表明，人类社会的发展伴随着材料的发明和发展，材料的发展推动着人类社会的进步，并成为人类文明发展的里程碑。

材料是科学与工业技术发展的基础，先进的材料已成为当代文明的主要支柱之一。20世纪后期，材料作为高技术的四大支柱(能源、材料、生命和信息)之一高速地发展着，主要体现为新材料的不断涌现，特别是非金属人工合成材料的迅猛增长。随着金属与非金属材料的相互渗透，新型复合材料异军突起，如今，人类已跨入人工合成材料的崭新时代。新材料对高科技和新技术具有非常关键的作用，没有新材料就没有发展高科技的物质基础，掌握新材料已成为一个国家在科技上处于领先地位的标志之一。进入21世纪，新材料有如下发展趋势：继续重视对新型金属材料非晶合金材料的研究开发，发展在分子水平上设计高分子材料的技术，继续发掘复合材料和半导体硅材料的潜在价值，大力发展纳米材料、信息材料、智能材料、生物材料和高性能陶瓷材料等。

1. 工程材料的分类

工程材料主要是指用于机械、车辆、船舶、建筑、化工、能源、仪器仪表、航空航天等工程领域中的材料，用来制造工程构件和机械零件，也包括一些用于制造工具的材料和具有特殊性能(如耐腐蚀、耐高温等)的材料。按结合键的性质，一般将工程材料分为金属材料、高分子材料、陶瓷材料和复合材料等四大类。其中，金属材料分为钢、铸铁、有色金属及其合金；高分子材料分为工程塑料、合成纤维、合成橡胶和胶粘剂；陶瓷材料分为普通陶瓷和特种陶瓷；复合材料分为非金属基复合材料和金属基复合材料。

1) 金属材料

金属材料是以金属元素为基础的材料，包括金属和以金属为基的合金。最简单的金属材料是纯金属，因纯金属直接应用较少，故金属材料绝大多数以合金的形式出现。合金即是在纯金属中有意地加入一种或多种其他元素，通过冶金或粉末冶金方法制成的具有金属特性的材料。金属材料是最重要的工程材料。

在工业上，把金属材料分为以下两大部分：

(1) 黑色金属——铁和以铁为基的合金，包括钢和铸铁等，黑色金属并不意味其表面颜色一定是黑色的；

(2) 有色金属——黑色金属以外的所有金属及其合金。黑色金属占整个结构材料和工具材料的90%以上。黑色金属的工程性能比较优越，价格也比较便宜，是目前应用最广的工程金属材料。

按照性能的特点，有色金属可分为轻金属、易熔金属、难熔金属、贵金属、铀金属、稀有金属和碱土金属等。它们都是重要的特殊用途材料。

2) 高分子材料

高分子材料为有机合成材料，亦称聚合物。它具有密度相对较低、耐腐蚀性较好等特点，很多高分子材料还具有很好的绝缘性，是工程上发展最快的一类新型结构材料。

按材料来源，高分子材料可分为天然高分子材料(蛋白、淀粉、纤维等)和人工合成高分子材料(合成塑料、合成橡胶和合成纤维)两类。

按材料分子链排列有序与否，高分子材料可分为结晶聚合物和无定形聚合物两类。结晶聚合物的强度较高，结晶度取决于分子链排列的有序程度。

高分子材料种类很多，工程上通常根据机械性能和使用状态将其分为四大类。

(1) 塑料：主要指强度、韧性和耐磨性较好，可制造某些机器零件或构件的工程塑料，有热塑性塑料和热固性塑料两种。

(2) 合成纤维：指由单体聚合而成的、强度很高的聚合物，通过机械处理所获得的纤维材料。

(3) 橡胶：通常指经硫化处理的且弹性特别优良的聚合物，有通用橡胶和特种橡胶两种。

(4) 胶结剂：又称为粘合剂或粘接剂，是通过粘附作用使同质或异质材料连接在一起，并在胶接面上有一定强度的物质。

3) 陶瓷材料

陶瓷材料是人类应用最早的材料，它坚硬、稳定，可以制造各种工具、用具，在一些特殊的情况下也可作为结构材料。陶瓷是金属(或类金属)和非金属之间形成的化合物，这些化合物之间的结合键是离子键或共价键。

按照成分和用途，工业陶瓷材料可分为三类。

(1) 普通陶瓷，即传统陶瓷，主要为硅、铝氧化物的硅酸盐材料。

(2) 特种陶瓷，又叫新型陶瓷，主要为高熔点的氧化物、碳化物、氮化物、硅化物等的烧结材料。

(3) 金属陶瓷，主要指由金属和陶瓷性非金属组成的烧结材料。

4) 复合材料

复合材料(Composite Materials)是由两种或两种以上物理和化学性质不同的物质组合而成的一种多相固体组合材料，其性能优于它的组成材料。复合材料在强度、刚度和耐腐蚀性方面比单纯的金属、陶瓷和聚合物都优越，是一类特殊的工程材料，具有广阔的发展前景。

2. “工程材料及应用”课程的性质与任务

在金属学、高分子科学、陶瓷学的基础上形成的“材料科学”，是研究固体材料成分、组织及性能之间关系的一门学科。而“工程材料及应用”则是“材料科学”的一部分，它是以用于工程结构和机器零件的工程材料(金属材料、高分子材料、陶瓷材料和复合材料)为研究对象，阐述其成分、结构、组织与性能的关系，并按上述分类介绍各种工程材料，其中重点介绍当前应用最广的金属材料，特别是黑色金属钢铁。另外，本书还将分别介绍材料的失效、典型工件的选材及工艺路线设计和工程材料的应用。

第一部分　工程材料的基础理论

第 1 章　工程材料的结构与性能

工程材料(包括金属材料、高分子材料、陶瓷材料和复合材料等)的性能主要取决于其化学成分、组织结构及加工工艺过程。在制造、使用、研究和发展固体材料时，材料的内部结构是非常重要的研究对象。所谓结构，就是指物质内部原子在空间的分布及排列规律。本章将重点讨论常用工程材料，即金属材料、高分子材料、陶瓷材料的结构与性能。

1.1　材料的结合方式

1.1.1　结合键

组成物质的质点(原子、分子或离子)间的相互作用力称为结合键。由于质点间的相互作用性质不同，则形成了不同类型的结合键，主要有共价键、离子键、金属键和分子键。

1. 离子键

当两种电负性相差很大(如元素周期表中相隔较远的元素)的原子相互结合时，其中电负性较小的原子失去电子而成为正离子，电负性较大的原子获得电子而成为负离子，正、负离子靠静电引入结合在一起而形成的结合键称为离子键。

由于离子健的电荷分布是球形对称的，因此，它在各个方向都可以和相反电荷的离子相吸引，即离子键的一个特性是没有方向性。离子键的另一个特性是无饱和性，即一个离子可以同时和几个异号离子相结合。例如，在 NaCl 晶体中，每个氯离子周围都有 6 个钠离子，每个钠离子周围也有 6 个氯离子等距离地排列着。离子晶体在空间三维方向上不断延续，就形成了巨大的离子晶体。NaCl 晶体结构如图 1-1 所示。由于离子键的结合力很大，因此离子晶体的硬度高、强度大、热膨胀系数小，但脆性大。离子键很难产生可以自由运动的电子，所以离子晶体具有很好的绝缘性。在离子键结合中，由于离子的外层电子被牢固地束缚着，可见光的能量一般不足以使其受激

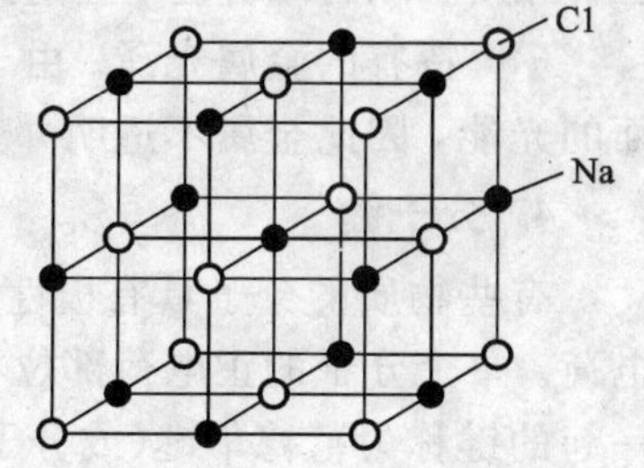

图 1-1　NaCl 晶体结构

发，因此它不吸收可见光，从而典型的离子晶体是无色透明的。

2. 共价键

元素周期表中的ⅣA、ⅤA、ⅥA 族大多数元素或电负性不大的原子相互结合时，原子间不产生电子的转移，以共价电子形成稳定的电子满壳层的方式实现结合。这种由共用电子对产生的结合键称为共价键。

最具代表性的共价晶体为金刚石，其结构如图 1－2 所示。金刚石由碳原子组成，每个碳原子贡献出 4 个价电子与周围的 4 个碳原子共用，形成 4 个共价键，构成四面体，即一个碳原子在中心，与它共价的 4 个碳原子在 4 个顶角上。硅、锗、锡等元素可构成共价晶体。SiC、BN 等化合物均属于共价晶体。

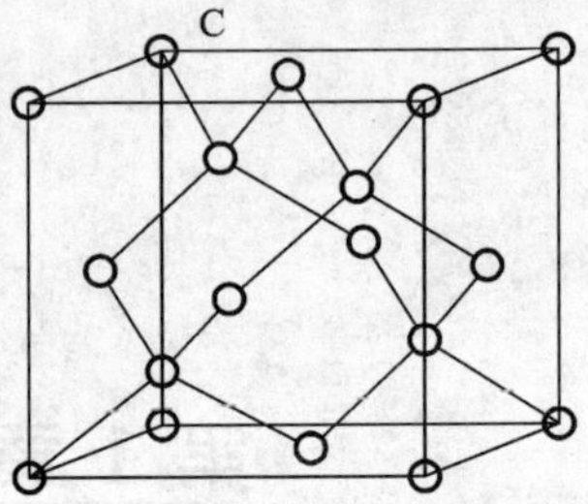

图 1－2　金刚石晶体结构

共价键结合力很大。所以共价晶体的强度、硬度高，脆性大，熔点、沸点高，且挥发性低。

3. 金属键

绝大多数金属元素(周期表中Ⅰ、Ⅱ、Ⅲ族元素)是以金属键结合的。金属原子结构的特点是外层电子少，原子容易失去其价电子而成为正离子。当金属原子相互结合时，金属原子的外层电子(价电子)就脱离原子，成为自由电子，为整个金属晶体中的原子所共有。这些公有化的自由电子在正离子之间自由运动形成所谓的电子层。这种由金属正离子与电子层之间相互作用而结合的方式称为金属键，如图 1－3 所示。

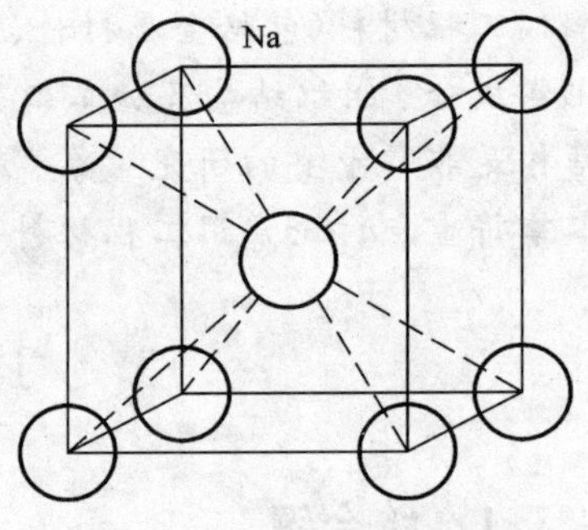

图 1－3　金属钠晶体结构

具有金属键的金属有以下特性：

(1) 良好的导电性及导热性。由于金属中有大量的内电子存在，因此当金属的两端存在电势差或外加电场时，电子可以定向地流动，使金属表现出优良的导电性。由于自由电子的活动能力很强及金属离子振动的作用，从而使金属具有良好的导热性。

(2) 正的电阻温度系数，即随温度升高电阻增大。当温度升高时，离子的振动增强、空位增多，离子(原子)排列的规则性受到干扰，电子的运动受阻，因而电阻增大；当温度降低时，离子的振动减弱，因而电阻减小。

(3) 良好的强度及塑性。由于正离子与电子层之间的结合力较大，因此金属晶体具有良好的强度。因为金属键没有方向性，原子间没有选择性，所以在受外力作用而发生原子位置相对移动时结合键不会遭到破坏，这使得金属具有良好的塑性变形能力(良好的塑性)。

(4) 特有的金属光泽。由于金属中的自由电子能吸收并随后辐射出大部分投射到其表面的光能，因此金属不透明并呈现特有的金属光泽。

4. 分子键

有些物质的分子具有极性，其中分子的一部分带有正电荷，而分子的另一部分带有负电荷。一个分子的正电荷部位与另一分子的负电荷部位间以微弱静电引力相吸引而结合在一起的键称为范德华键(或分子键)。分子晶体因其结合键能很低，所以其熔点很低，硬度也低。此类结合键无自由电子，所以绝缘性良好。

1.1.2　工程材料的键性

材料的结合键类型不同，则其性能不同。常见结合键的特性见表 1－1。实际中使用的工程材料，有的是单纯的一种键，而更多的是几种键的结合。

表 1－1　常见结合键的特性

	离子键	共价键	金属键
结构特点	无方向性或方向性不明显，配位数大	方向性明显，配位数小，密度小	无方向性，配位数大，密度大
力学性能	强度高，断裂性良好，硬度大	强度高，硬度大	有各种强度，有塑性
热学性能	熔点高，膨胀系数小，熔体中有离子存在	熔点高，膨胀系数小，熔体中有的含有分子	有各种熔点，导热性好，液态的温度范围宽
电学性能	绝缘体，熔体为导体	绝缘体，熔体为非导体	导电体（自由电子）
光学性能	与各构成离子的性质相同，对红外线的吸收强，多是无色或浅色透明的	折射率大，同气体的吸收谱线很不同	不透明，有金属光泽

1. 金属材料

绝大多数金属材料的结合键是金属键，少数具有共价键（如灰锡）和离子键（如金属间化合物 Mg_3Sb_2）。所以金属材料的金属特性特别明显。

2. 陶瓷材料

陶瓷材料的结合键是离子键和共价键，大部分材料以离子键为主。所以陶瓷材料具有较高的熔点和硬度，但脆性较大。

3. 高分子材料

高分子材料的结合键是共价键和分子键，即分子内靠共价键结合，分子间靠分子键结合。虽然分子键的作用力很弱，但由于高分子材料的分子很大，因此大分子间的作用力也较大，所以高分子材料也具有较好的力学性能。

如果以四种键为顶点作一个四面体，就可以把材料结合键的范围示意性地表示在这个四面体上，如图 1－4 所示。

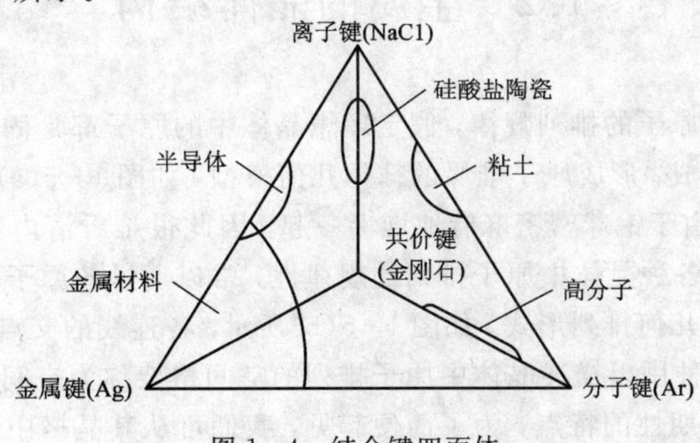

图 1－4　结合键四面体

1.1.3　晶体与非晶体

材料按照结合键以及原子或分子的大小不同可在空间组成不同的排列类型，即不同的结构。材料结构不同，则性能不同；材料的种类和结合键都相同，但原子排列的结构不同，其性能也有很大的差别。通常按原子在物质内部的排列规则性将物质分为晶体和非晶体两类。

1. 晶体

所谓晶体，是指原子在其内部沿三维空间呈周期性重复排列的一类物质。几乎所有金属、大部分的陶瓷以及部分聚合物在其凝固后都具有晶体结构。

晶体的主要特点是：结构有序；物理性质表现为各向异性；有固定的熔点；在一定条件下有规则的几何外形。

2. 非晶体

所谓非晶体，是指原子在其内部沿三维空间呈紊乱、无序排列的一类物质。典型的非晶体材料是玻璃。虽然非晶体在整体上是无序的，但在很小的范围内原子排列还是有一定规律性的，所以原子的这种排列规律又称“短程有序”；而晶体中原子排列的规律性又可称为“长程有序”。

非晶体的特点是：结构无序；物理性质表现为各向同性；没有固定的熔点；热导率(导热系数)和热膨胀性小；在相同应力作用下，非晶体的塑性形变大；组成非晶体的化学成分变化范围大。

3. 晶体与非晶体的转化

非晶体的结构是短程有序，即在很小的尺寸范围内存在着有序性；而晶体内部虽存在着长程有序结构，但在小范围内仍存在缺陷，即在很小的尺寸范围内存在着无序性。所以两种结构尚存在共同点。物质在不同条件下，既可形成晶体结构，又可形成非晶体结构，如玻璃经适当热处理也可形成晶体玻璃，而金属液体在高速冷却条件下($>10^7$ ℃/s)可以得到非晶体金属。

有些物质可看成是有序与无序的中间状态，如塑料、液晶、准晶等。

1.2　金属的晶体结构

为了研究晶体中原子的排列规律，假定理想晶体中的原子都是固定不动的钢球，晶体即由这些钢球堆垛而成，形成原子堆垛的球体几何模型，如图 1-5(a)所示。这种模型的立体感强、很直观，但由于钢球密密麻麻地堆垛一起，因此很难看清内部原子排列的规律和特点。为了便于分析各种晶体中原子排列的规律性，常以通过各原子中心的一些假想连线来描绘其三维空间的几何排列形式，如图 1-5(b)所示。各连线的交点称做“结点”，表示各原子的中心位置。这种用以描述晶体中原子排列的空间格架称为空间点阵或晶格。由于晶格中原子排列具有周期性的特点，为了简便起见，我们可从其晶格中选取一个最基本的几何单元来表达晶体规则排列的形式特征，如图 1-5(c)所示。组成晶格的这种最基本的几何单元称为晶胞，晶胞的大小和形状常以晶胞的棱边长度 a、b、c 和棱边间相互夹角 α、β、γ 表示，其中 a、b、c 为晶格常数。

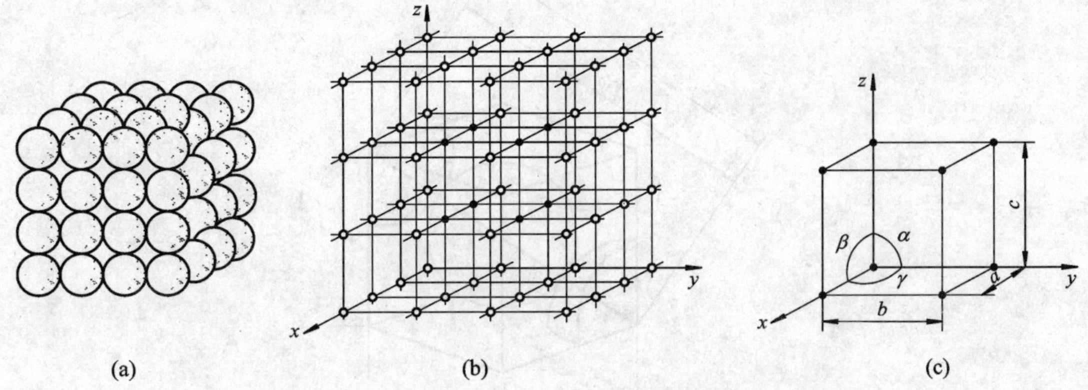

图 1-5　立方晶体球体几何模型、晶格和晶胞示意图

(a) 晶体中金属原子的排列；(b) 金属的晶格；(c) 晶胞及晶格常数的表示方法

1.2.1　典型的金属晶体结构

自然界中的各种晶体物质，或其晶格形式不同，或其晶格常数不同，这主要与其原子构造及原子间的结合力的性质有关。对于金属晶体来说，其原子结构的共同特点是：价电子数少，一般为1～2个，最多不超过4个，与原子核间的结合力弱，很容易脱离原子核的束缚而成为自由电子，自由电子穿梭于各离子之间作高速运动，形成电子云；而贡献出价电子的原子成为正离子。

1. 体心立方晶格

体心立方晶格的晶胞模型如图 1-6(a)所示，其晶胞是一个立方体，晶胞的三个棱边长度 $a=b=c$(通常只用一个晶格常数 a 表示即可)，三个棱之间夹角均为90°。在体心立方晶胞的每个角上和晶胞中心都排列有一个原子(图 1-6(b))，每个角上的原子属于8个晶胞所共有，故只有1/8的原子属于这个晶胞，晶胞中心的原子完全属于这个晶胞，所以体心立方晶胞中属于单个晶胞的原子数为 $8\times1/8+1=2$ 个(图 1-6(c))。在体心立方晶胞中，只有沿立方体对角线方向，原子是相互紧密地接触排列的，体对角线长度为$\sqrt{3}a$，它与4个原子半径的长度相等，所以体心立方晶格的原子半径为 $r=\sqrt{3}a/4$(图 1-7)。

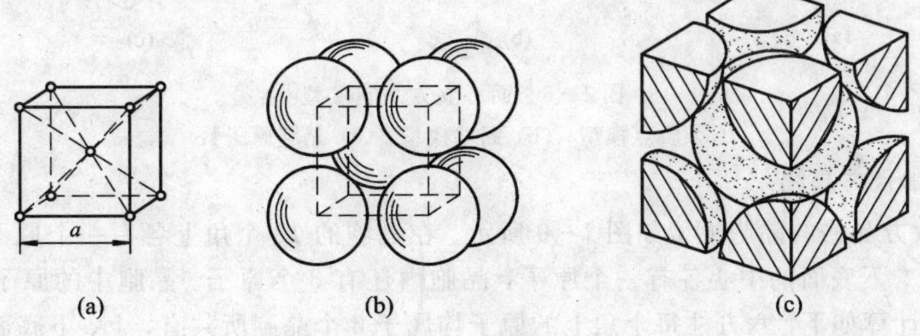

图 1-6　体心立方晶胞模型

(a) 质点模型；(b) 钢球模型；(c) 晶胞原子数

具有体心立方晶格的金属有 α-Fe、Cr、V、Nb、Mo、W、β-Ti 等。

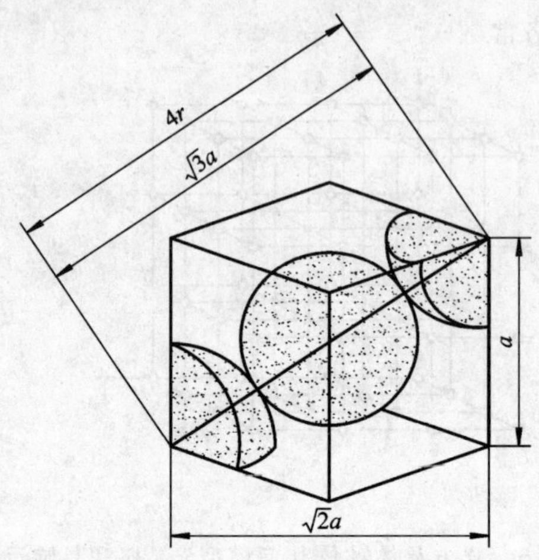

图 1-7 体心立方晶胞原子半径的计算示意

2. 面心立方晶格

面心立方晶格的晶胞模型如图 1-8 所示，其晶胞也是一个立方体，晶格常数用 a 表示。在面心立方晶格的每个角上和晶胞的六个表面的中心都排列有一个原子，每个角上的原子属于 8 个晶胞所共有，每个晶胞实际占该原子的 1/8，而位于 6 个面中心的原子同时属于相邻的两个晶胞所共有，所以每个晶胞只分到面心原子的 1/2，因此面心立方晶胞中属于单个晶胞的原子数为 $8\times1/8+6\times1/2=4$ 个。

在面心立方晶胞中，只有沿晶胞 6 个表面的对角线方向，原子是互相紧密地接触排列的，面对角线的长度为$\sqrt{2}a$，它与 4 个原子半径的长度相等，所以面心立方晶格的原子半径为 $r=\sqrt{2}a/4$。

具有面心立方晶格的金属有 γ-Fe、Cu、Ni、Al、A8、Au、Pb、Pt、β-Co 等。

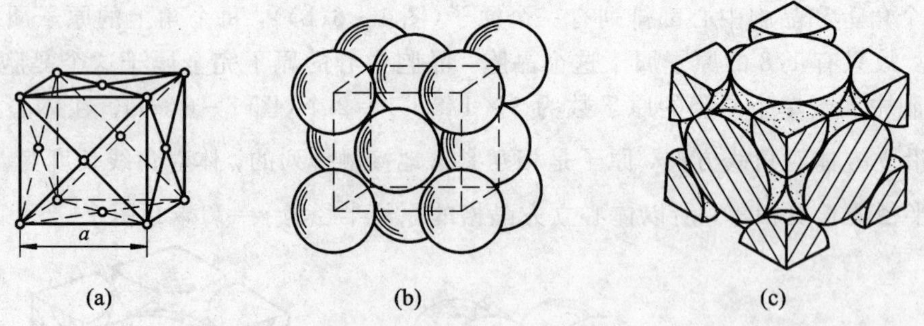

图 1-8 面心立方晶胞模型

(a) 质点模型；(b) 钢球模型；(c) 晶胞原子数

3. 密排六方晶格

密排六方晶格的晶胞模型如图 1-9 所示。在晶胞的 12 个角上各有一个原子，构成六方柱体，上、下底面的中心各有一个原子，晶胞内还有 3 个原子。晶胞中的原子数可参照图 1-9(c)计算如下：六方柱每个角上的原子均属于 6 个晶胞所共有，上、下底面中心的原子同时为两个晶胞所共有，再加上晶胞内的 3 个原子，故密排六方晶胞中属于单个晶胞的原子数为 12×1/6+2×1/2+3=6 个。

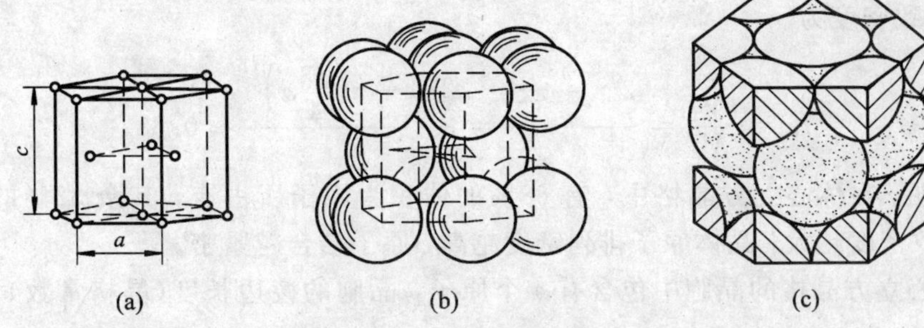

图 1-9　密排六方晶胞模型

(a) 质点模型；(b) 钢球模型；(c) 晶胞原子数

密排六方晶胞的晶格常数有两个：正六边形的边长 a 和上、下两底面之间的距离(柱体高度)c。c/a 称为轴比，在典型的密排六方晶格中，$c/a=\sqrt{8/3}\approx1.633$。

对于典型的密排六方晶格金属，相互相邻的两个原子紧密地接触排列，长度为 a，等于两个原子的半径，所以密排六方晶格的原子半径为 $r=a/2$。

具有密排六方晶格的金属有 Mg、Zn、Be、Cd、α-Ti、α-Co 等。

1.2.2　典型晶格的配位数和致密度

金属晶体的一个特点是趋于最紧密的排列，所以晶格中原子排列的紧密程度是反映晶体结构特征的一个重要因素。通常用配位数和致密度这两个参数来表征。

1. 配位数

配位数是指晶体结构中与任意一个原子周围最近邻且等距离的原子的数目。配位数越大，晶体中原子排列就越紧密。

在体心立方晶格中，以立方体中心的原子来看(图 1-6)，与其最近邻等距离的原子是周围顶角上的 8 个原子，所以体心立方晶格的配位数为 8。在面心立方晶格中，以面中心的原子来看(图 1-8)，与之最近邻的是它周围顶角上的 4 个原子，这 5 个原子构成一个平面，这样的平面共有 3 个，且这 3 个平面彼此相互垂直，结构形式相同，所以与该原子最近邻等距离的原子共有 3×4=12 个，因此面心立方晶格的配位数为 12。在典型的密排六方晶格中，原子钢球十分紧密地堆垛排列，以晶胞上底面中心的原子为例，它不仅与周围 6 个角上的原子相接触，而且与其下面的 3 个位于晶胞之内的原子以及与其上面相邻晶胞内的 3 个原子相接触(图 1-9)，故配位数为 12。

2. 致密度

在球体几何模型中，若把原子看做刚性圆球，那么原子与原子结合时之间必然存在空隙。晶体中原子排列的紧密程度可用原子所占体积与晶体体积的比值来表示，称之为晶体的致密度或密集系数，可用下式表示：

$$K=\frac{nV_1}{V} \tag{1-1}$$

式中，K 为晶体的致密度；n 为一个晶胞实际包含的原子数；V_1 为一个原子的体积；V 为晶胞的体积。

体心立方晶格的晶胞中包含 2 个原子，晶胞的棱边长度(晶格常数)为 a，原子半径为 $r=\sqrt{3}a/4$，其致密度为

$$K=\frac{nV_1}{V}=\frac{2\times\frac{4}{3}\pi r^3}{a^3}=\frac{2\times\frac{4}{3}\pi\left(\frac{\sqrt{3}}{4}a\right)^3}{a^3}\approx 0.68$$

此值表明，在体心立方晶格中，有 68%的体积为原子所占有，其余 32%的为间隙体积。晶体的致密度越大，晶体原子排列密度越高，原子结合越紧密。

已知面心立方晶格的晶胞中包含有 4 个原子，晶胞的棱边长度(晶格常数)为 a，原子半径为 $r=\sqrt{2}a/4$，由此可计算出它的致密度为

$$K=\frac{nV_1}{V}=\frac{4\times\frac{4}{3}\pi r^3}{a^3}=\frac{4\times\frac{4}{3}\pi\left(\frac{\sqrt{2}}{4}a\right)^3}{a^3}\approx 0.74$$

同理，对于典型的密排六方晶格金属，晶胞中的原子数为 6，其原子半径为 $r=a/2$，则致密度为

$$K=\frac{nV_1}{V}=\frac{6\times\frac{4}{3}\pi r^3}{\frac{3\sqrt{3}}{2}a^2\sqrt{\frac{8}{3}}a}=\frac{6\times\frac{4}{3}\pi\left(\frac{1}{2}a\right)^3}{3\sqrt{2}a^3}\approx 0.74$$

三种典型金属晶格的计算数据如表 1－2 所示。由表列数据可见，不论从配位数还是致密度来看，面心立方晶格和密排六方晶格的原子排列都是最紧密的，在所有晶体结构中属最密排排列方式；体心立方晶格次之，属次密排排列方式。

表 1－2 三种典型晶格的数据

晶格类型	晶胞中的原子数	原子半径	配位数	致密度
体心立方	2	$\sqrt{3}a/4$	8	0.68
面心立方	4	$\sqrt{2}a/4$	12	0.74
密排六方	6	$a/2$	12	0.74

1.2.3 实际金属的晶体结构

1. 多晶体结构和亚结构

前面所讲的晶体是没有任何缺陷的理想晶体，这种晶体在自然界中是不存在的。近年来科学工作者虽然用人工的办法制造出了单晶体，但尺寸很小，并且事实上也存在一些缺陷。如前所述，实际金属多晶体是由许多小的、位向不一致的单晶体(晶粒)所组成的(图 1－10)。通常，把这种外形不规则的小晶体称做晶粒，晶粒与晶粒之间的界面称为晶界。多晶体由于各个晶粒的各向异性相互抵消，一般测不出其像在单晶体中那样的各向异性，而显示出的是各向同性。这即是上述体心立方铁的弹性模量 E 不论从何种位向取样，都是 210 000 MPa 的原因。如果对多晶体金属进行单向压力变形(如冷轧、冷拔)，使晶粒及夹杂物的位向趋于一致，并成为明显的带状组织，这样才能体现出其各向异性。

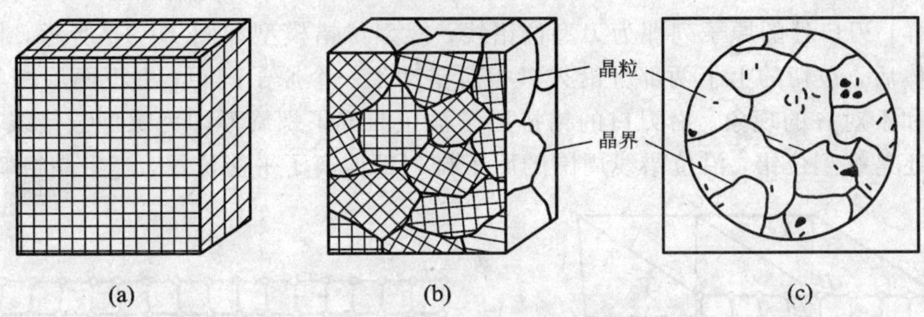

图 1－10　单晶体与多晶体的结构

(a) 单晶体示意图；(b) 多晶体示意图；(c) 多晶体纯铁在显微镜下的组织

实践证明，在多晶体的每个晶粒内部实际上也并不像理想单晶体那样晶格位向完全一致，而是存在着许多尺寸更小，位向差也很小(一般是 10′～20′左右，最大为 1°～2°)的小晶块。它们相互嵌镶成一颗晶粒，这些在晶格位向上彼此有微小差别的晶内小区域称为亚结构或嵌镶块。因其尺寸很小，只有在高倍显微镜或电子显微镜下才能观察到。

2. 实际金属晶体缺陷

实际金属是多晶体结构，晶粒内存在着亚结构。同时，由于结晶条件等原因，会造成晶体内部某些局部区域原子排列的规则性受到干扰而破坏，因此不像理想晶体那样规则和完整。通常把这种偏离理想状态的区域称为晶体缺陷或晶格缺陷。这种局部存在的晶体缺陷对金属性能影响很大，按晶体缺陷的几何形态特征可分为以下三类。

1) 点缺陷

点缺陷的空间三维尺寸都很小，相当于原子尺寸的缺陷，包括空位、间隙原子和置换原子等。

在实际晶体结构中，晶格的某些结点若未被原子所占据则会形成空位。空位是一种平衡含量极小的热平衡缺陷，随晶体温度的升高，空位的平衡含量也会随之提高。

晶体中有些原子不占有正常的晶格结点位置，而处于晶格间隙中，它们被称为间隙原子。同类原子晶格不易形成间隙原子，异类间隙原子大多数是原子半径很小的原子，如钢中的氢、氮、碳、硼等。

晶体中若有异类原子，异类原子就会占据原来晶相中的结点位置，以替换某些基体原子从而形成置换原子。

由于点缺陷的存在，使其周围的原子离开了原来的平衡位置，从而造成晶格畸变，如图 1－11 所示。

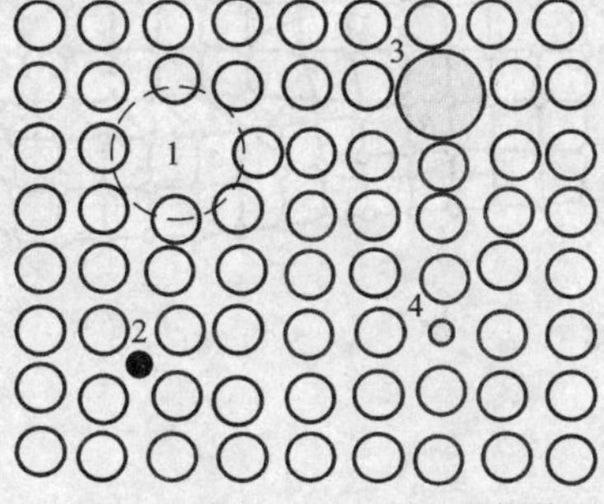

1—空位；2—空隙原子；3、4—置换原子

图 1－11　点缺陷示意图

2) 线缺陷

线缺陷的空间三维、二维尺寸很小，在原子尺寸范围内，一维尺寸是相对很大的缺陷，属于这一类缺陷的主要是位错。

位错是晶体中某处有一列或若干列原子发生有规律的错排现象。它可看做是晶体中一部分晶体相对于另一部分晶体产生局部滑移而造成的，滑移部分与未滑移部分的交界线即为位错线。晶体中位错的基本类型有刃型位错和螺型位错两种。刃型位错模型如图 1－12 所示，即某一原子面在晶体内部中断，如用一把锋利的钢刃切入晶体沿切口插入一额外半原子面一样，刃口处的原子列即为刃型位错线；螺型位错模型如图 1-13 所示，相当于钢刃切入晶体后，被切的上下两部分沿刃口相对错动了一个原子间距，上下两层相邻原子发生了错排和不对齐的现象。沿刃口的错排原子被扭曲成了螺旋形即为螺型位错线。无论是刃型位错还是螺型位错，沿位错线周围的原子排列都偏离了平衡位置，产生晶格畸变。

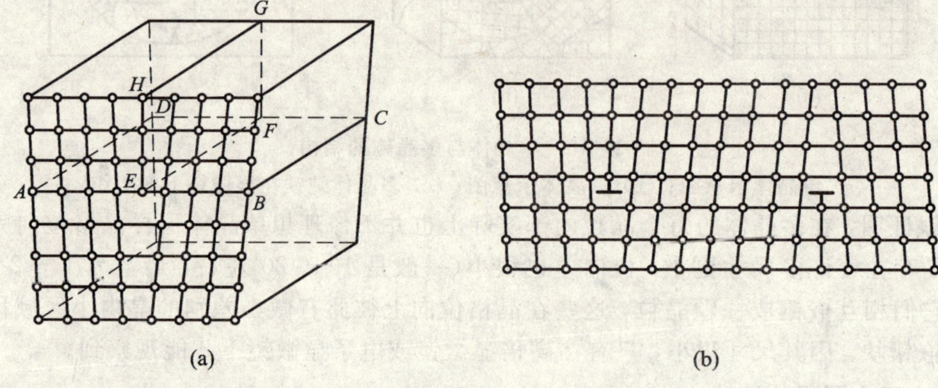

图 1-12　刃型位错示意图

(a) 立体模型；(b) 平面模型

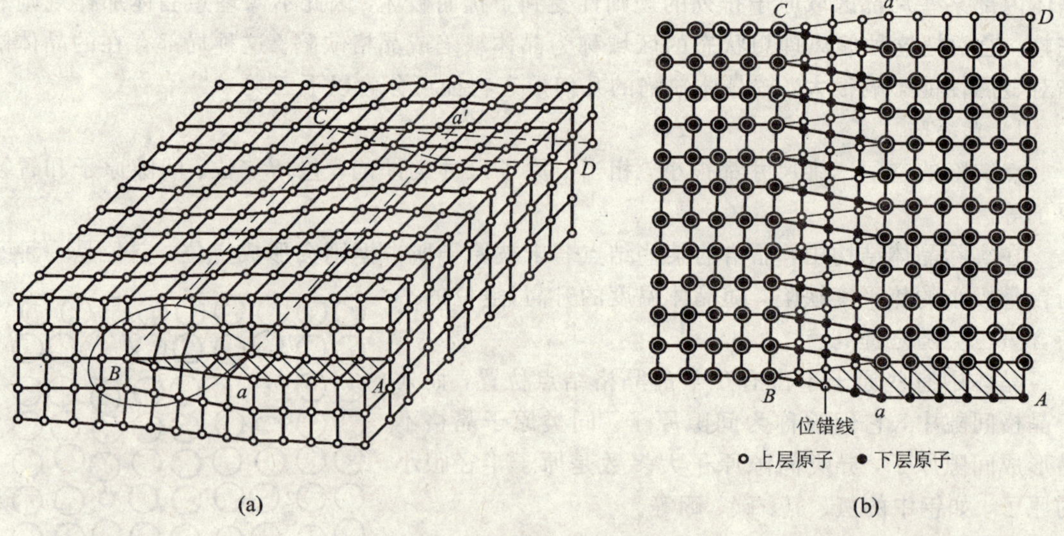

图 1-13　螺型位错示意图

(a) 立体模型；(b) 平面模型

金属晶体中往往存在大量的位错线，通常用位错密度 ρ 来表示：

$$\rho = \frac{\sum L}{V} \tag{1-2}$$

式中，ρ 为位错密度（cm/cm^3 或 cm^{-2}）；$\sum L$ 为体积 V 内位错线的总长度（cm）；V 为晶体体积（cm^3）。

一般经适当退火的金属，其位错密度 $\rho \approx 10^5 \sim 10^8\ cm^{-2}$；而经过剧烈冷变形的金属，其位错密度可增至 $10^{10} \sim 10^{12}\ cm^{-2}$。位错对金属的力学性能产生极大的影响。如图 1-14 所示，当金属为理想晶体（无缺陷）或仅含少量位错时，金属屈服点 σ_s 很高，随位错密度的增加，σ_s 逐渐降低，当对金属进行冷变形加工时，位错密度大大增加，σ_s 也随之增加。

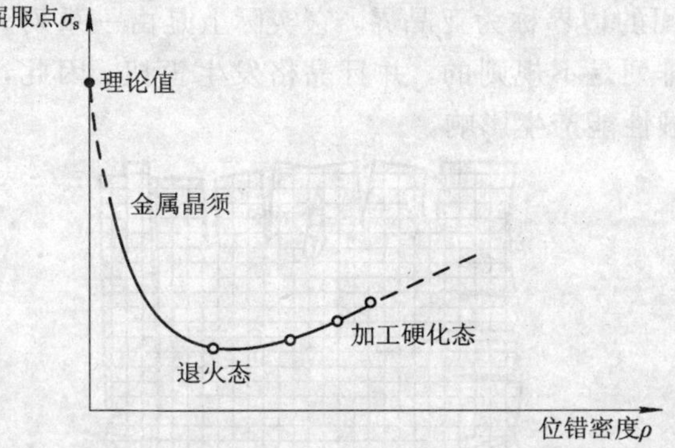

图1-14　金属强度与位错密度的关系示意图

3）面缺陷

面缺陷的空间三维、一维尺寸很小，在原子尺寸范围内，二维尺寸是相对很大的缺陷，这一类缺陷包括晶界和相界、嵌镶结构和亚晶界以及孪晶界等。这里主要介绍晶界、亚晶界和嵌镶结构。实际金属是多晶体，且各晶粒间位向不同，因此晶界处原子排列的规律性受到破坏。晶界实际上是不同位向晶粒之间原子排列无规则的过渡层；亚晶界同样是小区域的原子排列无规则的过渡层。过渡层中晶格产生的畸变如图1-15所示。相界是具有不同晶体结构的两相之间的分界面，相界面上的原子偏离平衡位置而产生畸变。

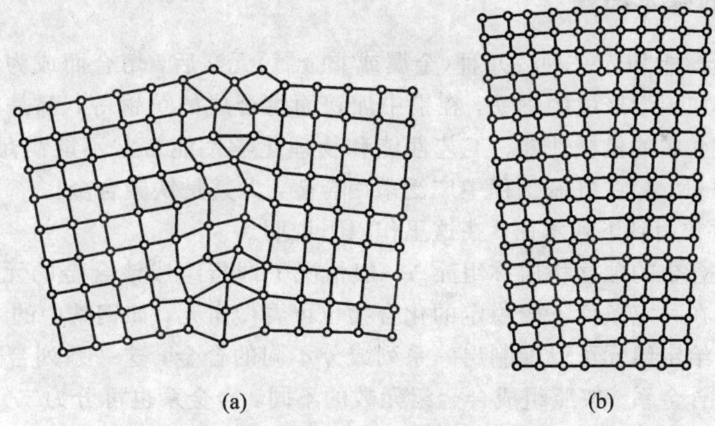

图1-15　过渡层晶格畸变示意图

(a) 晶界；(b) 亚晶界

在常温下，晶界对塑性变形起了阻碍作用，晶粒愈细，晶界就愈多，它对于塑性变形的阻碍作用愈大。因此，细晶粒的金属材料便具有较高的强度和硬度。

晶界的特殊结构不但影响金属的机械性能，而且由于其晶格歪扭很明显，致使其晶界能也较高。因此，金相试片受腐蚀时，致使其晶界很易受腐蚀；金属相变时，在晶界处首先形成晶核；原子在晶界的扩散也较在晶内快些；晶体受外力作用时，晶体滑移变得困难，等等。

如果我们用电子显微镜或X-射线观察分析多晶体中的每一个晶粒，则可观察到，每个晶粒内部都是由许多位向差很小（一般只有几十分到$1°\sim2°$）的小晶块拼凑而成的（图1-16），这些小晶块称为嵌镶块（或称亚晶粒）。嵌镶块的尺寸为$10^{-3}\sim10^{-8}$ cm。晶粒内部的这种结构叫做嵌镶结构。

两相邻嵌镶块之间的边界称为亚晶界，它实际上是由一系列刃型位错所形成的小角度晶界。亚晶界处原子排列是不规则的，并且晶格发生歪扭。因此，亚晶界与晶界的作用相类似，也对金属的机械性能产生影响。

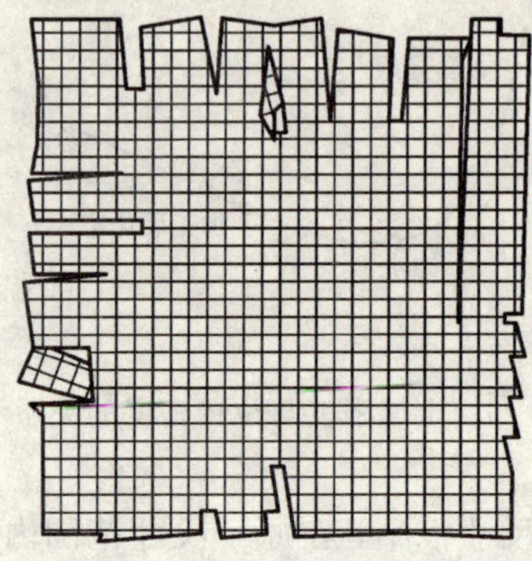

图 1-16 嵌镶块结构示意图

1.3 合金的相结构

1.3.1 合金的基本概念

合金是在金属中加入一种或几种(金属或非金属)元素后，熔合而成为具有金属性质的物质。如在铁中加碳熔炼成的钢铁，在铜中加锌而熔合成的黄铜等，都是机械工程上常用的合金材料。纯金属的机械性能、工艺性能和物理化学性能常常不能满足工程上的要求，且因提炼价格昂贵，故在机械工程中广泛采用合金，尤其是铁碳合金。

研究合金时常用到下列术语，在这里作以下说明。

组元：组成合金的独立物质称组元。一般情况下即指组成该合金的元素，如黄铜的组元是铜和锌。但在一定条件下较稳定的化合物也可看做组元，如钢铁中的 Fe_3C。

系：由若干给定组元可以配制出一系列成分不同的合金，这一系列合金就构成了一个合金系统，称为合金系。按照组成合金组元数的不同，合金系也可分为二元系、三元系等。

相：金属或合金中，凡化学成分、晶体结构都相同并与其他部分有界面分开的均匀组成部分，称为相。如纯铁在常温下是由单相的 α-Fe 组成，而铁中加入碳之后，铁与碳相互作用出现了一个新的强化相 Fe_3C。

此外，研究合金时还常常提到组织组成物这一概念，它是指组成合金显微组织的独立部分。如铁中含碳量达 0.77%时，其平衡组织由铁素体 F(碳溶入 α-Fe 中形成的固溶体)和 Fe_3C 隔片组成，称珠光体。而珠光体则是由固溶体 F 相和金属化合物 Fe_3C 相组成的。

1.3.2 合金的相结构

液态下完全互溶的合金按其合金组元原子之间相互作用的不同，在凝固时，可能出现三种基本情况，即合金呈单相的固溶体、合金呈单相的金属化合物及合金由两相(固溶体或金属化合物)组成的机械混合物。这些相、组织与性能的关系及其形成规律如下所述。

1. 固溶体

金属在固态下因具有溶解某些元素的能力，从而形成一种成分和性质均匀的固态合金称为固溶体。同溶液一样，固溶体也有溶剂与溶质之分。固溶体的晶格结构与两组元之一的晶格结构相同，被保持晶格的元素称为溶剂，溶入溶剂的元素称为溶质。根据溶质原子在溶剂中的分布状况，固溶体主要包括置换固溶体和间隙固溶体两种形式。

1) 置换固溶体

在溶剂晶格的某些结点上，其原子被溶质原子所替代而形成的固溶体称为置换固溶体(图 1-17 和图 1-18(a))。

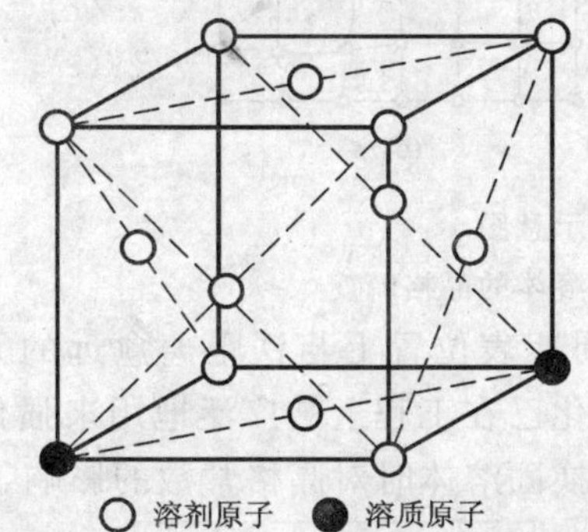

图 1-17　置换固溶体结构立体示意图

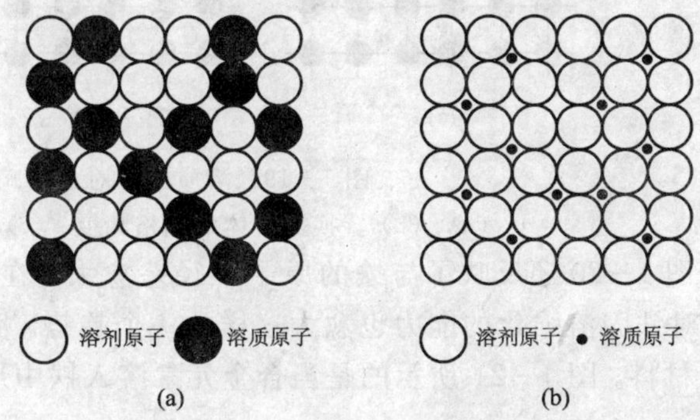

图 1-18　固溶体结构平面示意图
(a) 置换固溶体；(b) 间隙固溶体

大多数元素如 Si、Mn、Cr、Ni 等均可溶入 α-Fe 或 γ-Fe 中形成置换固溶体。溶质原子在溶剂晶格中的溶解度取决于二者原子直径的差别和在周期表中相互位置的距离。两元素的原子直径差愈小，在周期表中的位置愈靠近，其相互间的溶解度就愈大。若溶剂和溶质的晶格类型也相同，则这些元素间往往能以任何比例相互溶解而形成无限固溶体，如 Cr、Ni 便能和 Fe 形成这一类型的固溶体。反之，若两个元素之间的相互溶解度有一定的限度，则会形成有限固溶体，如 Si 溶于 Fe 则会形成此种固溶体。

2) 间隙固溶体

不论何种形式的晶格，其原子与原子之间总有一些空隙存在。直径较大的原子所组成的晶格，其空隙的尺寸也较大，有时能容纳一些尺寸较小的原子，由这种溶解方式形成的固溶体称为间隙固溶体，如图 1-18(b)所示。显然，这种固溶体能否形成主要由溶质原子与溶剂原子的尺寸来决定。实验证明，二者直径之比，即 $d_{质}/d_{剂} \leqslant 0.59$ 即可。当然，除了溶剂晶格中必须有足够大的间隙，溶质原子直径应足够小之外，是否能形成间隙固溶体还同元素本身的性质有密切关系。一般说来，当过渡族元素为溶剂时与尺寸较小的元素(C、H、N、B 等)易形成间隙固溶体。

3) 固溶体的溶解度及对性能的影响

在间隙固溶体的溶剂晶格中，溶质原子溶入愈多，晶格扭曲愈严重，所以当溶剂晶格的间隙被填满到一定程度后，就不能再继续溶解。因此，凡是间隙固溶体必然是有限固溶体。但若温度升高，晶格间隙随之增大，溶质在溶剂中的溶解度也会随之增加；反之则降低。所以在高温时已达饱和的有限固溶体，在其冷却时，由于溶解度的降低，常会从固溶体中析出其他的相。

工程上常用的金属材料中，固溶体占有非常重要的地位，它们可以是合金中唯一的相，也可以是合金中的基本相。无论是置换固溶体还是间隙固溶体，由于溶质原子的溶入，造成了不同程度的晶格畸变(图 1-19)，阻碍了晶体的滑移，从而使合金固溶体的强度和硬度得到提高，这种现象称为固溶强化，如图 1-20 所示。

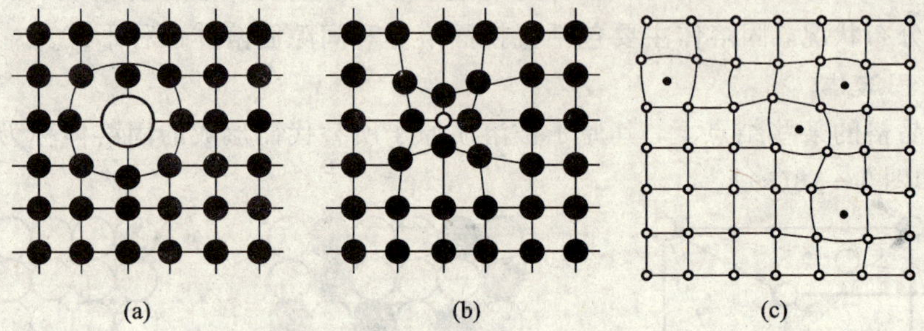

图 1-19　溶质原子对晶格畸变影响示意图

(a)、(b) 置换固溶体的晶格畸变；(c) 间隙固溶体的晶格畸变

图 1-20 还反映了与铁的原子半径差愈大，在元素周期表位置上与铁距离愈远的元素，对铁固溶强化的能力也愈大这样的一个趋势。固溶强化已在工程上被广泛地用来强化金属材料。图 1-21 所示的是当合金元素溶入铁中形成置换固溶体时对晶格常数的影响。

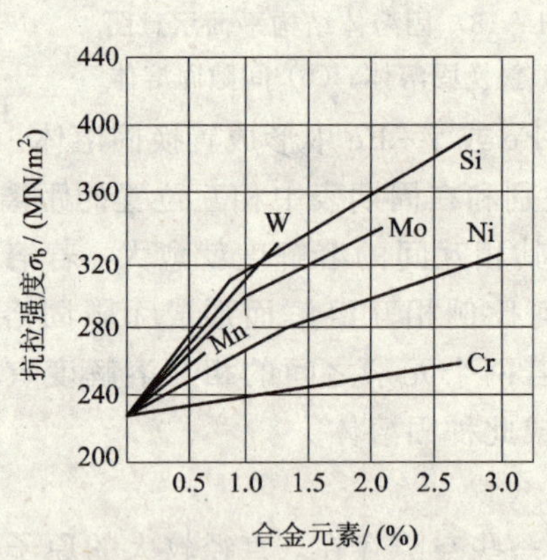

图 1-20　合金元素溶于铁中对其抗拉强度的影响

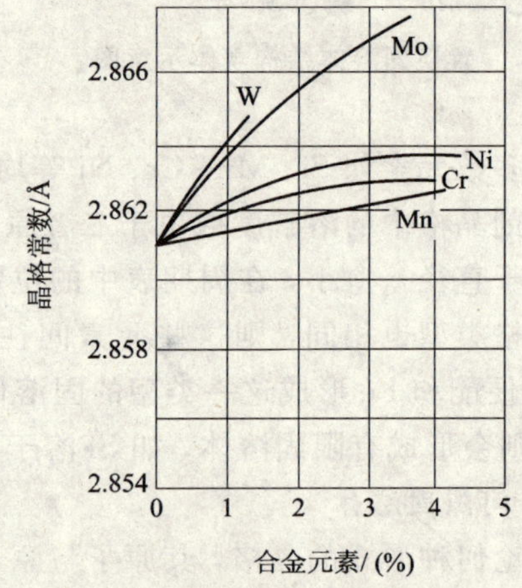

图 1-21　合金元素溶于铁中形成置换固溶体时的晶格常数变化

2. 金属化合物

当组成合金的各元素之间的化学性质存在差别，且原子直径不同时，则能按一定组成形成金属化合物。金属化合物的晶格类型与组成化合物各组元的晶格类型完全不同，其性能的差别也很大。例如，钢中的渗碳体(Fe_3C)是由 75%铁原子和 25%碳原子所形成的金属化合物，它具有复杂的斜方晶格，既不同于铁的体心立方晶格，也不同于石墨的六方晶格类型。

化合物的种类较多，其晶格类型既有简单的，也有复杂的。根据化合物结构的特点，常分为如下三类。

1) 正常价化合物

正常价化合物是由元素周期表上相距较远而电化学性质相差较大的两元素形成的。它们的特征是严格遵守化合价规律，因而这类化合物对其两个组元几乎没有溶解度，其成分可用化学式来表示，如 Mg_2Si、ZnS 等。正常价化合物一般具有较高的硬度和较大的脆性。在工业合金中只有少数的合金系才能形成这类化合物。

2) 电子化合物

电子化合物与正常价化合物不同，它不遵守一般的化合价规律。但是，如果将这类化合物的价电子数与原子数之比值(该比值称为电子浓度)进行统计，仍会发现一定的规律，总结如下：

(1) 凡电子浓度为 3/2 的电子化合物，皆具有体心立方晶格，习惯上称为 β 相，如 CuZn、Cu_5Sn、NiAl、FeAl 等；

(2) 凡电子浓度为 21/13 的电子化合物，皆具有复杂立方晶格，称为 γ 相，如 Cu_5Zn_8、$Cu_{31}Zn_8$ 等；

(3) 凡电子浓度为 7/4 的电子化合物，皆具有密排六方晶格，称 ε 相，如 $CuZn_3$、Cu_3Sn 等。

由于这类化合物的形成规律与电子浓度密切相关，故称为电子化合物。电子化合物虽然可用化学式表示，但实际上它的成分是可变的，它能溶解一定量的组元形成以化合物为基的固溶体。电子化合物也具有较高的硬度与脆性。

3) 间隙化合物

间隙化合物是由过渡族金属元素(Fe、Cu、Mn、Mo、W、V 等)和原子直径很小的类金属元素(C、N、H、B)形成的。最常见的间隙化合物是金属的碳化物、氮化物、硼化物等。

凡原子半径比值 r_X/r_M(M 代表金属、X 代表类金属)不超过 0.59 者均能形成简单形式的晶格，如 VC、TiN、TiC、NbC、Fe_4N 等(图 1-22(a))，也称其为间隙相。当 $r_X/r_M>0.59$ 时，由于尺寸因素的关系不利于形成上述简单而对称性高的晶格，于是形成了具有复杂晶格的化合物，如 Fe_3C 则构成了复杂的斜方晶格(图 1-22(b))，需要区别的是固溶体中早期析出的 $Fe_{2-3}C$ 又称为 ε 碳化物，具有密排六方晶格。

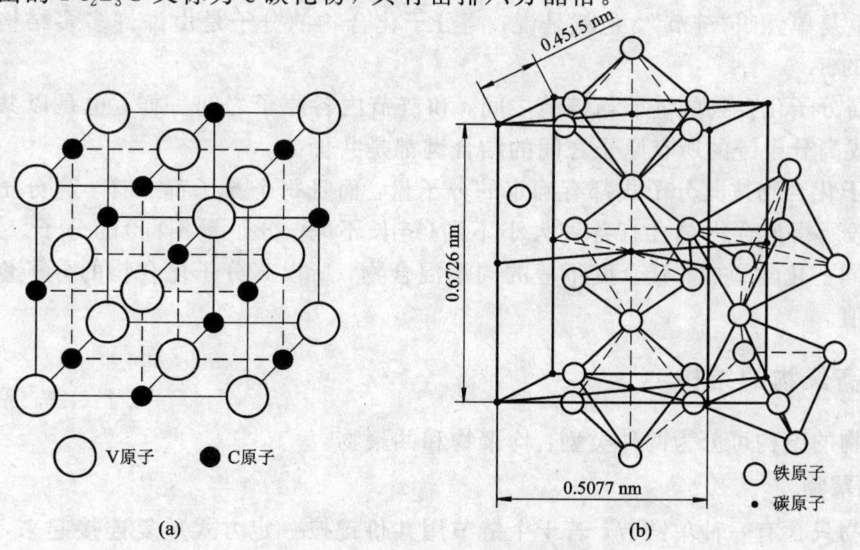

图 1-22　间隙化合物的晶体结构

(a) 间隙相 VC 的晶体结构；(b) 间隙化合物 Fe_3C 晶体结构

形成简单晶格的间隙相其共同特点是具有极高的熔点和硬度，而且十分稳定；形成复杂晶格的间隙化合物其熔点和硬度比前者低，稳定性也较差。二者都能溶解其它组元而形成固溶体。

间隙化合物在钢中存在，这对钢的强度及耐磨性起着重要的作用。如碳钢中的 Fe_3C 可以提高钢的强度和硬度，工具钢中的 VC 可提高钢的耐磨性；高速钢中的间隙化合物则使其在高温下保持高硬度；WC 和 TiC 则是制造硬质合金的主要材料。

1.4 高　聚　物

高分子合成材料是分子量很大的材料，它是由许多单体(低分子)用共价键连接(聚合)起来的大分子化合物。所以高分子又称大分子，高分子化合物又称高聚物或聚合物。例如，聚氯乙烯就是由氯乙烯聚合而成。把彼此能相互连接起来而形成高分子化合物的低分子化合物(如氯乙烯)称为单体，而所得到的高分子化合物(如聚氯乙烯)就是高聚物。组成高聚物的基本单元称为链节。若用 n 值表示链节的数目，则 n 值愈大，高分子化合物的分子量 M 也愈大，即 $M=n\times m$(m 为链节的分子量，n 为聚合度)。整个高分子链就相当于由几个链节按一定方式重复连接起来，成为一条细长链条。高分子合成材料大多数是以碳和碳结合为分子主链，即分子主干是由众多的碳原子相互排列成长长的碳链，两旁再配以氢、氯、氟或其他分子团，或配以另一较短的支链，使分子成交叉状态而构成的。分子链和分子链之间依赖分子间的作用力而连接。

从分子结构式中可以发现高分子化合物的化学结构有以下三个特点：

(1) 高分子化合物的分子量虽然十分巨大，但它们的化学组成一般都比较简单，和有机化合物一样，仅由几种元素所组成。

(2) 高分子化合物的结构像一条长链，在这个长链中含有许多个结构相同的重复单元，这种重复单元叫“链节”。也就是说，高分子化合物的分子是由许许多多结构相同的链节所组成的。

(3) 高分子化合物的链节与链节之间，和链节内各原子之间一样，也是以共价键结合的，即组成高分子链的所有原子之间的结合键都是共价键。

低分子化合物按其分子式都有确定的分子量，而且每个分子都一样。高分子化合物则不然，一般所得聚合物总含有各种大小不同(链长不同、分子量不同)的分子。换句话说，聚合物是同一化学组成、聚合度不等的同系混合物，所以高分子化合物的分子量实际上是一个平均值。

1.4.1　高聚物的结构

高聚物的结构可分为两种类型：均聚物和共聚物。

1. 均聚物

均聚物只含有一种单链节，若干个链节用共价键按一定方式重复连接起来，像一根又细又长的链子一样。均聚物的结构在拉伸状态或在低温下易呈直线形状(图 1-23(a))，而在较高温度或稀溶液中，则易呈蜷曲状。其特点是可溶，即它可以溶解在一定的溶液之中，加热时可以熔化。基于这一特点，线型高聚物结构的聚合物易于加工，可以反复应用。一些合成纤维、热塑性塑料(如聚氯乙烯、聚苯乙烯等)就属于这一类。

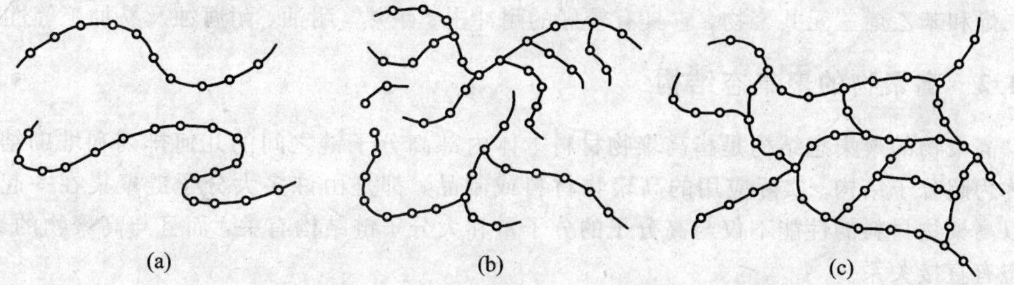

图 1-23 均聚物结构示意图

(a) 线型结构；(b) 支链型结构；(c) 网状结构

支链型高聚物的结构好像一根“节上小枝”的枝干一样(图 1-23(b))，主链较长，支链较短，其性质和线型高聚物结构基本相同。

网状高聚物是在一根根长链之间有若干个支链把它们交联起来，构成一种网状形状。如果这种网状的支链向空间发展的话，便得到体型高聚物结构(图 1-23(c))。这种高聚物结构的特点是：在任何情况下都不熔化，也不溶解。成型加工只能在形成网状结构之前进行，一经形成网状结构，就不能再改变其形状。这种高聚物在保持形状稳定、耐热及耐溶剂作用方面有其优越性。热固性塑料(如酚醛、脲醛等塑料)就属于这一类。

2. 共聚物

共聚物是由两种以上不同的单体链节聚合而成的。由于各种单体的成分不同，共聚物的高分子排列形式也多种多样，可归纳为无规则型、交替型、嵌段型和接枝型。若将 M_1 和 M_2 两种不同结构的单体分别以有斜线的圆圈和空白圆圈表示，则共聚物的四种高分子结构可以用图 1-24 表示。

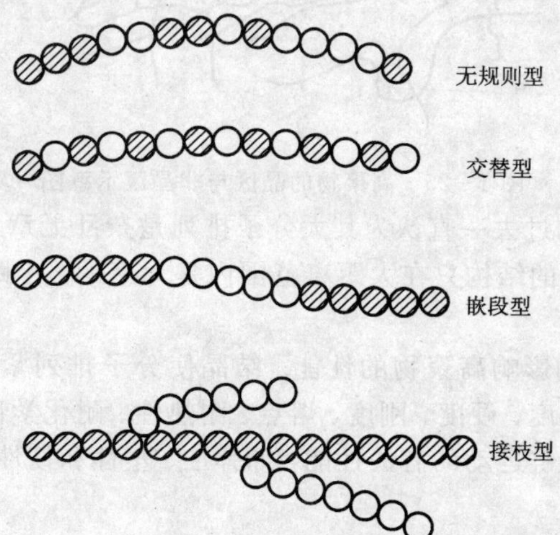

图 1-24 共聚物结构示意图

无规则型共聚物是 M_1、M_2两种不同单体在高分子长链中呈无规则排列；交替型共聚物是 M_1、M_2单体有规则地交替排列在高分子长链中；嵌段型共聚物是 M_1 聚合片段和 M_2 聚合片段彼此交替连接；接枝型共聚物是 M_1 单体连接成主链，又连接了不少 M_2 单体组成的支链。

共聚物在实际应用中具有十分重要的意义。因为共聚物能将两种或多种自聚的特性综合到一种聚合物中，因此，有人把共聚物称为非金属的“合金”。例如 ABS 树脂是丙烯腈、丁二烯和苯乙烯三元共聚物，它具有较好的耐冲击、耐热、耐油、耐腐蚀及易加工等性能。

1.4.2　高聚物的聚集态结构

高聚物的聚集态结构是指高聚物材料本体内部高分子链之间的几何排列和堆砌结构，也称为超分子结构。实际应用的高聚物材料或制品，都是由许多大分子链聚集在一起的，所以高聚物材料的性能不仅与高分子的分子量和大分子链结构有关，而且与高聚物的聚集状态有直接关系。

高聚物按照大分子排列是否有序，可分为结晶态和非结晶态两类。结晶态聚合物分子排列规则有序；非结晶态聚合物分子排列杂乱不规则。

结晶态聚合物由晶区（分子有规则紧密排列的区域）和非晶区（分子处于无序状态的区域）组成，如图 1-25 所示。高聚物部分结晶的区域称为微晶，通常将微晶的多少称为结晶度。一般结晶态高聚物的结晶度为 50%～80%。

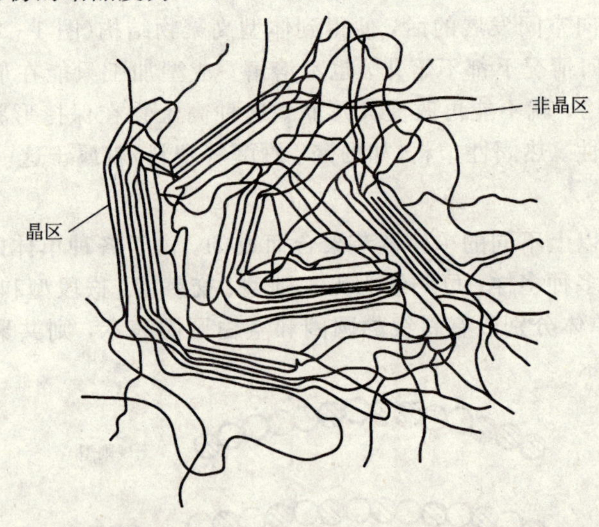

图 1-25　高聚物的晶区与非晶区示意图

非晶态聚合物的结构过去一直认为其大分子排列是杂乱无章、相互穿插交缠的。近来研究发现，非晶态聚合物的结构只在大距离范围内是无序的，小距离范围内是有序的，即远程无序。

晶态与非晶态结构均影响高聚物的性能。结晶使分子排列紧密，分子间作用力增大，所以使高聚物的密度、强度、硬度、刚度、熔点、耐热性、耐化学性、抗液体及气体透过性等性能有所提高；而依赖链运动的有关性能，如弹性、塑性和韧性较低。

1.5　陶瓷材料的结构

现代陶瓷被看做是除金属材料和有机高分子材料以外的所有固体材料，所以陶瓷亦称无机非金属材料。陶瓷的结合键主要是离子键或共价键，它们可以是结晶型的，如 MgO、

Al_2O_3、ZrO_2 等；也可以是非晶型的，如玻璃等。有些陶瓷在一定条件下，可由非晶型转变为结晶型，如玻璃陶瓷等。

1.5.1　离子型晶体陶瓷

属于离子型晶体陶瓷的种类很多，主要有：图 1-1 所示的 NaCl 结构，具有这类结构的陶瓷有 MgO、NiO、FeO 等；图 1-26 所示的 CaF_2 结构，具有这类结构的陶瓷有 ZrO_2、VO_2、ThO_2 等；图 1-27 所示的刚玉型结构，具有这类结构的陶瓷主要有 Al_2O_3、Cr_2O_3 等；图 1-28 所示的钙钛矿型结构，具有这类结构的陶瓷有 $CaTiO_3$、$BaTiO_3$、$PbTiO_3$ 等。

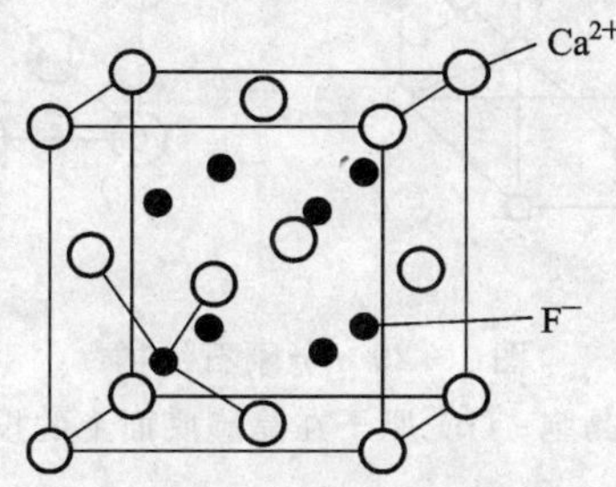

图 1-26　CaF_2 结构

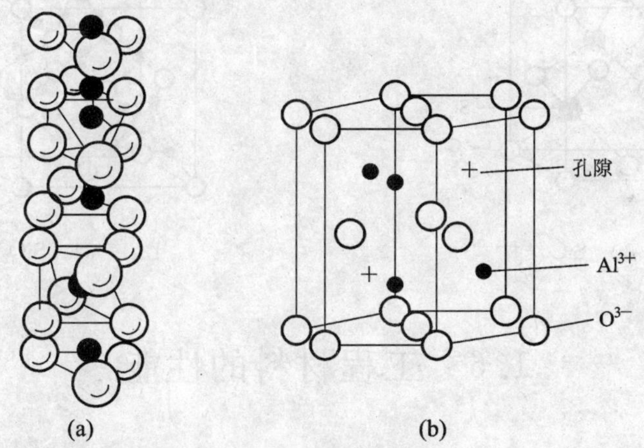

图 1-27　Al_2O_3 结构

(a) Al_2O_3 结构；(b) Cr_2O_3 结构

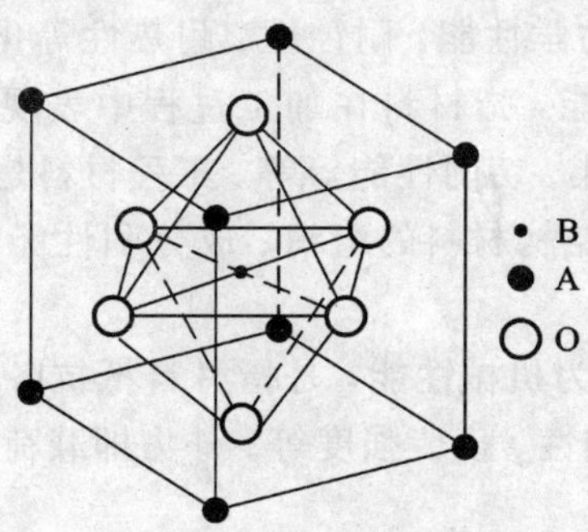

图 1-28　钙钛矿结构

1.5.2　共价型晶体陶瓷

共价型晶体陶瓷多属于金刚石结构，如图 1－29 所示，或者是由其派生出的结构，如 SiC 结构(图 1－30)和 SiO_2 结构(图 1－31)。

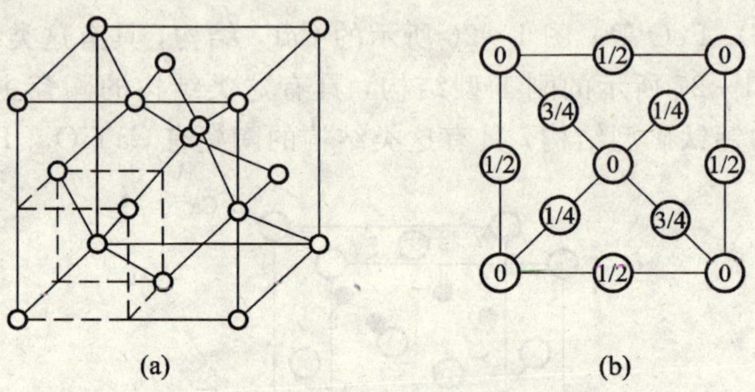

图 1－29　金刚石结构

(a) 晶胞；(b) 原子在晶胞底面上的投影

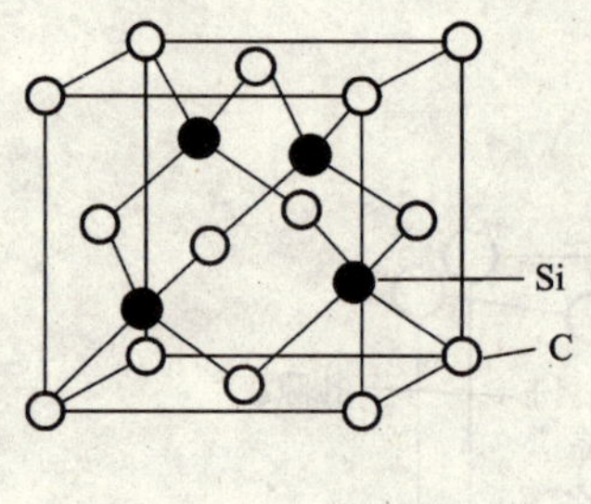

图 1－30　SiC 结构

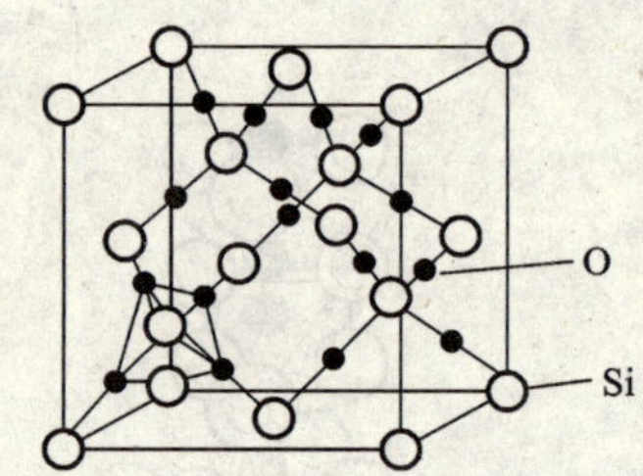

图 1－31　SiO_2 结构

1.6　工程材料的性能

工程材料具有许多良好的性能，因此被广泛地应用于制造各种构件、机械零件、工具和日常生活用具等。为了正确地使用工程材料，应充分了解和掌握材料的性能。通常所说工程材料的性能有两个方面的意义：一是材料的使用性能，指材料在使用条件下表现出的性能，如强度、塑性、韧性等力学性能，耐蚀性、耐热性等化学性能以及声、光、电、磁等物理性能；二是材料的工艺性能，指材料在加工过程中表现出的性能，如冷热加工、压力加工性能，焊接性能、铸造性能、切削性能等等。工程材料是材料科学的应用部分，主要讨论结构材料的力学性能，阐述结构材料的组织、成分和性能的相互影响规律，解答工程应用问题。

工程材料的力学性能亦称为机械性能，是指材料抵抗各种外加载荷的能力，包括弹性与刚度、强度、塑性、硬度、韧性、疲劳强度等。外力即载荷，常见的各种外载荷形式如图 1－32 所示。

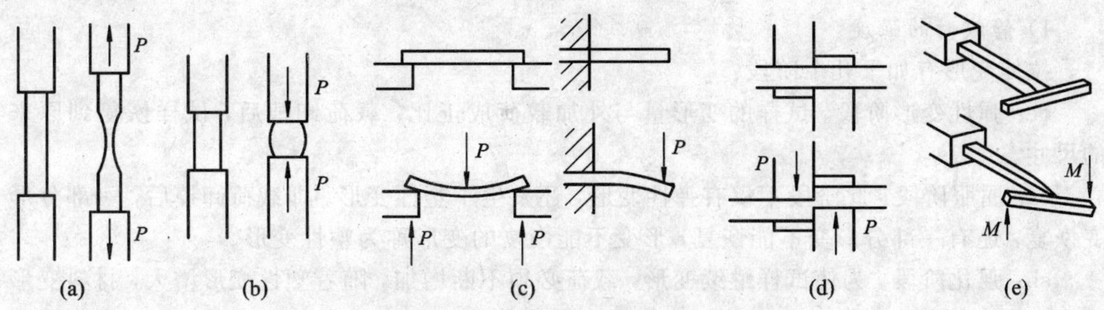

图 1-32　常见的各种外载荷的形式

(a) 拉伸载荷；(b) 压缩载荷；(c) 弯曲载荷；(d) 剪切载荷；(e) 扭转载荷

1.6.1　金属材料的拉伸性能

在材料拉伸试验机上对一截面为圆形的低碳钢拉伸试样(图 1-33)进行拉伸试验，可得到应力与应变的关系图，即拉伸图。图 1-34 是低碳钢和铸铁的应力-应变曲线。图中的纵坐标为应力 σ(单位为 MPa)，计算公式为

$$\sigma = \frac{P}{A_0} \tag{1-3}$$

横坐标为应变 ε，计算公式为

$$\varepsilon = \frac{\Delta l}{l_0} = \frac{l_1 - l_0}{l_0} \times 100\% \tag{1-4}$$

式中：P 为所加载荷；A_0 为试样原始截面积；l_0 为试样的原始标距长度；l_1 为试样变形后的标距长度；Δl 为伸长量。

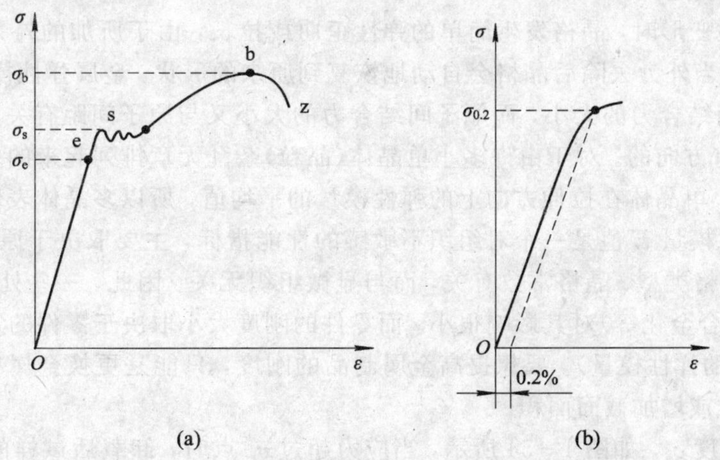

图 1-34　低碳钢和铸铁的应力-应变(σ-ε)曲线

(a) 低碳钢；(b) 铸铁

1. 强度

材料在外力作用下抵抗变形与断裂的能力称为强度。根据外力作用方式的不同，强度有多种指标，如抗拉强度、抗压强度、抗弯强度、抗剪切强度和抗扭强度等。其中抗拉强度和屈服强度指标应用最为广泛。

1）静载时的强度

拉伸变形有如下几个阶段：

oe：弹性变形阶段。试样的变形量与外加载荷成正比，载荷卸掉后，试样恢复到原来的尺寸。

es：屈服阶段。此阶段不仅有弹性变形，还发生了塑性变形。即载荷卸掉后，一部分形变恢复，还有一部分形变不能恢复，形变不能恢复的变形称为塑性变形。

sb：强化阶段。为使试样继续变形，载荷必须不断增加，随着塑性变形增大，材料变形抗力也逐渐增加。

bz：缩颈阶段。当载荷达到最大值时，试样的直径发生局部收缩，称为“缩颈”。此时变形所需的载荷逐渐降低。

z点：试样断裂。试样在此点发生断裂。

(1) 弹性与刚度。在应力-应变曲线上，oe段为弹性变形阶段，即卸载后试样恢复原状，这种变形称为弹性变形。e点的应力σ_e称为弹性极限。弹性极限值表示材料保持弹性变形，不产生永久变形的最大应力，是弹性零件的设计依据。

材料在弹性范围内，应力与应变的关系符合虎克定律：

$$\sigma = E \cdot \varepsilon \tag{1-5}$$

式中，σ为外加的应力；ε为相应的应变；E为弹性模量(MPa)。

式(1-5)可改写为$E=\sigma/\varepsilon$，所以弹性模量E是应力-应变曲线上的斜率。斜率越大，弹性模量越大，弹性变形越不易进行。因此，弹性模量E是衡量材料抵抗弹性变形的能力，即表征零件或构件保持原有形状与尺寸的能力，所以也称做材料的刚度，即材料的弹性模量越大，它的刚度越大。

金属在弹性变形时，晶格发生简单的弹性歪曲或拉长，由于所加的外力未超过原子间的结合力，因此当外力去除后晶格会自动地恢复到原来的形状。金属弹性模量E的大小主要取决于原子间结合力的大小，而原子间结合力的大小又与原子间距有关，所以单晶体的弹性模量E是有方向的。对于由许多小单晶体(晶粒)杂乱无章排列起来的多晶体，其弹性模量E是许多小单晶体在拉伸方向上的弹性模量的平均值，所以多晶体表现出无方向性。

材料的弹性模量E值是一个对组织不敏感的性能指标，主要取决于原子间的结合力，与材料本性、晶格类型、晶格常数有关，而与显微组织无关。因此，一些处理方法(如热处理、冷热加工、合金化等)对其影响很小。而零件的刚度大小取决于零件的几何形状和材料的种类(即材料的弹性模量)。要想提高金属制品的刚度，只能是更换金属材料、改变金属制品的结构形式或增加截面面积。

(2) 屈服强度σ_s。如图1-34所示，当应力超过σ_e点时，卸载后试样的伸长只能部分恢复。这种不随外力去除而消失的变形称为塑性变形。当应力增加到σ_s点时，图上出现了平台。这种外力不增加而试样继续发生变形的现象称为屈服。材料开始产生屈服时的最低应力σ_s称为屈服强度。

工程上使用的材料多数没有明显的屈服现象。这类材料的屈服强度在国标中规定以试样的塑性变形量为试样标距的0.2%时的材料所承受的应力值来表示，并以符号$\sigma_{0.2}$表示。它是$F_{0.2}$与试样原始横截面积A_0之比。零(构)件在工程中一般不允许发生塑性变形，所以屈服强度σ_s是设计时的主要参数，是材料的重要机械性能指标。

(3) 抗拉强度 σ_b。材料发生屈服后，其应力与应变的关系曲线如图 1-34 的 sb 段，到 b 点，应力达最大值 σ_b，b 点以后，试样的截面产生局限"颈缩"，迅速伸长，这时试样的伸长主要集中在缩颈部位，直至拉断。将材料受拉时所能承受的最大应力值 σ_b 称为抗拉强度。σ_b 是机械零(构)件评定和选材时的重要强度指标。

σ_s 与 σ_b 的比值叫做屈强比，屈强比愈小，工程构件的可靠性愈高，即万一超载也不致于马上断裂；若屈强比太小，则材料强度有效利用率也就太低。

金属材料的强度与化学成分、工艺过程和冷热加工，尤其是热处理工艺有密切关系，如对于退火状态的三种铁碳合金，碳质量分数分别为 0.2%、0.4%、0.6%，则它们的抗拉强度分别为 350 MPa、500 MPa、700 MPa。碳质量分数为 0.4%的铁碳合金淬火和高温回火后，抗拉强度可提高到 700～800 MPa。合金钢的抗拉强度可达 1000～1800 MPa。但铜合金和铝合金的抗拉强度明显有所提高，如铜合金的 σ_b 达 600～700 MPa，铍铜合金经过固溶时效处理后，σ_b 最高为 1250 MPa；铝合金的 σ_b 一般为 400～600 MPa。

2) 动载时的强度

动载时最常用的是疲劳强度，它是指在大小和方向重复循环变化的载荷作用下材料抵抗断裂的能力。

许多机械零件，如曲轴、齿轮、轴承、叶片和弹簧等，在工作中各点承受的应力随时间作周期性的变化，这种随时间作周期性变化的应力称为交变应力。在周期交变应力作用下，零件所承受的应力虽然低于其屈服强度，但经过较长时间的工作会产生裂纹或突然断裂，这种现象称为材料的疲劳。据统计，大约有 80%以上的机械零件失效是由疲劳失效造成的。

测定材料疲劳寿命的试验有许多种，最常用的一种是旋转梁试验，试样在旋转时交替承受大小相等的交变拉压应力。试验所得数据可绘成 $\sigma-N$ 疲劳曲线(图 1-35)，σ 为产生失效的应力，N 为应力循环次数。

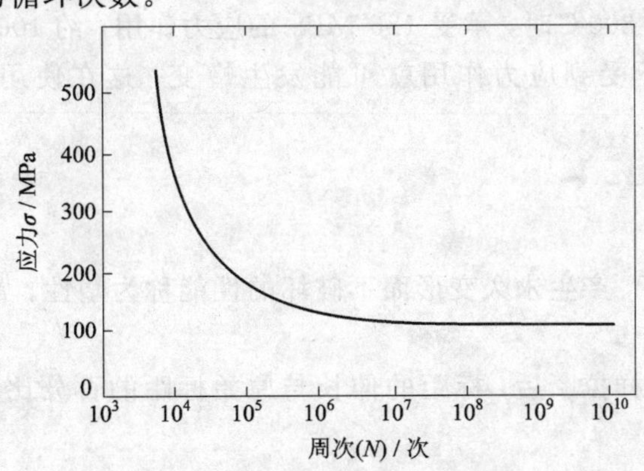

图 1-35　材料的 $\sigma-N$ 曲线

图 1-36 所示为中碳钢和高强度铝合金的典型 $\sigma-N$ 曲线(疲劳曲线)。对于中碳钢，随着承受的交变应力越大，则断裂时应循环的次数越少；反之，则循环次数越多。随着应力循环次数的增加，疲劳强度逐渐降低，以后曲线逐渐变平，即循环次数再增加时，疲劳强度也不降低。当应力低于一定值时，试样可经受无限个周期循环而不被破坏，$\sigma-N$ 曲线出现水平部分所对应的定值称为疲劳强度(疲劳极限)，用 σ_r 表示。对于应力对称循环的疲

劳强度用σ_{-1}表示。实际上，材料不可能作无限次交变应力试验。对于黑色金属，一般规定应力循环10^7周次而不断裂的最大应力称为疲劳极限；有色金属、不锈钢等取10^8周次时的最大应力。许多铁合金的疲劳极限约为其抗拉强度的一半，有色合金(如铝合金)没有疲劳极限，它的疲劳强度可以低于抗拉强度的1/3。

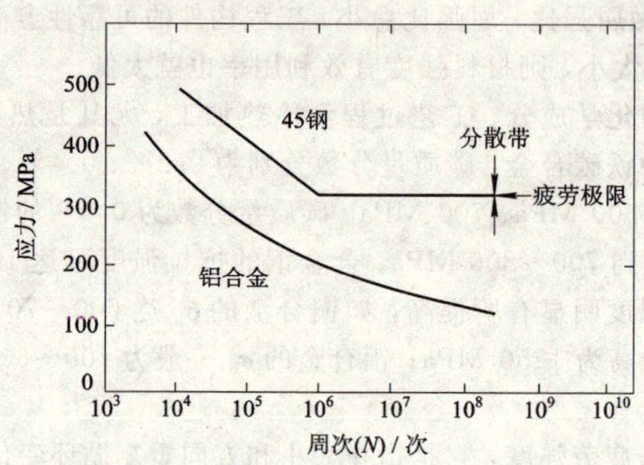

图1-36 中碳钢和铝合金的$\sigma-N$曲线

3) 高温强度

金属材料在高于一定温度的环境下长时间工作时，即使承受的应力低于屈服点σ_s，也会出现缓慢塑性变形，这就是"蠕变"。所以，高温下材料的强度就不能完全用室温下的强度(σ_s或σ_b)来代替，此时必须考虑温度和时间的影响。材料的高温强度要用蠕变极限和持久强度来表示。蠕变极限是指金属在给定温度下和规定时间内产生一定变形量的应力。例如$\sigma_{0.1/1000}^{600}=88$ MPa，表示在600℃下，1000 h内，引起0.1%变形量的应力值为88 MPa。而持久强度是指金属在给定温度和规定时间内，使材料发生断裂的应力。例如$\sigma_{100}^{800}=186$ MPa，表示工作温度为800℃时，承受186 MPa的应力作用，约100 h后断裂。

工程塑料在室温下受到应力作用就可能发生蠕变，这在使用塑料受力件时应予以注意。

1.6.2 塑性

材料在外力作用下，产生永久变形而不破坏的性能称为塑性。常用的塑性指标有延伸率(δ)和断面收缩率(ψ)。

在拉伸试验中，试样拉断后，标距的伸长与原始标距的百分比称为延伸率，用符号δ表示，即

$$\delta=\frac{l_1-l_0}{l_0}\times100\% \tag{1-6}$$

式中，l_0为试样的原始标距长度(mm)；l_1为试样拉断后的标距长度(mm)。

同一材料的试样长短不同，测得的延伸率也略有不同。长试样($l_0=10d_0$，d_0为试样原始横截直径)和短试样($l_0=5d_0$)测得的延伸率分别记作δ_{10}(也常写成δ)和δ_5。

试样拉断后，缩颈处截面积的最大缩减量与原横截面积的百分比称为断面收缩率，用符号ψ表示，即

$$\psi = \frac{A_1 - A_0}{A_0} \times 100\% \tag{1-7}$$

式中，A_1 为试样拉断后细颈处最小横截面积(mm^2)；A_0 为试样的原始横截面积(mm^2)。

金属材料的 δ 和 ψ 值越大，表示材料的塑性越好。塑性好的金属可以发生塑性变形而不被破坏，便于通过各种压力加工获得形状复杂的零件，如铜、铝、铁等。工业纯铁的 δ 可达 50%，ψ 可达 80%，可以拉成细丝、压成薄板，进行深冲成型。铸铁塑性很差，δ 和 ψ 几乎为零，不能进行塑性变形加工。塑性好的材料在受力过大时，由于首先产生塑性变形而不致发生突然断裂，因此比较安全。

金属重要的特性之一就是具有优良的塑性。塑性为金属零件的成型提供了经济而有效的途径，各种金属的板材、棒材、线材和型材都是通过轧制、锻造、挤压、冷拔、冲压等压力加工方法制造而成的，这些加工方法的特点是金属材料在外力的作用下按一定的形状和尺寸发生永久性的塑性变形。塑性金属经塑性变形后，不仅改变了外观和尺寸，内部组织和结构也发生了变化，而且通过塑性变形所伴随的硬化过程还使材料强度获得提高。因此，塑性变形也是改善金属材料性能的一个重要手段。此外，金属的常规力学性能，如强度、塑性等，也是根据其变形行为来评定的。但是，在工程上也常常要求消除塑件变形给金属造成的不良影响，也就是说，必须在加工过程中及加工后对金属进行加热，使其发生再结晶，恢复塑性变形以前的性能。

因此，研究金属塑性变形以及变形金属在加热过程中所发生的变化，对充分发挥金属材料的力学性能具有非常重要的理论和实际意义。它一方面可以揭示金属材料强度和塑性的本质，并由此探索强化金属材料的方法和途径；另一方面对处理生产上各种有关的塑性变形问题提供重要的线索和参考，或作为改进加工工艺和提高加工质量的依据。

1.6.3　硬度

硬度是指材料抵抗另一硬物压入其内而产生局部塑性变形的能力。通常，材料越硬，其耐磨性越好。同时通过硬度值可估计材料的近似 σ_b 值。硬度试验方法比较简单、迅速，可直接在原材料或零件表面上测试，因此被广泛应用。常用的硬度测量方法有压入法，主要性能指标有布氏硬度(HB)、洛氏硬度(HR)、维氏硬度(HV)等。陶瓷等材料还常用克努普氏显微硬度(HK)和莫氏硬度(划痕比较法)作为硬度指标。

1. 布氏硬度

图 1－37 所示为布氏硬度测试原理图。即用直径为 D 的淬火钢球或硬质合金球，在一定载荷作用下压入试样表面，保持规定的时间后卸除载荷，在试样表面会留下球形压痕。测量其压痕直径，即可计算出硬度值。布氏硬度值是用球冠压痕单位表面积上所承受的平均压力来表示的，符号为 HBS(当用钢球压头时)或 HBW(当用硬质合金时)，即

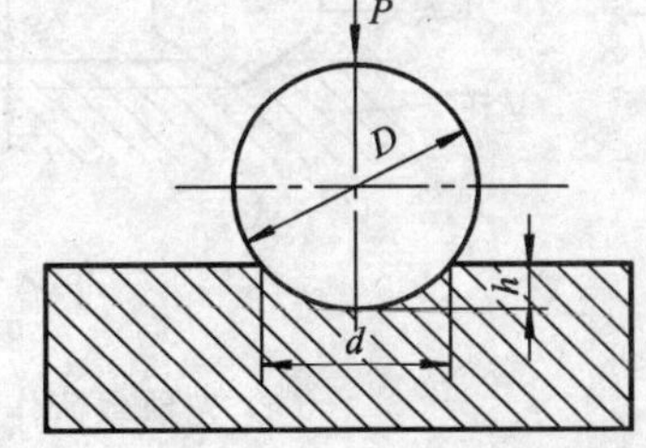

图 1－37　布氏硬度试验原理图

$$\text{HBS(HBW)} = 0.102\frac{2P}{\pi D(D - \sqrt{D^2 - d^2})} \tag{1-8}$$

式中，P 为载荷(N)；D 为球体直径(mm)；d 为压痕平均直径(mm)。

在试验中，硬度值不需计算，是用刻度放大镜测出压痕直径 d，然后对照有关附录查出相应的布氏硬度值。

布氏硬度记为 200 HBS10/1000/30，表示用直径为 10 mm 的钢球，在 9800 N (1000 kgf)的载荷下保持 30 s 时测得的布氏硬度值为 200。如果钢球直径为 10 mm，载荷为 29 400 N(3000 kgf)，保持 10 s，硬度值为 200，可简单表示为 200 HBS。

淬火钢球用以测定硬度小于 450 HB 的金属材料，如灰铸铁、有色金属及经退火、正火和调质处理的钢材，其硬度值以 HBS 表示。布氏硬度在 450～650 之间的材料，压头用硬质合金球，其硬度值用 HBW 表示。

布氏硬度的优点是具有较高的测量精度，因其压痕面积大，可比较真实地反映出材料的平均性能。另外，由于布氏硬度与 σ_b 之间存在一定的经验关系，如热轧钢的 $\sigma_b=(3.4\sim3.6)$HBS，冷变形铜合金 $\sigma_b\approx4.0$ HBS，灰铸铁 $\sigma_b\approx(2.7\sim4.0)$HBS，因此得到广泛的应用。布氏硬度的缺点是不能测定高硬度材料。

2. 洛氏硬度

图 1－38 为洛氏硬度测量原理图。将金刚石压头(或钢球压头)在先后施加两个载荷(预载荷 P_0 和总载荷 P)的作用下压入金属表面。总载荷 P 为预载荷 P_0 和主载荷 P_1 之和。卸去主载荷 P_1 后，测量其残余载荷压入深度 h_1 来计算洛氏硬度值。残余载荷压入深度 h_1 越大，表示材料硬度越低，实际测量时硬度可直接从洛氏硬度计表盘上读得。根据压头的种类和总载荷的大小，洛氏硬度常用的表示方式有 HRA、HRB、HRC 三种(见表 1－4)。如洛氏硬度表示为 62 HRC，表示用金刚石圆锥压头，总载荷为 1470 N 测得的洛氏硬度值。

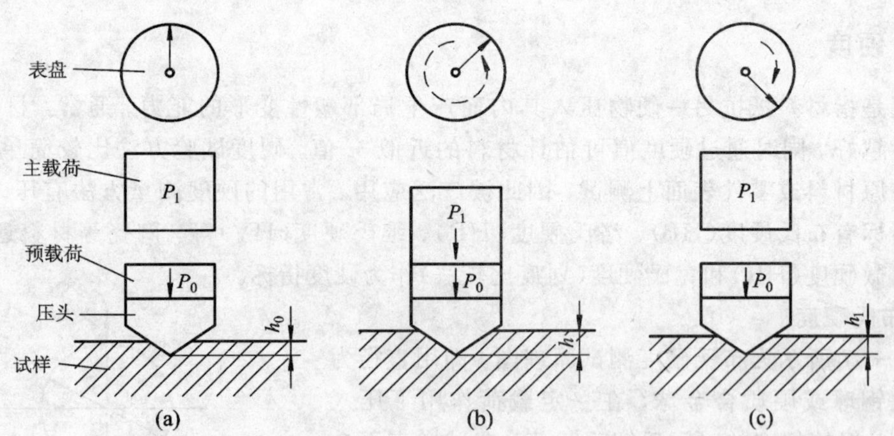

图 1－38　洛氏硬度测量原理图

(a) 先预载荷作用；(b) 总载荷作用；(c) 卸去主载荷作用后

洛氏硬度测量用于试验各种钢铁原材料、有色金属、经淬火后工件、表面热处理工件及硬质合金等。

洛氏硬度试验的优点是压痕小、直接读数，操作方便，可测量较薄工件的硬度，还可测低硬度、高硬度材料，应用最广泛；其缺点是精度较差，硬度值波动较大，通常应在试样不同部位测量数次，取平均值为该材料的硬度值。

表 1-4　常用洛氏硬度的符号、试验条件与应用

标度符号	压　头	总载荷/N	表盘上刻度颜色	常用硬度示值范围	应 用 实 例
HRA	金刚石圆锥	588	黑线	70～85	碳化物、硬质合金、表面硬化合金工件等
HRB	1/16 钢球	980	红线	25～100	软钢、退火钢、铜合金等
HRC	金刚石圆锥	1470	黑线	20～67	淬火钢、调质钢等

3. 维氏硬度

布氏硬度不适用于检测较高硬度的材料；洛氏硬度虽可检测不同硬度的材料，但不同标尺的硬度值不能相互直接比较；而维氏硬度可用同一标尺来测定从极软到极硬的材料。

维氏硬度试验原理与布氏法相似，也是以压坑单位表面积所承受压力的大小来计算硬度值的。它是用对面夹角为 136° 的金刚石四棱锥体，在一定压力作用下，在试样试验面上压出一个正方形压痕，如图 1-39 所示。通过设在维氏硬度计上的显微镜来测量压坑两条对角线的长度，根据对角线的平均长度，从相应表中查出维氏硬度值。

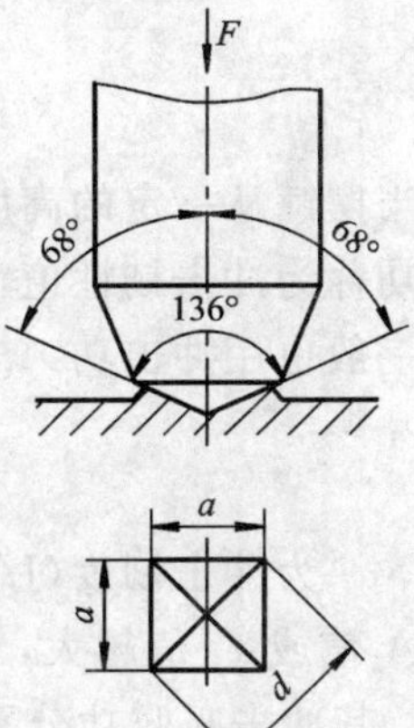

维氏硬度试验所用压力可根据试样的大小、厚薄等条件来选择。压力按标准规定有 49 N、98 N、196 N、294 N、490 N、980 N 等。压力保持时间：黑色金属为 10～15 s，有色金属为 (30±2)s。

图 1-39　维氏硬度试验原理图

维氏硬度可测定软极到很硬的各种材料。由于所加压力小，压入深度较浅，故可测定较薄材料和各种表面渗层，且准确度高。但维氏硬度试验时需测量压痕对角线的长度，测试手续较繁，不如洛氏硬度试验法那样简单、迅速。

各种不同方法测得的硬度值之间可通过查表的方法进行互换。如 61 HRC＝82 HRA＝627 HBW＝803 HV30。

铝合金和铜合金的硬度较低，铝合金的硬度一般低于 150 HBS，铜合金的硬度范围大致为 70～200 HBS。退火态的低碳钢、中碳钢、高碳钢的硬度分别大致为 120～180 HBS、180～250 HBS、250～350 HBS。中碳钢淬火后硬度可达 50～58 HRC，高碳钢淬火后硬度可达 60～65 HRC。

1.6.4　冲击韧性

许多机械零件在工件中往往受到冲击载荷的作用，如活塞销、锤杆、冲模和锻模等。制造这类零件所用的材料不能单用在静载荷作用下的指标来衡量，而必须考虑材料抵抗冲击载荷的能力。材料抵抗冲击载荷而不被破坏的能力称为冲击韧性。为了评定材料的冲击韧性，需进行冲击试验。

1. 摆锤式一次冲击试验

冲击试样的类型较多，常用的为 U 型或 V 型缺口(脆性材料不开缺口)的标准试样。一次冲击试验通常是在摆锤式冲击试验机上进行的。试验时将带缺口的试样安放在试验机的机架上，使试样的缺口位于两支架中间，并背向摆锤的冲击方向，如图 1－40 所示。

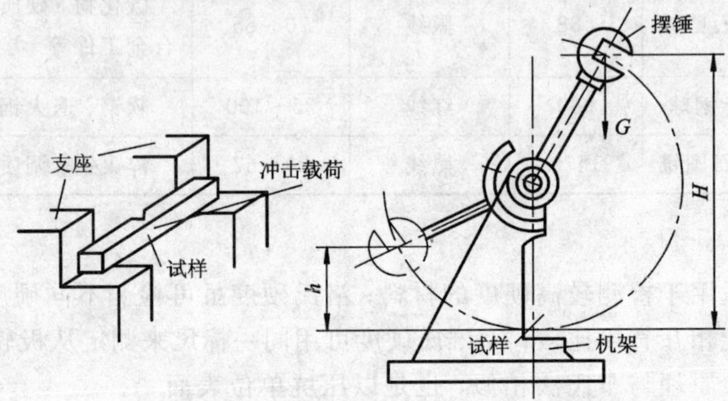

图 1－40　摆锤式一次冲击试验原理图

当摆锤从一定的高度落下时，试样被冲断。冲断时，在试样横截面的单位面积上所消耗的功称为冲击韧性值，即冲击韧度，用符号 a_k 表示。由于冲击试验采用的是标准试样，目前一般也用冲击功 A_k 表示冲击韧性值，即

$$a_k = \frac{A_k}{S_0} \tag{1-9}$$

式中，a_k 为冲击韧度(J/m^2)；A_k 为冲击吸收功(J)；S_0 为试样缺口处截面积(m^2)。

A_k 值或 a_k 值越大，材料的韧性越好。使用不同类型的试样(U 型或 V 型缺口)进行试验时，其冲击吸收功分别为 A_{kU} 或 A_{kV}，冲击韧度则分别为 a_{kU} 或 a_{kV}。

2. 小能量多次冲击试验

实践表明，承受冲击载荷的机械零件很少因一次能量冲击而遭到破坏，绝大多数是在小能量多次冲击的作用下破坏形成的，如凿岩机风镐上的活塞、冲模的冲头等。所以上述 a_k 值是不能代表这种零件抵抗多次小能量冲击的能力的。

小能量多次冲击试验是在落锤式试验机上进行的。如图 1－41 所示，带有双冲点的锤头以一定的冲击频率(400、600 周次/min)冲击试样，直至冲断为止。多次冲击抗力指标一般是以某冲击功 A 作用下，开始出现裂纹和最后断裂的冲击次数来表示的。

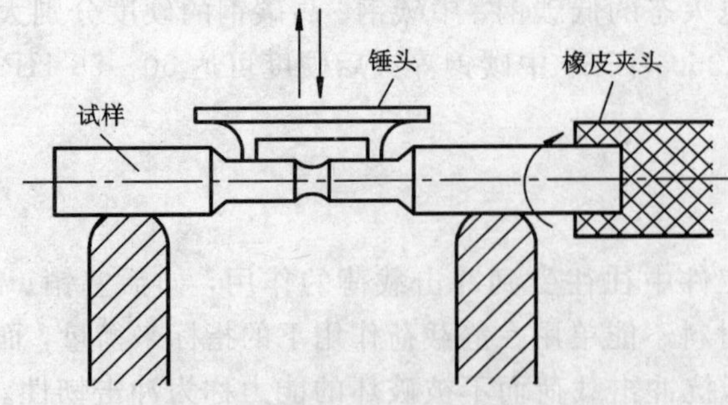

图 1－41　多次冲击弯曲试验示意图

1.6.5　断裂韧性

桥梁、船舶、大型轧辊、转子等有时会发生低应力脆断，这种断裂的名义断裂应力低于材料的屈服强度。尽管在设计时保证了足够的延伸率、韧性和屈服强度，但仍不免被破坏，这是由于构件或零件内部存在着或大或小、或多或少的裂纹和类似裂纹的缺陷造成的。因为

$$\sigma_c=\sqrt{\frac{E\gamma_p}{a}} \tag{1-10}$$

所以

$$\sigma_c\sqrt{a}=\sqrt{E\gamma_p}=K_c$$

对于一定的金属材料，其单位体积内的塑性功 γ_p 和正弹性模量 E 是常数，故其乘积 K 也是常数，所以上面右边等式成立，即 $K_c=\sigma_c\sqrt{a}$。该式表明，引起脆断时的临界应力 σ_c 与裂纹深度(半径)a 的平方根成反比(图 1-42)。各种材料的 K_c 值不同，在裂纹尺寸一定的条件下，材料 K_c 值越大，则裂纹扩展所需的临界应力 σ_c 就愈大。因此，常数 K_c 表示材料阻止裂纹扩展的能力，是材料抵抗脆性断裂的韧性指标，K_c 值与应力、裂纹的形状和尺寸等有关。

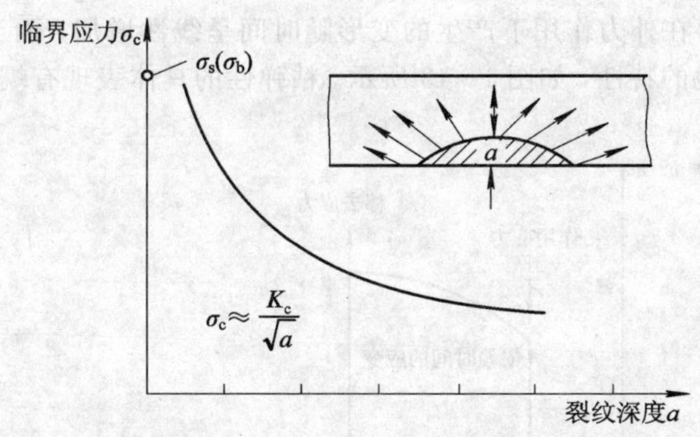

图 1-42　脆断时临界应力 σ_c 与裂纹深度(半径)a 之间的关系

含有裂纹的材料在外力作用下，裂纹的扩展方式一般有张开型、滑开型和撕开型三种。张开型裂纹扩展是材料脆性断裂最常见的情况，其中 K_c 值用 K_{Ic}表示，工程上多采用 K_{Ic}作为断裂韧性指标来表征材料在应力作用下抵抗裂纹失稳扩展破断的能力，将 K_{Ic}称为断裂韧性。常见工程材料的断裂韧度 K_{Ic}值见表 1-5。

有了表示材料特性的 K_{Ic}断裂韧性指标以后，出现了新的设计思想，即不再单纯从防止过量塑性变形出发，盲目提高过载安全系数而选用过高的材料强度值，因为如果材料内部有不可避免的、一定尺度大小的宏观裂纹，即使具有很高的强度，其断裂韧性值也不会很高，所以未必绝对可靠。因为对于塑性材料来说，裂纹扩展时不仅要做形成裂纹的表面功(能)，而且还要做大量的塑性功，所以不易断裂。设计时要全面考虑材料的各项机械性能指标，才能做到既安全可靠，又节省材料。

表 1-5 常见工程材料的断裂韧度 K_{Ic} 值 ($MPa \cdot m^{1/2}$)

材 料	K_{Ic}	材 料	K_{Ic}
纯塑性金属		木材(纵向)	11～13
(Cu、Ni、Al 等)	100～350	聚丙烯	～3
转子钢	192～211	聚乙烯	0.9～2.9
压力容器钢	～155	尼龙	～2.9
高强钢	47～149	聚苯乙烯	～2
低碳钢	～140	聚碳酸酯	0.9～2.8
钛合金(Ti6Al4V)	50～118	有机玻璃	0.9～2.4
玻璃纤维复合材料	42～60	聚酯	～0.5
铝合金	23～45	木材(横向)	0.5～0.9
碳纤维复合材料	32～45	Si_3N_4	3.7～4.7
中碳钢	～50	SiC	～3
铸铁	6～20	MgO 陶瓷	～3
高碳工具钢	～19	Al_2O_3 陶瓷	3～4.7
钢筋混凝土	9～16	水泥	～0.1
硬质合金	12～16	钠玻璃	0.6～0.8

1.6.6 粘弹性

粘弹性是指材料在外力作用下产生的变形随时间呈线性增加，而当外力去除后，剩余应变随时间不断松弛的特性，如图 1-43 所示。粘弹性的具体表现有蠕变、应力松弛、滞后与内耗等。

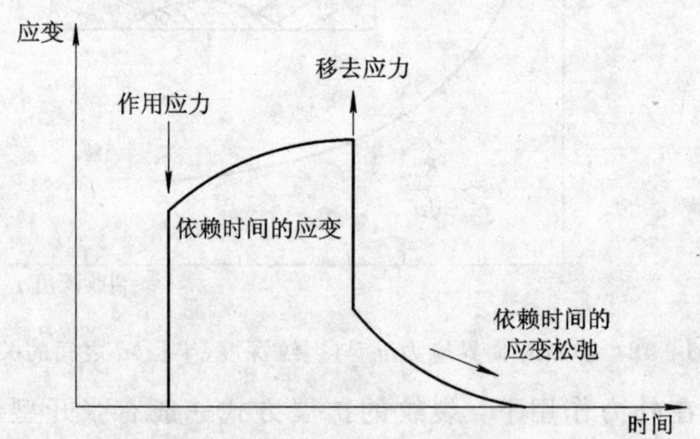

图 1-43 应变随时间的变化

1. 蠕变

在高温下长时间工作的金属材料或常温使用的高聚物均可能发生蠕变，导致零件的最终失效。金属材料发生蠕变的主要原因是由于温度高，晶内和晶界的缺陷(如位错等)的活动能力显著增大，导致晶内滑移和晶界移动。而高聚物蠕变是由于分子链发生了构象变化或位移而引起的。

2. 应力松弛

材料受力变形后所产生的应力随时间而逐渐衰减的现象称为应力松弛。如金属高温紧固件、密封管道的法兰橡皮垫圈等，若出现应力松弛，会使紧固或密封失效。

3. 滞后与内耗

高聚物三角胶受交变载荷时，产生伸一缩的循环应变，如图1-44所示。拉伸时，应力与应变沿 ACB 线变化，卸载时沿 BDA 线变化。显然，对于同样的应力水平，卸载时的应变大于拉伸时的，即出现应变落后于应力变化的现象，称为滞后。滞后的产生是由于大分子链改变构象产生变形的速度跟不上应力变化所致。

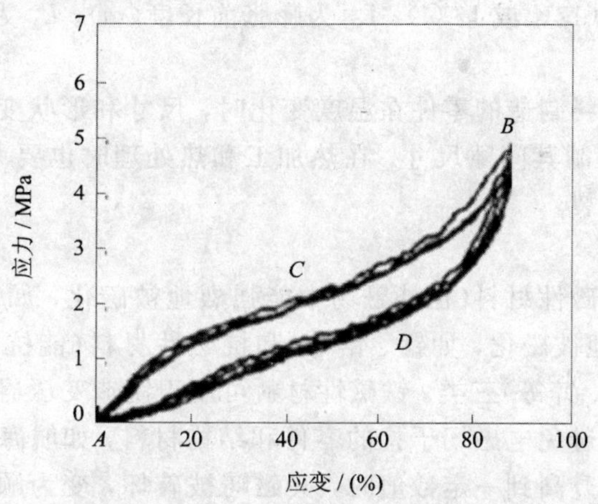

图1-44　三角胶循环加载应力-应变曲线

图中，$ACBDA$ 所围面积为一次循环过程中高聚物所净接受的能量。这些能量消耗分子链间的内摩擦而转化为热能，称为内耗。它将导致高聚物的温度升高，促进其老化。内耗也有其有利的一面，即可吸收振动波，改善高聚物的减振性能，故橡胶类材料常用作减振元件。

1.6.7　其他性能

1. 金属的物理性能

1）密度

单位体积物质的质量称为该物质的密度。不同材料的密度不同，如铜的密度为7.8左右，陶瓷的为2.2～2.5，塑料的密度更小。密度小于 $5\times10^3\ kg/m^3$ 的金属称为轻金属，如铝、镁、钛及它们的合金，多用于航天航空器上；密度大于 $5\times10^3 kg/m^3$ 的金属称为重金属，如铁、铅、钨等。金属材料的密度直接关系到由它们所制构件和零件的自重。常用金属的密度见表1-4。

强度 σ_b 与密度批 ρ 之比称为比强度，弹性模量 E 与密度 ρ 之比为比弹性模量，这些都是零件选材的重要指标。

2）熔点

熔点是指材料的熔化温度。陶瓷的熔点一般都显著高于金属及合金的熔点，而高分子材料一般不是完全晶体，所以没有固定的熔点。工业上常用的防火安全阀及熔断器等零件使用低熔点合金。而工业高温炉、火箭、导弹、燃气轮机、喷气飞机等某些零部件必须使用耐高温的难熔材料。

3）热膨胀性

金属材料随着温度变化而膨胀、收缩的特性称为热膨胀性。一般说来，金属受热时膨胀，体积增大；冷却时收缩，体积缩小。热膨胀性用线胀系数 α_L 和体胀系数 α_V 来表示，其表达式如下：

$$\begin{cases} \alpha_L = \dfrac{L_2 - L_1}{L_1 \Delta t} \\ \alpha_V = 3\alpha_L \end{cases}$$

上式中，α_L 为线胀系数(1/K 或 1/℃)；L_1 为膨胀前长度(m)；L_2 为膨胀后长度(m)；Δt 为温度变化量(K 或℃)。

由膨胀系数大的材料制造的零件在温度变化时，尺寸和形状变化较大。轴和轴瓦之间要根据其膨胀系数来控制其间隙尺寸；在热加工和热处理时也要考虑材料的热膨胀影响，以减少工件的变形和开裂。

4) 磁性

金属材料可分为铁磁性材料(在外磁场中能强烈地被磁化，如铁、钴等)、顺磁性材料(在外磁场中只能微弱地被磁化，如锰、铬等)和抗磁性材料(能抗拒或削弱外磁场对材料本身的磁化作用，如铜、锌等)三类。铁磁性材料可用于制造变压器、电动机、测量仪表等。抗磁性材料则用于要求避免电磁场干扰的零件和结构材料，如航海罗盘。

铁磁性材料在温度升高到一定数值时，其磁畴被破坏，变为顺磁体，这个转变温度称为居里点，如铁的居里点是 770℃。

5) 导热性

材料传导热量的性能称为导热性，用导热系数 λ 表示，见表 1-4。导热性好的材料(如铜、铝及其合金)常用来制造热交换器等传热设备的零部件。导热性差的材料(陶瓷、木材、塑料等)可用来制造绝热材料。一般来说，金属及合金的导热系数远高于非金属材料。

在制定焊接、铸造、锻造和热处理工艺时，必须考虑材料的导热性，防止材料在加热或冷却过程中形成过大的内应力而造成变形与开裂。

6) 导电性

传导电流的能力称导电性，用电阻率来衡量，电阻率的单位是 Ω·m。电阻率越小，金属材料导电性越好。金属导电性以银为最好，铜、铝次之。合金的导电性比纯金属差。电阻率小的金属(纯铜、纯铝)适于制造导电零件和电线。电阻率大的金属或合金(如钨、钼、铁、铬)适于制造电热元件。

2. 金属的化学性能

1) 耐腐蚀性

金属材料在常温下抵抗氧、水蒸气及其他化学介质腐蚀破坏作用的能力称为耐腐蚀性。碳钢、铸铁的耐腐蚀性较差；钛及其合金、不锈钢的耐腐蚀性好(在食品、制药、化工工业中不锈钢是重要的应用材料)；铝合金和铜合金有较好的耐腐蚀性。

2) 抗氧化性

金属材料在加热时抵抗氧化作用的能力称为抗氧化性。加入 Cr、Si 等合金元素，可提高钢的抗氧化性。如合金钢 4Cr9Si2(含有质量分数为 9%的 Cr 和质量分数为 2%的 Si)可在高温下使用，用于制造内燃机排气阀及加热炉炉底板、料盘等。

金属材料的耐腐蚀性和抗氧化性统称化学稳定性。在高温下的化学稳定性称为热稳定性。在高温条件下工作的设备，如锅炉、汽轮机、喷气发动机等部件和零件应选择热稳定性好的材料来制造。

3. 工艺性能

材料工艺性能的好坏会直接影响制造零件的工艺方法、质量及成本。主要的工艺性能有以下几个方面。

1）铸造性能

材料铸造成型获得优良铸件的能力称为铸造性能。衡量铸造性能的指标有流动性、收缩性和偏析等。

(1) 流动性。熔融材料的流动能力称为流动性。它主要受化学成分和浇注温度等因素影响。流动性好的材料容易充满铸腔，从而获得外形完整、尺寸精确和轮廓清晰的铸件。

(2) 收缩性。铸件在凝固和冷却过程中，其体积和尺寸减少的现象称为收缩性。铸件收缩不仅影响尺寸，还会使铸件产生缩孔、疏松、内应力、变形和开裂等缺陷。因此用于铸造的材料其收缩性越小越好。

(3) 偏析。铸件凝固后，内部化学成分和组织的不均匀现象称为偏析。偏析严重的铸件各部分的力学性能会有很大的差异，能降低产品的质量。一般来说，铸铁比钢的铸造性能好，金属材料比工程塑料的铸造性能好。

2）锻造性能

锻造性能是指材料是否易于进行压力加工的性能。它取决于材料的塑性和变形抗力。塑性越好，变形抗力越小，材料的锻造性能越好。例如纯铜在室温下就有良好的锻造性能，碳钢在加热状态锻造性能良好，铸铁则不能锻造。热塑性塑料可经挤压和压塑成型，这与金属挤压和模压成型相似。

3）焊接性能

两块材料在局部加热至熔融状态下能牢固地焊接在一起的能力叫做该材料的焊接性。碳钢的焊接性主要由化学成分决定，其中碳含量的影响最大。例如，低碳钢具有良好的焊接性，而高碳钢、铸铁的焊接性不好。某些工程塑料也有良好的可焊性，但与金属的焊接机制及工艺方法不同。

4）热处理性能

所谓热处理，就是通过加热、保温、冷却的方法使材料在固态下的组织结构发生改变，从而获得所要求的性能的一种加工工艺。在生产上，热处理既可用于提高材料的力学性能及某些特殊性能以进一步充分发挥材料的潜力，亦可用于改善材料的加工工艺性能，如改善切削加工、拉拔挤压加工和焊接性能等。常用的热处理方法有退火、正火、淬火、回火及表面热处理(表面淬火及化学热处理)等。

5）切削加工性能

材料接受切削加工的难易程度称为切削加工性能。切削加工性能主要用切削速度、加工表面光洁度和刀具的使用寿命来衡量。影响切削加工性能的因素有工件的化学成分、组织、硬度、导热性和形变强化程度等。一般认为金属材料具有适当硬度(170～230 HBS)和足够脆性时，其切削性能良好。所以灰铸铁比钢切削性能好，碳钢比高合金钢切削性好。改变钢的成分(如加入少量铅、磷等元素)和进行适当的热处理(如低碳钢进行退火，高碳钢进行球化退火)可改善钢的切削加工性能。

思考与练习

1－1 名词解释：

晶体，非晶体；晶格，晶胞；晶格常数，致密度；晶面指数，晶向指数；晶体的各向异性；点缺陷，线缺陷，面缺陷；亚晶粒，亚晶界；位错；单晶体，多晶体；固溶体，金属间化合物，固溶强化；结合键；抗拉强度，屈服强度，刚度，疲劳强度，冲击韧性，断裂韧性。

1－2 以金属键、离子键、共价键及分子键结合的材料其性能有何特点？

1－3 常见的金属晶体结构有哪几种？它们的原子排列和晶格常数有什么特点？α－Fe、δ－Fe、γ－Fe、Cu、Ni、Pb、Cr、V、Mg、Zn 各属何种晶体结构？

1－4 已知 Fe 的原子直径为 2.54 Å，求 Fe 的晶格常数，并计算 1 mm^3 Fe 中的原子数。

1－5 为什么单晶体具有各向异性，而多晶体在一般情况下不显示各向异性？

1－6 试比较 α－Fe 与 γ－Fe 晶格的原子排列紧密程度与溶碳能力。

1－7 金属的晶体结构由面心立方转变为体心立方时，其体积有何变化？简述其原因。

1－8 实际金属晶体中存在哪些晶体缺陷？对性能有什么影响？

1－9 简述固溶体和金属间化合物在晶体结构与机械性能方面的区别。

1－10 固溶体可分为几种类型？形成固溶体对合金有何影响？

1－11 金属间化合物有几种类型？它们在钢中分别起什么作用？

1－12 要设计刚度好的零件，应根据何种指标选择材料？材料的弹性模量 E 愈大，则材料的塑性愈差。这种说法是否正确？为什么？

1－13 常用的硬度测试方法有哪几种？这些方法测出的硬度值能否进行比较？

1－14 下列几种工件应该采用何种硬度试验法测定其硬度：① 锉刀；② 黄铜轴套；③ 供应状态的各种碳钢钢材；④ 硬质合金刀片；⑤ 耐磨工件的表面硬化层。

1－15 反映材料受冲击载荷的性能指标是什么？不同条件下测得的这种指标能否进行比较？怎样应用这种性能指标？

1－16 断裂韧性是表示材料何种性能的指标？为什么要在设计中考虑这种指标？

第 2 章　金属材料的凝固与结晶

2.1　纯金属的凝固

2.1.1　凝固的基本概念

自然界的物质存在有三种状态，即固体、液体和气体，在一定的条件下，这三种状态可以互相转化。本章仅讨论材料由液态转变为固态的过程。通常把任何材料由液态转化为固态的过程统称为固化。某些材料由液体冷却到某一温度时变成固体，其流动性及物理性能发生变化。凝固后的固体是晶体，这种凝固过程叫结晶。金属的凝固过程大部分是结晶过程。另外有一些材料的液体，如胶的水溶液，在 100℃时具有良好的流动性，冷却到室温时就不能流动了。这类液体在冷却过程中是逐渐变硬的，它的物理性质不会发生突然变化，固化后的物质一般是非晶体，玻璃、聚乙烯、沥青和松香等物质都属于这种情况。在特殊条件下，该类物质的液体也可转变成部分晶体或全部为晶态，但该晶体结构与金属晶体结构的形成机理是不同的。

不同物质所能发生的凝固过程是随条件而变化的。从理论上讲，任何物质都可能出现以下两类凝固过程。

1. 晶体的凝固

若凝固后的固态物质是晶体，则在生产上将晶体的凝固称做结晶。金属熔液凝固后一般都以晶体状态存在，即内部原子呈规则排列，其凝固过程就是结晶过程。工程上使用的金属材料通常都要经历液态和固态的加工过程。例如机器零件用钢，要经过冶炼、浇注、轧制、锻造、机加工和热处理等工艺过程。目前，金属材料的生产和制备通常要经过冶炼和铸造过程，即要经过由液态转变为固态的结晶过程。液态金属经过结晶得到的组织称为铸态组织。金属在焊接时，焊缝中的金属也要发生结晶。金属结晶后所形成的组织，包括各种相的形状、大小和分布等，将极大地影响到金属的各种性能。对于铸件和焊接件来说，结晶过程就基本上决定了其使用性能与使用寿命。而对于尚需进一步加工的铸锭来说，结晶过程既直接影响它的轧制和锻压工艺性能，又不同程度地影响其制成品的使用性能。因此，研究和控制金属的结晶过程就显得尤其重要。

早期，由于液体的易流动性和无定形等宏观特性，人们往往认为液体金属的结构与气体相似。认为在液态下原子间的相互作用很弱，原子的运动毫无规则，且呈现混乱的排列。但是近代研究表明，液态金属，特别是在接近凝固点时，原子间的距离、原子间的作用力和原子的运动状态并不与气体相似，而与固体金属比较相近。并且证明，在液态金属内部，在短距离的小范围内，原子作近似于固态结构的规则排列，即存在短程有序的原子集团，如图 2-1 所示。这种原子集团是不稳定的，瞬时出现又瞬时消失。液态金属的这种结构不稳定现象称为结构起伏。当这种短程规则排列的原子小集团达到一定尺寸时，有可能成为结晶核心。所以金属由液态转变为固态的凝固过程，实质上就是原子由短程有序状态过渡为长程有序(晶体)状态的过程。因此，从广义上讲，物质从一种原子排列状态(晶态或非晶态)过渡为另一种原子规则排列状态(晶态)的转变过程称为结晶。为区别起见，我们将一般意义上的“结晶”，即物质从液态转变为固体晶态的过程称为一次结晶，而物质从一种固体晶态过渡为另一种固体晶态的转变过程称为二次结晶。

图 2-1　液态金属结构的示意图

2. 非晶体的凝固

若凝固后的物质不是晶体，而是非晶体，那就不能称之为结晶，只能称为凝固，玻璃、部分高聚物就是非晶体，或称为非晶态。相对晶态而言，非晶态是物质的另一种结构状态，是一种长程无序、短程有序的混合结构。总体上讲，这种结构中有的原子排列无规则，但并非完全无序，邻近原子排列又有一定的规律。因此，非晶固态物质(非晶体)表现出各向同性。非晶体的凝固与晶体的结晶虽都是由液态转化为固态，但本质上又有区别。非晶体的凝固实质上是靠熔体粘滞系数连续加大而完成的，即非晶固态可以看做是粘滞系数很大的“熔体”，需在一个温度范围内逐渐完成凝固。从能量观点看，若熔体在凝固时能较完全地释放内能，它将转变为晶体，若部分释放内能，则转化为非晶体，故非晶体处于亚稳状态。凝固是指物质由液态冷却转变为固态的过程。根据凝固过程的条件不同，凝固后的固体可能是晶体或非晶体。了解材料凝固过程及一般规律，对于控制材料内部组织机构、减少铸件缺陷、提高材料性能等都有十分重要的意义。

2.1.2　金属的结晶过程

金属材料的凝固过程大部分属于结晶。掌握金属结晶过程及其规律，对于控制零件的组织和性能十分重要。

1. 冷却曲线和过冷度

晶体的结晶过程可用热分析法测定，如图 2-2(a)所示。将金属材料加热到熔化状态，然后缓慢冷却，记录下液体金属的冷却温度随时间的变化规律，做出金属材料的冷却曲线，如图 2-2(b)所示。由图可见，在 T_m 温度以上，随着时间的延长，温度均匀下降。液态金属在理论结晶温度 T_m 时并不产生结晶，而需冷却到低于 T_m 的某一温度，即 T_n 时，液体开始结晶，由于释放出的结晶潜热弥补了热量的散失，使温度继续均匀下降。理论结晶温度 T_m 与平台温度 T_n 之差即为实际过冷度。液体要结晶就必须过冷，液体的冷却速度越大，过冷度越大，实际结晶温度也就越低。

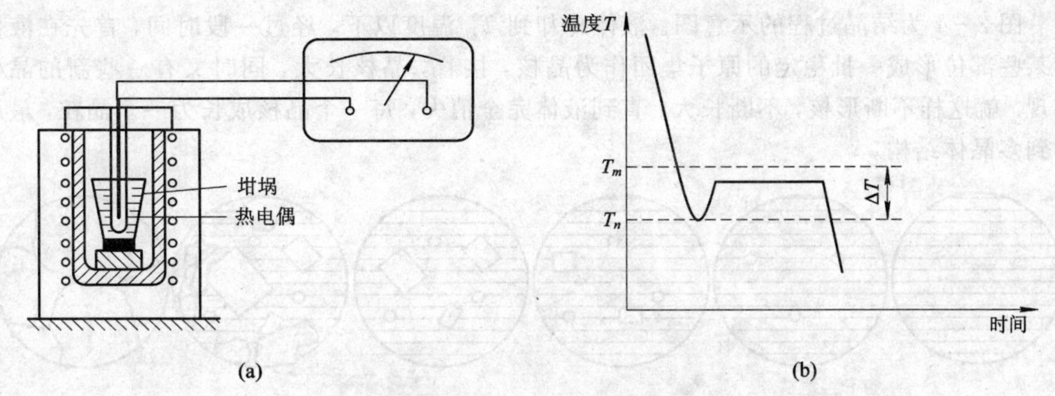

图 2-2　热分析装置及纯金属的冷却曲线
(a) 热分析装置；(b) 纯金属的冷却曲线

2. 金属结晶的热力学条件

热力学定律指出，在等压条件下，一切自发过程都是朝着吉布斯自由能降低的方向进行，直到吉布斯自由能具有最低值为止。这个规律又称为最小自由能原理。吉布斯自由能 G 是物质中能够向外界释放或能对外做功的那一部分能量。一般来说，金属在积聚状态的自由能 G 随温度的升高而降低。由于液态金属中原子排列的规则性比晶体中的差，因此同一物质的液体和晶体在不同温度下吉布斯自由能的变化情况不同，如图 2-3 所示。在自由能—温度的关系曲线上，液态的自由能变化曲线比晶体的更陡，即液体降低得更快，两条曲线必然相交，其交点所对应的温度就是理论结晶温度或熔点 T_m，此时液相与固相的吉布斯自由能相等。当温度低于 T_m 时，$G_S < G_L$，金属的稳定状态是固态，液体将结晶；当温度高于 T_m 时，$G_S > G_L$，金属的稳定状态是液态，晶体将熔化。因此，液态物质要结晶，就必须冷却到 T_m 以下的某一温度 T_n 才能结晶，这种现象称为过冷现象。理论结晶温度与实际结晶温度之差称为过冷度，记作 ΔT，$\Delta T = T_m - T_n$。过冷度的大小除与金属的性质和纯度有关外，主要取决于结晶的冷却速度的大小。一般来说，冷却速度越大，过冷度越大，液态和固态间的自由能差越大，液体结晶的驱动力越大，结晶越容易进行。

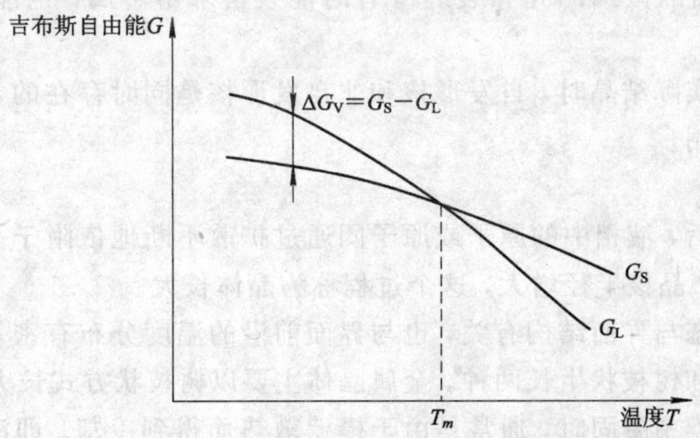

图 2-3　液体和晶体吉布斯自由能-温度关系曲线

3. 金属结晶过程的一般规律

观察任何一种液体的结晶过程，都会发现结晶是一个晶核不断形成和长大的过程，这是结晶的普遍规律。

图 2-4 为结晶过程的示意图。液体冷却到 T_m 温度以下，经过一段时间，首先在液体中某些部位形成一批稳定的原子集团作为晶核，接着，晶核长大，同时又有一些新的晶核出现。就这样不断形核，不断长大，直到液体完全消失，每一个晶核成长为一个晶粒，最后得到多晶体结构。

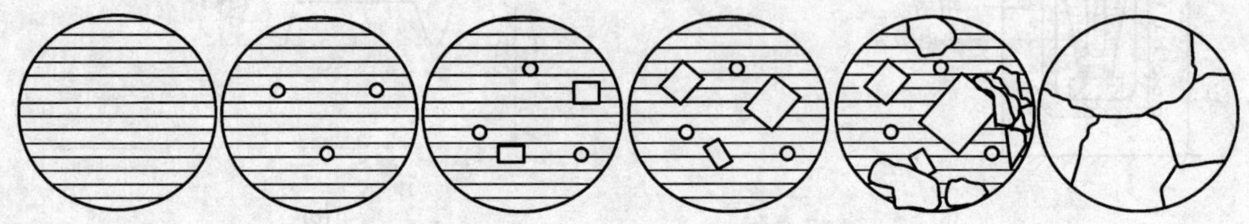

图 2-4　结晶过程示意图

1）晶核的形成

晶核的生成、存在有两种方式，即自发形核和非自发形核。

晶核可以由液体金属中短程有序的原子小集团形成，即在温度降低到结晶温度以下，并且达到一定的过冷度时，液体中那些超过一定尺寸的短程有序的原子集团开始变得稳定，不再消失，从而成为结晶核心并长大。能够自发长大的最小晶核称为临界晶核。这种从液态金属结构内部自发长出结晶核心的形核方式叫做自发形核。自发形核也叫均质形核。实际结晶温度越低，即过冷度越大，由金属液态向晶体转变的驱动力越大，能稳定存在的短程有序的原子集团的尺寸越小，则生成的自发形核越多。但过冷度过大或温度过低时，原子的扩散能力降低，形核的速率反而减小。

所谓非自发形核，是因为金属往往是不纯净的，内部总含有这样或那样的杂质，杂质的存在常常能够促进晶核在其表面上形成。这种依附于杂质而生成晶核的方式叫做非自发形核，也叫异质形核。按照形核时能量有利的条件分析，能起非自发形核作用的杂质必须符合“结构相似，尺寸相当”的原则。只有当杂质的晶体结构和晶格参数与凝固合金相似和相当时，它才能成为非自发形核的核心。有一些难熔的杂质，虽然其晶体结构与凝固金属相差甚远，由于表面的微细凹孔和裂缝中有时能残留未熔金属，也能强烈地促进非自发形核。

在金属和合金实际结晶时，自发形核和非自发形核是同时存在的，但非自发形核往往起优先和主导的作用。

2）晶体的长大

当晶核形成之后，液相中的原子或原子团通过扩散不断地依附于晶核表面上，使固液界面向液相中移动，晶核半径增大，这个过程称为晶体长大。

晶体长大的形态与界面结构有关，也与界面前沿的温度分布有密切的关系。晶体长大的方式有平面推进和树枝状生长两种。金属晶体主要以树枝状方式长大。

液态金属在铸模中凝固时，通常是由于模壁散热而得到冷却。即液态金属中，距液固相界面越远处温度越高，则凝固时释放的热量只能通过已凝固的固体传导散出。此时若液固相界面上偶尔有凸出部分并伸入液相中，由于液相实际温度高、过冷度小，其长大速率立即减小。因此使液固相界面保持近似平面，缓慢地向前推进，称为平面生长。应该指出，晶体的平面长大方式在实际金属的结晶中是较少见的。

当铸模内金属均被迅速过冷时，靠近模壁的液体首先形核发生结晶，并释放结晶潜热。此时，在液固界面附近一定范围内液固界面温度最高，即处于距液固界面越远，液体温度越低，同时结晶潜热通过模壁和周围过冷的液体而消失。开始时，晶核可长大成很小的、形状规则的晶体。随后，在晶体继续长大的过程中，优先沿一定方向生长出空间骨架。这种骨架形同树干，称为一次晶轴。在一次晶轴增长和变粗的同时，在其侧面生长出新的枝芽，枝芽发展成枝干，此为二次晶轴；随着时间的推移，二次晶轴成长的同时，又可长出三次晶轴；三次晶轴上再长出四次晶轴 ……，如此不断成长和分枝下去，直至液体全部消失。结果得到一个具有树枝状的树枝晶，如图 2-5 所示。

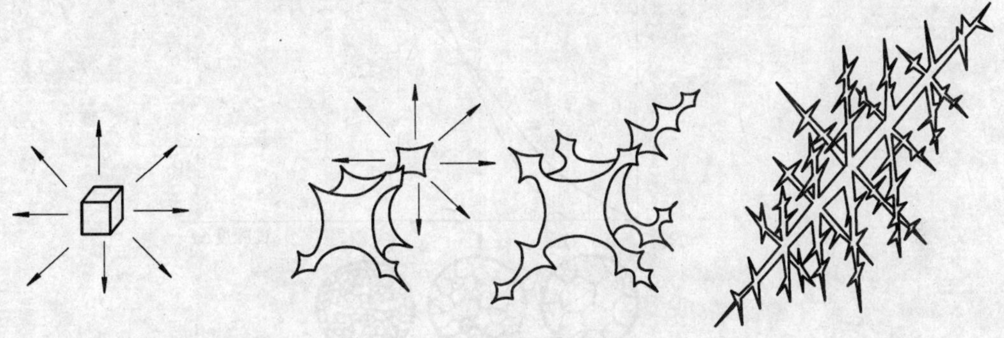

图 2-5　晶体树技状长大示意图

实际金属的铸态组织多为树枝状结构，在结晶过程中，如果液体供应不充分，金属最后凝固的树枝晶之间的空隙不能被填满，将形成缩孔和疏松等缺陷。同时发现树枝间最后结晶的液体，其成分与已结晶体有明显的不同，即出现了成分偏析。它将引起铸件力学性能恶化和抗腐蚀性能降低。图 2-6 为树枝晶的晶相照片。

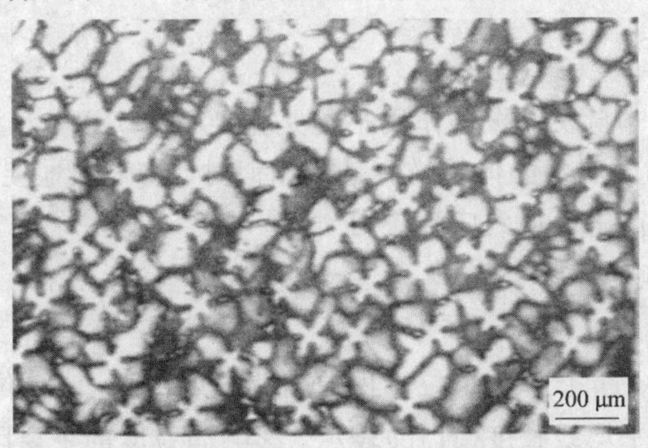

图 2-6　铸态镍基单晶高温合金的金相组织照片

4. 影响形核和长大的因素

金属的结晶过程是晶核不断形成和长大的过程。在单位时间内，单位体积中所产生的晶核数称为形核率，以 N 表示，单位为晶核数/(s · cm^3)。而单位时间内晶核长大的平均速度以 G 表示，单位为 cm/s。显然，结晶后的晶粒大小与形核率和长大速度有关，而影响形核率和长大速度的重要因素是冷却速度(过冷度)和难熔杂质。

1) 过冷度的影响

金属结晶时的过冷度与形核率和长大速度的关系如图 2-7 所示。从图中可以看出，形核率和长大速度随过冷度的增加而增大，并在一定过冷度时各自达到最大值，随后，过冷度进一步增加，而它们却逐步减小。其主要原因是，在结晶过程中晶核形成和长大的驱动力与 ΔT 成正比，而晶核形成和长大所需要的必要条件——原子迁移能力(或扩散能力)则与 ΔT 成反比。所以，这两种因素的综合结果，使形核率和长大速度与 ΔT 的关系出现了一个极大值。

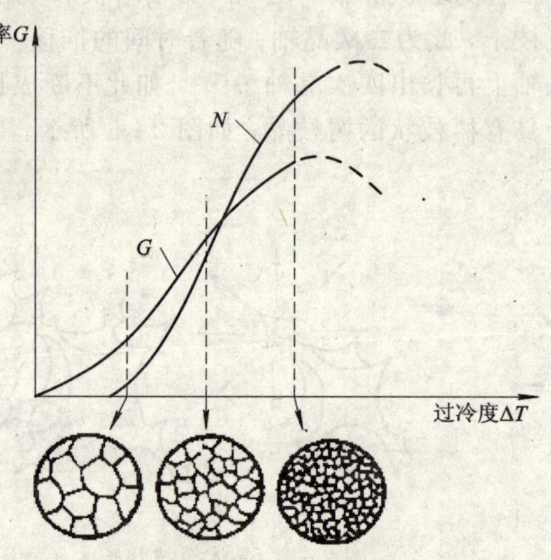

图 2-7　过冷度对形核率和长大速度的影响

在实际工业生产中，液态金属一般达不到极大值时的过冷度，所以过冷度愈大，形核率和长大速度就愈大。但是，当过冷度较小时，长大速度的增加程度则快于形核率；当过冷度较大时，形核率的增大程度则快于长大速度。这点对于控制晶粒大小有较大的实际意义。

2）难熔杂质的影响

金属结晶过程中，非自发形核的作用往往是主要的。所以，某些高熔点的杂质，特别是当杂质的晶体结构与金属的晶体结构有某些相似时，将强烈地促进非自发形核，大大提高了形核率。这点在生产中已得到广泛应用。

5. 晶粒大小及控制

1）晶粒度的概念

晶粒度是晶粒大小的量度，用单位体积中晶粒的数目 Z_V 或单位面积上晶粒的数目 Z_S 表示，也可以用晶粒的平均线长度(直径)表示。影响晶粒度的主要因素是形核率 N 和长大速度 G。形核率愈大，则结晶后的晶粒数愈多，晶粒就愈细小。若形核率不变，晶核的长大速度愈小，则结晶所需的时间愈长，能生成的核心愈多，晶粒就愈细。Z_V、Z_S 与 N、G 之间存在下列关系：

$$Z_V = 0.9\left(\frac{N}{G}\right)^{3/4}$$

$$Z_S = 1.1\left(\frac{N}{G}\right)^{1/2}$$

可见，结晶时形核率 N 越大，晶体长大速度 G 越小，结晶后单位体积内的晶粒数目 Z 越大，晶粒就越细小。

金属结晶后形成的晶粒度对其力学性能有很大的影响。一般情况下，晶粒愈小，则金属的强度、塑性和韧性愈好。表2-1为纯铁的晶粒度与力学性能的关系。

表2-1　纯铁的晶粒度与力学性能的关系

晶粒度（每平方毫米中的晶粒数）	σ_b/MPa	σ_s/MPa	δ/(%)
6.3	237	46	35.3
51	274	70	44.8
194	294	108	47.5

2）*细化晶粒的方法*

细化晶粒是提高金属性能的主要途径之一。控制结晶后的晶粒大小，就必须控制形核率N和长大速度G这两个因素，主要方法有以下三种：

(1) 增大过冷度。由于晶粒大小取决于形核率与长大速度的比值，而形核率和长大速度以及它们的比值又取决于过冷度（如图2-7所示），因此晶粒大小实际上可通过过冷度来控制。过冷度愈大（达到一定值以上），形核率和长大速度愈大，但形核率的增加速度会更大，因而增加过冷度会提高比值N/G。

提高金属凝固的冷却速度是增大过冷度的主要方法。实际生产中，为了得到细小的晶粒，常常采用降低铸型温度和采用导热系数大的金属铸型来提高冷却速度。如在铸造生产中，用金属型代替砂型，增大金属型的厚度，降低金属型的预热温度等，均可提高铸件的冷却速度。此外，提高液态金属的冷却能力也是增大过冷度的有效方法，如在浇注时采用高温熔化并降温浇注便可获得较细的晶粒。

近些年来，随着超高速（达10^5～10^{11} K/s）急冷技术的发展，已成功地研制出超细晶金属、非晶态金属等具有一系列优良力学性能和特殊物理、化学性能的新材料。

(2) 变质处理。提高冷却速度以细化铸件晶粒的方法只能用于小件或薄壁件。对于大型铸件或厚壁铸件，要获得很大的冷却速度是很困难的。为了得到细晶粒铸件，可进行变质处理。

变质处理就是在浇注前向液态金属中有意地加入被称为变质剂的某些物质，以细化晶粒和改善组织，达到提高材料性能的目的。变质剂的作用有两种：一种是加入液态金属中的变质剂能直接增加形核核心，如向铝液中加入钛、硼，向钢液中加入钛、锆、钒等；向铸铁液中加入Si-Ca合金都可使晶粒细化。另一种是加入变质剂虽然不能提供结晶核心，但能附着在晶体前缘从而改变晶核的生长条件，强烈地阻碍晶核的长大或改善组织形态。如在铝硅合金中加入钠盐，钠能在硅表面上富集，从而降低硅的长大速度，阻碍粗大片状硅晶体形成，细化合金组织。

(3) 振动与搅拌。在浇注和结晶过程中实施振动或搅拌也可以达到细化晶粒的作用。搅拌和振动能向液体中输入额外能量以提供形核功，促进形核。另一方面能打碎正在长大的树枝晶，破碎的枝晶块尖端又可成为新的晶核，增加晶核数量，从而细化晶粒。

进行振动和搅拌的方法有机械振动、电磁振动和超声波振动等。

2.2 合金的凝固

2.2.1 二元相图的建立

1. 二元合金相图的基本知识

由两种或两种以上的组元按不同的比例配制成一系列不同成分的所有合金称为合金系，如 Al－Si 系合金、Fe－C－Si 系合金。为了研究合金的组织与性能之间的关系，就必须了解合金中各种组织的形成及变化规律。合金相图就是用图解的方法表示合金系中合金的状态、组织、温度和成分之间的关系。

相图又称为平衡相图或状态图，它是表明合金系中不同成分合金在不同温度下，由哪些相组成以及这些相之间平衡关系的图形。利用合金相图可以知道各种成分的合金在不同的温度下有哪些相，各相的相对含量、成分以及温度变化时可能发生的变化。掌握合金相图的分析和使用方法，有助于了解合金的组织状态和预测合金的性能。也可按要求研究配制新的合金。生产实践中，合金相图是制定合金熔炼、锻造和热处理工艺的重要依据。

2. 二元合金相图的建立方法

现有的合金相图都是通过实验建立的。其根据是，不同成分的合金，晶体结构不同，物理化学性能也不同。当合金中有相转变时，必然伴随有物化性能的变化，测定发生这些变化的温度和成分，再经综合，即可建立整个相图。常用的方法有热分析法、膨胀法、电阻法、X－射线分析法和磁性分析法等。

以热分析法建立 Cu－Ni 合金相图为例，具体步骤是：

(1) 配制不同成分的 Cu－Ni 合金。例如：

合金Ⅰ——纯 Cu

合金Ⅱ——75Cu%＋25%Ni

合金Ⅲ——50%Cu＋50%Ni

合金Ⅳ——25%Cu＋75%Ni

合金Ⅴ——纯 Ni

配制的合金愈多，则作出的相图愈精确。

(2) 作各个合金的冷却曲线，并找出各个临界温度值。

(3) 画出温度—成分坐标系，在各合金成分垂线上标出临界点温度。

(4) 将临界点温度中物理意义相同的点连起来，即得 Cu－Ni 合金相图。

图 2－8 即为按上述步骤建立 Cu－Ni 合金相图过程的示意图。

相图上的每个点、每条线、每个区域都有明确的物理意义。a、b 分别为 Cu 和 Ni 的熔点。a_0abcb_0 线为液相线，该线以上合金全为液体，任何成分的合金从液态冷却时，碰到液相线就要有固体开始结晶。$a_0a'b'c'b_0$ 为固相线，该线以下合金全为固体，合金加热到固相线时，即开始产生液体。固相线和液相线之间的区域是固相和液相并存的两相区。两相区的存在说明 Cu－Ni 合金的结晶是在一个温度范围内进行的，这一点不同于在恒温下结晶的纯金属。合金结晶温度区间的大小和温度的高低是随成分改变的。

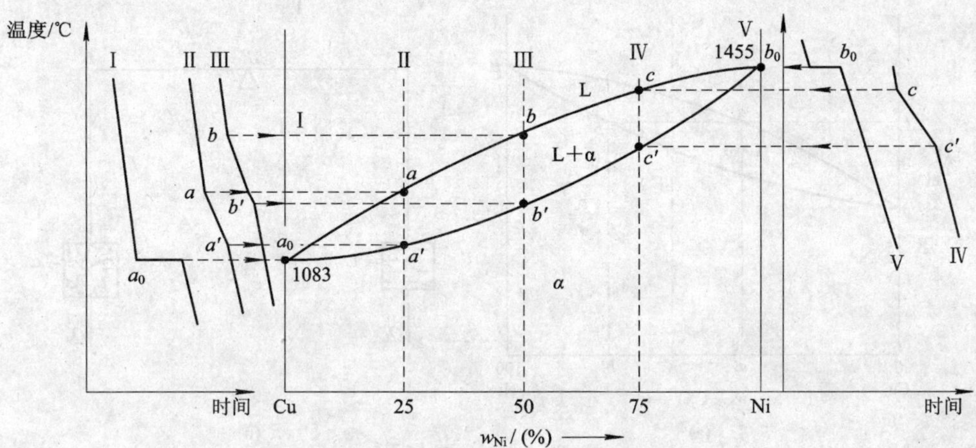

图 2-8　建立 Cu-Ni 状态图的示意图

3. 杠杆定律

在两相区结晶过程中，两相的成分和相对量都在不断变化，杠杆定律就是确定相图中两相区内，两平衡相的成分和两平衡相相对量的重要工具。

仍以 Cu-Ni 合金为例，建立其相图的操作步骤是：

(1) K 成分合金在温度 t 下两平衡相成分的确定：在图 2-9(a)中，过 K 点作一成分垂线，过 t 点作一水平线交液相线于 a 点，交成分垂线于 c 点，交固相线于 b 点。a 点在成分轴上的投影 a'，便是温度 t 时 K 成分合金中液相部分的化学成分。同理，b 点在成分轴上的投影 b' 点，即为 K 成分合金在温度 t 结晶出的 α 固溶体的化学成分，也即合金 K 在温度 t 时的平衡相是由成分为 a'% 的液相和成分为 b'% 的固相 α 所组成的。

(2) K 成分合金在温度 t 下两平衡相相对量的确定：设合金总重量为 1，其中液相的重量为 Q_L，固相的重量为 Q_α，即

$$Q_L + Q_\alpha = 1 \tag{2-1}$$

液相中的含 Ni 量为 a'，固相中的含 Ni 量为 b'，合金的含 Ni 量为 K，则

$$Q_L \cdot a' = Q_\alpha \cdot b' = K \tag{2-2}$$

解方程(2-1)和(2-2)得

$$Q_\alpha = \frac{K - a'}{b' - a'} = \frac{a'K}{a'b'} \tag{2-3}$$

$$Q_L = \frac{b' - K}{b' - a'} = \frac{Kb'}{a'b'} \tag{2-4}$$

将(2-3)和(2-4)两式相除，得

$$\frac{Q_\alpha}{Q_L} = \frac{a'K}{Kb'}$$

即 K 成分合金在 t 温度下，其固相 α 和液相 L 的相对量为图 2-9 中线段 $a'K$ 和 Kb' 之长度比。

由图 2-9(b)可见，以上所得两相质量间的关系同力学中的杠杆原理十分相似，因此称为杠杆定律。杠杆定律不仅适用于液、固两相区，也适用于其他类型的二元合金的两相区。但是杠杆定律仅适用于两相区。

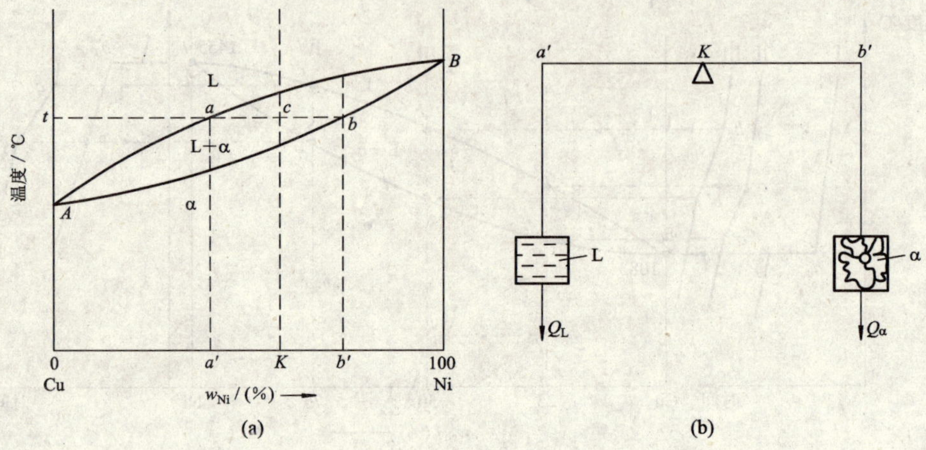

图 2-9　杠杆定律的证明和力学比喻

2.2.2　二元匀晶相图

二元合金中，两组元在液态时无限互溶，在固态时也无限互溶，这样形成单相固溶体的一类相图称为“匀晶相图”。上述二元合金相图便是其中最简单的一种。具有这类相图的合金系有：Cu-Ni、Cu-Au、Au-Ag、Fe-Cr、Fe-Ni和W-Mo等。这类合金在结晶时都是从液相结晶出固溶体，固态下呈单相固溶体，所以这种结晶过程称为匀晶转变。几乎所有的二元相图都包含有匀晶转变部分，因此掌握这一类相图是学习二元相图的基础。现以Cu-Ni相图为例进行分析。

1. 合金的结晶过程分析

现仍以Cu-Ni二元合金为例，分析其结晶过程与产物。

图2-10是Cu-Ni合金匀晶相图。图2-10(a)中，上面的一条曲线为液相线，下面的一条曲线为固相线。相图被它们划分为三个相区，即液相线以上为单相液相区L，固相线以下为单相固相区α，两者之间为液、固两相共存区L+α。

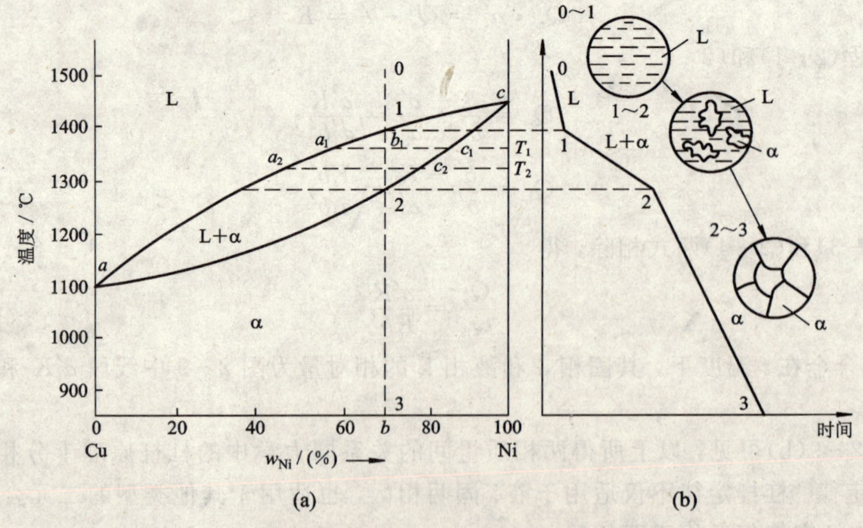

图 2-10　Cu-Ni合金匀晶相图

2. 合金的平衡结晶过程

平衡结晶是指合金在极其缓慢冷却的条件下进行结晶的过程。在此条件下得到的组织称为平衡组织。

以图 2－10 中含 Ni 70%的 Cu－Ni 合金为例：

① 当温度高于图中 1 点时，合金为液相 L。

② 当温度降到图中 1 点时(与液相线相交的温度)，开始从液相中结晶出 α 固溶体。

③ 随着温度的继续下降，从液相不断析出固溶体，合金在整个结晶过程中所析出的固溶体的成分将沿着固相线变化(即由 $c_1 \rightarrow c_2$)，而液相成分将沿液相线变化(即由 $a_1 \rightarrow a_2$)。在一定温度下，两相的相对量可用杠杆定律求得。例如，当 $T=T_1$ 时，液相的成分为 a_1，固相的成分为 c_1，固相的相对重量为$\frac{a_1 b_1}{a_1 c_1} \times 100\%$，液相的相对重量为$\frac{b_1 c_1}{a_1 c_1} \times 100\%$。

④ 当温度下降到图中 2 点时，液相消失，结晶完毕，最后得到与合金成分相同的固溶体。

固溶体合金结晶时所结晶出的固相成分与液相的成分不同，将这种结晶出的晶体与母相化学成分不同的结晶称为异分结晶，或称选择结晶。纯金属结晶时所结晶出的晶体与母相的化学成分完全一样，称之为同分结晶。

固溶体合金的结晶过程也是一个形核相长大的过程。和纯金属相同，固溶体在形核时既需要结构起伏，也需要能量起伏。此外，由于固溶体的结晶属异分结晶，因此还需要成分起伏。成分起伏是由于原子热运动和扩散，每一瞬间液体中某些微小体积的成分高于或低于平均成分的现象。

2.2.3　二元共晶相图

两组元在液态时能完全互溶，而在固态时相互之间只具有有限的溶解度，即形成有限固溶体，且发生共晶反应时，这类相图称为“二元共晶相图”。具有这类相图的合金系有：Pb－Sn、Pb－Sb、Pb－Bi、Al－Si 和 Cu－Ag 等。

1. 相图分析

由图 2－11 可知，此合金系包含两种有限固溶体 α 相和 β 相。α 相为 B 组元溶于 A 组元中所形成的固溶体；β 相恰好相反，它是 A 组元溶于 B 组元所形成的固溶体。二者均只有有限溶解度。

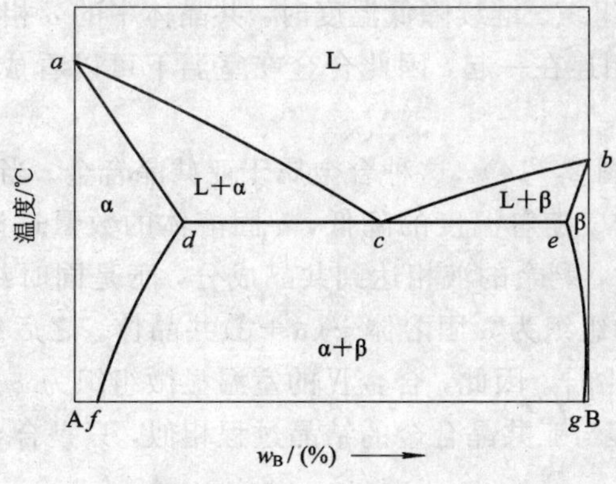

图 2－11　共晶状态图

图中，*ac*、*cb* 为液相线，这两条曲线的上面为液相区，*adceb* 为固相线，*acda* 与 *cbec* 间区为两相区，分别为液相加初晶 α 与液相加初晶 β。*dce* 为共晶线，在此温度则发生 L→α+β 共晶转变，此时三相共存。*c* 点为共晶点。*df* 为 B 组元在 A 组元中的溶解度曲线，*eg* 则为 A 组元在 B 组元中的溶解度曲线，*df* 和 *eg* 均称为固溶线。

2. 结晶过程分析

(1) 合金Ⅰ的结晶(图 2-12)。合金Ⅰ的结晶过程与上述匀晶相图中任何成分合金的结晶过程均无差别。当液相冷至 1 点时，从液相中开始析出固溶体，温度降至 2 点时，结晶完成。温度继续降低，组织不再发生变化，室温下合金显微组织为单相 α 固溶体。

(2) 合金Ⅱ的结晶(图 2-12)。此合金在高温阶段的结晶过程与合金Ⅰ相同，进行匀晶反应，结晶终了为均一的 α 相。但当温度降至与固溶线 *cf* 相交时，α 相中溶入的组元 B 量达到饱和状态。随着温度的继续下降，α 相中多余的 B 组元便以 β 固溶体的形态析出。为了与液相中析出的初晶 β 相有所区别，把它叫做二次 β 相，用 β_{II} 表示。倘若温度再继续降低，α 相溶解 B 组元的量逐渐减少，β_{II} 的数量逐渐增加。合金Ⅱ在室温下的显微组织为 $\alpha+\beta_{II}$。

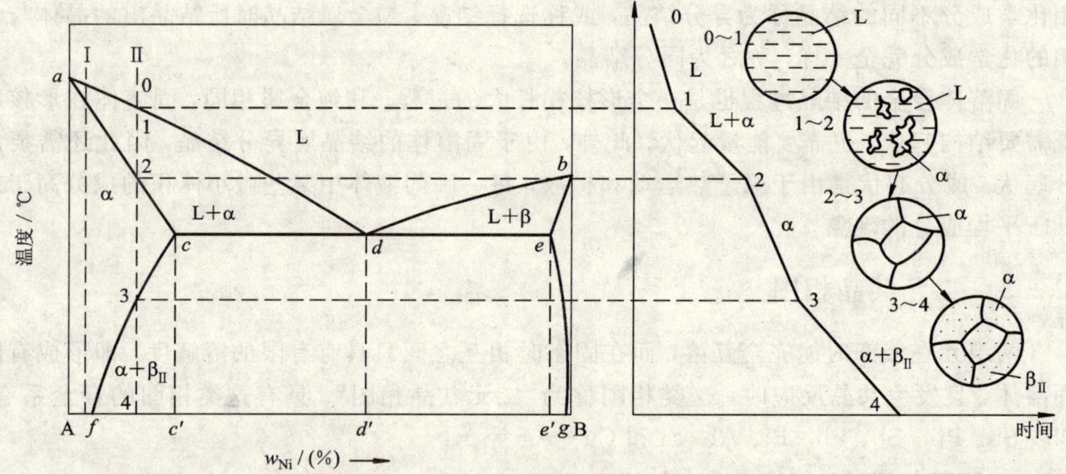

图 2-12　A-B 合金Ⅰ、Ⅱ的结晶过程

(3) 合金Ⅲ的结晶。这一合金属于共晶成分，其结晶过程较简单(图 2-13)。在共晶温度 *c* 点以上呈单相液体，当共晶成分的合金冷至共晶温度 *c* 时，产生共晶反应，由液相中同时析出 α+β 的共晶体组织。继续降低温度时，共晶体中的 α 相也要析出二次 β 相，由于 β_{II} 往往同共晶体中的 β 相连在一起，因此合金在室温下可以看成是由 α+β 共晶组织所组成的。

(4) 合金Ⅳ的结晶(图 2-14)。这种合金属于亚共晶合金。当合金冷到图中 1 点时，液相中开始结晶出 α 固溶体。随着温度的降低，α 固溶体的数量逐渐增加，而液相数量不断减少。当冷至图中 2 点时，剩余的液相达到共晶成分，于是同时结晶出共晶体 α+β。所以共晶反应结束时，合金的组织为 α 固溶体+(α+β)共晶体。之后继续降低温度，初晶 α 和共晶体中的 α 相都要析出 β_{II}。因此，合金Ⅳ的室温显微组织为 $\alpha+\beta_{II}$+共晶体(α+β)。

共晶合金的结晶过程与亚共晶合金的结晶过程相似，只是合金由液相中析出的初生相不是 α 相而是 β 相。

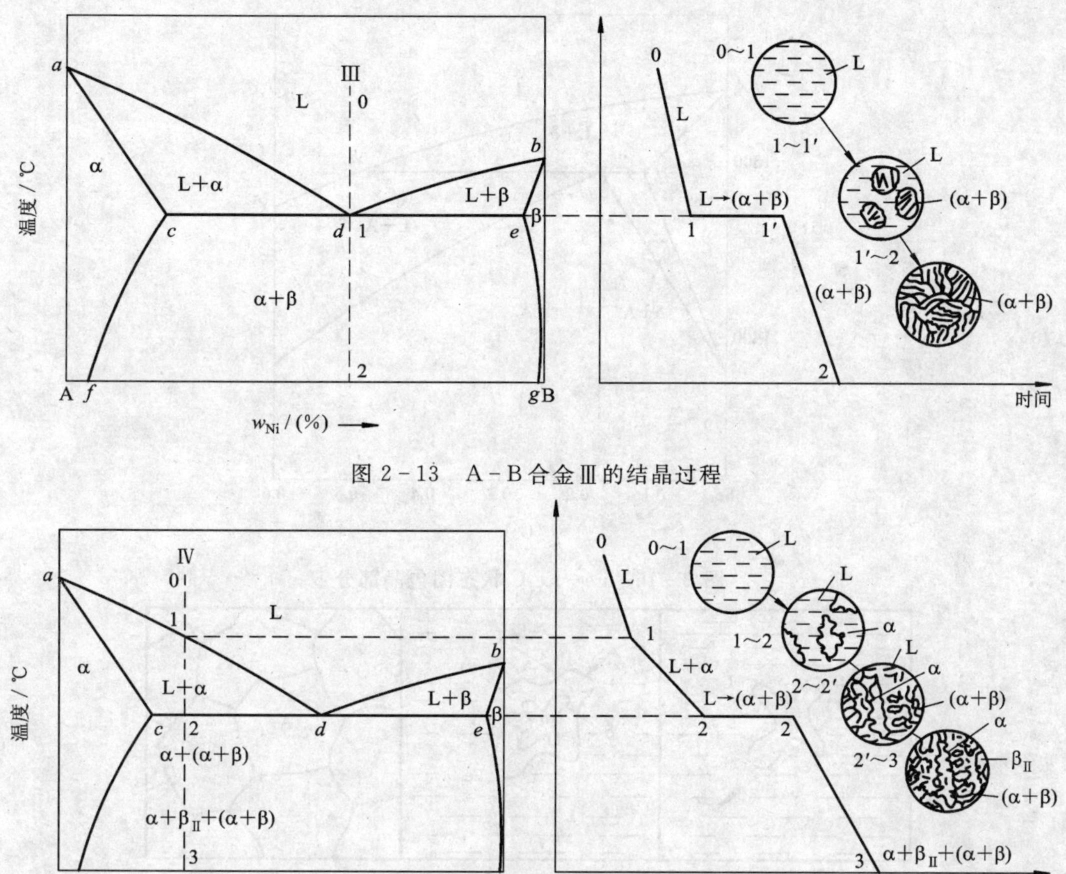

图 2-13　A-B 合金Ⅲ的结晶过程

图 2-14　A-B 合金Ⅳ的结晶过程

2.2.4　二元包晶相图

包晶相图与前述的共晶相图的共同点是：液态时两组元均可无限互溶，而固态时则只有有限溶解度，因而也形成有限固溶体。但是其相图中的水平线所代表的结晶过程则与共晶相图完全不同。

图 2-15 是 Fe-Fe_3C 相图左上角的包晶部分。当合金Ⅰ从高温液态冷至图中 1 点时，开始结晶，从液相中析出 δ 固溶体(图 2-16(a))，随着温度继续下降，δ 相的数量不断增加，液相量则不断减少。δ 相成分沿 *AH* 线变化，液相成分沿 *AB* 线变化。合金冷至包晶反应温度时(1495℃)，剩下的液相和原先析出的 δ 相相互作用生成 A 相，新相是在原有的 δ 相表面生核并成长一层 A 相的外层(图 2-16(b))，此时三相共存，结晶过程在恒温下进行。由于三相的浓度各不相同，通过铁原子和碳原子的不断扩散，A 固溶体一方面不断消耗液相向液体中长大，同时也不断吞并 δ 固溶体向内生长直至把液体和 δ 固溶体全部消耗完毕，最后便形成单一的 A 固溶体(图 2-16(c))，包晶转变即告完成。

在这种结晶过程中，A 晶体包围者 δ 晶体，靠不断消耗液相和 δ 相而进行结晶，故称为包晶反应。

除 Fe-C 合金外，Cu-Zn、Cu-Sn、Ag-Pt 等合金系中都有包晶转变。

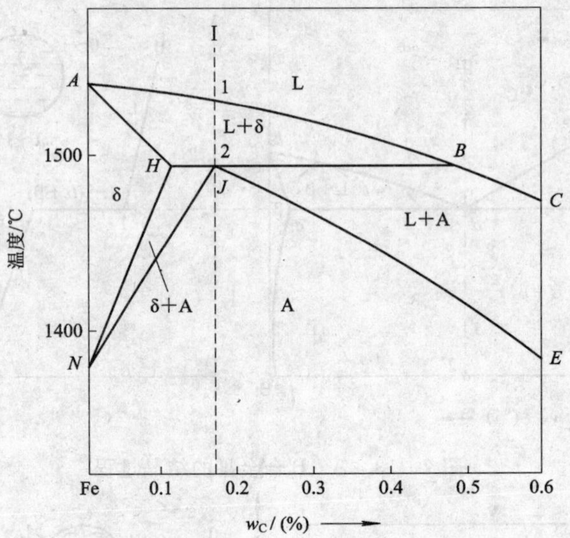

图 2-15 Fe-Fe_3C 状态图包晶部分

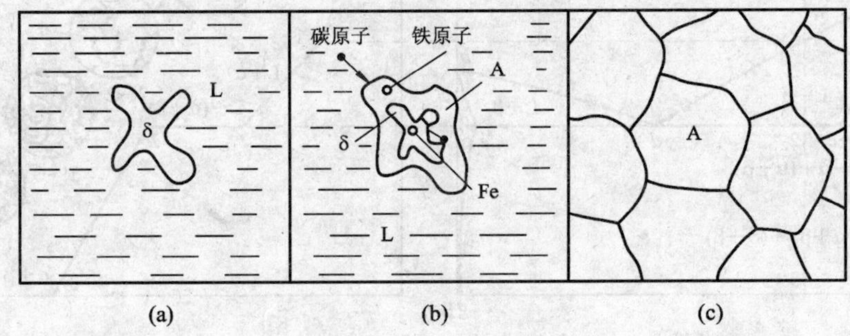

图 2-16 包晶转变示意图

2.2.5 其他类型的二元相图

1. 共析相图

在二元合金相图中往往还遇到这样的反应，即在高温时通过匀晶反应、包晶反应所形成的固溶体，在冷至某一更低的温度处，又发生分解而形成两个新的固相。发生这种反应的相图与共晶相图很相似，只是反应前的母相不是液相而是固相。这种由一种固相同时分解成两种固相的反应称为共析反应，其相图称为共析相图，如图 2-17 所示。

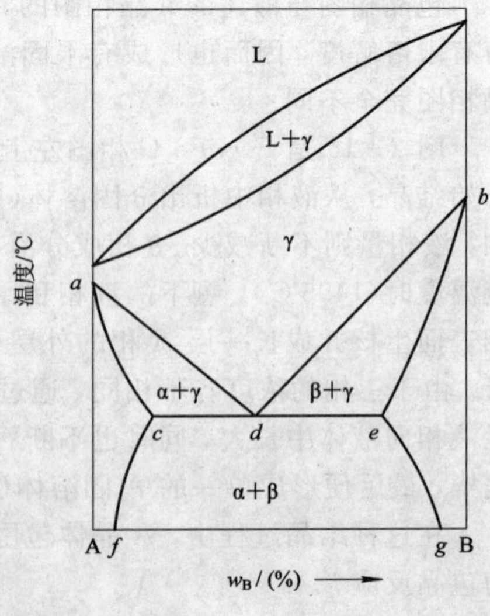

图 2-17 共析相图

与共晶反应相比，共析反应具有以下几方面不同的特点：

(1) 由于共析反应是固体下的反应，在分解过程中需要原子作大量的扩散，但在固态中，扩散过程比在液态中困难得多，因此共析反应比共晶反应更易于过冷。

(2) 由于共析反应易于过冷，因而生核率较高，得到的两相机械混合物(共析体)要比共晶体更为细密。

(3) 共析反应往往因为母相与子相的比容不同，而产生容积的变化，从而引起较大的内应力，这一现象在合金热处理时表现得更为明显。

$Fe-Fe_3C$ 相图中即存在共析反应，它是钢铁热处理赖以为据的重要反应。

2. 形成稳定化合物的共晶相图

图 2-18 是 Mg-Si 合金状态图，它是形成稳定化合物的共晶相图的一个实例。Mg 和 Si 可以形成稳定的化合物 Mg_2Si，它具有严格的成分，Si 含量为 36.59%，在相图中可用一条通过 Mg_2Si 成分的垂直线来表示。Mg_2Si 的熔点为 1102℃，其结晶过程与纯金属相似，在 1102℃以下均为固体。因此，可以把 Mg_2Si 看做一个组元，把 Mg-Si 合金相图分成两部分，按两个共晶相图进行分析。垂线左边部分可看做是 Mg 与 Mg_2Si 组成的共晶相图；垂线右边部分可看做是 Mg_2Si 和 Si 组成的共晶相图。

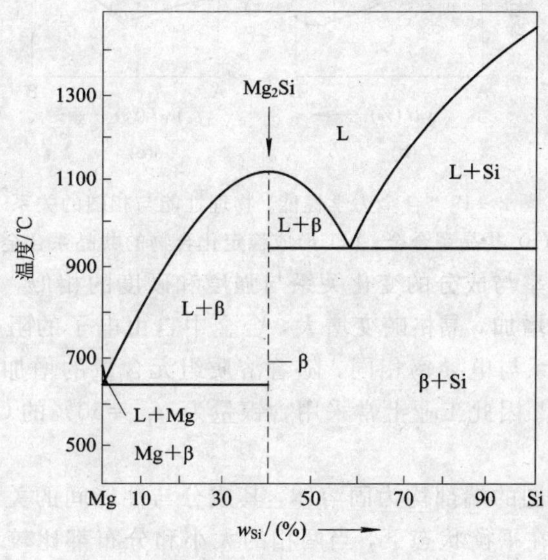

图 2-18　Mg-Si 合金状态图

2.2.6　根据相图判断合金的性能

由相图可以看出，在一定温度下合金的成分与其组成相之间的关系，以及不同合金的结晶特点。合金的使用性能取决于它们的成分和组织，合金的某些工艺性能取决于其结晶特点，因此，通过相图可以判断合金的性能和工艺性，并为正确地配制合金、选材和制定相应的工艺提供依据。

1. 根据相图判断合金的机械性能和物理性能

二元合金的室温平衡组织主要有两种类型，即固溶体和两相混合物。图 2-19 为匀晶、共晶和包晶系合金的力学性能和物理性能随成分变化的一般规律。由图可见，固溶体合金与作为溶剂的纯金属相比，其强度、硬度升高，导电率降低，并在某一成分存在极值。因固溶强化对强度与硬度的提高有限，不能满足工程结构对材料性能的要求，所以工程上经常将固溶体作为合金的基体。

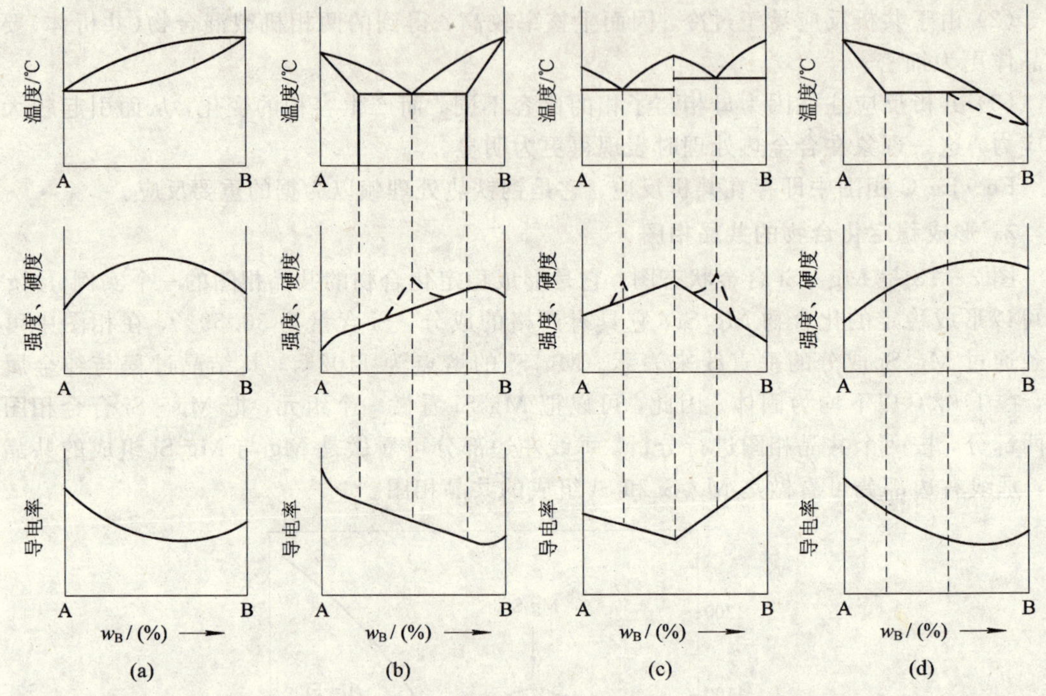

图 2-19　合金力学性能、物理性能与相图的关系

(a) 匀晶系合金；(b) 共晶系合金；(c) 形成稳定化合物的共晶系合金；(d) 包晶系合金

固溶体合金的电导率与成分的变化关系与强度和硬度的相似，均呈曲线变化。这是由于随着溶质组元含量的增加，晶格畸变增大，合金中自由电子的阻力增大所致。同理可以推测，热导率的变化关系与电导率相同，随着溶质组元含量的增加，热导率逐渐降低，而电阻的变化却与之相反。因此工业上常采用含镍量为 $w_{Ni}=50\%$ 的 Cu-Ni 合金作为制造加热元件。

共晶相图和包晶相图的端部均为固溶体，其成分与性能间的关系如上所述。相图的中间部分为两相混合物，在平衡状态下，当两相的大小和分布都比较均匀时，合金的性能大致是两相性能的算术平均值。例如，合金的硬度 HB 为

$$HB = HB_{\alpha}\varphi_{\alpha} + HB_{\beta}\varphi_{\beta}$$

式中，HB_{α}、HB_{β} 分别为 α 相和 β 相的硬度；φ_{α}、φ_{β} 为 α 相和 β 相的体积分数。因此，合金的机械性能和物理性能与成分的关系呈直线变化。但是应当指出，当共晶组织十分细密，且在不平衡结晶出现伪共晶时，其强度和硬度将偏离直线关系而出现峰值，其强度、硬度明显提高。组织越致密，合金的性能提高得越多。

2. 根据相图判断合金的工艺性能

合金的铸造性能主要表现为合金液体的流动性(即液体充填铸型的能力)、缩孔及热裂倾向与偏析等。这些性能主要取决于相图上液相线与固相线之间的水平距离与垂直距离，即结晶时液、固相间的成分间隔与温度间隔。

从相图上也可以判断出合金的工艺性能，图 2-20 所示是合金的铸造性能与相图的关系。由图可见，相图中的液相线与固相线之间的水平距离和垂直距离(成分间隔和温度间隔)越大，合金的流动性就越差，分散缩孔也越多，合金成分偏析(枝晶偏析)也越严重，使

铸造性能变差。另外，当结晶间隔很大时，将使合金在较长时间内处于半固、半液状态，这对于已结晶的固相来说，因为有不均匀的收缩应力，有可能引起铸件内部裂纹等现象。

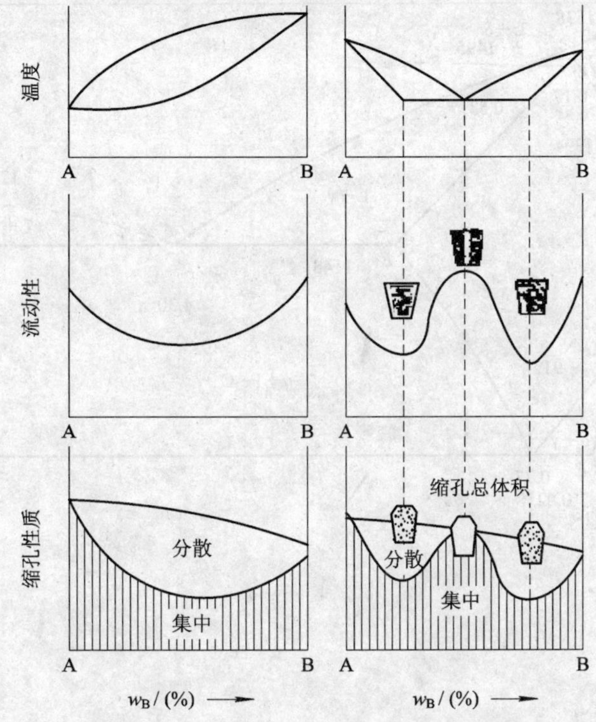

图 2-20　合金铸造工艺性能与相图的关系

对于共晶系合金来说，共晶成分的合金熔点低，并且是恒温凝固，故液体的流动性好，凝固后容易形成集中缩孔，而分散缩孔(缩松)少，热裂倾向也小。因此，共晶合金的铸造性能最好，故在其他条件许可的情况下，铸造合金选用接近共晶成分的合金。

合金的压力加工性能与其塑性有关，因为单相固溶体合金具有较好的塑性，变形均匀，其压力加工性能良好，因此压力加工合金通常是相图上单相固溶体成分范围内的单相合金或含有少量第二相的合金。单相固溶体的硬度一般较低，不利于切削加工，故切削性能较差。当合金形成两相混合物时，合金的切削加工性能要好于单相合金，但压力加工性能却不如单相固溶体。

另外，在相图上无固态相变或固溶度变化的合金不能进行热处理。

2.3　典型材料相图

钢铁是现代机械制造工业中应用最为广泛的金属材料。碳钢和铸铁都是铁碳合金。了解与掌握铁碳合金相图，对于钢铁材料的研究和使用、各种热加工工艺的制定等都具有重要的指导意义。铁与碳两个组元可以形成一系列化合物，如 Fe_3C、Fe_2C、FeC 等。由于钢中碳的质量分数一般不超过 2.11%，铸铁的碳的质量分数一般不超 5%(由于含碳量大于 6.6%的铁碳合金脆性很大，没有使用价值)，因此在研究铁碳合金时，仅研究 Fe - Fe_3C

($w_C=6.69\%$)部分；下面讨论的铁碳相图，实际上是铁—渗碳铁($Fe-Fe_3C$)相图，如图 2-21 所示。

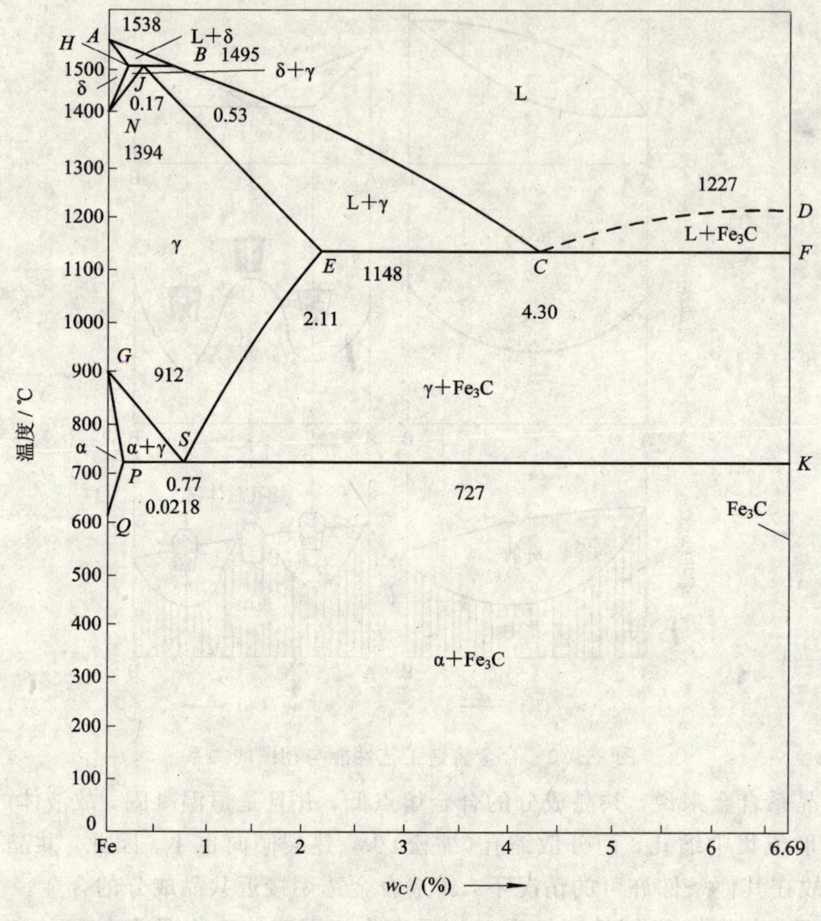

图 2-21　$Fe-Fe_3C$ 相图

1. 铁碳合金的相结构

由 $Fe-Fe_3C$ 相图可见，构成铁碳合金的基本相有铁素体、奥氏体和渗碳体。它们都是铁与碳发生相互作用而形成的，铁素体和奥氏体属于固溶体，渗碳体属于金属间化合物。

1) 工业纯铁

铁的一个重要特性是具有同素异构转变。从图 2-22 所示的铁的冷却曲线可以看出，铁在固态时随温度的变化有三种同素异构体，即 δ-Fe、γ-Fe 和 α-Fe，其晶格常数也随温度的变化而变化。α-Fe 在 770℃还将发生磁性转变，即由高温的顺磁性转变为低温的铁磁性状态。通常把磁性转变温度称为铁的居里点。磁性转变时铁的晶格类型不变，所以磁性转变不属于相变。

工业纯铁的含铁量一般为 $w_{Fe}=99.8\%\sim99.9\%$，含有 0.1%～0.2%的杂质，其中主要是碳。纯铁的机械性能大致为：

抗拉强度：$\sigma_b\approx180\sim230\ MN/m^2$；

屈服强度：$\sigma_{0.2}\approx100\sim170\ MN/m^2$；

伸长率：$\delta\approx30\%\sim50\%$；

断面收缩率：$\psi\approx70\%\sim80\%$；

冲击韧性：$a_k\approx1600\sim2000\ \mathrm{kJ/m^2}$；

硬度：50～80 HBS。

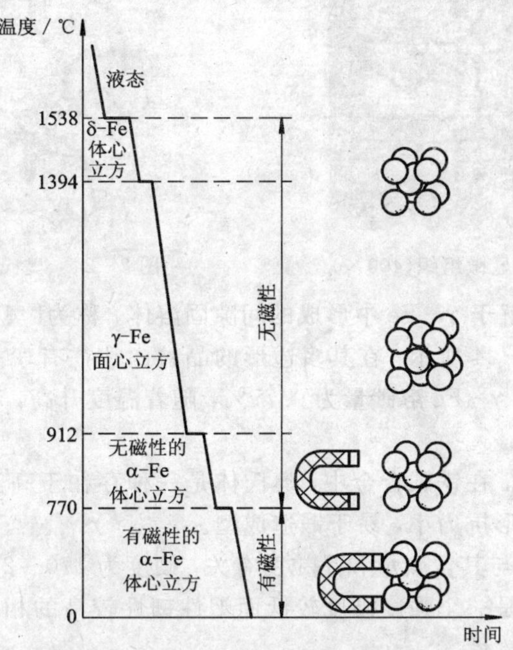

图 2-22　纯铁的冷却曲线及晶体结构变化

纯铁虽具有较好的塑性，但其强度、硬度差，生产中很少直接用作结构材料，通常都使用铁碳的合金。纯铁的主要用途是利用它的扶磁性。纯铁具有高的磁导率，可用于要求软磁性的场合，例如各种仪器仪表的铁芯等。

2）碳溶于铁中形成固溶体——铁素体和奥氏体

铁中加入少量碳后使强度、硬度显著增加，这是由于碳的加入引起了内部组织结构的变化。固态下碳在铁中的存在形式有三种：碳溶于铁中形成固溶体；碳与铁作用形成化合物；碳与铁原子间不相互作用而以自由态石墨存在。

（1）铁素体。铁可以溶解许多元素而形成固溶体。碳溶解于 α-Fe 中所形成的间隙固溶体，称为"铁素体"，以符号"F"或"α"表示。在 α-Fe 的体心立方晶格中，最大间隙半径只有 0.31 Å，比碳原子半径 0.77 Å 小得多。碳原子只能处于位错、空位、晶界等晶体缺陷处或个别八面体间隙中，所以碳在 α-Fe 中的溶解度很小，其最大溶解度为 0.0218%（727℃）。随着温度的降低，其溶解度要降低，室温时，碳在 α-Fe 中的溶解度仅为 0.0008%。

铁素体的组织与纯铁组织没有明显区别，铁素体的显微组织如图 2-23 所示。它是由等轴状的多边形晶粒组成，黑线是晶界，亮区是铁素体晶粒。

由于铁素体的溶碳能力很小，故其机械性能几乎和纯铁相同，强度和硬度低，而塑性和韧性好。另外，铁素体在 770℃以上具有顺磁性，在 770℃以下呈铁磁性。

碳溶于体心立方晶格 δ-Fe 中的间隙溶体称为 δ 铁素体，以"δ"表示，其最大溶解度在 1495℃时为 0.09%。

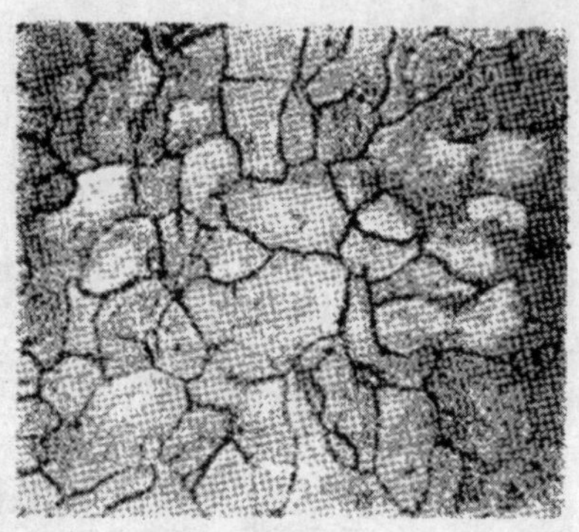

图 2-23　铁素体显微组织(400×)

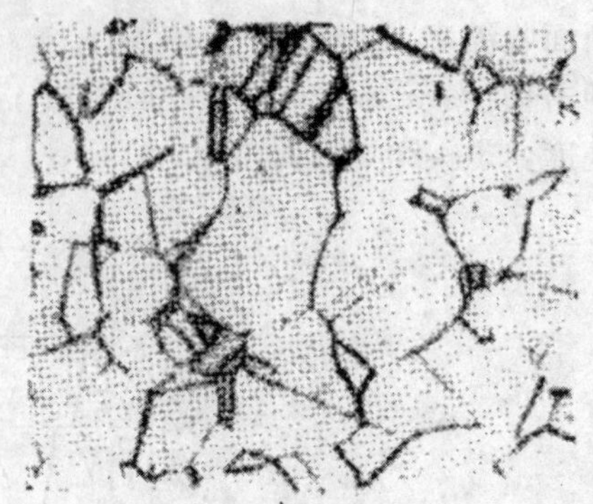

图 2-24　奥氏体显微组织(400×)

(2) 奥氏体。碳溶解于 γ-Fe 中形成的间隙固溶体，称为“奥氏体”，以符号 A 或 γ 表示。其显微组织如图 2-24 所示，在其多边形的晶粒内往往有孪晶线，即有一些成对平行线条出现。在 727℃时，γ-Fe 溶碳量为 0.77%，随着温度升高，其溶解度增加，在 1148℃时其最大溶碳量为 2.11%。

除了少数合金铜外，在铁碳合金中，奥氏体是一种存在于高温状态下的组织，它有着良好的韧性和塑性，变形抗力小，易于锻造成型。*

奥氏体的力学性能与其含碳量和晶粒度有关，硬度为 170～220 HBS；伸长率 $\delta=40\%\sim50\%$。可见奥氏体也是一个强度硬度较低而塑性韧性较高的相，但它与铁素体不同，只有顺磁性，而不呈现铁磁性。

(3) 渗碳体。当碳在 α-Fe 或 γ-Fe 中的溶解度达到饱和时，过剩的碳原子就和铁原子化合，形成间隙化合物 Fe_3C，称为“渗碳体”，以符号“Cm”表示。

渗碳体的碳含量为 6.69%(重量)，其晶格是复杂三斜晶格(图 1-25(b))，其显微组织如图 2-25 中白亮部分所示。

渗碳体的熔点很高，硬而耐磨，其机械性能大致为：抗拉强度 $\sigma_b\approx30\ MN/m^2$；伸长率 $\delta\approx0$；断面收缩率 $\psi\approx0$。

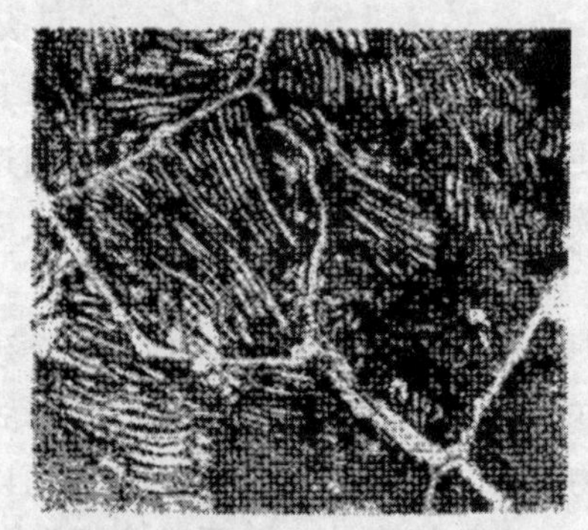

图 2-25　渗碳体显微组织(400×)

渗碳体在钢与铸铁中一般呈片状、粒状或网状存在。它的形状、尺寸及分布对钢的性能有很大影响，是铁碳合金的重要强化相。渗碳体在固态下不发生同素异构转变，但可能与其它元素形成固溶体。其中的碳原子可能被氮等小原子置换，而铁原子可能被其它金属原子如 Mn、Cr 所替代。这种以渗碳体为溶剂的固溶体，称为合金渗碳体。

渗碳体是亚稳定的化合物。在一定的条件下，渗碳体能按下列反应分解形成石墨状的具有六方结构的自由碳，其强度、硬度极低。灰口铸铁中 C 主要以这种石墨形式存在(这个转变对铸铁有重要意义)。

$$Fe_3C \rightarrow 3Fe + C\ (石墨)$$

综上所述，$Fe-Fe_3C$ 合金系中存在四个相，即液体(L)、铁素体(F)、奥氏体(A)和渗碳体(Fe_3C 或 Cm)。

2. Fe－Fe_3C 相图分析

1）相图中的点、线、区及其意义

现将图 2－21 所示 Fe－Fe_3C 相图中各特性点的温度、碳浓度及意义列于表 2－2 中。相图中的 *ABCD* 线为液相线，*AHJECF* 线为固相线。

相图中包括 5 个基本相，相应有 5 个单相区，它们分别是：

ABCD 以上——液相区（L）；

AHNA——高温铁素体区（δ）；

NJESGN——奥氏体区（A 或 γ）；

GPQG——铁素体区（F 或 α）；

DFK——渗碳体“区”（Fe_3C）。

相图中还有 7 个两相区，分别是：L＋δ、L＋A、L＋Fe_3C、δ＋A、F＋A、A＋Fe_3C 及 F＋Fe_3C，它们分别位于两相邻的两单相区之间。

表 2－2　Fe－Fe_3C 相图中的各特性点

符号	温度/℃	含碳量/（%）	说　明
A	1538	0	纯铁的熔点
B	1495	0.53	包晶转变时液相合金的成分
C	1148	4.30	共晶点
D	1227	6.69	渗碳体的熔点（计算值）
E	1148	2.11	C 在奥氏体中的最大溶解度
F	1148	6.69	渗碳体的成分
G	912	0	δ－Fe→α－Fe 同素异构转变点（A_3）
H	1495	0.09	C 在 δ 中的最大溶解度
J	1495	0.17	包晶点
K	727	6.69	渗碳体
N	1394	0	α－Fe→γ－Fe 同素异构转变点（A_3）
P	727	0.0218	C 在 α 中的最大溶解度
S	727	0.77	共析点（A_1）
Q	室温	0.0008	室温时 C 在 α 中的最大溶解度

铁碳合金相图包括包晶、共晶、共析三个基本转变，现分别说明如下：

① 包晶转变发生于 1495℃（水平线 *HJB*），其反应式为

$$L_{0.53}+\delta_{0.09}\xleftrightarrow{1495℃}A_{0.17}$$

包晶转变是在恒温下进行的，其产物是奥氏体。凡含碳量介于 0.09%～0.53% 范围内的铁碳合金在结晶时都要发生包晶转变。

② 共晶转变发生于 1148℃（水平线 *ECF*），其反应式为

$$L_{4.3}\xleftrightarrow{1148℃}A_{2.11}+Fe_3C$$

共晶转变同样是在恒温下进行的，共晶反应的产物是奥氏体和渗碳体的混合物，称为（高温）莱氏体，用字母 L_d 表示。凡含碳量大于 2.11% 的铁碳合金冷却至 1148℃时，将发生共晶转变，从而形成莱氏体组织。在显微镜下观察，莱氏体组织是块状或粒状的奥氏体 A 分布在连续的渗碳体基体之上的。

③ 在727℃(水平线 PSK)发生共析转变，其反应式为

$$A_{0.77} \xleftrightarrow{727℃} F_{0.0218} + Fe_3C$$

共析转变也是在恒温下进行的，反应产物是铁素体与渗碳体的混合物，称为珠光体，用字母P代表。共析温度以 A_1 表示。凡含碳量大于0.0218%的铁碳合金冷却至727℃时，奥氏体将发生共析转变而形成珠光体。

此外，在铁碳合金相图中还有三条重要的特性线，它们是 ES 线、PQ 线和 GS 线。

ES 线是碳在奥氏体中的固溶线。随温度变化，奥氏体的溶碳量将沿 ES 线变化。因此含碳量大于0.77%的铁碳合金，自1148℃至727℃的降温过程中，将从奥氏体中析出渗碳体。为区别自液相中析出的渗碳体，通常把从奥氏体中析出的渗碳体称为二次渗碳体($Fe_3C_{Ⅱ}$)。ES线也称为 A_{cm} 线。

PQ 线是碳在铁素体中的固溶线。铁碳合金由727℃冷却至室温时，将从铁素体中析出渗碳体。这种渗碳体称为三次渗碳体($Fe_3C_{Ⅲ}$)。对于工业纯铁及低碳钢，由于三次渗碳体沿晶界析出，故会降低其塑性与韧性，因而要重视三次渗碳体的存在与分布。在含碳量较高的铁碳合金中，三次渗碳体可忽略不计。

GS 线称为 A_3 线，它是在冷却过程中，由奥氏体中析出铁素体的开始线。或者说是在加热时，铁素体完全溶入奥氏体的终结线。

2) 典型合金的结晶过程分析

铁碳合金相图上的各种合金，按其含碳量及组织的不同，常分为工业纯铁、钢和铸铁三类。

工业纯铁的含碳量小于0.0218%，其显微组织主要为铁素体。

钢是含碳量在0.0218%～2.11%之间的铁碳合金，钢的高温固态组织为具有良好塑性的奥氏体，因而宜于锻造。根据含碳量及室温组织的不同，钢也可分为亚共析钢(含碳量＜0.77%)、共析钢(含碳量为0.77%)和过共析钢(含碳量＞0.77%)三种。

白口铸铁的含碳量在2.11%～6.69%之间。它的断口具有白亮光泽，所以称为白口铸铁。白口铸铁在结晶时有共晶转变，因而有较好的铸造性能。根据含碳量及室温组织的不同，白口铸铁又可分为共晶白口铸铁、亚共晶白口铸铁、过共晶白口铸铁。共晶白口铸铁的含碳量为4.3%，室温组织是莱氏体；亚共晶白口铸铁的含碳量低于4.3%，室温组织是珠光体、二次渗碳体和莱氏体；过共晶白口铸铁的合碳量的高于4.3%，室温组织是莱氏体和一次渗碳体。

现以上述几种典型合金为例，分析其结晶过程和在室温下的显微组织(所选取的合金成分如图2-26所示)。

(1) 工业纯铁。以0.01%C的Fe-C合金为例，该合金即相图(图2-26)上的合金(1)。液态合金在1～2温度区间按匀晶转变形成单相δ固溶体。当冷却到3点时，δ开始向奥氏体(A)转变。这一转变于4点结束，合金全部转变为单相奥氏体。冷到5点时，奥氏体开始形成铁素体(F)，冷到6点时，合金成为单相的铁素体。铁素体冷到7点时，碳在铁素体中的溶解量呈饱和状态，因而自7点继续降温时，将从铁素体中析出少量的 $Fe_3C_{Ⅲ}$，它一般沿铁素体晶界呈片状分布。图2-27是工业纯铁结晶过程示意图。工业纯铁缓冷到室温后的显微组织如图2-28所示，主要是铁素体及少量 $Fe_3C_{Ⅱ}$。

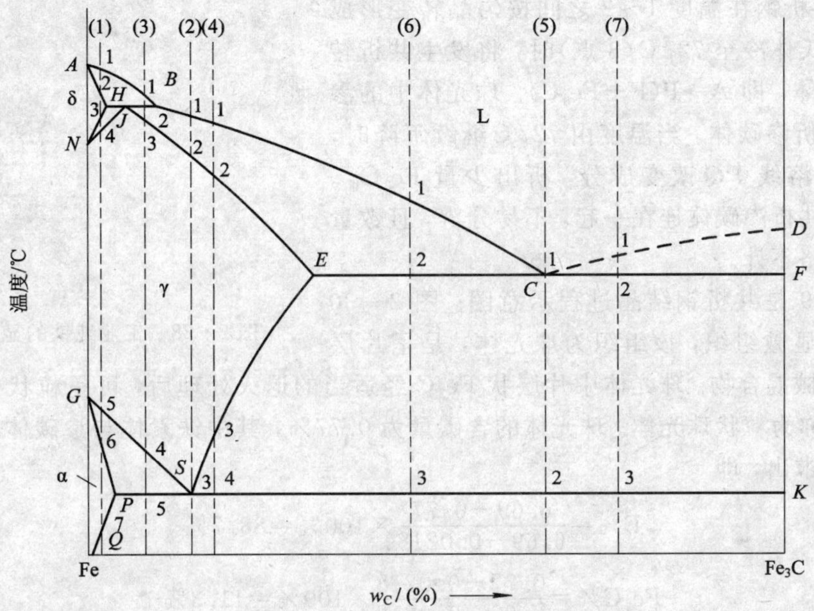

图 2-26　典型合金的化学成分

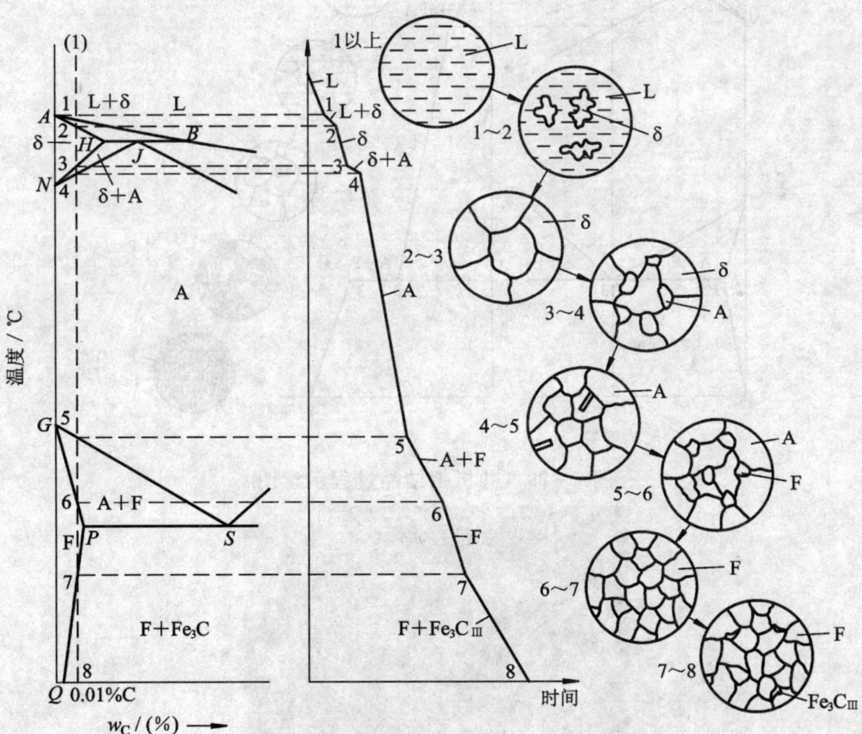

图 2-27　工业纯铁结晶过程示意图

(2) 共析钢。共析钢在相图上的位置见图 2－26 合金(2)。共析钢在温度 1～2 之间按匀晶转变形成奥氏体。奥氏体冷至 727℃(3 点)时，将发生共析转变形成珠光体，即 A→P(F＋Fe_3C)。珠光体中的渗碳体称为共析渗碳体。当温度由 727℃继续下降时，铁素体沿固溶线 *PQ* 改变成分，析出少量 $Fe_3C_{Ⅲ}$。$Fe_3C_{Ⅲ}$ 常与共析渗碳体连在一起，不易分辨，且数量极少，可忽略不计。

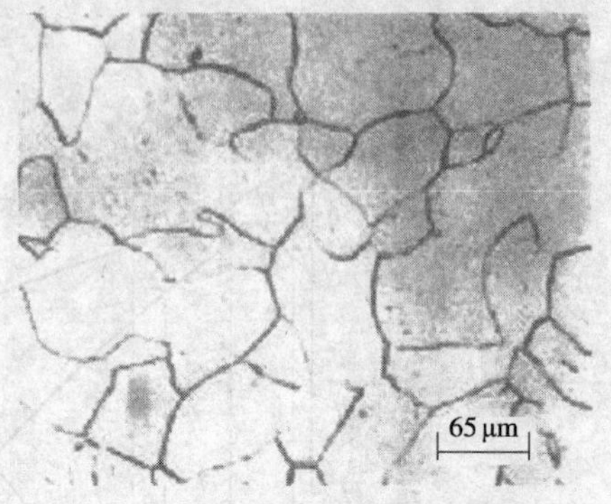

图 2－28　工业纯铁的显微组织

图 2－29 是共析钢结晶过程示意图。图 2－30 是共析钢的显微组织，该组织为珠光体，是呈片层状的两相机械混合物。珠光体中片层状 Fe_3C 经适当的退火处理后，可呈粒状分布在铁素体基体上，称为粒状珠光体。珠光体的含碳量为 0.77%，其中铁素体与渗碳体的相对量可用杠杆定律求出，即

$$F\%=\frac{6.69-0.77}{6.69-0.0218}\times 100\%=88.7\%$$

$$Fe_3C\%=\frac{0.77-0.0218}{6.69-0.0218}\times 100\%=11.3\%$$

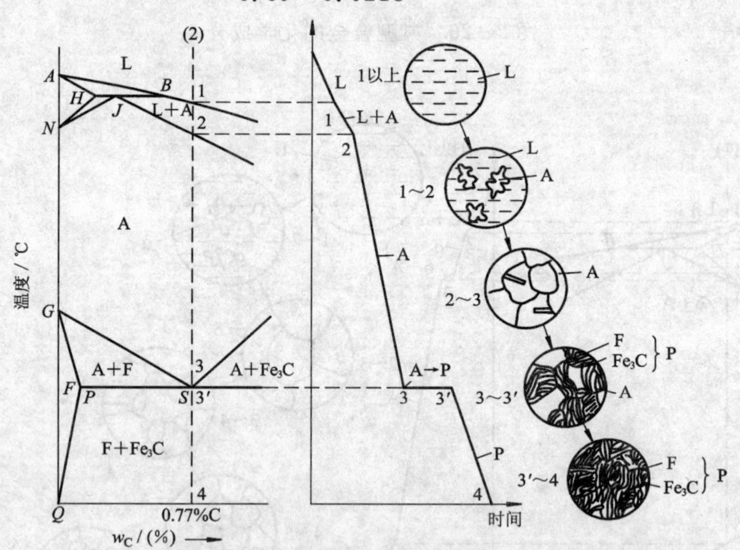

图 2－29　共析钢结晶过程示意图

图 2－30　共析钢的显微组织图(1000×)

(3) 亚共析钢。以含碳量为 0.45%的合金为例来进行分析，亚共析钢在相图中的位置见图 2-26 中合金成分(3)。图 2-31 是亚共析钢结晶过程示意图。在 1 点以上合金为液体。当温度降到 1 点以后，开始从液体中析出 δ 固溶体，1～2 点之间为 L+δ。*HJB* 为包晶线，故在 2 点发生包晶转变，形成奥氏体。包晶转变结束后，除奥氏体外还有过剩的液体。温度继续下降时，在 2～3 点之间从液体中继续结晶出奥氏体，奥氏体的浓度沿 *JE* 线变化。到 3 点后合金全部凝固成固相奥氏体。温度由 3 点降到 4 点时，是奥氏体的单相冷却过程，没有相和组织的变化。继续冷却至 4～5 点时，由奥氏体中结晶出铁素体。在此过程中，奥氏体成分沿 *GS* 变化，铁素体成分沿 *GP* 线变化。当温度降到 727℃，奥氏体的成分达到 *S* 点(0.77%)则发生共析转变，即 A→P(F+Fe_3C)，形成珠光体。此时原先析出的铁素体保持不变。所以共析转变后，合金的组织为铁素体和珠光体。当继续冷却时，铁素体的含碳量沿 *PQ* 线下降，同时析出三次渗碳体。同样，三次渗碳体的量极少，一般可忽略不计。因此，含碳量为 0.45%的铁碳合金的室温组织是由铁素体和珠光体组成的，如图 2-32 所示。

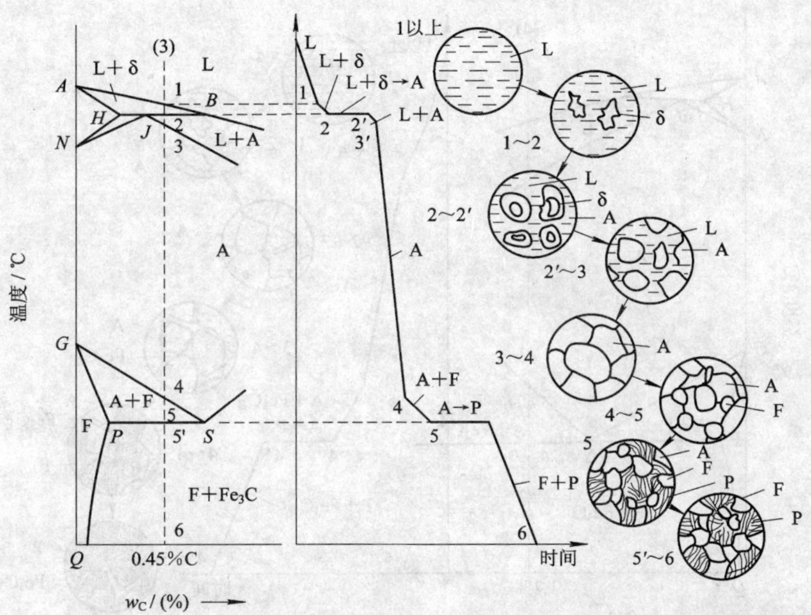

图 2-31　亚共析钢结晶过程示意图

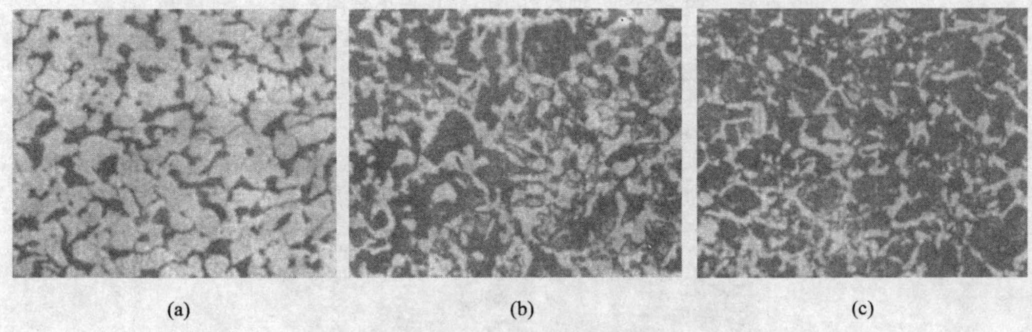

图 2-32　亚共析钢的显微组织图(200×)

(a) w_C=0.20%；(b) w_C=0.40%；(c) w_C=0.60%

所有亚共析钢的室温组织都是由铁素体和珠光体组成的，但是珠光体与铁素体的相对量因含碳量不同而有所变化。含碳量越高，组织中珠光体越多，铁素体越少。相对量同样可用杠杆定律来计算。若忽略铁素体中的含碳量，则亚共析钢的含碳量可以通过显微组织中铁素体和珠光体的相对面积估算得到。例如，经观察，可知某退火亚共析钢显微组织中珠光体和铁素体的面积各占50%，则其含碳量大致为C%＝50%×0.77%＝0.385%。

(4) 过共析钢。以含碳量为1.2%的合金为例，过共析钢在相图上的位置见图2-26合金(4)，结晶过程示意图如图2-33所示。合金在1～2点之间按匀晶过程转变为单相奥氏体组织。在2～3点之间为单相奥氏体的冷却过程。自3点开始，由于奥氏体的溶碳能力降低，奥氏体晶界处析出Fe_3C_{II}。温度在3～4之间，随着温度不断降低，析出的二次渗碳体量也逐渐增多，与此同时，奥氏体的含碳量也逐渐沿ES线降低。当冷到727℃(4点)时，奥氏体的成分达到S点，于是发生共析转变A→P(F+Fe_3C)，形成珠光体。从4点以下直到室温，合金组织变化不大。因此常温下过共析钢的显微组织由珠光体和网状二次渗碳体组成，如图2-34所示。

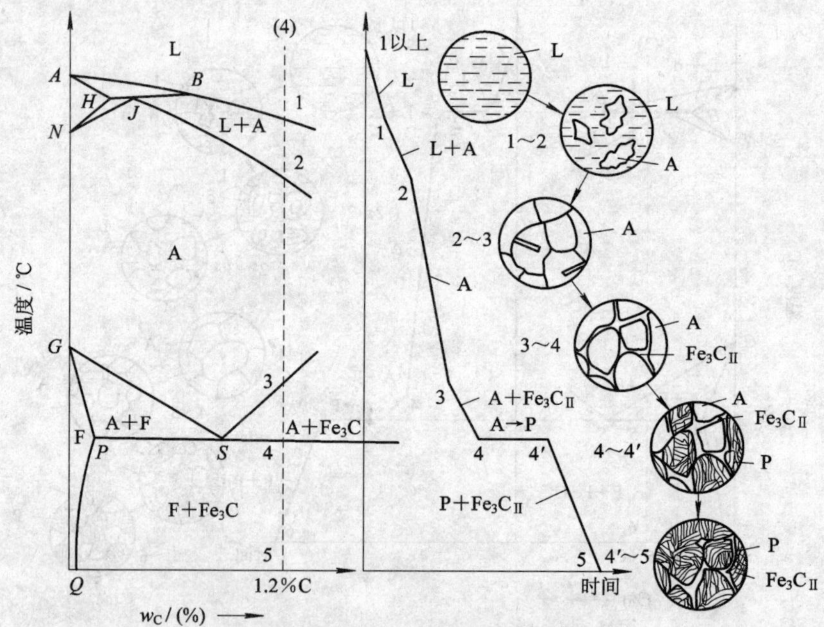

图2-33　过共析钢结晶过程示意图

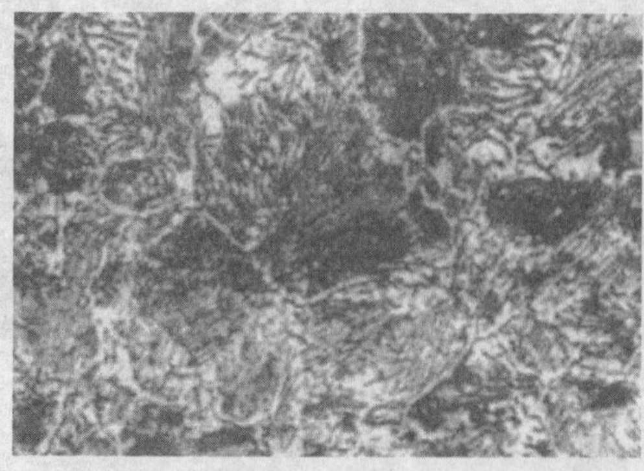

图2-34　w_C为1.2%的过共析钢的显微组织图(500×)

(5) 共晶白口铸铁。合金(5)在1点发生共晶反应，由莱氏体转变为(高温)莱氏体，即

$$L_{4.3} \xleftrightarrow{1148℃} A_{2.11} + Fe_3C$$

在1～2之间，奥氏体中的碳含量逐渐降低，从奥氏体中不断析出二次渗碳体 $Fe_3C_{Ⅱ}$。但是 $Fe_3C_{Ⅱ}$ 依附在共晶 Fe_3C 上析出并长大，无界线相隔，所以在显微镜下也难以分辨。至2点温度时，共晶奥氏体的碳含量为0.77%，在恒温下发生共析反应转变，即共晶奥氏体转变为珠光体。(高温)莱氏体Ld转变成(低温)莱氏体Ld′(P+Fe_3C)。此后的降温过程中，虽然铁素体也会析出 $Fe_3C_{Ⅲ}$，但是数量很少，而且组织不再发生变化，所以室温平衡组织仍为Ld′，图2-35为其平衡结晶过程示意图，最后室温下的组织是珠光体分布在共晶渗碳体的基体上，如图2-36(b)所示。

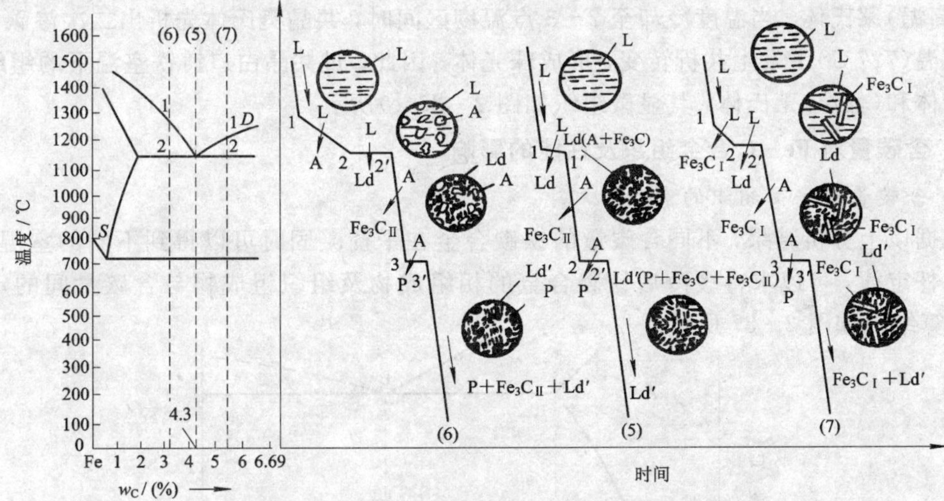

图2-35　白口铸铁部分典型合金结晶过程分析示意图

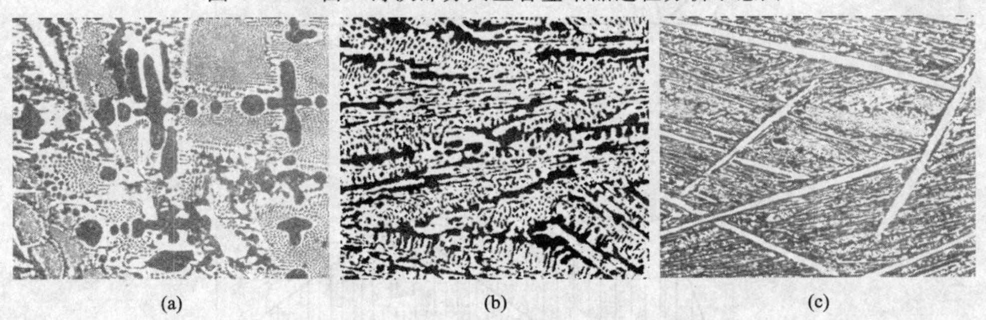

图2-36　白口铸铁的显微组织图(200×)

(a) 亚共晶白口铸铁；(b) 共晶白口铸铁；(c) 过共晶白口铸铁

合金(6)在结晶过程中，在1～2点之间按匀晶转变结晶出初晶(或先共晶)奥氏体，奥氏体的成分沿 JE 线变化，而液相的成分沿 BC 线变化，当温度降至2点时，液相成分达到共晶点 C，于是在恒温(1148℃)下发生共晶转变，即

$$L_{4.3} \xleftrightarrow{1148℃} A_{2.11} + Fe_3C$$

形成(高温)莱氏体。当温度冷却至2～3点温度区间时，从奥氏体(初晶和共晶)中都析出二次渗碳体。随着二次渗碳体的析出，奥氏体的成分沿着 ES 线不断降低，当温度达到3点

(727℃)时，奥氏体的成分也达到了 S 点，在恒温下发生共析转变，且所有的奥氏体均转变为珠光体。图 2-35 为其平衡结晶过程示意图，最后室温下的组织为珠光体、二次渗碳体和(低温)莱氏体(图 2-36 (a))，图中大块黑色部分是由初晶奥氏体转变成的珠光体，由初晶奥氏体析出的二次渗碳体与共晶渗碳体连成一片，因此难以分辨。

图 2-35 为合金(7)平衡结晶过程示意图，在结晶过程中，该合金在 1～2 温度区间从液体中结晶出粗大的先共晶渗碳体，称为一次渗碳体 $Fe_3C_Ⅰ$。随着一次渗碳体量的增多，液相成分沿着线 DC 变化。当温度降至 2 点时，液相成分达到 C，于是在恒温(1148℃)下发生共晶转变，即

$$L_{4.3} \xleftrightarrow{1148℃} A_{2.11} + Fe_3C$$

形成(高温)莱氏体。当温度冷却至 2～3 点温度区间时，共晶奥氏体先析出二次渗碳体，然后在恒温(727℃)下发生共析转变，形成珠光体。因此，过共晶白口铸铁室温下的组织为一次渗碳体和(低温)莱氏体，其显微组织如图 2-36(c)所示。

3. 含碳量对 Fe-C 合金组织及性能的影响

1) 含碳量对平衡组织的影响

根据以上分析结果，不同含碳量的铁碳合金在平衡凝固时可以得到不同的室温组织。根据杠杆定律，可以求得缓冷后铁碳合金的相组成物及组织组成物与含碳量间的定量关系，计算结果如图 2-37 所示。

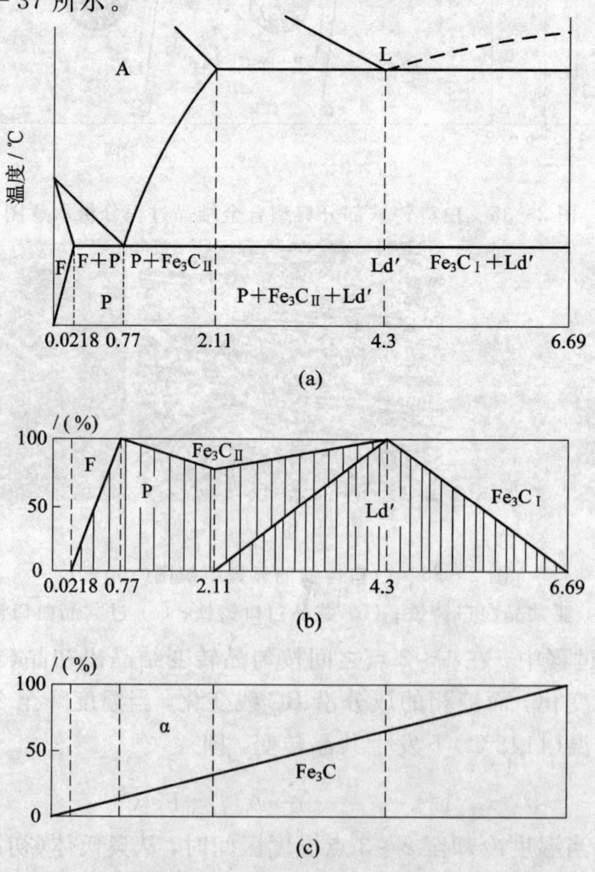

图 2-37　铁碳合金的成分与组织和相的对应关系图

从图 2-37(b)中可以清楚地看出随着含碳量的变化合金室温组织变化的规律。当含碳量增高时，组织中不但渗碳体的数量增加，而且渗碳体的存在形式也在变化，即由分布在铁素体的基体内(如珠光体)变为分布在奥氏体的晶界上(Fe_3C_{II})。最后当形成莱氏体时，渗碳体已作为基体出现。

根据铁碳相图，铁碳合金的室温组织均由 F 和 Fe_3C 相组成，两相的相对重量由杠杆定律确定。随着碳含量增加，F 的相对量逐渐降低，而 Fe_3C 的相对量呈线性增加(图 2-37(c))。

2) 含碳量对力学性能的影响

不同含碳量的铁碳合金具有不同的组织，因而也具有不同的性能。在铁碳合金中，渗碳铁是硬脆的强化相，而铁素体则是柔软的韧性相。硬度主要取决于组织中组成相的硬度及相对量，组织形态的影响相对较小。随碳含量的增加，Fe_3C 也增多，所以合金的硬度呈直线关系增大，由全部为 F 时的硬度约 80 HB 增大到全部为 Fe_3C 时的硬度约 800 HB。合金的塑性变形全部由 F 提供，所以随碳含量的增大，当 F 量不断减少时，合金的塑性在连续下降，这也是高碳钢和白口铸铁脆性高的主要原因。

强度是一个对组织形态很敏感的性能。如果合金的基体是铁素体，则随渗碳体数量的增多及分布越均匀，材料的强度也就越高。但是，当渗碳体相分布在晶界，特别是作为基体时，材料的强度将会大大下降。含碳量对碳钢力学性能的影响如图 2-38 所示。

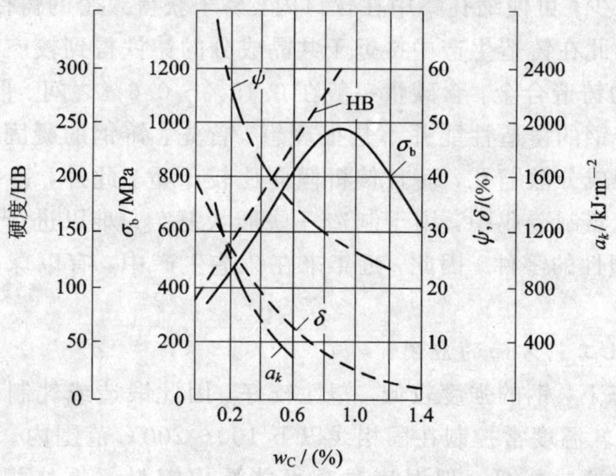

图 2-38　碳钢力学性能与含碳量的关系图

工业纯铁含碳量很低，可认为是由单相铁素体构成的，故其塑性、韧性很好，强度和硬度很低。

亚共析钢组织是由铁素体和珠光体组成的。随着含碳量的增加，组织小的珠光体量也相应增加，钢的强度和硬度直线上升，而塑性指标相应降低。

共析钢的缓冷组织由片层状的珠光体构成。由于渗碳体是一个强化相，这种片层状的分布使珠光体具有较高的硬度与强度，但塑性指标较低。

过共析钢缓冷后的组织由珠光体与二次渗碳体所组成。随含碳量的增加，脆性的二次渗碳体数量也相应增加，到约 0.9%C 时 Fe_3C_{II} 沿晶界形成完整的网，强度便迅速降低，且脆性增加。所以，工业用钢中的含碳量一般不超过 1.3%～1.4%。白口铸铁由于组织中存在较多的渗碳体，因而在性能上显得特别脆而硬，难以切削加工，主要用作耐磨材料。

4. 铁碳相图的应用

Fe－Fe_3C 相图对生产实践颇有意义，除了可作为选用材料的重要依据外，还可作为制定铸造、锻压、热处理等热加工工艺的依据。其应用举例说明如下：

1）*在钢铁材料选用方面的应用*

Fe－Fe_3C 相图所表明的成分—组织—性能的规律，为钢铁材料的选用提供了根据。例如，建筑结构和各种型钢需用塑性、韧性好的材料，因此宜选用碳含量较低的钢材。一些要求强度、塑性及韧性都较好的机械零件则应选用碳含量适中的中碳钢。而各种工具要用硬度高和耐磨性好的材料，则应该选择碳含量较高的钢种。

纯铁的强度低，不宜用作结构材料，但由于其导磁率高，矫顽力低，可作软磁材料使用，例如电磁铁的铁芯等。白口铸铁硬度高、脆性大，不能切削加工，也不能锻造，但其耐磨性和铸造性能优良，适用于作要求耐磨、不受冲击、形状复杂的铸件，例如拔丝模、冷轧辊、货车轮、犁铧、球磨机的磨球等。

2）*在铸造工艺方面的应用*

根据 Fe－Fe_3C 相图可以确定合金的浇注温度。浇注温度一般在液相线以上 50～100℃。

其次，从相图上可以看出，纯铁和共晶成分的铁碳合金，由于凝固温度区间小，因而流动性好，分散缩孔少，可使缩孔集中在冒口内，易于获得致密的铸件。另外，共晶成分合金结晶温度较低，因此在铸造生产中接近于共晶成分的铸铁得到较广泛的应用。

铸钢也是常用的铸造合金，含碳量一般在 0.15%～0.6%之间。但是从 Fe－Fe_3C 相图的分析中可看出，铸钢的铸造性能并不是很理想。首先，铸钢的凝固温度区间较大，因此流动性较差，容易形成分散缩孔，而且偏析倾向比较严重。此外，铸钢的浇铸温度也比铸铁高得多。铸钢在机器制造业中，用于制造一些形状复杂，难以进行锻造或切削加工，而又要求较高强度和塑性的零件。因此，近年来在铸造生产中，有以球墨铸铁部分代替铸钢的趋势。

3）*在热锻、热轧工艺方面的应用*

处于奥氏体状态下，钢的强度较低，塑性较好，因此锻造或轧制一般选在单相奥氏体区内进行。始锻、始轧温度常控制在固相线以下 100～200℃范围内。此时，钢的变形抗力较小，对设备吨位的要求较低，但温度过高可能造成钢材严重烧损或发生晶界熔化（过烧）。终锻、终轧温度不能过低，以免钢材因塑性差而开裂。亚共析钢热加工终止温度多控制在 GS 线（图 2－26）以上，以免形成带状组织降低钢的韧性。过共析钢变形终止温度应控制在 PSK 线以上一点，这样可以把网状二次渗碳体打碎。终止温度不能太高，否则再结晶后奥氏体晶粒粗大，使热加工后的组织也粗大。一般钢的始锻温度为 1150～1250℃，终锻温度为 750～850℃。

4）*在热处理工艺方面的应用*

Fe－Fe_3C 相图对于制定热处理工艺有着特别重要的意义。一些热处理工艺如退火、正火、淬火的加热温度都是依据 Fe－Fe_3C 相图确定的。

5. 铁碳相图的局限性

铁碳相图的应用很广，为了正确掌握它的应用，必须了解其局限性，主要体现在以下几方面：

(1) Fe－Fe_3C 相图反映的是平衡相，而不是组织。相图能给出平衡条件下的相、相的成分和各相的相对重量，但不能给出相的形状、大小和空间相互配置的关系。关于不同成分的铁碳合金的组织，必须分析其动力学规律和结晶过程才能有具体了解。

(2) Fe－Fe_3C 相图只反映铁碳二元合金中相的平衡状态。实际生产中应用的钢和铸铁，除了铁和碳以外，往往含有或有意加入了其他元素。在其他元素含量较高时，相图将发生重大变化。因此，严格地说，在这样的条件下铁碳相图已不完全适用。

(3) Fe－Fe_3C 相图反映的是平衡条件下铁碳合金中相的状态，并没有反映时间的作用。只有在非常缓慢地冷却或加热，或者在长期保温的情况下才能达到相的平衡。当冷却加热速度较快时，则不能用相图来分析问题。

必须指出，对于普通的钢和铸铁，在不违背平衡的情况下，例如在炉中冷却，甚至在空气中冷却时，铁碳相图的应用是有足够的可靠性和准确度的。而对于特殊的钢和铸铁，或在距平衡条件较远的情况下，虽然 Fe－Fe_3C 相图误差较大，但它仍然是考虑问题的依据。

思考与练习

2－1　名词解释：

过冷度，晶核形核率（N），生长速率（G），凝固，结晶，自由能差（ΔG）；变质处理，变质剂；合金，组元，相，相图；机械混合物；枝晶偏析，比重偏析，相组成物，组织组成物；平衡状态，平衡相；一次渗碳体，二次渗碳体，三次渗碳体，共晶渗碳体与共析渗碳体；铁素体，奥氏体，珠光体，莱氏体（Ld 和 Ld′）。

2－2　金属结晶的基本规律是什么？晶核的形核率和生长速率受到哪些因素的影响？

2－3　何谓共晶反应、包晶反应和共析反应？试比较三种反应的异同点。

2－4　二元匀晶相图、共晶相图与合金的机械性能、物理性能和工艺性能存在什么关系？

2－5　已知组元 A（熔点 700℃）与 B（熔点 600℃）在液态无限互溶；在固态 400℃时 A 溶于 B 中的最大溶解度为 20%，室温时为 10%，而 B 却不溶于 A；在 400℃时，含 30% B 的液态合金发生共晶反应，求：

(1) 绘制 A－B 合金相图，并标注各区域的相组成物和组织组成物；

(2) 分析 15%A、50%A、80%A 合金的结晶过程，并确定室温下相组成物及组织组成物的相对含量；

(3) 绘制出合金的性能与相图的关系曲线。

2－6　简述 Fe－Fe_3C 相图中的三个基本反应：包晶反应、共晶反应及共析反应。写出反应式，并注出含碳量和温度。

2－7　画出 Fe－Fe_3C 相图，并进行以下分析：

(1) 标注出相图中各区域的组织组成物和相组成物；

(2) 分析 0.4%C 亚共析钢的结晶过程及其在室温下组织组成物与相组成物的相对重

量，合金的结晶过程及其在室温下组织组成物与相组成物的相对重量。

2-8　现有两种铁碳合金(退火状态)：其中一种合金的显微组织为珠光体占 80%，铁素体占 20%；另一种合金的显微组织为珠光体占 94%，二次渗碳体占 6%，问这两种合金各属于哪一类合金？其含碳量各为多少？

2-9　根据 Fe-Fe_3C 相图计算：

(1) 室温下，含碳 0.6% 的钢中铁素体和珠光体各占多少？

(2) 室温下，含碳 0.2% 的钢中珠光体和二次渗碳体各占多少？

(3) 铁碳合金中，二次渗碳体和三次渗碳体的最大百分比。

2-10　现有形状、尺寸完全相同的四块平衡状态的铁碳合金，它们分别为 0.20%C、0.4%C、1.2%C 和 3.5%C 合金。根据所学知识，可用哪些方法来区别它们？

第 3 章　金属的塑性变形与再结晶

3.1　金属的塑性变形

金属中的应力超过弹性极限时，就会产生塑性变形。实际使用的金属大多都是多晶体，多晶体的塑性变形过程比较复杂。为了研究多晶体的塑性变形，首先应研究金属单晶体的塑性变形。

3.1.1　单晶体金属的塑性变形

单晶体金属塑性变形的基本形式有两种：滑移和孪生。在大多数情况下，滑移是金属塑性变形的一种主要方式。

1. 滑移

在切应力的作用下，晶体的一部分会沿着一定晶面（滑移面）上的一定方向（滑移方向）相对于另一部分发生滑动，这种现象称为滑移。

1) 滑移的特征

(1) 滑移线与滑移带。使抛光的铜单晶试样产生适当的塑性变形，然后在宏观及金相显微镜下可以观察到试样的表面有许多呈一定角度阶梯状的互相平行的线条，通常称为滑移带（图 3-1）。用电子显微镜可以观察到该滑移带并不是一条线，而是由一系列相互平行的细线所组成。把组成滑移带的那些细线称为滑移线。单晶塑性变形时滑移线和滑移带的形成示意图如图 3-2 所示。

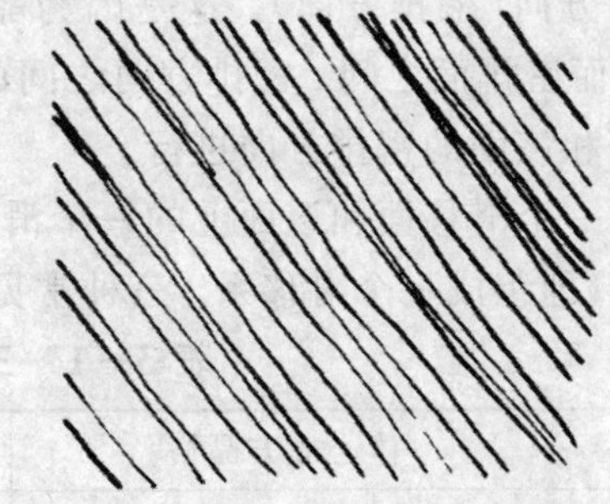

图 3-1　铜单晶塑性变形后表面的滑移带形貌(250×)

滑移带是金属沿其滑移面的某些晶面发生滑移后所形成的。在塑性的单晶体中，如铜和铝中，滑移可在多个晶体表面上发生，这样其表面滑移带的形貌相对较均匀（图 3-1）。如果在高倍显微镜下仔细观察其表面，会发现滑移带由许多小的滑移台阶组成（图 3-2），这些小台阶称为滑移线，滑移线之间的间隔一般为 100～1000 原子间距，而滑移带之间的间距约为 10 000 原子间距。

滑移线及滑移带的出现说明在塑性变形中，金属内部产生了分层的相对移动，当金属内部的滑移层移到金属表面时，便会在抛光面上造成一系列高低不平的台阶，这便是所看到的滑移线及滑移带。

众多大小不同的滑移带的综合效果在宏观上的体现就是晶体的塑性变形。

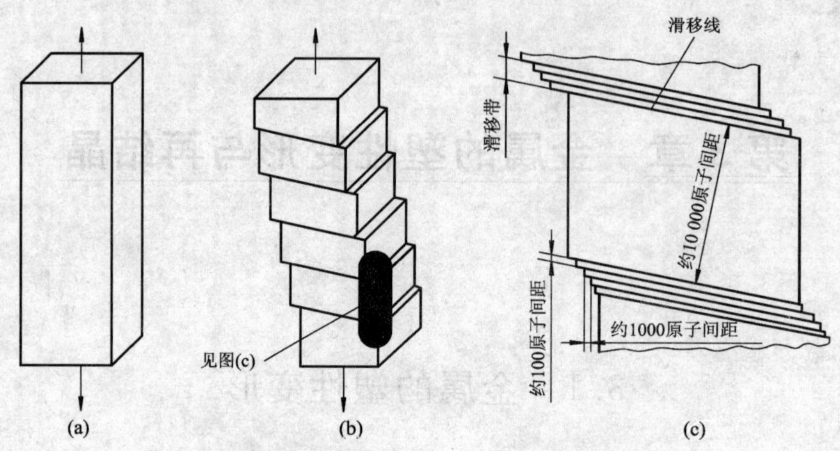

图 3-2　单晶塑性变形时滑移线和滑移带的形成示意图

(a) 变形前；(b) 变形时；(c) 滑移线和滑移带示意

对变形后的晶体作 X-射线衍射结构分析后发现，金属的晶体结构类型并没有发生变化，滑移带两侧的晶体取向也未改变。因此，晶体在滑移过程中并未改变晶体的结构和晶格的取向，只是晶体在切应力的作用下，一部分沿着某一滑移面上的某一晶向相对于另一部分发生滑动而已。

(2) 滑移系。金属塑性变形后所出现的滑移线及滑移带，它们或者相互平行或者互成一定角度，这表明金属中的滑移是沿着一定的晶面和一定的晶向进行的。这些晶面和晶向分别称为滑移面和滑移方向。

滑移面和滑移方向往往是金属晶体中原子面密度最大的晶面(密排面)和其上线密度最大的方向(密排方向)。这是因为晶体中原子密度最大的晶面和晶向上，原子的结合力最强，而密排面之间、密排方向之间的间距却最大，结合力最弱，所以滑移往往沿晶体的密排面和该面的密排方向进行。

一个滑移面和该面上的一个滑移方向构成一个滑移系。如体心立方晶格中，{110}和〈111〉即组成一个滑移系。三种常见金属晶体结构的滑移系见表 3-1。

表 3-1　三种常见金属晶体结构的滑移系

晶格	体心立方晶格	面心立方晶格	密排六方晶格
滑移面	{110}×6	{111}×4	{0001}×1
滑移方向	〈111〉×2	〈110〉×3	〈11$\bar{2}$0〉×3
滑移系	6×2=12	4×3=12	1×3=3

每一个滑移系表示金属晶体在产生滑移时滑移动作可能采取的一个空间位向。晶体中的滑移系数目等于滑移面和滑移面上滑移方向数目的乘积。在其他条件相同时，金属晶体

中的滑移系越多，滑移时可能选择的空间取向越多，发生滑移的可能性越大，该金属的塑性就越好。滑移方向对滑移所起的作用比滑移面大，所以面心立方晶格金属比立心立方晶格金属的塑性更好，而密排六方晶格金属由于滑移系数目较少，塑性较差。

(3) 滑移的临界切应力。当金属晶体受外力作用时，无论外力的方向、大小与作用方式如何，在晶体内部都可分解为垂直某一晶面的正应力与沿此晶面的切应力。滑移面上沿着滑移方向的分切应力达到某一临界值时，晶体开始滑移。临界切应力的计算方法如图 3-3 所示。设有一圆柱形的金属单晶体试样受到轴向拉伸外力 P 的作用，晶体的横截面积为 F，P 与滑移方向的夹角为 λ，与滑移面法线的夹角为 φ，则滑移面的面积 A 为 $F/\cos\varphi$，外力 P 对该滑移面的作用力可分解为垂直于此面的分力和平行于此面的分力，该晶面对应的应力为正应力 σ 和切应力 τ(图 3-3)。正应力 σ 只能使试样弹性伸长，当 σ 足够大时试样将发生断裂。切应力 τ 则使试样沿该晶面滑移。这样，外力 P 在滑移方向上的分力为 $P\cos\lambda$，则外力 P 在滑移方向上的分切应力为

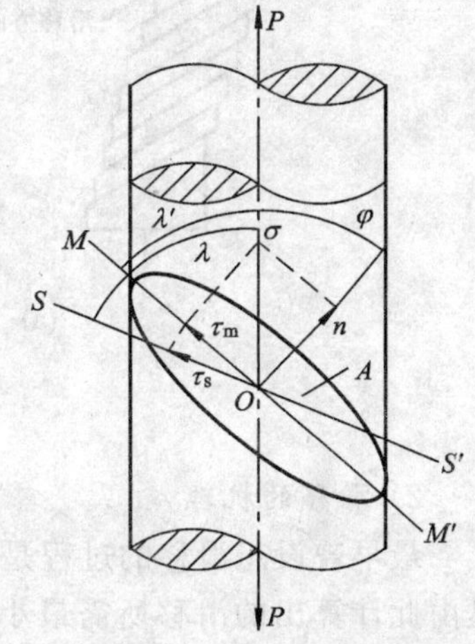

图 3-3　单晶体滑移变形时的应力分解图

$$\tau=\frac{P\cos\lambda}{F/\cos\varphi}=\frac{P}{F}\cos\lambda\cos\varphi \qquad (3-1)$$

当滑移开始时，式(3-1)中的 τ 达到临界值 τ_C。此时宏观上金属开始屈服，P/F 应当等于 σ_s，将其代入式(3-1)，即得

$$\tau_C=\sigma_s\cos\lambda\cdot\cos\varphi$$

式中，τ_C 称为金属晶体的临界分切应力，其数值取决于金属的晶体临界切应力的因素主要有金属的类型、成分、试验温度和加载速度，而与加载的方向、方式及数值无关；$\cos\lambda\cdot\cos\varphi$ 称为取向因子或史密特(Schmid)因子，记为 m。取向因子大的称软取向，取向因子小的称硬取向。

显然，当 P 一定时，作用于滑移系上的分切应力与晶体的取向有关，取向因子 m 愈大，则分切应力 τ 也愈大。可以理解，对任何 φ 值，当 $\lambda=90°-\varphi$ 时，该方向上的分切应力最大，即只有当滑移面法线及外力轴三者共面时，才可能获得最大的取向因子，此时 $m=\cos\varphi\cos(90°-\varphi)=\sin2\varphi/2$，故当 $\varphi=45°$时，有最大值 1/2 。

实验证明，在外力一定的条件下，滑移面法线与外力 P 的夹角 φ 等于或接近 45° 时，金属的 σ_s 最小，即外力作用下滑移最容易进行，金属最易产生塑性变形并可表现出最大的塑性。当滑移面与外力平行($\varphi=0°$)或垂直($\varphi=90°$)时，无论 τ_C 的数值如何，金属的 σ_s 都为无穷大，晶体不可能滑移，即外力作用下金属不会产生任何塑性变形，直至断裂。

(4) 滑移时晶面的转动。随着滑移的进行，金属晶体还会产生转动，从而使金属晶体的空间取向发生变化，如图 3-4(a)所示。不难看出，在拉伸时，晶体转动的结果是使其滑移方向逐渐转到与应力轴相平行的方向；而在压缩时，晶体转动是使其滑移面逐渐转到与应力轴相垂直的方向。

在单晶体试样拉伸过程中，由于发生滑移后的晶体使试样两端拉力不再处于同一直线上(图 3-4(b))，因此产生一个力矩迫使滑移面产生趋向与外力平行的方向转动，使试样

两端拉力重新作用于一条直线上。因此金属单晶体在拉伸过程中除了发生滑移外，也同时发生转动。

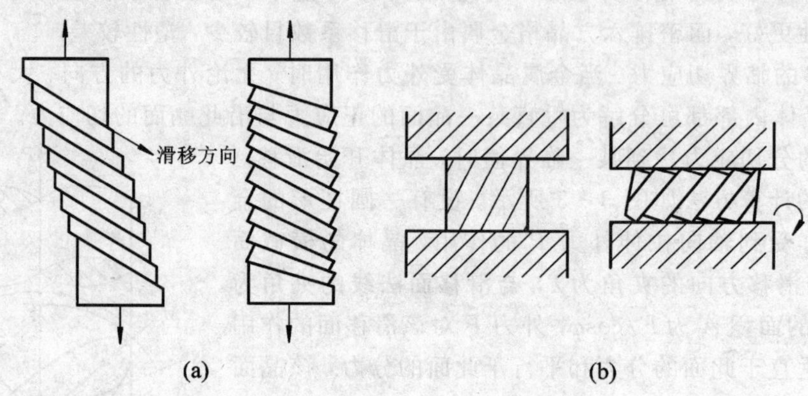

图 3-4 金属晶体在滑移时的转动
(a) 拉伸时；(b) 压缩时

2）滑移的机理

最早曾设想滑移的过程是晶体的一部分相对于另一部分沿滑移面作整体刚性滑移。但是由此计算出的滑移所需最小切应力与实际测量的结果相差很大。经多年研究证明，由于晶体中存在着位错，滑移实质上是位错在切应力作用下沿滑移面运动的结果。

在切应力的作用下，晶体中形成一个正刃位错，这个多出的半原子面会由左向右逐步移动；当这个位错移到晶体的右边缘时，移出晶体的上半部就相对于下半部移动了一个原子间距的滑移量，并在晶体表面形成一个原子间距的滑移台阶。同一滑移面上若有大量的位错不断地移出晶体表面，滑移台阶就不断增大，直到在晶体表面形成显微观察到的滑移线和滑移带。

位错在晶体中移动时所需切应力很小，因为位错的运动实质上是原子的运动，它不是整个滑移面上全部原子一起运动，而是通过位错中心少数原子的逐一递进（像接力赛跑一样），由一个平衡位置转移到另一个平衡位置而进行，而且其位移量都不大，形成逐步滑移（图 3-5）。通过位错的逐步滑移比整体移动所需的临界切应力要小得多，这称为“位错的易动性”。正是位错运动的这一特点，使金属晶体具有良好的塑性变形能力。

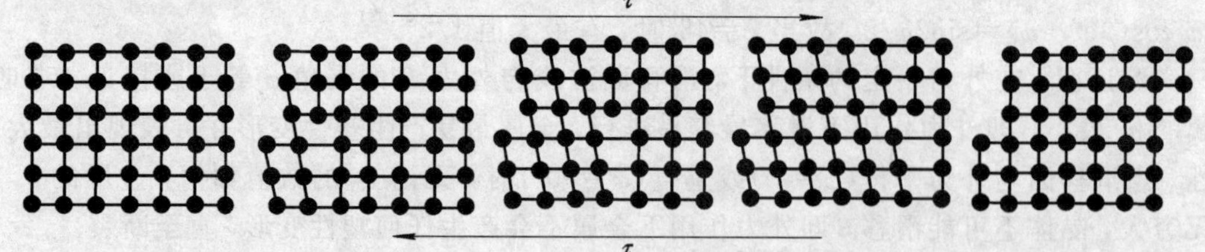

图 3-5 位错运动造成滑移

滑移所需的临界切应力 τ_C 实际上是滑移面内一定数量的位错移动时所需的切应力。其大小取决于位错滑动时所要克服的阻力，这些阻力对单晶体来说，主要由晶体内位错的密度及其分布特征所决定。如果晶体内存在少量的位错，滑移易于进行，因此金属晶体的强度也就比较低。但是，当位错数目超过一定范围时，随着位错密度的增加，由于位错之间以及位错与其他缺陷之间存在着相互的牵制作用，使位错的运动受阻，结果金属的强度和硬度又逐渐增加。金属材料的冷加工硬化现象就是在加工过程中，金属内部位错密度的增大而引起的金属材料硬化。

综上所述，金属单晶体塑性变形的实质是在切应力作用下位错连续运动，使金属沿一定的滑移面和滑移方向发生的位移。这对我们正确认识和深入理解金属的塑性变形以及变形对金属性能的影响都具有非常重要的意义。

2. 孪生

晶体中第二个重要的塑性变形是孪生，即在切应力作用下晶体的一部分原子相对于另一部分原子沿一定晶面(孪生面)和晶向(孪生方向)发生切变的变形过程。发生切变、位向改变的这一部分称为孪晶。孪晶与未变形部分晶体原子分布形成所谓的镜面对称。孪生所需的临界切应力比滑移的大得多。孪生只在滑移很难进行的情况下才发生。一些具有密排六方结构的金属，如锌、镁、铍等的塑性变形常常以孪生的方式进行；而铋、锑等金属的塑性变形几乎完全以孪生的方式进行，体心立方及面心立方结构金属，当形变在温度很低、速度极快等条件下难以滑移时，也会通过孪生的方式进行塑性变形。

通常认为，孪生是一个发生在金属晶体内局部区域的均匀切变过程，切变区的宽度较小，在金相显微镜下一般呈带状(有时呈透镜状)，称为孪晶带。且切变区的晶体取向，与未变形区的晶体取向互成镜面对称关系。

现以面心立方结构金属为例，分析孪生过程的形成机制。图 3 - 6 为 FCC 晶格中孪生过程示意图。孪生与滑移一样，图中晶体学对称面称为孪生面。孪生与滑移一样，也是发生在一定的方向上，这个方向称为孪生方向。在滑移中，滑移部分的所有原子所移动的距离是相同的；而在孪生过程中，变形部分的原子移动距离是不相同的，其大小与变形原子距孪生面的距离成比例。图 3 - 7 示意地说明了滑移与孪生发生后金属表面的形貌差别，滑移之后将产生一些前面所提到的台阶，而孪生则留下的是细小的变形区。在金属晶体中，由于外加载荷的方向不易开动滑移系，即当滑移不易进行时，晶体则以孪生的形式产生形变，因此孪生的萌生一般需要较大的应力，但随后的长大所需应力较小，

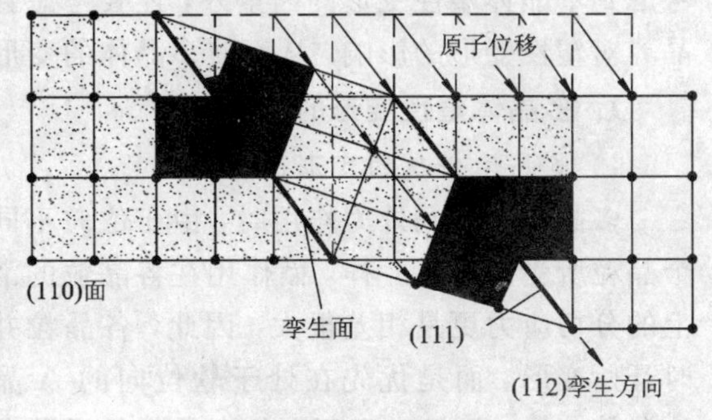

图 3 - 6　FCC 晶格中孪生过程示意图

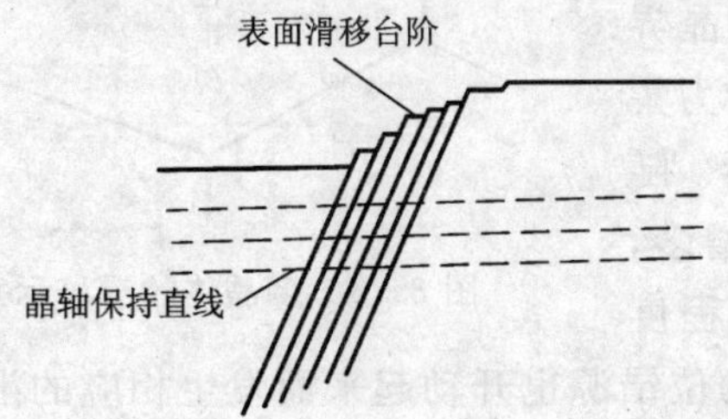

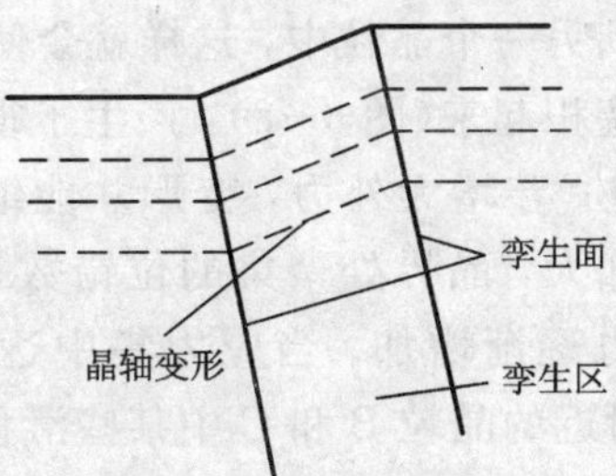

图 3 - 7　滑移与孪生发生后金属表面的形貌差别示意图

(a) 滑移；(b) 孪生

其拉伸曲线一般呈锯齿状。由于实际测得的数据比较分散，不像滑移的临界分切应力那么明确，有人怀疑孪生的发生是否存在临界切应力。另外，形变孪晶常见于室温条件下 HCP 金属的变形过程中，因为它们的滑移系相对较少。在 BCC 金属中(如 Fe、Mo、W、Ta)，一般在很低温下形变时才会以孪生的形式进行形变；在室温条件下，只有在很高的应变速率情况下 BCC 金属中才会出现孪生现象。由于有较多的滑移系，FCC 金属中发生孪生的趋势是很小的，当然如果形变速率很高，而且温度也很低，此时在 FCC 金属中也可能发生孪生形变。例如 FCC 的铜晶体在温度为 4 K 条件下，同时应变速率很高时，也会出现孪生现象。尽管有孪生的帮助，HCP 金属如 Zn 的变形能力总是比 FCC 晶体及 BCC 金属差。

通常孪生在整个晶体中只占有较小的比例，即孪生在整个晶体中只产生小的形变。尽管如此，孪生在晶体的变形中仍起着重要的作用，因为孪生发生后，改变了晶体的取向，这样一来为新的滑移系的开动提供了晶体取向的条件，使得滑移能够发生。

面心和体心立方金属，尤其是密排六方金属通过单纯的孪生过程所能得到的变形量是极有限的。例如锌单晶，即使完全变为孪晶，伸长量也不过 7.2%。但是通过孪生可以改变晶体的取向，使晶体的滑移系由原来难于滑动的取向转到易于滑动的取向，从而使滑移过程得以继续进行。因此孪生变形虽然对金属变形能力的直接贡献很小，但间接的贡献却很大。

3.1.2　多晶体金属的塑性变形

工程上使用的金属材料大多数是由多晶体组成的。实验证明，虽然多晶体塑性变形主要也是以滑移和孪生的方式进行的，但多晶体是由许多形状、大小、位向都不同的晶粒所组成的，晶粒之间以晶界相连，晶界处原子排列又不规则。因此，多晶体塑性变形除了要考虑到单晶体塑性变形的因素外，还要考虑到晶粒彼此之间在变形过程中的约束作用以及晶界对塑性变形的影响，从而使多晶体的变形变得更为复杂，并具有一些新的特点。

1. 多晶体塑性变形的特点

1) 多晶体金属的变形过程

多晶体在受到外力作用时，由于位向不同的各个晶粒所受的力不一样，而作用在各晶粒的滑移系上的分切应力更是相差很大，因此，各晶粒并非同时开始变形，而是优先在处于软位向的 A 晶粒产生滑移变形，而且由于不同位向晶粒的滑移系取向不同，滑移方向也不同，故滑移不可能从一个晶粒直接延续到另一个晶粒中，这样就会使位错在晶界附近聚集塞积起来(图 3-8)，产生了很大的应力集中，只有进一步增大外力，变形才能继续进行。随着变形度加大，晶界处聚集的位错数目不断增多，应力集中也逐渐增加。当应力集中达到一定程度时，会使附近的晶粒 B 和 C 中某些滑移系中的位错源也开动起来而发生相应的滑移。由于 B 和 C 晶粒的滑移会使位错塞积群前端的应力松弛，因此 A 中的位错又重新开动，并进而使位错移出这个晶体。变形就是从一个晶粒传递到另一个晶粒，从一批晶粒扩展到另一批晶粒，如此逐一传递下去，最终变形波及整个晶体。

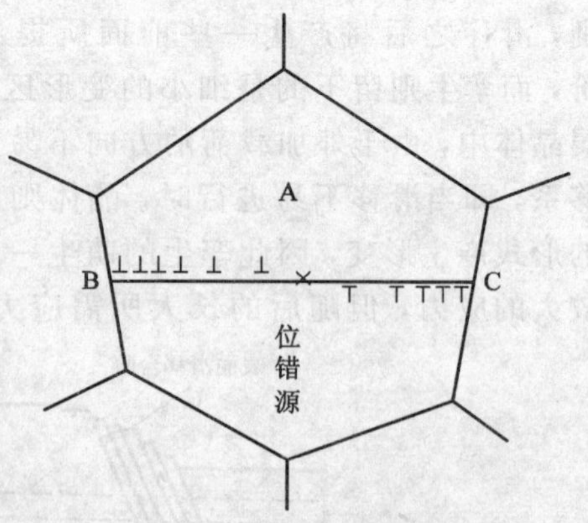

图 3-8　多晶体的滑移示意图

由上述可知，多晶体的塑性变形是在各晶粒之间互相影响、互相制约的条件下，从少量晶粒开始，分批进行，逐步扩大到其他晶粒，以及从不均匀的变形逐步发展到均匀的变形。

通过多晶体变形过程的分析可以看出，由于晶界的阻碍和邻近不同位向晶粒的相互制约和协调作用，多晶体的塑性变形抗力通常比单晶体的要高，这对具有密排六方结构的锌尤为显著。图 3-9 分别是锌和铝多晶体与单晶体的应力-应变曲线。

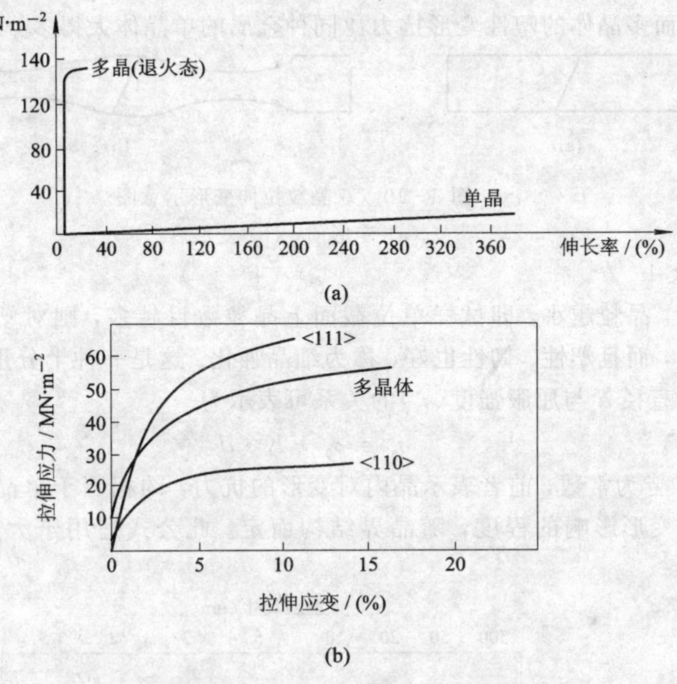

图 3-9　单晶体与多晶体的应力-应变曲线

(a) 锌；(b) 铝

2) 多晶体金属变形的不均匀性

在多晶体中由于晶界的存在和各个晶粒位向的不同，不仅各个晶粒之间的变形不均匀，而且在每一个晶粒内部(晶界和中心)的变化也是不均匀的，其结果是产生了晶体内部的微观内应力。

3) 多晶体金属变形时晶粒的转动

多晶体变形中，各个晶粒在滑移的同时，其滑移方向都有着转向与力轴平行(或垂直)的趋势，当变形量很大(70%～80%)时，各晶粒的取向几乎趋于一致。这种由于变形而形成晶粒择优取向排列的组织，称为变形织构。

2. 影响多晶体金属塑性变形的因素

1) 晶粒位向

由于多晶体中各晶粒的位向不同，滑移系与外力的取向也各不相同，在外力的作用下，不同位向的晶粒和同一晶粒内不同的滑移系获得的应力状态和应力大小也各不相同。因此，不同的晶粒或是同一晶粒内的不同部位变形的先后顺序和变形量是不相同的。由于相邻晶粒之间存在位向差，当一个晶粒发生变形时，周围的晶粒如不发生塑性变形，则必须产生弹性变形来与之协调。这样，周围晶粒的弹性变形就成为该晶粒继续塑性变形的阻力。所以，由于晶粒间相互约束，多晶体金属抗塑性变形的能力就大大提高。而且晶粒越细，相同体积内晶粒越多，晶粒位向对金属塑性变形的影响就越显著。

2）晶界

多晶体是通过晶界将各个晶粒结合成的一个整体。晶界原子排列比较紊乱，又是杂质聚集的地方，必然会阻碍位错的运动，使滑移变形难以进行。如果将图 3-10 所示的两个晶粒的试样进行拉伸变形时，发现变形后的试样在晶界处呈竹节状，这说明晶界附近变形抗力较大。因而多晶体的塑性变形抗力比同种金属的单晶体大得多。

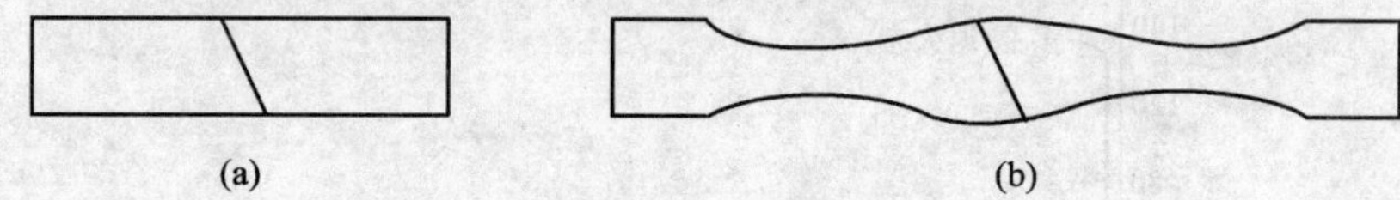

图 3-10　双晶粒拉伸变形示意图

(a) 变形前；(b) 变形后

3）晶粒大小

试验表明，晶粒越小，即试样单位截面上晶粒数目越多，则对塑性变形的抗力越大，屈服强度越高，而且塑性、韧性也好，称为细晶强化。这是一种十分重要的强韧化手段。

晶粒平均直径 d 与屈服强度(σ_s)的关系可表示为

$$\sigma_s = \sigma_0 + K \cdot d^{-1/2} \tag{3-2}$$

式中，σ_0 和 K 皆为常数，前者表示晶内对变形的抗力，约相当于单晶体 τ_k 的 2～3 倍；后者表示晶界对变形影响的程度，随晶界结构而定。此公式适用于大多数金属材料，见图 3-11。

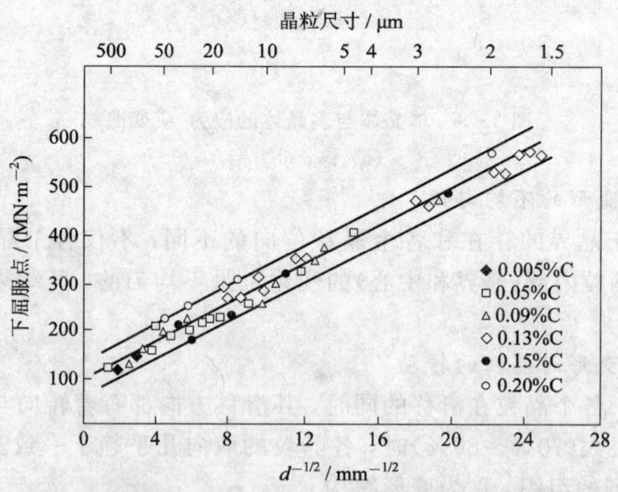

图 3-11　低碳钢的晶粒大小与屈服强度的关系

显然，σ_s 和 $d^{1/2}$ 成反比例关系，晶粒越小，其屈服强度越高。这是由于多晶体屈服强度的高低与滑移由一个晶粒传递到另一个晶粒的难易程度有关，难者则 σ_s 高，易者则 σ_s 低。如前所述，这种传递能否进行，主要取决于一个晶粒边界附近的位错塞积群所产生的应力能否激发相邻晶粒中的位错源。分析表明，位错塞积群的应力 $\tau' = n\tau$(n 为塞积的位错数目，τ 为外加应力沿滑移方向的切应力)。晶粒越大，n 越大，应力集中也越大，越易激发相邻晶粒中的位错。因此，在同样外加应力作用下，大晶粒的变形容易由一个晶粒传递到相邻晶粒中，而小晶粒则相反，故晶粒越细，屈服强度越高。

另外，细晶粒金属不仅强度高，而且塑性、韧性也好。因为晶粒越细，在一定体积内的晶粒数目越多，则在同样变形量的情况下，变形分散在更多的晶粒内进行，变形的不均匀性便越小，相对来说引起应力集中也应越小，开裂的机会也就相应地减少了。此外，晶粒越细，晶界的曲折越多，更不利于裂纹的扩展，从而使其在断裂前可以承受较大的塑性变形，即表现出较高的塑性。由于细晶粒金属中裂纹不易产生也不易扩展，因而在断裂过程中吸收了更多的能量，即表现出较高的韧性。因此，在生产中通常总是设法使金属获得细晶粒组织。

3. 晶界对金属强度的影响

几乎所有的工程材料都是多晶的，而单晶体金属和合金仅仅只是作为研究用材，在工程中的应用非常少见(但为避免晶界裂纹的产生可用单晶制作汽轮机叶片)。这是因为在使用温度不高的情况下，晶界可以作为阻挡位错运动的一种障碍，使材料强化，因此在工程应用中都希望材料具有细小的晶粒尺寸。图 3－12 为单晶铜与多晶铜在室温条件下的拉伸应力－应变曲线的比较，从图中可以看出，多晶的强度明显高于单晶的强度。

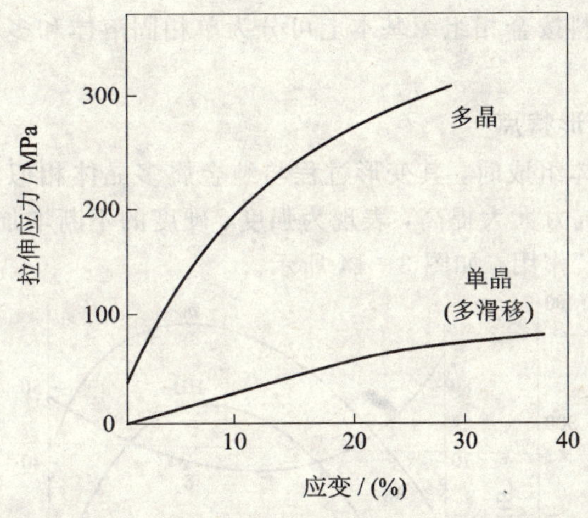

图 3－12　单晶铜与多晶铜在室温条件下拉伸应力－应变曲线的比较

4. 塑性变形对金属强度的影响

当金属发生塑性变形以后，金属中的位错密度将大大增加，而且随塑性变形程度的增加，位错密度也不断增加。由于位错之间将发生相互作用，因此，随着位错密度的增加，在金属中就形成了大量的位错，并相互缠结在一起，这些位错形成像森林一样的“位错林”，它们之间相互作用(阻碍)，使得位错运动很难进行。因此，位错要继续运动，即发生塑性变形，必须有更大的外加应力，也就使金属得到了强化。图 3－13 所示为纯铜在室温经过不同冷加工(变形)后，冷加工量的大小对金属性能的影响曲线的关系。可见当冷加工变形为 30％时，其拉伸强度由原来的 200 MPa 增加到 320 MPa 。经过塑性变形后，金属的延伸率下降，即塑性下降。

冷加工强化或应变强化是强化金属的一个重要手段。例如纯铜和铝，仅仅通过冷加工就可使其得到大幅度的强化。

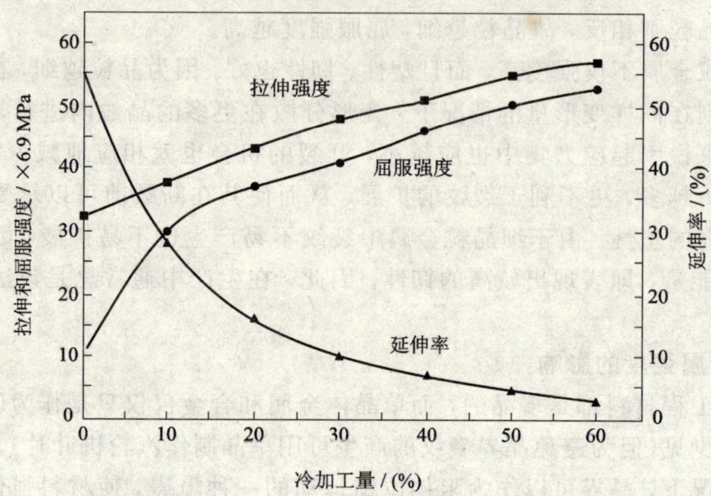

图 3-13　冷加工量的大小对金属性能的影响曲线

3.1.3　合金的塑性变形

实际使用的合金材料按金相组织基本上可分为单相固溶体和多相混合物两类，其塑性变形各有特点。

1. 固溶体的塑性变形特点

当合金由单相固溶体组成时，其变形过程与纯金属多晶体相似。但是随着溶质原子的加入，合金的塑性变形抗力大大提高，表现为强度、硬度的不断增加，塑性、韧性的不断下降，即产生了“固溶强化”作用，如图 3-14 所示。

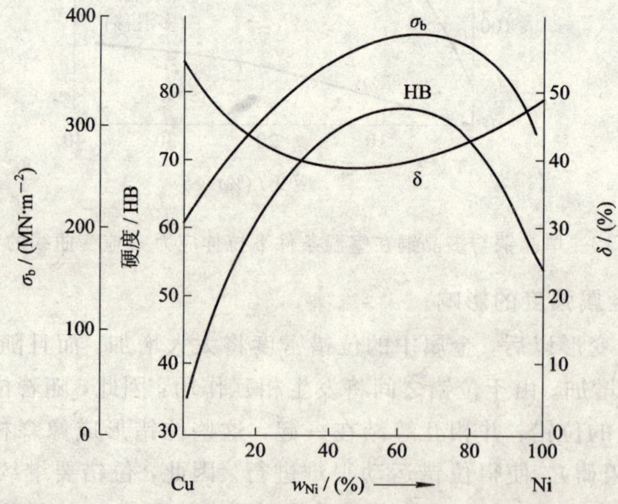

图 3-14　Cu-Ni 固溶体的机械性能与成分的关系

在固溶强化过程中有以下两个因素影响强化效果：

(1) 相对原子尺寸。溶剂与溶质原子的尺寸大小差别对强化效果有很大的影响，因为它们的原子尺寸差别越大，在晶体中引起的晶格畸变越大，位错运动所受的阻力就越大，强化效果也就越明显。

(2) 短程序结构。溶质在溶剂中是随机分布的，但是，它们总是存在一定的短程序结构或原子团。这样一来，当位错运动至该区域时将受到原子键的作用而使其运动受到阻碍。

不同溶质原子所引起的强化效应是不同的，如图 3－15 所示，其规律如下：

(1) 溶质原子的浓度越高，强化作用也越大，但不保持正比，低浓度时的强化效应更为显著。

(2) 溶质原子与基体金属(溶质)的原子尺寸相差越大，强化作用也越大。

(3) 形成间隙固溶体的合金元素一般要比形成置换固溶体的合金元素的强化效果显著。

(4) 溶质原子与基体金属的价电子数相差越大，则固溶强化作用越强，图 3－16 表示电子浓度对点阵常数为恒值的各种固溶体的屈服应力 σ_s 的影响，可见，其屈服应力 σ_s 随合金中电子浓度的增加而增大。

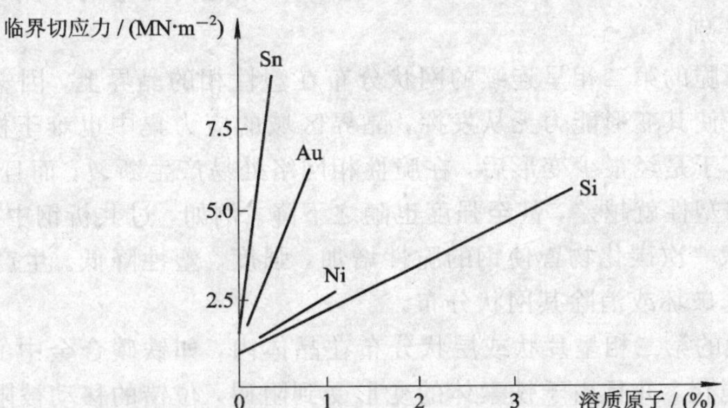

图 3－15　溶质对 Cu 单晶临界分切应力的影响

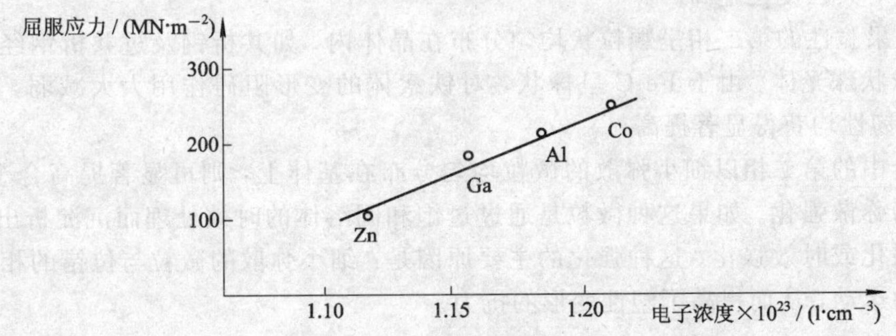

图 3－16　电子浓度对 Cu 固溶体的屈服应力的影响

固溶强化的主要原因是，溶质原子与位错的弹性交互作用阻碍了位错的运动。由于溶质原子的溶入造成了点阵畸变，其应力场将与位错的应力场发生弹性交互作用。置换固溶体中比溶剂原子大的溶质原子往往扩散到刃性位错线下方受拉应力的部位，而比溶质原子小的溶质原子，则扩散到位错线上方受压应力的部位(图 3－17)。也就是说，溶质原子与位错弹性交互作用的结果，使溶质原子趋于聚集在位错的周围，就好像形成了一个溶质原子“气团”，称之为柯氏气团。柯氏气团的形

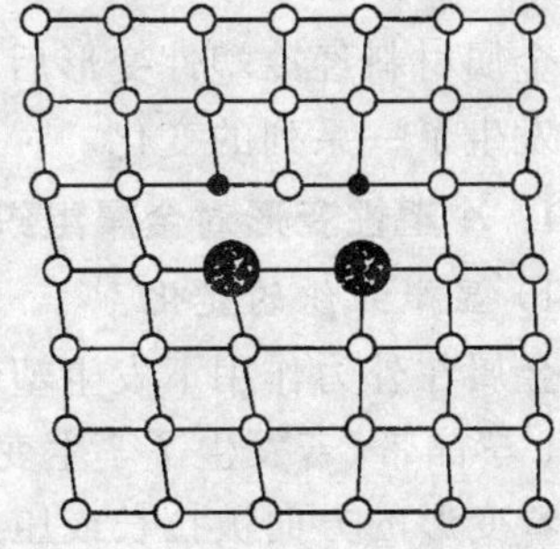

图 3－17　溶质原子聚集在位错附近的示意图

成，减少了点阵畸变，降低了体系的畸变能，使其处于更稳定的状态。显然，柯氏气团对位错有“钉扎”作用，为使位错挣脱“气团”运动就必须施加更大的外力，因此固溶体合金的塑性变形抗力(强度)要比纯金属大。

2. 多相合金的塑性变形特点

当合金由多相混合物组成时，其塑性变形不仅取决于基体相的性质，还取决于二相的性质、形状、大小、数量和分布等状况。后者在塑性变形中往往起着决定性的作用。

若合金内两相的含量相差不大，且两相的变形性能(塑性、加工硬化率)相近，则合金的变形性能为两相的平均值。若合金中两相变形性能相差很大，例如其中一相硬而脆，难以变形，另一基体相的塑性较好，则变形先在塑性较好的相内进行，而第二相在室温下无显著变形，它主要是对基体的变形起阻碍作用。第二相阻碍变形的作用，根据其形状和分布不同而有很大差别。

(1) 如果硬而脆的第二相呈连续的网状分布在塑性相的晶界上，因塑性相的晶粒被脆性相所包围分割，使其变形能力无从发挥，晶界区域的应力集中也难于松弛，从而合金的塑性将大大下降，于是经很少变形后，在脆性相网络处易产生断裂，而且脆性相数量愈多，网越连续，合金的塑性就越差，甚至强度也随之下降。例如，过共析钢中网状二次 Fe_3C 及高速钢中的骨骼状一次碳化物皆使钢的脆性增加，强度、塑性降低。生产上通过热加工和热处理相互配合来破坏或消除其网状分布。

(2) 如果脆性的第二相呈片状或层状分布在晶体内，如铁碳合金中的珠光体组织，这种分布不致使钢脆化，并且由于铁素体的变形受到阻碍，位错的移动被限制在碳化物片层之间的很短距离之内，从而增加了继续变形的阻力，提高了合金的强度。珠光体越细，片层间距越小，其强度也越高。

(3) 如果脆性的第二相呈颗粒状均匀分布在晶体内，如共析钢及过共析钢经球化退火后获得的球状珠光体。由于 Fe_3C 呈球状，对铁素体的变形阻碍作用大大减弱，故强度降低，塑性、韧性均获得显著提高。

若合金中的第二相以细小弥散的微粒均匀分布在基体上，则可显著提高合金的强度，我们称之为弥散强化。如果这种微粒是通过过饱和固溶体的时效处理而沉淀析出来的，则称为沉淀强化或时效强化。这种强化的主要原因是：细小弥散的微粒与位错的相互作用阻碍了位错的运动，从而提高了塑性变形的抗力。

3.1.4　冷塑性变形对金属组织和性能的影响

金属材料经冷塑性变形后，不但改变了其形状和尺寸，而且其内部组织结构和性能也随之发生了一系列的变化。

1. 冷塑性变形对金属组织结构的影响

1) 显微组织的变化

金属在外力作用下发生塑性变形时，随着变形量的增加，各晶粒中除了出现大量的滑移带、孪晶带(若发生了孪生变形)等之外，其内部晶粒的形状也发生了变化，即各个晶粒将沿着变形的方向被拉长或压扁，如图 3-18 所示。随变形方式和变形量的不同，晶粒形状的变化也不一样。变形量越大，晶粒变形越显著。例如轧制时，各晶粒沿着变形的方向逐渐伸长，变形量越大，晶粒伸长的程度也越显著，当变形量很大时，各晶粒已不能分辨开，而将沿着变形方向被拉长成纤维状，甚至金属中的夹杂物也沿着变形的方向被拉长。这种组织被称为“纤维组织”(图 3-18(c))。形成纤维组织后，金属的性能会出现明显的各向异性，如其纵向(沿纤维的方向)的强度和塑性远大于其横向(垂直纤维的方向)的强度和塑性。

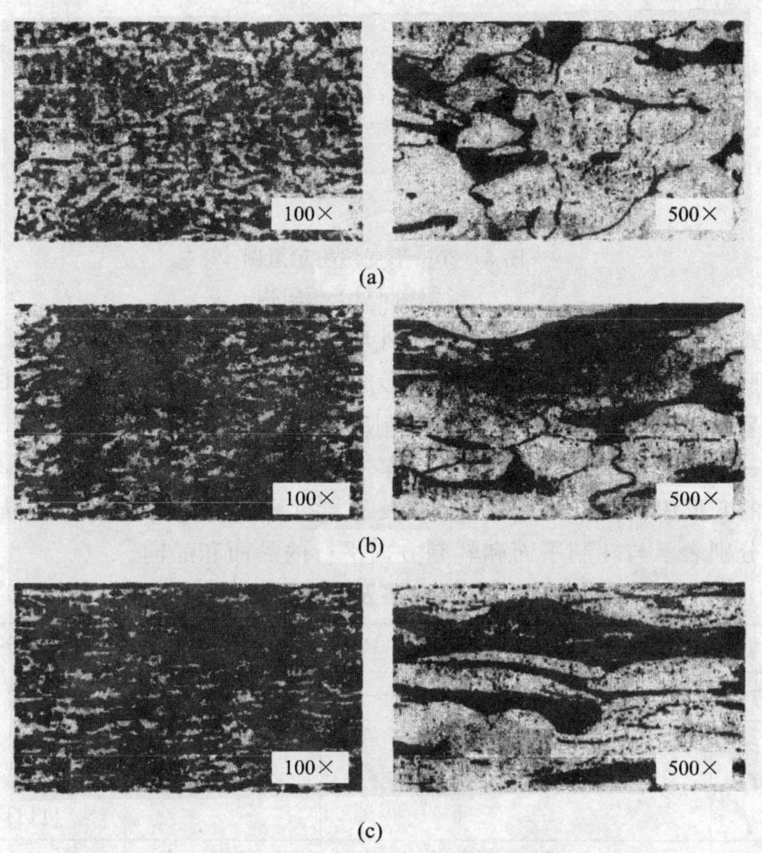

图 3-18　低碳钢冷变形后的显微组织

(a) 热轧态；(b) 变形 52%；(c) 变形 72%

当金属材料内部组织不均匀，如有枝晶偏析或夹杂物偏析时，塑性变形会使这些区域伸长，这样，在热加工后或随后的热处理过程中往往会出现带状组织。

2) 亚结构的形成

金属在塑性变形时除了产生滑移之外，晶粒内部还破碎成许多取向差小于 1°的小晶块，这种小晶块称为亚晶粒，这种结构被称为亚结构(图 3-19)。亚晶粒的边界堆积有高密度的位错，是晶格畸变区；而亚晶粒内部位错密度很低，其晶格则相对比较完整。塑性变形程度愈大，形成的亚晶粒愈多，亚晶界也就愈多，位错密度也随之增大。研究表明，亚晶界的存在使晶体的变形抗力增加，这是引起加工硬化的重要因素之一。

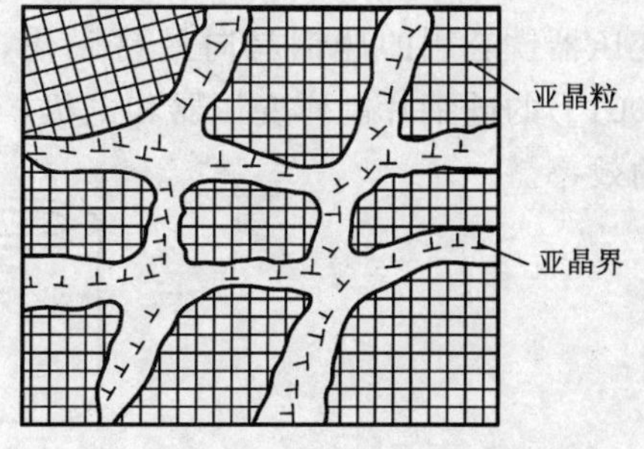

图 3-19　金属变形后的亚结构示意图

3）形变织构

如前所述，在多晶体构成的金属材料中，晶粒的排列是无规则的，当金属按一定的方向变形量很大(变形量大于70%以上)时，由于各晶粒的转动，多晶体中原来任意位向的各晶粒的取向会大致趋于一致，这种有序化结构叫做“形变织构”，又称为“择优取向”，如图3-20所示。

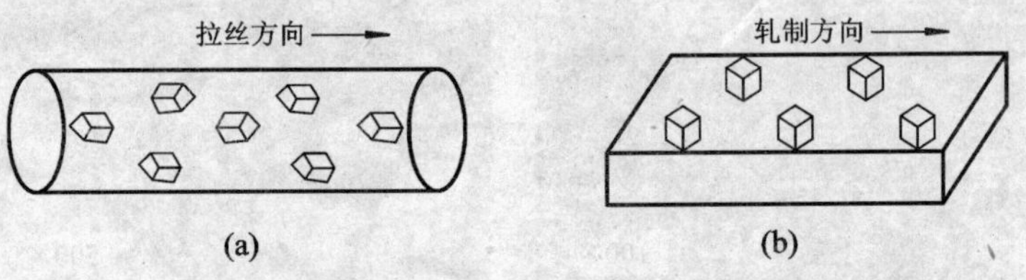

图 3-20　形变织构示意图

(a) 丝织构；(b) 板织构

随变形方式或变形程度的不同，织构的性质和强弱程度也不相同。金属材料的加工方式不同，可以形成不同类型的织构：拉拔时形成的织构称为丝织构(图3-20(a))，其特征是各个晶粒的某一晶向平行于拉拔方向；轧制时形成的织构称为板织构(图3-20(b))，其特征是不仅某一晶面平行于轧制平面，而且某一晶向也平行于轧制方向。表3-3列出了常见的几种类型的变形织构。丝织构中⟨*uvw*⟩表示与拉拔或挤压方向平行的晶向，板织构中⟨*uvw*⟩、{*hkl*}分别表示与轧制平面和轧制方向平行的晶面和晶向。

表 3-3　几种金属及合金的变形织构

晶体结构	金属或合金	丝织构	板织构
面心立方	Cu、Ni、Ag、Al、Cu-Ni、Cu-Zn	⟨111⟩+⟨100⟩	{110}⟨112⟩
体心立方	α-Fe、Mo、W、铁素体钢	⟨110⟩	{001}⟨110⟩ {110}⟨100⟩ {111}⟨110⟩
密排六方	Mg、Zn	⟨1010⟩	{0001}⟨1120⟩

由于形变织构使金属具有明显的各向异性，它的存在对金属材料的加工成形和使用性能都有很大影响，即使利用退火方法也难以消除，所以织构的形式在多数情况下是不利的。例如用有织构的板材去冲制杯形零件时，由于板材各个方向变形能力的不同，深冲后零件的边缘不齐，会产生“制耳”现象(图3-21)。但是，在某些情况下织构也是有用的。如变压器铁芯用的硅钢晶向最易磁化，沿⟨100⟩晶向最易磁化。如果采用这种织构((100)[001])的硅钢片制作变压器和电机，则可提高铁芯的导磁率，降低其磁滞损失，提高设备的效率。

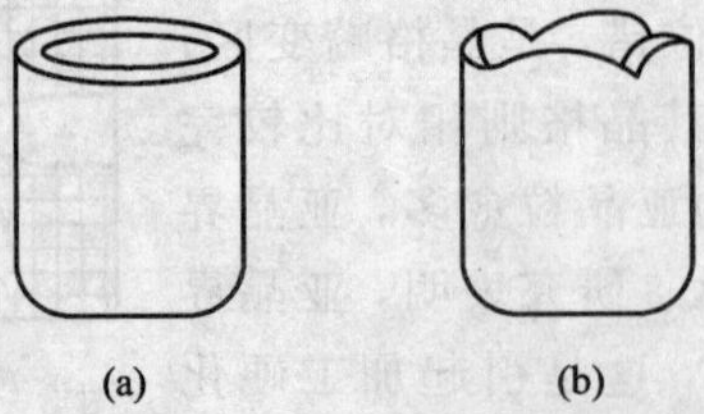

(a)　(b)

图 3-21　因形变织构造成的“制耳”现象

(a) 无织构；(b) 有织构

4）变形引起的内应力

金属和合金塑性变形过程中，外力所做的功除了大部分转化为热量之外，大约有10%的能量转化为内应力而残留在金属中，使其内能增加。这些残留于金属内部且平衡于金属内部的应力称为残余内应力。它是由于金属在外力作用下各部分发生不均匀的塑性变形而产生的。内应力一般可分为三种类型：

（1）宏观内应力（第一类内应力）。宏观内应力是由于金属材料塑性变形时，工件各部分的变形不均匀，使整个工件或在较大的宏观范围内（如表层与心部）产生的残余应力。一般冷塑性变形后产生的宏观内应力数值不大，只占整个工件内应力的一小部分。即使变形量很大，也只有1%左右。例如，金属拉丝加工后，因外缘部分的变形比心部的小，结果使外缘受张应力，心部受压应力（图3-22）；弯曲一金属棒后，则其上部受压应力，下部受拉应力（图3-23）。一般不希望金属内部存在宏观内应力，但可利用零件表面残留的压应力来提高其疲劳寿命。

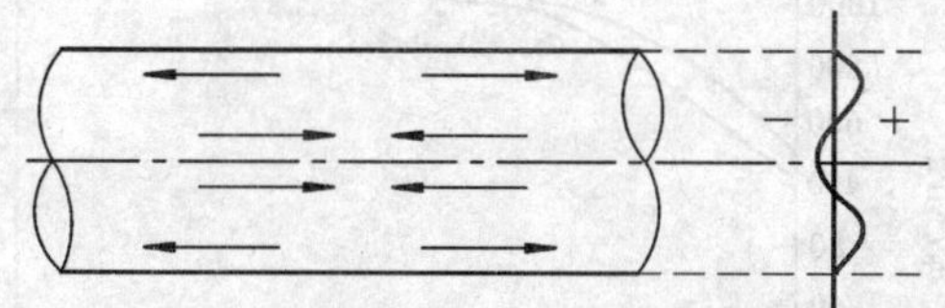

图3-22　金属拉丝后的残留应力

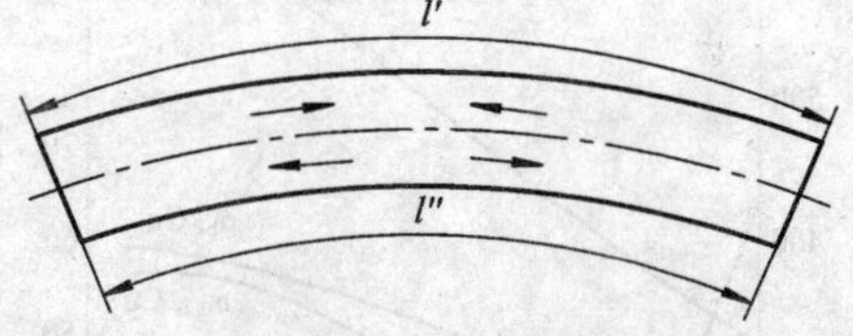

图3-23　金属棒弯曲变形后的残留应力

（2）微观内应力（第二类内应力）。微观内应力是由于金属材料在塑性变形时，各晶粒或亚晶粒内或之间的变形不均匀而产生的。虽然这种内应力所占比例不大（约占全部内应力的1%～2%），但有时也可达很大数值。当工件内存在微观内应力而同时又承受外力作用时，在某些部位的应力可能极大，以致会使工件在不大的外力作用下产生微裂纹，甚至导致工件的断裂。

（3）点阵畸变（第三类内应力）。金属和合金经塑性变形后，位错、空位等晶体缺陷大大增加，使一部分原子偏离其平衡位置而造成点阵畸变，这种因点阵畸变而产生的残余应力叫点阵畸变应力。在变形金属的总储存能中，上述宏、微观残余应力的弹性应变能只占其中的5%～10%，绝大部分是点阵畸变能，是存在于变形金属中主要的残余内应力。它使金属的硬度、强度升高，同时使塑性和抗腐蚀能力下降。

内应力的大小与形变条件有关。变形量大、变形不均匀、变形时温度低、变形速率大等都能使内应力增加。

内应力对金属材料的性能会产生不良影响，第一类内应力所占比例虽然不大，但当其放置一段时间后会因其松弛或应力重新分布而引起金属自动变形，严重时会引起工件开裂；第二类内应力使金属产生晶间腐蚀，所以塑性变形后的金属应进行消除应力退火处理，以消除或降低这部分内应力；第三类内应力则是产生加工硬化的主要原因。

有时内应力也是有益的，如齿轮进行表面淬火和喷丸处理，在其表面产生一层极薄的塑性变形层。在变形层中产生的残余压应力可以大大提高材料的疲劳极限，抵消工作时齿面受到的应力，从而提高齿轮的使用寿命。

内应力对热处理质量也有很大的影响。钢经塑性变形所产生的各种内应力是导致淬火工件产生变形甚至开裂的重要原因之一。实践表明，经过粗机械加工、冷压力加工的工件以及锻造后的毛坯，其内部都残存着因塑性变形而产生的内应力。为了减少淬火变形量并防止产生淬火裂纹，在淬火之前，必须进行消除内应力处理(如退火处理)。

2. 冷塑性变形对金属性能的影响

由于塑性变形改变了金属内部的组织结构，因此必然导致其性能的变化。

1) 加工硬化

加工硬化也称形变强化或冷作硬化。随着塑性变形程度的增加，金属材料的强度和硬度显著升高，塑性和韧性很快下降，即产生了加工硬化现象(图 3-24)。如 w_C 为 0.3%的碳钢，当变形伸长率为 20%时，抗拉强度由原来的 500 MPa 增大到约 700 MPa，而当伸长率为 60%时，抗拉强度可增大到 900 MPa 以上(图 3-25)。

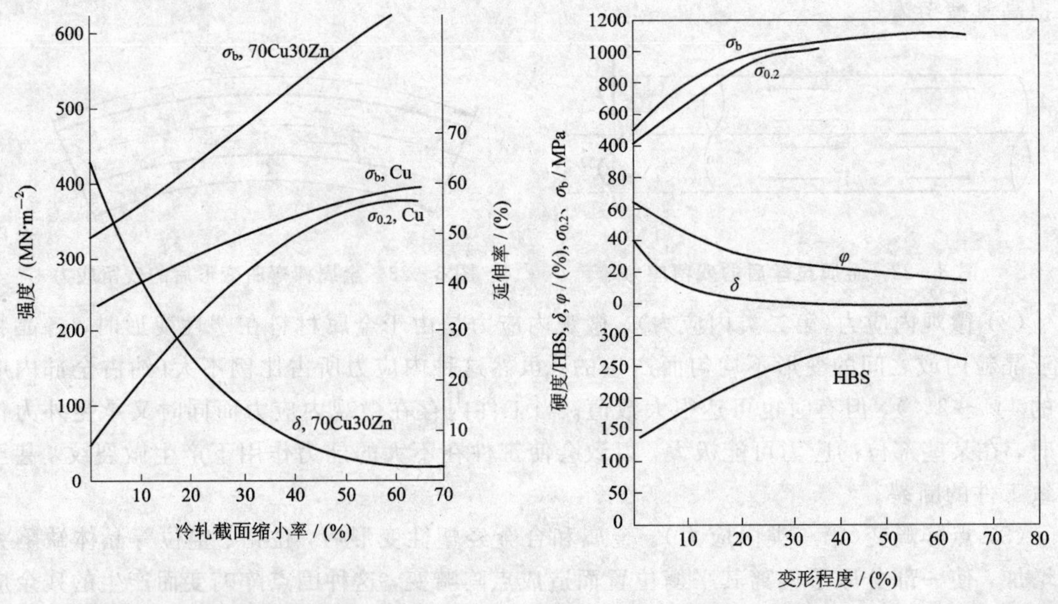

图 3-24 冷轧对铜材拉伸性能的影响

图 3-25 w_C=0.3%碳钢冷轧后力学性能的变化

金属的加工硬化现象在许多情况下是有利的，它是工业生产中用以提高金属强度、硬度和耐磨性的重要手段之一，尤其是对一些不能用热处理强化的材料显得更为重要，例如某些不锈钢，经过冷轧可使其强度提高将近一倍。

金属件的冷冲压成形即利用材料加工硬化特性，使塑性变形能够均匀地分布在整个工件中，不致集中在某些局部区域，以致最终产生破裂。

加工硬化还能使金属各部分相继发生塑性变形，使变形更加均匀。例如，冷拉钢丝穿过模孔的部分，由于发生了加工硬化，便不再继续变形而使变形转移到尚未拉过模孔的部分，这样钢丝才可以继续通过模孔而成形。

加工硬化还可以提高构件在使用过程中的安全性。金属构件在使用过程中，局部可能会出现应力集中或过载现象，这会导致少量的塑性变形，同时发生硬化现象，结果过载部位的变形会自行停止，应力集中可以自行减弱，与其承受的应力达到新的平衡，从而在一定程度上提高了构件的安全性。

加工硬化也有不利的一面，如使材料在冷轧时的动力消耗增大，也给金属继续变形造成困难。因此，在金属的冷变形和加工过程中，必须进行中间热处理来消除加工硬化现象。

产生加工硬化的原因与位错的运动和交互作用密切相关。随着塑性变形的进行，位错密度不断增加，位错间的交互作用增强，产生了塞积群、缠结网和胞状亚结构等，使位错滑移发生困难，因此大大增加了不能移动位错的数量，金属塑性变形的抗力增大，从而显著提高了金属继续变形的流变应力。

金属的流变应力 σ_d 与位错密度 ρ 的关系为：

$$\sigma_d = aGb\sqrt{\rho} \tag{3-3}$$

式中，a 为常数，取值在 0.1～1.0 之间；G 为切变模量；b 为柏氏矢量的模值。

2）其他物理、化学性能的变化

变形后的金属，除了力学性能外，一些结构敏感的性能都发生了较明显的变化，例如，磁导率、电导率和电阻温度系数等下降；电阻率等增加。另一些结构不敏感的性能也有一定的变化，例如，密度、导热系数等有一定的下降。由于塑性变形增加了金属的结构缺陷，导致自由能升高，故加速了金属中的扩散过程，增加了金属的化学活性，加快了腐蚀速度，使其耐蚀性降低。

3.2　金属及合金的回复与再结晶

形变后的金属和合金，在组织、结构和性能等方面都发生了相当复杂的变化。从热力学的角度来看，形变所引起的各种变化集中表现为内能的升高，即与形变前比较，形变金属和合金已处于不稳定的高自由能状态，这种处于不稳定状态的组织有自发恢复到变形前低自由能状态的组织状态的倾向。在常温下，这种转变一般不易进行。因此，只要温度较高，原子具有相当的扩散能力时，形变后的金属和合金就会自发地向着自由能降低的方向进行转变。将这种转变的过程称为回复与再结晶。回复是指在较低温度下或在较早阶段所发生的转变过程；再结晶是指在较高温度下或较晚阶段发生的转变过程。

3.2.1　形变金属或合金加热过程中的一般变化

将金属材料加热到某一规定温度，并保温一定时间，而后缓慢冷却至室温的一种热处理操作过程称为退火，其目的是提高金属材料组织和结构的稳定性，从而达到所要求的各种性能指标。形变金属和合金的退火主要由回复、再结晶以及晶粒长大三个过程组成，这三个过程在实际退火过程中往往是重叠进行的。

1. 显微组织的基本变化

将形变金属加热到其熔点温度一半附近并保温，利用高温显微镜观察组织随时间的变化，可以看出其变化基本上可分为如图 3-26 所示的三个阶段。在 $0 \to t_1$ 阶段，显微组织几乎看不出任何变化，晶粒仍保持伸长状或扁片状，称为回复阶段；在 $t_1 \to t_2$ 阶段，形变晶粒内部发生了新晶粒的形核和长大，这一过程一直持续到 t_2，形变组织完全为新的等轴晶粒所取代，称为再结晶阶段；在 $t_2 \rightarrow t_3$ 阶段，新晶粒逐步合并长大，直到 t_3 时达到一个较为稳定的尺寸，称为晶粒长大阶段。

若将保温时间固定，而使退火温度由低温逐步提高时，也大致可以得到相似的三个温度阶段，这时只要将图 3-26 中的时间坐标 t 换成相应的温度坐标 T，仍然可以成立。即温度由 $0 \rightarrow T_1$ 为回复阶段，由 $T_1 \rightarrow T_2$ 为再结晶阶段，由 $T_2 \rightarrow T_3$ 为晶粒长大阶段。

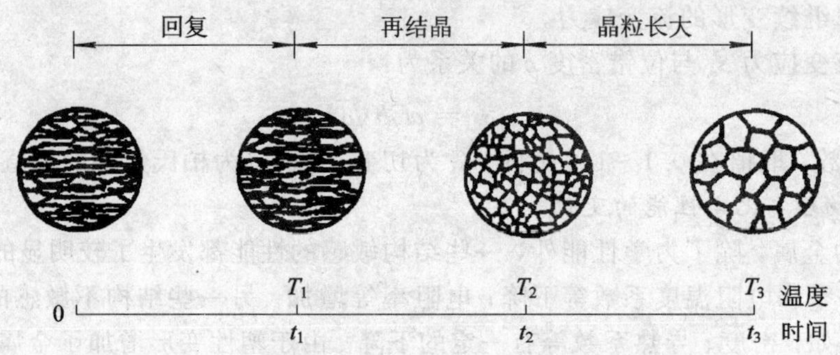

图 3-26　回复、再结晶及晶粒长大过程示意图

2. 性能变化

退火过程性能的变化可用图 3-27 来描述。

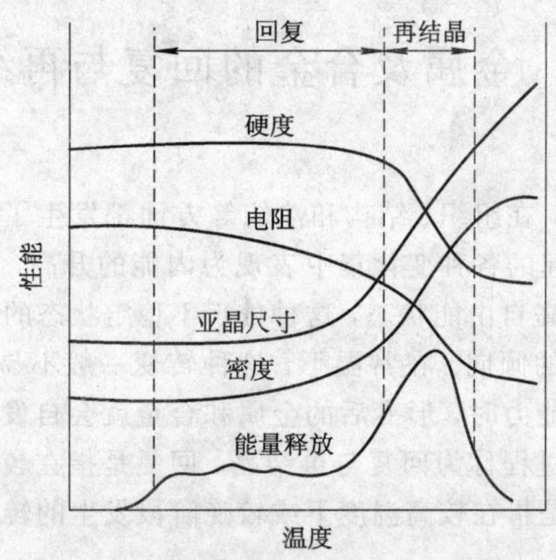

图 3-27　回复及再结晶过程中性能的变化

1）硬度变化

从图 3-27 中的硬度变化曲线可以看出，在回复阶段硬度变化很小，约占总变化的 1/5；在再结晶阶段则变化很大，约占 4/5。硬度一般是和强度呈正比例的一个性能指标，所以回复过程中强度的变化也应与硬度的变化相似。

2）电阻的变化

与硬度变化不同，电阻在回复阶段已经有了较明显的变化，再结晶过程中电阻的变化更显著。

3）密度的变化

从图 3-27 中的曲线可以看出，密度的变化与电阻的变化趋势相似，但变化方向相反。

4）亚晶尺寸的变化

从图3-27可以看出，在回复的前一阶段，亚晶尺寸变化甚微；到后一阶段，尤其在接近再结晶时，亚晶尺寸显著增大。

总之，由宏观性能的变化可以看出，在再结晶过程中，各种变化都是比较显著的。但是回复过程的变化随性能的不同而有明显的差别，其中力学性能如硬度和强度等变化很小，而一些物理性能如电阻和密度等的变化却相当大。此外，在回复过程中，不同温度阶段，能量的释放也不一样，它表明不同阶段回复的具体内容有一定的差异。所以，分析这些宏观现象都有利于深入了解回复和再结晶的实质。

3.2.2　回复

经冷塑性变形的金属加热温度不太高时，内部原子活动能力尚不大，只能作短距离扩散，这一过程称为回复。在回复这一阶段，金属的某些力学性能、物理性能和亚结构发生变化，但没有新的晶粒出现。

冷变形金属在加热回复的开始阶段(加热温度较低)首先发生点缺陷的运动及其相互结合而消失，即通过空位和间隙原子之间、异号刃型位错之间重新结合而消失，空位和间隙原子也可能扩散到位错、晶界或表面等处而消失，结果造成晶格缺陷密度显著下降。电阻是衡量晶体点阵对电子在电场作用下定向流动的抗力。由于弥散分布的各种点缺陷对电阻的作用要比位错的作用大，所以回复过程中随着缺陷密度的下降，电阻明显下降。

随着加热温度的升高，不仅原子具有很大的活动能力，而且位错也开始发生运动，使原来在变形晶粒中分散杂乱的位错逐渐集中，相互结合并按照某种规律排列。例如，变形后滑移面上无规则排列的刃型位错可以沿滑移面滑移，也可沿垂直于滑移面的方向攀移，结果位错在滑移面上的间距增大，在垂直方向的距离变小，使原来在滑移面上无规则杂乱分布的位错排列成由同号刃型位错沿垂直滑移面分布的位错墙，构成小角亚晶界，如图3-28所示。这样，在变形晶粒中形成许多较完整的小晶块，称为回复亚晶，这个过程也称为“多边形化”(图3-29)。“多边形化”使晶体被位错墙分割成许多新的亚晶粒。位错呈有序分布后，位错间的作用力减少，晶格畸变程度减轻，因而使晶体过渡为较稳定的状态。显然，多边化的过程实质是位错从高能态的混乱排列向低能态的规则排列变化的过程。

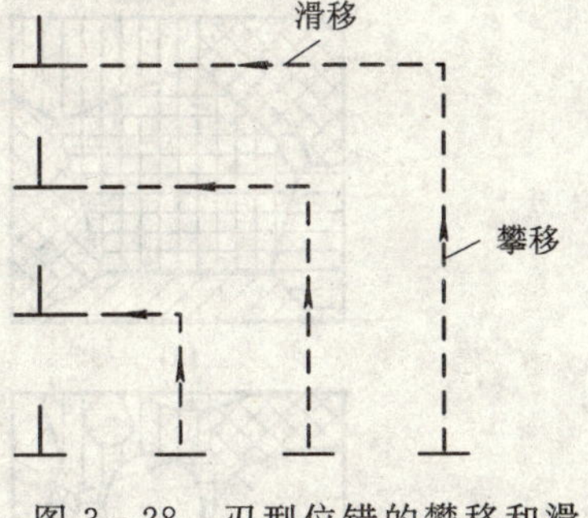

图3-28　刃型位错的攀移和滑移示意图

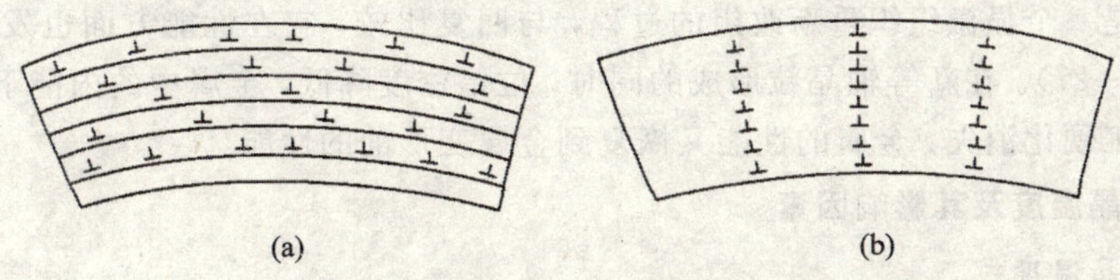

图3-29　多边形化前、后刃型位错的排列情况

(a) 多边形化前；(b) 多边形化后

由于回复过程温度比较低，金属的晶粒大小和形状不会发生明显变化，所以金属加工硬化后的强度、硬度和塑性等力学性能基本不变，但残余内应力和电阻显著下降，应力腐蚀现象也基本消除。生产上应用的去应力退火就是利用回复过程，在基本上保留加工硬化效果的前提下，降低内应力，避免变形开裂并改善抗蚀性。例如，为了消除冷冲压黄铜工件在室温放置一段时间后会自动发生晶间开裂(称为季裂)的现象，对其在加工后于250～300℃之间进行去应力退火。又如其他一些铸件、焊接件等的去应力退火，也是通过回复的作用来实现的。

3.2.3　再结晶

1. 再结晶过程

当冷变形金属加热温度高于回复阶段温度后，原子的扩散能力进一步增强，塑性变形时被破碎、拉长的晶粒全部被转变成均匀而细小的等轴晶粒。这个过程称为“再结晶”。待变形金属的晶粒全部变成细等轴晶粒后，再结晶过程即告结束。

冷变形金属在再结晶过程中新晶粒的形成是通过形核和长大方式进行的，其示意图如图3-30所示。阴影部分代表形变基体，白色部分代表新晶粒。随着时间的推移，新晶粒的数量和尺寸逐渐增多和变大，直到形变基体完全消失，再结晶即告完成。可见，再结晶不是一个简单地恢复到形变前组织的过程。这就启示人们如何掌握和利用这个过程，以便使组织向着更有利的方向变化，从而达到改善性能的目的。

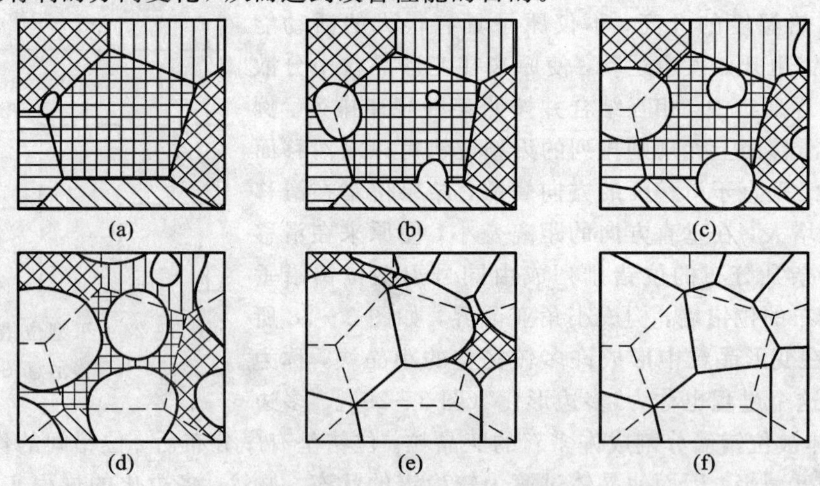

图3-30　再结晶过程示意图

(a) 形变前；(b) 形变中；(f) 形变完全

再结晶是一个显微组织重新改组的过程，与回复比较，它在性能方面也发生了根本性的变化(图3-27)。在新等轴晶粒形成的同时，位错密度降低，金属中的内能下降，使冷变形造成的加工硬化消失，金属的性能又恢复到金属变形前的性能。

2. 再结晶温度及其影响因素

1) 再结晶温度

由于再结晶前后各晶粒的点阵结构类型、成分都不变，所以再结晶不是相变，而只是在一定条件自某一温度开始，通过形核和长大的方式连续进行的一种组织变化。因此，再结晶温度不像结晶或其他相变那样，有一个恒定的转变温度。而是随条件的不同，可以在一个较宽的温度范围内变化。

变形金属开始产生再结晶现象的最低温度称为再结晶温度。为了便于比较和使用方便，通常生产上使用的再结晶温度是指经过大的冷塑性变形(变形度大于 70%)的金属，在 1 h 的保温时间内能够完成再结晶(或已再结晶的体积分数大于 95%)的最低温度，称为再结晶温度，它可以用金相法、硬度法、X -射线结构分析等方法来测定。

2) 影响再结晶的主要因素

再结晶是一个形核和长大的过程。因此，凡是影响形核和长大速度的因素都会影响再结晶温度 $T_{再}$。显然，增大形核率 N 和长大速度 G，必然降低 $T_{再}$，反之则使 $T_{再}$ 升高。

(1) 温度。图 3 - 31 为经 98%冷轧的纯铜在不同温度下的等温再结晶动力学曲线。由图可知，等温下的再结晶速度开始时很小，随再结晶百分数的增加而增大，并在 50%处达到最大，然后又逐渐减小，呈现出了慢—快—慢的变化规律，具有典型的形核 - 长大过程的动力学特征。此外，还可以看出，加热温度越高，再结晶速度越快，产生一定体积分数的再结晶所需要的时间也就越短。

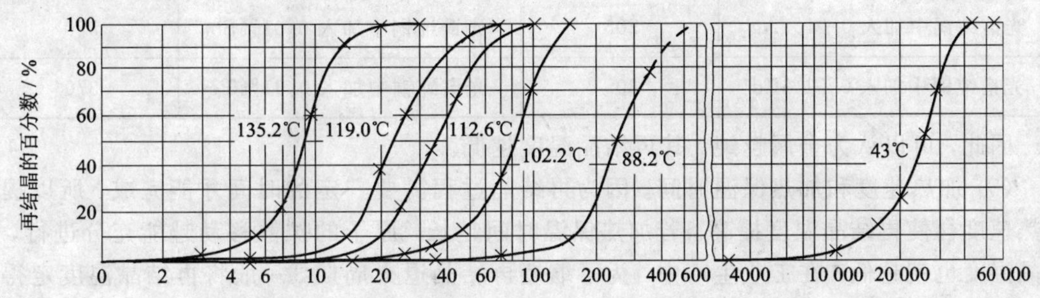

图 3 - 31　经 98%冷轧的纯铜(99.999%Cu)在不同温度下的等温再结晶曲线

(2) 预先的变形度。金属的冷变形程度越大，其畸变能越高，再结晶的驱动力也越大，形核率 N 和长大速度 G 越大，故再结晶温度就越低。图 3 - 32 是实际测量的 Fe 和 Al 的开始再结晶温度与变形度的关系曲线。可以看出，变形度越大，再结晶温度越低；但当变形度增加到一定程度后，再结晶温度基本趋近于某一稳定值，即所谓最低再结晶温度；另一方面，当变形度小到一定程度时，再结晶温度趋于熔点，即不会发生再结晶。将能够发生再结晶的最小变形度，称为临界变形度。在临界变形度下，再结晶温度值最高。

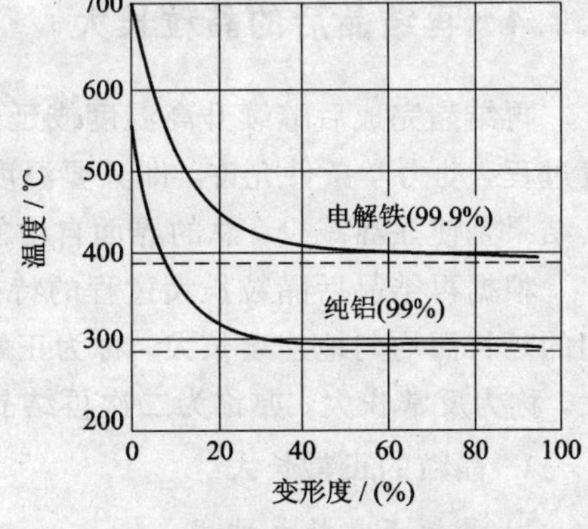

图 3 - 32　铁和铝的开始再结晶温度与冷变形程度的关系

大量的实验结果统计表明，工业纯金属经过强烈冷变形后的最低再结晶温度 $T_{再}$ 与其熔点 $T_{熔}$ 之间存在如下关系：

$$T_{再} = (0.35 \sim 0.40) T_{熔} \tag{3-4}$$

式中，$T_{再}$ 和 $T_{熔}$ 均以热力学温度表示。

(3) 原始晶粒尺寸。在其他条件相同的情况下，金属的晶粒越细小，变形的抗力越大，冷变形后储存的能量越高，再结晶的驱动力越大，形核率 N 和长大速度 G 就越大，则再结晶温度也就越低。

(4) 金属的纯度。表 3-4 列出了一些微量溶质原子对冷变形铜的再结晶温度的影响。可以看出，金属中含有微量溶质原子(或微量杂质)能显著提高再结晶温度，而且不同的溶质原子提高再结晶温度的程度各不相同。这是由于溶质原子与位错及晶界间发生相互作用，使溶质原子倾向于偏聚在位错及晶界处，一方面阻碍原子的扩散，另一方面阻碍位错的移、滑移和晶界的迁移，降低了形核率 N 和长大速度 G，从而阻碍金属的再结晶。至于不同溶质原子对再结晶温度的不同影响，乃是由于它们与位错及晶界间具有不同的交互作用能，同时，也是不同溶质原子在金属中具有不同的扩散系数所致。

表 3-4　微量溶质元素对光谱纯铜(99.999％Cu)50％再结晶温度的影响

材　料	50％再结晶的温度/℃	材　料	50％再结晶的温度/℃
光谱纯铜	140	光谱纯铜中加入 0.01％Sn	315
光谱纯铜中加入 0.01％Ag	205	光谱纯铜中加入 0.01％Sb	320
光谱纯铜中加入 0.01％Cd	305	光谱纯铜中加入 0.01％Te	370

因此，可以认为金属越纯，其再结晶温度越低。

(5) 加热速度和加热保温时间。因为再结晶过程需要一定的时间才能完成，所以提高加热速度会使再结晶温度提高。若加热保温时间越长，原子的扩散移动越能充分进行，再结晶温度也就越低。在工业生产中，为了缩短再结晶退火周期，一般将再结晶温度定得比理论再结晶温度高出 100～200℃。

3.2.4　再结晶后的晶粒长大

再结晶完成后继续升高温度或延长保温时间，会使晶粒继续长大。晶粒长大是一个自发过程，动力学条件允许，即只要温度合适，原子有相当扩散能力时，晶粒一般都会长大，其结果是使晶界减少，总的界面自由能降低，组织变得更为稳定。

根据再结晶后晶粒长大过程的特征，可将其分为两种类型：一种是随温度的升高或时间的延长而均匀地连续长大，称为正常长大；另一种是不连续、不均匀的(或突发式的)长大，称为反常长大，亦称为二次再结晶。

1. 晶粒的正常长大

1) 晶粒正常长大过程

再结晶刚结束时，虽然新的无畸变晶粒已完全相互靠在一起，变形引起的储存能基本上已完全释放，但是由于此时晶粒比较细，晶界面积比较大，系统界面能比较高，所以晶粒仍然可以继续长大。图 3-33 为晶粒长大示意图。晶粒长大实质上是大晶粒“吞并”小晶粒而使晶粒逐渐长大，是通过大角晶界移动、相互合并的方式进行的。即通过大晶粒的边界向小晶粒迁移，把小晶粒中的晶格位向逐步改变成与这个大晶粒晶格相同的位向，形成大晶粒“吞并”小晶粒现象。结果使冷变形金属内一些晶粒逐渐长大粗化，一些晶粒逐渐减小消失。再结晶后的晶粒长大的驱动力是该过程通过减少晶界的面积使系统总的晶界表面能降低，因而晶粒长大是一个自发进行的过程。

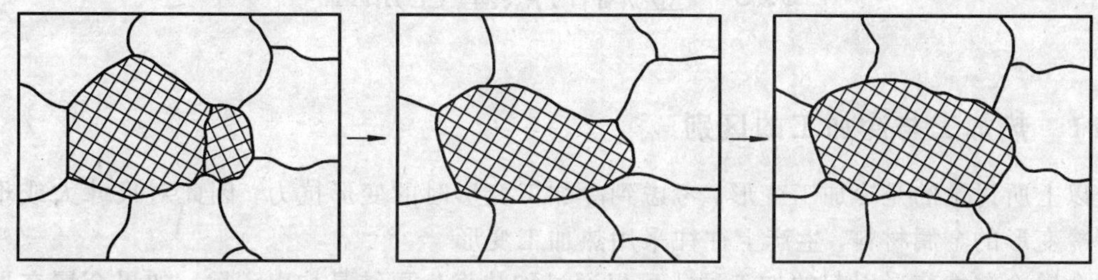

图 3-33　晶粒长大示意图

2) 影响晶粒长大的主要因素

既然晶粒长大是通过大角晶界的迁移来进行的，因此凡是影响晶界移动的因素都会影响晶粒长大。主要因素有：

(1) 温度。温度越高，晶粒长大的速度就越快。在其他条件相同的情况下，温度越高，晶界移动速度(与界面扩散系数有关)越快。

(2) 杂质或溶质原子。微量元素的少量加入，会造成晶界移动速度大幅度降低。如研究微量元素 Sn 对 Pb 的晶界移动速度的影响可知，当 Sn 含量由 1×10^{-6} 以下增加到 60×10^{-6} 时，晶界移动速度下降了约 4 个数量级，即杂质增加约 60 倍，而晶界移动速度则降低 10 000 倍。

微量杂质原子的这种剧烈影响是由于杂质原子与晶界的相互作用，使杂质原子大多数富集在晶界区域，如同杂质原子吸附在位错中组成柯氏气团阻碍位错运动那样，增加了晶界移动的阻力，从而大大降低了晶界的移动速度。

(3) 第二相质点。实验表明，当晶界移动遇到第二相质点时，质点往往对晶界起着钉扎作用，从而增加了晶界移动的阻力，降低了晶粒长大速度。

利用第二相质点来阻碍高温下金属晶粒长大的方法已广泛应用于许多金属材料中。例如，在钢中加入少量的 Al、Ti、V 或 Nb 等元素，以形成适当体积分数和尺寸的 AlN、TiN、VC、NbC 等第二相质点，就能有效地阻碍高温下钢的晶粒长大，使钢在焊接或热处理后仍具有较细小的晶粒，以保证良好的机械性能。

(4) 晶粒间的位向差。实验表明，当相邻晶粒间的位向差很接近或具有孪晶位向时，晶界移动速度将很小。但当具有一般大角度晶界的位向差时，则有较大的移动速度。

2. 晶粒的反常长大(二次再结晶)

在某些情况下，再结晶完成后晶粒长大表现出反常现象，即出现少数较大的晶粒优先快速长大，逐步吞并其周围大量的小晶粒，最后形成非常粗大的组织，这种现象通常称为二次再结晶。前节所讨论的再结晶称为一次再结晶，以资区别。

二次再结晶形成非常粗大的晶粒，使得金属材料组织性能恶化，从而降低了材料的性能如强度、塑性和韧性等，并影响了冷变形后的表面光洁度。因此，在制定冷变形材料的退火工艺时，一般应避免发生二次再结晶，再结晶退火温度应严格控制在再结晶温度范围内，而且保温时间不宜过长，以获得细而均匀的晶粒。但是，对于某些磁性材料如硅钢片，却可利用二次再结晶获得粗大晶粒来改善磁性。

3.3　金属的热塑性加工

3.3.1　热加工与冷加工的区别

以上所讨论的是冷加工变形。考虑到冷加工变形时的变形抗力，因此对尺寸大或难于进行冷变形的金属材料，生产上往往采用热加工变形。

金属冷塑性变形引起的加工硬化可以通过加热发生再结晶加以消除，如果金属在再结晶温度以上进行压力加工，塑性变形引起的加工硬化便可以立即被再结晶过程所消除。因此金属的冷加工和热加工的界限可以按其再结晶温度来划分。金属在再结晶温度以下的塑性变形称为冷加工(有加工硬化)；金属在再结晶温度以上的塑性变形称为热加工(无加工硬化)。例如，铁的最低再结晶温度为450℃，所以铁在400℃以下的加工变形属于冷加工。铅、锡的再结晶温度低于室温，所以即使它们在室温下进行压力加工，仍属于热加工，这就是此类金属被称为“不硬化金属”的原因。

金属在高温下强度降低而塑性提高，所以热加工的主要优点是材料容易变形，加工耗能少。这是因为在热加工过程中，金属的内部同时进行着加工硬化和再结晶软化两个相反的过程。受热加工工件温度的影响，有时在热加工过程中硬化与软化这两个因素不能完全抵消。例如：当变形程度大而加热温度较低时，由变形所引起的强化因素占优势，随着加工过程的进行，金属的强度和硬度上升而塑性逐渐下降，金属内部的晶格畸变也得不到完全恢复，变形阻力越来越大，甚至会使金属破裂；反之，当变形程度较小而加热温度较高时，由于再结晶和晶粒长大占优势，使得金属的晶粒越来越粗，造成金属性能下降。因此，在热加工过程中保持工件温度在一定的范围内是十分重要的。

由于冷加工变形会引起加工硬化，增大金属的变形抗力。所以若继续进行冷加工，则必须进行中间退火处理，重新软化后才能进行继续加工。

金属在热加工过程中表面发生氧化，使得工件表面比较粗糙，尺寸精度比较低，所以热加工一般用来制造一些截面比较大、加工变形量大的半成品。而冷加工则能保证工件有较高的尺寸精度和较小的表面粗糙度，在冷加工过程中材料同时也得到强化处理。有时经冷加工后可以直接获得成品。

3.3.2　热加工对金属组织和性能的影响

金属的热加工虽然不会引起加工硬化现象，但对金属的组织与性能仍有很大影响，因而是生产工艺中不可缺少的一个环节。

1. 改善金属铸锭的组织和性能

冶炼后的钢铁要浇注成铸锭，然后再经过热锻或热轧加工成各种型材以供用户使用。在铸造过程中，由于铸锭的表面和中心的结晶条件不同，在铸锭的街面上有三个不同特征的结晶区：表面细晶粒区、柱状晶区及中心等轴晶区(图3-34)。除了上述几个晶区外，铸锭内还存在一些铸造缺陷，如缩孔与缩松、化学成分偏析、气孔、夹杂、裂纹等。通过热加工能消除铸态金属的某些缺陷，如使气孔、疏松、微裂纹焊合，提高金属的致密度。对于铸锭内部的晶内偏析、粗大柱状晶或大块碳化物，可以在压力的作用下使枝晶、柱状晶和粗大晶粒破碎，消除成分偏析，改善夹杂物、第二相的分布等，使金属的力学性能得到提高。碳钢分别在锻态和铸态时的力学性能比较见表3-5。

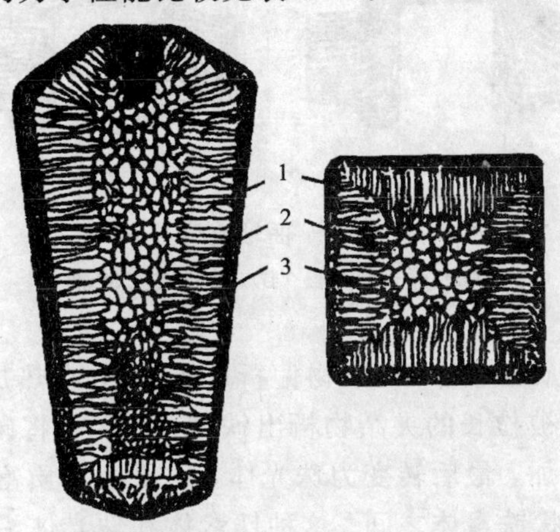

1—细晶粒层；2—柱状晶粒层；3—等轴晶粒层

图3-34　钢锭组织的示意图

表3-5　碳钢锻态和铸态时力学性能的比较

加工状态	σ_b/MPa	σ_s/MPa	δ/(%)	ψ/(%)	a_k/(J·cm^{-2})
锻态	530	310	20	45	7
铸态	500	280	15	27	3.5

2. 细化晶粒

在热加工过程中，变形的晶粒内部不断发生回复再结晶，已经发生再结晶的区域又不断发生变形，周而复始，最终使晶核数目不断增加，晶粒得到细化。但热加工后金属的晶粒大小与加工温度和变形量有很大的关系。变形量小，终止加工温度过高，加工后得到的组织粗大；反之则得到细小晶粒。

3. 形成纤维组织

热加工以后钢锭中的各种夹杂物、粗大枝晶、气孔、疏松，在高温下都具有一定塑性，沿着金属加工流动方向伸长，形成彼此平行的宏观条纹组织，即所谓锻造流线(热加工纤维组织)，使金属的机械性能产生明显的各向异性，通常沿流线方向(纵向)性能高于垂直于流线方向(横向)性能，如表3-6所示。因此，在热加工时应力求工件流线分布合理。图3-35(a)示出锻造曲轴的合理流线分布，它可保证曲轴工作时所承受的最大拉应力的方向与流线平行，而承受冲击力或外加剪切应力的方向与流线垂直，使曲轴不易断裂。图3-35(b)示出切削加工制成的曲轴，其流线分布不合理，易沿轴肩发生断裂。

表3-6　45钢的力学性能与热加工方向(纤维方向)的关系

热加工方向	σ_b/MPa	σ_s/MPa	δ/(%)	ψ/(%)	a_k/(J·cm^{-2})
纵向	715	470	17.5	62.8	62
横向	672	440	10.0	31.0	30

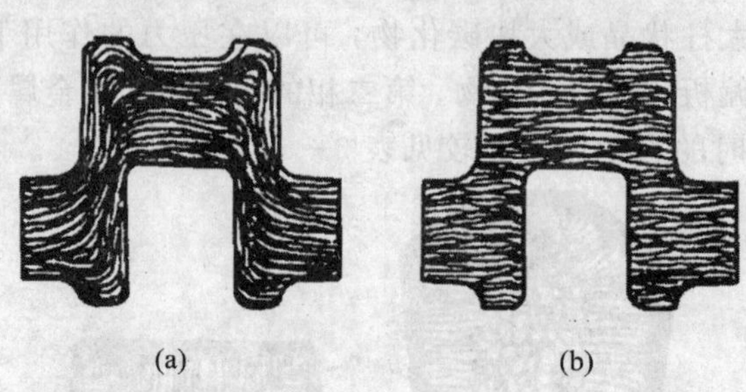

图 3－35　曲轴流线分布

(a) 锻造曲轴；(b) 切削加工曲轴

4. 形成带状组织

当低碳钢中非金属杂质比较多(夹杂物偏析严重)时，在热加工后的缓慢冷却过程中，先共析铁素体可能依附于被拉长的夹杂物析出铁素体带，并将碳排到附近的奥氏体中，使奥氏体中的碳含量逐渐增加，最后转变为珠光体，结果沿杂质富集区析出的铁素体首先形成条状，珠光体分布在条状铁素体之间。这种铁素体和珠光体沿加工变形方向成层状平行交替的条带状组织称为带状组织(图 3－36)。

图 3－36　钢的带状组织

带状组织使材料产生各向异性，特别是横向塑性和冲击韧性明显下降，严重时材料只能报废。在热加工生产中常采用交替改变变形方向的办法来消除这种带状组织。采用热处理的办法，如高温加热、长时间保温以及提高热加工后的冷却速度，有时多次正火或高温扩散退火加正火，也可以减轻或消除带状组织。

思考与练习

3－1　名词解释：

滑移与孪生；再结晶，二次再结晶与再结晶温度；热加工与冷加工；加工硬化；回复；再结晶；织构。

3－2　一般条件下进行塑性变形时，为什么在锌、镁中易出现孪晶，而在纯铜中易产生滑移带？

3-3　试用多晶体的塑性变形过程说明金属晶粒越细，强度越高，则塑性及韧性越好的原因。

3-4　用手来回弯折一根铁丝时，开始感觉省劲，后来逐渐感到有些费劲，最后铁丝被折断，试解释该过程演变的原因。

3-5　为什么细晶粒钢强度高，塑性、韧性也好？

3-6　冷塑性变形对金属组织和性能有何影响？

3-7　金属的再结晶温度受哪些因素的影响？能否通过再结晶退火来消除粗大铸造组织？为什么？

3-8　当金属继续冷拔有困难时，通常需要进行什么热处理？为什么？

3-9　试述纤维组织的形成及其对材料性能的影响。

3-10　何谓临界变形度？分析造成临界变形度的原因。为什么实际生产中要避免在这一范围内进行变形加工？

3-11　热加工对金属组织和性能有何影响？钢材在热加工(如锻造)时，为什么不产生加工硬化现象？

3-12　什么是加工硬化？其产生原因是什么？

3-13　金属在冷变形过程中产生哪几种残余应力？残余应力对金属材料产生哪些影响？

3-14　冷塑性变形和热塑性变形后的金属能否根据其显微组织加以区别？

3-15　用低碳钢板冷冲压成形的零件，冲压后会发现其各部位的硬度不同。为什么？

3-16　简要比较液态结晶、重结晶、再结晶的异同之处。

3-17　金属铸件能否通过再结晶退火来细化晶粒？为什么？

3-18　冷加工对金属组织和性能有何影响？

3-19　热加工对金属的组织和性能有何影响？钢材在热变形时为什么不出现硬化现象？

第4章 材料的固态相变及热处理

随着科学技术的飞速发展，人们对材料性能要求越来越高，特别是对钢铁材料的要求尤为突出。为了满足这一需要，一般采用两种方法，即研制新材料和对钢及其他材料进行热处理。热处理是一种重要的金属热加工工艺，在机械制造工业中被广泛地应用。例如，在机床制造中60%～70%的零件都要经过热处理；在汽车、拖拉机等制造中，70%～80%的零件都要进行热处理；至于模具和轴承等，则要100%地进行热处理。总之，重要的零件都必须经过适当的热处理才能使用。由此可见，热处理在机械制造中具有重要的地位和作用。

在机械工业中，热处理技术应用十分广泛，它的优劣对产品质量和经济效益有着极为重要的作用，同时也反映了热处理技术的水平。我国热处理技术的发展比较快，主要体现在技术参数的优化和变革，技术装备的改进和更新，新方法、新材料的应用以及使产品的性能更优越上。为了实现可持续发展的方针，热处理中除考虑节约原材料与能源，以及提高产品质量等因素外，环境保护将得到格外的重视，绿色热处理或洁净处理、智能化热处理技术将会有重大发展。

4.1 固态相变概述

相变是一种非常普遍的现象，如物质三态的相互转化、固态物质内部结构的转变等都属于相变的范畴。固体材料的组织、结构在温度、压力、成分改变时所发生的转变称为固态相变。固态相变的规律是金属材料热处理的基础。通过热处理，可以改善材料的性能，强化材料，充分发挥材料的潜力。如马氏体相变使钢淬火强化；过饱和固溶体分解使合金时效强化等。因此，研究固态相变具有重要的实际意义。

固态相变包括相结构的变化、成分的变化和有序程度的变化。如金属的同素异构转变只有相结构的变化，合金的有序化转变只有原子排列有序程度的变化。复杂的固态相变则是相结构和成分变化的综合，甚至也有有序程度的变化。如合金的共析转变同时有相结构和成分的变化，过饱和固溶体的分解除有相结构和成分的变化外，还有有序程度的变化等。

固态相变的种类很多，常见固态相变的种类和特征见表4-1。

固态相变按相变过程的动力学特征(即相变过程中原子的运动特征)可分为扩散型相变和非扩散型相变。

依靠原子(或离子)的扩散来进行的相变称为扩散型相变。温度足够高，原子(或离子)活动能力足够强时，才能发生扩散型相变。对于合金来说，形变的结果可以改变相的成分，如共析转变、过饱和固溶体的分解等。

表 4-1　固态相变的种类和特征

固态相变的种类	相变特征
多型性转变（同素异构转变）	温度或压力改变时，由一种晶体结构转变为另一种晶体结构，是一个重新形核和长大的过程，如 α-Fe↔γ-Fe
共析转变	由一相转变成结构、成分均不同的两相，如 Fe-C 合金中 $\gamma \rightarrow \alpha + Fe_3C$，共析组织呈片层状
马氏体转变	相变时，新旧相成分不发生变化，不需要原子的扩散，原子只作有规则的重新排列（切变），新旧相之间保持严格的位向关系，并呈共格，在磨光表面上可看到浮凸效应
块状转变	金属或合金发生晶体结构改变时，新旧相的成分不改变，相变具有形核、长大的特点，只进行少量扩散，其生长速度甚快，借助于非共格界面的迁移而生成不规则的块状产物，在纯铁、低碳钢、Cu-Al 合金中都有这种转变
贝氏体转变	发生于钢及许多有色合金中，兼有马氏体转变和扩散型转变的特点，产物成分改变，钢中贝氏体转变通常被认为是借助于铁原子的共格切变和碳原子的扩散而进行的，转变速度缓慢
有序化转变	合金元素原子从无规则排列到有规则排列，但结构不发生变化

非扩散型相变时没有原子的扩散运动，原子（或离子）仅作有规则的迁移使点阵发生改组。迁移时，相邻原子相对移动距离不超过原子间距，相邻原子的相对位置保持不变。合金相变时没有成分的变化。马氏体转变即为非扩散型转变。这类相变均在原子（或离子）已不能扩散的低温下进行。

固态相变不一定都属于单纯的扩散型或非扩散型，如贝氏体相变过程中同时具有原子的扩散型和非扩散型相变的特征。

4.2　钢的热处理原理

热处理是将固态金属或合金在一定介质中加热、保温和冷却，以改变材料整体或表面组织，从而获得所需性能的工艺（图 4-1）。热处理可大幅度地改善金属材料的工艺性能。如 T10 钢经球化处理后，切削性能大大改善；而经淬火处理后，其硬度可从处理前的 20 HRC 提高到 62～65 HRC。因此热处理是一种非常重要的加工方法，绝大部分机械零件必须经过热处理。在钢的热处理加热、保温和冷却过程中，其组织结构会发生相应变化。钢中组织结构变化的规律是钢热处理的理论基础和依据。

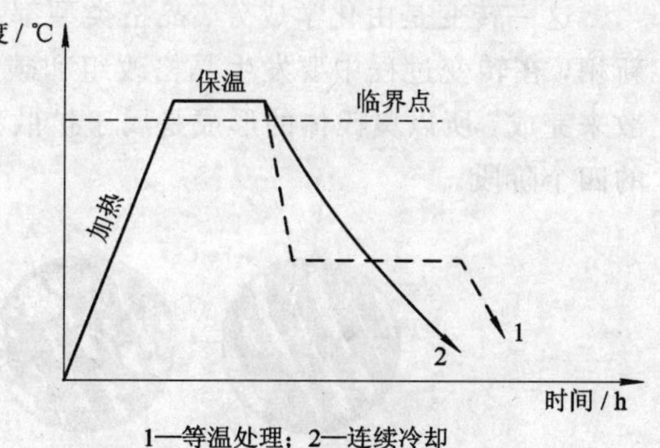

1—等温处理；2—连续冷却

图 4-1　热处理工艺曲线示意图

4.2.1 钢在加热时的转变

为了在热处理后获得所需性能，大多数热处理工艺(如退火、正火、淬火等)都要将工件加热到临界温度以上，以获得全部或部分奥氏体组织，并使其成分均匀化，这一过程也称为奥氏体化。加热时形成的奥氏体的质量(奥氏体化的程度、成分均匀性及晶粒大小等)对其冷却转变过程及最终的组织和性能都有极大的影响。因此了解奥氏体形成的规律，是掌握热处理工艺的基础。

1. 钢的临界温度

根据 $Fe-Fe_3C$ 相图，共析钢加热到 A_1 线以上，亚共析钢和过共析钢加热到 A_3 线和 A_{cm} 线以上时才能完全转变为奥氏体。在实际的热处理过程中，按热处理工艺的要求，加热或冷却都是按一定的速度进行，因此相变是在非平衡条件下进行的，必然要产生滞后现象，即有一定的过热度或过冷度。因此在加热时，钢发生奥氏体转变的实际温度比相图中的 A_1、A_3、A_{cm} 点高，分别用 Ac_1、Ac_3、Ac_{cm} 表示。同样，在冷却时奥氏体分解的实际温度要比 A_1、A_3、A_{cm} 点低，分别用 Ar_1、Ar_3、Ar_{cm} 表示，如图 4-2 所示。一般热处理手册中的数值都是在 30～50℃/h 的加热(或冷却)速度下所测得的结果，以供参考使用。

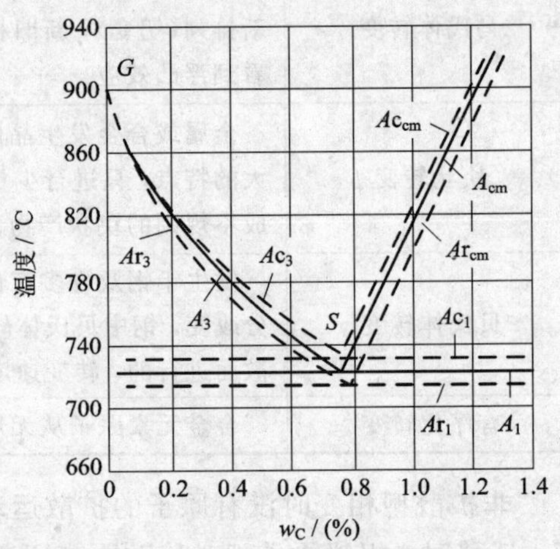

图 4-2 加热和冷却速度对临界点 A_1、A_3 和 A_{cm} 的影响

(加热和冷却速度为 0.125℃/min)

2. 奥氏体的形成

1) 奥氏体形成的基本过程

钢在加热时，奥氏体的形成过程符合相变的普遍规律，也是通过形核及核心长大来完成的。以共析钢为例，原始组织为珠光体，当加热到 Ac_1 温度以上时，则发生如下珠光体向奥氏体的转变：

$$F_{w_C=0.02\%}+Fe_3C_{w_C=6.69\%}\rightarrow A_{w_C=0.77\%}$$

这一转变是由化学成分、晶格类型都不相同的两个相转变为另一个成分和晶格类型的新相，在转变过程中要发生晶格改组和碳原子的重新分布，这一变化均需要通过原子的扩散来完成，所以奥氏体的形成是属于扩散型转变。奥氏体的形成一般可分为如图 4-3 所示的四个阶段。

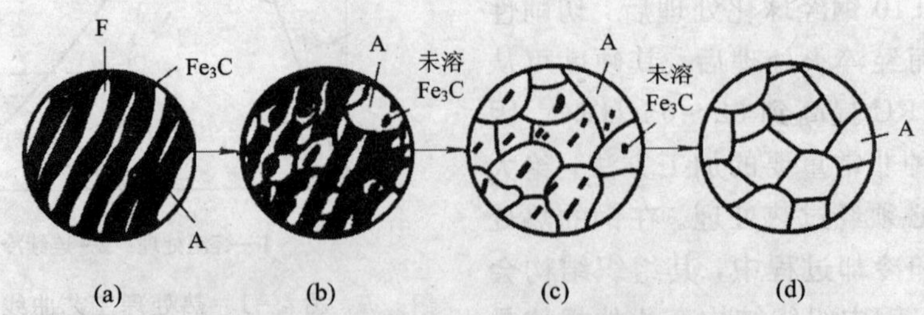

图 4-3 共析钢奥氏体形成过程示意图

(a) A 形核；(b) A 长大；(c) 残余渗碳体溶解；(d) 均匀化

(1) 奥氏体晶核的形成。奥氏体晶核一般优先在铁素体和渗碳体相界处形成。这是因为在相界处，原子排列紊乱，能量较高，能满足晶核形成的结构、能量和浓度条件。

(2) 奥氏体晶核的长大。奥氏体晶核形成后，它一面与铁素体相接，另一面和渗碳体相接，并在浓度上建立起平衡关系。由于和渗碳体相接的界面碳浓度高，而和铁素体相接的界面碳浓度低，这就使得奥氏体晶粒内部存在着碳的浓度梯度，从而引起碳不断从渗碳体界面通过奥氏体晶粒向低碳浓度的铁素体界面扩散，为了维持原来相界面碳浓度的平衡关系，奥氏体晶粒不断向铁素体和渗碳体两边长大，直至铁素体全部转变为奥氏体为止。

(3) 残余渗碳体的溶解。在奥氏体形成过程中，奥氏体向铁素体方向成长的速度远大于渗碳体的溶解，因此在奥氏体形成之后，还残留一定量的未溶渗碳体。这部分渗碳体只能在随后的保温过程中，逐渐溶入奥氏体中，直至完全消失。

(4) 奥氏体成分的均匀化。渗碳体完全溶解后，奥氏体中碳浓度的分布并不均匀，原来属于渗碳体的地方含碳较多，而属于铁素体的地方含碳较少，必须继续保温，通过碳的扩散，使奥氏体成分均匀化。

亚共析钢和过共析钢中奥氏体的形成过程与共析钢基本相同，当温度加热到 Ac_1 线以上时，首先发生珠光体向奥氏体的转变。对于亚共析钢在 $Ac_1 \sim Ac_3$ 的升温过程中先共析铁素体逐步向奥氏体转变，当温度升高到 Ac_3 以上时，才能得到单一的奥氏体组织。对于过共析钢在 $Ac_1 \sim Ac_{cm}$ 的升温过程中先共析相二次渗碳体逐步溶入奥氏体中，只有温度升高到 Ac_{cm} 以上时，才能得到单一的奥氏体组织。

2) *影响奥氏体形成的因素*

钢的奥氏体形成主要是通过形核和长大来实现的，凡是影响形核和长大的因素都影响奥氏体的形成速度。

(1) 加热温度。随着加热温度的提高，相变驱动力增大，碳原子扩散能力加大，原子在奥氏体中的扩散速度加快，从而提高了形核率和长大速度，加快了奥氏体的转变速度；同时，温度高时，GS 和 ES 线间的距离大，奥氏体中碳原子浓度梯度大，所以奥氏体化速度加快。

(2) 加热速度。在实际热处理中，加热速度越快，产生的过热度就越大，可使转变终了温度和转变温度范围越宽，完成的时间也就越短。

(3) 钢中碳的质量分数。随着钢中碳的质量分数的增加，铁素体和渗碳体的相界面增多，因而奥氏体的核心增多，奥氏体的转变速度加快。

(4) 合金元素。钢中的合金元素不改变奥氏体形成的基本过程，但显著影响奥氏体的形成速度。如钴、镍等增大碳在奥氏体中的扩散速度，因而加快奥氏体化过程；铬、钼、钒等对碳的亲和力较大，能与碳形成较难溶解的碳化物，显著降低碳的扩散能力，所以减慢奥氏体化过程；硅、铝、锰等对碳的扩散速度影响不大，不影响奥氏体化过程。因为合金元素可以改变钢的临界点，并影响碳的扩散速度，它自身也在扩散和重新分布，且合金元素的扩散速度比碳慢得多，所以在热处理时，合金钢的热处理加热温度一般都高些，保温时间要长些。

(5) 原始组织。原始珠光体中的渗碳体有片状和粒状两种形式。当原始组织中渗碳体为片状时，奥氏体形成速度快，因为它的相界面积大，并且渗碳体片间距愈小，相界面积愈大，同时奥氏体晶粒中碳浓度梯度也增大，所以长大速度更快。

3. 奥氏体晶粒大小及其控制

1) 奥氏体晶粒度的概念

奥氏体晶粒大小对后续的冷却转变及转变所得的组织与性能有着重要的影响。如图 4-4 所示，奥氏体晶粒细时，退火组织珠光体亦细，则强度、塑性、韧性较好；淬火组织马氏体也细，因而韧性得到改善。因此获得细小的晶粒是热处理过程中始终要注意的问题。奥氏体有以下三种不同概念的晶粒度。

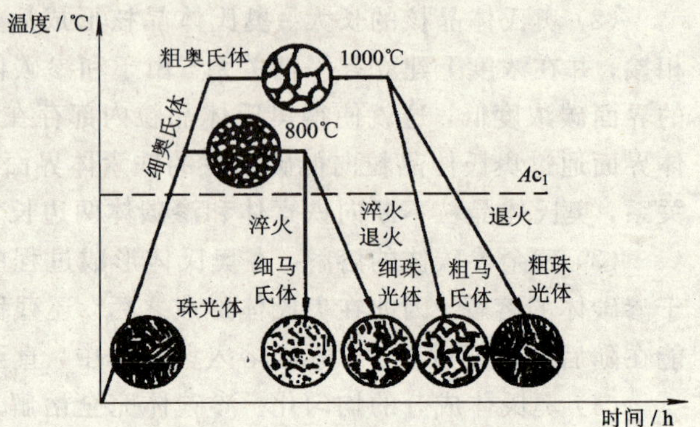

图 4-4　奥氏体晶粒大小对转变产物晶粒大小的影响(示意图)

(1) 起始晶粒度。起始晶粒度是指珠光体刚刚转变为奥氏体的晶粒大小。起始晶粒度非常细小，在继续加热或保温过程中还要继续长大。

(2) 本质晶粒度。冶金部标准(YB/T 5148—1993)中规定，将钢试样加热到(930±10)℃，保温 3～8 h，冷却后制成金相试样。在显微镜下放大 100 倍观察，然后再和标准晶粒度等级图(图 4-5)比较，测定钢的奥氏体晶粒大小，这个晶粒度即为该钢的本质晶粒度。晶粒度通常分 8 级，在 1～4 级范围内的称为本质粗晶粒钢，在 5～8 级范围内的称为本质细晶粒钢，超过 8 级的为超细晶粒度。

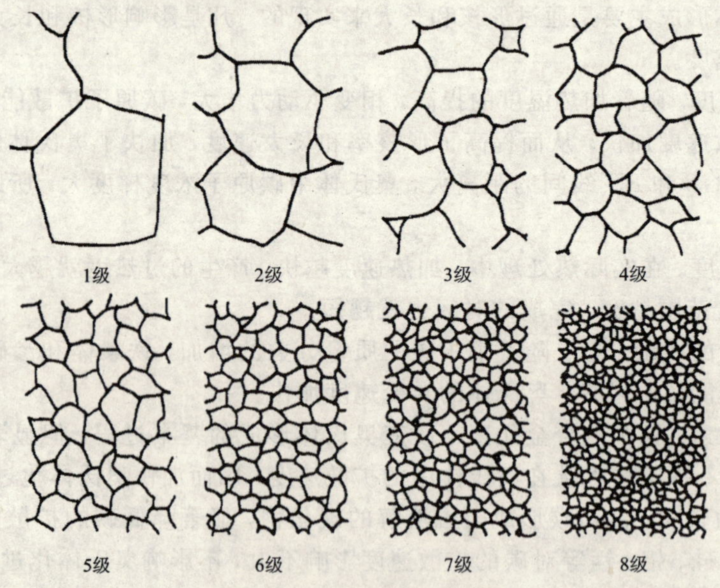

图 4-5　标准晶粒度等级示意图(100×)

本质晶粒度代表着钢在加热时奥氏体晶粒的长大倾向。它取决于钢的成分及冶炼方法。用铝脱氧的钢以及含钛、钒、锆等元素的合金钢都是本质细晶粒钢。用硅、锰脱氧的钢为本质粗晶粒钢。本质细晶粒钢在加热温度超过一定限度后，晶粒也会长大粗化。图 4-6 所示为两种钢加热时晶粒的长大倾向。由图可见，本质粗晶粒钢在 930℃以下加热时晶粒长大的倾向小，适于进行热处理，所以需经热处理的工件，一般都用本质细晶粒钢制造。

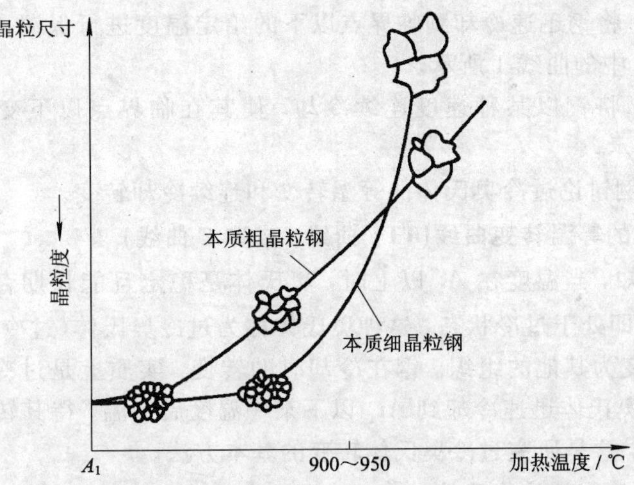

图 4－6　本质细晶粒和本质粗晶粒长大倾向示意图

(3) 实际晶粒度。实际晶粒度是指在具体热处理或热加工条件下得到的奥氏体晶粒度，它决定钢的性能。

2) 影响奥氏体晶粒大小的因素

奥氏体晶粒越细，其冷却产物的强度、塑性和韧性越好。影响奥氏体晶粒大小的主要因素有以下几方面：

(1) 加热温度和保温时间。加热温度是影响奥氏体晶粒长大最主要的因素。奥氏体刚形成时晶粒是细小的，但随着加热温度的升高，奥氏体将逐渐长大。温度越高，奥氏体晶粒长大越剧烈；在一定温度下，保温时间越长，奥氏体晶粒越粗大。

(2) 钢的化学成分。增加奥氏体中的碳含量，将增大奥氏体的晶粒长大倾向。当钢中含有形成稳定碳化物、氮化物的合金元素(如铬、钒、钛、钨、钼等)时，这些碳化物和氮化物弥散分布于奥氏体晶界上，阻碍奥氏体晶粒长大。而磷、锰则有加速奥氏体晶粒长大的倾向。

4.2.2　钢在冷却时的转变

热处理工艺中，钢在奥氏体化后，接着是进行冷却。冷却条件也是热处理的关键工序，它决定钢在冷却后的组织和性能。表 4－2 列出了 40Cr 钢经 850℃加热到奥氏体后，在不同冷却条件下对其力学性能的影响。

表 4－2　钢在不同冷却条件下的力学性能

冷却方式	σ_b/MPa	σ_s/MPa	δ/(%)	ψ/(%)	a_k/(J・cm^{-2})
炉冷	574	289	22	58.4	61
空冷	678	387	19.3	57.3	80
油冷并经 200℃回火	1850	1590	8.3	33.7	55

由 Fe－Fe_3C 相图可知，当温度处于临界点 A_1 以下时，奥氏体就变得不稳定，会发生分解和转变。但在实际冷却过程中，处在临界点以下的奥氏体并不立即发生转变，这种在临界点以下存在的奥氏体，称为过冷奥氏体。过冷奥氏体的冷却方式通常有两种：

(1) 等温处理。将钢迅速冷却到临界点以下的给定温度进行保温，使其在该温度下恒温转变，如图 4-1 中的曲线 1 所示。

(2) 连续冷却。将钢以某种速度连续冷却，使其在临界点以下变温连续转变，如图 4-1 中的曲线 2 所示。

现以共析钢为例讨论过冷奥氏体的等温转变和连续冷却转变。

1. 过冷奥氏体的等温转变曲线(TTT 曲线，或称 C 曲线)

从铁碳相图可知，当温度在 A_1 以上时，奥氏体是稳定且能长期存在的。当温度降到 A_1 以下后，奥氏体即处于过冷状态，这种奥氏体称为过冷奥氏体(过冷 A)。过冷奥氏体是不稳定的，它会转变为其他的组织。钢在冷却时的转变，实质上是过冷奥氏体的转变。等温冷却转变就是把奥氏体迅速冷却到 Ar_1 以下某一温度后保温，待其转变完成后再冷到室温的一种冷却方式，这是研究过冷奥氏体转变的基本方法。

1) 共析钢过冷奥氏体的等温转变

共析钢过冷奥氏体的等温转变过程和转变产物可用其等温转变曲线(TTT 曲线)来分析(图 4-7)。过冷奥氏体等温转变曲线表明过冷奥氏体转变所得组织和转变量与温度和转变时间之间的关系，是钢在不同温度下的等温转变动力学曲线(图 4-7(a))的基础上测定的。即将各温度下的转变开始时间和终了时间标注在温度-时间坐标系中，并分别把开始点和终了点连成两条曲线，得到转变开始线和转变终了线，如图 4-7(b)所示。根据曲线的形状一般也将其称为 C 曲线。

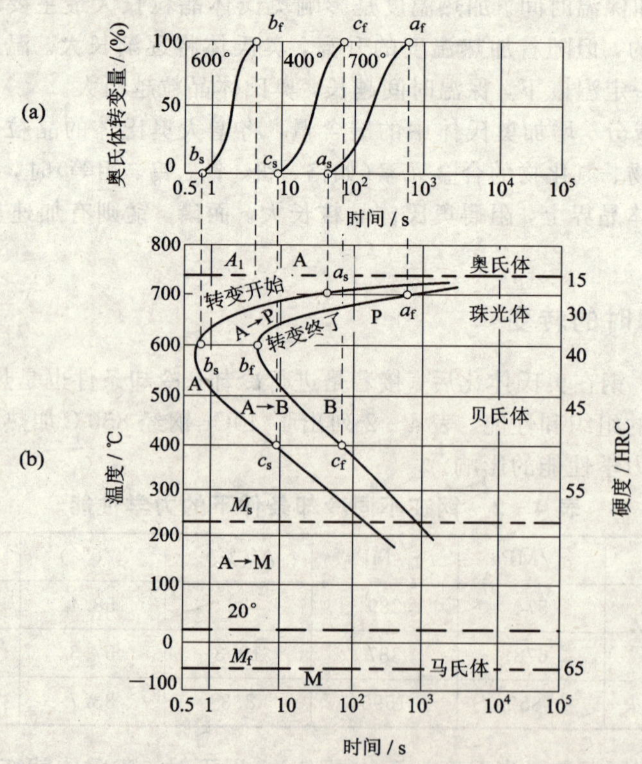

图 4-7　共析钢等温转变图(C 曲线)

(a) 不同温度下的等温动力学转变曲线；(b) 等温转变图(C 曲线)

在 C 曲线的下面还有两条水平线：M_s 线和 M_f 线，它们分别为过冷奥氏体发生马氏体转变(低温转变)的开始温度线(以 M_s 表示)和终了温度线(以 M_f 表示)。

由共析钢的 C 曲线可以看出，在 A_1 以上是稳定区奥氏体，它不发生转变，能长期存在。在 A_1 以下，奥氏体不稳定，要发生转变，但在转变之前奥氏体要有一段稳定存在的时间(处于过冷状态)，这段时间称为过冷奥氏体的孕育期，也就是奥氏体从过冷到转变开始的时间。孕育期的长短反映了过冷奥氏体稳定性的大小。在曲线的“鼻尖”处(约 550℃)孕育期最短，过冷奥氏体稳定性最小。“鼻尖”将曲线分为两部分：“鼻尖”以上的部分随着温度下降(即过冷度增大)，孕育期变短，转变速度加快；“鼻尖”以下的部分随着温度下降(即过冷度增大)，孕育期增长，转变速度就变慢。过冷奥氏体转变速度随温度变化的规律是由两种因素造成的。一个是转变的驱动力(即奥氏体与转变产物的自由能差 ΔG)，它随温度的降低而增大，从而加快转变速度；另一个是原子的扩散能力(扩散系数 D)，温度越低，原子的扩散能力就越弱，使转变速度变慢。因此，在“鼻尖”点以上的温度，原子扩散能力较大，主要影响因素是驱动力(ΔG)；而在 550℃以下的温度，虽然驱动力足够大，但原子的扩散能力下降，此时的转变速度主要受原子扩散速度的制约，使转变速度变慢。所以在 550℃时的转变条件最佳，转变速度最快。

2) 非共析钢过冷奥氏体的等温转变

亚共析钢的过冷奥氏体等温转变曲线见图 4-8(以 45 钢为例)。与共析钢 C 曲线不同的是，在其上方多了一条过冷奥氏体转变为铁素体的转变开始线。亚共析钢随着含碳量的减少，C 曲线位置往左移，同时 M_s、M_f 线往上移；随着含碳量的增加，C 曲线位置往右移，同时 M_s、M_f 线往下移。亚共析钢的过冷奥氏体等温转变过程与共析钢的相类似。只是在高温转变区过冷奥氏体将先有一部分转变为铁素体 F，剩余的过冷奥氏体再转变为珠光体组织。如 45 钢过冷奥氏体在 650～600℃等温转变后，其产物为铁素体 F 和索氏体 S。

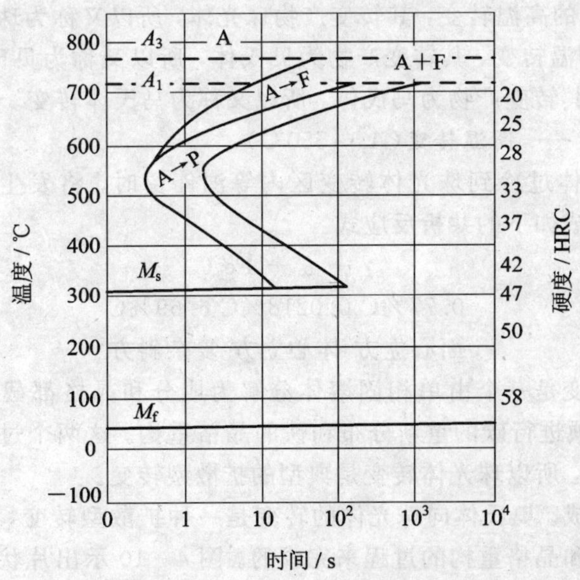

图 4-8　45 钢过冷奥氏体等温转变曲线

过共析钢过冷奥氏体的 C 曲线见图 4-9(以 T12 钢为例)。C 曲线的上部为过冷 A 中析出二次渗碳体($Fe_3C_{Ⅱ}$)开始线。在一般热处理加热条件下，过共析钢随着含碳量的增加，C 曲线位置往左移，同时 M_s、M_f 线往下移；随着含碳量的减少，C 曲线位置往右移，同时 M_s、M_f 线往上移。

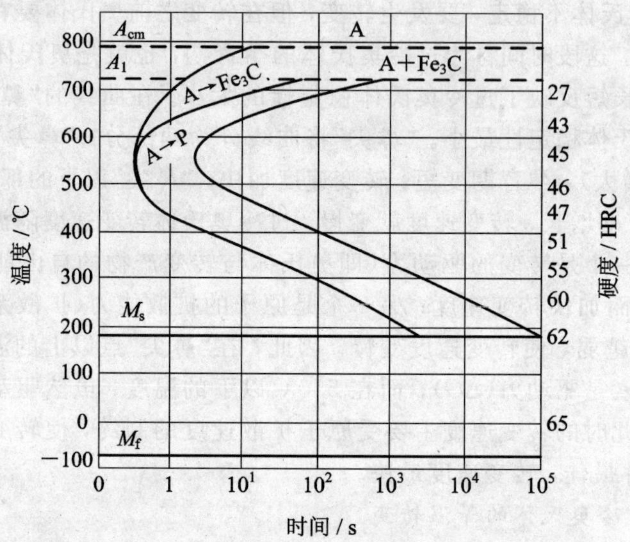

图 4-9　T10 钢过冷 A 等温转变曲线

过共析钢的过冷奥氏体在高温转变区，将先析出 $Fe_3C_{Ⅱ}$，剩余的过冷奥氏体再转变为珠光体组织。如 T10 钢过冷 A 在 A_1～650℃等温转变后，将得到 $Fe_3C_{Ⅱ}$+珠光体 P。

2. 过冷奥氏体等温转变产物的组织和性能

根据过冷奥氏体在不同温度下转变产物的不同，可将其分为三种不同类型的转变：A_1 至 C 曲线"鼻尖"区间的高温转变，其转变产物珠光体，所以又称为珠光体转变；C 曲线"鼻尖"至 M_s 线区间的中温转变，其转变产物为贝氏体，所以又称为贝氏体转变；在 M_s 线以下区间的低温转变，其转变产物为马氏体，所以又称为马氏体转变。

1) 珠光体型转变——高温转变(A_1～550℃)

共析成分的奥氏体过冷到珠光体转变区内等温停留时，将发生共析转变，形成珠光体。珠光体转变可写成如下的共析反应式：

$$\gamma \rightarrow \alpha + Fe_3C$$

0.77%C 0.0218%C 6.69%C

面心立方 体心立方 复杂斜方

可见，珠光体转变是一个由单相固溶体分解为成分和晶格都截然不同的两相混合组织，因此，转变时必须进行碳的重新分布和铁的晶格重构。这两个过程是依靠碳原子和铁原子的扩散来完成的，所以珠光体转变是典型的扩散型转变。

(1) 珠光体的形成。奥氏体向珠光体的转变是一种扩散型转变，也是由形核和核心长大，并通过原子扩散和晶格重构的过程来完成的。图 4-10 示出片状珠光体的等温形成过程。首先，新相的晶核优先在奥氏体的晶界处形成，然后向晶粒内部长大。同时，又不断有新的晶核形成和长大。每个晶核发展成一个珠光体领域，其片层大致平行。这样不断交替地形核长大直到各个珠光体领域相互接触，奥氏体全部消失，转变即完成。

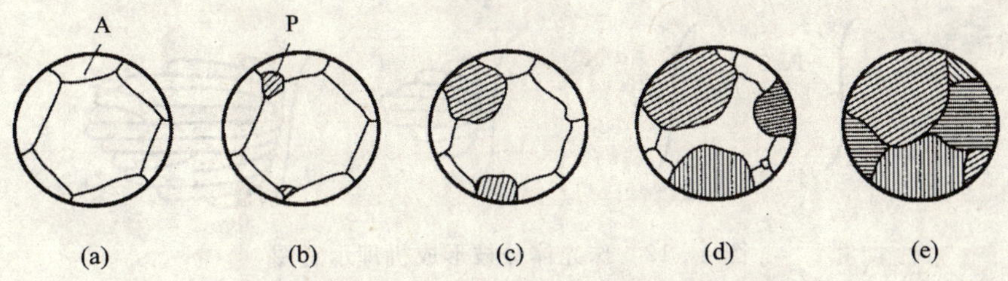

图 4-10　共析钢奥氏体向珠光体等温转变过程示意图

珠光体形核需要一定的能量起伏、结构起伏和浓度起伏。在奥氏体晶界处，同时出现这三种起伏的几率比晶粒内部大得多，所以珠光体晶核总是优先在奥氏体晶界处形成。如果奥氏体中有未溶碳化物颗粒存在，这些碳化物颗粒便可作为现成的晶核而长大。

关于珠光体的形成机理有两种不同的说法：一种是“分片形成机理”；另一种是“分枝形成机理”。现简要介绍如下。

分片形成机理如图 4-11 所示。假定形成珠光体的领先相是渗碳体，首先在奥氏体晶界上形成一个 Fe_3C 晶核。由于渗碳体的含碳量($w_C=6.69\%$)比奥氏体($w_C=0.77\%$)高得多，因此它的形成和长大必然要从周围的奥氏体中吸收碳原子才能长大，这样就造成附近的奥氏体局部贫碳，为形成铁素体(F)创造了条件，于是铁素体晶核在渗碳体两侧通过晶格改组形成，即形成一个珠光体晶核。而在铁素体长大的过程中，不断向周围奥氏体排出碳，形成局部富碳区，又促进了另一片渗碳体的形成，随即向晶粒内部长大。珠光体的纵向长大是依靠 Fe_3C 片和铁素体片的向前增长，横向长大则是依靠两者的交替形核与增厚而进行的。Fe_3C 片的侧向增厚使相邻奥氏体贫碳，促使铁素体形核；铁素体侧向增厚又使相邻奥氏体富碳，促使 Fe_3C 的形核。所以，在长大过程中，铁素体和 Fe_3C 相互促进又相互制约，结果就形成了片层相间的两相混合物。其中，铁素体是连成一体的基体相，Fe_3C 则是分散相，一片一片地平行分布在铁素体中，成为片状珠光体。

图 4-11　珠光体分片形成机理示意图

分枝形成机理如图 4-12 所示。首先在奥氏体晶界上形成 Fe_3C 晶核，然后向晶粒内部长大。长大时，主要依靠 Fe_3C 片地不断分枝，平行长大。Fe_3C 片分枝长大的同时，使相邻奥氏体贫碳，促使铁素体在其侧面随之长大，结果也形成片层相间的两相混合物。Fe_3C 片的分枝主要发生在根部，在片的中间部分也可能分枝。分枝处不一定是片状连接，而可能是由片的某一点分枝，连接处很小，因此在金相试样表面上容易恰好切剖到 Fe_3C 片的分枝处，因而误认为 Fe_3C 是一片一片孤立形成的。实际上，由一个晶核发展起来的珠光体领域中，Fe_3C 片是连接在一起的一个单晶体，铁素体片也是一个连在一起的单晶体。近年来，利用扫描电子显微镜深入研究表明，过去认为是分片孤立形成的片状组织、针状组织或柱状组织，实际上都是以分枝机理形成的。所以，珠光体的分枝形成机理可能是比较符合实际的。

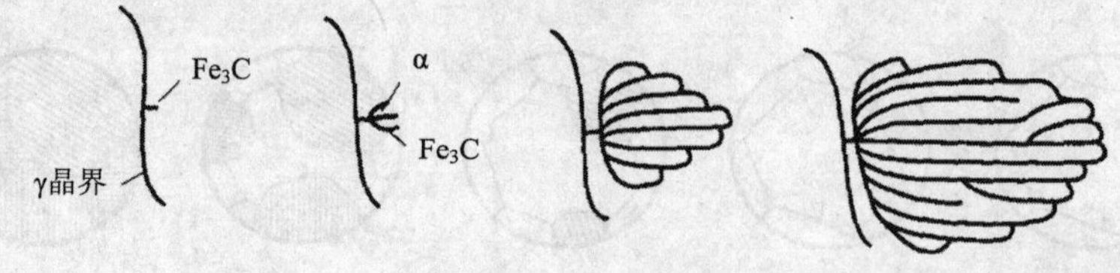

图 4-12　珠光体分枝形成机理示意图

(2) 珠光体的组织和性能。珠光体是铁素体和渗碳体的共析混合物。根据共析渗碳体的形状，珠光体分为片状珠光体和粒状珠光体两种。高温转变产物都是片层相间的珠光体，但由于转变温度不同，原子扩散能力及驱动力不同，其片层间距差别很大，一般转变温度愈低，层间距愈小，共析渗碳体愈小。根据共析渗碳体的大小，习惯上把珠光体型组织分为珠光体、索氏体(细珠光体)和屈氏体(极细珠光体)三种，如图 4-13 所示。在光学显微镜下，放大 400 倍以上便能看清珠光体，放大 1000 倍以上便能看清索氏体，而要看清屈氏体的片层结构，必须用电子显微镜放大几千倍以上。需指出的是，珠光体(P)、索氏体(S)和屈氏体(T)三者从组织上并没有本质的区别，也没有严格的界限，实质是同一种组织，只是由于渗碳体片的厚度不同，在形态上片层间距不同而已。片层间距是片状珠光体的一个主要指标，指珠光体中相邻两片渗碳体的平均距离。片层间距的大小主要取决于过冷度，而与奥氏体的晶粒度和均匀性无关。表 4-3 为珠光体型组织的形成温度和性能。由表可见，转变温度较高即过冷度较小时，铁、碳原子易扩散，获得的珠光体片层较粗大。转变温度越低，过冷度越大，获得的珠光体组织就越细，片层间距越小，硬度也就越高。

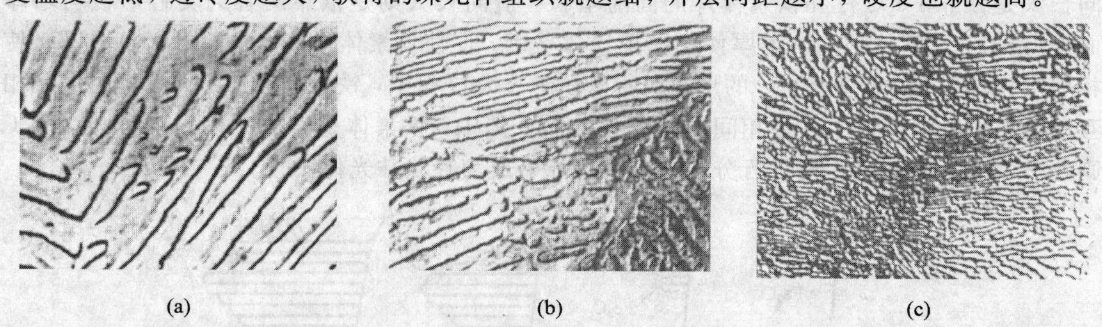

(a)　　(b)　　(c)

图 4-13　共析钢过冷奥氏体高温转变组织

(a) 珠光体(3800×)；(b) 索氏体(8000×)；(c) 屈氏体(8000×)

表 4-3　珠光体型组织的形成温度和性能

组织类型	形成温度/℃	片层间距/μm	硬度/HRC
珠光体(P)	A_1～650	＞0.4	15～27
索氏体(S)	650～600	0.4～0.2	27～38
屈氏体(T)	600～550	＜0.2	38～43

片状珠光体的性能主要取决于片层间距，如图 4-14 所示。片层间距越小，则珠光体的强度和硬度越高，同时塑性和韧性得以改善。这是因为，珠光体的基体相是铁素体，其塑性好，易变形，并主要靠渗碳体片分散在其中来强化，渗碳体的强化作用是与它本身的

硬度和其相界面结构有关。特别是后者属于位错运动的主要障碍，因而能提高强度和硬度。共析渗碳体片越厚，则片层间距越大，相界面积越小，强化作用也越小。同时，渗碳体越厚，越不容易变形，而容易脆裂，形成大量的微裂纹而降低了塑性和韧性。所以，珠光体的片层间距越大，则强度越低，塑性越差；反之，渗碳体越薄，越容易随同铁素体一起变形而不破脆，同时，相界面积越大，强度越高。这就是冷拔钢丝必须具有索氏体组织才容易变形而不致拔断的原因。

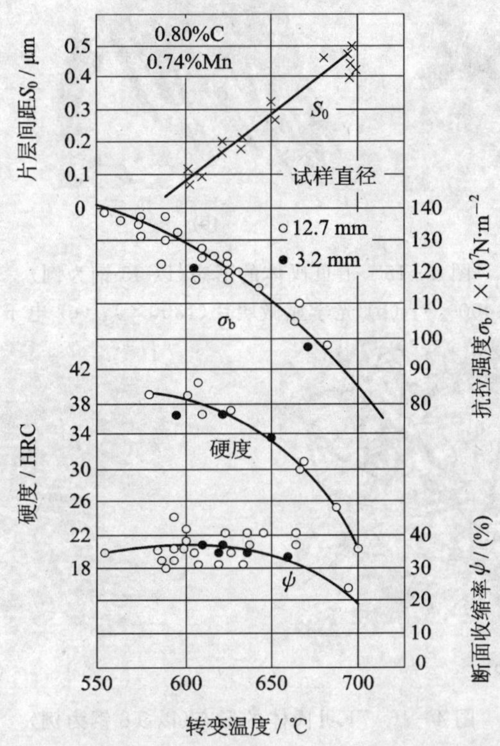

图 4-14　共析钢珠光体的机械性能与片层间距和转变温度的关系

对于理解珠光体的形成规律、组织、性能特点，主要应掌握“过冷度—片层间距—性能”之间的关系。在实际生产中，就是通过控制奥氏体的过冷度，来控制珠光体组织的片层间距，从而控制其性能。而过冷度的改变，则是通过改变冷却速度，或改变等温温度来实现的。

2）贝氏体型转变——中温转变（550℃～M_s）

共析成分的奥氏体过冷到 550℃～M_s 的中温区保温，发生奥氏体向贝氏体的等温转变，形成贝氏体，用符号 B 表示。钢在等温淬火过程中发生的转变就是贝氏体转变。因此，研究贝氏体的形成规律、组织与性能的特点，对于指导热处理及合金化都具有重要的意义。

（1）贝氏体的组织和性能。贝氏体是奥氏体在中温区的共析产物，是碳化物（渗碳体）分布在过饱和碳的铁素体基体上的两相混合物，其组织和性能都不同于珠光体。

贝氏体的组织形态比较复杂，随着奥氏体的成分和转变温度的不同而变化。在中碳钢（45 钢）和高碳钢（T8 钢）中具有两种典型的贝氏体形态：一种是在 550～350℃范围内（中温区的上部）形成的羽毛状的上贝氏体（$B_上$），如图 4-15(a)、(b)所示。在上贝氏体中，过饱和铁素体呈板条状，在铁素体之间，断断续续地分布着细条状渗碳体，如图 4－15(c)所示。另一种是在 350℃～M_s 范围内（中温区的下部）形成的针状的下贝氏体（$B_下$），如图 4－16(a)所示。在下贝氏体中，过饱和铁素体呈针片状，比较混乱地呈一定角度分布。在电子显微镜下观察发现，在铁素体内部析出许多极细的 ε－$Fe_{2.4}C$ 小片，小片平行分布，与铁素体片的长轴呈 50°～60°取向，如图 4－16(b)所示。

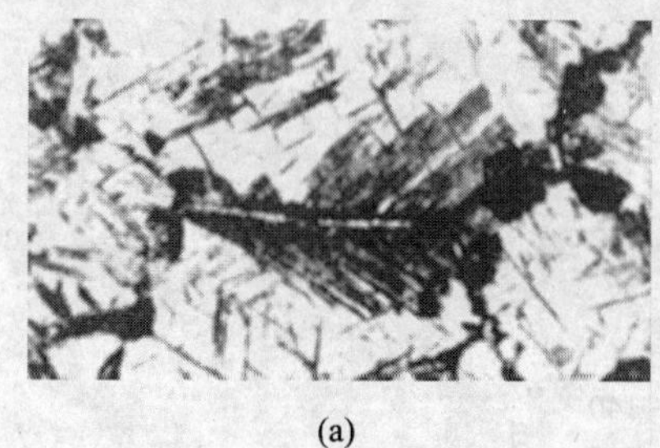
(a)

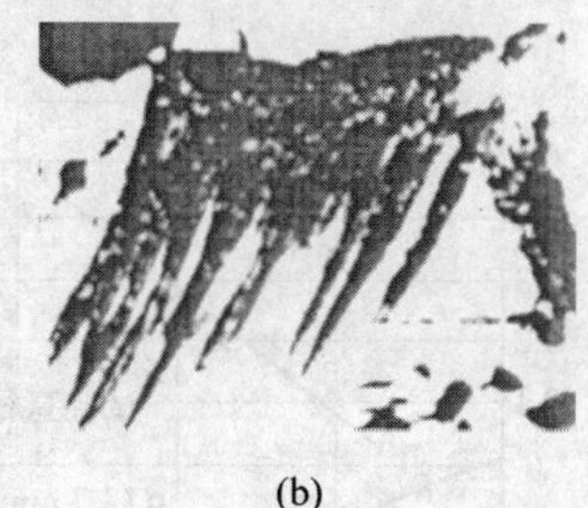
(b)

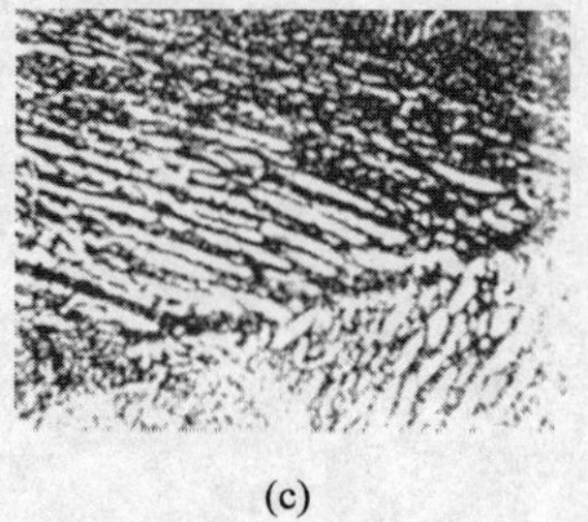
(c)

图 4－15　上贝氏体的形态（以 45 钢为例）
(a) 光学显微照片(400×)；(b) 光学显微照片(1300×)；(c) 电子显微照片(5000×)

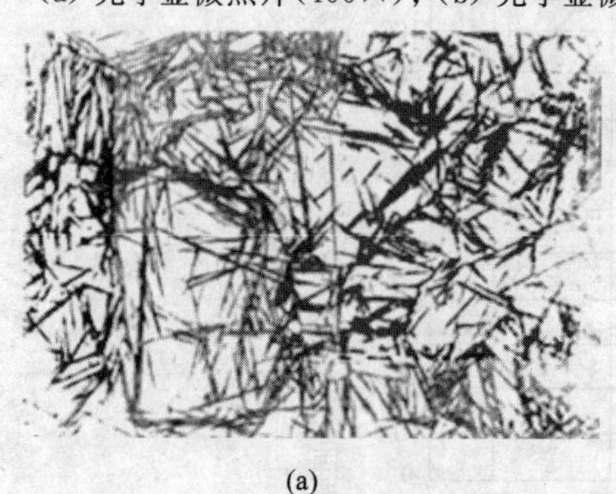
(a)

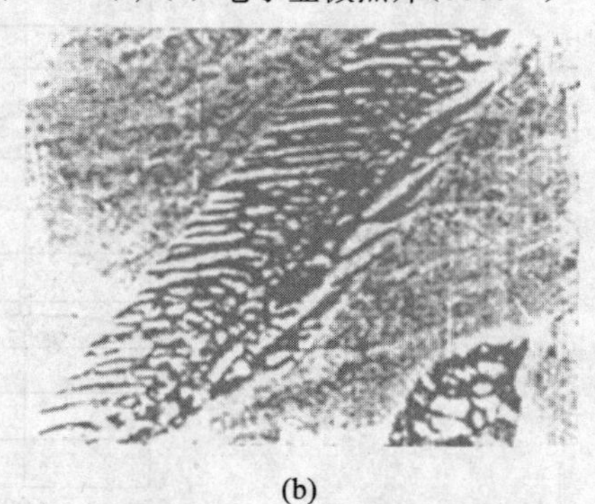
(b)

图 4－16　下贝氏体的形态（以 T8 钢为例）
(a) 光学显微照片(400×)；(b) 电子显微照片(12 000×)

在低碳钢和低碳、中碳合金钢中还出现一种粒状贝氏体，如图 4－17 所示。它形成于中温区的上部，大约 500℃以上的范围内。在粒状贝氏体中，铁素体呈不规则的大块状，上面分布着许多不规则的岛状相，它原是富碳和合金元素含量较高的小区，随后在降温过程中分解为铁素体和渗碳体，有的转变成马氏体并含少量的残留奥氏体，也有的以残留奥氏体状态一直保留下来，这取决于该岛状相的稳定性。因此，粒状贝氏体形态和结构是极其复杂的。

图 4－17　粒状贝氏体的形态(500×)

不同的贝氏体组织其性能不同，其中以下贝氏体的性能最好，具有高的强度、韧性和耐磨性。图 4－18 绘出了共析钢的机械性能与等温转变温度的关系。可以看出，越是靠近贝氏体区上限温度形成的上贝氏体，韧性越差，硬度、强度越低。由于上贝氏体中的铁素体条比较宽，抗塑性变形能力比较低，渗碳体分布在铁素体条之间容易引起脆断。因此，上贝氏体的强度较低，塑性和韧性都很差，这种组织一般不适用于机械零件。而在中温区下部形成的下贝氏体，硬度、强度和韧性都很高。由于下贝氏体组织中的针状铁素体细小且无方向性，碳的过饱和度大，碳化物分布均匀，弥散度大，所以它的强度和硬度高(50～60 HRC)，并且具有良好的塑性和韧性。因此，许多机械零件常选用等温淬火热处理，就是为了得到综合力学性能较好的下贝氏体组织。

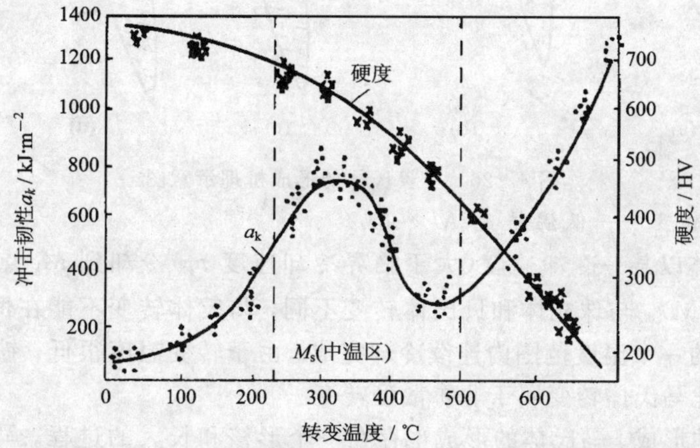

图 4-18　共析钢的机械性能与等温转变温度的关系

(2) 贝氏体的形成过程。在中温转变区，由于转变温度低，过冷度大，因此只有碳原子有一定的扩散能力(铁原子不扩散)，这种转变属于半扩散型转变。在这个温度下，有一部分碳原子在铁素体中已不能析出，形成过饱和的铁素体，碳化物的形成时间增长，渗碳体已不能呈片状析出。因此，转变前的孕育期和进行转变的时间都随温度的降低而延长。

上贝氏体的形成机理如图 4-19 所示。首先在奥氏体晶界碳质量分数较低的地方形成铁素体晶核，然后向晶内沿一定方向成排长大。上贝氏体形成于中温区上部，碳原子有一定的扩散能力，铁素体片长大时，它能从铁素体中扩散出去，使周围的奥氏体富碳。当铁素体片间的奥氏体的碳达到一定浓度时，便从中析出小条状或小片状渗碳体，且断续地分布在铁素体片之间，形成羽毛状的上贝氏体。

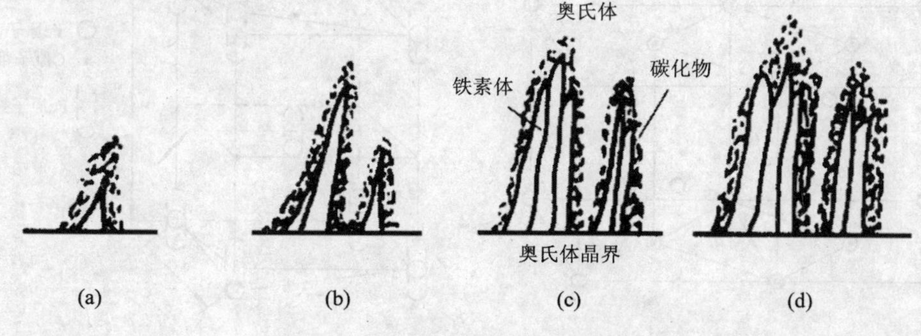

图 4-19　上贝氏体的形成机理示意图

下贝氏体的形成机理如图 4-20 所示。铁素体晶核首先在奥氏体晶界、孪晶界或晶内某些畸变较大的地方生成，然后沿奥氏体的一定方向呈针状长大。由于下贝氏体转变温度较低，碳原子扩散能力较小，已不能长距离穿过铁素体扩散，只能在铁素体中沿一定晶面以细碳化物粒子的形式析出。在光学显微镜下，下贝氏体为黑色针状组织，很像回火马氏体。

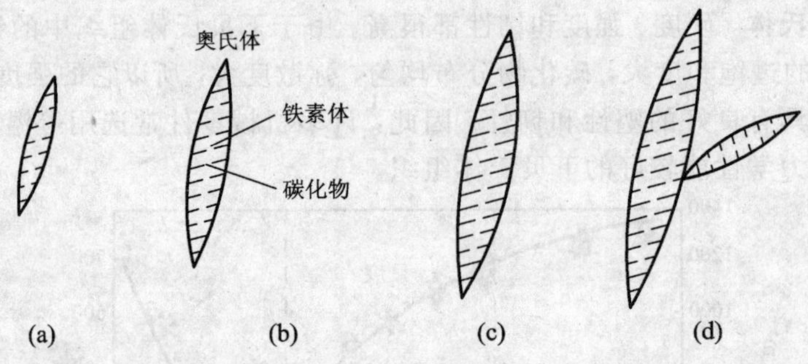

图 4-20 下贝氏体的形成机理示意图

3) 马氏体型转变——低温转变($M_s \sim M_f$)

冷过冷奥氏体以某一冷却速度(大于临界冷却速度 v_k)冷却到 M_s 点以下(230℃)时，将转变为马氏体(M)。与珠光体和贝氏体转变不同，马氏体转变不能在恒温下完成，而是在 $M_s \sim M_f$ 之间的一个温度范围内连续冷却完成。由于转变温度很低，铁和碳原子都失去了扩散能力，因此马氏体转变属于非扩散型转变。

(1) 马氏体的形成。马氏体的形成也存在一个形核和长大的过程。马氏体晶核一般在奥氏体晶界、孪晶界、滑移面或晶内晶格畸变较大的地方形成。因为转变温度低，铁、碳原子不能扩散，而转变的驱动力极大，所以马氏体是以一种特殊的方式即共格切变的方式形成并瞬时长大到最终尺寸。所谓共格切变，是指沿着奥氏体的一定晶面，铁原子集体地、不改变相互位置关系地移动一定的距离(不超过一个原子间距)，并随即进行轻微的调整，将面心立方晶格改组成体心立方晶格(图 4-21)。碳原子原地不动留在新组成的晶胞中，由于溶解度的不同，钢中的马氏体含碳总是过饱和的，这些碳原子溶于新组成晶格的间隙位置，使轴伸长，增大其正方度 c/a，形成体心正方晶格，如图 4-22 所示。马氏体碳的质量分数越高，其正方度 c/a 越大。马氏体就是碳在 α-Fe 中的过饱和固溶体。过饱和碳使 α-Fe 的晶格发生很大畸变，产生很强的固溶强化。

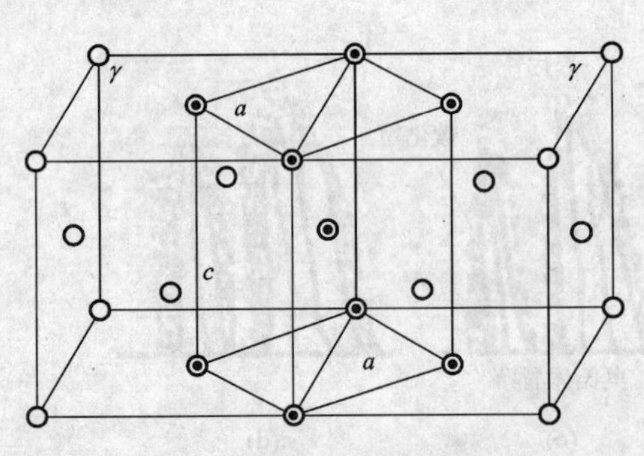

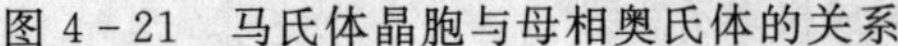

图 4-21 马氏体晶胞与母相奥氏体的关系

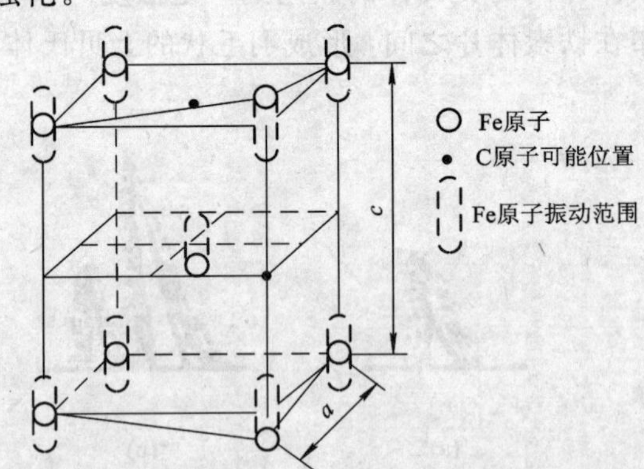

图 4-22 马氏体晶格示意图

在马氏体形核与长大过程中，马氏体和奥氏体的界面始终保持共格关系，即界面上的原子为两相共有，其排列方式是既属于马氏体晶格也属于奥氏体晶格，同时依靠奥氏体晶格中产生弹性应变来维持这种关系。当马氏体片长大时，这种弹性变形就急剧增加，一旦与其相应的应力超过奥氏体的弹性极限，就会发生塑性变形，从而破坏其共格关系，使马氏体长大到一定尺寸就立即停止。

(2) 马氏体的组织形态与特点。马氏体的形态一般分为板条和片状(或针状)两种。马氏体的组织形态与钢的成分、原始奥氏体晶粒的大小以及形成条件等有关。奥氏体晶粒愈粗，形成的马氏体片愈粗大；反之，形成的马氏体片就愈细小。在实际热处理加热时得到的奥氏体晶粒非常细小，淬火得到的马氏体片也非常细，以致于在光学显微镜下看不出马氏体晶体形态，这种马氏体也称为隐晶马氏体。

马氏体的形态主要取决于奥氏体的碳质量分数。图 4-23 表明，碳的质量分数在 0.6% 以下时，基本上是板条马氏体；碳的质量分数低于 0.25% 时，为典型的板条马氏体；碳的质量分数大于 1.0%时，几乎全是片状马氏体；碳的质量分数在 0.25%～1.0%之间时，是板条状和片状两种马氏体的混合组织。

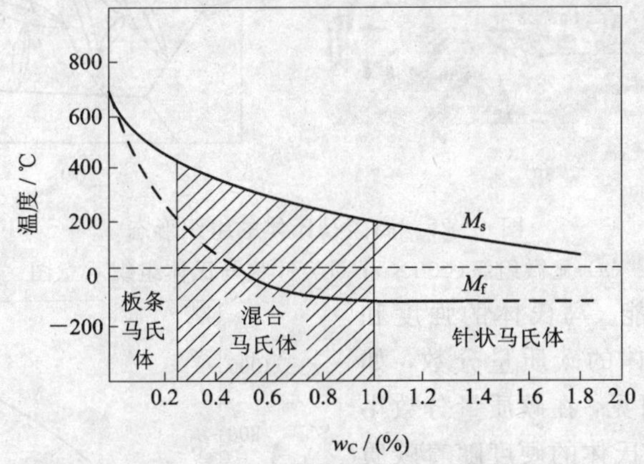

图 4-23　马氏体形态与含碳量的关系

板条马氏体又称为低碳马氏体，在光学显微镜下它是一束束尺寸大致相同并几乎平行排列的细板条组织。马氏体板条束之间的角度较大，如图 4-24(a)所示；在一个奥氏体晶粒内，可以形成不同位向的许多马氏体区(共格切变区)，如图 4-24(b)所示；高倍透射电镜观察表明，在板条马氏体内有大量位错缠结的亚结构，所以板条马氏体也称为位错马氏体。

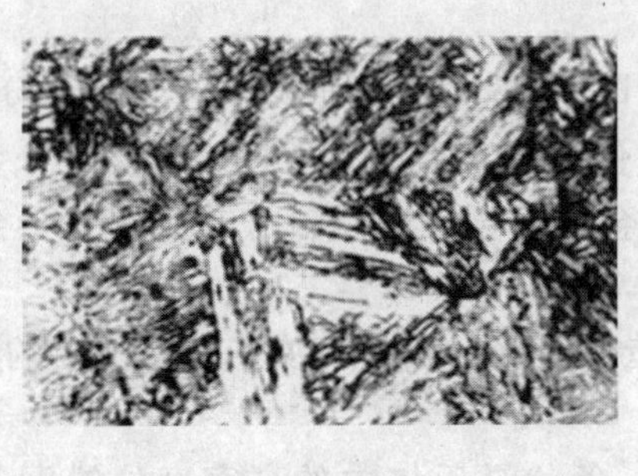

(a)

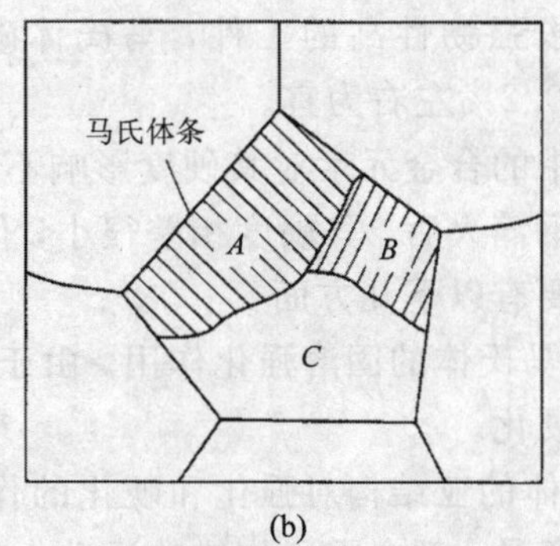

(b)

图 4-24　低碳马氏体的组织形态
(a) 显微组织(500×)；(b) 板条马氏体组织示意图

片状马氏体又称为高碳马氏体，在光学显微镜下呈针状、竹叶状或双凸透镜状，在空间形同铁饼。马氏体片多在奥氏体晶体内形成，一般不穿越奥氏体晶界，并限制在奥氏体晶粒内。最先形成的马氏体片较粗大，往往横贯整个奥氏体晶粒，并将其分割。随后形成的马氏体片受到限制只能在被分割了的奥氏体中形成，因而马氏体片愈来愈细小。相邻的马氏体片之间一般互不平行，而是互成一定角度排列(60°或 120°)，如图 4-25(a)所示。最先形成的马氏体容易被腐蚀，颜色较深。完全转变后的马氏体为大小不同，分布不规则，颜色深浅不一的针片状组织，如图 4-25(b)所示。高倍透射电镜观察表明，马氏体片内有大量细孪晶带的亚结构，所以片状马氏体也称为孪晶马氏体。

(a)

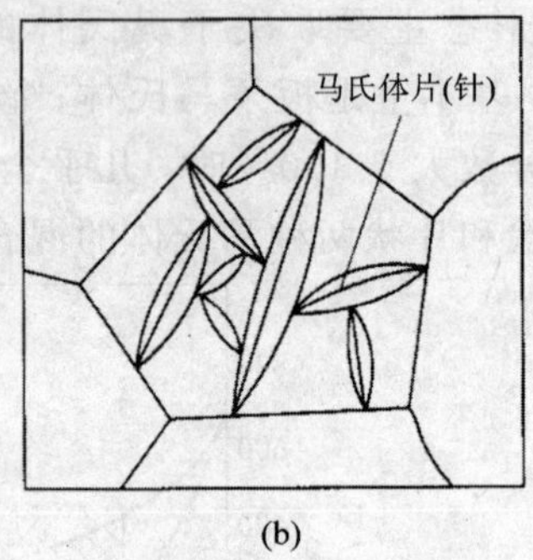

(b)

图 4-25　高碳马氏体的组织形态

(a) 显微组织(400×)；(b) 针状马氏体组织示意图

(3) 马氏体的性能。马氏体的强度和硬度主要取决于马氏体的碳质量分数，如图 4-26 所示。由图可见，在碳质量分数小于 0.5%的范围内，马氏体的硬度随着碳质量分数升高而急剧增大。碳质量分数为 0.2% 的低碳马氏体便可达到 50 HRC 的硬度；碳质量分数提高到 0.4%，硬度就能达到 60 HRC 左右。研究表明，对于要求高硬度、耐磨损和耐疲劳的工件，淬火马氏体的碳质量分数为 0.5%～0.6%最为适宜；对于要求强韧性高的工件，马氏体碳质量分数在 0.2%左右为宜。

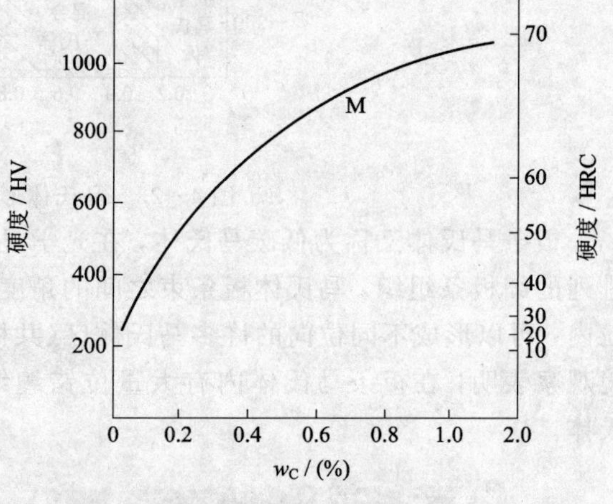

图 4-26　马氏体的硬度与其碳质量分数的关系

马氏体中的合金元素对其硬度影响不大，但可提高强度。所以，碳质量分数相同的碳素钢与合金钢淬火后，其硬度相差很小，但合金钢的强度显著高于碳素钢。导致马氏体强化的原因主要有以下几方面：

① 碳对马氏体的固溶强化作用。由于碳造成晶格的正方畸变，阻碍位错的运动，因而造成强化与硬化。

② 马氏体的亚结构对强化和硬化的作用。条状马氏体中的高密度位错网与片状马氏体中的微细孪晶，都会阻碍位错的运动，造成强化和硬化。

③ 马氏体形成后，碳及合金元素向位错和其他晶体缺陷处偏聚或析出，使位错难以运动，从而造成时效硬化。

④ 马氏体条或马氏体片的尺寸越小，则马氏体的强度越高，这实质上是由于相界面阻碍位错运动而造成的，属于界面结构强化。

由于马氏体是含碳过饱和的固溶体，其晶格畸变严重歪扭，且内部又存在大量的位错或孪晶亚结构，因此在各种强化因素综合作用后，其硬度和强度大幅度提高，而塑性、韧度急剧下降。碳的质量分数愈高，强化作用愈显著。

马氏体的塑性和韧性主要取决于它的亚结构。片状马氏体中的微细孪晶不利于滑移，使其脆性增大。条状马氏体中的高密度位错是不均匀分布的，存在低密度区，这为位错运动提供了条件，因此仍具有相当好的韧性。

此外，高碳片状马氏体的碳质量分数高，晶格的正方畸变严重，淬火应力较大，也使得塑性降低而脆性增大；同时，片状马氏体中存在许多显微裂纹，其内部的微细孪晶破坏了滑移系，这些也都使其脆性增大，因此，片状马氏体的塑性和韧性都很差。隐晶马氏体的韧性比高碳片状马氏体的好。故片状马氏体的性能特点是硬而脆。

低碳条状马氏体则不然。由于碳质量分数低，再加上自回火，因此晶格正方度很小(碳的过饱和度小)或没有，淬火应力很小，不存在显微裂纹，而且其亚结构为分布不均匀的位错，低密度的位错区为位错提供了活动余地。这些都使得条状马氏体的韧性相当好。同时，其强度和硬度也足够高。所以板条马氏体具有高的强韧性，并得到了广泛的应用。

例如，含碳 0.10%～0.25% 的碳素钢及合金钢淬火形成条状马氏体的性能大致为：$\sigma_b=(100\sim150)\times10^7\ N/m^2$，$\sigma_{0.2}=(80\sim130)\times10^7\ N/m^2$，35～50 HRC，$\delta=9\%\sim17\%$，$\psi=40\%\sim65\%$，$a_k=60\sim180\ J/cm^2$。

共析碳钢淬火形成的片状马氏体的性能为：$\sigma_b=230\times10^7\ N/m^2$，$\sigma_{0.2}=200\times10^7\ N/m^2$，900 HV，$\delta\approx1\%$，$\psi=30\%$，$a_k\approx10\ J/cm^2$。

可见，高碳马氏体很硬很脆，而低碳马氏体既强又韧，两者性能大不相同。

(4) 马氏体转变的特点。马氏体转变的特点体现在以下几方面：

① 奥氏体向马氏体的转变是非扩散型相变，是碳在 α-Fe 中的过饱和固溶体。过饱和的碳在铁中造成很大的晶格畸变，产生很强的固溶强化效应，使马氏体具有很高的硬度。马氏体中含碳越多，其硬度越高。

② 马氏体以极快的速度(小于 10^{-7} m/s)形成。过冷奥氏体在 M_s 点以下瞬间形核并长大成马氏体，转变是在 $M_s\sim M_f$ 范围内连续降温的过程中进行的，即随着温度的降低不断有新的马氏体形核并瞬间长大。停止降温，马氏体的增长也停止。由于马氏体的形成速度很快，后形成的马氏体会冲击先形成的马氏体，从而造成微裂纹，使马氏体变脆，这种现象在高碳钢中尤为严重。

③ 马氏体转变是不完全的，总要残留少量奥氏体。残留奥氏体的质量分数与马氏体点(M_s 和 M_f)的位置有关。由图 4-23 可知，随奥氏体中碳质量分数的增加，M_s 和 M_f 点降低，碳的质量分数高于 0.5%以上时，M_f 点已降至室温以下，这时奥氏体即使冷至室温也不能完全转变为马氏体，被保留下来的奥氏体称为残留奥氏体(A′)。残留奥氏体量随碳的质量分数增加而增加。有时为了减少淬火至室温后钢中保留的残留奥氏体量，可将其连续冷到零度以下(通常冷到－78℃或该钢的 M_f 点以下)进行处理，这种工艺称为冷处理。

另外，已生成的马氏体对未转变的奥氏体产生大的压应力，这也使得马氏体转变不能进行到底，而总要保留一部分不能转变的(残留)奥氏体。

④ 马氏体形成时体积膨胀。奥氏体转变为马氏体时，晶格由面心立方转变为体心正方晶格，结果使马氏体的体积增大，这在钢中造成很大的内应力。同时，形成的马氏体对残留奥氏体会施加大的压应力，在钢中引起较大的淬火应力，严重时将导致淬火工件的变形和开裂。

3. 影响C曲线的因素

C曲线的形状和位置对奥氏体的稳定性、分解转变特性和转变产物的性能以及热处理工艺具有十分重要的意义。影响C曲线形状和位置的因素主要是奥氏体的成分和加热条件。

1) 碳的质量分数

亚共析钢和过共析钢的C曲线如图4-8和图4-9所示。与共析钢(图4-7)相比，其C曲线的“鼻尖”上部区域分别多一条先共析铁素体和渗碳体的析出线，它表示非共析钢在过冷奥氏体转变为珠光体前，有先共析相析出。

在一般热处理加热条件下，亚共析碳钢的C曲线随着碳的质量分数的增加而向右移，过共析碳钢的C曲线随着碳的质量分数的增加而向左移。所以在碳钢中，以共析钢过冷奥氏体最稳定，C曲线最靠右边。

2) 合金元素

除了钴以外，其他所有的合金元素溶入奥氏体中都增大过冷奥氏体的稳定性，使C曲线右移。其中非碳化物形成元素或弱碳化物形成元素(如硅、镍、铜、锰等)，只改变C曲线的位置，即使C曲线的位置右移，不改变其形状(图4-27(a))。而碳化物形成元素(如铬、钼、钨、钒、钛等)，因对珠光体转变和贝氏体转变推迟作用的影响不同，不仅使C曲线的位置发生变化，而且使其形状发生改变，产生两个“鼻子”，整个C曲线分裂成上下两条。上面的为转变珠光体的C曲线；下面的为转变贝氏体的C曲线。两条曲线之间有一个过冷奥氏体的亚稳定区，如图4-27(a)、(c)所示。需要指出的是，合金元素只有溶入奥氏体后，才能增强过冷奥氏体的稳定性，而未溶的合金化合物因有利于奥氏体的分解，则降低过冷奥氏体的稳定性。

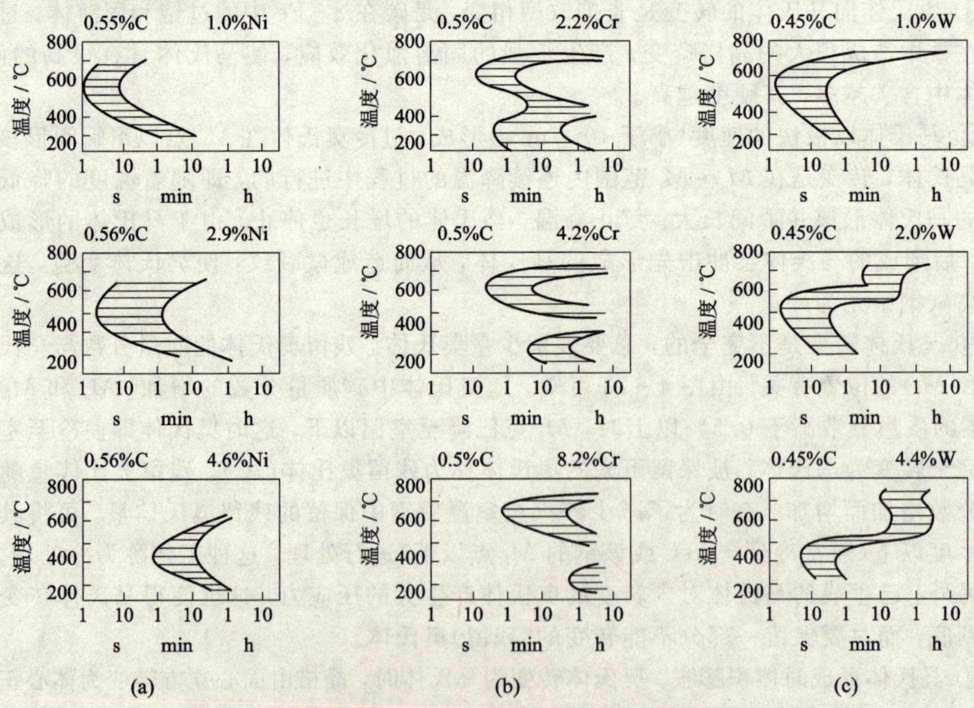

图4-27　合金元素对碳钢C曲线的影响

(a) Ni的影响；(b) Cr的影响；(c) W的影响

3）加热温度和保温时间

加热温度愈高，保温时间愈长，碳化物溶解得愈完全，奥氏体的成分愈均匀，同时晶粒愈大，晶界面积愈小。这一切都有利于降低奥氏体分解时的形核率，增长转变的孕育期，从而有利于过冷奥氏体的稳定性，使 C 曲线向右移。

4.2.3　过冷奥氏体的连续冷却转变

在实际生产中大多数热处理工艺都是在连续冷却过程中完成的，所以研究钢的过冷奥氏体的连续冷却转变过程更有实际意义。

1. 共析钢过冷奥氏体的连续冷却转变

1）共析钢过冷奥氏体的连续冷却转变曲线(CCT 曲线)

连续冷却转变曲线是用实验方法测定的。将一组试样加热到奥氏体状态后，以不同冷却速度连续冷却，测出其奥氏体转变开始点和终了点的温度和时间，并在温度-时间(对数)坐标系中，分别连接不同冷却速度的开始点和终了点，即可得到连续冷却转变曲线，也称 CCT 曲线。图 4-28 为共析钢的 CCT 曲线，图中 P_s 和 P_f 分别为过冷奥氏体转变为珠光体型组织的开始线和终了线，两线之间为转变的过渡区，KK'线为过冷 A 转变的终止线，当冷却到达此线时，过冷奥氏体便终止向珠光体的转变，一直冷到 M_s 点又开始发生马氏体转变，不发生贝氏体转变，因而共析钢在连续冷却过程中没有贝氏体组织出现。

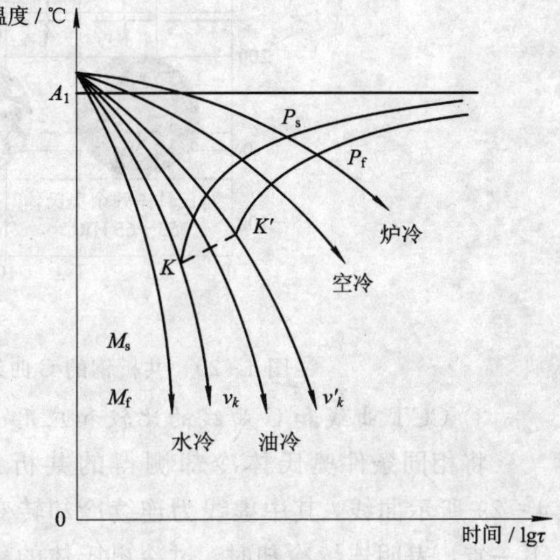

图 4-28　共析钢的 CCT 曲线

由 CCT 曲线图可知，共析钢以大于 v_k 的速度冷却时，由于遇不到珠光体转变线，得到的组织全部为马氏体，这个冷却速度称为上临界冷却速度。v_k 愈小，钢越容易得到马氏体。冷却速度小于 v_k' 时，钢将全部转变为珠光体，v_k' 称为下临界冷却速度。v_k' 愈小，退火所需的时间愈长。冷却速度在 $v_k \sim v_k'$ 之间(如油冷)，在到达 KK'线之前，奥氏体部分转变为珠光体，从 KK'线到 M_s 点，剩余奥氏体停止转变，直到 M_s 点以下，才开始马氏体转变。到 M_f 点后马氏体转变完成，得到的组织为 M+T，若冷却 M_s 到 M_f 之间，则得到的组织为 M+T+A′。

2）转变过程及产物

现用共析钢的等温转变曲线来分析过冷 A 转变过程和产物。如图 4-29 中，以缓慢速度 v_1 冷却时，相当于炉冷(退火)，过冷 A 转变产物为珠光体，其转变温度较高，珠光体呈粗片状，硬度为 170～220 HB。以稍快速度 v_2 冷却时，相当于空冷(正火)，过冷 A 转变产物为索氏体，为细片状组织，硬度为 25～35 HRC。以较快速度 v_4 冷却时，相当于油冷，过冷 A 转变产物为屈氏体、马氏体和残余奥氏体，硬度为 45～55 HRC。以很快的速度 v_5 冷却时，相当于水冷，过冷 A 转变产物为马氏体和残留奥氏体。

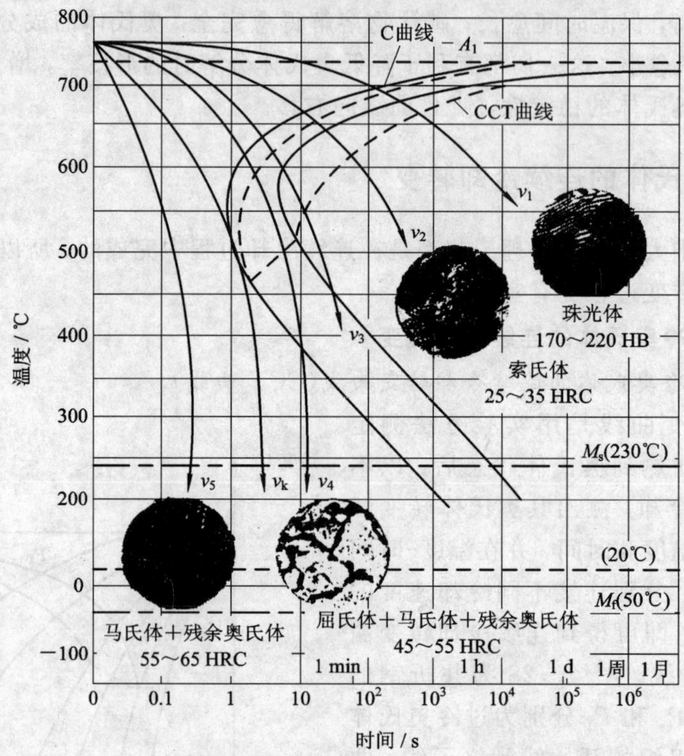

图 4－29　共析钢的 C 曲线和 CCT 曲线的比较及转变组织

3）CCT 曲线和 C 曲线的比较和应用

将相同条件奥氏体冷却测得的共析钢 CCT 曲线和 C 曲线叠加在一起，就得到图 4－29 所示曲线，其中虚线为连续冷却转变曲线。从图中可以看出，CCT 曲线稍微靠右靠下一点，表明连续冷却时，过冷奥氏体的稳定性增加，奥氏体完成珠光体转变的温度更低，时间更长。根据实验，等温转变的临界冷却速度大约是连续冷却的 1.5 倍。另外，共析钢过冷 A 在连续冷却过程中，没有贝氏体转变过程，即得不到贝氏体组织，只有等温冷却才能得到。

连续冷却转变曲线能准确地反映在不同冷却速度下，转变温度、时间及转变产物之间的关系，可直接用于制定热处理工艺规范。一般手册中给出的 CCT 曲线中除有曲线的形状及位置外，还给出某钢在几种不同冷却速度时，所经历的各种转变以及应得到的组织和性能(硬度)，同时，还可以清楚地知道该钢的临界冷却速度等。这是制定淬火方法和选择淬火介质的重要依据。和 CCT 曲线相比，C 曲线更容易测定，并可以用其制定等温退火、等温淬火等热处理工艺规范。目前有关于 C 曲线的资料比较充分，而有关于 CCT 曲线的资料则仍然缺乏，因此一般利用 C 曲线来分析连续转变的过程和产物，并估算连续冷却转变产物的组织和性能。在分析时要注意 C 曲线和 CCT 曲线的上述一些差异。

2. 非共析钢过冷奥氏体的连续冷却转变

图 4－30 表示了亚共析钢过冷 A 的连续冷却转变过程和产物。与共析钢不同的是，亚共析钢过冷 A 在高温时有一部分将转变为铁素体，亚共析钢过冷 A 在中温转变区会有很

少量贝氏体($B_上$)产生。如油冷的产物为 F＋T＋ $B_上$ ＋M，但 F 和 $B_上$ 转变量少，有时也可忽略。

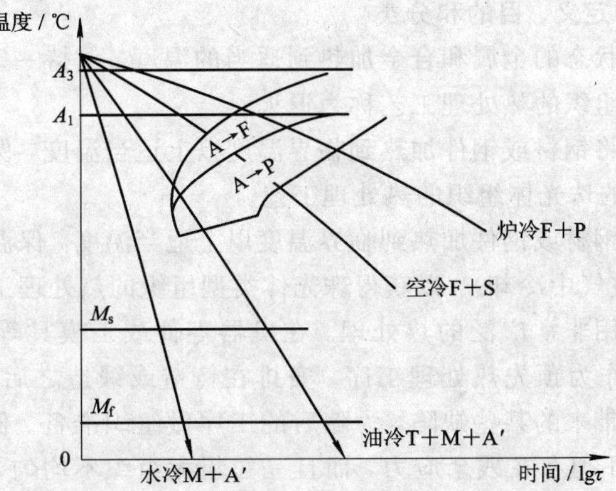

图 4－30　亚共析钢过冷奥氏体的连续冷却转变

过共析钢过冷 A 的连续冷却转变过程和产物与亚共析钢一样。在高温区，过冷 A 将首先析出二次渗碳体，而后转变为其他组织组成物。由于奥氏体中碳含量高，所以油冷、水冷后的组织中应包括残余奥氏体。与共析钢一样，其冷却过程中无贝氏体转变。

4.3　钢的热处理工艺

热处理是将金属或合金在固态下经过加热、保温和冷却三个步骤，以改变其整体或表面的组织，从而获得所需性能的一种工艺。因此，热处理工艺过程可以用温度－时间关系曲线概括地表达，如图 4－1 所示。这种曲线称之为热处理工艺曲线。

通过热处理可以充分发挥材料性能的潜力，调整材料的工艺性能和使用性能，满足机械零件在加工和使用过程中对性能的要求，所以凡是重要的机械零部件都需要进行热处理。根据所要求的性能不同，热处理的类型有多种，但其工艺都包括加热、保温和冷却三个阶段。按照应用特点，常用的热处理工艺可大致分为以下几类：

(1) 普通热处理。包括退火、正火、淬火和回火等。

(2) 表面热处理和化学热处理。表面热处理包括感应加热淬火、火焰加热淬火和电接触加热淬火等；化学热处理包括渗碳、渗氮、碳氮共渗、渗硼、渗硫、渗铝、渗铬等。

(3) 其他热处理。包括可控气氛热处理、真空热处理和形变热处理等。

钢的热处理工艺还可以大致分为预先热处理和最终热处理两类，钢的淬火、回火和表面热处理，能使钢满足使用条件下的性能要求，一般称为最终热处理；而钢的退火与正火，往往是热处理的最初工序，一般称为预先热处理，但对于一些性能要求不高的零件，也常以退火，特别是正火作为最终热处理。

热处理工艺可以是零件加工过程中的一个中间工序，如改善铸、锻、焊毛坯组织的退火或正火；降低这些毛坯的硬度、改善切削加工性能的球化退火热处理也可以是使工件性能达到规定技术指标的最终工序，如淬火＋回火。由此可见，热处理工艺与其他工艺过程的密切关系以及在机械零件加工制造过程中的重要地位和作用。

4.3.1　钢的退火与正火

1. 退火与正火的定义、目的和分类

将组织偏离平衡状态的金属和合金加热到适当的温度，保持一定时间，然后缓慢冷却以达到接近平衡状态组织的热处理工艺称为退火。

钢的退火一般是将钢材或钢件加热到临界温度以上适当温度，保温适当时间后缓慢冷却，以获得接近平衡的珠光体组织的热处理工艺。

钢的正火也是将钢材或钢件加热到临界温度以上适当温度，保温适当时间后以较快冷却速度冷却(通常为空气中冷却)，以获得珠光体类型组织的热处理工艺。

退火和正火是应用非常广泛的热处理。在机器零件或工模具等工件的加工制造过程中，退火和正火经常作为预先热处理工序，安排在铸造或锻造之后、切削(粗)加工之前，用以消除前一工序所带来的某些缺陷，为随后的工序做组织准备。例如，在铸造或锻造等热加工以后，钢件中不但存在残余应力，而且晶粒粗大组织不均匀，成分也有偏析，这样的钢件，力学性能低劣，淬火时也容易造成变形和开裂。经过适当的退火或正火处理可使钢件的组织细化，成分均匀，应力消除，从而改善钢件的力学性能并为随后最终热处理(淬火回火)做好组织上的准备。又如，在铸造或锻造等热加工以后，钢件硬度经常偏高或偏低，而且不均匀，这会严重影响切削加工。经过适当退火或正火处理，可使钢件的硬度达到 180～250 HBS，而且比较均匀，从而改善了钢件的切削加工性能。

退火和正火除了经常作为预先热处理工序外，在一些普通铸钢件、焊接件以及某些不重要的热加工工件上，还作为最终热处理工序。

综上所述，退火和正火的主要目的大致可归纳为如下几点：① 调整钢件硬度以便进行切削加工；② 消除残余应力，以防钢件的变形、开裂；③ 细化晶粒，改善组织以提高钢的力学性能；④ 为最终热处理(淬火回火)做好组织上的准备。

钢件退火工艺种类很多，按加热温度可分为两大类：一类是在临界温度(Ac_1 或 Ac_3)以上的退火，又称相变重结晶退火，包括完全退火、不完全退火、均匀化退火和球化退火等；另一类是在临界温度以下的退火，包括软化退火、再结晶退火及去应力退火等。各种退火的加热温度范围和工艺曲线如图 4－31 所示。保温时间可参考经验数据。

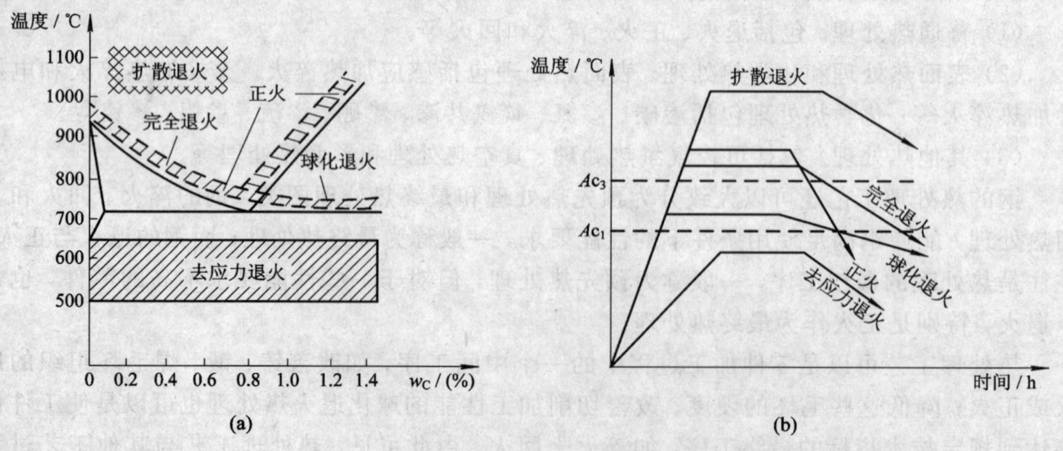

图 4－31　碳钢各种退火和正火工艺规范示意图

(a) 加热温度范围；(b) 工艺曲线

2. 退火和正火操作及其应用

1) 退火的操作及应用

(1) 完全退火与等温退火。完全退火又称重结晶退火，一般简称为退火。这种退火主要用于亚共析的碳钢和合金钢的铸、锻件及热轧型材，有时也用于焊接结构。一般常作为一些不重要工件的最终热处理或作为某些重要件的预先热处理。

完全退火操作是将亚共析钢工件加热到 Ac_3 以上 30～50℃，保温一定时间后缓慢冷却(随炉冷却或埋入石灰和砂中冷却)至 500℃以下，然后在空气中冷却。

完全退火的“完全”是指工件被加热到临界点以上获得完全的奥氏体组织。它的目的在于，通过完全重结晶，使热加工造成的粗大、不均匀组织均匀化和细化；或使中碳以上的碳钢及合金钢得到接近平衡状态的组织，以降低硬度、改善切削加工性能；由于冷却缓慢，还可消除残余应力。

完全退火主要用于亚共析钢，过共析钢不宜采用，因为当加热到 Ac_{cm} 以上慢冷时，二次渗碳体会以网状形式沿奥氏体晶界析出，使钢的韧性大大下降，并可能在以后的热处理中引起裂纹。

完全退火全过程所需时间比较长，特别是对于某些奥氏体比较稳定的合金钢，往往需要数十小时，甚至数天的时间。如果在对应于钢的 TTT 曲线上的珠光体形成温度进行过冷奥氏体的等温转变处理，就有可能在等温处理之后稍快地进行冷却，以便大大缩短整个退火的过程。这种退火方法叫做“等温退火”。

等温退火是将钢件或毛坯加热到高于 Ac_3(或 Ac_1 温度，保温适当时间后，较快地冷却到珠光体转变温度区间的某一温度，并等温保持使奥氏体转变为珠光体型组织，然后在空气中冷却的退火工艺。

等温退火的目的及加热过程与完全退火相同，但转变较易控制，能获得均匀的预期组织。对于奥氏体较稳定的合金钢，可大大缩短退火时间，一般只需完全退火的一半时间左右。

(2) 球化退火。球化退火属于不完全退火，是使钢中碳化物球状化而进行的热处理工艺。球化退火主要用于过共析钢，如工具钢、滚动轴承钢等，其目的是使二次渗碳体及珠光体中的渗碳体球状化(退火前先正火将网状渗碳体破碎)，以降低硬度，提高塑性，改善切削加工性能，以及获得均匀的组织，改善了热处理工艺性能，并为以后的淬火做组织准备。近年来，球化退火应用于亚共析钢已获得成效，使其得到最佳的塑性和较低的硬度，从而大大有利于冷挤、冷拉、冷冲压成型加工。

球化退火的工艺是将工件加热到 $Ac_1\pm(10\sim20℃)$保温后等温冷却或缓慢冷却。球化退火一般采用随炉加热，加热温度略高于 Ac_1，以便保留较多的未溶碳化物粒子或较大的奥氏体中的碳浓度分布的不均匀性，促进球状碳化物的形成。若加热温度过高，二次渗碳体易在慢冷时以网状的形式析出。球化退火需要较长的保温时间来保证二次渗碳体的自发球化。保温后随炉冷却，在通过 Ar_1 温度范围时，应足够缓慢，以使奥氏体进行共析转变时，以未溶渗碳体粒子为核心形成粒状渗碳体。生产上一般采用等温冷却以缩短球化退火时间。图 4－32 为 T12 钢两种球化退火工艺的比较及球化退火后的组织。图 4－32(b)为 T12 钢球化退火后的显微组织，即在铁素体基体上分布着细小均匀的球状渗碳体。

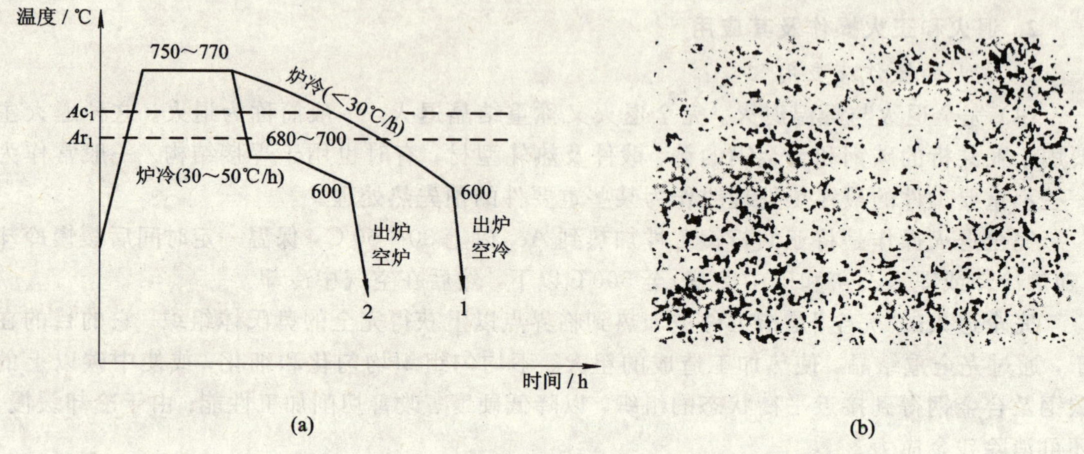

图 4-32　T12 钢两种球化退火工艺的比较及球化退火后的显微组织

(a) 两种球化退火工艺的比较；(b) 球化退火后的组织(500×)

(3) 均匀化退火。均匀化退火又称扩散退火。将金属铸锭、铸件或锻坯，在略低于固相线的温度，消除或减少化学成分偏析及显微组织(枝晶)的不均匀性，以达到均匀化目的的热处理工艺称为均匀化退火。

均匀化退火是将钢加热到略低于固相线的温度(1050～1150℃)下长期加热，长时间保温(10～20 h)，然后缓慢冷却，以消除或减少化学成分偏析及显微组织(枝晶)的不均匀性，从而达到均匀化的目的。主要用于铸件凝固时要发生偏析，造成成分和组织的不均匀性。如果是钢锭，这种不均匀性则在轧制成钢材时，将沿着轧制方向拉长而呈方向性，最常见的如带状组织。低碳钢中所出现的带状组织其特点为：有的区域铁素体多，有的区域珠光体多，这两种区域并排地沿着轧制方向排列。产生带状组织的原因是由于锻锭中锰等合金元素(影响过冷奥氏体的稳定性)产生了偏析，由于这种成分和结构的不均匀性，需要长程均匀化才能消除，因而过程进行得很慢，不仅消耗大量的能量，且生产效率低，只有在必要时才使用。所以，均匀化退火多用于高合金钢的钢锭、铸件和锻坯及偏析现象较为严重的合金。均匀化退火在铸锭开坯或铸造之后进行比较有效，因为此时铸态组织已被破坏，元素均匀化的障碍大为减少。

钢件均匀化退火的加热温度通常选择在 Ac_3 或 Ac_{cm} 以上 150～300℃，根据钢种和偏析程度而异。碳钢一般为 1100～1200℃，合金钢一般为 1200～1300℃。均匀化退火时间一般为 10～15 h。当加热温度提高时，扩散时间可以缩短。

因为均匀化退火加热温度高，造成晶粒粗大，所以随后往往要经一次完全退火或正火处理来细化晶粒。

(4) 去应力退火。去应力退火是将工件随炉加热到 Ac_1 以下某一温度(一般是 500～650℃)，保温后缓冷(随炉冷却)至 300～200℃以下出炉空冷。由于加热温度低于 Ac_1，钢在去应力退火过程中不发生组织变化。其主要目的是消除工件在铸、锻、焊和切削加工、冷变形等冷热加工过程中产生的残留内应力，从而稳定尺寸，减少变形。这种处理可以消除约 50%～80%的内应力而不引起组织变化。

2) 正火的操作及应用

正火是将钢加热到 Ac_3(亚共析钢)或 Ac_{cm}(过共析钢)以上 30～50℃，保温后在自由流动的空气中均匀冷却的热处理工艺。与退火相比，正火冷却速度较快，目的是使钢的组织正常化，所以亦称常化处理；正火转变温度较低，因而发生伪共析组织转变，使组织中珠光体量增多，获得的珠光体型组织较细，钢的强度、硬度也较高。正火后的组织，通常为索氏体，对于含碳量低的亚共析碳钢还有部分铁素体，即为 F+S；而含碳量高的过共析碳钢则会析出一定量的碳化物，即为 $S+Fe_3C_{II}$。

正火的主要应用有以下几种：

(1) 作为最终热处理。正火可细化晶粒，使组织均匀化，减少亚共析钢中铁素体含量，使珠光体含量增多并细化，从而提高钢的强度、硬度和韧性。对于普通结构钢零件，当机械性能要求不很高时，正火可作为最终热处理使之达到一定的力学性能，在某些场合可以代替调质处理。

(2) 作为预先热处理。截面较大的合金结构钢件，在淬火或调质处理(淬火加高温回火)前常进行正火，以消除铸、锻、焊等热加工过程的魏氏组织、带状组织、晶粒粗大等过热组织缺陷，并获得细小而均匀的组织，消除内应力。对于过共析钢可减少二次渗碳体量，并使其不形成连续网状，为球化退火做组织准备。

(3) 改善切削加工性能。低、中碳钢或低、中碳合金钢退火后硬度太低，不便于切削加工。正火可提高其硬度，改善切削加工性，并为淬火做组织准备。

3) 退火与正火的选择

由上述可知，退火和正火目的相似，它们之间的选择可从下面几方面加以考虑：

(1) 切削加工性。一般来说，钢的硬度为 170～230 HB，组织中无大块铁素体时，切削加上性较好。因此，对低、中碳钢宜用正火；高碳结构钢、工具钢，以及含合金元素较多的中碳合金钢，则以退火为好。

(2) 使用性能。对于性能要求不高，随后便不再淬火回火的普通结构件，往往可用正火来提高力学性能；但若形状比较复杂的零件或大型铸件，采用正火有变形和开裂的危险时，则用退火。如从减少淬火变形和开裂倾向考虑，正火不如退火。

(3) 经济性。正火比退火的生产周期短，设备利用率高，节能省时，操作简便，故在可能的情况下优先采用正火。

由于正火与退火在某种程度上有相似之处，实际生产中有时可以相互代替；而且正火与退火相比，力学性能高，操作方便，生产周期短，耗能少，因此在可能条件下，应优先考虑正火处理。

4.3.2　钢的淬火

1. 淬火

淬火是将钢件加热到 Ac_3 或 Ac_1 以上某一温度，保温一定时间，然后快速冷却以获得马氏体组织的热处理工艺。

淬火的目的是为了提高钢的力学性能。如用于制作切削刀具的 T10 钢，退火态的硬度小于 20 HRC，适合于切削加工，如果将 T10 钢淬火获得马氏体后配以低温回火，硬度可提高到约为 60～64 HRC，同时具有很高的耐用性，可以切削金属材料(包括退火态的 T10 钢)；再如 45 钢经淬火获得马氏体后高温回火，其力学性能与正火态相比：σ_s 由 320 MPa 提高到 450 MPa，δ 由 18%提高到 23%，a_k 由 70 J/cm^2 提高到 100 J/cm^2，具有良好的强度与塑性和韧性的配合。可见，淬火是一种强化钢件、更好地发挥钢材性能潜力的重要手段。

1）钢的淬火工艺

(1) 淬火加热温度的选择。淬火加热的目的是为了获得细小而均匀的奥氏体，使淬火后得到细小而均匀的马氏体或贝氏体。

碳钢的淬火加热温度可根据 $Fe-Fe_3C$ 相图来选择，如图 4－33 所示。

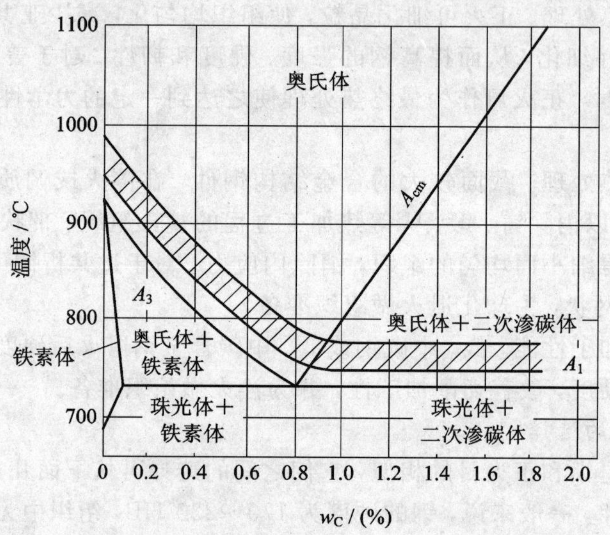

图 4－33　碳钢的淬火加热温度

亚共析钢的淬火加热温度为 Ac_3 以上 30～50℃，这时加热后的组织为细的奥氏体，淬火后可以得到细小而均匀的马氏体。淬火加热温度不能过高，否则，奥氏体晶粒粗化，淬火后会出现粗大的马氏体组织，使钢的脆性增大，而且使淬火应力增大，容易产生变形和开裂；淬火加热温度也不能过低(如低于 Ac_3)，否则必然会残存一部分自由铁素体，淬火时这部分铁素体不发生转变，保留在淬火组织中，会使钢的强度和硬度降低。但对于某些亚共析合金钢，在略低于 Ac_3 的温度进行亚温淬火，可利用少量细小残存分散的铁素体来提高钢的韧性。

共析钢、过共析钢的淬火加热温度为 Ac_1 以上 30～50℃，如 T10 的淬火加热温度为 760～780℃，这时的组织为奥氏体(共析钢)或奥氏体＋渗碳体(过共析钢)，淬火后得到均匀细小的马氏体＋残余奥氏体或马氏体＋颗粒状渗碳体＋残余奥氏体的混合组织。对于过共析钢，在此温度范围内淬火的优点是：组织中保留了一定数量的未溶二次渗碳体，有利于钢的硬度和耐磨性；由于降低了奥氏体中的碳含量，可改变马氏体的形态，从而降低了马氏体的脆性。此外，使奥氏体的含碳量不致过多而保证淬火后残余奥氏体不致过多，有利于提高硬度和耐磨性，奥氏体晶粒细小，淬火后可以获得较高的力学性能；同时加热时的氧化脱碳及冷却时的变形、开裂倾向小。若淬火温度太高，会形成粗大的马氏体，使机械性能恶化；同时也增大淬火应力，使变形和开裂倾向增大。

(2) 淬火加热时间的确定。淬火加热时间包括升温和保温两个阶段的时间。通常以装炉后炉温达到淬火温度所需时间为升温阶段，并以此作为保温时间的开始，保温阶段是指钢件烧透并完成奥氏体化所需的时间。

(3) 淬火冷却介质。工件进行淬火冷却时所使用的介质称为淬火冷却介质，具体说明如下：

① 理想淬火介质的冷却特性。淬火要得到马氏体，淬火冷却速度必须大于 v_k，而冷却速度过快，则总会不可避免地造成很大的内应力，往往引起零件的变形和开裂。淬火时怎样才能既得到马氏体而又能减小变形并避免开裂呢？这是淬火工艺中要解决的一个主要问题。对此，可从两个方面入手：一是找到一种理想的淬火介质，二是改进淬火冷却方法。

由 C 曲线可知，要淬火得到马氏体，并不需要在整个冷却过程都进行快速冷却，理想淬火介质的冷却特性应如图 4－34 所示。在 650℃以上时，因为过冷奥氏体比较稳定，速度应慢些，以降低零件内部温度差而引起的热应力，防止变形；在 650～550℃(C 曲线“鼻尖”附近)范围内时，过冷奥氏体最不稳定，应快速冷却，淬火冷却速度应大于 v_k，使过冷奥氏体不致发生分解形成珠光体；在 300～200℃之间，过冷奥氏体已进入马氏体转变区，应缓慢冷却，因为此时相变应力占主导地位，可防止内应力过大而使零件产生变形，甚全开裂。但目前为止，符合这一特性要求的理想淬火介质还没有找到。

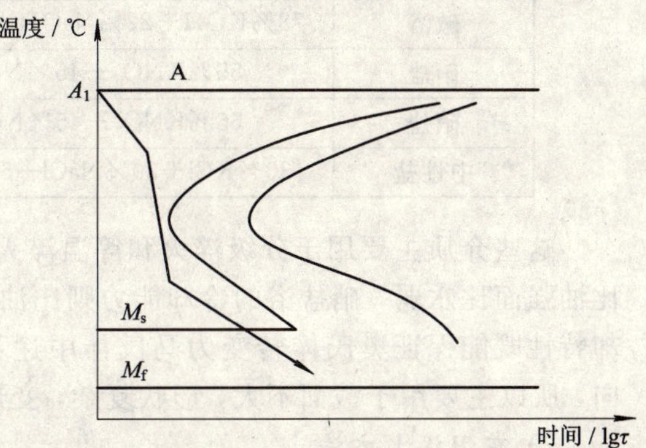

图 4－34　理想淬火介质的冷却特性

② 常用淬火介质。目前常用淬火介质有水及水基、油及油基等。

• 水。水是应用最为广泛的淬火介质，这是因为水价廉、易得，而且具有较强的冷却能力，但它的冷却特性并不理想。水在 650～500℃范围内冷却速度较大；在 300～200℃范围内也较大，而在 300～200℃需要慢冷，它的冷却速度比要求的大，所以容易使零件产生变形、甚至开裂，这是它的最大缺点。提高水温能降低 650～500℃范围的冷却能力，但对 300～200℃的范围，冷却能力几乎没有影响，而且不利于淬硬，也不能避免变形，所以淬火用水的温度常控制在 30℃以下。水在生产上主要用作尺寸较小、形状简单的碳钢零件的淬火介质。

• 盐水。为提高水的冷却能力，在水中加入 5％～15％的食盐成为盐水溶液，其冷却能力比清水更强，在 650～500℃范围内，冷却能力比清水提高近 1 倍，这对于保证碳钢件的淬硬来说是非常有利的。当用盐水淬火时，由于食盐晶体在工件表面的析出和爆裂，不仅能有效地破坏包围在工件表面的蒸汽膜，使冷却速度加快，而且还能破坏在淬火加热时所形成的氧化皮，使它剥落下来，所以用盐水淬火的工件，容易得到高的硬度和光洁的表面，不易产生淬不硬的弱点，这是清水无法相比的。但盐水在 300～200℃范围，冷速仍像清水一样快，使工件易产生变形，甚至开裂。生产上为防止这种变形和开裂，采用先盐水快冷，在 M_s 点附近再转入冷却速度较慢的介质中缓冷。所以盐水主要使用于形状简单，硬度要求较高而均匀，表面要求光洁，变形要求不严格的碳钢零件的淬火，如螺钉、销、垫圈等。

• 油。油也是广泛使用的一种冷却介质，淬火用油几乎全部为各种矿物油(如锭子油、机油、柴油、变压器油等)。它的优点是在 300～200℃范围内冷却能力低，有利于减少零件变形与开裂；缺点是在 650～500℃范围冷却能力也低，对防止过冷奥氏体的分解是不利的，因此不利于钢的淬硬。所以只能用于一些过冷奥氏体较稳定的合金钢或尺寸较小的碳钢件的淬火。

・其他。为了减少零件淬火时的变形，可用盐浴作淬火介质。常用碱浴和硝盐浴的成分、熔点及使用温度见表 4-4。

表 4-4 热处理常用碱浴和硝盐浴的成分、熔点及使用温度

熔 盐	成 分	熔点/℃	使用温度/℃
碱浴	78%KOH+22%NaOH+10%H_2O	130	140～250
硝盐	55%KNO_3+45%$NaNO_2$	137	150～500
硝盐	55%KNO_3+45%$NaNO_3$	218	230～550
中性盐	30%KCl+20%NaCl+50%$BaCl_2$	560	580～800

这些介质主要用于分级淬火和等温淬火。其特点是沸点高，在高温区碱浴的冷却能力比油强而比水弱，硝盐浴的冷却能力则比油弱；在低温区则都比油弱。碱浴和硝盐浴的冷却特性既能保证奥氏体转变为马氏体中途不发生分解，又能大大降低工件变形、开裂倾向，所以主要用于截面不大，形状复杂，变形要求严格的碳钢、合金钢工件等。

2）常用淬火方法

由于淬火介质不能完全满足淬火质量要求，所以在热处理工艺上还应在淬火方法上加以解决。生产中应根据钢的化学成分、工件的形状和尺寸，以及技术要求等来选择淬火方法。选择合适的淬火方法可以在获得所要求的淬火组织和性能前提条件下，尽量减少淬火应力，从而减少工件变形和开裂的倾向。

目前常用的淬火方法有单介质淬火、双介质淬火、分级淬火和等温淬火等（见表 4-5），冷却曲线如图 4-35 所示。

表 4-5 常用淬火方法

淬火方法	冷 却 方 式	特点和应用
单介质淬火	将奥氏体化后的工件放入一种淬火冷却介质中一直冷却到室温	操作简单，已实现机械化与自动化，适用于形状简单的工件
双介质淬火	将奥氏体化后的工件在水中冷却到接近 M_s 点时，立即取出放入油中冷却	防止低温马氏体转变时工件发生裂纹，常用于形状复杂的合金钢
马氏体分级淬火	将奥氏体化后的工件放入稍高于 M_s 点的盐浴中，使工件各部分与盐浴的温度一致后，取出空冷完成马氏体转变	大大减小热应力、变形和开裂，但盐浴的冷却能力较小，故只适用于截面尺寸小于 10 mm^2 的工件，如刀具、量具等
贝氏体等温淬火	将奥氏体化的工件放入温度稍高于 M_s 点的盐浴中等温保温，使过冷奥氏体转变为下贝氏体组织后，取出空冷	常用来处理形状复杂、尺寸要求精确、强韧性高的工具、模具和弹簧等
局部淬火	对工件局部要求硬化的部位进行加热淬火	—
冷处理	将淬火冷却到室温的钢继续冷却到 −70～−80℃，使残余奥氏体转变为马氏体，然后低温回火，消除应力，稳定新生马氏体组织	提高硬度、耐磨性、稳定尺寸，适用于一些高精度的工件，如精密量具、精密丝杠、精密轴承等

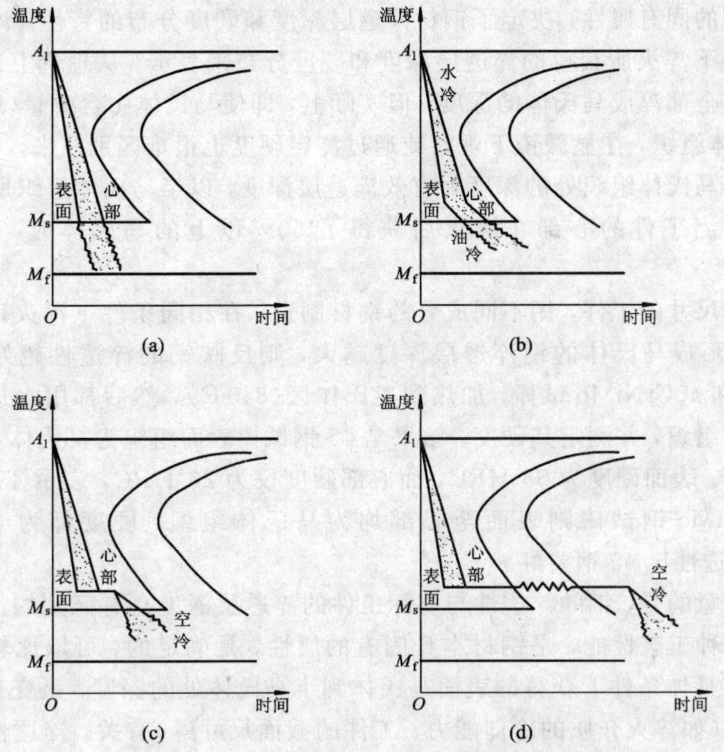

图 4-35　常用淬火冷却方法示意图

(a) 单介质淬火；(b) 双介质淬火；(c) 马氏体分级淬火；(d) 贝氏体等温淬火

3）钢的淬透性

（1）淬透性的基本概念。淬透性是指钢在淬火时获得马氏体的能力。淬火时，同一工件表面和心部的冷却速度是不同的，表面的冷却速度最大，愈到中心冷却速度愈小，如图 4-36(a)所示。淬透性低的钢，当其截面尺寸较大时，由于心部不能淬透，因此表层与心部组织不同(图 4-36(b))。钢的淬透性主要取决于临界冷却速度。临界冷却速度愈小，过冷奥氏体愈稳定，钢的淬透性也就愈好。因此，除 Co 外，大多数合金元素都能显著提高钢的淬透性。

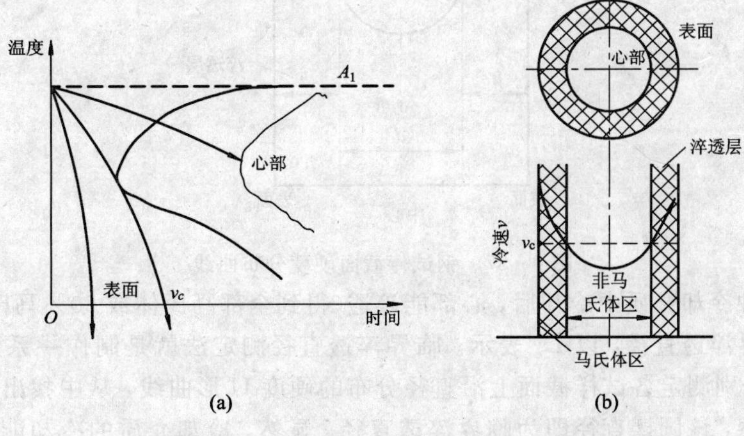

图 4-36　工件淬透层与冷却速度的关系

淬透性是钢的固有属性，决定了钢材淬透层深度和硬度分布的特性。淬透性的大小可用钢在一定条件下淬火所获得的淬透层深度和硬度分布来表示。从理论上讲，淬透层深度应为工件截面上全部淬成马氏体的深度；但实际上，即使马氏体中含少量(质量分数5%～10%)的非马氏体组织，在显微镜下观察或通过测定硬度也很难区别开来。为此规定：从工件表面向里的半马氏体组织处的深度为有效淬透层深度，以半马氏体组织所具有的硬度来评定是否淬硬。当工件的心部在淬火后获得了50%以上的马氏体时，则可被认为已淬透。

同样形状和尺寸的工件，用不同成分的钢材制造，在相同条件下淬火，形成马氏体的能力不同，容易形成马氏体的钢淬透层深度越大，则反映钢的淬透性越好。如直径均为30 mm的45钢和40CrNiMo试棒，加热到奥氏体区(840℃)，然后都用水进行淬火。分析两根试棒截面的组织，并测定其硬度。结果是45钢试棒表面组织为马氏体，而心部组织为铁素体+索氏体。表面硬度为55 HRC，而心部硬度仅为20 HRC，表示45钢试棒心部未淬火。而40CrNiMo钢试棒则表面至心部均为马氏体组织，硬度都为55 HRC，可见40CrNiMo的淬透性比45钢要好。

这里需要注意的是，钢的淬透性与实际工件的淬透层深度是有区别的。淬透性是钢在规定条件下的一种工艺性能，是钢材本身固有的属性，是确定的、可以比较的；淬透层深度是实际工件在具体条件下获得的表面马氏体到半马氏体处的深度，是变化的，与钢的淬透性及外在因素(如淬火介质的冷却能力、工件的截面尺寸等)有关。淬透性好，工件截面小、淬火介质的冷却能力强，则淬透层深度就大。

(2) 淬透性的评定方法。评定淬透性的常用方法有临界淬透直径测定法及末端淬火试验法。

① 临界淬透直径测定法。用钢制截面较大的试棒进行淬火实验时，发现仅有表面一定深度获得马氏体，试棒截面硬度分布曲线呈U形，如图4-37所示，其中半马氏体深度h即为有效淬透深度。

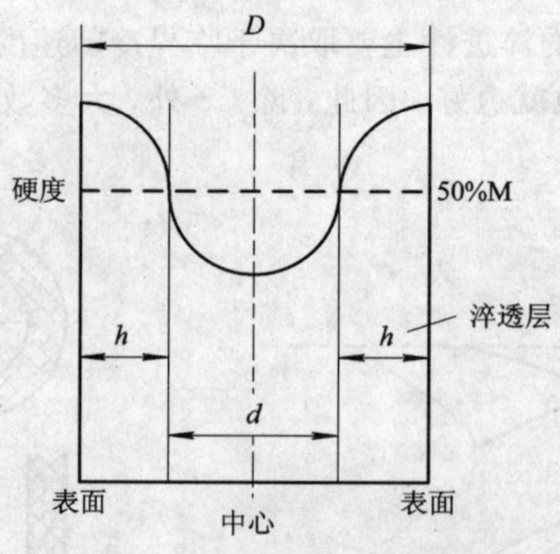

图4-37　钢试棒截面硬度分布曲线

钢材在某种冷却介质中冷却后，心部能淬透(得到全部马氏体或50%马氏体组织)的最大直径称为临界淬透直径，以D_c表示。临界淬透直径测定法就是制作一系列直径不同的圆棒，淬火后分别测定各试样截面上沿直径分布的硬度U形曲线，从中找出中心恰为半马氏体组织的圆棒，该圆棒直径即为临界淬透直径。显然，冷却介质的冷却能力越大，钢的临界淬透直径就越大。在同一冷却介质中钢的临界淬透直径越大，则其淬透性越好。表 4-5 为常用钢材的临界淬透直径。

表 4-5　常用钢材的临界淬透直径

钢　号	临界淬透直径 D_c/mm		钢　号	临界淬透直径 D_c/mm	
	水冷	油冷		水冷	油冷
45	13～16.5	6～9.5	35CrMo	36～42	20～28
60	14～17	6～12	60Si2Mn	55～62	32～46
T10	10～15	<8	50CrVA	55～62	32～40
65Mn	25～30	17～25	38CrMoAlA	100	80
20Cr	12～19	6～12	20CrMnTi	22～35	15～24
40Cr	30～38	19～28	30CrMnSi	40～50	23～40
35SiMn	40～46	25～34	40MnB	50～55	28～40

② 末端淬火试验法。末端淬火试验法是将标准尺寸的试样(ϕ25 mm×100 mm)，经奥氏体化后，迅速放入末端淬火试验机的冷却孔，对其一端面喷水冷却。规定喷水管内径 12.5 mm，水柱自由高度(65±5)mm，水温 20～30℃。图 4-38(a)为末端淬火法示意图。显然，喷水端冷却速度最大，距末端沿轴向距离增大，冷却速度逐渐降低，其组织及硬度亦逐渐变化。在试样侧面沿长度方向磨一深度 0.2～0.5 mm 的窄条平面，然后从末端开始，每隔一定距离测量一个硬度值，即可测得试样冷却后沿轴线方向硬度距水冷端距离的关系曲线称为淬透性曲线(图 4-38(b))。这是淬透性测定常用方法，详细可参阅 GB 225—63《钢的淬透性末端淬火试验法》。

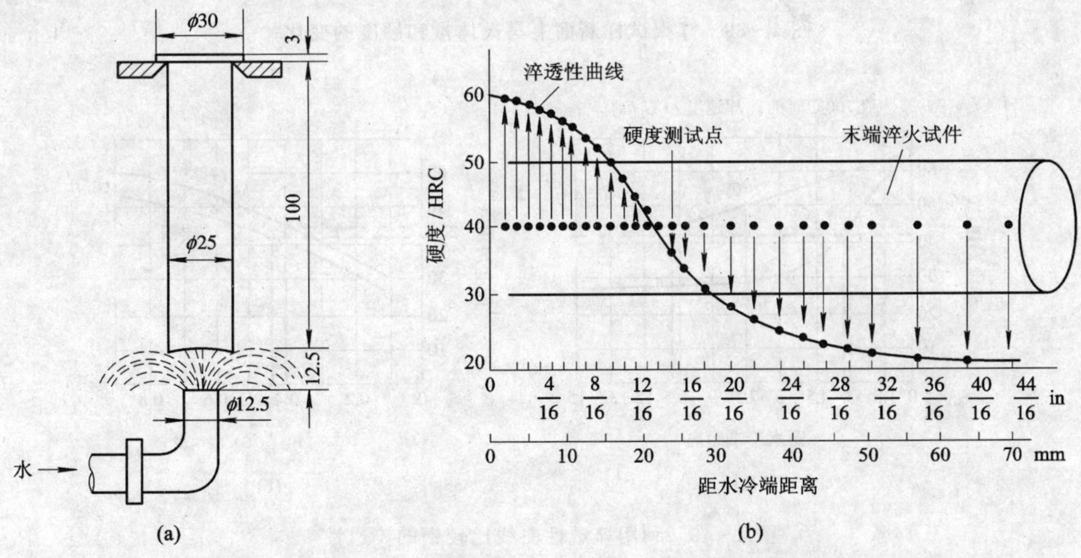

图 4-38　用末端淬火法测定钢的淬透性

(a) 试样尺寸及冷却方法；(b) 淬透性曲线的测定

实验测出的各种钢的淬透性曲线均收集在相关手册中。同一牌号的钢，由于其化学成分和晶粒度的差异，淬透性实际上是一个有一定波动范围的淬透性带。

根据 GB 225—63 规定，钢的淬透性值用 J $\frac{\mathrm{HRC}}{d}$ 表示。其中，J 表示末端淬火的淬透性，d 表示距水冷端的距离，HRC 表示该处的硬度值。例如，淬透性值 J $\frac{42}{5}$，即表示距水冷端 5 mm 处试样硬度为 42 HRC。

半马氏体组织比较容易由显微镜或硬度的变化来确定。马氏体中含非马氏体组织量不多时，硬度变化不大；非马氏体组织量增至 50%时，硬度陡然下降，曲线上出现明显转折点，如图 4－39 所示。另外，在淬火试样的断口上，也可以看到半马氏体为界，发生由脆性断裂过渡为韧性断裂的变化，并且其酸蚀断面呈明显的明暗界线。半马氏体组织和马氏体一样，硬度主要与碳质量分数有关，而与合金元素质量分数的关系不大，如图 4－40(b)所示。将图 4－40 中的(a)与(b)配合，即可找出 45 钢半马氏体区至端面的距离大约是 3 mm，而 40Cr 钢是 10.5 mm。该距离越大，淬透性越大，因而 40Cr 钢的淬透性大于 40 钢。

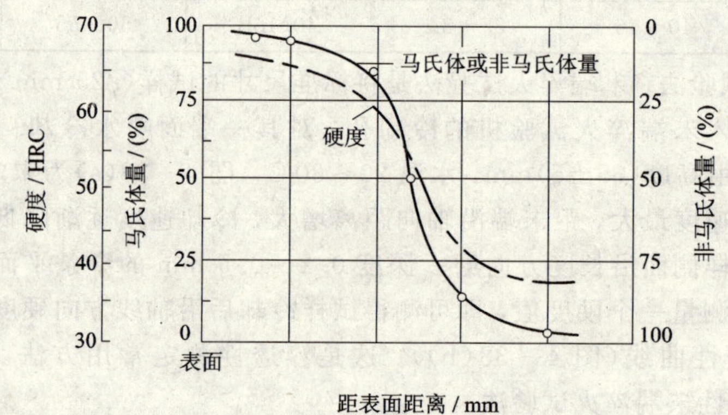

图 4－39　淬火试样断面上马氏体量和硬度的变化

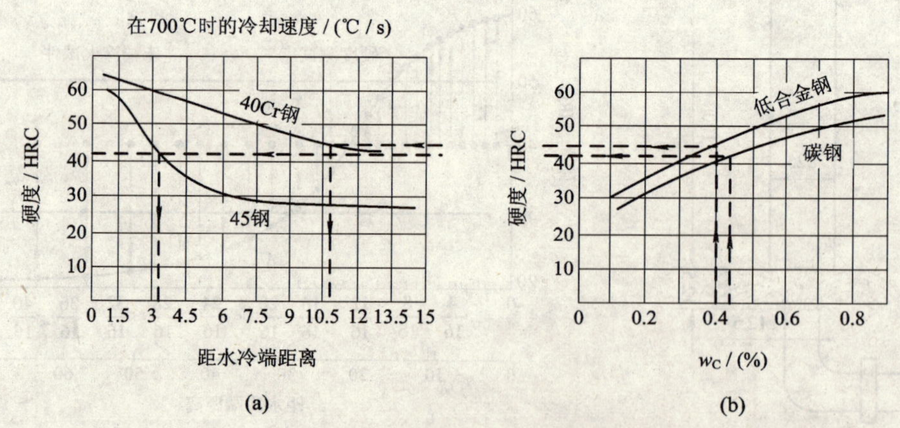

图 4－40　利用淬透性曲线比较钢的淬透性

(a) 45 钢和 40Cr 钢的淬透性曲线；(b) 半马氏体硬度与碳含量的关系曲线

(3) 淬透性的影响因素。由钢的连续冷却转变曲线可知，淬火时要想得到马氏体，冷却速度必须大于临界速度 v_k，所以钢的淬透性主要由其临界速度来决定。v_k 愈小，即奥氏体愈稳定，钢的淬透性愈好。因此，凡是影响奥氏体稳定的因素，均影响淬透性。

① 合金元素。除Co外，大多数合金元素溶于奥氏体后，均能降低 v_k，使C曲线右移，从而提高钢的淬透性。应该指出的是，合金元素是影响淬透性的最主要因素。

② 含碳量。对于碳钢来说，钢中的含碳量越接近共析成分，其C曲线越靠右；v_k 越小，淬透性越好。即亚共析钢的淬透性随含碳量增加而增大，过共析钢的淬透性随含碳量增加而减小。

③ 奥氏体化温度。提高奥氏体化温度，将使奥氏体晶粒长大，成分均匀化，从而减小珠光体的形核率，使奥氏体过冷奥氏体更稳定，C曲线向右移，降低钢的 v_k，增大其淬透性。

④ 钢中未溶第二相。钢中未溶入奥氏体的碳化物、氮化物及其它非金属夹杂物，可成为奥氏体分解的非自发形核的核心，进而促进奥氏体转变产物的形核，减少过冷奥氏体的稳定性，使 v_k 增大，降低淬透性。

(4) 淬透性的应用。根据淬透性曲线，可比较不同钢种的淬透性。淬透性是钢材选用的重要依据之一。利用半马氏体硬度曲线和淬透性曲线，找出钢的半马氏体区所对应的距水冷端距离，从而推算出钢的临界淬火直径，确定钢件截面上的硬度分布情况等。临界淬火直径越大，则淬透性越好(图4-40(a))。由图4-40可知，40Cr钢的淬透性比45钢要好。

淬透性对钢的力学性能影响很大。如将淬透性不同的钢调质处理后，沿截面的组织和机械性能差别很大。淬透性高40CrNiMo钢棒的其力学性能沿截面是均匀分布的，而淬透性低40Cr、40钢的心部强度、硬度低，韧性更低，如图4-41所示。这是因为淬透性高的钢调质后其组织由表及里都是回火索氏体，有较高的韧性；而淬透性低的钢，心部为片状索氏体＋铁素体，表层为回火索氏体，心部强韧性差。因此，设计人员必须充分考虑钢的淬透性的作用，以便能根据工件的工作条件和性能要求进行合理选材、制定热处理工艺以提高工件的使用性能，具体应注意以下几点：

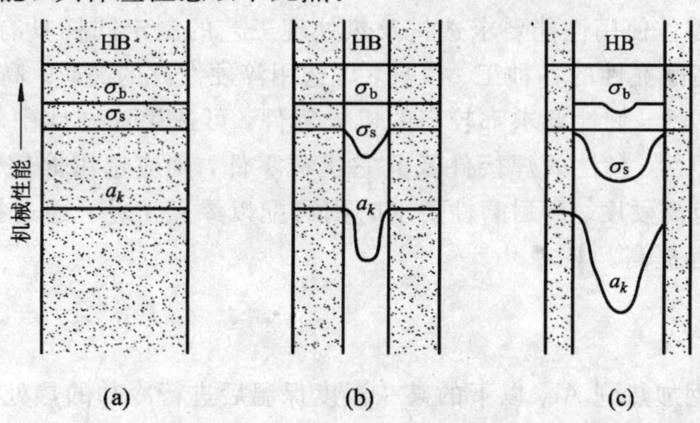

图4-41　淬透性不同的钢调质后机械性能的比较

(a) 40CrNiMo完全淬透；(b) 40Cr钢淬透较大厚度；(c) 40钢淬透较小厚度

① 要根据零件不同的工作条件合理确定钢的淬透性要求。并不是所有场合都要求淬透，也不是在任何场合淬透都是有益的。截面较大、形状复杂及受力情况特殊的重要零件，如螺栓、拉杆、锻模、锤杆等都要求表面和心部力学性能一致，应选淬透性好的钢。当某些零件的心部力学性能对其寿命的影响不大时，如承受扭转或弯曲载荷的轴类零件，因外层受力很大、心部受力很小，可选用淬透性较低的钢，获得一定的淬透层深度即可。有些工

件则不能或不宜选用淬透性高的钢。如焊接件的淬透性高，就容易在热影响区出现淬火组织，造成工件淬透开裂；又如承受强烈冲击和复杂应力的冷镦模，其工作部分常因全部淬透而脆断。

② 零件尺寸越大，其热容量越大，淬火时零件冷却速度越慢，因此淬透层越薄，性能越差。如 40Cr 钢经调质后，当直径为 30 mm 时，$\sigma_b \geqslant 900$ MPa；直径为 120 mm 时，$\sigma_b \geqslant 750$ MPa，直径为 240 mm 时，$\sigma_b \geqslant 650$ MPa。这种随工件尺寸增大而热处理强化效果减弱的现象称为钢材的"尺寸效应"，因此不能根据手册中查到的小尺寸试样的性能数据用于大尺寸零件的强度计算。但是，合金元素含量高的淬透性大的钢，其尺寸效应则不明显。

③ 由于碳钢的淬透性低，在设计大尺寸零件时，有时用碳钢正火比调质更经济，而效果相似。如设计尺寸为 ϕ100 mm 时，用 45 钢调质时 $\sigma_b = 610$ MPa，而正火时 σ_b 也能达到 600 MPa。

④ 淬透层浅的大尺寸工件应考虑在淬火前先切削加工。如直径较大并具有几个台阶的传动轴，需经调质处理时，因考虑到淬透性的影响，应先粗车成形，然后调质。如果以棒料先调质、再车外圆，由于直径大、表面淬透层浅，阶梯轴尺寸较小部分调质后的组织，在粗车时可能被车去，起不到调质作用。

4) 钢的淬硬性

淬硬性是指钢在理想条件下进行淬火硬化(即得到马氏体组织)所能达到的最高硬度的能力。淬硬性与淬透性是两个不同的概念。淬硬性主要取决于马氏体中的含碳量(也就是淬火前奥氏体的含碳量)，马氏体中的含碳量愈高，淬火后硬度愈高。合金元素的含量对淬硬性无显著影响，所以，淬硬性好的钢淬透性不一定好，淬透性好的钢淬硬性也不一定高。例如，碳的质量分数为 0.3%、合金元素的质量分数为 10%的高合金模具钢 3Cr2W8V 淬透性极好，但在 1100℃油冷淬火后的硬度约为 50HRC；而碳的质量分数为 1.0%的碳素工具钢 T10 钢的淬透性不高，但在 760℃水冷淬火后的硬度大于 62HRC。

淬硬性对于按零件使用性能要求选材及热处理工艺的制定同样具有重要的参考作用。对于要求高硬度、高耐磨性的各种工、模具，可选用淬硬性高的高碳、高合金钢；对于综合力学性能即强度、塑性、韧性要求都较高的机械零件，可选用淬硬性中等的中碳及中碳合金钢；对于要求高塑性、韧性的焊接件及其它机械零件，则应选用淬使性低的低碳、低合金钢，当零件表面有高硬度、高耐磨性要求时则可配以渗碳工艺，通过提高零件表面的含碳量使其表面淬硬性提高。

4.3.3 钢的回火

回火是把淬火钢加热到 Ac_1 以下的某一温度保温后进行冷却的热处理工艺。

回火紧接着在淬火后进行，除等温淬火外，其他淬火零件都必须及时回火。

淬火钢回火的目的是：

(1) 降低脆性，减少或消除内应力，防止工件变形或开裂。

(2) 获得工件所要求的力学性能。淬火钢件硬度高、脆性大，为满足各种工件不同的性能要求，可以通过适当回火来调整硬度，获得所需的塑性和韧性。

(3) 稳定工件尺寸。淬火马氏体和残余奥氏体都是不稳定组织，会自发发生转变而引起工件尺寸和形状的变化。通过回火可以使组织趋于稳定，以保证工件在使用过程中不再发生变形。

(4) 改善某些合金钢的切削性能。某些高淬透性的合金钢，空冷便可淬成马氏体，软化退火也相当困难，因此常采用高温回火，使碳化物适当聚集，降低硬度，以利切削加工。

1) 淬火钢在回火时的转变

不稳定的淬火组织有自发向稳定组织转变的倾向。淬火钢的回火能促使这种转变较快地进行。在回火过程中，随着组织的变化，钢的性能也发生相应的变化。

(1) 回火时的组织转变。随回火温度的升高，淬火钢的组织大致发生下述四个阶段的变化，如图 4-42 所示。

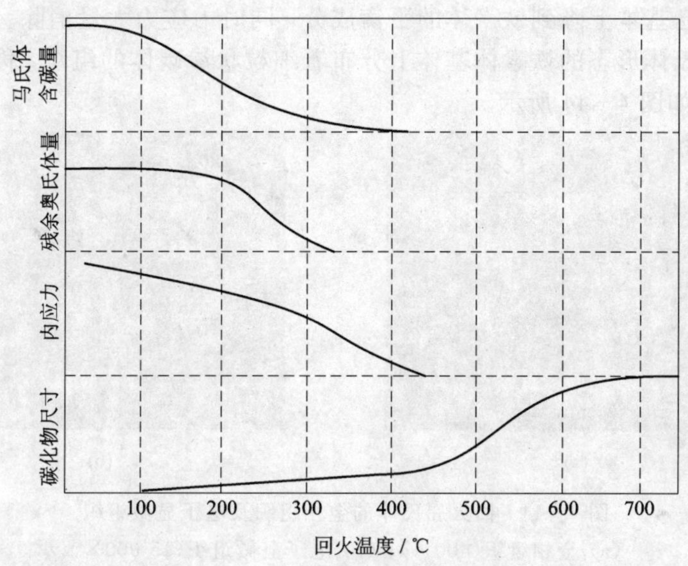

图 4-42　淬火钢在回火时的变化

① 马氏体分解。回火温度<100℃(本节的回火转变温度范围指碳钢而言，合金钢会有不同程度的提高)时，钢的组织基本无变化。马氏体分解主要发生在 100～200℃，此时马氏体中的过饱和碳以 ε 碳化物(Fe_xC)的形式析出，使马氏体的过饱和度降低。析出的碳化物以极细片状分布在马氏体基体上，这种组织称为回火马氏体，用符号“$M_{回}$”表示，如图 4-43所示。在显微镜下观察，回火马氏体呈黑色，残余奥氏体呈白色。

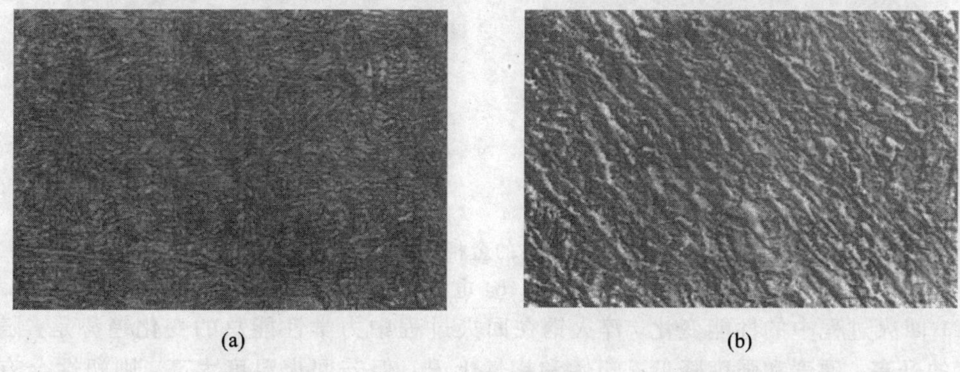

(a)　　(b)

图 4-43　回火马氏体的金相组织及电子显微组织

(a) 金相组织(800×)；(b) 电子显微组织(10 000×)

马氏体分解一直进行到350℃，此时，α相中的含碳量接近平衡成分，但仍保留马氏体的形态。马氏体的含碳量越高，析出的碳化物也越多，对于碳的质量分数<0.2%的低碳马氏体在这一阶段不析出碳化物，只发生碳原子在位错附近的偏聚。

② 残余奥氏体的分解。残余奥氏体的分解主要发生在200～300℃。由于马氏体的分解，正方度下降，减轻了对残余奥氏体的压应力，因而残余奥氏体分解为ε碳化物和过饱和α相，其组织与下贝氏体或同温度下马氏体回火产物一样。

③ ε碳化物转变为Fe_3C回火温度在300～400℃时，亚稳定的ε碳化物转变成稳定的渗碳体(Fe_3C)，同时，马氏体中的过饱和碳也以渗碳体的形式继续析出。到350℃左右，马氏体中的含碳量已基本上降到铁素体的平衡成分，同时内应力大量消除。此时回火马氏体转变为在保持马氏体形态的铁素体基体上分布着细粒状渗碳体的组织，称回火屈氏体，用符号“$T_{回}$”表示，如图4-44所示。

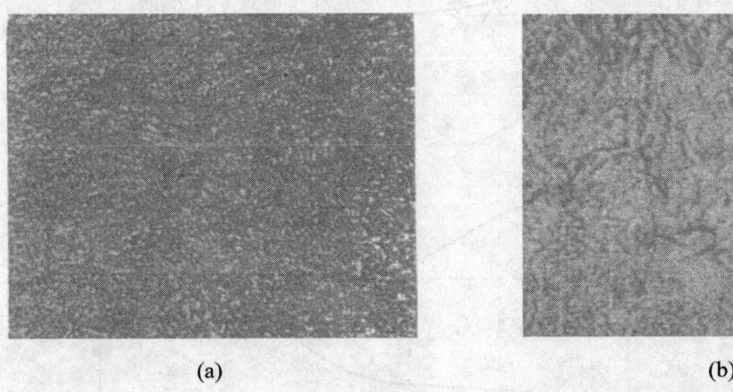

(a)　　(b)

图4-44　回火屈氏体的金相组织及电子显微组织

(a) 金相组织(400×)；(b) 电子显微组织(15 000×)

④ 渗碳体的聚集长大及α相的再结晶。这一阶段的变化主要发生在400℃以上，铁素体开始发生再结晶，由针片状转变为多边形。这种由颗粒状渗碳体与多边形铁素体组成的组织称为回火索氏体，用符号“$S_{回}$”表示，如图4-45所示。

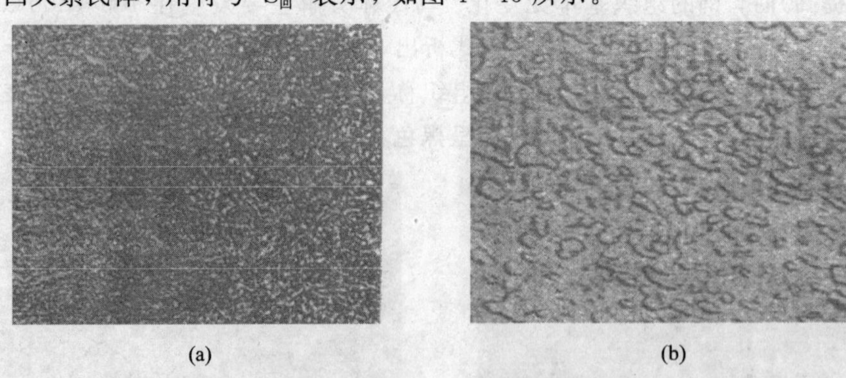

(a)　　(b)

图4-45　回火索氏体的金相组织及电子显微组织

(a) 金相组织(400×)；(b) 电子显微组织(15 000×)

(2) 回火过程中的性能变化。淬火钢在回火过程中力学性能总的变化趋势是：随着回火温度的升高，硬度和强度降低，塑性和韧性上升。但若回火温度太高，则塑性会有所下降(图4-46和图4-47)。

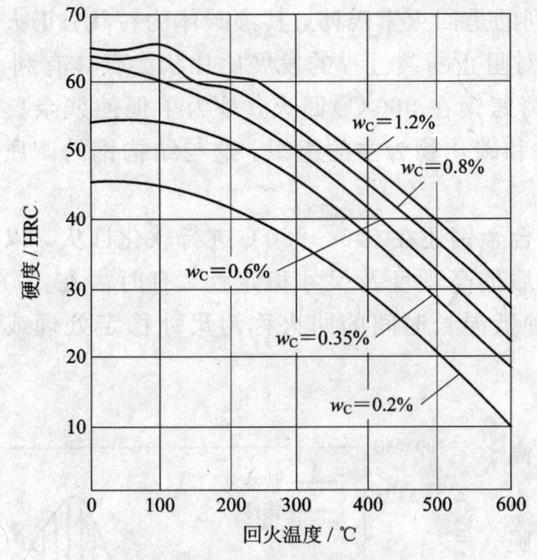

图 4-46　钢的硬度随回火温度的变化

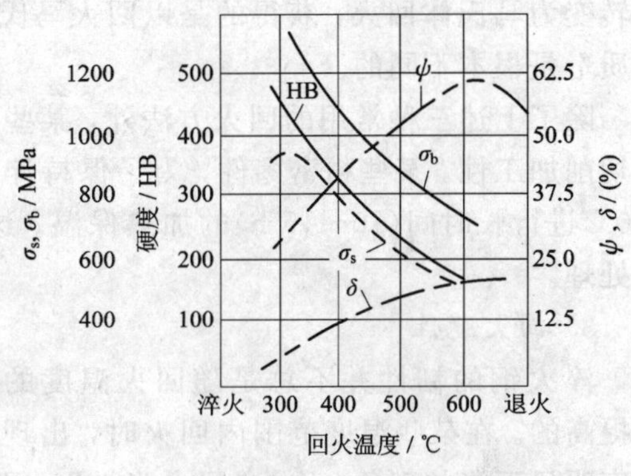

图 4-47　钢机械性能与回火温度的关系

在 200℃以下，由于马氏体中析出大量 ε 碳化物产生弥散强化作用，致使钢的硬度并不下降，对于高碳钢，甚至略有升高。

在 200～300℃，高碳钢由于有较多的残余奥氏体转变为马氏体，硬度会再次提高。而低、中碳钢由于残余奥氏体量很少，硬度则缓慢下降。

在 300℃以上，由于渗碳体粗化及马氏体转变为铁素体，钢的硬度呈直线下降。

由淬火钢回火得到的回火屈氏体、回火索氏体和球状珠光体比由过冷奥氏体直接转变的屈氏体、索氏体和珠光体的力学性能好，在硬度相同时，回火组织的屈服强度、塑性和韧性好得多。这是由于两者渗碳体形态不同所致，片状组织中的片状渗碳体受力时，其尖端会引起应力集中，形成微裂纹，导致工件破坏。而回火组织的渗碳体呈粒状，不易造成应力集中。这就是为什么重要零件都要求进行淬火和回火的原因。

2）回火种类及应用

淬火钢回火后的组织和性能取决于回火温度，根据钢的回火温度范围，可把回火分为以下三类：

(1) 低温回火。回火温度为 150～250℃，回火组织为回火马氏体。目的是降低淬火内应力和脆性的同时保持钢在淬火后的高硬度(一般达 58～64 HRC)和高耐磨性。它广泛用于处理各种切削刀具、冷作模具、量具、滚动轴承、渗碳件和表面淬火件等。

(2) 中温回火。回火温度为 350～500℃，回火后组织为回火屈氏体，具有较高屈服强度和弹性极限，以及一定的韧性，硬度一般为 35～45 HRC，主要用于各种弹簧和热作模具的处理。

(3) 高温回火。回火温度为 500～650℃，回火后得到粒状渗碳体和铁素体基体的混合组织，称为回火索氏体，硬度为 25～35 HRC。这种组织具有良好的综合力学性能，即在保持较高强度的同时，具有良好的塑性和韧性。习惯上把淬火加高温回火的热处理工艺称做“调质处理”，简称“调质”，它广泛用于处理各种重要的机器结构构件，如连杆、螺栓、齿轮、轴类等。同时，也可作为某些要求较高的精密工件如模具、量具等的预先热处理。

钢调质处理后的机械性能和正火后相比，不仅强度高，而且塑性和韧性也比较好(见

表4-7)，这和它们的组织形态有关。调质得到的是回火索氏体，其渗碳体为粒状；正火得到的是索氏体，其渗碳体为片状，粒状渗碳体对阻止断裂过程的发展比片状渗碳体有利。

必须指出，某些高合金钢淬火后高温(如高速钢在560℃)回火，是为了促使残余奥氏体转变为马氏体回火，获得的是以回火马氏体和碳化物为主的组织。这与结构钢的调质在本质上是根本不同的。

除了上述三种常用的回火方法外，某些高合金钢还在640～680℃进行软化回火，以改善切削加工性。某些精密零件，为了保持淬火后的高硬度及尺寸稳定性，有时需在100～150℃进行长时间(10～15 h)的加热保温。这种低温长时间的回火称为尺寸稳定处理或时效处理。

3) 回火脆性

淬火钢的韧性并不总是随回火温度的升高而提高的。在某些温度范围内回火时，出现冲击韧度明显下降的现象，称为"回火脆性"。回火脆性有第一类回火脆性(250～400℃)和第二类回火脆性(450～650℃)两种，如图4-48所示。这种现象在合金钢中比较显著，应当设法避免。

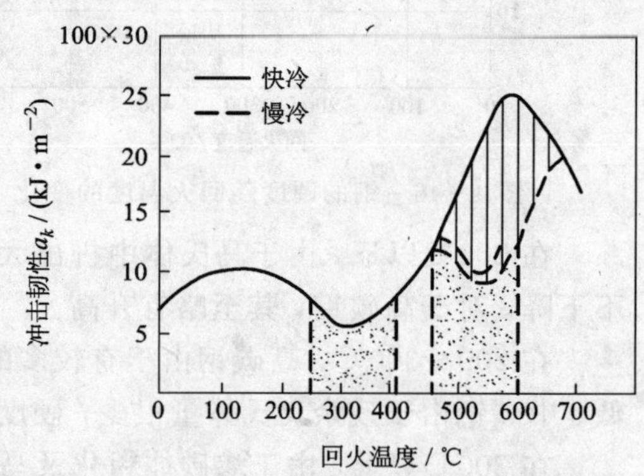

图4-48 Ni-Cr钢(0.3%C、1.47%Cr、3.4%Ni)的冲击韧度与回火温度的关系

(1) 第一类回火脆性。淬火钢在250～350℃回火时出现的脆性称为第一类回火脆性。几乎淬火后形成马氏体的钢在此温度回火，都不同程度地产生这种脆性。这与在这一温度范围沿马氏体的边界析出碳化物的薄片有关。目前尚无有效办法完全消除这类回火脆性，所以一般不在250～350℃温度范围内回火。

(2) 第二类回火脆性。淬火钢在500～650℃范围内回火出现的脆性称为第二类回火脆性。第二类回火脆性主要发生在含Cr、Ni、Si、Mn等合金元素的合金钢中，这类钢淬火后在500～650℃长时间保温或以缓慢速度冷却时，便产生明显的脆化现象，但如果回火后快速冷却，脆化现象便消失或受抑制。所以这类回火脆性是"可逆"的。一般认为第二类回火脆性产生的原因与Sb、Sn、P等杂质元素在原奥氏体晶界偏聚有关。Cr、Ni、Si、Mn等会促进这种偏聚，因而增加了这类回火脆性的倾向。

除回火后快冷可以防止第二类回火脆性外，在钢中加入W(约1%)、Mo(约0.5%)等合金元素也可有效地抑制这类回火脆性的产生。

4.3.4 钢的表面热处理

一些零件既要表面硬度高、耐磨性好，又要心部的韧性好，如齿轮、轴等，若仅从选材方面考虑，是难以解决的。如高碳钢的硬度高，但韧性不足；虽然低碳钢的韧性好，但表面的硬度和耐磨性又低。在实际生产中广泛采用表面淬火或化学热处理的办法来满足上述要求。

1. 钢的表面淬火

表面淬火是将工件的表面层淬硬到一定深度，而心部仍保持未淬火状态的一种局部淬火法。它是利用快速加热使工件表面奥氏体化，然后迅速予以冷却，这样，工件的表层组织为马氏体，而心部仍保持原来的退火、正火或调质状态的组织。其特点是仅对钢的表面进行加热、冷却而成分不改变。

表面淬火一般适用于中碳钢和中碳合金钢，也可用于高碳工具钢、低合金工具钢以及球墨铸铁等。按照加热的方式，有感应加热、火焰加热、电解质加热和电解加热等表面淬火，目前应用最多的是感应加热和火焰加热表面淬火法。

1) 感应加热表面淬火

(1) 感应加热的基本原理。感应加热的基本原理如图 4-49 所示。

感应线圈中通以高频率的交流电，线圈内外即产生与电流频率相同的高频交变磁场。若把钢制工件置于通电线圈内，在高频磁场的作用下，工件内部将产生感应电流(涡流)，由于本身电阻的作用而被加热。这种感应电流密度在工件的横截面上分布是不均匀的，即在工件表面电流密度极大，而心部电流密度几乎为零，这种现象称为集肤效应。功率愈高，表面电流密度愈大，则表面加热层愈薄。感应加热的速度很快，在几秒钟内即可使温度上升至 800～1000℃，而心部仍接近室温。当表层温度达到淬火加热温度，立即喷水冷却，使工件表层淬硬。

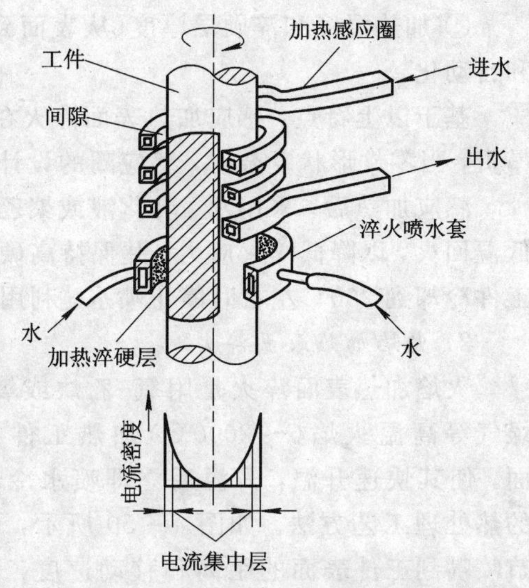

图 4-49　感应加热表面淬火示意图

感应加热淬火的淬硬层深度(即电流透入工件表层的深度)除与加热功率、加热时间有关外，还取决于电流的频率。碳钢的淬硬层深度主要与电流频率有关，并存在以下表达式关系：

$$\delta = \frac{500}{\sqrt{f}}$$

式中，δ 为电流透入密度(mm)；f 为电流频率(Hz)。

由上式可见，电流频率愈高，表面电流密度愈大，电流透入深度愈小，淬硬层愈薄。因此，可选用不同的电流频率得到不同的淬硬层深度。根据电流频率的不同，感应加热可分为高频加热、中频加热和工频加热。工业上对于淬硬层为 0.5～2 mm 的工件，可采用电子管式高频电源，其常用频率为 200～300 kHz；要求淬硬层为 2～5 mm 时，适宜的频率为 2500～8000 Hz，可采用中频发动机或可控硅变频器；对于处理要求 10～15 mm 以上淬硬层的工件，可采用频率为 50 Hz 的工频发动机。

(2) 感应加热适用的钢种。表面淬火一般用于中碳钢和中碳低合金钢，如 45、40Cr、40MnB 钢等。这类钢经预先热处理(正火或调质)后表面淬火，心部保持较高的综合性能，而表面具有较高的硬度(50 HRC 以下)和耐磨性。高碳钢也可表面淬火，主要用于受较小冲击和交变载荷的工具、量具等。

(3) 感应加热表面淬火的特点。感应加热时相变的速度极快，一般只有几秒或几十秒钟。与一般淬火相比，淬火后的组织和性能有以下特点：

① 高频感应加热时，由于加热速度快，且钢的奥氏体化是在较大的过热度（Ac_3 以上 80～150℃）进行的，因此晶核多，且不易长大；淬火后组织为极细的隐晶马氏体，因而表面硬度高，比一般淬火高 23HRC，而且表面硬度脆性较低。

② 表面层淬火得到马氏体后，由于体积膨胀在工件表面层造成较大的残余压应力，因此可显著提高工件的疲劳强度。小尺寸零件可提高 2～3 倍，大件也可提高 20％～30％。

③ 因为加热速度快，没有保温时间，工件的表面氧化和脱碳少，而且由于心部未被加热，工件的淬火变形也小。

④ 加热温度和淬硬层厚度（从表面到半马氏体区的距离）容易控制，便于实现机械化和自动化。

基于以上特点，感应加热表面淬火在热处理生产中得到了广泛的应用。其缺点是设备昂贵，当零件形状复杂时，感应圈的设计和制造难度较大，所以生产成本比较高。

感应加热后，采用水、乳化液或聚乙烯醇水溶液喷射淬火，淬火后进行 180～200℃的低温回火，以降低淬火应力，并保持高硬度和高耐磨性。在生产中，也常采用自回火，即在工件冷却到 200℃左右时停止喷水，利用工件内部的余热来达到回火的目的。

2）*火焰加热表面淬火*

火焰加热表面淬火是用氧-乙炔或氧-煤气等高温火焰（～3000℃）加热工件表面，使其快速升温，升温后立即喷水冷却的热处理工艺方法。如图 4－50 所示，调节喷嘴到工件表面的距离和移动速度，可获得不同厚度的淬硬层。

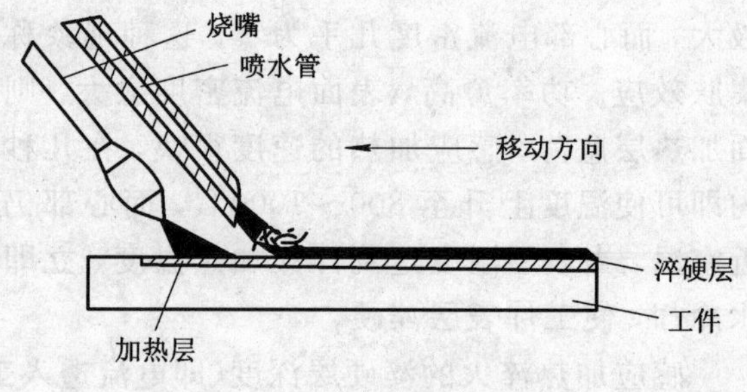

图 4－50　火焰表面淬火示意图

火焰加热表面淬火的淬硬层厚度一般为 2～6 mm。与高频感应加热表面淬火相比，火焰加热表面淬火具有工艺及设备简单、成本低等优点，但生产率低，工件表面存在不同程度的过热，淬火质量控制也比较困难。因此主要用于单件、小批量生产及大型零件（如大型的轴、齿轮、轧辊等）的表面淬火。

4.3.5　钢的化学热处理

化学热处理是将工件置于一定温度的活性介质中加热和保温，使介质中的一种或几种元素渗入工件表面，改变其化学成分和组织，达到改进表面性能，满足技术要求的热处理过程。与表面淬火相比，化学热处理不仅使工件的表面有组织变化，而且还有成分变化。

根据表面渗入的元素不同，化学热处理可分为渗碳、氮化、碳氮共渗、渗硼、渗铝等。化学热处理的主要目的是有效提高钢件表面硬度、耐磨性、耐蚀性、抗氧化性以及疲劳强度等性能，以替代昂贵的合金钢。

钢件表面化学成分的改变取决于热处理过程中发生的以下三个基本过程：

(1) 介质分解。加热时介质分解，释放出欲渗入元素的活性原子，如 $CH_4 \rightarrow [C] + 2H_2$，分解出的[C]就是具有活性的碳原子。

(2) 吸收。分解出来的活性原子在工件表面被吸收并溶解，超过溶解度时还能形成化合物。

(3) 原子扩散。工件表面吸收的元素原子浓度逐渐升高，在浓度梯度的作用下不断向工件内部扩散，形成具有一定厚度的渗层。一般原子扩散较慢，往往成为影响化学热处理速度的控制因素。因此对一定介质而言，渗层的厚度主要取决于加热温度和保温时间。

任何化学热处理的物理化学过程基本相同，都要经过上述三个阶段，即分解、吸收和扩散。

目前在生产中，最常用的化学热处理工艺是渗碳、氮化和碳氮共渗。

2. 钢的渗碳

1) *渗碳的目的*

为了增加表层的碳质量分数和获得一定的碳浓度梯度，将工件置于渗碳介质中加热和保温，使其表面层渗入碳原子的化学热处理工艺称为渗碳。渗碳使低碳(碳质量分数 0.15%～0.30%)钢件表面获得高碳浓度(碳质量分数约 1.0%)，再经过适当淬火和回火处理后，可使工件的表面具有高硬度和高耐磨性，并具有较高的疲劳极限，而心部仍保持良好的塑性和韧性。因此渗碳主要用于表面将受严重磨损，并在较大冲击载荷、交变载荷，较大的接触应力条件下工作的零件，如各种齿轮、活塞销、套筒等。

渗碳件一般采用低碳钢或低碳合金钢，如 20、20Cr、20CrMnTi 等。渗碳层厚度一般在 0.5～2.5 mm，渗碳层的碳浓度一般控制在 1%左右。

2) *渗碳方法*

根据渗碳介质的不同，可分为固体渗碳、气体渗碳和液体渗碳，常用的是气体渗碳和固体渗碳。

(1) 气体渗碳。将工件装在密封的渗碳炉中(图 4-51) 加热到 900～950℃，向炉内滴入易分解的有机液体(如煤油、苯、丙酮、甲醇等)，或直接通入渗碳气体(如煤气、石油液化气等)。在炉内发生下列反应，产生活性碳原子，使工件表面渗碳：

$$2CO \rightarrow CO_2 + [C]$$

$$CO + H_2 \rightarrow H_2O + [C]$$

$$C_nH_{2n} \rightarrow nH_2 + n[C]$$

$$C_nH_{2n+2} \rightarrow (n+1)H_2 + n[C]$$

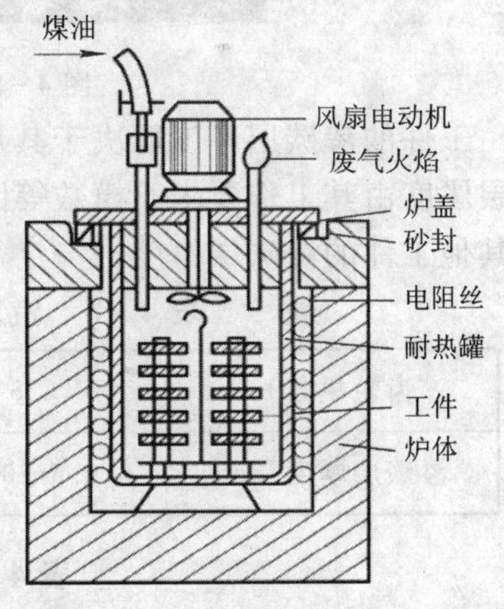

图 4-51　气体渗碳法示意图

气体渗碳的优点是生产率高，劳动条件较好，渗碳气氛容易控制，渗碳层比较均匀，渗碳层的质量和机械性能较好。此外，还可实现渗碳后直接淬火，是目前应用最多的渗碳方法。

(2) 固体渗碳。将工件埋入填满固体渗碳剂的渗碳箱中，加盖并用耐火泥密封，然后放入热处理炉中加热至 900～950℃，保温渗碳。固体渗碳剂一般是由一定粒度(3～8 mm)木炭和 15%～20%的碳酸盐($BaCO_3$ 或 Na_2CO_3)组成。木炭提供活性碳原子，碳酸盐则起到催化的作用，反应如下：

$$C + O_2 \rightarrow CO_2$$

$$BaCO_3 \rightarrow BaO + CO_2$$

$$CO_2 + C \rightarrow 2CO$$

在高温下，CO 是不稳定的，在与钢表面接触时，分解出活性碳原子($2CO \rightarrow CO_2 +$[C])，并被工件表面吸收。

固体渗碳的优点是设备简单，尤其是在小批量生产的情况下具有一定的优越性。但生产效率低，劳动条件差，质量不易控制，目前用得不多。

2) 渗碳工艺

渗碳工艺的参数包括渗碳温度和渗碳时间等。

奥氏体的溶碳能力较大，因此渗碳加热到 Ac_3 以上。温度愈高，渗碳速度愈快，渗层愈厚，生产率也愈高。为了避免奥氏体晶粒过于粗大，渗碳温度一般采用 900～950℃。渗碳时间则取决于渗碳厚度的要求。在 900℃渗碳，保温 1 h，渗层厚度为 0.5 mm，保温 4 h，渗层厚度可达 1 mm。

低碳钢渗碳后缓冷下来的显微组织见图 4－52。表面为珠光体和二次渗碳体(过共析组织)，心部为原始亚共析组织(珠光体和铁素体)，中间为过渡组织。一般规定，从表面到过渡层的一半处为渗碳层厚度。

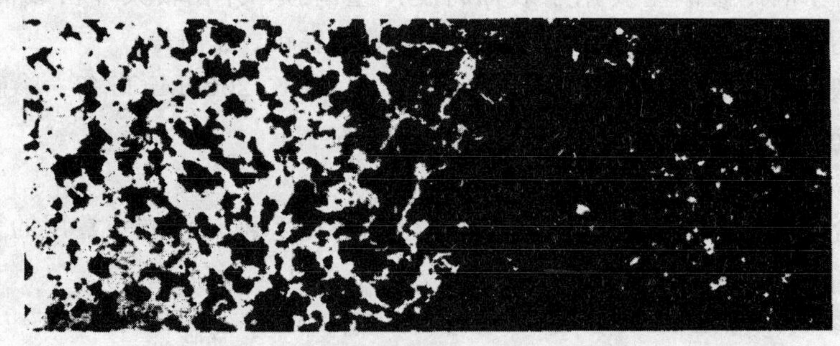

图 4－52　低碳钢渗碳缓冷后的显微组织

工件的渗碳层厚度取决于其尺寸及工作条件，一般为 0.5～2.5 mm。例如，齿轮的渗碳层厚度由其工作要求及模数等因素来确定，表 4－8 和表 4－9 分别列举了不同模数齿轮及其他工件的渗碳层厚度。

表 4－8　汽车、拖拉机齿轮的模数和渗碳层厚度

齿轮模数 m	2.5	3.5～4	4～5	5
渗碳层厚度/mm	0.6～0.9	0.9～1.2	1.2～1.5	1.4～1.8

表 4－9　机床零件的渗碳层厚度

渗碳层厚度/mm	应 用 举 例
0.2～0.4	厚度小于 1.2 mm 的摩擦片、样板等
0.4～0.7	厚度小于 2 mm 的摩擦片、小轴、小型离合器、样板等
0.7～1.1	轴、套筒、活塞、支承销、离合器等
1.1～1.5	主轴、套筒、大型离合器等
1.5～2.0	镶钢导轨、大轴、模数较大的齿轮、大轴承环等

3) 渗碳后的热处理

渗碳后的零件要进行淬火和低温回火处理，常用的淬火方法有三种，如图 4-53 所示。

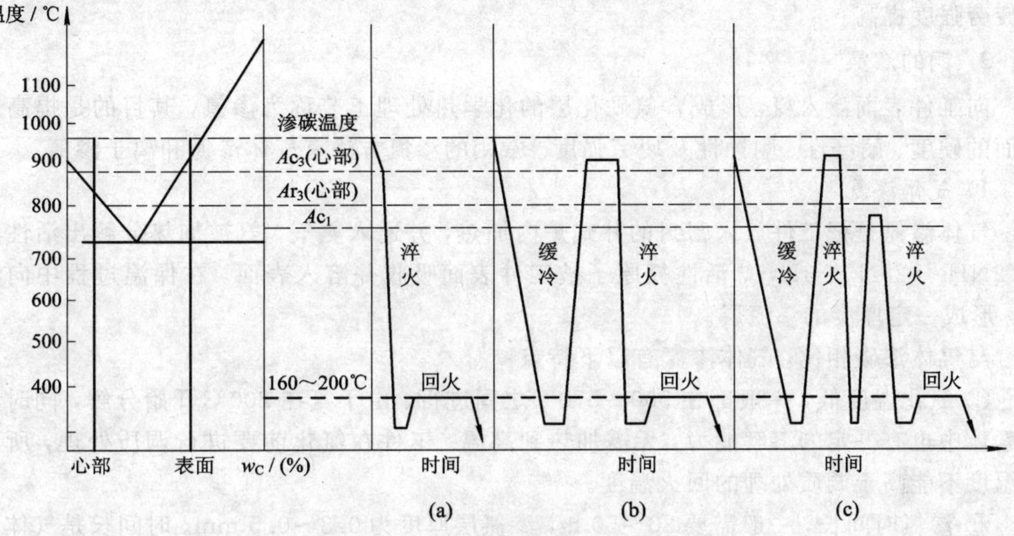

图 4-53　渗碳后的热处理示意图

(a) 直接淬火；(b) 一次淬火；(c) 二次淬火

(1) 直接淬火。渗碳后直接淬火(图 4-53(a))方法的工艺简单，生产率高，节约能源，成本低，脱碳倾向小；但由于渗碳温度高，奥氏体晶粒粗大、淬火后马氏体粗大、残留奥氏体也较多，所以工件表面耐磨性较低、变形较大。一般只用于合金渗碳钢或耐磨性要求比较低和承载能力低的工件。为了减少变形，渗碳后常将工件预冷至 830～850℃后再淬火。

(2) 一次淬火。一次淬火是将工件渗碳后缓冷到室温，再重新加热到临界点以上保温淬火(图 4-53(b))。对于心部组织性能要求较高的渗碳钢工件，一次淬火加热温度为 Ac_3 以上，主要是使心部晶粒细化，并得到低碳马氏体组织；对于承载不大而表面性能要求较高的工件，淬火加热温度为 Ac_1 以上 30～50℃，使表面晶粒细化，而心部组织无大的改善，性能略差一些。

(3) 二次淬火。对于本质粗晶粒钢或要求表面耐磨性高、心部韧性好的重负荷零件，应采用二次淬火(图 4-53(c))。第一次淬火加热到 Ac_3 以上 30～50℃，目的是细化心部组织并消除表面的网状渗碳体。第二次淬火加热到 Ac_1 以上 30～50℃，目的是细化表面层组织，获得细马氏体和均匀分布的粒状二次渗碳体。二次淬火法工艺复杂，生产周期长，生产效率较低，成本高，变形大，所以只用于要求表面耐磨性好和心部韧性高的零件。

渗碳淬火后要进行低温回火(160～200℃)，以消除淬火应力，提高韧性。

4) 渗碳钢淬火、回火后的性能

渗碳件组织：表层为高碳回火马氏体＋碳化物＋残余奥氏体，心部为低碳回火马氏体(或含铁素体、屈氏体)。

渗碳后的性能为：

(1) 表面硬度高达 58～64 HRC 以上，耐磨性较好。心部塑性、韧性较好，硬度较低。未淬硬时，心部为 138～185 HBS；淬硬后的心部为低碳马氏体组织，硬度可达 30～45 HRC。

(2) 疲劳强度高。渗碳钢的表面层为高碳马氏体，体积膨胀大，心部为低碳马氏体(淬透时)或铁素体加屈氏体(未淬透时)，体积膨胀小。结果在表面层造成残余压应力，使工件的疲劳强度提高。

3. 钢的渗氮

向工件表面渗入氮，形成含氮硬化层的化学热处理工艺称为渗氮，其目的是提高工件表面的硬度、耐磨性、耐蚀性及疲劳强度。常用的渗氮方法有气体渗氮和离子渗氮。

1) 气体渗氮

气体渗氮是把工件放入密封的井式炉内加热，并通入氨气，氨被加热分解出活性氮原子($2NH_3 \rightarrow 2[N]+3H_2$)，活性氮原子被工件表面吸收并溶入表面，在保温过程中向内扩散，形成一定厚度的渗氮层。

与气体渗碳相比，气体渗氮有以下特点：

① 氮化温度低，一般都在500～570℃之间进行。由于氨在200℃开始分解，同时氮在铁素体中也有一定的溶解能力，无需加热到高温。工件在氮化前要进行调质处理，所以氮化温度不能高于调质处理的回火温度。

② 渗氮时间长，一般需要20～50 h，渗氮层厚度为0.3～0.5 mm。时间长是气体渗氮的主要缺点。为了缩短时间，可采用二氮化法，其工艺过程如图4-54所示。第一阶段是使表层获得高的氮含量和硬度；第二阶段是在稍高的温度下进行较短时间的保温，以得到一定厚度的氮化层。为了加速氮化的进行，可采用催化剂如苯、苯胺、氯化铵等。催化剂能使氮化速度提高0.3～3倍。

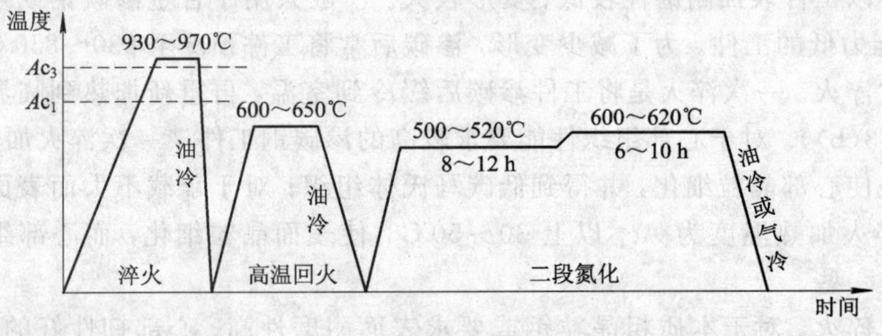

图4-54　38CrMoAl钢氮化工艺曲线图

③ 渗氮前零件需经调质处理，目的是改善机加工性能和获得均匀的回火索氏体组织，以保证渗氮后的工件具有较高的强度和韧性。对于形状复杂或精度要求高的零件，在氮化前精加工后还要进行消除内应力的退火，以减少氮化时的变形。

④ 渗氮后不需要再进行其他热处理，因为氮化过程中工件变形很小。

(1) 氮化件的组织和性能。

① 渗氮后的工件表面具有很高的硬度(1000～1100 HV)，而且可以在600℃以下硬度保持不降，所以渗氮层具有很高的耐磨性和热硬性。根据Fe-N相图(图4-55)，氮可溶于铁素体和奥氏体中，并与铁形成γ'相(Fe_4N)与ε相(Fe_2N)。氮化后，显微分析发现，气体渗氮后的工件表面最外层为白色的ε相的氮化物薄层，硬而脆但很耐蚀；紧靠这一层的是极薄的($\varepsilon+\gamma'$)两相区；其次是暗黑色含氮共析体($\alpha+\gamma'$)层；心部为原始回火索氏体组织(图4-56)。对于碳钢工件，上述固溶体和化合物中都溶有碳。

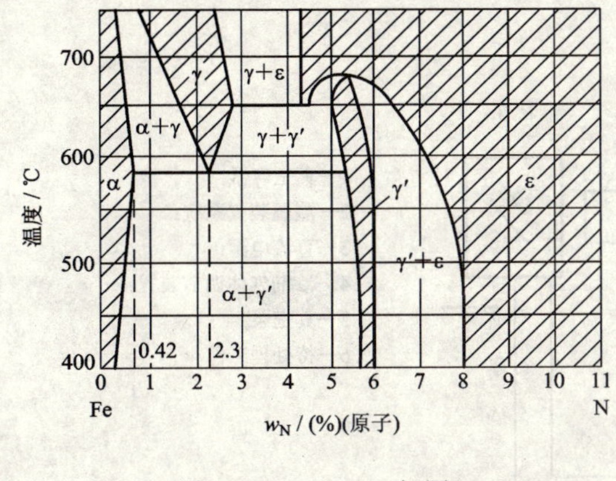

图 4 - 55　Fe - N 相图

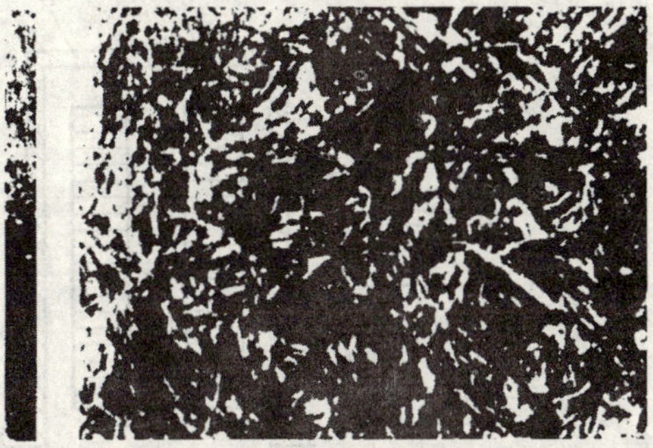

图 4 - 56　38CrMoAl 钢氮化层的显微组织(400×)

② 渗氮表面将形成致密的、化学稳定性较高的 ε 相层，所以耐蚀性好，在水、过热蒸气和碱性溶液中均很稳定。

③ 渗氮后工件表面层体积膨胀，形成较大的表面残余压应力，使渗氮件具有较高的疲劳强度。

④ 氮化温度低，零件变形小。

(2) 氮化用钢。碳钢氮化时形成的氮化物不稳定，加热时易分解并聚集粗化，使硬度很快下降。为了克服这个缺点，同时为了保证渗氮后的工件表面具有高硬度和高耐磨性，心部也具有强而韧的组织，所以氮化钢一般都是采用能形成稳定氮化物的中碳合金钢，如 35CrAlA、38CrMoAlA、38CrWVAlA 等。Al、Cr、Mo、W、V 等合金元素与 N 结合形成的氮化物 AlN、CrN、MoN 等都很稳定，并在钢中均匀分布，能起到弥散强化作用，使渗氮层达到很高的硬度，在 600～650℃也不降低。

由于渗氮工艺复杂，周期长，成本高，所以只适用于耐磨性和精度都要求较高的零件，或要求抗热、抗蚀的耐磨件，如发动机的汽缸、排气阀、精密机床丝杠、镗床主轴、汽轮机阀门、阀杆等。随着新工艺(如软氮化、离子氮化等)的发展，氮化处理得到了愈来愈广泛的应用。

2) 离子渗氮

离子渗氮在离子炉中进行(图 4 - 57)。它是利用直流辉光放电的物理现象来实现渗氮的，所以又称为辉光离子渗氮。离子渗氮的基本原理是：将严格清洗过的工件放在密封的真空室内的阴极盘上，并抽至真空度 1～10 Pa，然后向炉内通入少量的氨气，使炉内的气压保持在 133～1330 Pa 之间。阴极盘接直流电源的负极(阴极)，真空室壳和炉底板接直流电源的正极(阳极)并接地，并在阴阳极之间接通 500～900 V 的高压电。氨气在高压电场的作用下，部分被电离成氮和氢的正离子及电子，并在靠近阴极(工件)的表面形成一层紫红色的辉光放电现象。由于高能量的氮离子轰击工件的表面，将离子的动能转化为热能使工件表面温度升至渗氮的温度(500～650℃)。在氮离子轰击工件表面的同时，还能产生阴极溅射效应，溅射出铁离子。被溅射出来的铁离子在等离子区与氮离子化合形成氮化铁(FeN)，在高温和离子轰击工件的作用下，FeN 迅速分解为 Fe_2N、Fe_4N，并放出氮原子向工件内部扩散，于是在工件表面形成渗氮层，渗层为 Fe_2N、Fe_4N 等氮化物，具有很高的耐磨性、耐蚀性和疲劳强度。随着时间的增加，氮化层逐渐加深。

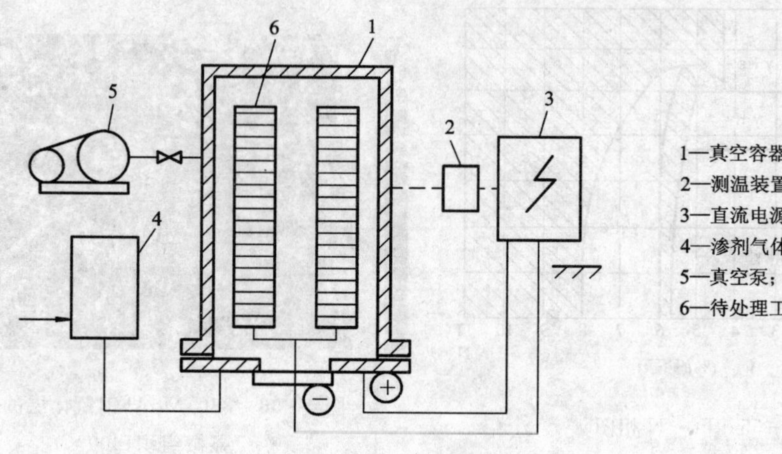

图 4-57　离子渗氮炉示意图

离子渗氮的优点是：

① 生产周期短。渗速快，是离子氮化的 3～4 倍。以 38CrMoAl 为例，渗氮层厚度要求 0.6 mm 时，气体渗氮周期为 50 h 以上，而离子渗氮只需 15～20 h。同时也节省了能源及减少气体的消耗。

② 渗层具有一定的韧性。由于离子渗氮的阴极溅射有抑制脆性层的作用，明显提高了渗氮层的韧性和抗疲劳强度。

③ 工件变形小。处理后变形小，表面银白色，质量好，特别适用于处理精密零件和复杂零件。

④ 能量消耗低，渗剂消耗少，对环境几乎无污染。

⑤ 渗氮前不需去钝处理。对于一些含 Cr 的钢，如不锈钢，表面有一层稳定致密的钝化膜，阻止氮的深入。但离子渗氮的阴极溅射能有效地除去钝化膜，克服了气体渗氮不能处理这类钢的不足。

4. 钢的碳氮共渗

碳氮共渗是同时向工件表面渗入碳和氮的化学热处理工艺，也称为氰化处理。常用的碳氮共渗工艺有液体碳氮共渗和气体碳氮共渗。液体碳氮共渗的介质有毒，污染环境，劳动条件差，很少应用。气体碳氮共渗有中温碳氮共渗和低温碳氮共渗，应用较为广泛。

1) 中温气体碳氮共渗

与气体渗碳一样，碳氮共渗是将工件放入密封炉内，加热到共渗温度，向炉内滴入煤油，同时通入氨气。保温一段时间后，工件的表面就获得一定深度的共渗层。

中温气体碳氮共渗温度对渗层的碳/氮含量比和厚度的影响很大。温度愈高，渗层的碳/氮比高，渗层也比较厚；降低共渗温度，碳/氮比小，渗层也比较薄。

生产中常用的共渗温度一般在 820～880℃范围内，保温时间在 1～2 h，共渗层厚 0.2～0.5 mm。渗层的氮浓度在 0.2%～0.3%，碳浓度在 0.85%～1.0%范围内。

中温碳氮共渗后可直接淬火，并低温回火。这是由于共渗温度低，晶粒较细，工件经淬火和回火后，共渗层的组织由细片状回火马氏体、适量的粒状碳氮化物以及少量的残留奥氏体组成。

中温碳氮共渗与渗碳相比具有以下优点：

(1) 渗入速度快，生产周期短，生产效率高。

(2) 加热温度低，工件变形小。

(3) 在渗层表面碳的质量分数相同的情况下，共渗层的硬度高于渗碳层因而耐磨性更好。

(4) 共渗层比渗碳层具有更高的压应力，因而有更高的疲劳强度，耐蚀性也比较好。

中温气体碳氮共渗主要应用于形状复杂、要求变形小的耐磨零件。

2) 低温气体碳氮共渗

低温碳氮共渗以渗氮为主，又称为气体软氮化，在普通气体渗氮设备中即可进行处理。软渗氮的温度在 520～570℃之间，时间一般为 1～6 h，常用介质为尿素。尿素在 500℃发生分解反应如下：

$$(NH_2)_2CO \rightarrow CO + 2H_2 + 2[N]$$

$$2CO \rightarrow CO_2 + 2[C]$$

由于处理温度比较低，在上述反应中，活性氮原子多于活性碳原子，加之碳在铁素体中的溶解度小，因此气体软渗氮是以渗氮为主。

软渗氮的特点是：

(1) 处理速度快，生产周期短。

(2) 处理温度低，零件变形小，处理前后零件精度没有显著变化。

(3) 渗层具有一定韧性，不易发生剥落。

与气体渗氮相比，软氮化硬度比较低(一般为 400～800 HV)，但能赋予零件表面耐磨、耐疲劳、抗咬合和抗擦伤等性能；缺点是渗层较薄，仅为 0.01～0.02 mm。一般用于机床、汽车的小型轴类和齿轮等零件，也可用于工具、模具的最终热处理。

4.3.6　钢的热处理新技术

随着科学的进步和发展，不断有许多钢的热处理新技术、新工艺出现，大大地提高了钢热处理后的质量和性能。

1. 可控气氛热处理和真空热处理

由于大多数的钢铁热处理是在空气中进行的，所以氧化与脱碳是热处理常见缺陷之一。它不但造成钢铁材料的大量损耗，而且也使产品质量及使用寿命下降。据统计，在汽车制造业中，在氧化介质中热处理造成的烧损量占整个热处理零件重量的 7.5%。另外，热处理过程中产生的氧化皮也需要在后序的加工中清理掉，既增加了工时又浪费了材料。目前防止氧化和脱碳的最有效方法是采用可控气氛热处理和真空热处理。

1) 可控气氛热处理

向炉内通入一种或几种一定成分的气体，通过对这些气体成分的控制，使工件在热处理过程中不发生氧化和脱碳，这就是可控气氛热处理。

采用可控气氛热处理是当前热处理的发展方向之一，它可以防止工件在加热时的氧化脱碳，实现光亮退火、光亮淬火等先进热处理工艺，节约钢材，提高产品质量。也可以通过调整气体成分，在光亮热处理的同时，实现渗碳和碳氮共渗。可控气氛热处理也便于实现热处理过程的机械化和自动化，大大提高劳动生产率。

通常，可控气氛是由CO、H_2、N_2及微量的CO_2和H_2O与CH_4等气体组成，根据这些气体与钢及钢中的化合物的化学反应不同，可将其分为：

(1) 具有氧化与脱碳作用的气体，如氧、二氧化碳与水蒸气，它们在高温下都会使工件表面产生强烈的氧化和脱碳，在气氛中应严格控制。

(2) 具有还原作用的气体，如氢和一氧化碳属于这类气体，它们不仅能保护工件在高温下不氧化，而且还能将已氧化的铁还原。另外，一氧化碳还具有弱渗碳的作用。

(3) 中性气体，如氮在高温下与工件既不发生氧化、脱碳，也不增碳。一般做保护气氛使用。

(4) 具有强烈渗碳作用的气体，如甲烷及其他碳氢化合物。甲烷在高温下能分解出大量的碳原子，渗入钢表面使之增碳。

可控气氛往往是由多种气体混合而成，适当调整混合气体的成分，可以控制气氛的性质，达到无氧化脱碳或渗碳的目的。

目前用于热处理的可控气氛名称和种类很多，我国目前常用的可控气氛主要有以下四大类：

(1) 放热式气氛。用煤气或丙烷等与空气按一定比例混合后进行放热反应(燃烧反应)而制成，由于反应时放出大量的热，故称为放热式气氛。主要用于防止加热时的氧化，如低、中碳钢的光亮退火或光亮淬火等。

(2) 吸热式气氛。用煤气、天然气或丙烷等与空气按一定比例混合后，通入发生器进行吸热反应(外界加热)，故称为吸热式气氛，其碳势(碳势是指炉内气氛与奥氏体之间达到平衡时，钢表面的碳的质量分数)可调节和控制，可用于防止工件的氧化和脱碳，或用于渗碳处理。它适用于各种碳的质量分数的工件光亮退火、淬火，渗碳或碳氮共渗。

(3) 氨分解气氛。将氨气加热分解为氮和氢，一般用来代替价格较高的纯氢作为保护气氛。主要应用于含铬较高的合金钢(如不锈钢、耐热钢)的光亮退火、淬火和钎焊等。

(4) 滴注式气氛。用液体有机化合物(如甲醇、乙醇、丙酮和三乙醇氨等)混合滴入热处理炉内所得到的气氛称为滴注式气氛。它容易获得，只需要在原有的井式炉、箱式炉或连续炉上稍加改造即可使用。如滴注式可控气氛渗碳就是向井式渗碳炉中同时滴入两种有机液体，如甲醇和丙酮。前者分解后作为稀释气氛的载流体；丙酮分解后，形成渗碳能力很强的渗碳气体。调节两种液体的滴入比例，可以控制渗碳气氛的碳势。滴注式气氛主要应用于渗碳、碳氮共渗、软氮化、保护气氛淬火和退火等。

2) *真空热处理*

金属和合金在真空热处理时会产生一些常规热处理技术所没有的作用，是一种能得到高的表面质量的热处理新技术，目前越来越受到重视。

(1) 真空热处理的效果。

① 真空的保护作用。真空加热时，由于氧的分压很低，氧化性、脱碳性气体极为稀薄，可以防止氧化和脱碳，当真空度达到1.33×10^{-3} Pa时，即可达到无氧化加热，同时真空热处理属于无污染的洁净热处理。

② 表面净化效果。金属表面在真空热处理时不仅可以防止氧化，而且还可以使已发生氧化的表面在真空加热时脱氧。因为在高真空中，氧的分压很低，加热可以加速金属氧化物分解，从而获得光亮的表面。

③ 脱脂作用。在机械加工时，工件不可避免地沾有油污，这些油污属于碳、氢和氧的化合物。在真空加热时，这些油污迅速分解为氢、水蒸气和二氧化碳，很容易蒸发而被排出炉外。所以在真空热处理中，即使工件有轻微的油污也会得到光亮的表面。

④ 脱气作用。在真空中长时间加热能使溶解在金属中的气体逸出，有利于提高钢的韧性。

⑤ 工件变形小。在真空中加热，升温速度慢，工件截面温差小，所以处理时变形小。

(2) 真空热处理的应用。

① 真空退火。利用真空无氧加热的效果，进行光亮退火，主要应用有冷拉钢丝的中间退火、不锈钢的退火以及有色合金的退火等。

② 真空淬火。真空淬火已广泛应用于各种钢的淬火处理，特别是对高合金工具钢的淬火处理，保证了热处理工件的质量，大大提高了工件的性能。

③ 真空渗碳。工件在真空中加热并进行气体渗碳，称为真空渗碳，也叫低压渗碳，是近年来发展起来的一项新工艺。与传统渗碳方法相比，真空渗碳温度高(1000℃)，可显著缩短渗碳时间，并减少渗碳气体的消耗真空渗碳层均匀，渗层内碳浓度变化平缓，无反常组织及晶间氧化物产生，表面光洁。

2. 形变热处理

形变热处理是将形变与相变结合在一起的一种热处理新工艺，它能获得形变强化与相变强化的综合作用，是一种既可以提高强度，又可以改善塑性和韧性的最有效的方法。形变热处理中的形变方式很多，可以是锻、轧、挤压、拉拔等。

形变热处理中的相变类型也很多，有铁素体珠光体类型相变、贝氏体类型相变、马氏体类型相变及时效沉淀硬化型相变等。形变与相变的关系也是各式各样的，可以先形变后相变，也可以相变后再形变，或者是在相变过程中进行形变。目前最常用的有以下两种：

1) 高温形变热处理

将钢加热到 Ac_3 以上(奥氏体区域)，进行塑性变形，然后淬火和回火的工艺方法(图 4－58)；也可以立即在变形后空冷或控制冷却，得到铁素体珠光体或贝氏体组织，这种工艺称为高温形变正火，也称为“控制轧制”。

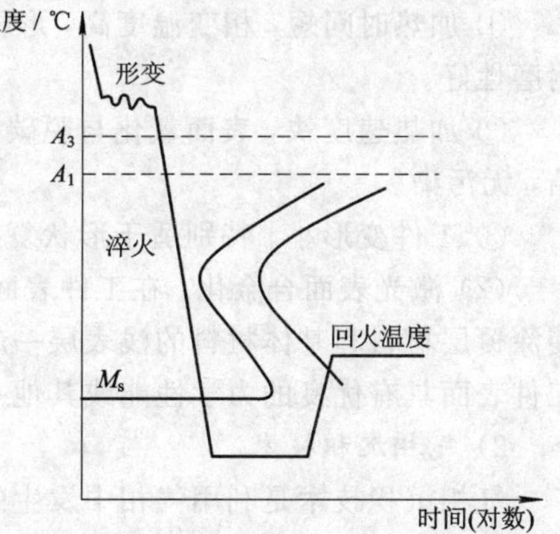

图 4－58　高温形变热处理工艺曲线示意图

这种工艺的关键是在形变时，为了保留形变强化的效果，应尽可能避免发生再结晶软化，所以形变后应立即快速冷却。高温形变强化的原因是在形变过程中位错密度增加，奥氏体晶粒细化，使马氏体细化，从而提高了强化效果。

与普通热处理相比，高温形变热处理不但提高了钢的强度，同时也提高了钢的塑性和韧性，使钢的综合力学性能得到明显的改善。高温形变热处理适用于各类钢材，可将锻造和轧制同热处理结合起来，减少加热次数，节约能源；同时减少了工件氧化、脱碳和变形，在设备上没有特殊要求，生产上容易实现，目前在连杆、曲轴、汽车板簧和热轧齿轮中应用较多。

2) 中温形变热处理

将钢加热到 Ac_3 以上，迅速冷却到珠光体和贝氏体形成温度之间，对过冷奥氏体进行一定量的塑性变形，然后淬火回火，这种处理方法称为中温形变热处理(图 4-59)。中温形变热处理要求钢要有较高的淬透性，以便在形变时不产生非马氏体组织。所以它适用于过冷奥氏体等温转变图上具有两个 C 曲线，即在 550～650℃范围内存在过冷奥氏体亚稳定区的合金钢。

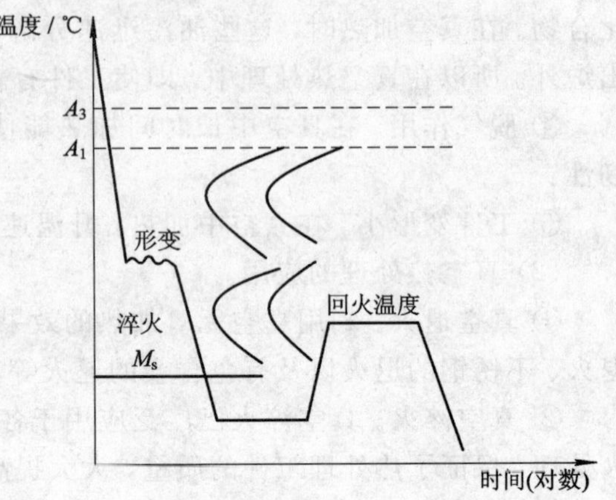

图 4-59　中温形变热处理工艺曲线示意图

中温形变热处理的强化效果非常显著，而且塑性和韧性不降低，甚至略有升高。因为在形变时，不仅使马氏体组织细化，而且还能增加马氏体中的位错密度，同时细小的碳化物在钢中弥散分布也起到了强化的作用。

中温形变热处理的形变温度较低，而且要求形变速度要快，所以加工设备功率大。因此，虽然中温形变热处理的强化效果好，但因工艺实施困难，应用受到限制，目前主要用于强度要求极高的零件，如飞机起落架、高速钢刃具、弹簧钢丝、轴承等。

3. 表面热处理新技术

1) 激光热处理

激光是一种具有极高能量密度、极高亮度、单色性和方向性的强光源。随着激光技术的发展，以及大功率激光器在生产中的应用，激光热处理工艺的应用越来越广泛。

(1) 激光加热表面淬火。激光束可以在极短的时间(1/100～1/1000 s)内将工件表面加热到相变温度，然后依靠工件本身的传热实现快速冷却淬火。其特点是：

① 加热时间短，相变温度高，形核率高，淬火得到隐晶马氏体组织，因而表面硬度高，耐磨性好。

② 加热速度快，表面氧化与脱碳极轻，同时靠自冷淬火，不用冷却介质，工件表面清洁，无污染。

③ 工件变形小。特别适于形状复杂的零件(拐角、沟槽、盲孔)的局部热处理。

(2) 激光表面合金化。在工件表面涂覆一层合金元素或化合物，再用激光束进行扫描，使涂覆层材料和基体材料的浅表层一起熔化、凝固，形成一超细晶粒的合金化层，从而使工件表面具有优良的力学性能或其他一些特殊要求的性能。

2) 气相沉积技术

气相沉积技术是利用气相中发生的物理、化学反应，生成的反应物在工件表面形成一层具有特殊性能的金属或化合物的涂层。气相沉积分为两大类：一类是化学气相沉积(简称 CVD 法)；另一类是物理气相沉积(简称 PVD 法)。近年来由于气相沉积技术的发展，将等离子技术引入化学气相沉积，出现了等离子体化学气相沉积(简称 PVCD 法)。

化学气相沉积是利用气态物质在固态工件表面进行化学反应，生成固态沉积物的过程。常用的碳化钛或氮化钛的沉积方法就是向加热到 900～1100℃的反应室内通入 $TiCl_4$、H_2、N_2、CH_4 等反应气体，经数小时沉积后，在工件表面形成几微米厚的碳化钛或氮化钛。化学气相沉积的速度较快，而且涂层均匀，但由于沉积温度高，工件变形大，只能用于少数几种能承受高温的材料。

物理气相沉积是通过蒸发、电离或溅射等过程产生金属粒子与反应气体反应生成化合物，沉积在工件的表面形成涂层。物理气相沉积温度低(～500℃)，可以在刃具、模具的表面沉积一层硬质膜，提高它们的使用寿命。

等离子体化学气相沉积技术是在化学气相沉积技术基础上，将等离子体引入到反应室内，使沉积温度从化学气相沉积的 1000℃降到了 600℃以下，扩大了其应用范围。

气相沉积通常是在工件表面上涂覆一层过渡族元素(如钛、铌、钒、铬等)的碳、氮、氧、硼化合物。气相沉积方法的优点是涂覆层附着力强、均匀、质量好、无污染等。涂覆层具有良好的耐磨性、耐蚀性等，涂覆后的零件寿命可提高 2～10 倍以上。气相沉积技术还能制备各种润滑膜、磁性膜、光学膜以及其他功能膜，因此在机械制造、航空航天、原子能等部门得到了广泛的应用。

思考与练习

4-1　名词解释：

奥氏体的起始晶粒度，实际晶粒度，本质晶粒度；珠光体，索氏体，屈氏体，贝氏体，马氏体；奥氏体，过冷奥氏体，残余奥氏体；退火，正火，淬火，回火，冷处理；临界淬火冷却速度(v_k)，淬透性，淬硬性。

4-2　珠光体类型组织有哪几种？它们在形成条件、组织形态和性能方面各有何特点？

4-3　贝氏体类型组织有哪几种？它们在形成条件、组织形态和性能方面各有何特点？

4-4　马氏体组织有哪几种基本类型？它们的形成条件、晶体结构、组织形态，性能各有何特点？马氏体的硬度与含碳量关系如何？

4-5　何谓连续冷却及等温冷却？试绘出奥氏体这两种冷却方式的示意图。

4-6　说明共析碳钢 C 曲线各个区、各条线的物理意义，并指出影响 C 曲线形状和位置的主要因素。

4-7　将 ϕ5 mm 的 T8 钢加热至 760℃并保温足够时间，问采用什么样的冷却工艺可得到如下的组织：珠光体、索氏体、屈氏体、上贝氏体、下贝氏体、屈氏体＋马氏体、马氏体＋少量残余奥氏体。在 C 曲线上画出工艺曲线示意图。

4-8　试比较共析钢过冷奥氏体等温转变曲线和连续转变曲线的异同点。

4-9　淬火的目的是什么？亚共析钢和过共析钢淬火加热温度应如何选择？

4-10　说明 45 钢试样(ϕ10 mm)经下列温度加热，保温并在水中冷却得到的室温组织：700℃、760℃、840℃、1100℃。

4-11　淬透性与淬硬层深度两者有何联系和区别？影响钢淬透性的因素有哪些？影响钢制零件淬硬层深度的因素有哪些？

4-12　机械设计中应如何考虑钢的淬透性？

4-13　指出下列组织的主要区别：

(1) 索氏体与回火索氏体；

(2) 屈氏体与回火屈氏体；

(3) 马氏体与回火马氏体。

4-14 甲、乙两厂生产同一批零件，材料均选用 45 钢，硬度要求为 220～250 HB。甲厂采用正火，乙厂采用调质，都能达到硬度要求。试分析甲、乙两厂产品的组织和性能的差别。

4-15 现有低碳钢和中碳钢齿轮各一个，为了使齿面具有高硬度和高耐磨性，应进行何种热处理？并比较经热处理后钢件在组织和性能上有何不同。

4-16 试说明表面淬火、渗碳、氮化热处理工艺在用钢、性能、应用范围等方面的差别。

第二部分　常用工程材料的基本知识

第5章　金属材料

金属材料是目前应用最广泛的工程材料，尤其是钢铁材料、有色金属及其合金中的铝及铝合金、铜及铜合金和轴承合金的应用更为重要。

5.1 工业用钢

工业用钢按化学成分可分为碳素钢和合金钢两大类。碳素钢(简称碳钢)除铁、碳元素之外，还含有少量的锰、硅、硫、磷等杂质元素。由于碳钢具有较好的力学性能和工艺性能，并且产量大，价格较低，已成为工程上应用最广泛的金属材料。合金钢是为了改善和提高钢的性能或使之获得某些特殊性能，在碳钢的基础上，特意加入某些合金元素而得到的钢种。由于合金钢具有比碳钢更优良的特性，因而合金钢的用量正在逐年增大。

5.1.1 钢的分类与牌号

1. 钢的分类

钢的分类方法很多，最常用的是如图5-1所示，按照钢的化学成分、用途、质量或热处理金相组织等进行分类。除此之外，还可以按钢的冶炼方法分为平炉钢、转炉钢、电炉钢；按钢的脱氧程度分为沸腾钢、镇静钢、半镇静钢。

2. 钢的牌号

我国钢材的编号是按碳的质量分数、合金元素的种类和数量以及质量级别来编号的。依据国家标准规定，钢号中的化学元素采用国际化学元素符号表示，如Si、Mn、Cr(稀土元素用“RE”表示)。产品名称、用途、冶炼和浇注方法等则采用汉语拼音字母表示。表5-1是部分钢的名称、用途、冶炼方法及浇注方法用汉字或汉语拼音字母表示的代号。

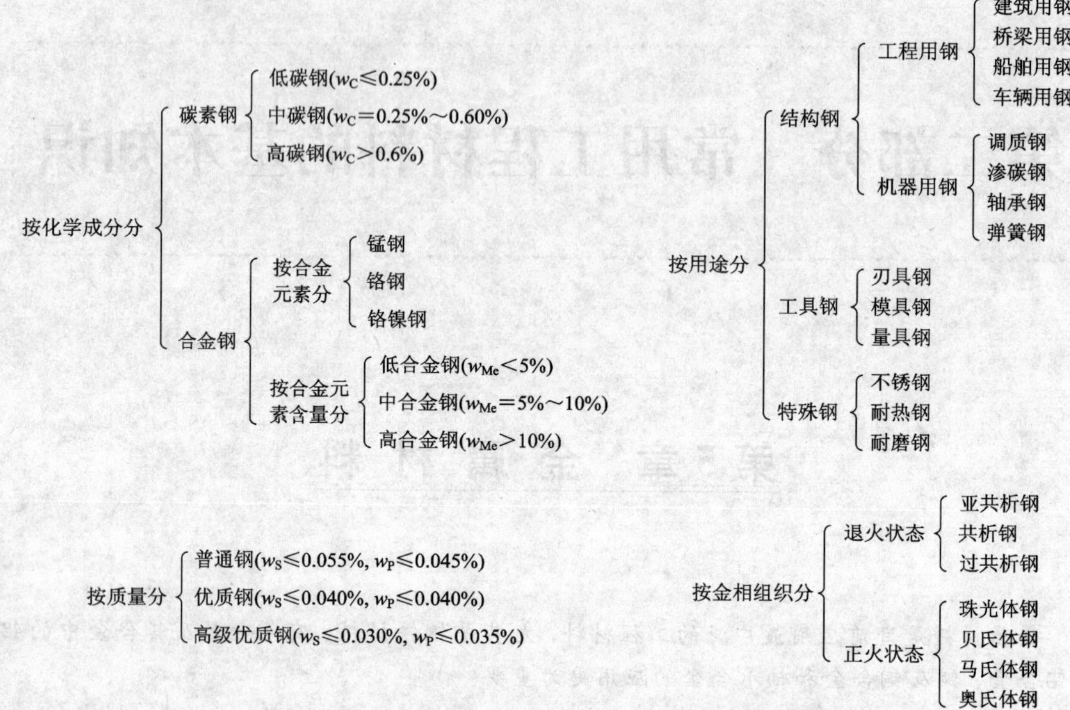

图 5-1　钢的常用分类方法

表 5-1　部分钢的名称、用途、冶炼方法及浇注方法代号

名　称	牌号表示		名　称	牌号表示	
	汉　字	汉语拼音字母		汉　字	汉语拼音字母
平炉	平	P	高温合金	高温	GH
酸性转炉	酸	S	磁钢	磁	C
碱性侧吹转炉	碱	J	容器用钢	容	R
顶吹转炉	顶	D	船用钢	船	C
氧气转炉	氧	Y	矿用钢	矿	K
沸腾钢	沸	F	桥梁钢	桥	q
半镇静钢	半	B	锅炉钢	锅	g
碳素工具钢	碳	T	钢轨钢	轨	U
滚动轴承钢	滚	G	焊条用钢	焊	H
高级优质钢	高	A	电工用纯铁	电铁	DT
易切钢	易	Y	铆螺钢	铆螺	ML
铸钢		ZG			

(1) 普通碳素结构钢。这类钢是用代表屈服强度的字母 Q、屈服强度值、质量等级符号(A、B、C、D)以及脱氧方法符号(F、b、Z、TZ)等四部分按顺序组成。如 Q235—A、F，表示屈服强度为 235 MPa 的 A 级沸腾钢。质量等级符号反映碳素结构钢中硫、磷含量的多

少，A、B、C、D的质量依次增高。

(2) 优质碳素结构钢。这类钢的钢号是用钢中平均碳质量分数的两位数字表示，单位为万分之一。如钢号45，表示平均碳质量分数为0.45%的钢。

对于碳质量分数大于0.6%，锰的质量分数在0.9%～1.2%者以及碳质量分数小于0.6%，锰的质量分数为0.7%～1.0%的钢，数字后面附加化学元素符号“Mn”。如钢号25Mn，表示平均碳质量分数为0.25%，锰的质量分数为0.7%～1.0%的钢。

沸腾钢、半镇静钢以及专门用途的优质碳素结构钢，应在钢号后特别标出。如15 g即为平均碳质量分数为0.15%的锅炉用钢。

(3) 碳素工具钢。碳素工具钢是在钢号前加“T”表示，其后跟以表示钢中平均碳质量分数的千分之几的数字。如平均碳质量分数为0.8的碳素工具钢记为“T8”。高级优质钢则在钢号末端加“A”，如“T10A”。

(4) 合金结构钢。合金结构钢的钢号由“数字＋元素＋数字”三部分组成。前两位数字表示钢中平均碳质量分数的万分之几；合金元素用化学元素符号表示，元素符号后面的数字表示该元素平均质量分数。当其平均质量分数＜1.5%时，一般只标出元素符号而不标数字，当其质量分数大于等于1.5%、2.5%、3.5% … 时，则在元素符号后相应地标出2、3、4 …。虽然这类钢中的钒、钛、铝、硼、稀土(Re)等合金元素质量分数很低，但仍应在钢中标出元素符号。高级优质钢在钢号后应加字母“A”。

(5) 合金工具钢。该类钢编号前用一位数字表示平均碳质量分数的千分数，如9CrSi钢，表示平均碳质量分数为0.9%(当平均碳质量分数大于等于1%时，不标出其碳质量分数)，合金元素Cr、Si的平均质量分数都小于1.5%的合金工具钢；Cr12MoV钢表示平均碳质量分数大于1%，铬的质量分数约为12%，钼、钒质量分数都小于1.5%的合金工具钢。

高速钢的钢号中一般不标出碳质量分数，仅标出合金元素的平均质量分数的百分数，如W6Mo5Cr4V2。

(6) 滚动轴承钢。高碳铬轴承钢属于专用钢，该类钢的表示方法是：在钢号前冠以“G”，其后为“Cr＋数字”，数字表示铬质量分数的千分之几。例如GCr15钢，表示平均质量分数铬为1.5%的滚动轴承钢。

(7) 特殊性能钢。特殊性能钢的碳质量分数也以千分之几表示。如“9Cr18”表示该钢平均碳质量分数为0.9%。但当钢的碳质量分数分别小于等于0.03%、0.08%时，钢号前应相应冠以00、0。如00Cr18Ni10、0Cr19Ni9等。

(8) 铸钢。铸钢的牌号由字母“ZG”后面加两组数字组成，第一组数字代表屈服强度值，第二组数字代表抗拉强度值。例如ZG 270－500表示屈服强度为270 MPa、抗拉强度为500 MPa的铸钢。

5.1.2 钢中的杂质及合金元素

1. 杂质元素对钢性能的影响

钢中除铁与碳两种元素外，还含有少量锰、硅、硫、磷、氧、氮、氢等非特意加入的杂质元素。它们对钢的性能有一定影响。

1）锰

锰是在炼钢时用锰铁脱氧后而残留在钢中的。锰的脱氧能力较好，能清除钢中的FeO，降低钢的脆性。锰与硫化合成MnS，可以减轻硫的有害作用，改善钢的热加工性能。锰大部分溶于铁素体中，形成置换固溶体，发生强化作用。锰对钢的性能有良好的影响，是一种有益的元素。

2）硅

硅是在炼钢时用硅铁脱氧后而残留在钢中的。硅的脱氧能力比锰强，能有效地消除钢中的FeO，改善钢的品质。大部分硅溶于铁素体中，使钢的强度有所提高。

3）硫

硫是在炼钢时由矿石和燃料所带来的。在钢中一般是有害杂质，硫在α-Fe中溶解度极小，以FeS的形式存在。FeS与Fe形成低熔点共晶体（FeS+Fe），熔点为985℃，低于钢材热加工的开始温度（1150～1250℃）。因此在热加工时，分布在晶界上的共晶体处于熔化状态而导致钢的开裂，这种现象称为热脆。因为Mn与S能形成熔点高的MnS（熔点为1620℃），所以增加钢中锰的含量，可消除硫的有害作用。硫化锰在铸态下呈点状分布于钢中，高温时塑性好，热轧时易被拉成长条，使钢产生纤维组织。钢中硫的含量必须严格控制。

2. 合金元素在钢中的作用

合金元素在钢中的作用是极为复杂的，当钢中含有多种合金元素时更是如此。下面简要叙述合金元素在钢中的几个最基本的作用。

1）合金元素对钢中基本相的影响

铁素体和渗碳体是碳钢中的两个基本相，合金元素加入钢中时，既可以溶于铁素体内，也可以溶于渗碳体内。与碳亲和力弱的非碳化物形成元素，如镍、硅、铝、钴等，主要溶于铁素体中形成合金铁素体；而与碳亲和力强的碳化物形成元素，如锰、铬、相、钨、钒、铌、锆、钛等，则主要与碳结合形成合金渗碳体或碳化物。

（1）强化铁素体。大多数合金元素都能溶于铁素体，由于其与铁的晶格类型和原子半径有差异，必然引起铁素体晶格畸变，产生固溶强化作用，使其强度、硬度升高，塑性和韧性下降。图5-2和图5-3为几种合金元素含量对铁素体硬度和韧性的影响。由图可见，锰、硅能显著提高铁素体的硬度，但当$w_{Mn}>1.5\%$、$w_{Si}>0.6\%$时，将强烈地降低其韧性。只有铬和镍比较特殊，在适当的含量范围内（$w_{Cr}\leqslant2\%$、$w_{Ni}\leqslant5\%$），不仅能提高铁素体的硬度，而且还能提高其韧性。

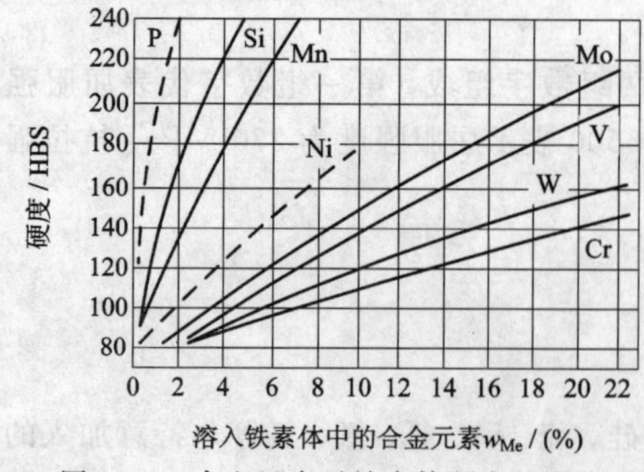

图5-2　合金元素对铁素体硬度的影响

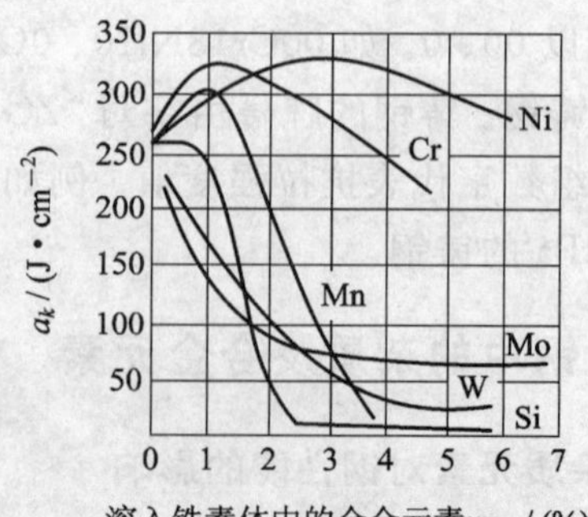

图5-3　合金元素对铁素体冲击韧性的影响

(2) 形成合金碳化物。碳化物是钢中的重要组成相之一，碳化物的类型、数量、大小、形状及分布对钢的性能有很重要的影响。在碳钢中，在平衡状态下，可以按碳含量不同，分为亚共析钢、共析钢、过共析钢。通过热处理又可改变珠光体中Fe_3C片的大小，从而获得珠光体、索氏体、屈氏体等。在合金钢中，碳化物的状况显得更重要。作为碳化物形成元素，在元素周期表中都是位于铁以左的过渡族金属，越靠左，则d层电子数越少，形成碳化物的倾向越强。

合金元素按其与钢中的碳亲和力的大小可分为非碳化物形成元素和碳化物形成元素两大类。常见的非碳化物形成元素有：镍、钴、铜、硅、铝、氮、硼等；常见的碳化物形成元素按照与碳亲和力由弱到强的排列是：铁、锰、铬、钼、钨、钒、铌、锆、钛等。钢中形成的合金碳化物主要有以下两类：

① 合金渗碳体。弱或中强碳化物形成元素，由于其与碳的亲合力比铁强，通过置换渗碳体中的铁原子溶于渗碳体中，从而形成合金渗碳体，如$(FeMn)_3C$、$(FeCr)_3C$等。合金渗碳体与Fe_3C的晶体结构相同，但比Fe_3C略稳定，硬度也略高，是一般低合金钢中碳化物的主要存在形式。这种碳化物的熔点较低、硬度较低、稳定性较差。

② 特殊碳化物。中强或强碳化物形成元素与碳形成的化合物，其晶格类型与渗碳体完全不同。根据碳原子半径r_C与金属原子半径r_M的比值，可将碳化物分成两类：

当$r_C/r_M > 0.59$时，形成具有简单晶格的间隙化合物，如$Cr_{23}C_6$、Fe_3W_3C、Cr_7C_3等。

当$r_C/r_M < 0.59$时，形成具有复杂晶格的间隙相，或称之为特殊碳化物，如WC、VC、TiC、Mo_2C等。与间隙化合物相比，它们的熔点、硬度与耐磨性高，也更稳定，不易分解。

其中，中强碳化物形成元素如铬、钼、钨，既能形成合金渗碳体，如$(FeCr)_3C$等，又能形成各自的特殊碳化物，如Cr_7C_3、$Cr_{23}C_6$、MoC、WC等。这些碳化物的熔点、硬度、耐磨性以及稳定性都比较高。

铌、锆、钛是强碳化物形成元素，它们在钢中优先形成特殊碳化物，如VC、NbC、TiC等。它们的稳定性最高，熔点、硬度和耐磨性也最高。

2) 合金元素对热处理和力学性能的影响

合金钢一般都是经过热处理后使用的，主要是通过热处理改变钢的组织来显示合金元素的作用。

(1) 改变奥氏体区域。扩大奥氏体区域的元素有镍、锰、碳、氮等，这些元素使A_1和A_3温度降低，使S点、E点向左下方移动，从而使奥氏体区域扩大。图5-4表示锰对奥氏体区域位置的影响。

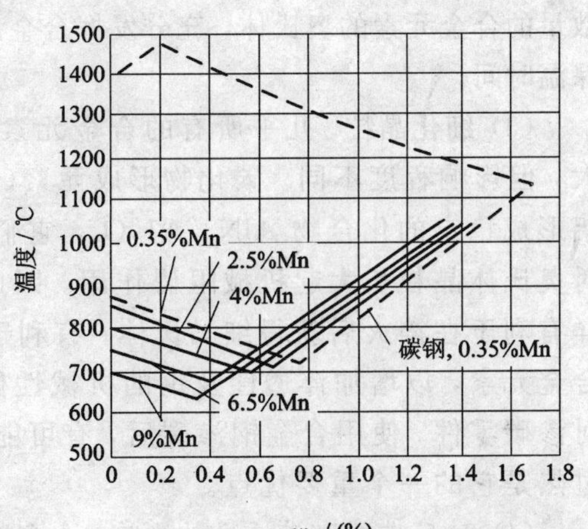

图5-4 合金元素锰对γ区的影响

$w_{Mn} > 13\%$或$w_{Ni} > 9\%$的钢，其S点就能降到零点以下，在常温下仍能保持奥氏体状态，成为奥氏体钢。由于A_1和A_3温度的降低直接影响热处理加热的温度，所以锰钢、镍钢的淬火温度低于碳钢。又由于S点的左移，使共析成分降低，于是，与同样含碳量的亚共析碳钢相比，组织中的珠光体数量增加，而使钢得到强化。由于E点的左移，又会使发生共晶转变的含碳量降低，在 w_C 较低时，使钢具有莱氏体组织。如在高速钢中，虽然含碳量只有 0.7%～0.8%，但是由于 E 点左移，在铸态下会得到莱氏体组织，成为莱氏体钢。

缩小奥氏体区域的元素有铬、钼、硅、钨等，使 A_1 和 A_3 温度升高，使 S 点、E 点向左上方移动，从而使奥氏体的淬火温度也相应地提高了。图 5-5 是铬对奥氏体区域位置的影响。当 $w_{Cr}>13\%$（含碳量趋于零）时，奥氏体区域消失，在室温下得到单相铁素体，称为铁素体钢。

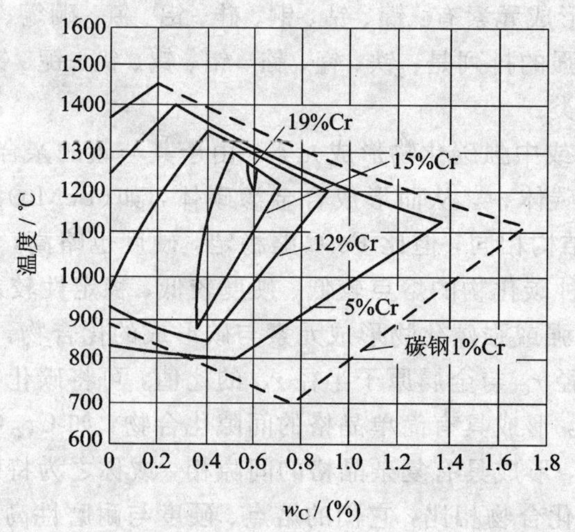

图 5-5　合金元素铬对 γ 区的影响

(2) 对奥氏体化的影响。大多数合金元素（除镍、钴外）减缓奥氏体化过程。合金钢在加热时，奥氏体化的过程基本上与碳钢相同，即包括奥氏体的形核与长大，碳化物的溶解以及奥氏体均匀化这三个阶段，它是扩散型相变。钢中加入碳化物形成元素后，使这一转变减慢。一般合金钢，特别是含有强碳化物形成元素的钢，为了得到较均匀的，含有足够数量的合金元素的奥氏体，充分发挥合金元素的有益作用，就需更高的加热温度与较长的保温时间。

(3) 细化晶粒。几乎所有的合金元素（除锰外）都能阻碍钢在加热时奥氏体晶粒长大，但影响程度不同。碳化物形成元素（如钒、钛、铌、铬等）容易形成稳定的碳化物，铝形成稳定的化合物 AlN、$A1_2O_3$，它们都以弥散质点的形式分布在奥氏体晶界上，对奥氏体晶粒长大起机械阻碍作用。因此，除锰钢外，合金钢在加热时不易过热。这样有利于在淬火后获得细马氏体；有利于适当提高加热温度，使奥氏体中溶入更多的合金元素，以增加淬透性及钢的机械性能；同时也可减少淬火时变形与开裂的倾向。对渗碳零件，使用合金钢渗碳后，有可能直接淬火，以提高生产率。因此，合金钢不易过热是它的一个重要优点。

(4) 对 C 曲线和淬透性的影响。大多数合金元素（除钴外）溶入奥氏体后，都能降低原子扩散速度，增加过冷奥氏体的稳定性，均使曲线位置向右下方移动（图 5-6），临界冷却速度减小，从而提高钢的淬透性。通常对于合金钢就可以采用冷却能力较低的淬火剂淬火，即采用油淬火，以减少零件的淬火变形和开裂倾向。

合金元素不仅使C曲线位置右移，而且对C曲线的形状也有影响。非碳化物形成元素和弱碳化物形成元素，如镍、锰、硅等，仅使C曲线右移，如图5-6(a)所示。而对于中强和强碳化物形成元素，如铬、钨、钼、钒等，溶于奥氏体后，不仅使C曲线右移，提高钢的淬透性，而且能改变C曲线的形状，将珠光体转变与贝氏体转变明显地分为两个独立的区域，如图5-6(b)所示。

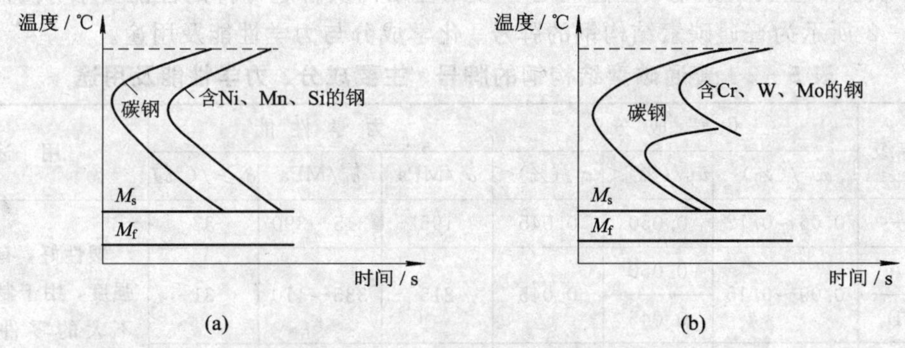

图5-6 合金元素对C曲线的影响
(a) 非碳化物形成元素；(b) 碳化物形成元素

合金元素对钢的淬透性的影响，由强到弱可排成下列次序：钼、锰、钨、铬、镍、硅、钒。能显著提高钢淬透性的元素有钼、锰、铬、镍等，微量的硼(w_B<0.005%)也可显著提高钢的淬透性。多种元素同时加入要比各元素单独加入更为有效，所以淬透性好的钢多采用“多元少量”的合金化原则。

(5) 提高回火稳定性。淬火钢在回火时抵抗硬度下降(软化)的能力称为回火稳定性。回火是靠固态下的原子扩散完成的，由于合金元素溶入马氏体，使原子扩散速度减慢，因而在回火过程中，马氏体不易分解，碳化物也不易析出聚集长大，因而提高了钢的回火稳定性。高的回火稳定性可以使钢在较高温度下仍能保持高的硬度和耐磨性。由于合金钢的回火稳定性比碳钢高，若要求得到同样的回火硬度，则合金钢的回火温度应比碳钢高，回火时间也应延长，因而内应力消除得好，钢的韧性和塑性指标就高。而当回火温度相同时，合金钢的强度、硬度就比碳钢高。钢在高温(>500℃)下保持高硬度(≥60 HRC)的能力叫热硬性。这种性能对切削工具钢具有重要的意义。

碳化物形成元素如铬、钨、钼、钒等，在回火过程中有二次硬化作用，即回火时出现硬度回升的现象。二次硬化实际上是一种弥散强化。二次硬化现象对需要较高红硬性的工具钢来说具有重要意义。

5.1.3 结构钢

结构钢包括工程用钢和机器用钢两大类。工程用钢主要用于各种工程结构，它们大都是用普通碳素钢和普通低合金钢制造的。这类钢具有冶炼简便、成本低、用量大的特点，使用时一般不进行热处理。而机器用钢一般都要经过热处理后才使用，主要用于制造机器零件，它们大都是用优质碳素钢和合金结构钢制造的。

1. 普通结构钢

1）普通碳素结构钢

（1）用途。普通碳素结构钢适用于一般工程用热轧钢板、钢带、型钢、棒钢等，可供焊接、铆接、栓接构件使用。

（2）成分特点和钢种。普通碳素结构钢的平均含碳量为0.06%～0.38%，并含有较多的有害杂质和非金属夹杂物，但能满足一般工程结构及普通零件的性能要求，因而应用较广。表5-2所示为普通碳素结构钢的牌号、化学成分与力学性能及用途。

表5-2　普通碳素结构钢的牌号、主要成分、力学性能及用途

牌号	等级	化学成分			力学性能			用途
		w_C/(%)	w_S/(%)<	w_P/(%)<	σ_s/MPa	σ_b/MPa	$\delta_5\geqslant$/(%)	
Q195	—	0.06～0.12	0.050	0.045	195	315～390	33	塑性好，有一定的强度，用于制造受力不大的零件，如螺钉、螺母、垫圈等，以及焊接件、冲压件与桥梁建设等金属结构件
Q215	A	0.09～0.15	0.050	0.045	215	335～410	31	
	B		0.045					
Q235	A	0.14～0.22	0.050	0.045	235	375～460	26	
	B	0.12～0.20	0.045					
	C	≤0.18	0.040	0.040				
	D	≤0.17	0.035	0.035				
Q255	A	0.18～0.28	0.050	0.045	255	410～510	24	强度较高，用于制造承受中等载荷的零件，如小轴、销子、连杆等
	B		0.045					
Q275	—	0.28～0.38	0.050	0.045	275	490～610	20	

碳素结构钢一般以热轧空冷状态供应。Q195与Q275牌号的钢是不分质量等级的，出厂时同时保证力学性能和化学成分。

Q195钢碳含量很低、塑性好，常用于制造铁钉、铁丝及各种薄板等。Q275钢居中碳钢，强度较高，能代替30钢、40钢制造稍重要的零件。当Q215、Q235、Q255等钢的质量等级为A级时，出厂时保证力学性能及硅、磷、硫等成分，其他成分不保证；当为其他等级时，力学性能及化学成分均保证。

2）普通低合金结构钢

（1）用途。普通低合金结构钢具有较高的屈服强度，良好的塑性、焊接性能及较好的耐蚀性，可满足工程上各种结构的承载大，自重轻的要求，如建筑结构、桥梁、车辆等。

（2）成分特点和钢种。普通低合金结构钢是在碳素结构钢的基础上加入少量（不大于3%）合金元素而制成的，产品同时保证力学性能与化学成分。其含碳量（0.1%～0.2%）较低，以少量锰（0.8%～1.8%）为主加元素，含硅量较碳素结构钢高，并辅加某些其他合金元素（铜、钛、钒、稀土等）。

（3）热处理特点。普通低合金结构钢多在热轧、正火状态下使用，组织为铁素体＋珠光体。也有在淬火成低碳马氏体或热轧空冷后获得贝氏体组织的状态下使用。

(4) 钢种和牌号。常用普通低合金结构钢的牌号、成分、力学性能及用途见表5-3。

表5-3　常用普通低合金结构钢的牌号、成分、力学性能及用途

牌　号	钢材厚度和直径/mm	力学性能			使用状态	用　途
		σ_s/MPa	σ_b≥/MPa	δ_5≥/(%)		
09MnV	≤16	430～580	295	23	热轧或正火	车辆部门的冲压件、建筑金属构件、冷弯型钢
	>16～25		275	22		
09Mn2	≤16	440～590	295	22	热轧或正火	低压锅炉、中低压化工容器、输油管道、储油罐等
	>16～30	420～570	275	22		
16Mn	≤16	510～660	345	21	热轧或正火	各种大型钢结构、桥梁、船舶、锅炉、压力容器、电站设备等
	>16～25	490～640	325	18		
15MnV	≤4～16	530～680	390	18	热轧或正火	中高压锅炉、中高压石油化工容器、车辆等焊接构件
	>16～25	510～660	375	20		
16MnNb	≤16	530～680	390	19	热轧	大型焊接结构，如容器、管道及重型机械设备、桥梁等
	>16～20	510～660	375	19		
14MnVTiRE	≤12	550～700	440	19	热轧或正火	大型船舶、桥梁、高压容器、重型机械设备等焊接结构件
	>12～20	530～680	410	19		

16Mn是这类钢的典型钢号，它发展最早、使用最多、产量最大，各种性能匹配较好，屈服强度达350 MPa，它比Q235钢的屈服强度高20%～30%，故应用最广。

2. 优质结构钢

这类钢主要用于制造各种机器零件，如轴类、齿轮、弹簧和轴承等所用的钢种，也称机器制造用钢。这类钢根据化学成分分为优质碳素结构钢与合金结构钢。

1) 优质碳素结构钢

(1) 用途。优质碳素结构钢主要用来制造各种机器零件。

(2) 成分特点。优质碳素结构钢中磷、硫含量均小于0.035%，非金属夹杂物也较少。根据含锰量不同，分为普通含锰量(0.25%～0.8%)及较高含锰量(0.7%～1.2%)。这类钢的纯度和均匀度较好，因而其综合力学性能比普通碳素结构钢优良。

(3) 钢种和牌号。常用优质碳素结构钢的牌号、化学成分和力学性能及用途见表5-4。08F塑性好，可制造冷冲压零件；10、20冷冲压性能与焊接性能良好，可制造冲压件及焊接件，经过适当热处理(如渗碳)后也可制造轴、销等零件；35、40、45、50经热处理后，可获得良好的综合力学性能，可用来制造齿轮、轴类、套筒等零件；60、65主要用来制造弹簧。

优质碳素结构钢使用前一般都要进行热处理。

表 5－4　常用优质碳素结构钢的牌号、主要成分、力学性能及用途

牌号	主要成分			力学性能			用途
	w_C/(%)	w_{Si}/(%)	w_{Mn}/(%)	σ_s/MPa	σ_b/MPa	δ_5/(%)	
				不小于			
08F	0.05～0.11	≤0.03	0.25～0.50	295	175	35	受力不大但要求高韧性的冲压件、焊接件、紧固件等，渗碳淬火后可制造强度要求不高的耐磨零件，如凸轮、滑块、活塞销等
08	0.05～0.12	0.17～0.37	0.35～0.65	325	195	33	
10	0.07～0.14	0.17～0.37	0.35～0.65	335	205	31	
15	0.12～0.19	0.17～0.37	0.35～0.65	375	225	27	
20	0.17～0.24	0.17～0.37	0.35～0.65	410	245	25	
30	0.27～0.35	0.17～0.37	0.50～0.80	490	295	21	负荷较大的零件，如连杆、曲轴、主轴、活塞销、表面淬火齿轮、凸轮等
35	0.32～0.40	0.17～0.37	0.50～0.80	530	315	20	
40	0.37～0.45	0.17～0.37	0.50～0.80	570	335	19	
45	0.42～0.50	0.17～0.37	0.50～0.80	600	355	16	
50	0.47～0.55	0.17～0.37	0.50～0.80	630	375	14	
55	0.52～0.60	0.17～0.37	0.50～0.80	645	380	13	
65	0.62～0.70	0.17～0.37	0.50～0.80	695	410	10	弹性极限或强度要求较高的零件，如轧辊、弹簧、钢丝绳、偏心轮等
65Mn	0.62～0.70	0.17～0.37	0.90～1.20	735	430	9	
70	0.67～0.75	0.17～0.37	0.50～0.80	715	420	9	
75	0.72～0.80	0.17～0.37	0.50～0.80	1080	880	7	

2）合金结构钢

合金结构钢是机械制造、交通运输、石油化工及工程机械等方面应用最广、用量最大的一类合金钢。合金结构钢常在优质碳素结构钢的基础上加入一些合金元素而形成。合金元素加入量不大，属于中、低合金钢。主要有以下几点：

（1）渗碳钢。

① 用途。渗碳钢主要用于制造汽车、拖拉机中的变速齿轮，内燃机上的凸轮轴、活塞销等机器零件。工作中它们遭受强烈的摩擦和磨损，同时承受较高的交变载荷特别是冲击载荷。所以这类钢经渗碳处理后，应具有表面耐磨和心部抗冲击的特点。

② 性能要求。根据使用特点，渗碳钢应具有以下性能：

· 渗碳层硬度高，并具有优异的耐磨性和接触疲劳抗力，同时要有适当的塑性和韧性。

· 渗碳件心部有高的韧性和足够高的强度，心部韧性不足时，在冲击载荷或过载荷作用下容易断裂；强度不足时，则硬脆的渗碳层缺乏足够的支撑，而容易碎裂、剥落。

·有良好的热处理工艺性能，在高的渗碳温度(900～950℃)下奥氏体晶粒不易长大，并且具有良好的淬透性。

③ 成分特点。根据性能要求，渗碳钢的化学成分考虑如下：

·低碳，含碳量一般较低，在0.10%～0.25%之间，是为了保证零件心部有足够的塑性和韧性。

·加入提高淬透性的合金元素，以保证经热处理后心部强化并提高韧性。常加入元素有Cr(w_{Cr}<2%)、Ni(w_{Ni}<4%)、Mn(w_{Mn}<2%)等。铬还能细化碳化物，提高渗碳层的耐磨性，镍则对渗碳层和心部的韧性非常有利。另外，微量硼能显著提高淬透性。

·加入少量阻碍奥氏体晶粒长大的合金元素，主要加入少量强碳化物形成元素V(w_V<0.4%)、Ti(w_{Ti}<0.1%)、Mo(w_{Mo}<0.6%)、W(w_W<1.2%)等。形成的稳定合金碳化物除了能防止渗碳时晶粒长大外，还能增加渗碳层硬度，提高耐磨性。

④ 热处理特点。以20CrMnTi制造的汽车变速齿轮为例。其工艺路线为：下料→锻造→正火→加工齿形→渗碳(930℃)→预冷淬火(830℃)→低温回火(200℃)→磨齿。正火的目的在于改善锻造组织，保持合适的加工硬度(170～210 HB)，其组织为索氏体＋铁素体。齿轮在使用状态下的组织为：由表面往心部为回火马氏体＋碳化物颗粒＋残余奥氏体→回火马氏体＋残余奥氏体→……而心部的组织分两种情况，在淬透时为低碳马氏体＋铁素体。

⑤ 钢种及牌号。常用合金渗碳钢的牌号、热处理工艺规范、力学性能及用途见表5-5。

表5-5 常用合金渗碳钢的牌号、热处理工艺规范、力学性能及用途

牌号	试样尺寸/mm	热处理温度/℃				力学性能(不小于)					用途
		渗碳	第一次淬火	第二次淬火	回火	σ_s/MPa	σ_b/MPa	δ_5/(%)	φ/(%)	a_k/(J·cm^{-2})	
20Cr	15	930	880水油	780水～820油	200	835	540	10	40	60	用于30 mm以下受力不大的渗碳件
20CrMnTi	15	930	880油	870油	200	1080	853	10	45	70	用于30 mm以下承受高速中载荷的渗碳件
20SiMnVB	15	930	850～880油	780～800油	200	1175	980	10	45	70	代替20CrMnTi
20Cr2Ni4	15	930	880油	780油	200	1175	1080	10	45	80	用于承受高载荷的重要渗碳件，如大型齿轮

碳素渗碳钢多用15、20钢。这类钢价格便宜，但因淬透性低，导致渗碳、淬回火后心部强度、表层耐磨性均不够高，主要用于尺寸小，载荷轻，要求耐磨的零件。

合金渗碳钢常按淬透性大小分为以下三类：

· 低淬透性渗碳钢，水淬临界淬透直径为 20～35 mm。典型钢种为 20Mn2、20Cr、20MnV 等，用于制造受力不太大，要求耐磨并承受冲击的小型零件。

· 中淬透性渗碳钢，油淬临界淬透直径约为 25～60 mm。典型钢种有 20CrMnTi、12CrNi3、20MnVB 等，用于制造尺寸较大、承受中等载荷、重要的耐磨零件，如汽车中的齿轮。

· 高淬透性渗碳钢，油淬临界淬透直径约 100 mm 以上，属于空冷也能淬成马氏体的马氏体钢。典型钢种有 12Cr2Ni4、20Cr2Ni4、18Cr2Ni4WA 等，用于制造承受重载与强烈磨损的极为重要的大型零件，如航空发动机及坦克齿轮。

(2) 调质钢。

① 用途。调质钢经热处理后具有高的强度和良好的塑性、韧性，即良好的综合力学性能。调质钢广泛用于制造汽车、拖拉机、机床和其他机器上的各种重要零件，如齿轮、轴类件、连杆、高强螺栓等。

② 性能要求。调质钢件大多承受多种较复杂的工作载荷，要求具有高水平的综合力学性能，但不同零件受力状况不同，其性能要求也有所差别。截面受力均匀的零件如连杆，要求整个截面都有较高的强韧性。受力不均匀的零件，如承受扭转或弯曲应力的传动轴，主要要求受力较大的表面区有较好的性能，心部要求可低些。

③ 成分特点。为了达到强度和韧性的良好配合，合金调质钢的成分设计如下。

· 中碳。含碳量一般在 0.25%～0.50%之间，以 0.40%居多。碳量过低，则不易淬硬，回火后强度不足；碳量过高则韧性不够。

· 加入提高淬透性的合金元素 Cr、Mn、Si、Ni、B 等。调质件的性能水平与钢的淬透性密切有关。尺寸较小时，碳素调质钢与合金调质钢的性能差不多，但当零件截面尺寸较大而不能淬透时，其性能与合金钢比就相差很远。45 钢和 40Cr 钢相比，40Cr 钢的强度要比 45 钢的高许多，同时具备良好的塑性和韧性。

· 加入 Mo 或 W 以消除回火脆性。含 Ni、Cr、Mn 的合金调质钢，高温回火慢冷时容易产生第二类回火脆性，而合金调质钢一般用于制造大截面零件，由快冷来抑制这类回火脆性往往有困难，因此常需要加入 Mo(w_{Mo}=0.15%～0.3%)或 W(w_W=0.8%～1.2%)。

④ 热处理特点。以东方红—75 拖拉机的连杆螺栓为例，其材质为 40Cr，工艺路线为：下料→锻造→退火→粗机加工→调质→精机加工→装配。在工艺路线中，预备热处理采用退火(或正火)，其目的是改善锻造组织，消除缺陷，细化晶粒；调整硬度，便于切割加工；为淬火做好组织准备。

调质工艺采用 830℃加热、油淬得到马氏体组织，然后在 525℃回火。为防止第二类回火脆性，在回火的冷却过程中采用水冷，最终使用状态下的组织为回火索氏体。

对于调质钢，有时除要求综合力学性能高之外，还要求表面耐磨，则在调质后可进行表面淬火或氮化处理。这样在得到表面硬化层的同时，心部仍保持综合力学性能高的回火索氏体组织。

⑤ 钢种及牌号。常用调质钢的牌号、成分、热处理工艺规程、性能及用途见表 5－6。它在机械制造业中应用相当广泛，按其淬透性的高低可分为三类。

表 5-6 常用调质钢的牌号、成分、热处理工艺规程、性能及用途

牌号	主要成分			热处理温度/℃		力学性能(不小于)			用途
	w_C /(%)	$w_{Si,Cr}$ /(%)	w_{Mn} /(%)	淬火	回火	σ_s /MPa	σ_b /MPa	a_k /(kJ·m^{-2})	
40Cr	0.37～0.45	Cr 0.8～1.10	0.50～0.80	850 油	500 水油	980	785	47	作重要调质件，如轴类、连杆螺栓、汽车转向节、齿轮等
40MnB	0.37～0.44	0.20～0.40	1.10～1.40	850 油	500 水油	980	785	47	代替 40Cr
35CrMo	0.32～0.40	Cr 0.8～1.10	0.40～0.70	850 油	550 水油	980	835	63	用作重要的调质件，如锤杆、轧钢曲轴，是 40CrNi 的代用钢
38CrMoAlA	0.35～0.42	Cr 1.35～1.65	Al 0.7～1.1	940 水油	640 水油	980	835	71	作需氮化的零件，如镗杆、磨床主轴、精密丝杆、量规等
40CrMnMo	0.37～0.45	Cr 0.9～1.20	0.90～1.20	850 油	600 水油	980	785	63	作受冲击载荷的高强度件，是 40CrNiMn 钢的代用钢

· 低淬透性调质钢。这类钢的油淬临界直径最大为 30～40 mm，最典型的钢种是 40Cr，广泛用于制造一般尺寸的重要零件。40MnB、40MnVB 钢是为节省铬而发展的代用钢，40MnB 的淬透性稳定较差，切削加工性能也差一些。

· 中淬透性调质钢。这类钢的油淬临界直径最大为 40～60 mm，含有较多合金元素。典型牌号有 35CrMo 等，用于制造截面较大的零件，例如曲轴、连杆等。加入钼不仅使淬透性显著提高，而且可以防止回火脆性。

· 高淬透性调质钢。这类钢的油淬临界直径为 60～160 mm，多半是铬镍钢。铬、镍的适当配合，可大大提高淬透件，并获得优良的机械性能，例如 37CrNi3，但对回火脆性十分敏感，因此不宜于作大截面零件。铬镍钢中加入适当的钼，例如 40CrNiMo 钢，不仅具有最好的淬透性和冲击韧性，还可消除回火脆性，用于制造大截面、重载荷的重要零件，如汽轮机主轴、叶轮、航空发动机轴等。

(3) 弹簧钢。

① 用途。弹簧钢是一种专用结构钢，主要用于制造各种弹簧和弹性元件。

② 性能要求。弹簧是利用弹性变形吸收能量以缓和震动和冲击，或依靠弹性储能来起驱动作用。根据工作要求，弹簧钢应具有以下性能。

· 高的弹性权限 σ_e，以保证弹簧具有高的弹性变形能力和弹性承载能力，为此应具有高的屈强强度 σ_s 或屈强比 σ_s/σ_b。

· 高的疲劳极限 σ_r。因弹簧一般在交变载荷下工作，σ_b 愈高，σ_r 也相应愈高。另外，表面质量对 σ_r 影响很大，弹簧钢表面不应有脱碳、裂纹、折叠、斑疤和夹杂等缺陷。

· 足够的塑性和韧性，以免受冲击时发生脆断。

此外，弹簧钢还应有较好的淬透性，不易脱碳和过热，容易绕卷成形等。

③ 成分特点。弹簧钢的化学成分具有以下特点：

·中、高碳。为了保证高的弹性极限和疲劳极限，因而具有高的强度。弹簧钢的含碳量应比调质钢高，合金弹簧钢一般含碳为 0.45%～0.70%。碳素弹簧钢一般含碳为 0.6%～0.9%。

·加入以 Si 和 Mn 为主的提高淬透性的元素。Si 和 Mn 主要是提高淬透性，同时也提高屈强比，而以 Si 的作用最突出。但它热处理时促进表面脱碳，Mn 则使钢易于过热。因此，重要用途的弹簧钢，必须加入 Cr、V、W 等元素。例如，Si－Cr 弹簧钢表面不易脱碳；Cr－V 弹簧钢晶粒细不易过热，耐冲击性能好，高温强度也较高。

④ 热处理特点。按弹簧的加工工艺不同，可分为冷成型弹簧和热成型弹簧两种。

· 热成型弹簧。用热轧钢丝或钢板成形，然后淬火加中温(450～550℃)回火，获得回火屈氏体组织，具有很高的屈服强度特别是弹性极限，并有一定的塑性和韧性。这类弹簧一般是较大型的弹簧。

·冷成型弹簧。小尺寸弹簧一般用冷拔弹簧钢丝(片)卷成。有以下三种制造方法：

i. 冷拔前进行"淬铅"处理，即加热到 Ac_3 以上，然后在 450～550℃的熔铅中等温淬火。淬铅钢丝强度高，塑性好，具有适于冷拔的索氏体组织。经冷拔后弹簧钢丝的屈服强度可达 1600 MN/m^2 以上。弹簧绕卷成形后不再淬火，只进行消除应力的低温(200～300℃)退火，并使弹簧定形。

ii. 冷拔至要求尺寸后，利用淬火(油淬)加回火来进行强化，再冷绕成弹簧，并进行去应力回火，之后不再热处理。

iii. 冷拔钢丝退火后，冷绕成弹簧，再进行淬火和回火强化处理。汽车板簧经喷丸处理后，使用寿命可提高几倍。

⑤ 钢种和牌号。常用弹簧钢的牌号、成分、热处理及用途见表 5－7。

表 5－7　常用弹簧钢的牌号、成分、热处理工艺规程及用途

牌号	主要成分			热处理温度/℃		力学性能(不小于)			用途
	w_C /(%)	w_{Mn} /(%)	$w_{Si,Cr}$ /(%)	淬火	回火	σ_s /MPa	σ_b /MPa	a_k (/kJ·m^{-2})	
65	0.37～0.45	0.50～0.80	0.17～0.37	840 油	500	1000	800	450	作于工作温度低于200℃，ϕ20 mm～ϕ30 mm 的减振弹簧、螺旋弹簧
85	0.37～0.44	0.50～0.80	0.17～0.37	820 油	480	1150	1000	600	作于工作温度低于200℃，ϕ30 mm～ϕ50 mm 的减振弹簧、螺旋弹簧
65Mn	0.32～0.40	0.90～1.20	0.17～0.37	830 油	540	1000	800	800	作于工作温度低于200℃，ϕ30 mm～ϕ50 mm 的板簧、螺旋弹簧
60Si2Mn	0.35～0.42	0.60～0.90	1.50～2.00	870 油	480	1300	1200	800	作于工作温度低于250℃，ϕ＜50 mm 的重型板簧和螺旋弹簧
50CrVA	0.37～0.45	0.50～0.80	Cr 0.8～1.10	850 油	500	1300	1150	800	作于工作温度低于400℃，ϕ30 mm～ϕ50 mm 的板簧、弹簧

碳素弹簧钢包括65、85、65Mn等。这类钢经热处理后具有一定的强度和适当的韧性，且价格较合金弹簧钢便宜，但淬透性差。

合金弹簧钢中常见的是60Si2Mn。它有较高的淬透性，油淬临界直径为20～30 mm。50CrVA钢不仅有良好的回火稳定性，且淬透性更高，油淬临界值达30～50 mm。

(4) 滚动轴承钢。

① 用途。轴承钢主要用来制造滚动轴承的滚动体(滚珠、滚柱、滚针)、内外套圈等，属专用结构钢。从化学成分上看它属于工具钢，所以也用于制造精密量具、冷冲模、机床丝杠等耐磨件。

② 性能要求。轴承元件的工况复杂而苛刻，因此对轴承钢的性能要求很严，主要有以下三方面：

· 高的接触疲劳强度。轴承元件的压应力高达1500～5000 MPa；应力交变次数每分钟达几万次甚至更多，往往造成接触疲劳破坏，产生麻点或剥落。

· 高的硬度和耐磨性。滚动体和套圈之间不但有滚动摩擦，而且有滑动摩擦，轴承也常常因过度磨损而破坏，因此具有高而均匀的硬度。硬度一般应为62～64 HRC。

· 足够的韧性和淬透性。

③ 成分特点。

· 高碳。为了保证轴承钢的高硬度、高耐磨性和高强度，碳含量应较高，一般为0.95%～1.1%。

· 铬为基本合金元素。铬能提高淬透性。它的渗碳体$(FeCr)_3C$呈细密，均匀分布，能提高钢的耐磨性特别是接触疲劳强度。但Cr含量过高会增大残余奥氏体量和碳化物分布的不均匀性，使钢的硬度和疲劳强度反而降低。Cr的适宜含量为0.4%～1.65%。

· 加入硅、锰、钒等。Si、Mn进一步提高淬透性，便于制造大型轴承。V部分溶于奥氏体中，部分形成碳化物(VC)，提高钢的耐磨性并防止过热。无Cr钢中皆含有V。

· 纯度要求极高。规定硫的含量小于0.02%，磷的含量小于0.027%。非金属夹杂对轴承钢的性能尤其是接触疲劳性能影响很大，因此轴承钢一般采用电冶炼，为了提高纯度并采用真空脱氧等冶炼技术。

④ 热处理特点。

· 球化退火。目的不仅是降低钢的硬度，便于切削加工，更重要的是获得细的球状珠光体和均匀分布的过剩的细粒状碳化物，为零件的最终热处理做组织准备。

· 淬火和低温回火。淬火温度要求十分严格，温度过高会过热、晶粒长大，使韧性和疲劳强度下降，且易淬裂和变形；温度过低，则奥氏体中溶解的铬量和碳量不够，钢淬火后硬度不足。GCr15钢的淬火温度应严格控制在820～840℃范围内，回火温度一般为150～160℃。

精密轴承必须保证在长期存放和使用中不变形。引起尺寸变化的原因主要是存在有内应力和残余奥氏体发生转变。为了稳定尺寸，淬火后可立即进行“冷处理”(－60～－80℃)，并在回火和磨削加工后，进行低温时效处理(于120～130℃保温5～10 h)。

⑤ 钢种和牌号。常用滚动轴承钢的牌号、成分、热处理工艺规程及用途见表5－8。

表 5-8 常用滚动轴承钢的牌号、成分、热处理工艺规程及用途

牌号	主要成分				热处理温度/℃		硬度/HRC	用途
	w_C/(%)	w_{Cr}/(%)	w_{Si}/(%)	w_{Mn}/(%)	淬火	回火		
GCr9	1.00～1.10	0.90～1.20	0.15～0.35	0.25～0.45	810～820 水油	150～170	62～66	直径小于 20 mm 的滚动体及轴承内、外圈
GCr9SiMn	1.00～1.10	0.90～1.25	0.45～0.75	0.95～1.25	810～830 水油	150～160	62～64	直径小于 25 mm 的滚柱，壁厚小于 14 mm，外径小于 250 mm 的套圈
GCr15	0.95～1.05	1.40～1.65	0.15～0.35	0.25～0.45	820～840 水油	150～160	62～64	同 GCr9SiMn
GCr15SiMn	0.95～1.05	1.40～1.65	0.45～0.75	0.95～1.25	810～830 油	160～200	61～65	直径大于 50 mm 的滚柱，壁厚大于 14 mm，外径大于 250 mm 的套圈，ϕ25 mm 以上的滚柱
GMnMoVRE	0.95～1.05		0.15～0.40	1.10～1.40	770～810 油	170±5	≥62	代替 GCr15 钢用于军工和民用方面的轴承

我国轴承钢分两类，即铬轴承钢和添加 Mn、Si、Mo、V 的轴承钢。具体如下：

· 铬轴承钢。最有代表性的是 GCr15，使用量占轴承钢的绝大部分。由于淬透性不很高，多用于制造中、小型轴承，也常用来制造冷冲模、量具、丝锥等。

· 添加 Mn、Si、Mo、V 的轴承钢。在铬轴承钢中加入 Si、Mn 可提高淬透性，如 GCr15SiMn 钢等，用于制造大型轴承。为了节省铬，加入 Mo、V，可得到无铬轴承钢，如 GSiMoV、GSiMnMoVRE 等，其性能与 GCr15 相近。

5.1.4 工具钢

工具钢是用来制造刀具、模具和量具的钢。按化学成分分为碳素工具钢、低合金工具钢、高合金工具钢等。按用途分为刃具钢、模具钢、量具钢。

1. 刃具钢

1) 普通刃具钢

(1) 用途。普通刃具钢主要用于制造车刀、铣刀、钻头等金属切削刀具。

(2) 性能要求。刃具切削时受工件的压力，刃部与切屑之间发生强烈的摩擦。由于切削发热，刃部温度可达 500～600℃。此外，还承受一定的冲击和振动。因此对刃具钢提出如下基本性能要求。

① 高硬度。切削金属材料所用刃具的硬度一般都在 60 HRC 以上。

② 高耐磨性。耐磨性直接影响刃具的使用寿命和加工效率。高的耐磨性取决于钢的高硬度和其中碳化物的性质、数量、大小及分布。

③ 高热硬性。刃具切削时必须保证刃部硬度不随温度的升高而明显降低。钢在高温下

保持高硬度的能力称为热硬性或红硬性。热硬性与钢的回火稳定性和特殊碳化物的弥散析出有关。

碳素工具钢是含碳量为0.65%～1.35%的高碳钢。该钢的碳含量范围可保证淬火后有足够高的硬度。虽然该类钢淬火后硬度相近，但随碳含量增加，未溶渗碳体增多，使钢耐磨性增加，而韧性下降。故不同牌号的该类钢所承制的刃具亦不同。高级优质碳素工具钢淬裂倾向较小，宜制造形状复杂的刃具。

(2) 热处理特点。碳素工具钢的预备热处理为球化退火，在锻、轧后进行，目的是降低硬度、改善切削加工性能，并为淬火做组织准备。最终热处理是淬火＋低温回火。淬火温度为780℃，回火温度为180℃，组织为回火马氏体＋粒状渗碳体＋少量残余奥氏体。

碳素工具钢的缺点是淬透性低，截面大于10～12 mm的刃具仅表面被淬硬；其红硬性也低，温度升达200℃后硬度明显降低，丧失切削能力；且淬火加热易过热，致使钢的强度、塑性及韧性降低。因此，该类钢仅用来制造截面较小、形状简单、切削速度较低的刃具，用于加工低硬度材料。

(3) 钢种和牌号。碳素工具钢的牌号、主要成分、力学性能及用途见表5-9。

表5-9 碳素工具钢的牌号、主要成分、力学性能及用途

牌号	主要成分			硬度		用途
	w_C /(%)	$w_{Si}\leqslant$ /(%)	$w_{Mn}\leqslant$ /(%)	退火后≤ /HBS	淬火后≥ /HRC	
T7(A)	0.65～0.74	0.40	0.35	187	62	用作受冲击的工具，如手锤、旋具等
T8(A)	0.75～0.84	0.40	0.35	187	62	用作低速切削刃具，如锯条、木工刃具、虎钳钳口、饲料机刀片等
T9(A)	0.85～0.90	0.40	0.35	192	62	
T10(A)	0.95～1.04	0.40	0.35	197	62	低速切削刃具、小型冷冲模、形状简单的量具
T11(A)	1.05～1.14	0.40	0.35	207	62	
T12(A)	1.15～1.24	0.40	0.35	207	62	用作不受冲击，但要求硬、耐磨的工具，如锉刀、丝锥、板牙等
T13(A)	1.25～1.35	0.40	0.35	217	62	

2) 低合金刃具钢

(1) 成分特点。

① 高碳。保证刃具有高的硬度和耐磨性。碳含量为0.9%～1.1%。

② 加入Cr、Mn、Si、W、V等合金元素。Cr、Mn、Si主要是提高钢的淬透性，Si还能提高回火稳定性；W、V能提高硬度和耐磨性，并防止加热时过热，保持晶粒细小。

(2) 热处理特点。预备热处理为锻造后进行球化退火。最终热处理为淬火＋低温回火，其组织为回火马氏体＋未溶碳化物＋残余奥氏体。

与碳素工具钢相比较，由于合金元素的加入，淬透性提高了，因此可采用油淬火。淬火变形和开裂倾向小。

(3) 钢种和牌号。低合金刃具钢的牌号、成分、热处理规程及用途见表5-10。

表 5-10　常用低合金刃具钢的牌号、成分、热处理规程及用途

牌号	主要成分				热处理温度/℃		硬度/HRC	用途
	w_C/(%)	w_{Si}/(%)	w_{Mn}/(%)	w_{Cr}/(%)	淬火	回火		
9Mn2V	0.85～0.95	≤0.40	1.70～2.00		780～810 油	150～200	60～62	丝锥、板牙、铰刀、量规、块规、精密丝杆
9CrSi	0.85～0.95	1.20～1.60	0.30～0.60	0.95～1.25	820～860 油	180～200	60～63	耐磨性高、切削不剧烈的刃具，如板牙、齿轮铣刀等
CrWMn	0.90～1.05	≤0.40	0.80～1.10	0.90～1.20	800～830 油	140～160	62～65	要求淬火变形小的刃具，如拉刀、长丝锥、量规等
Cr2	0.95～1.10	≤0.40	≤0.40	1.30～1.65	830～860 油	150～170	60～62	低速、切削量小、加工材料不很硬的刃具，测量工具，如样板
CrW5	1.25～1.50	≤0.30	≤0.30	0.40～0.70	800～820 水	150～160	64～65	低速切削硬金属用的刀具，如车刀、铣刀、刨刀
9Cr2	0.85～0.95	≤0.40	≤0.40	1.30～1.70	820～850 油			主要作冷轧辊、钢引冲孔凿、尺寸较大的铰刀

Cr2 钢的含碳量高，加入 Cr 后可显著提高其淬透性，减少变形与开裂倾向，碳化物细小均匀，使钢的强度和耐磨性提高。可制造截面较大(20～30 mm)，形状较复杂的刃具，如车刀、铣刀、刨刀等。

9SiCr 钢具有更高的淬透性和回火稳定性。其工作温度可达 250～300℃，适宜制造形状复杂变形小的刃具，特别是薄刃者，如板牙、丝锥、钻头等。但该钢脱碳倾向大，退火硬度较高，切削性能较差。

3）高速钢

高速钢是高合金刃具钢，具有很高的热硬性，在高速切削的刃部温度达 600℃时，硬度无明显下降。

(1) 成分特点。

① 高碳。碳含量在 0.70%以上，最高可达 1.5%左右，它一方面要保证能与 W、Cr、V 等形成足够数量的碳化物；另一方面还要有一定数量的碳溶于奥氏体中，以保证马氏体的高硬度。

② 加入铬提高淬透性。几乎所有高速钢的含铬量均为 4%左右。铬的碳化物($Cr_{23}C_6$)在淬火加热时几乎全部溶于奥氏体中，增加过冷奥氏体的稳定性，大大提高钢的淬透性。铬还提高钢的抗氧化、脱碳能力。

③ 加入钨。钢保证高的热硬性。退火状态下 W 或 Mo 主要以 M_6C 型的碳化物形式存在。淬火加热时，一部分$(Fe, W)_6C$ 等碳化物溶于奥氏体中，淬火后存在于马氏体中。在 560℃左右回火时，碳化物以 W_2C 或 Mo_2C 形式弥散析出，造成二次硬化。这种碳化物在

500～600℃温度范围内非常稳定，不易聚集长大，从而使钢产生良好的热硬性。淬火加热时，未溶的碳化物能起阻止奥氏体晶粒长大及提高耐磨性的作用。

④ 加入钒提高耐磨性。V形成的碳化物VC(或V_4C_3)非常稳定，极难溶解，硬度较高(大大超过W_2C的硬度)且颗粒细小，分布均匀，因此对提高钢的硬度和耐磨性有很大作用。钒也产生二次硬化，但因总含量不高，对提高热硬性的作用不大。

(2) 热处理特点。现以应用较广泛的W18Cr4V钢为例，说明高速钢的加工及热处理特点。

W18Cr4V钢在工厂中得到了广泛的应用，适于制造一般高速切削用车刀、刨刀、钻头、铣刀等。下面就以W18Cr4V钢制造的盘形齿轮钎刀为例，说明其热处理工艺方法的选定和工艺路线的安排。

盘形齿轮铣刀的主要用途是铣制齿轮。在工作过程中，齿轮铣刀往往会磨损变钝而失去切削能力，因此要求齿轮铣刀经淬火回火后，应保证具有高硬度(刃部硬度要求为63～65 HRC)、高耐磨性及热硬性。为了满足上述性能要求，根据盘形齿轮铣刀的规格(模数m＝3)和W18Cr4V钢成分的特点来选定热处理工艺方法和安排工艺路线。

盘形齿轮铣刀生产过程的工艺路线如下：

下料→锻造→退火→机械加工→淬火 ＋ 回火→喷砂→磨加工→成品

高速钢的铸态组织中具有鱼骨胳状碳化物，见图5-7。这些粗大的碳化物不能用热处理的方法来消除，而只有用锻造的方法将其击碎，并使它分布均匀。

锻造退火后的显微组织由索氏体和分布均匀的碳化物所组成，如图5-8所示。如果碳化物分布不均匀，将使刀具的强度、硬度、耐磨性、韧性和热硬性均降低，从而使刀具在使用过程中容易崩刃和磨损变钝，导致早期失效。据某厂统计，在数百件崩齿、落齿的刀具中，98%以上都是由于碳化物不均匀所造成的。可见高速钢坯料的锻造不仅是为了成型，而且是为了击碎粗大碳化物，使碳化物分布均匀。

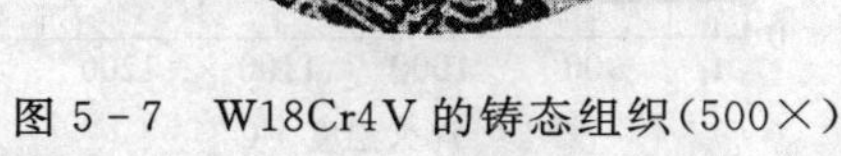

图5-7 W18Cr4V的铸态组织(500×)

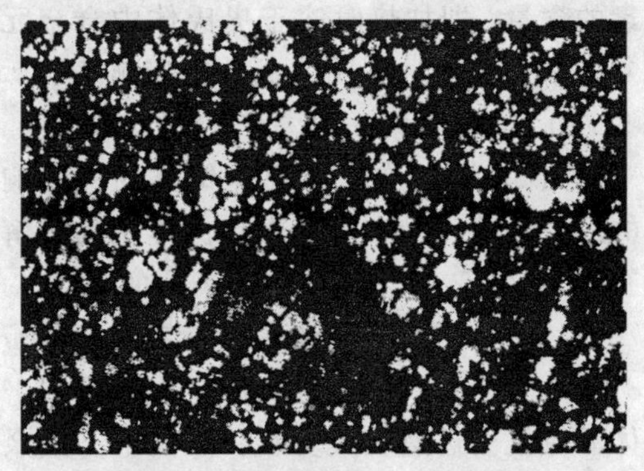

图5-8 W18Cr4V钢的锻造退火后的组织(500×)

对齿轮铣刀锻坯碳化物不均匀性要求小于等于4级。为了达到上述要求，高速钢锻造反复镦粗、拔长多次，决不应一次成型。由于高速钢的塑性和导热性均较差，而且具有很高的淬透性，在空气中冷却即可得到马氏体淬火组织。因此，高速钢坯料锻造后应予缓慢冷却，通常采用砂中缓冷，以免产生裂纹。这种裂纹在热处理时会进一步扩张，从而导致整个刀具开裂报废。锻造时如果停锻温度过高(＞1000℃)或变形度不大，会造成晶粒的不正常长大。

锻造后必须经过退火，以降低硬度(退火后硬度为 207～255 HB)，消除应力，并为随后淬火回火热处理做好组织准备。

为了缩短时间，一般采用等温退火。W18Cr4V 钢的等温退火工艺，为了使齿轮铣刀在铣削后齿面有较高的光洁度，在铣削前须增加调质处理。即在 900～920℃加热，油中冷却，然后在 700～720℃回火 1～3 小时。调质后的组织为回火索氏体＋碳化物，其硬度为 26～32 HRC。若硬度低，则光洁度达不到要求。

W18Cr4V 钢制盘形齿轮铣刀的淬火回火工艺如图 5－9 所示。

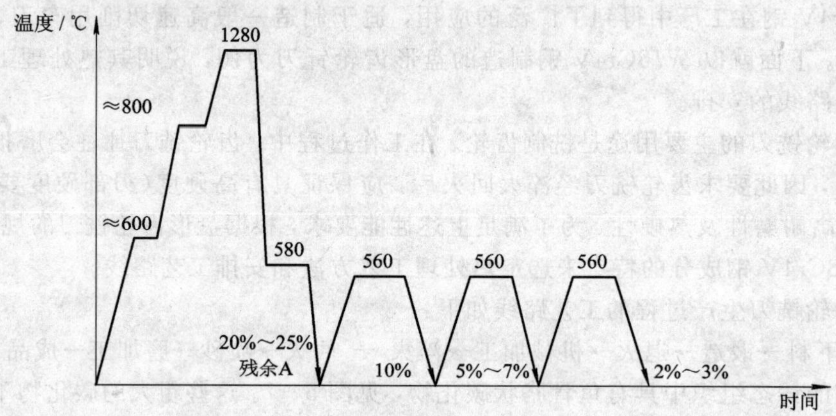

图 5－9　W18Cr4V 盘形铣刀淬火回火工艺

由图可见，W18Cr4V 钢盘形齿轮铣刀在淬火之前先要进行一次预热(800～840℃)。由于高速钢导热性差、差性低，而淬火温度又很高，假如直接加热到淬火温度就很容易产生变形与裂纹，所以必须预热。对于大型或形状复杂的工具，还要采用两次预热。

高速钢的热硬性主要取决于马氏体中合金元素的含量，即加热时溶于奥氏体中合金元素的量。淬火温度对奥氏体成分的影响很大，如图 5－10 所示。

由图 5－10 可知，对高速钢热硬性影响最大的两个元素(W 和 V)，在奥氏体中的溶解度只有在 1000℃以上时才有明显的增加，在 1270～1280℃时，奥氏体中约含有 w_{Wu} 为 7%～8%、w_{Cr} 为 4%、w_{V} 为 10%。温度再高，奥氏体晶粒就会迅速长大变粗，淬火状态残余奥氏体也会迅速增多，从而降低高速钢性能。这就是淬火温度一般定为 1270～1280℃的主要原因。高速钢刀具淬火加热时间一般按 8～15 s/mm(厚度)计算。

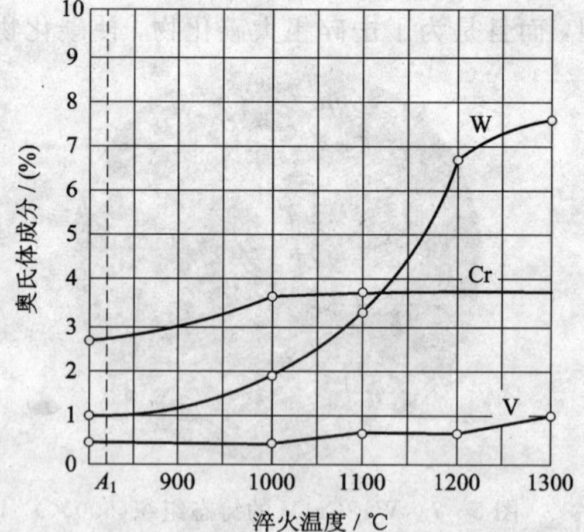

图 5－10　W18Cr4V 钢淬火温度对奥氏体成分的影响

淬火方法应根据具体情况确定，本例之铣刀采用 580～620℃在中性盐中进行一次分级淬火。分级淬火可以减小变形与开裂。对于小型或形状简单的刀具也可采用油淬等。

W18Cr4V 钢硬度与回火温度的关系见图 5－11。

由图 5－11 可知，在 550～570℃回火时硬度最高。其原因有两点：

① 在此温度范围内，钨及钒的碳化物(W_2C、VC)呈细小分散状从马氏体中沉淀析出(即弥散沉淀析出)，这些碳化物很稳定，难以聚集长大，从而提高了钢的硬度，这就是所谓“弥散硬化”。

② 在此温度范围内，一部分碳及合金元素也从残余奥氏体中析出，从而降低了残余奥氏体中碳及合金元素含量，提高了马氏体转变温度。当随后冷却时，就会有部分残余奥氏体转变为马氏体，使钢的硬度得到提高。由于以上原因，在回火时便出现了硬度回升的“二次硬化”现象。

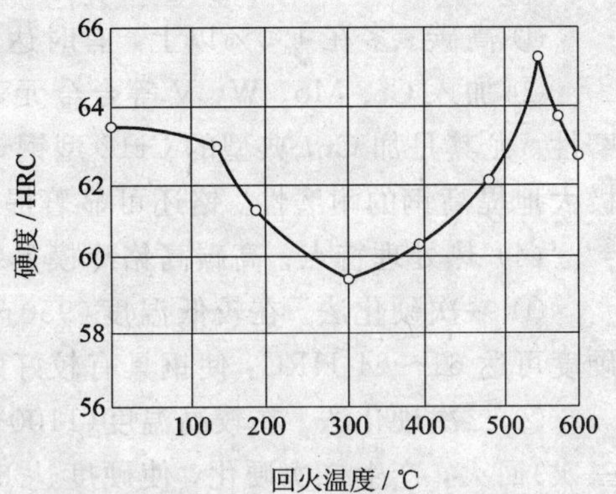

图 5－11 W18Cr4V 的硬度与回火温度的关系

为什么要进行三次回火呢？因为 W18Cr4V 钢在淬火状态约有 20%～25%的残余奥氏体，一次回火难以全部消除，经三次回火即可使残余奥氏体减至最低量(一次回火后约剩 15%，二次回火后约剩 3%～5%，三次回火后约剩 1%～2%)。后一次回火还可以消除前一次回火由于奥氏体转变为马氏体所产生的内应力。它由回火马氏体＋少量残余奥氏体＋碳化物组成。常用高速钢的牌号、成分、热处理及性能见表 5－11。

表 5－11 常用高速钢的牌号、成分、热处理及性能

钢 号	主要化学成分					热处理及性能		
	w_C /(%)	w_W /(%)	w_V /(%)	w_{Cr} /(%)	w_{Mo} /(%)	淬火/℃	回火/℃	回火后硬度≥ /HRC
W18Cr4V	0.70～0.80	17.5～19.0	1.00～1.40	3.80～4.40	—	1270～1285 油	550～570 三次	63
W6Mo5Cr4V2	0.80～0.90	5.50～6.75	1.75～2.20	3.80～4.40	4.75～5.50	1210～1230 油	540～560 三次	63

2. 模具钢

模具钢一般分为冷作模具钢和热作模具钢两大类。由于冷作模具钢和热作模具钢的工作条件不同，因而对模具钢性能要求有所区别。为了满足其性能要求，必须合理选用钢材，正确选定热处理工艺方法和妥善安排工艺路线。

1) 冷作模具钢

(1) 用途。冷作模具钢用于制造各种冷冲模、冷镦模冷挤压模及拉丝模等，其工作温度不超过 200～300℃。

(2) 性能要求。冷作模具钢工作时承受很大的压力、弯曲力、冲击载荷和摩擦，主要损坏形式是磨损，也常出现崩刃、断裂和变形等失效现象。因此冷作模具钢应具有以下基本性能：

① 高硬度，一般为 58～62 HRC；

② 高耐磨性；

③ 足够的韧性与疲劳抗力；

④ 热处理变形小。

(3) 成分特点。

① 高碳。多在1.0%以上，有时达2%，以保证获得高硬度和高耐磨性。

② 加入Cr、Mo、W、V等合金元素。加入这些合金元素后，形成难溶碳化物，提高耐磨性。尤其是加Cr，典型的Cr12型钢，铬含量高达12%。铬与碳形成M_7C_3型碳化物，能极大地提高钢的耐磨性。铬还可显著提高淬透性。

(4) 热处理特点。高碳高铬冷模具钢的热处理方案有两种。

① 一次硬化法。在较低温度(950～1000℃)下淬火，然后在低温(150～180℃)回火，硬度可达61～64 HRC，使钢具有较好的耐磨性和韧性，适用于重载模具。

② 二次硬化法。在较高温度(1100～1150℃)下淬火，然后于510～520℃多次(一般为三次)回火，产生二次硬化，使硬度达60～62 HRC，红硬性和耐磨性较高(但韧性较差)，适用于在400～450℃温度下工作的模具。Cr12型钢热处理后组织为回火马氏体、碳化物和残余奥氏体。

Cr12型钢属莱氏体钢，网状共晶碳化物和碳化物的不均匀分布使材料变脆，以致发生崩刃现象，所以要反复锻造来改善其分布状态。

(5) 钢种和牌号。冷作模具钢的牌号、成分、热处理、性能及用途见表5-11。

2) 热作模具钢

(1) 用途。热作模具钢用于制造各种热锻模、热压模、热挤压模和铸模等，工作时型腔表面温度可达600℃以上。

(2) 性能要求。热作模具钢工作中承受很大的冲压载荷、强烈的塑性摩擦、剧烈的冷热循环所引起的不均匀热应变和热应力以及高温氧化，常出现崩裂、塌陷、磨损、龟裂等失效现象。因此热作模具钢的主要性能要求是：

① 高的热硬性和高温耐磨件；

② 高的抗氧化能力；

③ 高的热强性和足够高的韧性，尤其是变冲击较大的热锻模钢；

④ 高的热疲劳抗力，以防止龟裂破坏。此外，由于热作模具一般较大，还要求有高的淬透性和导热性。

(3) 成分特点。

① 中碳。碳含量一般为0.3%～0.6%，以保证高强度、高韧性，较高的硬度(35～52 HRC)和较高的热疲劳抗力。

② 加入较多的提高淬透性的元素Cr、Ni、Mn、Si等。Cr是提高淬透性的主要元素，同时和Ni一起提高钢的回火稳定性。Ni在强化铁素体的同时还增加钢的韧性，并与Cr、Mo一起提高钢的淬透性和耐热疲劳性能。

③ 加入产生二次硬化的Mo、W、V等元素，Mo还能防止第二类回火脆性，提高高温强度和回火稳定性。

(4) 热处理特点。对于热模钢，要反复锻造，其目的是使碳化物均匀分布。锻造后要退火，其目的是消除锻造应力、降低硬度(197～241 HB)，以便于切削加工。最后通过淬火+高温回火(即调质处理)，得到回火索氏体，以获得良好的综合力学性能来满足使用要求。

(5) 钢种和牌号。对于中小尺寸(截面尺寸<300 mm的模具，一般采用5CrMnMo；对于大尺寸(截面尺寸>400 mm)的模具，一般采用5CrNiMo。

各类常用模具钢的牌号、成分、热处理工艺规程、性能及用途见表5-12。

表 5-12 各类常用模具钢的牌号、成分、热处理工艺规程、性能及用途

类别	牌号	主要成分				淬火/℃	硬度/HRC	回火/℃	硬度	用途
		w_{C}/(%)	w_{Mn}/(%)	w_{Si}/(%)	w_{Cr}/(%)					
冷模具钢	Cr12	2.00~2.30	≤0.35	≤0.40	11.5~13.0	980 油	62~65	180~220	60~62 HRC	冷冲模、冲头、冷切剪刀
						1080 油	45~50	520（三次）	59~60 HRC	
	Cr12MoV	1.45~1.70	≤0.35	≤0.40	11.0~12.5	1030 油	62~63	180~200	61~62 HRC	冷切剪刀、冷丝模
						1120 油	41~50	510（三次）	60~61 HRC	
热模具钢	5CrNiMo	0.50~0.60	0.50~0.80	≤0.35	0.50~0.80	830~860 油	≤47	530~550	364~402 HBW	大型锻模
	5CrMnMo	0.50~0.60	1.20~1.60	0.25~0.60	0.60~0.90	820~850 油	≥50	560~580	324~364 HBW	中型锻模
	6SiMnV	0.55~0.65	0.90~1.20	0.80~1.10		820~860 油	≥56	490~510	374~444 HBW	中小型锻模
	3Cr2W8V	0.30~0.40	0.20~0.40	≤0.35	2.20~2.70	1050~1100 油	>50	560~580（三次）	44~48 HRC	螺钉或铆钉热轧模、热切剪刀

3. 量具钢

1）用途

量具钢用于制造各种测量工具，如卡尺、千分尺、螺旋测微仪、块规、塞规等。

2）性能要求

对量具的基本要求是在长期存放与使用中要保证其尺寸精度，即形状尺寸不变。通常引起量具在使用或存放中发生尺寸精度降低的原因主要有磨损和时效效应。量具在多次使用中会与工件表面之间产生摩擦作用，会使量具磨损并改变其尺寸精度。实践还表明，由于组织相应力上的原因，也会引起量具在长期使用或存放中尺寸精度的变化，这种现象称为时效效应。在淬火和低温回火状态下，钢中存在有以下三种导致尺寸变化的因素：残余奥氏体转变成马氏体，引起体积膨胀；马氏体分解，正方度下降，使体积收缩；残余应力的变化和重新分布，使弹性变形部分转变为塑性变形而引起尺寸变化。

所以对量具钢的性能要求是：高的硬度和耐磨性，高的尺寸稳定性，热处理变形要小，存放和使用过程中尺寸不发生变化。

3）成分特点

量具钢的成分与低合金刃具钢相同，为高碳（w_C 为 0.9%～1.5%）和加入提高淬透性的元素（Cr、W、Mn 等）。

4）热处理特点

为保证量具的高硬度和耐磨性应选择的热处理工艺为淬火和低温回火。为了量具的尺寸稳定、减少时效效应，通常需要有三个附加的热处理工序：淬火之前的调质处理；常规淬火之后的冷处理；常规热处理后的时效处理。

调质处理的目的是获得回火索氏体组织。因为回火索氏体组织与马氏体的体积差别较小，能使淬火应力和变形减小，从而有利于降低量具的时效效应。

冷处理的目的是为了使残余奥氏体转变为马氏体，减少残余奥氏体量，从而增加量具的尺寸稳定性。冷处理应在淬火后立即进行。

时效处理通常在磨削后进行。量具磨削后在表面层有很薄的二次淬火层，为使这部分组织稳定，需在 110～150℃经过 6～36 h 的人工时效处理，以使组织稳定。

常用的量具用钢选用见表 5-13。

表 5-13　量具用钢的选用举例

量　具	钢　号
平样板或卡板	10、20 或 50、55、60、60Mn、65Mn
一般量规与块规	T10A、T12A、9CrSi
高精度量规与块规	Cr 钢、CrMn 钢、GCr15
高精度且形状复杂的量规与块规	CrWMn（低变形钢）
抗蚀量具	4Cr13、9Cr18（不锈钢）

5.1.5　特殊性能钢

特殊性能钢用于制造在特殊工作条件或特殊环境（腐蚀介质、高温等）下具有特殊性能要求的构件和零件的钢材。一般包括不锈钢、耐热钢、耐磨钢、磁钢等。

这些钢在机械制造，特别是在化工、石油、电机、仪表和国防工业等部门都有广泛、重要的用途。

1. 不锈钢

在化工、石油等工业部门中，许多机件与酸、碱、盐及含腐蚀性气体和水蒸气直接接触，使机械产生腐蚀。因此，用于制造这些机件的钢除应有一定的力学性能及工艺性能外，还必须具有良好的抗腐蚀性能。所以，如何获得良好的抗腐蚀性能是这类钢合金化和热处理的基本出发点。

不锈钢是在大气和弱腐蚀介质中耐蚀的钢。而在各种强腐蚀介质(酸)中耐腐蚀的钢，则称耐酸钢。

为了了解这类钢是如何通过合金化及热处理来实现钢的耐蚀性能，首先要了解钢的腐蚀过程及失效形式。

(1) 金属腐蚀的概念。腐蚀是由外部介质引起金属破坏的过程。自然界中金属腐蚀的形式很多，但就其本质而言，可分为两大类：化学腐蚀和电化学腐蚀。

化学腐蚀是指金属直接与介质发生化学反应。例如钢的高温氧化、脱碳，在石油、燃气中的腐蚀等。腐蚀过程是铁与氧、水蒸气等直接接触，发生氧化反应。

$$4Fe + 3O_2 \rightarrow 2Fe_2O_3$$

$$Fe + 2H_2O \rightarrow Fe(OH)_2 + H_2\uparrow$$

这些化学反应的结果使金属逐渐发生破坏。但是如果化学腐蚀的产物与基体结合牢固且很致密，这时，使腐蚀的介质与基体金属隔离，会阻碍腐蚀的继续进行。因此，防止金属产生化学腐蚀主要措施之一是加入 Si、Cr、Al 等能形成保护膜的合金元素进行合金化。

电化学腐蚀是指金属在电解质溶液里因原电池作用产生电流而引起腐蚀。根据原电池原理，产生电化学腐蚀的条件是必须有两个电位不同的电极、有电解质溶液、两电极构成电路。

那么工程上服役的构件及零件是怎样满足上述电化学腐蚀条件呢？

一般钢的腐蚀就是由电化学腐蚀引起的，但又与一般化学书中介绍的原电池有所不同。在一般原电池中需要有两块电极电位不同的金属极板，而实际钢铁材料是在同一块材料上发生电化学腐蚀，故称微电池现象。在碳钢的平衡组织中，除了有铁素体外，还有碳化物。这两个相的电极电位不同。铁素体的电位低(阳极)，渗碳体电位高(阴极)，这两者就构成了一对电极。加之钢材在大气中放置时表面会吸附水蒸气形成水溶液膜，于是就构成了一个完整的微电池，便产生了电化学腐蚀。

根据电化学腐蚀产生的位置及条件，常常出现各种不同类型的腐蚀形式，如晶间腐蚀、应力腐蚀、疲劳腐蚀等。由上述发生微电池现象的过程可知，为了提高金属的耐腐蚀能力，可以采用以下三种方法。

① 减少原电池形成的可能性，使金属具有均匀的单相组织，并尽可能提高金属的电极电位。

② 形成原电池时，尽可能减小两极的电极电位差，并提高阳极的电极电位。

③ 减小甚至阻断腐蚀电流，使金属“钝化”，即在表面形成致密的、稳定的保护膜，将介质与金属隔离。这是提高金属耐腐蚀性的非常有效的方法。

(2) 用途及性能要求。不锈钢在石油、化工、原子能、宇航、海洋开发、国防工业和一些尖端科学技术及日常生活中都得到了广泛应用。它主要用来制造在各种腐蚀介质中工作并且有较高腐蚀能力的零件或结构。例如，化工装置中的各种管道、阀门和泵、热裂设备零件、医疗手术器械、防锈刃具和量具等等。

对不锈钢的性能要求最主要的是抗蚀性。此外，制作工具的不锈钢，还要求有高硬度、高耐磨性；制作重要结构零件时，要求有高强度：某些不锈钢则要求有较好的加工性能，等等。

(3) 合金化特点。

① 碳含量。耐蚀性要求愈高，碳含量应愈低。因为它增加阴极相(碳化物)。特别是它与铬能形成碳化物[多为$(Cr, Fe)_{23}C_6$]故晶界析出，使晶界周围基体严重贫铬。当铬贫化到耐蚀所必需的最低含量(约12%)以下时，贫铬区迅速被腐蚀，从而造成沿晶界发展的晶间腐蚀，使金属产生沿晶脆断的危险。大多数不锈钢的碳含量为0.1%～0.2%。但用于制造刃具和滚动轴承等的不锈钢，碳含量应较高(可达0.85%～0.95%)，此时必须相应地提高铬含量。

② 加入最主要的合金元素铬。铬能提高基体的电极电位。铬加入后，铁素体的电极电位的变化随着含铬量的增加不是渐变的，而是突变式的，即含Cr量为12.5%、25%、37.5%(原子比)时，电极电位才能显著地提高。铬是缩小γ区的元素，当铬含量很高时能得到单一的铁素体组织。另外，铬在氧化性介质(如水蒸气、大气、海水、氧化性酸等)中极易氧化，易生成致密的氧化膜，使钢的耐蚀性大大提高。

③ 同时加入镍。加入镍可获得单相奥氏体组织，显著提高耐蚀性。但这时钢的强度不高，如果要获得适度的强度和高耐蚀性，必须把镍和铬同时加入钢中才能达到构件及零件的性能要求。

④ 加入钼、铜等。Cr在非氧化性酸(如盐酸、稀硫酸和碱溶液等)中的钝化能力差。加入Mo、Cu等元素，可提高钢在非氧化性酸中的耐蚀能力。

⑤ 加入钛、铌等。Ti、Nb能优先同碳形成稳定的碳化物，使Cr保留在基体中，避免晶界贫铬，从而减轻钢的晶界腐蚀倾向。

⑥ 加入锰、氮等。部分镍以获得奥氏体组织，并能提高铬不锈钢在有机酸中的耐蚀性。

(4) 常用不锈钢。根据成分与组织的特点，不锈钢可分为以下几种类型。

① 奥氏体型。这是应用最广泛的一类不锈钢。由于通常含有18%左右的Cr和8%以上的Ni，因此也常被称为18—8型不锈钢。这类钢具有很高的耐蚀性，并具有优良的塑性、韧性和焊接性。虽然强度不高，但可通过冷变形强化。这类钢在450～800℃加热时，晶界附近易出现贫铬区，往往会产生晶间腐蚀。为此常采取加入Ti或Nb以及发展超低碳不锈钢($w_C<0.03\%$)等防止措施。此外，这类钢应进行固溶处理(950～1100℃加热，然后用水迅速冷却至室温)，以获得单相奥氏体。

② 铁素体型。这类钢中Cr的含量为17%～30%，碳的含量小于0.15%，加热至高温也不发生相变，不能通过热处理来改变其组织和性能，通常是在退火或正火状态使用。这类钢具有较好的塑性，但强度不高，对硝酸、磷酸有较高的耐蚀性。

③ 马氏体型。这类钢中Cr的含量为12%～14%，碳的含量小于0.1%～0.4%，正火组织为马氏体。马氏体不锈钢具有较好的力学性能，有很高的淬透性，直径不超过100 mm均可在空气中淬透。

④ 沉淀硬化型。这类钢的成分与18—8型不锈钢相近，但含Ni量略低，并加入少量A1、Ti、Cu等强化元素。从高温快冷至室温时，得到不稳定的奥氏体或马氏体。在500℃左右时效，可析出大量细小弥散的碳化物，使钢在保持相当的耐蚀性的同时具有很高的强度。这类钢还具有优良的工艺性能。

各种类型不锈钢的牌号、成分、热处理温度、力学性能分别见表5-14。

表5-14 各种类型不锈钢的牌号、成分、热处理温度力学性能及用途

类别	牌号	主要成分			热处理温度	力学性能(不小于)			用途
		w_C /(%)	w_{Cr} /(%)	w_{Ni} /(%)	淬火/℃	$\sigma_b \geqslant$ /MPa	$\sigma_s \geqslant$ /MPa	$\delta \geqslant$ /(%)	
奥氏体不锈钢	0Cr18Ni9	≤0.08	17～19	8～12	1050～1100 水	490	180	40	具有良好的耐蚀性，是化工行业良好的耐蚀材料
	1Cr18Ni9	≤0.12	17～19	8～12	1100～1150 水	550	200	45	制作耐硝酸、冷磷酸、有机酸及盐、碱溶液腐蚀的设备零件
	1Cr18Ni9Ti	≤0.12	17～19	8～11	1100～1150 水	550	200	40	耐酸容器及设备衬里，输送管道等设备和零件，抗磁仪表、医疗器械
马氏体不锈钢	1Cr13	0.08～0.15	12～14		1000～1050 水油 700～790 回火	600	420	20	制作能抗弱腐蚀性介质、承受冲击负荷的零件，如气轮机叶片、水压机阀、结构架、螺栓、螺帽等
	2Cr13	0.16～0.24	12～14		1000～1050 水油 700～790 回火	660	450	16	
	3Cr13	0.25～0.34	12～14		1000～1050 油 200～300 回火				制作具有高硬度和耐磨性的医疗工具、量具、滚珠轴承等
	4Cr13	0.35～0.45	12～14		1000～1050 油 200～300 回火				制作具有高硬度和耐磨性的医疗工具、量具、滚珠轴承等
铁素体不锈钢	1Cr17	≤0.12	16～18		750～800 空冷	400	250	20	制作硝酸工厂设备如吸收塔、热交换器、酸槽、输送管道及食品工厂设备等
	Cr25Ti	≤0.12	25～27		700～800 空冷	450	300	20	生产硝酸及磷酸的设备

2. 耐热钢

耐热钢是具有高温抗氧化性和一定高温强度等优良性能的特殊钢。高温抗氧化性是金属材料在高温下对氧化作用的抗力，而高温强度是金属材料在高温下对机械负荷作用具有较高抗力的钢。

1）耐热钢的抗氧化性及高温强度

（1）金属的抗氧化性。金属的抗氧化性是保证零件在高温下能持久工作的重要条件，抗氧化能力的高低主要由材料的成分来决定。钢中加入足够的 Cr、Si、Al 等元素，使钢在高温下与氧接触时，表面能生成致密的高熔点氧化膜。它严密地覆盖住钢的表面，可以保护钢免于高温气体的继续腐蚀。例如，当钢中 w_{Cr} 为 15%时，其抗氧化度可达 900℃，若 w_{Cr} 为 20%～25%，则抗氧化度可达 1100℃。

（2）金属的高温强度。金属在高温下所表现的机械性能与室温下是大不相同的。当温度超过再结晶温度时，除受机械力的作用产生塑性变形和加工硬化外，同时还可发生再结晶和软化的过程。当工作温度高于金属的再结晶温度，工作应力超过金属在该温度下的弹性极限时，随着时间的延长，金属发生极其缓慢的变形，这种现象称为“蠕变”。金属对蠕变抗力愈大，即表示金属高温强度愈高。通常加入能升高钢的再结晶温度的合金元素来提高钢的高温强度。

金属的蠕变过程是塑性变形引起金属的强化过程在高温下通过原子扩散使其迅速消除。因此，在蠕变过程中，两个相互矛盾的过程同时进行，即塑性变形使金属强化和由温度的作用而消除强化。蠕变现象产生的条件为材料的工作温度高于再结晶温度、工作应力高于弹性极限。

因此，要想完全消除蠕变现象，必须使金属的再结晶温度高于材料的工作温度，或者增加弹性极限使其在该温度下高于工作应力。

对高温工作的零件不允许产生过大的蠕变变形，应严格限制其在使用期间的变形量。如汽轮机叶片，由于蠕变而使叶片末端与汽缸之间的间隙逐渐消失，最终会导致叶片及汽缸碰坏，造成重大事故。因此，对这类在高温下工作，精度要求又高的零件用钢的热强性，通常用蠕变极限来评定。

蠕变极限，即在一定温度下引起一定变形速度的应力。通常用 $\delta_{\varepsilon\%}^{T℃}$ /h 表示，如 $\delta_{1\times10^{-5}}^{580℃}=95$ MPa，表示材料在 580℃下蠕变速度为 1×10^{-5} %/h 的蠕变极限为 95 MPa。

对一些在高温下工作时间较短，不允许发生断裂的工作，如宇宙火箭工作的时间是几十分钟，而送入轨道的一级或二级运载火箭的工作时间仅是几秒钟。在这种情况下，要求构件不会发生断裂，便不能用蠕变极限来评定，而应用持久强度来评定。

持久强度是在一定温度下，经过一定时间引起断裂的应力，通常用 $\sigma_{\tau}^{T℃}$ 表示。其中，T℃为试验温度；τ 为至断裂的时间。如果取时间等于 100 h，则在这段时间内引起断裂的应力就是 100 h 的持久强度。经 300 h 后引起断裂的应力显然比经 100 h 引起断裂的应力要小。

材料的蠕变极限和持久强度愈高，材料的热强性也愈高。

不同类型的耐热钢使用于不同的温度。一般来说，马氏体耐热钢在 300～600℃范围内使用，铁素体、奥氏体耐热钢用于 600～800℃，800～1000℃则常用镍基高温合金。

2）常用耐热钢

（1）抗氧化钢。在高温下有较好的抗氧化性而有一定强度的钢种称为抗氧化钢，又叫不起皮钢。它多用来制造炉用零件和热交换器，如燃气轮机燃烧空、锅炉吊钩、加热炉底板和辊道以及炉管等。高温炉用零件的氧化剥落是零件损坏的主要原因。锅炉过热器等受力器件的氧化还会削弱零件的结构强度，因此在设计时要增加氧化余量。高温螺栓氧化会造成螺纹咬合，这些零件都要求高的抗氧化性。

抗氧性取决于表面氧化层稳定性、致密性及其与基体金属的粘附能力，其主要影响因素是化学成分。

① 铬。铬是一种钝化元素，含铬钢能在表面形成一层致密的 Cr_2O_3 氧化膜，有效地阻挡外界的氧原子继续往里扩散。较高温度使用的钢和合金，含铬量常大于 20%。如含铬 22%在 100℃以下是稳定的，可以形成连续而又致密的氧化膜。

② 硅。含硅钢在高温时其表面可形成一层 SiO_2 薄膜，它能提高抗氧化性。但过量的硅会恶化钢的热加工工艺性能。

③ 铝。铝和硅都是比较经济的提高抗氧化性的元素。含铝钢在表面形成 Al_2O_3 薄膜，与 Cr_2O_3 相似，能起很好的保护作用。含铝 6%可使钢在 980℃具有较好的抗氧化性。含铝 5%的铁锰铝奥氏体钢可在 800℃长期使用。过高的铝量会使钢的冲击性能和焊接性能变坏。

④ 稀土元素。稀土元素会对 Cr28 钢的抗氧化产生影响。镧等稀土元素可进一步提高含铬钢的抗氧化性，它们会降低 Cr_2O_3 挥发性，改善氧化膜组成，使其变为更加稳定的 $(Cr、La)O_3$；它们又可促进铬扩散，这有助于形成 Cr_2O_3。将镧抑制在 1100～1200℃范围会内形成容易分解的 NiO。

实际上应用的抗氧化钢大多是铬钢。在铬镍钢或铬锰氮钢基础上添加硅或铝而配制成的。单纯的硅钢或铝钢因其机械性能和工艺性能欠佳而很少应用。

抗氧化性常用钢种有 3Cr18Mn12Si2N、2Cr20Mn9Ni2Si2N 等。它们的抗氧化性能很好，最高工作温度可达约 1000℃，多用于制造加热炉的变热构件、锅炉中的吊钩等。它们常以铸件的形式使用，主要热处理是固溶处理，以获得均匀的奥氏体组织。

（2）热强钢。高温下有一定抗氧化能力和较高强度以及良好组织稳定性的钢种称为热强钢。汽轮机、燃气轮机的转子和叶片、锅炉过热器、高温工作的螺栓和弹簧、内燃机进排气阀等用钢均属此类。

① 铁素体基耐热钢。铁素体基耐热钢的工作温度范围在 450～600℃，其合金钢有以下几种。

· 低碳。碳含量一般为 0.1%～0.2%。碳含量愈高，组织愈不稳定，碳化物容易聚集长大，甚至发生石墨化，使热强度大大降低。

· 加入铬。改善钢的抗氧化性，提高钢的再结晶温度以增高温强度。钢的耐蚀性和热强性要求愈高，铬含量也应愈高，可从 1%增加到 3%。

· 加入钼、钒。可提高钢的再结晶温度，同时形成稳定的弥散碳化物来保持高的热强性。

② 奥氏体基耐热钢。工作温度可达 600～700℃，其合金化方法有以下几种。

· 低碳。碳含量多在0.1%以上，可高达0.4%。要利用碳形成碳化物起第二相强化作用。

· 加入大量铬、镍。总量一般在25%以上。Cr主要提高热化学稳定性和热强性，Ni保证获得稳定奥氏体。

· 加入钨、相等。提高再结晶温度，并析出较稳定的碳化物提高热强性。

· 加入钒、钛、铝等。形成稳定的第二相提高热强性。第二相有碳化物(如VC等)和金属间化合物[如Ni(Ti、Al)等]两类，后者强化效果较好。

(3) 马氏体型热强钢。常用钢种为Cr12型(1Cr11MoV、1Cr12WMoV)、铬硅钢(4Cr9Si2、4Cr10Si2M)等。

1Cr11MoV和1Cr12WMoV钢具有较好的热强性、组织稳定性及工艺性。1Cr11MoV钢适宜于制造540℃以下汽轮机叶片、燃气轮机叶片、增压器叶片；1Cr12MoV钢适宜于制造580℃以下汽轮机叶片，燃气轮机叶片。这两种钢大多在调质状态下使用。1Cr11MoV马氏体热强钢的调质热处理工艺为：1050～1000℃空冷、720～740℃高温回火(空冷)。

4Cr9Si2、4Cr10Si2Mo等铬硅钢是另一类马氏体热强钢。它们属于中碳高合金钢。钢中含碳量提高到约0.40%，主要是为了获得高的耐磨性；钢中加入少量的钼，有利于减小钢的回火脆性并提高热强性。这两种钢经适当的调质处理后，具有高的热强性、组织稳定性和耐磨性。4Cr9Si2钢主要用来制造工作温度在650℃以下的内燃机排气阀，也可用来制造工作在800℃以下，受力较小的构件，如过热器吊架等。4Cr10Si2Mo钢比4Cr9Si2钢含有较多的铬和钼，因此它的性能比较好，而且使回火脆性倾向减弱。该钢常用来制造某些航空发动机的排气阀，亦可用来制造加热炉构件。

(4) 奥氏体型热强钢。这类热强钢在600～800℃温度范围内使用。它们含大量合金元素，尤其是含有较多的Cr和Ni，其总量大大超过10%。这类钢用于制造汽轮机、燃气轮机、舰艇、火箭、电炉等的部件，即广泛应用于航空、航海、石油及化工等工业部门。常用钢种有4Cr14Ni14W2Mo、0Cr18Ni11Ti等。这类钢一般进行固溶处理或固溶—时效处理。

4Cr14Ni14W2Mo是14—14—2型奥氏体钢。由于钢中合金元素的综合影响，使它的热强性、组织稳定性及抗氧化性均比上述4Cr9Si2和4Cr10Si2Mo等马氏体热强钢高。

3. 耐磨钢

某些机械零件，如挖掘机、拖拉机、坦克的履带板、球磨机的衬板等，在工作时受到严重磨损及强烈撞击。因而制造这些零件的钢除了应有良好的韧性外，还应具有良好的耐磨性。在生产中应用最普遍的是高锰钢。

高锰钢铸件适用于承受冲击载荷和耐磨损的零件，但它几乎不能加工，且焊接性差，因而基本上都是铸造成型的，故其钢号即写成ZGMn13—1、ZGMn13—2等。

高锰钢铸件的性质硬而脆，耐磨性也差，不能实际应用。其原因是在铸态组织中存在着碳化物。实践证明，高锰钢只有在全部获得奥氏体组织时才呈现出最为良好的韧性和耐磨性。

为了使高锰钢全部获得奥氏体组织，需进行“水韧处理”。水韧处理是一种淬火处理的操作，其方法是钢加热至临界点温度以上(约在1060～1100℃)保温一段时间，使钢中碳化物能全部溶解到奥氏体中，然后迅速浸淬于水中冷却。由于冷却速度非常快，碳化物来不及从奥氏体中析出，因而保持了均匀的奥氏体状态。水韧处理后，高锰钢组织全是单一的奥氏体，它的硬度并不高，约在180～220 HB范围内。当它在受到剧烈冲击或较大压力作用时，表面层奥氏体将迅速产生加工硬化，并有马氏体及ε碳化物沿滑移面形成，从而使表面层硬度提高到450～550 HB，获得高的耐磨性，但其心部仍维持原来状态。

高锰钢制件在使用时必须伴随外来的压力和冲击作用，不然高锰钢是不能耐磨的，其耐磨性并不比硬度相同的其他钢种好。例如喷砂机的喷嘴，选用高锰钢或碳素钢来制造，它们的使用寿命几乎是相同的。这是因为喷砂机的喷嘴所通过的小砂粒不能引起高锰钢硬化所致。因此，喷砂机喷嘴的材料就用不着选择高锰钢，一般选用淬火回火的碳素钢即可。

水韧处理后的高锰钢加热到250℃以上是不合适的。这时因为加热超过300℃时，在极短时间内即开始析出碳化物，而使性能变坏。高锰钢铸件水韧处理后一般不作回火。为了防止产生淬火裂纹，可考虑改进铸件设计。

高锰钢广泛应用于既耐磨损又耐冲击的一些零件。在铁路交通方面，高锰钢用于铁道上的辙岔、辙尖、转辙器从小半径转弯处的轨条等。高锰钢用于这些零件，不仅由于它具有良好的耐磨性，而且由于它材质坚韧，不容易突然折断。即使有裂纹开始发生，由于加工硬化作用，也会抵抗裂纹的继续扩展，使裂纹扩展缓慢则易被发觉。另外，高锰钢在寒冷气候条件下仍有良好的机械性能，不会冷脆。高锰钢在受力变形时，能吸收大量的能量，受到弹丸射击时也不易穿透。因此高锰钢也用于制造防弹板及保险箱钢板等。高锰钢还大量用于挖掘机、拖拉机、坦克等的履带板、主动轮、从动轮和履带支承滚轮等。由于高锰钢是非磁性的，也可用于既耐磨损又抗磁化的零件，如吸料器的电磁铁罩。

5.2 铸 铁

铸铁是工业上应用最广泛的材料之一。它的使用价值与铸铁中碳的存在形式密切相关。一般说来，铸铁中的碳主要以石墨形式存在时，才能被广泛地应用。

5.2.1 概述

从铁碳合金相图知道，铸铁是含碳量大于2.11%的铁碳合金。工业上常用铸铁的成分范围是：w_C为2.5%～4.0%、w_{Si}为1.0%～3.0%、w_{Mn}为0.5%～1.4%、w_P为0.01%～0.50%、w_S为0.02%～0.20%；除此之外，为了提高铸铁的机械性能，还可加入一定量的合金元素，如Cr、Mo、V、Cu、Al等，组成合金铸铁。可见，在成分上铸铁与钢的主要不同是：铸铁含碳和含硅量较高，杂质元素硫、磷较多。

同钢相比，铸铁生产设备和工艺简单、成本低廉，虽然强度、塑性和韧性较差，不能进行锻造，但是它却具有一系列优良的性能，如良好的铸造性、减摩性和耐磨性，良好的消振性和切削加工性以及缺口敏感性低等。因此，铸铁广泛应用于机械制造、冶金、石油化工、交通、建筑和国防等工业部门。特别是近年来由于稀土镁球墨铸铁的发展，更进一步打破了钢与铸铁的使用界限，不少过去使用碳钢和合金钢制造的重要零件，如曲轴、连杆、齿轮等，如今已可采用球墨铸铁来制造，如“以铁代钢”，“以铸代锻”。这不仅为国家和企业节约了大量的优质钢材，而且大大减少了机械加工的工时，降低了产品的成本。

铸铁之所以具有一系列优良的性能，除了因为它的含碳量较高，接近于共晶合金成分，使得它的熔点低、流动性好以外，还因为它的含碳和含硅量较高，使得其中的碳大部分不再以化合状态(Fe_3C)而以游离的石墨状态存在。铸铁组织的一个特点就是其中含有石墨，而石墨本身具有润滑作用，因而使铸铁具有良好的减摩性和切削加工性。

1. 铸铁的石墨化过程

铸铁组织中石墨的结晶形成过程叫做“石墨化”过程。

在铁碳合金中，碳可能以两种形式存在，即化合状态的渗碳体(Fe_3C)和游离状态的石墨(常用 G 来表示)。其中渗碳体的晶体结构见第 1 章。石墨是碳的一种结晶形态，$w_C=100\%$，具有简单六方晶格，原子呈层状排列(如图 5-12 所示)。同一层晶面上碳原子间距为 0.142 nm，相互呈共价键结合；层与层之间的距离为 0.34 nm，原子间呈分子键结合。因其面间距较大，结合力弱，故其结晶形态常易发展成为片状，且石墨本身的强度、塑性和韧性非常低，接近于零。

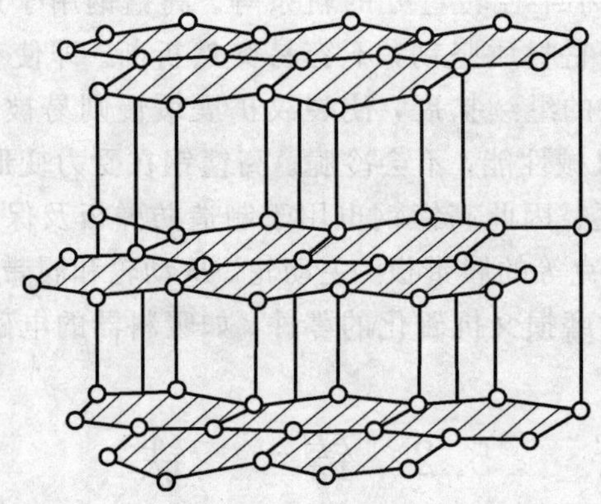

图 5-12 石墨的晶体结构

在铁碳合金中，已形成渗碳体的铸铁在高温下进行长时间退火，其中的渗碳体便会分解为铁和石墨即 $Fe_3C \rightarrow 3Fe+C$(石墨)。可见，碳呈化合状态存在的渗碳体并不是一种稳定的相，它不过是一种亚稳定的状态；而碳呈游离状态存在的石墨则是一种稳定的相。通常，在铁碳合金的结晶过程中，之所以自其液体或奥氏体中析出的是渗碳体而不是石墨(如第 4 章所述)，这主要是因为渗碳体的含碳量(6.69%)比石墨的含碳量(≈100%)更接近合金成分的含碳量(2.5%～4.0%)，析出渗碳体时所需的原子扩散量较小，渗碳体的晶核形成较容易。但在冷却极其缓慢(即提供足够的扩散时间)的条件下，或在合金中含有可促进石墨形成的元素(如 Si 等)时，那么在铁碳合金的结晶过程中，可直接自液体或奥氏体中析出稳定的石墨相，而不再析出渗碳体。因此，对铁碳合金的结晶过程和组织形成规律来说，根据冷却速度和成分不同，实际上存在两种相图，可用 $Fe-Fe_3C$ 相图和 Fe-G(石墨)相图叠合在一起形成的铁碳双重相图来描述(图 5-13)。图中实线部分即为前面所讨论的亚稳定的 $Fe-Fe_3C$ 相图，虚线部分则是稳定的 Fe-G 相图。虚线与实线重合的线条用实线表示。由图可见，虚线在实线的上方或左上表明 Fe-G (石墨)系较 $Fe-Fe_3C$ 系更为稳定。视具体合金的结晶条件不同，铁碳合金可全部或部分地按照其中的一种或另一种相图进行结晶。

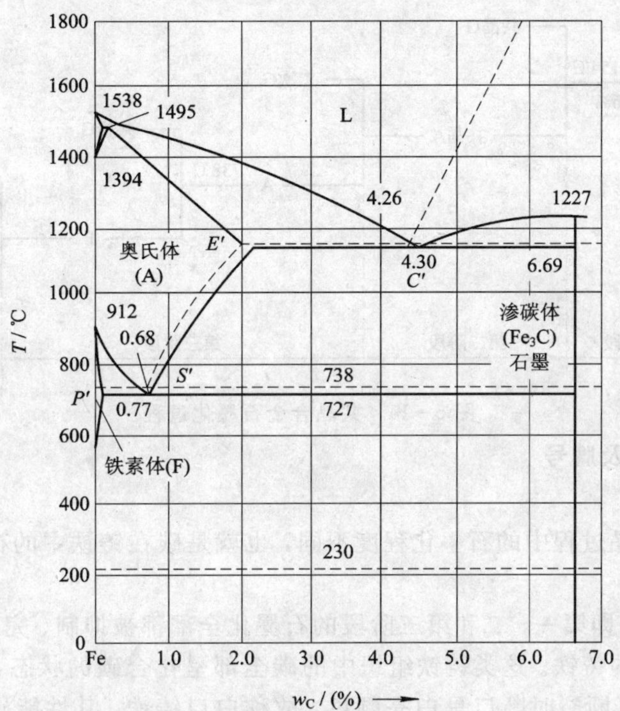

图 5-13 Fe-Fe_3C 与 Fe-G 双重相图

根据 Fe-G(石墨)系相图，在极缓慢冷却的条件下，铸铁石墨化过程可分成三个阶段：

第一阶段，也叫高温石墨化阶段，即由液体中直接结晶出初生相石墨，或在 1154℃时通过共晶转变而形成石墨，即 $L_{C'} \rightarrow A_{E'} + G$。

第二阶段，也叫石墨化过程阶段，即在 1154～738℃之间的冷却过程中，自奥氏体中析出二次石墨。

第三阶段，也叫低温石墨化阶段，即在 738℃时通过共析转变而形成石墨，即 $A_{S'} \rightarrow F_{P'} + G$。

铸铁的组织与石墨化过程及其进行的程度密切相关。由于高温下具有较高的扩散能力，所以第一、二阶段的石墨化比较容易进行，即通常都按照 Fe-G 相图进行结晶；而第三阶段的石墨化温度较低，扩散能力低，且常因铸铁的成分和冷却速度等条件的不同，而被全部或部分抑制，从而得到三种不同的组织，即铁素体 F+石墨 P、铁素体 F+珠光体 P+石墨 G、珠光体 P+石墨 G。铸铁的一次结晶过程决定了石墨的形态，而二次结晶过程决定了基体组织。下面以共晶成分的铸铁为例，简要描述其石墨化过程(图 5-13 和图 5-14)。

共晶成分铁液从高温一直缓冷至 1154℃开始凝固，形成奥氏体加石墨的共晶体。此时奥氏体的饱和碳含量为 $w_C=2.08\%$。随着温度的下降，奥氏体的溶碳量下降，其溶解度按 E′S′线变化，过饱和碳从奥氏体中析出二次石墨。当温度降至 738℃时，奥氏体含碳量达到 $w_C=0.68\%$，发生共析转变，奥氏体形成铁素体加石墨共析体。此时铁素体的固溶度为 $w_C=0.0206\%$。温度再继续下降，铁素体中固溶碳量减少，其溶解度沿 $P'Q$ 线变化，冷至室温时，铁素体中含碳量远小于 $w_C=0.006\%$。从铁素体中析出的三次石墨量很少。

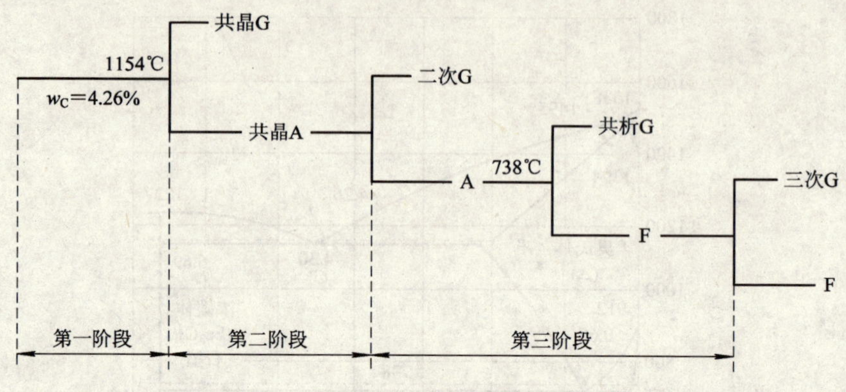

图 5－14　共晶合金石墨化过程

2. 铸铁的分类及牌号

1）铸铁的分类

根据铸铁在结晶过程中的石墨化程度不同，也就是碳在铸铁中的存在形式，铸铁可分为如下三类：

(1) 白口铸铁，即第一、二和第三阶段的石墨化全部都被抑制、完全按照 $Fe-Fe_3C$ 相图进行结晶而得到的铸铁。这类铸铁组织中的碳全部呈化合碳的状态，形成渗碳体，并具有莱氏体的组织，其断裂时断口呈白亮颜色，故称白口铸铁。其性能硬脆，故在工业上很少应用，主要用作炼钢原料。

(2) 灰口铸铁，即在第一和第二阶段石墨化的过程中都得到了充分石墨化的铸铁，碳大部分或全部以游离的石墨形式存在，因断裂时断口呈暗灰色，故称为灰铸铁。工业上所用的铸铁几乎全部都属于这类铸铁。这类铸铁根据第三阶段石墨化程度的不同，又可分为三种不同基体组织的灰口铸铁，即铁素体、铁素体加珠光体和珠光体灰口铸铁。

(3) 麻口铸铁，即在第一阶段的石墨化过程中未得到充分石墨化的铸铁。碳中的一部分以渗碳体形式存在，另一部分以游离态石墨形式存在，断口上呈黑白相间的麻点。其组织介于白口与灰口之间，含有不同程度的莱氏体，也具有较大的硬脆性，工业上也很少应用。

根据铸铁中石墨结晶形态的不同，铸铁又可分为如下三类：

(1) 灰口铸铁。铸铁组织中的石墨形态呈片层状结晶，这类铸铁的机械性能不太高，但生产工艺简单，价格低廉，故在工业上应用最为广泛。

(2) 可锻铸铁。铸铁组织中的石墨形态呈团絮状，其机械性能(特别是冲击韧性)比普通灰口铸铁要好，但其生产工艺冗长，成本高，故只用来制造一些重要的小型铸件。

(3) 球墨铸铁。铸铁组织中的石墨形态呈球状，这种铸铁不仅机械性能较高，生产工艺远比可锻铸铁简单，并且可通过热处理进一步显著提高强度，故近年来日益得到广泛的应用，在一定条件下可代替某些碳钢和合金钢制造各种重要的铸件，如曲轴、齿轮。

2）铸铁的牌号

铸铁的牌号由铸铁代号、合金元素符号及质量分数、力学性能所组成。牌号中第一位是铸铁的代号，其后为合金元素的符号及其质量分数，最后为铸铁的力学性能。常规元素碳、硅、锰、硫一般不标注。其他合金元素的质量分数大于或等于 1%时，用整数表示；小于 1%时，一般不标注，只有对该合金特性有较大影响时，才予以标注。当铸铁中有几种合金化元素时，按其质量分数递减的顺序排列，质量分数相同时分数按元素符号的字母顺序排列。力学性能标注部分为一组数据时表示其抗拉强度值；为两组数据时，第一组表示抗拉强度值，第二组表示伸长率，两组数字之间用“-”隔开。常见铸铁名称、代号及牌号表示方法如表 5-15 所示。

表 5-15 常见铸铁的名称、代号及牌号表示方法

铸铁名称	代 号	牌号表示方法实例
灰铸铁	HT	HT100
蠕墨铸铁	RuT	RuT400
球墨铸铁	QT	QT400-17
黑心可锻铸铁 白心可锻铸铁 珠光体可锻铸铁	KTH KTB KTZ	KTH300-06 KTB350-04 KTZ450-06
耐磨铸铁	MT	MTCu1PTi-150
抗磨白口铁 抗磨球墨铸铁	KmTB KmTQ	KmTBMn5Mo2Cu KmTQMn6
冷硬铸铁	LT	LTCrMoR6（R 表示稀土元素）
耐蚀铸铁 耐蚀球墨铸铁	ST STQ	STSi5R STQA15Si5
耐热铸铁 耐热球墨铸铁	RT RTQ	RTCr2 RTQA16

5.2.2 常用铸铁

1. 灰口铸铁

1）灰口铸铁的化学成分、组织与性能

灰口铸铁的成分范围是 w_C 为 2.5%～4.0%、w_{Si} 为 1.0%～3.0%、w_{Mn} 为 0.5%～1.4%、w_P 为 0.01%～0.20%、w_S 为 0.02%～0.20%，其中 C、Si、Mn 是调节组织的元素，P 是控制使用的元素，S 是应该限制的元素。究竟选用何种成分，应根据铸件基体组织及尺寸大小来决定。

灰口铸铁的第一、二阶段石墨化过程均能充分进行，其组织类型主要取决于第三阶段的石墨化程度。根据第三阶段石墨化程度的不同，可分别获得如下三种不同基体组织的灰口铸铁。

(1) 铁素体灰口铸铁。若灰口铸铁的第三阶段石墨化过程得到充分进行，最终得到的组织是铁素体基体上分布着片状石墨，如图 5-15(a)所示。

(2) 珠光体＋铁素体灰口铸铁。若灰口铸铁的第三阶段即共析阶段的石墨化过程仅部分进行，获得的组织是珠光体＋铁素体基体上分布着片状石墨，如图 5-15(b)所示。

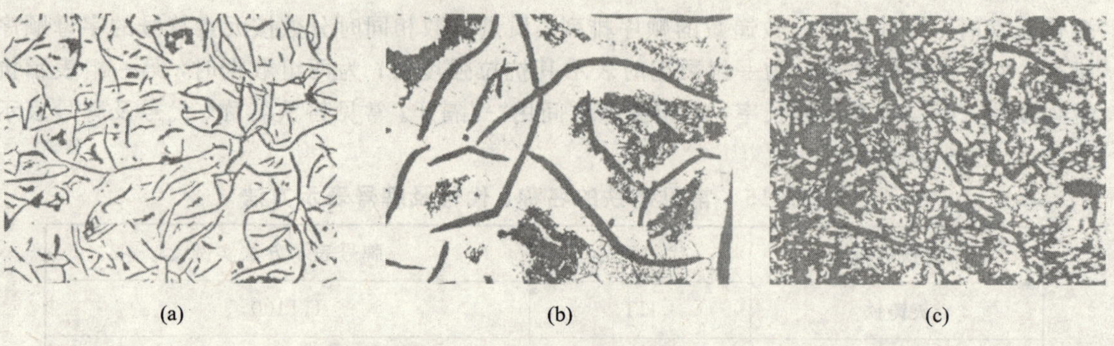

(a) (b) (c)

图 5-15 不同基体组织的灰口铸铁

(a) 铁素体基(200×)；(b) 铁素体基+珠光体基(500×)；(c) 珠光体基(500×)

(3) 珠光体灰口铸铁。若灰口铸铁的第三阶段石墨化过程完全被抑制，获得的组织是珠光体基体上分布片状石墨，如图 5-15(c)所示。实际铸件能否得到灰口组织和得到何种基体组织，主要取决于其结晶过程中的石墨化程度。铸铁的石墨化程度受许多因素影响，但实验表明，铸铁的化学成分和结晶过程中的冷却速度是影响石墨化的主要因素。

① 铸铁化学成分的影响。实践表明，铸铁中的 C 和 Si 是影响石墨化过程的主要元素，它们有效地促进石墨化进程，铸铁中碳和硅的含量愈高，则愈充分石墨化。故生产中为了使铸件在浇铸后能够避免产生白口或麻口而得到灰口，且不至含有过多和粗大的片状石墨，通常把铸铁中必须加入足够的 C、Si 促进石墨化，其一般成分控制在 w_C 为 2.5%～4.0%及 w_{Si}为 1.0%～2.5%Si；除了碳和硅以外，铸铁中的 Al、Ti、Ni、Cu、P、Co 等元素也是促进石墨化的元素，而 S、Mn、Mo、Cr、V、W、Mg、Ce 等碳化物形成元素则阻止石墨化。Cu 和 Ni 既促进共晶时的石墨化又能阻碍共析时的石墨化。S 不仅强烈地阻止石墨化，而且还会降低铸铁的机械性能和流动性，容易产生裂纹等，故其含量应尽量低，一般应在 0.1%～0.15%以下。而锰因可与硫形成 MnS，减弱了硫的有害作用。锰既可以溶解在基体中，也可溶解在渗碳体中形成$(Fe、Mn)_3C$，溶解在渗碳体中的锰可增强铁与碳的结合力，则阻碍石墨化过程，增加铸铁白口深度。所以铸铁中含锰质量分数控制在 0.5%～1.4% 范围内。P 是微弱促进石墨化的元素，但当磷的质量分数超过 0.3%，灰铸铁中出现低熔点的二元或三元磷共晶存在于晶界，增加铸铁的冷脆倾向，所以一般小于 0.20%。

② 铸铁冷却速度的影响。对于同一成分的铁碳合金，在熔炼条件等完全相同的情况下，石墨化过程主要取决于冷却条件。铸件的冷却速度对石墨化的影响很大，即冷却愈慢，愈有利于扩散，对石墨化便愈有利，而快冷则阻止石墨化。当铁液或奥氏体以极缓慢速度冷却(过冷度很小)至图 5-13 中的 $S'E'C'$和 SEC 之间温度范围时，通常按 Fe-G(石墨)系结晶，石墨化过程能较充分地进行。如果冷速较快，过冷度较大，通过 $S'E'C'$和 SEC 范围共晶石墨或二次石墨来不及析出，而过冷到实线以下的温度时，则将析出 Fe_3C。在铸造时，除了造型材料和铸造工艺会影响冷却速度以外，铸件的壁厚不同，也会具有不同的冷却速度，得到不同的组织。图 5-16 所示为在一般砂型铸造条件下，铸件的壁厚和铸铁中碳和硅的含量对其组织(即石墨化程度)的影响。实际生产中，在其他条件一定的情况下，铸铁的冷却速度取决于铸件的壁厚。铸件越厚，冷却速度越小，铸铁的石墨化程度越充分。对于不同壁厚的铸件，也常根据这一关系调整铸铁中的碳和硅的含量，以保证得到所需要的灰口组织。这一点与铸钢件是截然不同的。

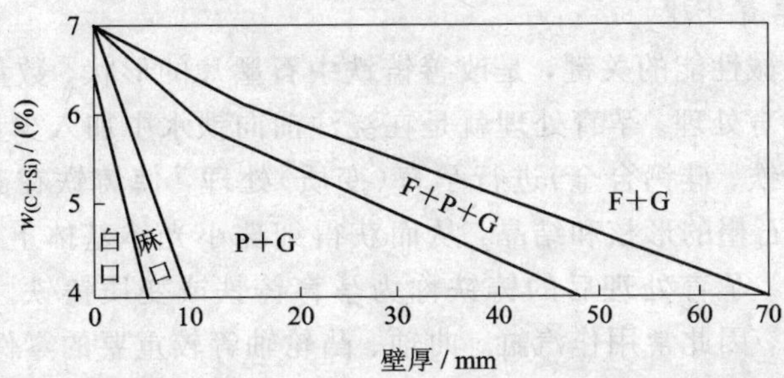

图5-16 铸铁成分(C+Si)%和铸件壁厚对石墨化(组织)的影响

灰口铸铁的基体组织对性能有着很大的影响。铁素体灰口铸铁的强度、硬度和耐磨性都比较低，但塑性较高。铁素体灰口铸铁多用于制造负荷不太重要的零件。珠光体特别是细小粒状珠光体灰口铸铁强度和硬度高、耐磨性好，但塑性比铁素体灰口铸铁低，多用于受力较大，耐磨性要求较高的重要铸件，如汽缸套、活塞、轴承座等。在实际生产过程中，难以获得基体全部为珠光体的铸态组织，常见的是铁素体和珠光体组织，其性能也介于铁素体灰口铸铁和珠光体灰口铸铁之间。

灰口铸铁的抗拉强度、塑性及韧性均比同基体的钢低。这是由于石墨的强度、塑性、韧性极低，它的存在不仅割裂了金属基体的连续性，缩小了承受载荷的有效面积，而且在石墨片的尖端处导致应力集中，使铸铁发生过早的断裂。随着石墨片的数量、尺寸、分布不均匀性的增加，灰口铸铁的抗拉强度、塑性、韧性进一步降低。

灰口铸铁的硬度和抗压强度取决于基体组织，石墨对其影响不大。因此，灰口铸铁的硬度和抗压强度与同基体的钢相差不多。灰口铸铁的抗压强度约为其抗拉强度的3～4倍，因而广泛用作受压零构件如机座、轴承座等。此外，灰口铸铁还具有较好的铸造性能、切削加工性能、减摩性、减震性以及较低的缺口敏感性。

2) 灰口铸铁的牌号

我国国家标准对灰口铸铁的牌号、机械性能及其他技术要求均有新的规定。

按规定，灰口铸铁有6个牌号：HT100(铁素体灰口铸铁)、HT150(铁素体珠光体灰口铸铁)、HT200和HT250(珠光体灰口铸铁)、HT300和HT350(孕育铸铁)。“HT”为“灰铁”二字汉语拼音的字首，后续的三位数字表示直径为30 mm铸件试样的最低抗拉强度值σ_b(MPa)。例如灰口铸铁HT200，表示最低抗拉强度为200 MPa。灰口铸铁的分类、牌号及显微组织如表5-16所示。

表5-16 灰口铸铁的分类、牌号及显微组织

分类	牌号	显微组织	
		基体	石墨
普通灰铸铁	HT100	F+少量P	粗片
	HT150	F+P	较粗片
	HT200	P	中等片
孕育铸铁	HT250	细P	较细片
	HT300	S或T	细片
	ST350		

3）灰口铸铁的孕育处理

改善灰口铸铁机械性能的关键，是改善铸铁中石墨片的形状、数量、大小和分布情况。于是生产上常进行孕育处理。孕育处理就是在浇注前向铁水中加入少量(铁水总重量的4%左右)的孕育剂(如硅铁、硅钙合金)进行孕育(变质)处理，使铸铁在凝固过程中产生大量的人工晶核，以促进石墨的形核和结晶，从而获得细珠小光体基体上分布有少量细小、均匀分布的石墨片组织。孕育处理后的铸铁称为孕育铸铁或变质铸铁。由于其强度、塑性、韧性比普通灰铸铁高，因此常用作汽缸、曲轴、凸轮轴等较重要的零件。

4）灰口铸铁的热处理

虽然通过热处理只能改变铸铁的基体组织，而不能改变片状石墨的形状和分布状态，但可以消除铸件的内应力、消除白口组织和提高铸件表面的耐磨性。

(1) 去应力退火。在铸造过程中，由于各部分的收缩和组织转变的速度不同，使铸件内部产生不同程度的内应力。这样不仅降低铸件强度，而且使铸件产生翘曲、变形，甚至开裂。因此，铸件在切削加工前通常要进行去应力退火，又称为人工时效处理。其典型时效热处理工艺曲线如图5-17所示。即将铸件缓慢加热到500～560℃适当保温(每100 mm截面保温 2 h)后，随炉缓冷至150～200℃出炉空冷，此时内应力可被消除90%。去应力退火加热温度一般不超过560℃，以免共析渗碳体分解、球化，降低铸件强度、硬度和耐磨性。

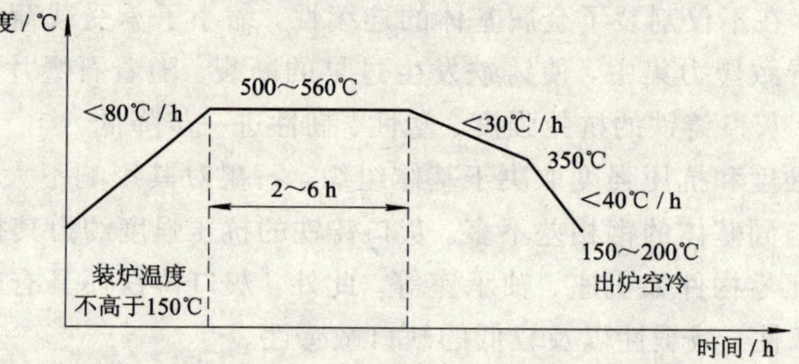

图5-17　典型时效热处理工艺曲线

(2) 消除白口，改善切削加工性能的高温退火。铸件冷却时，表层及截面较薄处由于冷却速度快，易出现白口组织使硬度升高，难以切削加工。为了消除自由渗碳体，降低硬度，改善铸件的切削加工性能和力学性能，可对铸件进行高温退火处理，使渗碳体在高温下分解成铁和石墨。图5-18是高温石墨化退火热处理曲线。即将铸件加热至850～950℃保温1～4 h，使部分渗碳体分解为石墨，然后随炉缓冷至400～500℃，再置于空气中冷却，最终得到铁素体基体或铁素体加珠光体基灰铸铁，从而消除白口、降低硬度、改善切削加工性能。

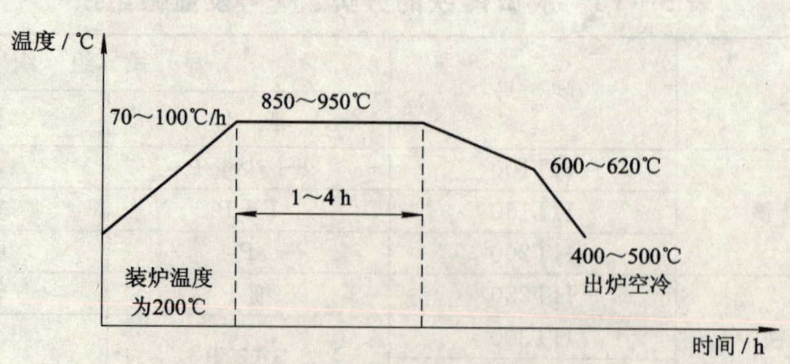

图5-18　高温石墨化热处理工艺曲线

(3) 表面淬火。某些大型铸件的工作表面需要有较高的硬度和耐磨性，如机床导轨的表面及内燃机汽缸套的内壁等，在机加工后可用快速加热的方法对铸铁表面进行淬火热处理。淬火后铸铁表面为马氏体＋石墨的组织。珠光体基体铸铁淬火后的表面硬度可达到50 HRC 左右。

2. 可锻铸铁

可锻铸铁是由白口铸铁通过高温石墨化退火或氧化脱碳热处理，改变其金相组织或成分而获得的具有较高韧性的铸铁。由于铸铁中石墨呈团絮状分布，故大大削弱了石墨对基体的割裂作用。与灰口铸铁相比，可锻铸铁具有较高的强度和一定的塑性和韧性。可锻铸铁又称为展性铸铁或玛钢，但实际上可锻铸铁并不能锻造。

1) 可锻铸铁的类型

可锻铸铁按化学成分、石墨化退火条件和热处理工艺不同，可分为黑心可锻铸铁(包括珠光体可锻铸铁)和白心可锻铸铁两类。当前广泛采用的是黑心可锻铸铁。

将白口铸件毛坯在中性介质中经高温石墨化退火而获得的铸铁件，若金相组织为铁素体基体上分布着团絮状石墨，其断口由于石墨大量析出而使心部颜色为暗黑色，表层因部分脱碳而呈白亮色的，称为黑心可锻铸铁。若金相组织为珠光体基体上分布团絮状石墨，则称为珠光体可锻铸铁。因其断口呈灰色，习惯上也将其称为黑心可锻铸铁。

白心可锻铸铁是将白口铸件毛坯放在氧化介质中经石墨化退火及氧化脱碳得到的。表层出于完全脱碳形成单一的铁素体组织，其断口为灰色。根据铸件断面大小不同，心部组织可以是珠光体＋铁素体＋退火碳(即退火过程中由渗碳体分解形成的石墨)或珠光体＋退火碳。心部断口为灰白色，故称之为白心可锻铸铁。

2) 可锻铸铁的化学成分特点及可锻化(石墨化)退火

(1) 成分范围。为使铸铁凝固获得全部白口组织，同时使随后的石墨化退火周期尽量短，并有利于提高铸铁的机械性能，可锻铸铁的化学成分应控制在 w_C 为 2.4%～2.7%、w_{Si}为 1.4%～18%、w_{Mn} 为 0.5%～0.7%、w_P＜0.8%、w_S＜0.25%、w_{Cr}＜0.06%的范围内。

(2) 黑心可锻铸铁石墨化退火工艺如图 5－19 所示。将浇铸成的白口铸铁加热到 900～980℃保温约 15 h，使渗碳体分解为奥氏体加石墨。由于固态下石墨在各个方向上的长大速度相差不多，故石墨成团絮状。在随后的缓慢冷却过程中，奥氏体将沿早已形成的团絮状石墨表面析出二次石墨，至共析转变温度范围(750～720℃)时，奥氏体分解为铁素体加石墨。结果得到铁素体可锻铸铁，其退火工艺曲线如图 5－19 中①所示。如果在通过共析转变温度时的冷却速度较快，则将得到珠光体可锻铸铁，其退火工艺曲线如图 5－19 中②所示。按上述工艺获得的可锻铸铁的显微组织如图 5－20 所示。可锻铸铁的退火周期较长，约 70 h 左右。为了缩短退火周期，常采用如下方法：

① 孕育处理。用硼铋等复合孕育剂，在铁水凝固时阻止石墨化，在退火时促进石墨化过程，使石墨化退火周期缩短一半左右。

② 低温时效。退火前将白口铸铁在 300～400℃进行 3～6 h 的时效，使碳原子在时效过程中发生偏析，从而使随后的高温石墨化阶段的石墨核心有所增加。实践证明，经时效后可显著缩短退火周期。

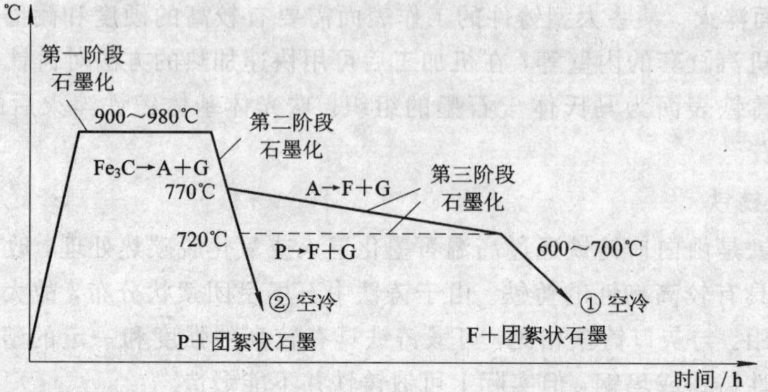

图 5-19　可锻铸铁的石墨化退火工艺曲线

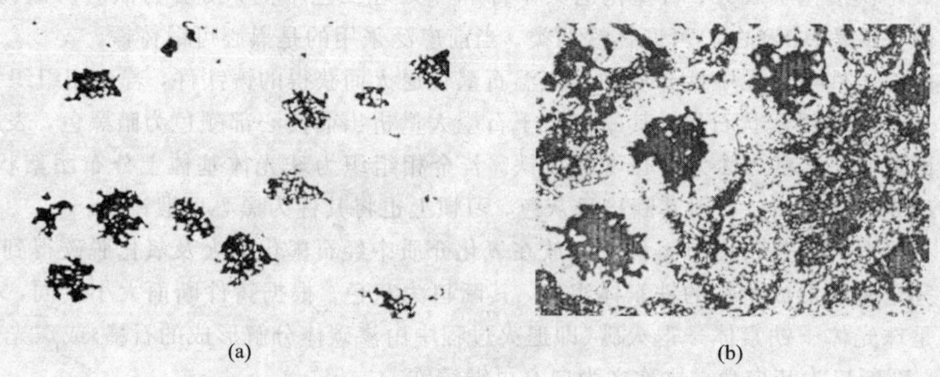

(a)　　　　(b)

图 5-20　可锻铸铁的显微组织

(a) 铁素体可锻铸铁(200×)；(b) 珠光体可锻铸铁(200×)

3）可锻铸铁的牌号、性能、用途

可锻铸铁的分类、牌号及机械性能如表 5-17 所示。

表 5-17　可锻铸铁的分类、牌号及机械性能

分　类	牌　号	壁厚/mm	机　械　性　能		
			σ_b/MPa	δ_5/(%)	硬度/HBS
黑心可锻铸铁	KTH300-6	>12	300	6	120～163
	KTH330-8	>12	330	8	120～163
	KTH350-10	>12	350	10	120～163
	KTH370-12	>12	370	12	120～163
珠光体基可锻铸铁	KTZ450-5		450	5	152～219
	KTZ500-4		500	4	179～241
	KTZ600-3		600	3	201～269
	KTZ700-2		700	2	240～270
白心可锻铸铁	KTB350-4		350	4	230
	KTB380-12		380	12	200
	KTB400-5		400	5	220
	KTB450-7		450	7	220

* 试棒直径 16 mm。

可锻铸铁的牌号"KT"是"可铁"二字汉语拼音的第一个大写字母，表示可锻铸铁。其后加汉语拼音字母"H"则表示黑心可锻铸铁(如 KTH330－08)，加"Z"表示珠光体基可锻铸铁(如 KTZ550－04)，加"B"表示白心可锻铸铁(如 KTB380－12)。随后两组数字分别表示最低抗拉强度(MPa)和最低延伸率 δ(%)。

普通黑心可锻铸铁具有一定的强度和较高的塑性与韧性，常用作汽车、拖拉机后桥外壳，低压阀门及各种承受冲击和振动的农机具。珠光体可锻铸铁具有优良的耐磨性、切削加工性和极好的表面硬化能力，常用作曲轴、凸轮轴、连杆、齿轮等承受较高载荷、耐磨损的重要零件。而白心可锻铸铁在机械工业中则应用很少。

3. 球墨铸铁

在浇铸前向铁水中加入少量的球化剂(镁或稀土镁)和孕育剂(75%Si 的硅铁)，获得具有球状石墨的铸铁，称为球墨铸铁。由于它具有优良的机械性能、加工性能和铸造性能，且生产工艺简单，成本低廉，故其得到了越来越广泛的应用。

1) 球墨铸铁的成分、组织、性能

球墨铸铁的成分范围一般是 W_C 为 3.5%～3.9%、w_{Si} 为 2.0%～2.6%Si、w_{Mn} 为 0.6%～1.0%、w_S<0.06%、w_P<0.1%、w_{Mg} 为 0.03%～0.06%、w_{RE} 为 0.02%～0.06%。与灰口铸铁相比，球墨铸铁的碳、硅含量较高，含锰较低，对磷、硫限制较严。碳当量(C_E=4.5%～4.7%)高是为了获得共晶成分的铸铁(共晶点为 4.6%～4.7%)，使之具有良好的铸造性能。低硫是因为硫与镁、稀土具有很强的亲和力，从而消耗球化剂，造成球化不良。对镁和稀土残留量有一定要求，是因为适量的球化剂才能使石墨完全呈球状析出。由于镁和稀土是阻止石墨化的元素，所以在球化处理的同时，必须加入适量的硅铁进行孕育处理，以防止白口出现。

球墨铸铁的组织特征为钢的基体加球状石墨。常见的球墨铸铁组织如图 5－21 所示。

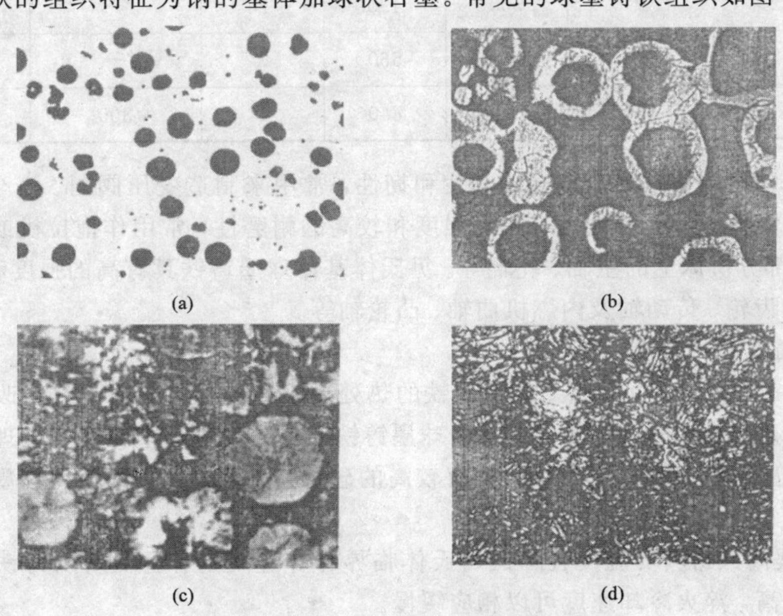

(a) (b) (c) (d)

图 5－21 不同基体的球墨铸铁

(a) 铁素体基(100×)；(b) 铁素体-珠光体基(100×)；(c) 珠光体基(200×)；(d) 贝氏体基(500×)

球墨铸铁的性能与其组织特征有关。由于石墨呈球状分布时，不仅造成应力集中小，而且对基体的割裂作用也最小。因此，球墨铸铁的基体强度利用率可达70%～90%，而灰口铸铁的基体强度利用率仅为30%～50%。所以，球墨铸铁的抗拉强度、塑性、韧性不仅高于其他铸铁，而且可与相应组织的铸钢相当。特别是球墨铸铁的屈强比(σ_s/σ_b)为0.7～0.8，几乎比钢高一倍。这一性能特点有很大的实际意义。因为在机械设计中，材料的许用应力是按屈服强度来确定的，因此，对于承受静载荷的零件，用球墨铸铁代替铸钢，就可以减轻机器重量。

球墨铸铁不仅具有良好的机械性能，同时也保留灰口铸铁具有的一系列优点，特别是通过热处理可使其机械性能达到更高水平，从而扩大了球墨铸铁的使用范围。

2) 球墨铸铁的牌号及用途

表5-18为球墨铸铁的牌号、基体组织和性能。牌号中“QT”是“球铁”二字汉语拼音的第一个大写字母，表示球墨铸铁的代号，后面两组数字分别表示最低抗拉强度(MPa)和最小延伸率δ/(%)。

表5-18　球墨铸铁的牌号、基体组织和性能

牌　号	基体组织	机　械　性　能≥				
		σ_b/MPa	$\sigma_{0.2}$/MPa	δ_5/(%)	a_k/(kJ·m^{-2})	硬度/HBS
QT400-17	F	400	250	17	600	≤179
QT420-10	F	420	270	10	300	≤207
QT500-5	F+P	500	350	5	—	147～241
QT600-2	P	600	420	2	—	229～302
QT700-2	P	700	490	2	—	229～302
QT800-2	P	800	560	2	—	241～321
QT1200-1	下B	1200	840	1	300	≥38 HRC

铁素体基体球墨铸铁具有较高的塑性和韧性，常用来制造变压阀门、汽车后桥壳、机器底座。珠光体基体球墨铸铁具有中高强度和较高的耐磨性，常用作拖拉机或柴油机的曲轴、油轮轴、部分机床上的主轴、轧辊等。贝氏体基体球墨铸铁具有高的强度和耐磨性，常用于汽车上的齿轮、传动轴及内燃机曲轴、凸轮轴等。

3) 球墨铸铁的热处理

(1) 球墨铸铁热处理的特点。球墨铸铁的热处理工艺性较好，因此凡能改变和强化基体的各种热处理方法均适用于球墨铸铁。球墨铸铁在热处理过程中的转变机理与钢大致相同，但由于球墨铸铁中有石墨存在且含有较高的硅及其他元素，因而使得球墨铸铁热处理有如下特点：

① 硅有提高共析转变温度且降低马氏体临界冷却速度的作用，所以铸铁淬火时它的加热温度比钢高，淬火冷却速度可以相应缓慢。

② 铸铁中由于石墨起着碳的“储备库”作用，因而通过控制加热温度和保温时间可调整奥氏体的含碳量，以改变铸铁热处理后的基体组织和性能。但由于石墨溶入奥氏体的速

度十分缓慢，故保温时间要比钢长。

③ 成分相同的球墨铸铁，因结晶过程中的石墨化程度不同，可获得不同的原始组织，故其热处理方法也各不相同。

(2) 球墨铸铁常用的热处理方法。主要有以下几种：

① 退火。球墨铸铁在浇铸后，其铸态组织常会出现不同程度的珠光体和自由渗碳体。这不仅使铸铁的机械性能降低，且难以切削加工。为提高铸态球铁的塑性和韧性，改善切削加工性能，以消除铸造内应力，就必须进行退火，使其中珠光体和渗碳体得以分解，获得铁素体基球墨铸铁。根据铸态组织不同，退火工艺可分为两种。

· 高温退火。当铸态组织中不仅有珠光体而且有自由渗碳体时，应进行高温退火。其工艺曲线如图 5－22 所示。

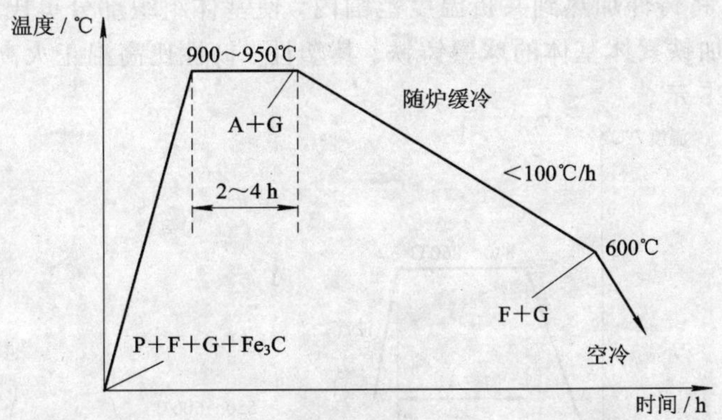

图 5－22 球墨铸铁高温退火工艺曲线

· 低温退火。当铸态组织仅为铁素体加珠光体基体，而没有自由渗碳体存在时，为获得铁素体基体，则只需进行低温退火，其工艺曲线如图 5－23 所示。

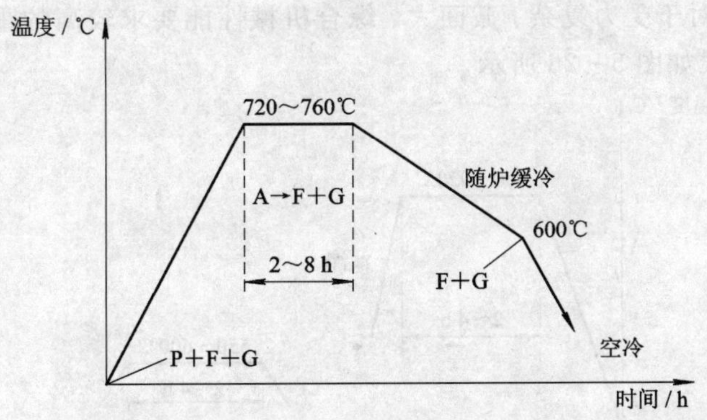

图 5－23 球墨铸铁低温退火工艺曲线

② 正火。球墨铸铁进行正火的目的是使铸态下基体的混合组织全部或大部分变为珠光体，从而提高其强度和耐磨性。

· 高温正火。将铸件加热到共析温度以上，使基体组织全部奥氏体化，然后空冷(含硅量高的厚壁件，可采用风冷、喷雾冷却)，使其获得珠光体球墨铸铁。

正火后，为消除内应力，可增加一次消除内应力的退火(或回火)。其工艺曲线如图 5－24 所示。

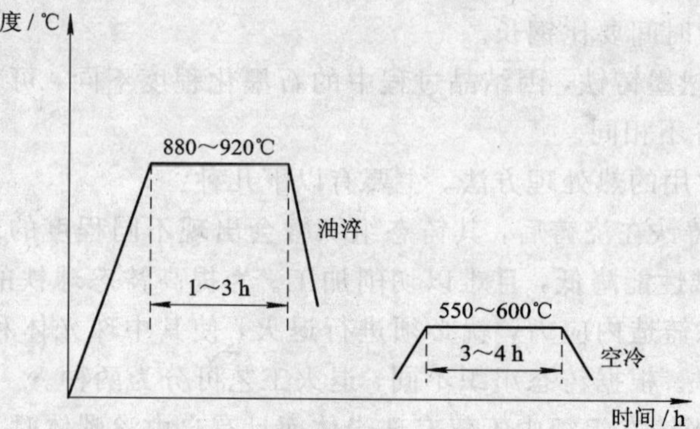

图 5-24 球墨铸铁高温正火工艺曲线

· 低温正火。将铸件加热到共析温度范围内，使基体组织部分奥氏体化，然后出炉空冷，可获得珠光体加铁素体基体的球墨铸铁。其塑性、韧性比高温正火高，但强度略低。其工艺曲线如图 5-25 示。

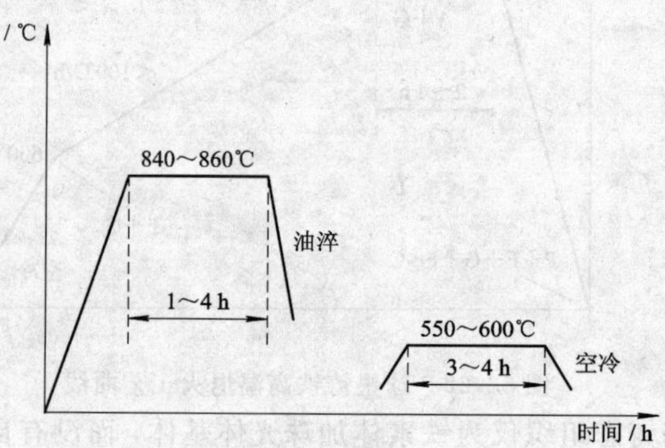

图 5-25 球墨铸铁低温正火工艺曲线

③ 调质处理。对于受力复杂、截面大、综合机械性能要求较高的重要铸件，可采用调质处理。其工艺曲线如图 5-26 所示。

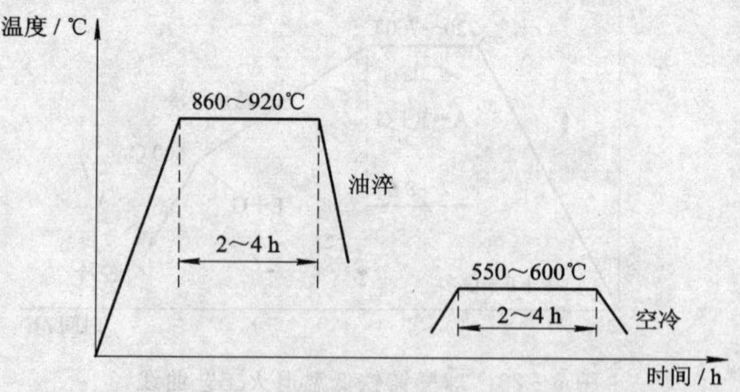

图 5-26 球墨铸铁调质处理工艺曲线

调质处理后得到回火索氏体加球状石墨，硬度为 245～335 HB，具有良好的综合机械性能。柴油机曲轴等重要的零件常采用此种处理方法。球墨铸铁淬火后，也可采用中温或低温回火，获得贝氏体或回火马氏体基体组织，使其具有更高的硬度和耐磨性。

④ 等温淬火。对于一些形状复杂，要求综合机械性能较高，热处理易变形与开裂的零件，常采用等温淬火。

将零件加热到860～920℃，保温时间比钢长1倍，保温后，迅速放入温度为250～300℃的等温盐浴中，进行0.5～1.5 h的等温处理，然后取出空冷，获得下贝氏体加球状石墨为主的组织。其工艺曲线如图5-27所示。

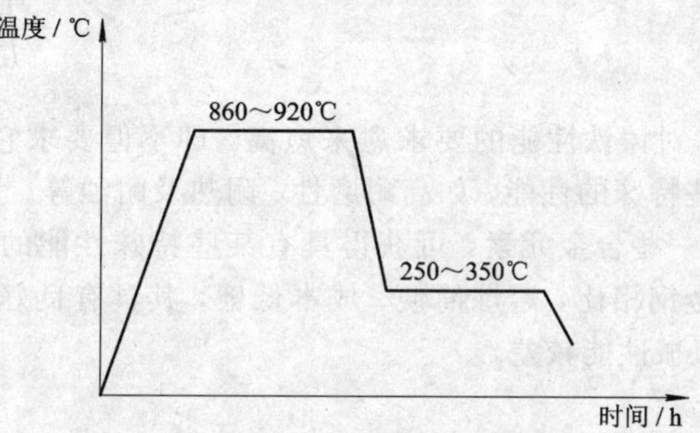

图5-27 球墨铸铁等温淬火工艺曲线

4. 蠕墨铸铁

在钢的基体上分布着蠕虫状石墨的铸铁，称为蠕墨铸铁。蠕虫状石墨的形状介于片状石墨和球状石墨之间，也称为厚片状石墨。

1）蠕墨铸铁的获得及蠕化处理

在浇铸前用蠕化剂处理铁水，从而获得蠕虫状石墨的过程称为蠕化处理。常用的蠕化剂有稀土硅钙、稀土硅铁和镁钛稀土硅铁合金。这些蠕化剂除了能使石墨成为厚片状外，均容易造成铸铁的白口倾向增加，因此在进行蠕化处理的同时，必须向铁水中加入一定量的硅铁或硅钙进行孕育处理，以防止白口倾向，并保证石墨细小均匀分布。

如果铸铁结晶时间过长，已加入的足够量的蠕化剂作用会消退，从而形成片状石墨，使蠕墨铸铁衰退为灰口铸铁。这种情况称为蠕化衰退。厚大的铸件由于冷速小而容易造成蠕化衰退。

铸铁金相组织中蠕虫状石墨在全部石墨中所占的比例称为蠕化率。厚大铸件由于蠕化衰退而易得到片状石墨，薄壁铸件则由于冷速快而易使球状石墨比例增加，二者都会导致蠕化率降低。合格的蠕墨铸铁的蠕化率不得低于50%。

2）蠕墨铸铁的牌号、性能及用途

蠕墨铸铁的牌号是以“蠕”、“铁”汉字拼音的大小写字母“RuT”作为代号，后面的一组数字表示最低抗拉强度值(MPa)。表5-19所示为蠕墨铸铁的牌号、基体组织和机械性能。

表5-19 蠕墨铸铁的牌号、基体组织和机械性能

牌 号	基体组织	机 械 性 能 ≥			
		σ_b/MPa	$\sigma_{0.2}$/MPa	δ_5/(%)	硬度/HBS
RuT420	P	420	335	0.75	200～280
RuT380	P	380	300	0.75	193～274
RuT340	P+F	340	270	1.0	170～249
RuT300	F+P	300	240	1.5	140～217
RuT260	F	260	195	3	121～197

蠕墨铸铁的机械性能优于灰口铸铁，低于球墨铸铁。但其导热性、抗热疲劳性和铸造性能均比球墨铸铁好，易于得到致密的铸件。因此蠕墨铸铁也称为“紧密石墨铸铁”，应用于铸造内燃机缸盖、钢锭模、阀体、泵体等。

5.2.3　合金铸铁

随着工业的发展，对铸铁性能的要求愈来愈高，即不但要求它具有更高的机械性能，有时还要求它具有某些特殊的性能，如高耐磨性、耐热及耐蚀等。为此向铸铁(灰口铸铁或球墨铸铁)铁液中加入一些合金元素，可获得具有某些特殊性能的合金铸铁。合金铸铁与相似条件下使用的合金钢相比，熔炼简便、成本低廉，其具有良好的使用性能。但它们大多具有较大的脆性，机械性能较差。

1. 耐磨铸铁

耐磨铸铁按其工作条件可分为两种类型：一种是在润滑条件下工作的，如机床导轨、汽缸套、活塞环和轴承等；另一种是在无润滑的干摩擦条件下工作的，如犁铧、轧辊及球磨机零件等。

在干摩擦条件下工作的耐磨铸铁，应具有均匀的高硬度组织。如白口铸铁、冷硬铸铁都是较好的耐磨材料。为进一步提高铸铁的耐磨性和其他机械性能，常加入 Cr、Mn、Mo、V、Ti、P、B 等合金元素，形成耐磨性更高的合金铸铁。如犁铧、轧辊及球磨机零件等。

在润滑条件下工作的耐磨铸铁，其组织应为软基体上分布有硬的组织组成物，以便在磨后使软基体有所磨损，形成沟槽，保持油膜。普通的珠光体基体的铸铁基本上符合这一要求，其中的铁素体为软基体，渗碳体层片为硬组分，而石墨同时也起储油和润滑作用。为了进一步改善珠光体灰口铸铁的耐磨性，通常将铸铁中的含磷量提高到 0.4%～0.7%左右，即形成高磷铸铁。其中磷与铁结合而形成 Fe_3P，并与铁素体或珠光体组成磷共晶，呈断续的网状分布在珠光体基体上，从而形成坚硬的骨架，使铸铁的耐磨性显著提高。在普通高磷铸铁的基础上，再加入 Cr、Mn、Cu、M、V、Ti、W 等合金元素，就构成了高磷合金铸铁。这样不仅细化和强化了基体组织，也进一步提高了铸铁的机械性能和耐磨性。生产上常用其制造机床导轨、汽车发动机缸套等零件。

此外，我国还发展了钒钛铸铁、铬钼铜合金铸铁、锰硼铸铁及中锰球墨铸铁等耐磨铸铁，它们均具有优良的耐磨性。

2. 耐热铸铁

耐热铸铁具有良好的耐热性，可代替耐热钢用作加热炉炉底板、马弗罐、坩埚、废气管道、换热器及钢锭模等。

普通灰口铸铁在高温下除了会发生表面氧化外，还会发生“热生长”的现象。这是由于氧化性气体容易通过在高温下工作的铸件的微孔、裂纹或沿石墨边界渗入铸件的内部，生成密度小的氧化物，以及因渗碳体的分解而发生石墨化，最终引起体积增大。经过反复的受热，铸铁的体积会产生不可逆的膨胀，这种现象叫铸铁的热生长。铸铁抗氧化与抗生长的性能称为耐热性。具备良好耐热性的铸铁叫做耐热铸铁。为了提高铸铁的耐热性，一种方法是在铸铁中加入硅、铝、铬等合金元素，使铸件表面形成一层致密的 SiO_2、Al_2O_3、Cr_2O_3 氧化膜，保护内层组织不被继续氧化。另一种方法是提高铸铁的相变点，使基体组织为单相铁素体，不发生石墨化过程，因而提高了铸铁的耐热性。

常用耐热铸铁的化学成分和力学性能如表5-20所示。

表5-20　常用耐热铸铁的化学成分和力学性能

铸铁牌号	化学成分/(%)							抗拉强度/MPa	硬度/HBS
	w_C	w_{Si}	w_{Mn}	w_P	w_S	w_{Cr}	w_{Al}		
			不小于						
RTCr2	3.0～3.8	2.0～3.0	1.0	0.20	0.12	>1.0～2.0	—	150	207～288
RTCr16	1.6～2.4	1.5～2.2	1.0	0.10	0.05	15.0～18.0	—	340	400～450
RTSi5	2.4～3.2	4.5～5.5	0.8	0.20	0.12	0.5～1.0	—	140	160～270
RQTSi4Mo	2.7～3.5	3.5～4.5	0.5	0.10	0.03	w_{Mo} 0.3～0.7	—	540	197～280
RQTAl4Si4	2.5～3.0	3.5～4.5	0.5	0.10	0.02	—	4.0～5.0	250	285～341
RQTAl5Si5	2.3～2.8	4.5～5.2	0.5	0.10	0.02	—	>5.0～5.8	200	302～363

3. 耐蚀铸铁

耐蚀铸铁主要应用于化工部门，用于制作管道、阀门、泵类等零件。为提高其耐磨性，常加入Si、Al、Cr、Ni等元素，使铸件表面形成牢固、致密的保护膜；使铸铁组织成为单相基体上分布着数量较少且彼此孤立的球状石墨，并提高铸铁基体的电极电位。

耐蚀铸铁的种类很多，有高硅耐蚀铸铁、高铝耐蚀铸铁、高铬耐烛铸铁等。其中应用最广泛的是高硅耐蚀铸铁，碳含量<12%，硅含量为10%～18%。这种铸铁在含氧酸(如硝酸、硫酸)中的耐蚀性不亚于1Cr18Ni9Ti。但在碱性介质和盐酸、氢氟酸中，由于铸铁表面的SiO_2保护膜被破坏，使耐蚀性下降。为改善其在碱性介质中的耐蚀性，可向铸铁中加入6.5%～8.5%的铜；为改善在盐酸中的耐蚀性，可向铸铁中加入2.5%～4.0%的锰；为进一步提高耐蚀性，还可向铸铁中加入微量的硼和稀土镁合金进行球化处理。

5.3　有色金属及其合金

通常把除铁、铬、锰之外的金属称为有色金属。我国有色金属矿产资源十分丰富，钨、锡、钼、锑、汞、铅、锌的储量居世界前列，稀土金属以及钛、铜、铝、锰的储量也很丰富。与黑色金属相比，有色金属具有许多优良的特性，从而决定了有色金属在国民经济中占有十分重要的地位。例如，铝、镁、钛等金属及其合金，具有相对密度小、比强度高的特点，在飞机制造、汽车制造、船舶制造等工业上应用十分广泛。又如，银、铜、铝等有色金属，其导电性和导热性能优良，在电气工业和仪表工业上应用十分广泛。再如，钨、钼、钽、铌及其合金是制造在1300℃以上使用的高温零件及电真空材料的理想材料。虽然有色金属的年消耗量目前仅占金属材料年消耗量的5%，但任何工业部门都离不开有色金属材料，在空间技术、原子能、计算机、电子等新型工业部门，有色金属材料都占有极其重要和关键的地位。一般对有色金属作如下分类：

(1) 有色纯金属分为重金属、轻金属、贵金属、半金属和稀有金属五类。

(2) 按合金系统分，有色合金分为重有色金属合金、轻有色金属合金、贵金属合金和稀有金属合金等。

(3) 按合金用途分，可分为变形(压力加工用)合金、铸造合金、轴承合金、印刷合金、硬质合金、焊料、中间合金和金属粉末等。

5.3.1　铝及铝合金

纯铝是元素周期表中的ⅢA族元素，其电子层结构为：$1s^2 2s^2 2p^6 3s^2 3p^1$。纯铝是一种具有银白色金属光泽的金属，其一般物理性能如表5-21所示。

表5-21　铝的物理性质

名　称	高纯铝(99.996%)	工业纯铝(99.0%)
熔点/℃	660.24	655
熔化潜热/($cal \cdot g^{-1}$)	94.6	93
沸点/℃	2467	—
蒸发潜热/($cal \cdot g^{-1}$)	2000	—
比热(20℃)/($cal \cdot g^{-1} \cdot ℃^{-1}$)	—	0.2473
密度(25℃)/($\times 10^3\ g \cdot cm^{-3}$)	2.6989	2.728
线膨胀系数(20～100℃)/($\times 10^{-6} \cdot ℃^{-1}$)	—	23.8
晶格常数(25℃)/nm	0.4049	—

纯铝是一种具有面心立方晶格的金属，无同素异构转变。由于铝的化学性质活泼，在大气中极易与氧作用生成一层牢固致密的氧化膜，防止了氧与内部金属基体的作用，所以纯铝在大气和淡水中具有良好的耐蚀性，但在碱和盐的水溶液中，表面的氧化膜易破坏，使铝很快被腐蚀。纯铝具有很好的低温性能，在0～253℃之间塑性和冲击韧性不降低。纯铝具有一系列优良的工艺性能，易于铸造，易于切削，也易于通过压力加工制成各种规格的半成品。

工业纯铝是含有少量杂质的纯铝，主要杂质为铁和硅，此外还有铜、锌、镁、锰和钛等。杂质的性质和含量对铝的物理性能、化学性能、机械性能乃至工艺性能均有影响。一般来说，随着主要杂质含量的增高，纯铝的导电性能和耐蚀性能均降低，其机械性能表现为强度升高，塑性降低。

工业纯铝的强度很低，抗拉强度仅为50 MPa，虽然可通过冷作硬化的方式强化，但也不能直接用于制作结构材料。通过合金化及时效强化的铝合金，只有具有400～700 MPa的抗拉强度，才能成为飞机的主要结构材料。

目前，用于制造铝合金的合金元素大致分为主要元素(硅、铜、镁、锰、锌、锂)和辅加元素(铬、钛、锆、稀土、钙、镍、硼等)两类。铝与主加元素的二元相图的近铝端一般都具有如图5-28所示的形式。根据该相图可以把铝合金分为变形铝合金和铸造铝合金。相图上最大饱和溶解度D是这两类合金的理论分界线。

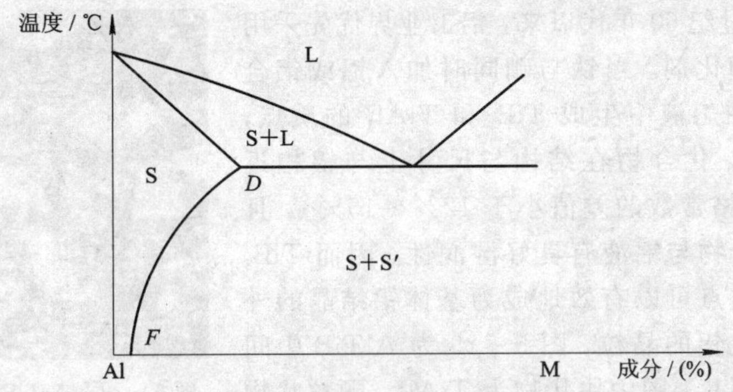

图5-28 铝合金近铝端相图

1. 变形铝合金

变形铝合金通过熔炼铸成锭子后，要经过加工制成板材、带材、管材、棒材、线材等半成品，故要求合金应有良好的塑性变形能力。合金成分小于 D 点的合金，其组织主要为固溶体，在加热至固溶线以上温度时，甚至可得到均匀的单相固溶体，其塑性变形能力很好，适于锻造、轧制和挤压。为了提高合金强度，合金中可包含有一定数量的第二相，很多合金中第二组元的含量超过了极限溶解度 D。但当第二相是硬脆相时，第二组元的含量只允许少量超过 D 点。

变形铝合金分为两大类，一类是凡成分在 F 点以左的合金，其固溶体成分不随温度而变化，不能通过时效处理强化合金，故称为不能热处理强化的铝合金。另一类是成分在 F、D 之间的合金，其固溶体的成分将随温度而变化，可以进行时效处理强化，称为能热处理强化的铝合金。非热处理强化铝合金是防锈铝合金，耐腐蚀，易加工成形和易于焊接，强度较低，适宜制作耐腐蚀和受力不大的零部件及装饰材料，这类合金牌号用"LF"加序号表示，如LF21、LF3等。热处理强化铝合金通过固溶处理和时效处理，大体可分为三种：一种是硬铝，以Al-Cu-Mg合金为主，应用广泛，有强烈的时效强化能力，可制作飞机受力构件，牌号用"LY"加序号表示，如LY12、LY6等；第二种是锻铝，以Al-Mg-Si合金为主，冷热加工性好，耐腐蚀，低温性能好，适合制作飞机上的锻件，其牌号用"LD"加序号表示。如LD2、LD6等；第三种是超硬铝，以Al-Zn-Mg-Cu合金为主，是强度最高的铝合金，其牌号用"LC"加序号表示，如LC4、LC6等。此外，还有新发展的铝合金，如铝锂合金、快速凝固铝合金等。下面主要讨论变形铝合金的两种处理方式：变质处理和时效处理。

1）变形铝合金的变质处理

近些年来，在各类变形铝合金的半连续铸造中，广泛采用变质处理方法来细化基体铝的晶粒。

许多元素或化合物都可以用来细化铝晶粒，以过渡族元素的效果最佳。细化作用按由强到弱的顺序排列如下：

对纯铝　Ti、Zr、V、Nb、Mo、W、B、Ta

对铝硅合金　Ti、Zr、Nb、Mo、W、B

对铝铜合金　Ti、Zr、Nb、B

进一步研究和实际生产应用表明，以钛和硼同时加入的添加剂，为变质效果最有效的变质剂。其中钛的适宜加入量范围为0.0025%～0.05%，硼的适宜加入量范围为0.0006%

～0.01％。自20世纪60年代以来，铝工业界优先采用AlTiB作为晶粒细化剂。当钛与硼同时加入铝或铝合金熔液中后，会在熔液中生成 TiB_2 和 $TiAl_3$ 的质点，由于 TiB_2 和 $TiAl_3$ 化合物在结构与尺寸上与铝相近(两者接触面间晶格常数的差值小于12％～15％)，且 TiB_2 和 $TiAl_3$ 化合物与铝液有良好湿润性，因而 TiB_2 和 $TiAl_3$ 化合物质点可以有效地成为基体铝结晶的外来核心，从而细化铝的晶粒。图5-29为AlTiB中间合金的扫描电子照片，图中块状物为 $TiAl_3$，颗粒状物为 TiB_2 粒子。

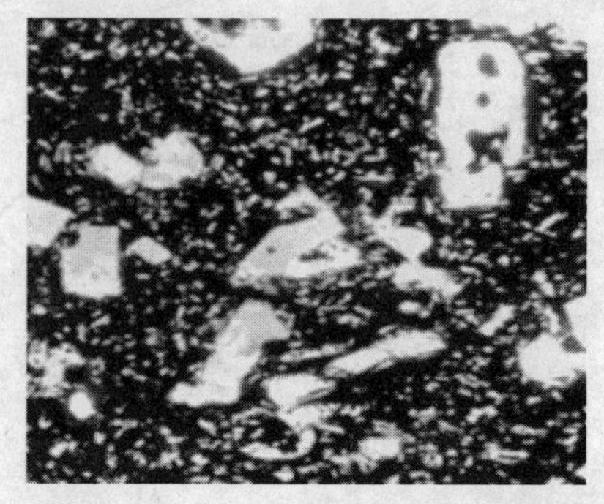

图5-29　AlTiB中间合金的扫锚电子照片(500×)

中间合金可以制成1～2 kg方锭或制成合金线材。目前，使用线材的方式日益增多，因为采用合金线材能防止 TiB_2 的沉淀对炉子的损害，更能准确地控制加入量。另外，与其他加入方式比较，通过线材形式添加的细化晶粒效果更好。

采用不同加入方式，产生最佳细化效果的时间也不同。采用合金线材时，最佳时间为1～5 min；采用合金锭时，最佳时间为5～10 min。超过10 min，细化效果开始降低，1 h后，实际上已不存在细化功效了。

随着钛加入量的增多，晶粒细化效果也在相应地增强，当达到一定量后，细化效果已十分明显，如图5-30所示。加入量超过0.005％后，对于工业纯铝来说，细化效果继续增加，当加入量过多时，细化效果不再明显。铝合金也有类似的情形。

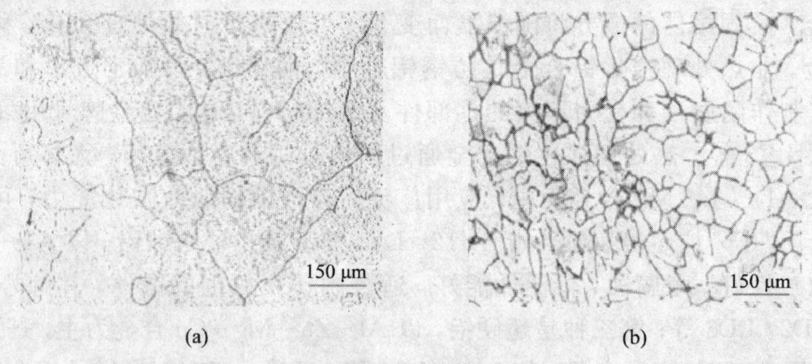

图5-30　添加钛细化剂的纯铝金相组织

(a) 不添加细化剂；(b) 添加约0.006％Ti

AlTiB系合金细化剂仍存在一定固有的缺陷，主要表现在：TiB_2 化合物易聚集成团。铝材轧制时，易在轧辊上产生划痕，降低轧辊的使用寿命；细化行为随保温时间而变化，抗衰减性能较差；微量的Zr、Cr及Mn等元素对硼化物粒子有“毒化”作用。

于是，近年来人们努力寻找一种比AlTiB系合金更合适的细化剂。早在1949年，Cibula便发现了碳在AlTi二元合金中生成的TiC具有晶粒细化作用，并建立了碳化物理论。钛与搅进铝熔体中的碳反应生成TiC，后者在铝熔体凝固期间钛浓度大大低于包晶成分(0.15％Ti)下使α-Al成核，导致晶粒细化。几十年来，人们一直在寻求生产含有TiC粒子的铝合金细化剂的方法，但一直未取得实质性进展。直至20世纪80年代末，AlTiC合金细化剂才在实验室中试制成功。最近，AlTiC合金细化剂的生产不仅在实验室，而且在工业生产上也成为可能。其晶粒细化效果与目前工业上最常用的AlTiB合金细化剂相当，在某些情况下甚至比后者更有效。已经证明，含 TiC 的晶粒细化剂较少存在与 TiB_2 相关的缺陷，TiC 粒子聚集倾向小，有避免对 Zr 或 Cr 毒化的免疫作用。AlTiC 是最有潜力的铝用晶粒细化剂。现在工业用的 AlTiC 合金细化剂已开发出来，并获得了应用。例如美国 SMC 公司生产的一种 AlTi3C0.15 晶粒细化剂已在美国铝业公司(Alcoa)使用数年，并获得了满意的效果。实际上 AlTiC 合金细化剂的显微组织为在铝基体上分布着棒状 $TiAl_3$ 及颗粒状粒子。这种粒子优先在晶界及枝晶间处析出，电镜研究结果已证实这种粒子为 TiC。

近些年来，稀土的应用已得到人们的广泛重视，人们逐渐发现稀土元素加入铝及其合金中，同样可以细化晶粒、防止偏析、去气除杂、净化金属以及改善金相组织等，从而达到提高机械性能、改善物理性能和加工工艺性能的目的，而且较少存在 AlTiB 合金细化剂作为细化剂的缺陷。实验表明，铝合金中添加稀土，夹杂物的数量可明显降低，尺寸有所减小，形状也趋近圆球状；并可细化铸态晶粒，当稀土数量适当时，也可明显细化枝晶组织；稀土还可改善铝合金的流动性，消除针孔、气孔、疏松和偏析等缺陷。变形铝合金添加稀土不仅可以提高强度、硬度和延伸率，还可改善深冲、冷拉或挤压加工等工艺性能，明显提高成品率。

2) 变形铝合金的时效处理

(1) 铝合金的时效硬化现象及硬铝的时效曲线。铝合金的时效硬化现象是在20世纪初由德国 A. 维尔姆首先在 Al－3.5%Cu－0.5%Mg 合金中发现的。铝合金就是利用时效硬化现象进行强化的。

通过研究和实践发现，硬铝合金在刚淬火后，强度和硬度并不升高，但放置一些时间(6～7 天)后，硬度和强度显著升高，人们把这种现象，即淬火后铝合金的强度和硬度随时间而发生显著提高的现象，称为时效，又称为时效硬化现象。

硬铝(LY12)合金在时效初期的短暂时间(几小时)内，强度不发生变化或变化很小，这一时期称为“孕育期”。在这一时期内，合金塑性很高，极容易进行铆接、弯曲和矫直等操作，这在铝合金生产中是有实际意义的。时效进行到 5～15 h，其强化速度最大，时效时间超过 4～5 天后，强度达到最大值，但强化作用也几乎停止，强度不再发生变化。

时效温度和时效速度有密切关系，升高时效温度，可使时效速度加快，但时效温度愈高，所获得的最大强度愈低。当时效温度超过 150℃，保温一定时间后，合金即开始软化，或称“过时效”。时效温度愈高，开始软化的时间愈早，软化速度也愈快。

在－5℃进行时效时，时效强化进行得很缓慢，在－50℃及其以下进行时效时，时效过程基本停止，各种性能亦无明显变化。因此，降低温度是抑制时效的有效方法。

(2) 过饱和固溶体的性质。因 Al－Cu 合金的时效强化研究得最为全面，故下面结合 Al－Cu 合金进行讨论。

图 5－31 为 Al－Cu 二元合金平衡状态图的铝端部分。由图可以看出，铜在铝中溶解度随温度的下降而减少，在共晶温度(548℃)时的最大溶解度为 5.65%，在室温下的溶解度降至 0.5%。Al－Cu 状态图中的 θ 相，其名义成分为 $CuAl_2$，属于正方晶格。

含铜在 0.5%～5.7%范围内的铝铜合金，在室温时的平衡组织为 $\alpha+\theta$，当把这种成分的合金加热到固溶线温度以上时，随着 $CuAl_2$ 相的不断溶解，合金变为单相 α 组织。自此温度将合金进行快速冷却(固溶处理)时，由于 θ 相来不及从合金中析出，可以把原有固溶体的化学成分固定下来，使它保留到室温，得到过饱和固溶体。

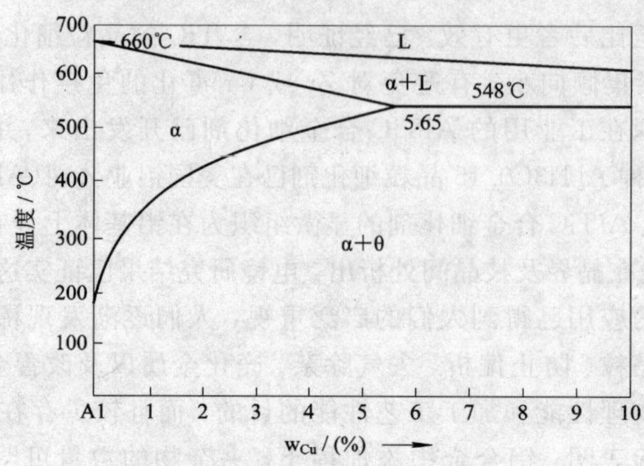

图 5-31 Al-Cu二元相图的铝端部分

研究证明，这种在快速冷却条件下所获得的固溶体，不仅对溶质(铜)原子是过饱和的，而且对空位(晶体点缺陷)也是过饱和的，即处于双重过饱和状态。

以 Al-4%Cu 合金为例，合金在固溶处理后，过饱和 α 固溶体的化学成分就是合金的化学成分，即固溶体中含铜量为 4%。而在室温下平衡状态时，α 固溶体的含铜量仅为 0.5%，因此有 3.5%Cu 是以过饱和形式存在于 α 固溶体中的。

纯铝淬火后具有过饱和的空位浓度，但是极不稳定，容易向晶界或其他缺陷地带迁移，或者空位相互之间产生聚集，形成新的晶体缺陷，如位错环或空位螺旋线等。

铝铜合金淬火后，虽然对铜原子和空位都成过饱和状态，在热力学上同样不稳定，有自发脱溶趋势。但是，铜原子与空位结合在一起，使空位能够比较稳定地处于固溶体中，不易向缺陷地带迁移。这种携带有空位的铜原子形成新相的扩散过程，要比没有空位时容易得多。经过计算，铝铜合金淬火后，携有大量空位的铜原子将以极高的速度(约为正常晶体中铜原子扩散速度的 10^{10} 倍)聚集，这种现象叫丛聚或偏聚。温度越高，铜原子可得到更多的热能，偏聚的速度也越快。如果将合金在干冰内淬火并放置，因其温度很低，偏聚进行缓慢，可以长期地保持过饱和状态。

综上所述，铝合金固溶处理温度越高，固溶后的过饱和程度(包括溶质原子和空位的双重过饱和)也越大，经时效后所产生的时效强化效果也越大。因此，铝合金固溶处理的温度选取原则应是：在保证不过烧的前提下，应尽可能选取较高的固溶处理温度。

(3) 铝合金的时效序列。时效序列(以铝铜合金为例)：当将固溶处理状态的铝铜合金在室温或某一温度下放置时，会发生时效过程。时效过程实质上是第二相(例如 Al_2Cu)从过饱和固溶体中沉淀的过程，是通过成核和长大方式进行的。这是一种固态相变，也是一种扩散型相变。但是，携带空位的铜原子进行扩散，发生偏聚现象，并不能立即形成稳定的 θ(Al_2Cu)相，而是按一定的时效序列进行转变。Al-4%Cu 合金的时效序列已经研究得比较充分，概括起来为：

$$\alpha_{过} \rightarrow \text{G. P. 区} \rightarrow \theta'' \text{相} \rightarrow \theta' \text{相} \rightarrow \theta \text{相}$$

Al-Cu 合金各时效组织的特征描述如下：

G. P. 区：G. P. 区就是指富含溶质原子区，对于 Al-Cu 合金来说，就是富铜区。由于携带空位的铜原子即使在室温下也能以很高的速度聚集，故 G. P. 区在室温下即可生成。铝铜合金的 G. P. 区是铜原子在{100}晶面上偏聚或丛聚而形成的，呈圆片状。它没有完整的晶体结构，完全保持母相的晶格，并与母相共格。铝铜合金的G. P.区尺寸随时效温度高低而不同。在室温时效的G. P. 区很小，直径约50 Å，密度为10^{14}～10^{15}/mm^2，G. P.区之间的距离约为20～40 Å。在130℃下，时效15 h后，G. P. 区直径长大到90 Å，厚约4～6 Å。温度再高，G. P. 区数目开始减少，200℃即不再生成G. P. 区。由于G. P. 区尺寸很小，且无独立结构，在一般光学显微镜下无法分辨出G. P. 区，所观察到的仍为单相α组织。在透射电子显微镜下观察，由于在界面处铜原子与铝原子半径的不同，引起弹性应变，因弹性应变引起反差效应，在暗场照明下，所观察到的发亮部分，即为G. P. 区。

θ″相：随着时效温度的升高或时效时间的延长，G. P. 区的直径急剧长大而且铜原子与铝原子逐渐形成规则的排列，构成正方有序化结构。这种结构在x轴和y轴上的点阵常数相等，即$a=b=4.04$ Å，在z轴上的点阵常数为7.68 Å，一般称为θ″过渡相。θ″过渡相是在基体的{100}面上形成圆片状组织，其厚度为8～20 Å，直径为150～400 Å。θ″相与基体完全共格，但在z轴方向，由于点阵常数(7.68 Å)比基体铝的点阵常数的两倍(8.08 Å)要小些，故产生约4%的错配。因此，在θ″过渡相附近造成了弹性共格应变场，或点阵畸变区。由于θ″相所产生的应变场大于G. P. 区所产生的应变场，因而θ″相所引起的时效强化效果大于G. P. 区的强化作用。

θ′相：当继续增加时效时间或提高时效温度时，例如Al-4%Cu合金时效温度提高到200℃、时效12 h后，过渡相θ″即转变为θ′相。θ′相属于正方点阵，其中$a=b=4.04$ Å，$c=5.08$ Å，名义成分为Al_2Cu。θ′在(001)面上与基体铝共格，在z轴方向由于错配度过大，在(010)和(100)面上共格关系遭到部分破坏。θ′相的尺寸大小与时效温度和时效时间有关。一般说来，直径约为100～6000 Å，厚度约为100～150 Å，密度为10^8/mm^2。由于θ′相与铝基体呈部分共格，因而引起的弹性应变场减小，在金相组织上无明显反差效应。在机械性能上表现为硬度和强度开始下降，表明开始进入过时效阶段。

θ相：进一步提高时效温度和延长时效时间，过渡相θ′继续长大，达到一定程度后，共格被破坏，过渡相θ′转变为平衡相θ。θ相的成分为Al_2Cu，晶体结构为体心正方有序化结构。由于θ相完全脱离了母相，完全丧失了与基体的共格关系，引起的应力场显著减弱，故θ相的出现，意味着合金的硬度和强度显著下降。

(4) 影响时效强化效果的因素。影响因素主要有以下几点。

① 时效温度的影响：固定时效时间，对同一成分的合金而言，时效温度与时效强化效果(硬度)之间有如图5-32所示的关系，即在某一时效温度时，能获得最大的强化效果，这个温度称为最佳时效温度。不同成分的合金获得最大时效强化效果的时效温度是不同的。统计表明，$T_a=(0.5～0.6)T_{熔}$，T_a为最佳时效温度，$T_{熔}$为合金的熔点。

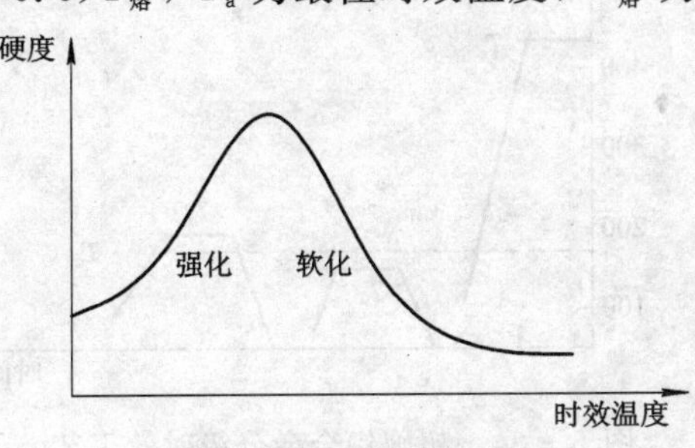

图5-32 时效温度与硬度关系曲线

② 时效时间的影响：图 5－33 为 Al－4％Cu 合金在 130℃时效时硬度和时效时间的关系曲线。由图可以看出，硬度和强度峰值出现在 θ″相的末期和 θ′过渡相的初期，θ′后期已过时效，开始软化。当大量出现 θ 相时，软化已非常严重。故在一定时效温度下，为获得最大时效强化效果，对应有一最佳时效时间。

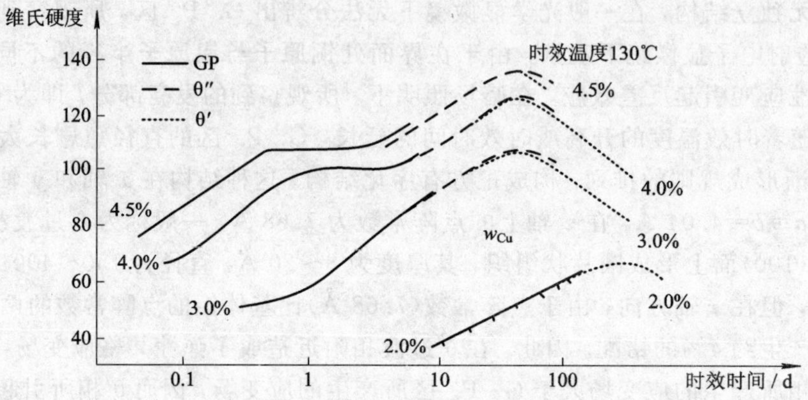

图 5－33 在 130℃时效时铝铜合金的硬度与时间的关系

③ 淬火温度、淬火冷却速度和淬火转移时间的影响：实践表明，淬火温度越高，淬火冷却速度越快，淬火中间转移时间越短，所获得的固溶体过饱和程度越大，时效后时效强化效果也就越明显。

(5) 单级时效与分级时效。分别如下：

① 单级时效：这是一种最简单的也是最普及的时效工艺制度。它包括自然时效和人工时效两种工艺制度。在室温或低于 100℃温度下进行的时效过程，称为自然时效。在某一人工加热温度下所进行的时效过程叫人工时效。单级时效的优点是工艺简单，缺点是组织均匀性差，抗拉强度、条件屈服极限、断裂韧性、应力腐蚀抗力等性能难以得到良好配合。

② 分级时效：分级时效就是在不同温度下进行两次时效或多次时效处理。图 5－34 为超硬铝合金(模锻件)所采用的分级时效工艺曲线。图中 T_s 为固溶处理温度；T_1 为预时效温度；T_2 为最终时效温度；T_c 为固溶临界温度。进行预时效的目的是为了在合金中获得高密度的 G. P. 区，由于 G. P. 区通常是均匀成核的，当其达到一定尺寸后，就可以成为随后沉淀相的核心，从而大大提高了组织的均匀性。由于最终时效温度超过 T_c，合金已进入过时效阶段，因此所获得的强度比单级时效(140℃，12～14 h)略低，但经这种分级时效处理后的合金，其断裂韧性(K_{Ic})值较高，并改善了合金的抗蚀性，提高了应力腐蚀抗力。

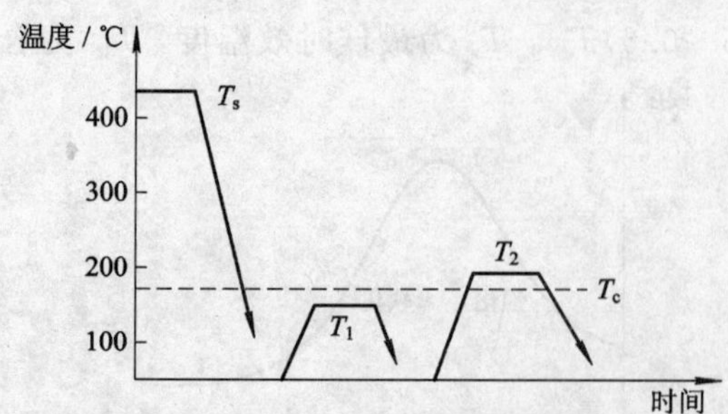

图 5－34 超硬铝合金分级时效工艺

2. 铸造铝合金

铸造铝合金用于直接铸成各种形状复杂的甚至是薄壁的成型件。浇注后，只需进行切削加工即可成为零件或成品，故要求合金具有良好的流动性。凡成分大于 D 点的合金，由于有共晶组织存在，其流动性较好，且高温强度也比较高，可以防止热裂现象，故适于铸造。因此，大多数铸造铝合金中合金元素的含量均大于极限溶解度 D。当然，实际上当合金元素小于极限溶解度 D，也是可以进行成型铸造的。

铸造铝合金应具有较高的流动性，较小的收缩性、热裂、缩孔和疏松倾向小等良好的铸造性能。共晶合金或合金中有一定量共晶组织就具有优良的铸造性能。为了综合运用热处理强化和过剩相强化，铸造铝合金的成分都比较复杂，合金元素的种类和数量相对较多，以所含主要合金组元为标志，常用的铸造铝合金有铝硅系、铝铜系、铝镁系、铝稀土系和铝锌系合金。主要铸造铝合金的牌号和化学成分见表 5-22。

表 5-22　铸造铝合金的主要牌号和化学成分（$w/(\%)$）

合金系	牌号	Si	Cu	Mg	Mn	Zn	Ni	Ti	Zr
Al-Si	ZL102	10.0～13.0	＜0.6	＜0.05	＜0.5	＜0.3			
	ZL104	8.0～10.5	＜0.3	0.17～0.30	0.2～0.5	＜0.3			
	ZL105	4.5～5.5	1.0～1.5	0.35～0.60	＜0.5	＜0.2			
	ZL111	8.0～10.0	1.3～1.8	0.4～0.6	0.1～0.35	＜0.1		0.1～0.35	
Al-Cu	ZL201	＜0.3	4.5～5.3	＜0.05	0.6～1.0	＜0.1	＜0.1	0.15～0.35	＜0.2
	ZL203	＜1.5	4.5～5.0	＜0.03	＜0.1	＜0.1		＜0.07	
Al-Mg	ZL301	＜0.3	＜0.1	9.5～11.5	＜0.1	＜0.1		＜0.07	
	ZL303	0.8～1.3	＜0.1	4.5～5.5	0.1～0.4	＜0.2		＜0.2	

1）铝硅及铝硅镁合金

铝硅系铸造合金用途很广，其最基本的合金为 ZL102 二元铸造合金，具有共晶组织。含硅的共晶能提高强度和耐磨件，液态有良好的流动性，是铸造铝合金中流动性最好的。由于其共晶中硅晶体含量不高，不会使塑性降低太多。这种合金的比重轻，焊接性良好。共晶组织中硅晶体呈粗针状或片状，过共晶合金中还有少量初生硅，呈块状。这种共晶组织塑性较低，达不到实用要求，需要细化组织。

铸造铝硅合金一般需要采用变质处理，以改变共晶硅的形态，使硅晶体细化和颗粒化，组织由共晶或过共晶变为亚共晶。常用的变质剂为钠盐，加入 1%(w)～3%(w)的钠盐混合物(2/3NaF＋1/3NaCl)或三元钠盐(25%NaF＋62%NaCl＋13%KCl)。钠盐的缺点是变质处理有效时间短，加入后要在 30 min 内浇完。而锶和稀土金属都可作为长效变质剂。

这种变质作用一般认为是由于吸附作用所引起的。通常铝硅共晶结晶时，硅晶体形成时易产生孪晶，使其沿孪晶方向(211)长成粗片状，在加入变质剂后，钠原子在结晶硅的表面有强烈偏聚，降低硅的生长速度并促使其发生分枝或细化。

另外，加入变质剂也使铝硅合金变为亚共晶组织。加入变质剂后改变了铝硅二元相图，共晶温度由 578℃降为 564℃，共晶成分 $w_{Si}=11.7\%$增加到 14%，因而 $w_{Si}=10.0\%$～

13.0%的铝硅合金成为亚共晶组织，由初始 α 固溶体和细小的共晶组织所组成。这样，合金的强度和塑性都提高了。变质前其 σ_b=147 MPa，δ=2%～3%；变质后 σ_b=166 MPa，δ=6%～10%。ZL102 合金的强度不算高，但流动性好，可生产形状复杂薄壁、受力不大的精密铸件。

为提高铝硅共晶合金的强度而加入镁，形成强化相 Mg_2Si，并采用时效热处理以提高合金的强度。在 ZL104 合金中，w_{Si}=8%～10.5%，w_{Mg}=0.17%～0.30%，w_{Mn}=0.2%～0.5%。镁在铝硅合金的 α 相中，其极限溶解度 w_{Mg} 为 0.5%～0.6%，在 ZL104 合金中，w_{Mg}不超过 0.3%，可保证有足够的 Mg_2Si 相产生沉淀强化。ZL104 合金在铝硅铸造合金中是强度最高的，经过金属铸造，(535±5)℃固溶 3～5 h 水冷，(175+5)℃人工时效为 5～10 h，其力学性能为：σ_b=235 MPa，δ=2%。它可以制造高负荷复杂形状零件，工作温度低于 200℃，如发动机汽缸体、发动机机匣等。若适当减少硅含量而加入铜和镁，可改善合金的强度和耐热性得到铝硅铜镁系铸造合金，其强化相有 $CuAl_2$、Mg_2Si 及 Al_2CuMg 相。ZL105 经(525±5)℃固溶 3～5 h，在 60～100℃水中冷却，再经 175℃时效 5～10 h 后空冷，其 σ_b=225 MPa，δ=0.5%，在 200℃的持久强度 σ_{100}=88 MPa，250℃持久强度 σ_{100}=58 MPa。ZL105 可制作在 250℃以下工作的耐热零件。ZL111 可铸造形状复杂的内燃机汽缸等。

2）铝铜铸造合金

铝铜铸造合金的主要强化相是 $CuAl_2$，所以有较高的强度和热稳定性，适于铸造耐热铸件，但铜含量高会使合金的质量密度增大，耐蚀性降低，铸造性能变差。

ZL203 合金的热处理强化效果最大，是常用的铝铜铸造合金，为了改善其铸造性能，提高流动性，减少铸后热裂倾向，需要加入一定量硅以形成一定量的三元共晶组织($\alpha+Si+CuAl_2$)。一般用金属模铸时，加入 w_{Si}=3%的硅，砂模铸时加 w_{Si}=1%的硅。加硅后有损于室温性能和高温性能。ZL203 铸造合金固溶处理为(515±5)℃，保温 10～15 h，在热水 80～100℃中冷却，采用自然时效，强度虽稍低，但有较高塑性。其 σ_b=210 MPa，$\sigma_{0.2}$=106 MPa，δ=8%，若采用不完全人工时效，在 150℃、保温 2～4 h，则强度较高，塑性稍低，其 σ_b=240 MPa，$\sigma_{0.2}$=144 MPa，δ=5%，ZL203 铸造合金用于制作低于 200℃、受中等负荷的零件。

3）铝镁铸造合金

铝镁铸造合金的优点是比重轻，强度和韧性较高，并具有优良的耐蚀性、切削性和抛光性。

铝镁二元合金的成分与性能关系见图 5-35，其强度和塑性综合性能最佳的镁含量为 w_{Mg}=9.5%～11.5%。这就是常用的 ZL301 合金的镁含量，再高的镁含量因 β-Al_8Mg_5 相难以完全固溶而使合金性能下降。ZL301 合金铸态组织中除 α 固溶体外，还有部分 Al_8Mg_5 离异共晶存在于树枝晶边界。这种 Al_8Mg_5 相性脆，使合金强度和塑性降低。只有在固溶温度保温较长时间才能将树枝晶界的 Al_8Mg_5 相溶解。淬火后得到过饱和固溶体，提高了强度和塑性。固溶温度为(430±5)℃，保温 12～20 h 油冷，经自然时效后，σ_b=343 MPa，$\sigma_{0.2}$=167 MPa，δ=10%，硬度为 80 HB。

为了改善铝镁铸造合金的铸造性能，可加入 w_{Si}=0.8%～1.2%及微量钛。其中钛形成细小的 Al_3Ti，起细化晶粒作用。

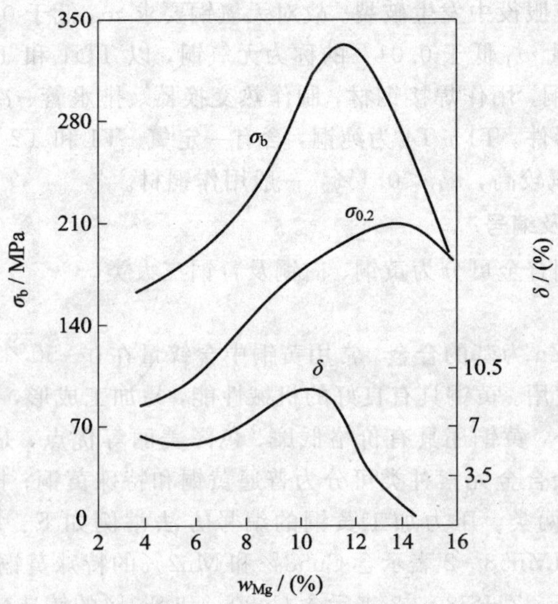

图 5-35 铝美合金在淬火自然时效状态下性能与成分的关系

5.3.2 铜及铜合金

1. 纯铜

纯铜呈紫红色，又称紫铜，比重为 8.9，熔点为 1083℃。它分为两大类，一类为含氧铜，另一类为无氧铜。由于纯铜有良好的导电性、导热件和塑性，并兼有耐蚀性和可焊接性，因此是化工、船舶和机械工业中的重要材料。

工业纯铜的导电性和导热性在 64 种金属中仅次于银。冷变形后，纯铜的导电率变化小。形变 80%后导电率下降不到 3%，故可在冷加工状态用作导电材料。杂质元素都会降低其导电性和导热性，尤以磷、硅、铁、钛、铍、铝、锰、砷、锑等影响最强烈；形成非金属夹杂物的硫化物、氧化物、硅酸盐等影响小，不溶的铅、铋等金属夹杂物影响也不大。

铜的电极电位较正，在许多介质中都耐蚀，可在大气、淡水、水蒸气及低速海水等介质中工作，铜与其他金属接触时成为阴极，而其他金属及合金多为阳极，并发生阳极腐蚀，为此需要镀锌保护。

铜的另一个特性是无磁性，常用来制造不受磁场干扰的磁学仪器。铜有极高的塑性，能承受很大的变形量而不发生破裂。

铋或铅与铜形成富铋或铅的低熔点共晶，其共晶温度相应为 270℃和 326℃，共晶含 $w_{Bi}=99.8\%$或 $w_{Pb}=99.94\%$，在晶界形成液膜，造成铜的热脆。

铋和锑等元素与铜的原子尺寸差别大，含微量铋或锑的稀固溶体中即引起点阵畸变大，驱使铋和锑在铜晶界产生强烈的晶界偏聚。铋在铜晶界的富集系数 $\beta_{Bi}\approx 4\times 10^4$。锑在铜晶界的富集系数 $\beta_{Sb}\approx 6\times 10^2$。铋和锑的晶界偏聚降低铜的晶界能，使晶界原子结合弱化，产生强烈的晶界脆化倾向。

含氧铜在还原性气氛中退火，氧渗入与氧作用生成水蒸气，这会造成很高的内压力，引起微裂纹，在加工或服役中发生破裂。故对无氧铜要求 w_O 低于 0.003%。

工业纯铜的氧含量 w_O 低于 0.01%的称为无氧铜，以 TU1 和 TU2 表示，用作电真空器件。TUP 为磷脱氧铜，用作焊接钢材，制作热交换器、排水管、冷凝管等。TUMn 为锰脱氧铜，用于电真空器件。T1～T4 为纯铜，含有一定氧。T1 和 T2 的氧含量较低，用于导电合金；T3 和 T4 含氧较高，w_O<0.1%，一般用作铜材。

2. 铜合金的分类及编号

按照化学成分，铜合金可分为黄铜、白铜及青铜三大类。

1）黄铜

黄铜是指以 Cu - Zn 为基的合金。常用黄铜中含锌量在 0～50%范围内，若含锌量再高的话，因性脆而不宜使用。黄铜具有良好的机械性能，易加工成形，并且对大气、海水有相当好的抗蚀能力。另外，黄铜还具有价格低廉、色泽美丽等优点，是用途最广的重要有色金属材料。黄铜按其余合金元素种类可分为普通黄铜和特殊黄铜；按生产方法可分为压力加工产品和铸造产品两类。压力加工黄铜的编号方法举例如下：H62 表示含 Cu62%和 Zn38%的普通黄铜；HMn58 - 2 表示含 Cu58%和 Mn2%的特殊黄铜，称为锰黄铜。铸造黄铜的编号方法举例如下：ZHSi80 - 3 表示含 Cu80%和 Si3%的铸造硅黄铜；ZHAl66 - 6 - 3 - 2 表示含 Cu66%、Al6%、Fe3%和 Mn2%的铸造铝黄铜。

(1) 普通黄铜。普通黄铜是指铜与锌的二元合金。图 5 - 36 为 Cu - Zn 二元合金的状态图。该图是由五个包晶反应、一个共析反应和六种相(α、β、γ、δ、ε 和 η)组成的。α 相是锌溶解于铜中的固溶体，晶格结构与纯铜相同，为面心立方晶格。α 相的抗蚀性、塑性均与纯铜相近。β 相是以 CuZn(电子化合物)为基的固溶体，电子浓度为 3/2，呈体心立方晶格。高温下的 β 相无序固溶体，塑性极高，适于热压力加工。低温下的 β 相为有序固溶体，又称 β′相，塑性差、脆性大，冷加工困难。γ 相是以 Cu_5Zn_8 为基的固溶体，电子浓度为 21/13，呈复杂立方晶格，在 270℃以下为有序固溶体，以 γ′表示。γ 相性硬且脆，不能进行压力加工。普通黄铜中一般不出现 δ、ε 和 η 相。

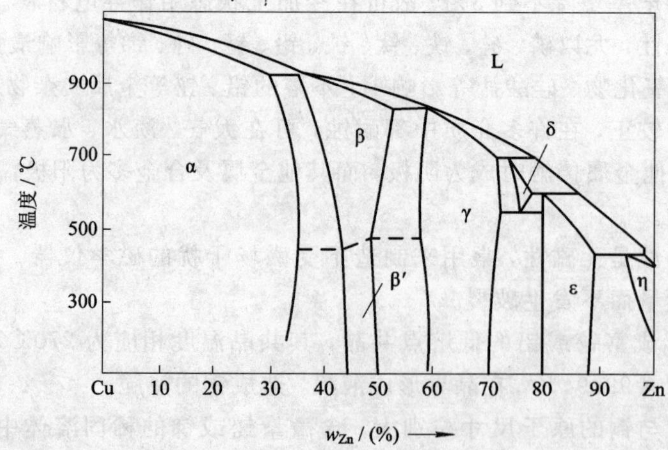

图 5 - 36　Cu - Zn 二元合金的状态图

黄铜按组织可分为 α 单相黄铜、α+β 两相黄铜和 β′单相黄铜。当 w_{Zn}<32%时为 α 单相组织；当 w_{Zn}为 32%～45%时为 α+β 两相黄铜；当 w_{Zn}>45%时为 β′单相组织。其机械性能与含锌量的关系见图 5 - 37。

α单相黄铜的抗蚀性比(α+β)黄铜和β′黄铜好，室温下的塑性也较后两者好，但强度低。α黄铜适于冷压力加工。若进行热压力加工时，热压力加工温度应超过700℃。(α+β)二黄铜和β′单相黄铜适于热压力加工，热加工温度应选择在该合金所在的β相区。

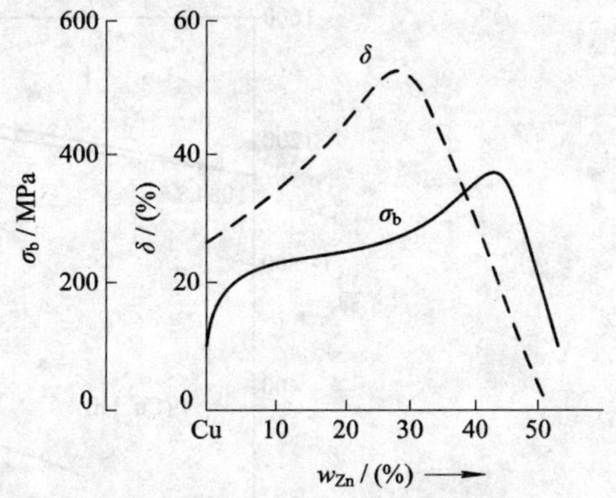

图5-37 黄铜机械性能与含锌量的关系

含锌量大于7%(尤其大于20%)的经冷加工的黄铜，在潮湿的大气中，特别是在含有氢的情况下，易产生晶间腐蚀以致使黄铜破裂，这种现象叫应力破裂。防止应力破裂的方法是在260～300℃的低温下，进行1～3 h的退火，以降低或消除内应力。

H68黄铜强度较高，塑性特别好，适于冷冲压或深冲拉伸制造各种形状复杂的零件。大量用作枪弹壳和炮弹筒，素有“弹壳黄铜”之称。

H62为两相黄铜，强度高，塑性也比较好，可用作水管、油管等，是应用很广的合金，素有“商业黄铜”之称。

(2) 特殊黄铜。在普通黄铜的基础上，再加入铝、锰、硅、铅等元素的黄铜称为特殊黄铜。

这些合金元素加入量较少时，除了铁和铅外，其他元素均不与铜形成新的组织，而是如同锌的作用一样，只影响α相和β相的量比，即相当一部分锌的作用。铁和铅由于在铜中溶解度极小，因而常呈铁相和铅粒独立存在于黄铜的显微组织中。

这些合金元素加入的目的，主要是为了提高黄铜的某些性能，如机械性能、抗蚀性能、抗磨性等。

铝黄铜：加入铝主要用于提高黄铜的强度和耐蚀性。

锡黄铜：加入锡主要用于提高其耐蚀性，广泛用于船舶零件。

锰黄铜：加入锰主要为了提高黄铜的机械性能和耐热性能，同时也可提高在海水、氯化物和过热蒸气中的耐蚀性。

硅黄铜：加入硅主要是为了提高机械性能和耐磨性，同时也可提高铸造流动性和抗蚀性。

铅黄铜：铅在黄铜中不溶解，而呈独立相存在于组织中，因而加入它可提高耐磨性和切削加工性。

镍黄铜：加入镍主要是为了提高机械性能和耐蚀性。

铁黄铜：加入铁主要是为了细化晶粒和提高机械性能，常与锰同时加入。

2) 白铜

以镍为主要合金元素的铜基合金称为白铜。

铜与镍都是面心立方晶格金属，其电化学性质和原子半径也相差不大，故铜与镍的二元合金状态图为匀晶型，如图5-38所示。由于铜与镍可无限互溶，所以各种铜镍合金均为单相组织。因此，这类合金不能进行热处理强化，主要是通过固溶强化和加工硬化来提高机械性能。

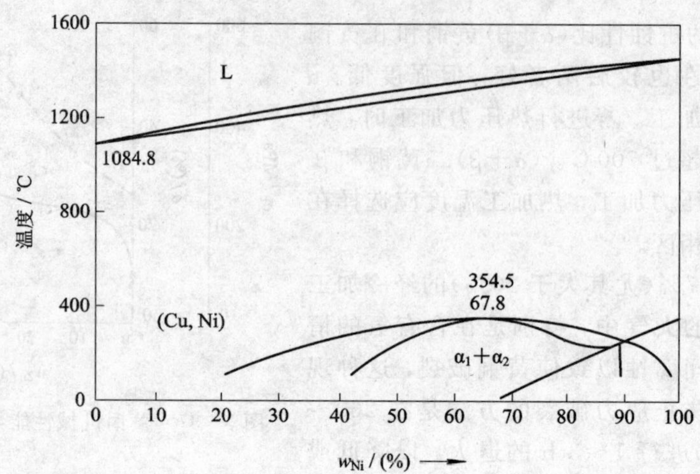

图 5-38　铜镍二元合金相图

铜镍二元合金称为简单白铜。简单白铜具有高的抗腐蚀疲劳性，也有高的抗海水冲蚀性和抗有机酸的腐蚀性。另外，它还具有优良的冷、热加工工艺性。常用的简单白铜有 B5、B19 和 B30 等牌号。简单白铜广泛地用来制造在蒸汽、淡水和海水中工作的精密仪器、仪表零件和冷凝器、蒸馏器以及热交换管等。

在铜镍二元合金的基础上加入其他合金元素的铜基合金，称为特殊白铜。以加入合金元素种类的不同，可分为锰白铜、锌白铜、铝白铜等。特殊白铜牌号表示方法如下：以"B"字打头，后跟特殊合金元素的化学元素符号，符号后的数字分别表示镍和特殊合金元素的百分含量。例如，BMn3-12 表示含镍 3%和含锰 12%的锰白铜。BZn15-20 表示含镍 15%和含锌 20%的锌白铜。

锌白铜：锌在铜镍合金中起固溶强化作用，还能提高耐蚀性。含锌量可在 13%～45%的范围内。其中以含锌 20%的 BZn15-20 应用最广，具有相当好的耐蚀性和机械性能。另外，成本也较低且呈美丽的银白色。

锰白铜：锰白铜组织为单相固溶体，塑性高，容易进行冷、热压力加工。锰白铜具有高的电阻和低的电阻温度系数。

BMn40-1.5 锰白铜又名康铜，具有电阻高和电阻温度系数小的特点，是制造精密仪器的优良材料。另外，康铜有足够的耐热性和耐蚀性，与铜、铁、银配对时有高的热电势，是制造热电偶(低于 500～600℃)和工作温度低于 500℃的变阻器及加热器的材料。

BMn43-0.5 锰白铜又名考铜，具有高的电阻和低的电阻温度系数。与康铜一样，考铜适于作温度不高的变阻器、热电偶(与铁或镍铬合金配对)和补偿导线。

3）青铜

人们把除镍和锌之外的其他合金元素为主要添加元素的铜合金，统称为青铜，按所含主要元素划分为锡青铜、铝青铜、硅青铜、铍青铜、钛青铜、铬青铜等。青铜的牌号表示方法举例如下：QBe2 表示含 Be2%的压力加工铍青铜；QAl9-2 表示含 Al9%和含 Mn2%的压力加工铝青铜。ZQPb30 表示含 30%的 Pb 的铸造铅青铜；ZQSn6-6-3 表示含 Sn6%、Zn6%和 Pb3%的铸造锡青铜。

(1) 锡青铜。首先研究 Cu-Sn 状态图(图 5-39)。Cu-Sn 状态图看起来很复杂，实际上是由三个包晶反应、四个共析反应、两个包析反应、一个共晶反应、一个再融(又称融晶)反应和八个相组成的。常用锡青铜中含锡量≤10%。故这里仅说明状态图的左端部分。

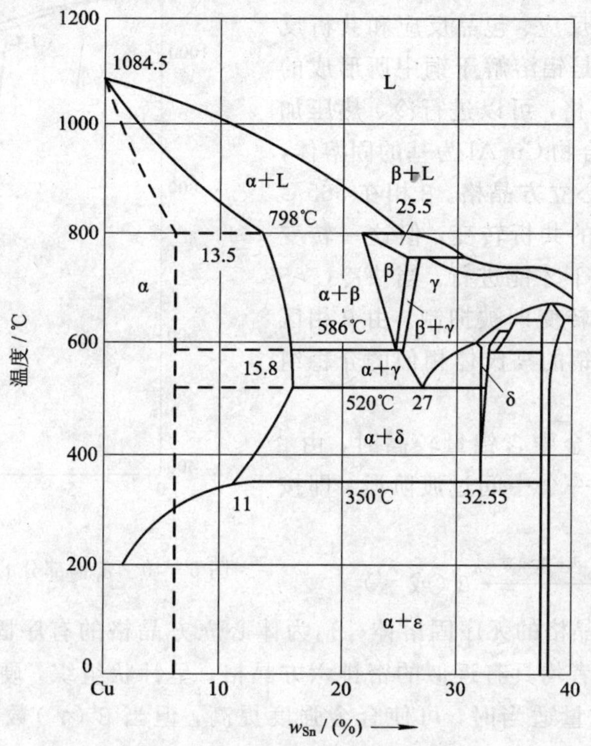

图 5-39 Cu-Sn 二元合金相图

α 相是锡溶解于铜中而形成的固溶体，呈面心立方晶格，具有良好冷、热变形性能。

β 相是以电子化合物 Cu_5Sn(电子浓度为 3/2)为基的固溶体，呈体心立方晶格。β 相抗张力较大，高温下塑性尚好，降低温度时迅速发生共析分解，在常温下变为硬脆组织。

γ 相和 δ 相都是以电子化合物 $Cu_{31}Sn_8$(电子浓度为 21/31)为基的固溶体，复杂立方晶格。性硬脆，不能进行塑性变形。γ 相和 δ 相分别在 520℃和 350℃发生如下共析反应：

$$\gamma \xrightarrow{520℃} \alpha+\delta$$

$$\delta \xrightarrow{350℃} \alpha+\varepsilon$$

γ 相共析反应不易抑制，而 δ 相共析则是缓慢和不易全部完成的，因为在这一较低温度下，原子活动能力较差，而需要成分的变化也较大。因此，含锡量在 7%～30%的铸造锡青铜的组织不是 $\alpha+(\alpha+\varepsilon)_{共析体}$，而是 $\alpha+(\alpha+\delta)_{共析体}$。

ε 相是以电子化合物 Cu_3Sn(电子浓度 21/12)为基的固溶体，呈密排六方晶格，性硬脆、无实际用途。

锡青铜的耐蚀性比纯铜和黄铜都高，不论在湿气、蒸气、海水或淡水中都具有良好的抗蚀性。

锡青铜中还可以加入其他合金元素以改善性能。例如，加入锌可提高流动性，并可通过固溶强化作用提高合金的强度。又如，加入铅可以使合金的组织中存在软而细小的黑灰色铅夹杂物，提高锡青铜的耐磨性和切削加工性。再如，加入磷可以提高合金的流动性，当含磷量大于0.2%时，还会生成Cu_3P硬质点，提高合金的耐磨性。

(2) 铝青铜。Cu-Al状态图的富铜部分(图5-40)是由共晶反应、包晶反应和共析反应组成的。其中α相是铝溶解于铜中所形成的固溶体，面心立方晶格，可以进行冷、热压加工。β相是以电子化合物Cu_3Al为基的固溶体，电子浓度为3/2，体心立方晶格。β相在565℃时发生$\beta \rightarrow \alpha + \gamma_2$的共析转变，但这一转变只有在充分缓冷条件下才能进行。当快冷(>5～6℃/min)时，共析转变即被抑制。由β相区进行淬火，可获得与钢的马氏体相似的介稳组织β′。

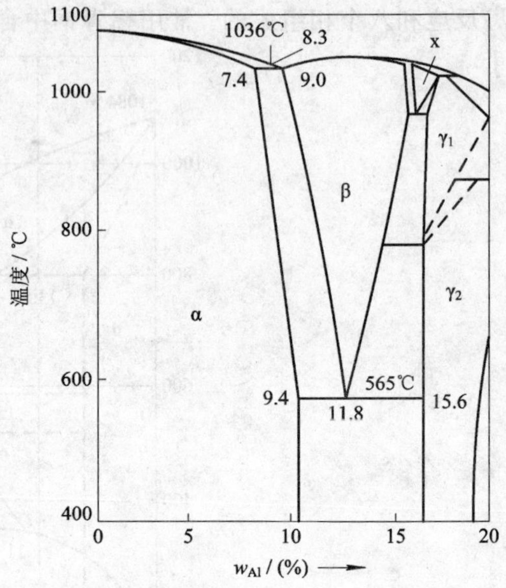

图5-40 富铜部分的Cu-Al合金状态图

实验证明，当合金中含铝量较高时，由β转变成β′，需要经过一个中间过渡阶段。即按如下过程进行转变：

$$\beta \xrightarrow{\text{有序化}} \beta_1 \xrightarrow{\text{无扩散相变}} \beta'(\text{或}\ \gamma')$$

β相为体心立方晶格的无序固溶体；β_1为体心立方晶格的有序固溶体；β′(γ′)为含铝量不同的马氏体，二者均具有近似的密排六方晶格，呈针状组织，硬度和强度较高，但塑性较低。当β′(γ′)数量适当时，可使合金强度提高，但当β′(γ′)数量太多时，合金显示脆性。

状态图中γ_2相是以Cu_9Al_4电子化合物为基的固溶体，电子浓度为21/13，复杂立方晶格。该相硬度高，脆性大，但一定数量γ_2相的存在，可提高合金的耐磨性。

含铝量为5%～8%的铝青铜，具有α单相组织，塑性优良，适于冷、热压力加工，故常以压力加工产品使用。含铝量为9%～11%的铝青铜，为$\alpha + (\alpha + \gamma_2)$共析体组织，强度较高，不能进行冷加工，只能进行热压力加工(主要用于热挤压)，热加工的温度应加热在(α+β)两相区。另外，铝青铜自液态结晶时，由于它的液相线和固相线间隔很小，故不易发生像锡青铜那样的化学成分偏析，而且流动性好，缩孔集中，易获得致密的铸件。

铝青铜在大气、海水、碳酸以及大多数有机酸溶液中有比黄铜和锡青铜还高的抗蚀性。

(3) 铍青铜。铍青铜是一种可时效硬化的合金，经淬火及时效处理后具有很高的强度、硬度、疲劳极限和弹性极限。铍青铜之所以能够进行时效强化，是因为它符合可时效硬化合金条件。首先，从Cu-Be相图(图5-41)可知，铍在铜中的固溶度是随着温度的下降而急剧降低的。铍在864℃时的极限溶解度为2.7%，在300℃时已降至0.2%。虽然该合金在605℃发生共析反应$\beta \rightarrow \alpha + \gamma$，但是，它只在缓慢冷却条件下才进行，故对时效过程并不重要。

含铍1.9%的合金，自780～790℃保温一定时间后在水中淬火，可得到过饱和固溶体α，这种过饱和固溶体是很软的。并且，在室温下放置时，不会像Al-Cu合金或硬铝合金那样发生自然时效过程，因此可以方便地进行拉拔、轧制等冷加工。

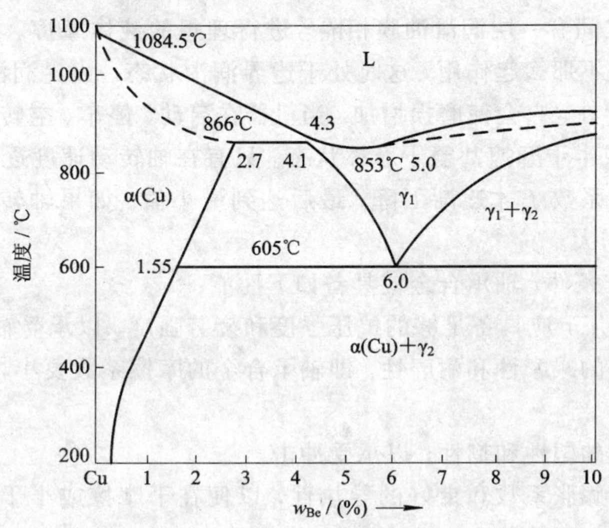

图 5-41　Cu-Be 二元合金相图

Cu-Be 合金的时效过程也是过饱和固溶体的脱溶沉淀过程，其时效序列为

$$\alpha_{过} \rightarrow \text{G. P. 区}(\gamma'') \rightarrow \gamma' \rightarrow \gamma$$

Cu-Be 合金中 G. P. 区已经不只是富铍的偏聚区 3，而是一种与母相共格的片状沉淀物，故可称为 γ''过渡相。γ''过渡相密度极高，大于 $10^{18}/\text{cm}^3$。γ'相是一个与母相半共格的中间过渡相，在 315℃时效 3 h 后，即有 γ'相析出。时效温度升高，或时效时间延长，γ'相转变为平衡相 γ。

Cu-Be 合金时效时最高机械强度是在 γ''向中间过渡相(γ')转变阶段获得的。这是因为 G. P. 区(γ'')高度弥散，且与母相比容差别大，致使其周围应力场很大，对位错的运动阻力大。

铍青铜不仅具有高的强度和弹性，而且耐蚀、耐磨、耐寒，无磁性；另外，导电导热性也好，受冲击不起火花。因此，铍青铜是优良的弹性材料，可用于制造高级精密的弹簧、膜片、膜盒等弹性元件，还可以制造在高速、高温、高压下工作的轴承、衬套、齿轮等耐磨零件，也可以用来制造换向开关，电接触器以及矿山、炼油厂要求不产生火花的工具。

5.3.3　滑动轴承合金

轴承可定义为一种在其中有另外一种元件(诸如轴颈或杆)旋转或滑动的机械零件。依据轴承工作时摩擦的形式，它们又分为滚动轴承与滑动轴承。滑动轴承之中自身具有自润滑性的轴承叫做含油轴承或自润滑轴承。滑动轴承是指支承轴颈和其他转动或摆动零件的支承件。它是由轴承体和轴瓦两部分构成的。轴瓦可以直接由耐磨合金制成，也可在钢背上浇铸(或轧制)一层耐磨合金内衬制成。用来制造轴瓦及其内衬的合金，称为轴承合金。

当机器不运转时，轴停放在轴承上，对轴承施以压力。当轴高速旋转运动时，轴对轴承施以周期性交变载荷，有时还伴有冲击。滑动轴承的基本作用，就是将轴准确定位，并在载荷作用下支撑轴颈而不破坏。

当滑动轴承工作时，轴和轴承不可避免地会产生摩擦。为此，在轴承上常注入润滑油，以便在轴颈和轴承之间有一层润滑油膜相隔，进行理想的液体摩擦。实际上，在低速和重荷的情况下，润滑并不那么起作用，这时处于边界润滑状态。边界润滑意味着金属和金属直接接触的可能性存在，它会使磨损增加。当机器在启动、停车、空转和载荷变动时，也常出现这种边界润滑或半干摩擦甚至干摩擦状态。只有在轴转动速度逐渐增加，当润滑油膜建立起来之后，摩擦系数 f 才逐渐下降，最后达到最小值。如果轴转动速度进一步增加，摩擦系数 f 又重新增大。

根据轴承的工作条件，轴承合金应具备如下性能：

(1) 在工作温度下，应具备足够的抗压强度和疲劳强度，以承受轴颈所施加的载荷。

(2) 应具有良好的减摩性和耐磨性。即轴承合金的摩擦系数要小，对轴颈的磨损要少，使用寿命要长。

(3) 应具有一定的塑性和韧性，以承受冲击。

(4) 应具有小的膨胀系数和良好的导热性，以便在干摩擦或半干摩擦条件下工作时，若发生瞬间热接触，而不致咬合。

(5) 应具有良好的磨合性，即在轴承开始工作不太长的时间内，轴承上的突出点就会在滑动接触时被去除掉，而不致损坏配对表面。

(6) 应具有良好的嵌镶性。以便使润滑油中的杂质和金属碎片能够嵌入合金中而不致划伤轴颈的表面。

(7) 轴承的制造要容易，成本要低廉。因为轴是机器上重要零件，价格较贵，因而在磨损不可避免时，应确保轴的长期使用。

此外，还要求轴承具有良好的顺应性、抗蚀性以及能够与钢背牢固相结合的有关工艺性能。

显然，要同时满足上述多方面性能要求是很困难的。选材时，应具备各种机械的具体工作条件，以满足其性能要求为原则。

常用轴承合金按其主要化学成分，可分为铅基、锡基、铝基、铜基和铁基。下面着重介绍锡基、铅基、铝基和铜基四种轴承合金。

1. 铅基轴承合金

铅基轴承合金是在铅锑合金的基础上加入锡、铜等元素形成的合金，又称为铅基巴氏合金。我国铅基轴承合金的牌号、成分、机械性能及应用情况如表 5－23 所示。

表 5－23 铅基轴承合金的牌号、成分、机械性能

代号	化学成分/(%)				力学性能		
	w_{Sn}	w_{Sb}	w_{Pb}	w_{Cu}	σ_b/MPa	δ/(%)	硬度/HBS
ZChPb16－16－2	15.0～17.0	15.0～17.0	余量	1.5～2.0	78	0.2	30
ZChPb15－5－3	5.0～6.0	14.0～16.0	余量	2.5～3.0	—	—	32

铅基轴承合金是以铅锑为主的合金，但铅锑二元合金有比重偏析，同时锑颗粒太硬，基体又太软，性能并不好，通常还加入其他合金元素，如锡、铜、镉、砷等，加入锡的目的是为了生成 SbSn 化合物，提高其耐磨性。加入铜是为了阻止比重偏析。加入砷和镉可以形

成砷镉化合物，从而降低脆性锑的含量。图5-42为铅锑合金的显微组织。它是以(α+β)共晶体作为软的基体(图中暗黑色部分)，以初生的β相(白色块状)和化合物(白色针状)为硬质点所形成的一种软基体硬质点轴承合金。

铅基轴承合金的突出优点是成本低，高温强度好，亲油性好，有自润滑性，适用于润滑较差的场合。但耐蚀性和导热性不如锡基轴承合金。对钢背的附着力也较差。

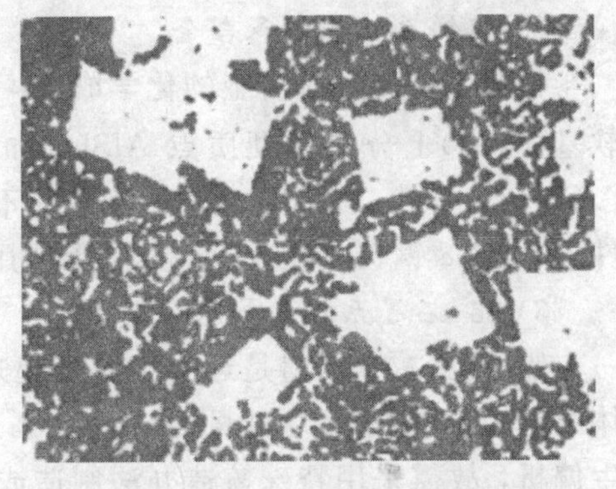

图5-42　铅锑合金的显微组织

2. 锡基轴承合金

锡基轴承合金是以锡为主，并加入少量锑和铜的合金。我国锡基轴承合金的牌号、成分、机械性能及应用情况如表5-24所示。合金牌号中的Ch表示“轴承”中“承”字的汉语拼音字头，紧跟在Ch后边的为基本元素锡和主要添加元素锑的化学元素符号，最后为添加元素的含量。

表5-24　锡基轴承合金的牌号、成分、机械性能

代　号	化学成分/(%)			力学性能		
	w_{Sn}	w_{Sb}	w_{Pb}	σ_b/MPa	δ/(%)	硬度/HBS
ZChSnSb11-6	余量	10～12	5.5～6.5	90	6	30
ZChSnSb8-4	余量	7.8～8.0	3.6～4.0	80	10.6	24

锑在锡中室温下的溶解度为7%左右。当锑量超过7.5%时，则组织中易出现立方晶格的SbSn脆性化合物，构成了软基体嵌镶硬颗粒的典型组织。加入铜的目的是为了自液态首先生成Cu_3Sn化合物的针状格架，以防止SbSn相的上浮，同时Cu_3Sn也起着硬质点的作用。

锡基轴承合金的主要特点是摩擦系数小，对轴颈的磨损少，基体是塑性好的锑在锡中的固溶体，硬度低、顺应性和嵌镶性好，抗腐蚀性高，对钢背的粘着性好。它的主要缺点是抗疲劳强度较差，且随着温度升高机械强度急剧下降，最高运转温度一般应小于110℃。

3. 铝基轴承合金

铝基轴承合金密度小，导热性好，疲劳强度高，价格低廉，广泛用于高速高负荷下工作的轴承。

铝基轴承合金按成分可分为铝锡系、铝锑系、铝石墨系三类。

1) 铝锡系铝基轴承合金

铝锡系铝基轴承合金是以铝(60%～95%)和锡(5%～40%)为主要成分的合金，其中以Al-20Sn-1Cu合金最为常用。这种合金的组织为在硬基体(Al)上分布着软质点(Sn)。硬的铝基体可承受较大的负荷，且表面易形成稳定的氧化膜，它既有利于防止腐蚀，又可起减摩作用。低熔点锡在摩擦过程中易熔化并覆盖在摩擦表面，起到减少摩擦与磨损的作用。铝锡系铝基轴承合金具有疲劳强度高，耐热性、耐磨性和耐蚀性均良好等优点，因此被世界各国广泛采用，尤其是适用于高速、重载条件下工作的轴承。

2）铝锑系铝基轴承合金

铝锑系铝基轴承合金的化学成分：w_{Sb} 4%、w_{Mg} 为 0.3%～0.7%，其余为 Al。组织为软基体(Al)上分布着硬质点 AlSb，加入镁可提高合金的疲劳强度和韧性，并可使针状 AlSb 变为片状。这种合金适用于载荷不超过 20 MPa，滑动线速度不大于 10 m/s 的工作条件下，与 08 钢板热轧成双金属轴承使用。

3）铝-石墨系铝基轴承合金

铝-石墨减摩材料是近些年发展起来的一种新型材料。为了提高基体的机械性能，基体可选用铝硅合金(含硅量为 6%～8%)。由于石墨在铝中的溶解度很小，且在铸造时易产生偏析，故需采用特殊铸造办法制造或以镍包石墨粉或铜包石墨粉的形式加入到合金中，合金中适宜的石墨含量为 3%～6%。铝石墨减摩材料的摩擦系数与铝锡系轴承合金相近，由于石墨具有优良的自润滑作用和减振作用以及耐高温性能，故该种减磨材料在干摩擦时，能具有自润滑的性能，特别是在高温恶劣条件下(工作温度可达 250℃)，仍具有良好的性能。因此，铝石墨系减摩材料可用来制造活塞和机床主轴的轴瓦。

4）铜基轴承合金

铜基轴承合金的牌号、成分及机械性能如表 5-25 所示。

表 5-25　铜基轴承合金的牌号、成分及机械性能

名称	代号	化学成分/(%)				机械性能		
		w_{Pb}	w_{Sn}	其他	w_{Cu}	σ_b/MPa	δ/(%)	硬度/HB
铅青铜	ZQPb30	27.0～33.0	—	—	余量	60	4	25
	ZQPb25-5	23.0～27.0	4.0～6.0	—	余量	140	6	50
	ZQPb12-8	11.0～13.0	7.0～9.0	—	余量	120～200	3～8	80～120
锡青铜	ZQSn10-1	—	9.0～1.0	P 0.6～1.2	余量	250	5	90
	ZQSn6-6-3	2.0～4.0	5.0～7.0	Zn 5.0～7.0	余量	200	10	65

(1) 铅青铜。铅青铜是硬基体软质点类型的轴承合金。铜和铅在固态时互不溶解，室温显微组织为 Cu+Pb，Cu 为硬基体，粒状 Pb 为软质点。

与巴氏合金相比，铅青铜具有高的疲劳强度和承载能力，优良的耐磨性、导热性和低的摩擦系数，能在较高温度(250℃)下正常工作。铅青铜适于制造大载荷、高速度的重要轴承，例如航空发动机、高速柴油机的轴承等。

(2) 锡青铜。锡青铜的显微组织为 $\alpha+\delta+Cu_3P$，α 固溶体为软基体，δ 相和 Cu_3P 为硬质点。

锡基、铅基轴承合金及不含锡的铅青铜的强度比较低，承受不了大的压力，所以使用时必须将其镶铸在钢的轴瓦上，形成一层薄而均匀的内衬，做成双金属轴承。含锡的铅青铜，由于锡溶于铜中使合金强化，能获得高的强度，不必做成双金属，可直接做成轴承或轴套使用。由于高的强度，它也适于制造高速度、高载荷的柴油机轴承。

思考与练习

5-1 合金钢中经常加入哪些合金元素？如何分类？

5-2 合金元素 Mn、Cr、W、Mo、V、Ti 对过冷奥氏体的转变有哪些影响？

5-3 合金元素对钢中基本相有何影响？对钢的回火转变有什么影响？

5-4 区别下列名词的基本概念：

(1) 奥氏体、合金奥氏体、奥氏体钢；

(2) 铁素体、合金铁素体、铁素体钢；

(3) 渗碳体、合金渗碳体、特殊碳化物。

5-5 解释下列现象：

(1) 在含碳量相同的情况下，除了含 Ni 和 Mn 的合金钢外，大多数合金钢的热处理加热温度都比碳钢高。

(2) 在含碳量相同的情况下，含碳化物形成元素的合金钢比碳钢具有较高的回火稳定性。

(3) 含碳量大于等于 0.40%，含铬量为 12%的钢属于过共析钢；而含碳量 1.5%，含铬量 12%的钢属于莱氏体钢。

(4) 高速钢在热锻或热轧后，经空冷获得马氏体组织。

5-6 何谓渗碳钢？为什么渗碳钢的含碳量均为低碳？合金渗碳钢中常加入哪些合金元素？它们在钢中起什么作用？

5-7 何谓调质钢？为什么调质钢的含碳量均为中碳？合金调质钢中常加入哪些合金元素？它们在钢中起什么作用？

5-8 弹簧钢的含碳量应如何确定？合金弹簧钢中常加入哪些合金元素，最终热处理工艺如何确定？

5-9 滚动轴承钢的含碳量如何确定？钢中常加入的合金元素有哪些？其作用如何？

5-10 现有 ϕ35×20 mm 的两根轴。一根为 20 钢，经 920℃渗碳后直接淬火(水冷)及 180℃回火，表层硬度为 58～62 HRC；另一根为 20CrMnTi 钢，经 920℃渗碳后直接淬火(油冷)，−80℃冷处理及 180℃回火后表层硬度为 60～64 HRC。问这两根轴的表层和心部的组织(包括晶粒粗细)与性能有何区别？为什么？

5-11 用 9SiCr 制造的圆板牙要求具有高硬度、高耐磨性，一定的韧性，并且要求热处理变形小。试编写加工制造的简明工艺路线，说明各热处理工序的作用及板牙在使用状态下的组织及大致硬度。

5-12 何谓热硬性(红硬性)？为什么 W18Cr4V 钢在回火时会出现“二次强化”现象？65 钢淬火后硬度可达 60～62 HRC，为什么不能制车刀等要求耐磨的工具？

5-13 W18Cr4V 钢的淬火加热温度应如何确定(Ac_1 约为 820℃)？若按常规方法进行淬火加热能否达到性能要求？为什么？淬火后为什么进行 560℃的三次回火？

5-14 试述用 CrWMn 钢制造精密量具(块规)所需的热处理工艺。

5-15 用 Cr12MoV 钢制造冷作摸具时，应如何进行热处理？

5－16　与马氏体不锈钢相比，奥氏体不锈钢有何特点？为提高其耐蚀性可采取什么工艺？

5－17　常用的耐热钢有哪几种？合金元素在钢中起什么作用？有何用途？

5－18　指出下列合金钢的类别、用途、碳及合金元素的主要作用以及热处理特点：20CrMnTi2、40MnVB3、60Si2Mn4、9Mn2V5、Cr12MoV6、5CrNiMo7、1Cr18Ni9Ti9、ZGMn13。

5－19　铸铁的石墨化过程是如何进行的？影响石墨化的主要因素有哪些？

5－20　试述石墨形态对铸铁性能的影响。

5－21　比较各类铸铁的性能特点，与钢相比，铸铁在性能(包括工艺性能)上有何优缺点？

5－22　试从下列几个方面来比较 HT150 铸铁和退火状态 20 钢。

(1) 成分；(2) 组织；(3) 抗拉强度；(4) 抗压强度；(5) 硬度；(6) 减摩性；(7) 铸造性能；(8) 锻造性能；(9) 可焊性；(10) 切削加工性能。

5－23　现有铸态下球墨铸铁曲轴一根，按技术要求，其基体应为珠光体组织，轴颈表层硬度为 50～55 HRC。试确定热处理方法。

5－24　如何获得高强度球墨铸铁？

5－25　指出下列合金代号的意义及主要用途。

(1) ZL102、ZL201、ZL302、ZL401

(2) LF21、LY12、LC4、LD7

(3) H70、ZH59、ZHSi80－3

(4) ZQSn6－6－3、ZQA19－4、ZQPb30、QBe2

(5) ZChSnSb11－6、ZChPbSb16－16－2

5－26　变形铝合金和铸造铝合金是怎样区分的？能热处理强化的铝合金和不能热处理强化的铝合金是根据什么确定的？

5－27　简述固溶强化、弥散硬化、时效硬化产生的原因及它们之间的区别。

5－28　简述下列零件进行时效处理的意义与作用。

(1) 形状复杂的大型铸铁件在 500～600℃进行时效处理。

(2) 铝合金件淬火后于 140℃进行时效处理。

(3) T10A 钢制造的高精度丝杠于 150℃下进行时效处理。

5－29　为什么铝硅合金具有良好的铸造性能？在变质处理前后其组织及性能有何变化？它主要用在何处？

5－30　何谓黄铜？分哪几类？为什么 H62 黄铜的强度高而塑性较低？而 H70 黄铜的塑性却比 H62 黄铜好？

5－31　选择合适的铜合金制造下列零件：① 发动机轴承；② 弹壳；③ 钟表齿轮；④ 高级精密弹簧。

5－32　常用的轴承合金有哪几大类？各类合金的主要特点是什么？

第6章 高分子材料

6.1 概 述

材料、能源、信息是当代科学技术的三大支柱。其中，材料是一切技术发展的物质基础，而高分子材料是材料领域的重要组成部分，由于其原料来源丰富，制造方便，品种众多，因此在材料领域中的地位日益突出。高分子材料为发展高新技术提供了更多、更有效的高性能结构材料、高功能材料以及满足各种特殊用途的专用材料。如在机械和纺织工业，由于采用塑料轴承和塑料齿轮来代替相应的金属零件，车床和织布机运转时的噪声大大降低，从而改善了工人的劳动条件；塑料同玻璃纤维制成的复合材料——玻璃钢，由于它比钢铁更加坚固，被用来代替钢铁制备船舶的螺旋桨和汽车的车架、车身等。高分子材料的发展也促进了医学的进步，如用高分子材料制成的人工脏器、人工肾和人工角膜等使一些器官性疾病不再是不治之症。总之，目前高分子材料在尖端技术、国防、国民经济以及社会生活的各个方面都得到了广泛的应用。

6.1.1 高分子材料的基本概念

高分子材料也叫聚合物材料，主要是指以有机高分子化合物(不包括无机高分子化合物)为主体组成的或加工而成的具有实用性能的材料。

按照高分子材料来源，高分子材料分为天然高分子材料和合成高分子材料两大类。天然高分子材料主要有天然橡胶、纤维素、淀粉、蚕丝等；合成高分子材料的种类繁多，如合成塑料、合成橡胶、合成纤维等。

按照用途，高分子材料主要分为塑料、化学纤维、橡胶、胶粘剂、涂料和复合材料等几类，其中塑料、合成纤维和合成橡胶的产量最大，品种最多，统称为三大合成材料。

按照材料学观点，高分子材料分为结构高分子材料和功能高分子材料，前者主要利用它的强度、弹性等力学性能，后者主要利用它的声、光、电、磁和生物等功能。

6.1.2 高分子化合物的力学状态

当温度在一定范围内变化时，高聚物可经历不同的力学状态，它反映了大分子运动的不同形式。在恒定应力下高聚物的温度-形变之间的关系可反映出分子运动与温度变化的关系。对于不同的聚合物，其温度-形变曲线也不相同。下面就几种不同类型的聚合物分别给予介绍。

1. 非晶聚合物的力学状态

当温度变化时，非晶聚合物存在着三种不同的力学状态，即玻璃态、高弹态和粘流态。

高聚物出现这三种力学状态是由高分子链的结构特点及其运动特点决定的。高分子链是由许多具有独立活动能力的链段所组成的，因此，一个高分子链具有两种运动单元：整个大分子的运动和大分子中各个链段的运动。正是高聚物分子链运动的二重性决定了非晶态高聚物的三种力学状态。

当温度很低时，分子间的作用能大于分子的热运动能，此时，不但整个大分子的运动被冻结，甚至链段的运动也被冻结(分子的内旋转被冻结)，即分子之间和链段之间的相对位置都被固定着，只有分子中的原子在其固定位置上进行着振动运动。与之对应的高聚物则处于坚硬的固体状态，即玻璃态。玻璃态的力学行为是：当施加外力后只能引起原子间键长和键角的微小变化，因此高聚物形变很小。当外力消除后，高聚物立即恢复原状，即形变是可逆的，这种形变称为普弹形变，它的特点是形变量小、瞬时完成和可逆性。

若温度逐渐升高，分子的热运动能逐渐增加，当达到某一温度范围后，虽然热运动能还不能使整个分子链发生相对移动，但却足够能使分子中的链段运动起来，此时的高聚物即处于高弹态，发生的形变为高弹形变。高弹态的力学行为是：当施加外力后，分子链在外力作用下由原来的卷曲状态变成了伸展状态，使高聚物产生很大的形变，当外力消除后，被拉伸的链又会逐渐再卷曲起来(链段运动的结果)，恢复原状，因而也是可逆形变。高弹形变的特点是形变量很大、具有可逆性和需要松弛时间(即完成形变和恢复原状都需要一定的时间才能完成)。

若温度继续上升，热运动能继续增加，当达到某一温度后，不但分子链的链段可以自由运动，而且整个分子链之间也可以产生相对移动，此时高聚物就处于粘流态了。粘流态的力学行为是：当施加外力后，高聚物会产生无休止的永久形变，即当外力消除后形变也不会恢复原状的不可逆形变。

高聚物的上述三种力学状态可以用高聚物的温度－形变曲线表现出来，如图6－1所示。温度－形变曲线是在恒定应力下，对高聚物样品进行连续升温，观测在不同温度下样品的形变值。

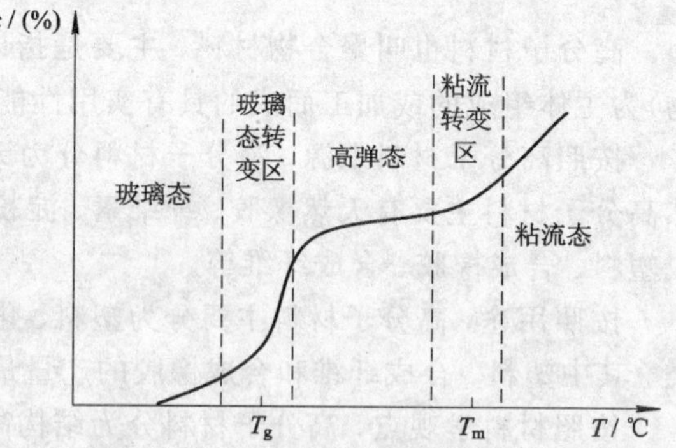

图6－1　非晶态高聚物的温度-形变曲线

由图6－1可见，在恒定应力下，这三种不同力学状态下高聚物的形变值是有明显差别的。但是，由于三种力学状态的转变并不是相变，因此形变值在转变点并没有发生突变，即没有发生间断点，而是连续性的转变。这些转变点的温度，由高弹态到玻璃态的转变温度，叫做玻璃化温度，以 T_g 表示；由高弹态到粘流态的转变温度，叫做粘流温度，以 T_m 表示。高聚物的温度一形变曲线的形状与高聚物的分子量大小、分子结构等有很大关系，当分子量小时，将不出现高弹态平台，只有当聚合物的分子量达到一定程度时，才出现高弹态，这也是橡胶都具有很高分子量的原因。

2. 结晶性高聚物的温度 - 形变曲线

凡在一定条件下能够结晶的高聚物统称为结晶性高聚物。结晶高聚物的结晶度不同，分子量不同，其温度 - 形变曲线也不相同。当结晶度高于40%时，微晶贯穿整个材料，非晶区 T_g 将不能明显出现，只有当温度升高到熔融温度 T_m 时，晶区熔融，高分子链热运动加剧，如果聚合物的分子量不太大，体系进入粘流态(此时 $T_m=T_t$)，如果聚合物分子量很高，$T_t>T_m$，则在 T_m 之后仍会出现高弹态，然后当 $T=T_t$ 时，体系才进入粘流态。如果聚合物的结晶度不高，则也会出现玻璃化转变的形变，但 T_g 以后，链段有可能按照结晶结构的要求重新排列成规则的晶体结构。图6-2为分子量不同的结晶高聚物的温度 - 形变曲线。由图可以看出，高弹态与粘流态的过渡区随分子量 M 的增大而增大。

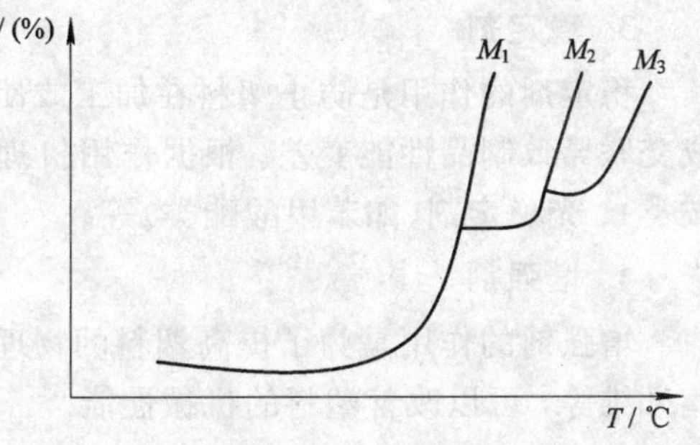

图6-2　结晶高聚物的温度 - 形变曲线
($M_3>M_2>M_1$)

3. 交联高聚物的力学状态

交联使高分子链之间以化学键相结合，若不破坏化学键，分子键之间就不能产生相对位移，随着交联度的提高，不仅形变能力变差，而且不存在粘流态，既不能溶解，也不能熔融，当交联度增加到一定数值之后，聚合物就不会随温度升高而出现高弹态。

4. 多相聚合物的力学状态

对于共混或接枝、嵌段共聚物，多数是处于微观或亚微观相分离的多相体系。在该种体系中视各组分可能出现两个以上玻璃化转化区，每个转化区表示一种均聚物的特性。对于某些嵌段和共聚混合物材料，在外力的作用下会出现应变，诱发塑料—橡胶转变。

6.2 工程塑料

工程塑料是指可以作为结构材料，能在较广的温度范围内，在承受机械应力和较为苛刻的化学物理环境中使用的塑料材料。与通用塑料相比，工程塑料产量较低，价格较高，但具有优异的机械性能、化学性能、电性能以及耐热性、耐磨性和尺寸稳定性等，在电子、电器、机械、交通、航空航天等领域获得了广泛应用。

6.2.1 工程塑料的组成

工程塑料是以高分子化合物为主要成分，添加各种添加剂所组成的多组分材料。根据作用不同，添加剂可分为固化剂、增塑剂、稳定剂、增强剂、润滑剂、着色剂等，现主要介绍以下几种。

1. 固化剂

固化剂的作用是通过交联使树脂具有体型网状结构，成为较坚硬和稳定的塑料制品。如在酚醛树脂中加入六亚甲基四胺，在环氧树脂中加入乙二胺等。

2. 增塑剂

增塑剂的作用主要是提高塑料在成型过程中的流动性，改善制品的柔顺性，常用的为液态或低熔点的固体化合物。例如，在聚氯乙烯中加入邻苯二甲酸二丁酯，可变为像橡胶一样的软塑料。

3. 稳定剂

稳定剂的作用是防止塑料在加工或使用过程中因热、氧、光等因素的作用而产生降解或交联导致制品性能变差。根据作用机理不同可分为热稳定剂(如金属皂类)、抗氧剂(如胺类)、光稳定剂(如苯甲酸酯类)等。

4. 增强剂

增强剂的作用是为了提高塑料的物理性能和力学性能。例如加入石墨、石棉纤维或玻璃纤维等，可以改善塑料的机械性能。

6.2.2 工程塑料的分类

1. 按化学组成分

按化学组成分，工程塑料可分为聚酰胺类(尼龙)、聚酯类(聚碳酸酯、聚对苯二甲酸丁二醇酯、聚对苯二甲酸乙二醇酯、聚芳酯、聚苯酯等)、聚醚类(聚甲醛、聚苯醚、聚苯硫醚、聚醚醚酮等)、芳杂环聚合物类(聚酰亚胺、聚醚亚胺、聚苯并咪唑)以及含氟聚合物(聚四氟乙烯、聚三氟氯乙烯、聚偏氟乙烯、聚氟乙烯等)。

2. 按聚合物的物理状态分

按聚合物的物理状态分，工程塑料可分为结晶型和无定型两大类。聚合物的结晶能力与分子结构规整性、分子间力、分子链柔顺性能等有关，结晶程度还受拉力、温度等外界条件的影响。这种物理状态部分地表征了聚合物的结构和共同的特性。结晶型工程塑料有聚酰胺、聚甲醛、聚对苯二甲酸丁二醇酯、聚对苯二甲酸乙二醇酯、聚苯硫醚、聚苯酯、聚醚醚酮、氟树脂、间规聚苯乙烯等；无定型工程塑料有聚碳胺酯、聚苯醚、聚芳酯等。

3. 按成型后制品的种类分

按成型后制品的种类分，工程塑料按应用零件的功能可以分为：一般结构零件，如罩壳、盖板、框架和手轮、手柄等；传动结构零件，如齿轮、螺母、连轴器以及其他一些受连续反复载荷的零部件；摩擦零件，如轴承、衬套、活塞环、密封圈以及其他一些承受滑动摩擦的零件；电气绝缘零件，如各种高低压开关、接触器、继电器等；耐腐蚀零部件，如化工容器、管道、阀门和测量仪表等零件；高强度、高模量结构零件，如高速风扇叶片、泵叶轮、螺旋推进器叶片等。

4. 按通用性分

按通用性分，工程塑料可以分为通用工程塑料和特殊工程塑料两类(图 6-3)。所谓通用工程塑料，是指热塑性塑料聚酰胺(PA)、聚甲醛(POM)、聚碳酸酯(PC)、改性聚苯醚(PPO)、聚酯(PBT 和 PET)等五种。特殊工程塑料常指除以上五种以外的性能更优异的工程塑料。按照使用温度分，一般使用温度在 150℃以下为通用工程塑料(一般为 100～150℃)，超过 150℃为特殊工程塑料，特殊工程塑料又分为 150～250℃类和 250℃以上类。使用温度越高，则价格也随之提高。

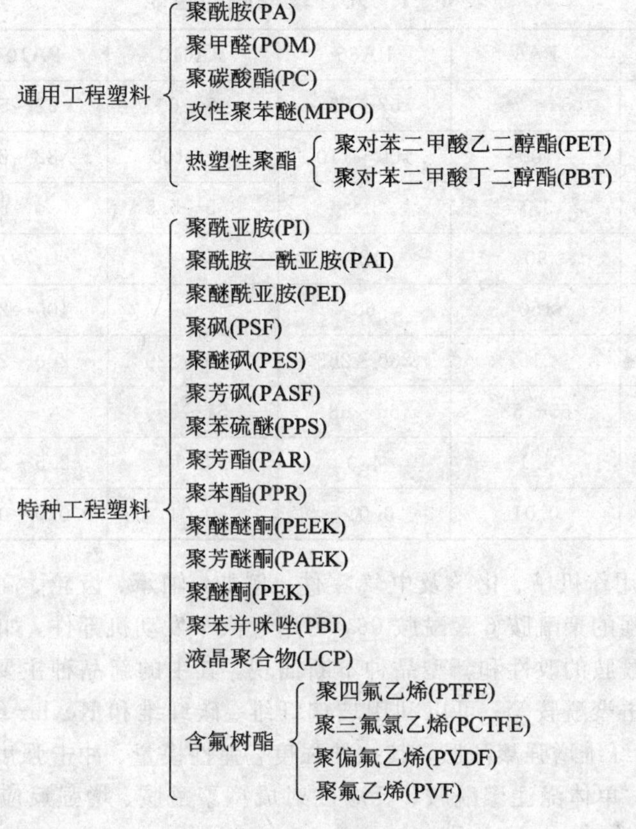

图 6-3　工程塑料的分类

6.2.3　常用工程塑料

1. 聚酰胺(PA)

聚酰胺(Polyamide)简称 PA，俗称尼龙(nylon)，是指分子主链上含有酰胺基团 $\leftarrow NHCO \rightarrow$ 的高分子化合物。

聚酰胺是以内酰胺、脂肪羟酸、脂肪胺或芳香族二元酸、芳香族二元胺为原料合成的，采用不同的原料可合成聚酰胺系列产品。聚酰胺的命名是由二元胺和二元酸的碳原子数来决定的。例如，己二胺和己二酸反应得到的缩聚物称为聚酰胺 66(尼龙 66)，其中第一个 6 表示己二胺的碳原子数，第二个 6 表示己二酸的碳原子数；由 ω-胺基己酸或己内酰胺聚合得到的产物称为聚酰胺 6。

聚酰胺分子链段中重复出现的酰胺基是一个带极性的基团，这个基团上的氢能够与另一个分子的酰胺基团链段上的羟基上的氧结合成强大的氢键。氢键的形成使得聚酰胺的结构易发生结晶化。而且由于分子间的作用力较大，因而使得聚酰胺有较高的力学强度和高的熔点。另一方面在聚酰胺分子中由于亚甲基 $\leftarrow CH_2 \rightarrow$ 的存在使得分子链比较柔顺，因而具有较高的韧性。此外，聚酰胺还有很好的耐磨耗性能、耐冲击性能能、电性能和耐化学药品性能。其主要缺点是亲水性强，吸水后尺寸稳定性差。表 6-1 列出了几种主要聚酰胺的性能。

表 6-1　几种聚酰胺的性能

性　能	PA6	PA66	PA610	PA1010	PA11
拉伸强度/MPa	54～78	57～83	47～60	52～55	47～58
弯曲强度/MPa	100	100～110	70～100	82～89	76
冲击强度/(kJ·m^{-2})	3.1	3.9	3.5～5.5	4～5	3.5～4.8
压缩强度/MPa	90	120	90	79	80～100
伸长率/(%)	150	60	85	100～250	60～230
熔点/℃	215	250～265	210～220	200～210	—
热变形温度/℃	55～58	66～68	51～56	—	55
介电常数(60 Hz)	4.1	4.0	3.9	2.5～3.6	3.7
介电损耗(60 Hz)	0.01	0.014	0.04	0.020～0.026	0.06

聚酰胺广泛地用作机械、化学及电气零件。例如，轴承、齿轮、高压密封圈、输油管等。用玻璃纤维增强的聚酰胺 6 聚酰胺 66，可用于汽车发动机部件，如汽缸盖等。

近些年来，聚酰胺的改性和新型品种不断涌现，其中的新品种主要是透明聚酰胺、芳香族聚酰胺、高冲击聚酰胺等。可以利用玻璃纤维、碳纤维和 Kevlar 纤维对聚酰胺改性，例如用 30%的玻璃纤维增强聚酰胺，其拉伸强度，弹性模量、冲击强度、热变形温度都有了显著提高。此外，单体浇注聚酰胺、反应注射成型聚酰胺、增强反应注射成型聚酰胺等技术层出不穷。

2. 聚碳酸酯(PC)

聚碳酸酯简称 PC，它是一类分子链中含有通式为

$$\left[O-R-O-\overset{\overset{\large O}{\|}}{C} \right]$$

的高分子化合物及以它为基质而制得的各种材料的总称。根据链节中 R 基团的不同，聚碳酸酯可分为脂肪族、脂环族、芳香族和脂肪－芳香族等几大类型。目前最具工业价值的是芳香族聚碳酸酯，其中尤以双酚 A 型聚碳酸酯最为重要，在没有特别加以说明的情况下，通常所说的聚碳酸酯几乎都指的是双酚 A 型聚碳酸酯及其改性品种。目前对聚碳酸酯最新的改性有：① 对透明性的 PC 赋予新的机能；② PC 合金化的高性能/高功能化及新 PC 合金化；③ 适应环境的新难燃 PC 材料。通过对 PC 改性，以进一步扩大新用途。

聚碳酸酯的分子主链是由柔顺的碳酸酯链与刚性的苯环相连接，从而赋予了聚碳酸酯许多优异的性能，其中特别突出的是抗冲击性、透明性和尺寸稳定性，优良的机械强度和电绝缘性，较宽的使用温度范围(－100～130℃)等。

在机械工业方面，由于聚碳酸酯强度高、刚性好、耐冲击、尺寸稳定性好，可作轴承、齿轮、齿条等传动零件的材料。在电气方面，由于其具有较高的击穿电压强度，因此可制造要求耐高击穿电压和高绝缘零件，如垫圈、垫片、电容器等仪表电器标准件。此外聚碳酸酯在航空、医疗器材等方面也得到了广泛应用。

3. 聚甲醛(POM)

聚甲醛是分子链中含有结构 $\leftarrow CH_2-O \rightarrow_n$ 的高聚物，由甲醛或三聚甲醛聚合而成。按聚合方法不同，可分为均聚甲醛和共聚甲醛两类。均聚甲醛是两端均为乙酰基、主链由甲醛单元构成大分子，分子式为

$$CH_3COO \leftarrow CH_2O \rightarrow_n COCH_3$$

共聚甲醛主链是以链节 $\leftarrow CH_2 \rightarrow$ 为主，其间杂以少量 $\leftarrow CH_2CH_2O \rightarrow$ 或 $\leftarrow C_4H_8O \rightarrow$ 链节，端基为甲氧基醚或羟基乙基醚结构的大分子。

聚甲醛具有优异的综合性能，如较高的强度、模量、耐疲劳性、耐蠕变性、较高的热变形温度，优良的电绝缘性能和耐化学药品性。如表 6-2 所示。

表 6-2　聚甲醛的综合性能

性　能	均聚甲醛	共聚甲醛
密度/($g \cdot cm^{-3}$)	1.43	1.41
拉伸强度/MPa	70	62
拉伸弹性模量/MPa	3160	2830
压缩强度/MPa	127	113
压缩弹性模量/MPa	2900	3200
弯曲强度/MPa	98	91
弯曲弹性模量/MPa	2900	2600
冲击强度(无缺口)/($kJ \cdot m^{-2}$)	108	95
介电常数(10^6 Hz)	3.7	3.8
介电损耗(10^6 Hz)	0.004	0.005
热变形温度/℃	124	110
线胀系数/($\times 10^{-5} \cdot K^{-1}$)	8.1	11
成型收缩率/(%)	2.0～2.5	2.5～3.0
吸水率(24 h)/(%)	0.25	0.22

聚甲醛是一种无侧链、高密度、高结晶度的线性聚合物，其外观为白色粉末或粒料，硬而致密，表面光滑且有光泽，着色性好。其产量仅次于聚酰胺和聚碳酸酯，为第三大通用工程塑料。

聚甲醛的比强度和刚度与金属相接近，所以可替代有色金属制作各种结构零部件，并且特别适合制造耐摩擦、磨损及承受高载荷的零件。如齿轮、轴承、凸轮等。在电子、电器工业方面，由于聚甲醛介电损耗小，介电强度高、耐电弧性能优良的特点，可被用来制作继电器、电动工具外壳、线圈骨架等。聚甲醛在建筑器材、食品工业等领域也有广泛的应用。

4. 聚苯醚(PPO)

聚苯醚又称为聚亚苯基氧，是芳香族聚醚的一种，其分子主链中含有

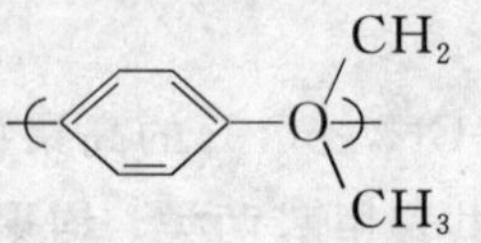

$$\left[\text{—}\langle\bigcirc\rangle\text{—O—} \right]\quad (\text{ring bearing } CH_2 \text{ and } CH_3)$$

链节。它由 2，6 -二甲基苯酚以铜 - 胺络合物为催化剂，在氧气中缩聚反应而成的。苯醚分子链中含有大量的酚基芳香环，使其分子链段内旋转困难，从而使得聚苯醚的熔点升高，熔体黏度增加，熔体流动性大，加工困难；分子链中的两个甲基封闭了酚基两个邻位的活性点，可使聚苯醚的刚性增加、稳定性增强、耐热性和耐化学腐蚀性提高。其分子链中无可水解的基团，因此其耐水性好、吸湿性低(室温下饱和吸水率<0.1%)、尺寸稳定性好、电绝缘性好。

聚苯醚虽有许多优点，但也存在缺陷，主要表现在熔融温度高、熔体粘度大、热塑成型性差等方面，限制了它的应用，目前工业上应用的主要是改性聚苯醚。改性聚苯醚主要有两种方法，一种是用聚苯醚与聚苯乙烯和弹性体改性剂进行共混，另一种是聚苯醚的苯乙烯接枝共聚物。

(1) 共混法。PPO 与 PS(聚苯乙烯)、HIPS(高抗冲聚苯乙烯)、PA(尼龙)、聚烯烃等聚合物的共混相容性较好，将 40%左右含橡胶的聚苯乙烯与 60%左右的聚苯醚在螺杆挤出机上共混挤出制得。改性 PPO 仍保留了 PPO 诸如水解稳定性和电绝缘性好等优点，虽然共混后热变形温度有所下降，但大部分仍高于实际应用所要求的温度，另外共混改性显著改变了 PPO 的加工性能，使其成本大幅度下降。

(2) 接枝共聚法。首先由 2，6 -二甲酚氧化偶合生成聚苯醚，再与苯乙烯反应，得到化学改性的苯乙烯接枝的聚苯醚。根据需要，它可再与弹性体共混而形成抗冲击的改性聚苯醚。

目前，发展了高冲击 PS 改性、ABS 改性、低发泡改性、电镀改性及 PPO/PA 合金、PPO/PBT 合金、PPO/SBS 合金、PPO/PPS 合金、PPO/PTFE 合金等品种，其中大部分已实现工业化。

改性聚苯醚广泛应用于电子电器、机电工业、汽车工业、纺织工业、化工设备、医用设备等领域。如在电子电器领域，由于改性聚苯醚电性能良好，可制作电视机的调谐片、微波绝缘、线圈芯、机壳等元件，还可用作手机、摄像机等的包装材料。在汽车工业，它可用作汽车的仪表盘、防护杠和各种耐冲击的外装部件等。

5. 热塑性聚酯

热塑性聚酯是指由饱和二元酸和饱和二元醇缩聚得到的线性高聚物。热塑性聚酯包括品种很多，但目前最常用的是聚对苯二甲酸乙二醇酯(PET)和聚对苯二甲酸丁二醇酯(PBT)。

(1) 聚对苯二甲酸乙二醇酯(PET)。聚对苯二甲酸乙二醇酯是热塑性聚酯中产量最大、价格最低廉的品种，其制备方法有直接酯化法和酯交换法。只有高纯度的对苯二甲酸，才能与乙二醇直接酯化缩聚制得。其分子式为

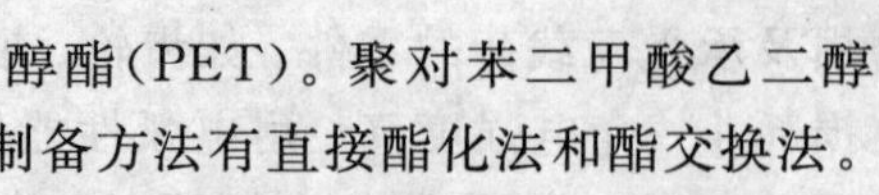

$$\left[OCH_2CH_2O-\overset{\overset{\displaystyle O}{\|}}{C}-\langle\bigcirc\rangle-\overset{\overset{\displaystyle O}{\|}}{C} \right]_n$$

PET耐热性比较高，熔点与尼龙66相当，但吸水率为0.1%～0.27%，低于尼龙，制品尺寸稳定，机械强度、模量、自润滑性能与聚甲醛相当，阻燃性和热稳定性比聚甲醛好。PET与玻璃纤维复合，增强效果大，在较宽的范围内都具有优良的电绝缘性能。PET能耐弱酸及非极性有机溶剂，在室温下耐极性有机溶剂，不耐强碱和强酸以及苯酚类化学药品。

由于PET结晶速度慢，导致加工性能差，使得PET在工程塑料上的应用受到限制。目前改性重点有以下几个方面：

① 改善成形性。通过筛选各种成核剂和结晶促进剂以加快PET结晶速度，选择相容性好的共混组分降低玻璃化转变温度，使得PET工程塑料可能在较低温度下快速结晶。

② 改善耐冲击性。PET分子链较高的刚性使得其冲击韧性差。聚合物合金技术或与弹性体共混是改善PET工程塑料韧性的常用方法。

③ 耐水解改性。由于PET分子中的酯键含量相对较高而导致耐水解性差，加工前必须干燥，使得制品在湿热条件下的应用受到限制。由于氢离子对酯键的水解起催化作用，因此降低PET端羧基含量是改善耐水解性的重要方法。

此外，根据需要，提高刚性和阻燃性也是PET工程塑料的重要改性方向。为了适应多种用途，目前已开发出数十种PET工程塑料的改性品种。

PET工程塑料在电子、电气，家电及办公机器，汽车等领域得到了广泛应用。PET塑料是常使用的密封用热塑性塑料品种，如杜邦的Rynite 415HP(绝缘F级)。由于PET工程塑料优秀的尺寸稳定性、抗蠕变性、耐热性、不变色性、良好的电气绝缘性和表面光滑性，已被佳能公司广泛用于激光打印机中。PET工程塑料较高的耐热性使其在家电中获得广泛应用。价格低廉、性能优越的PET工程塑料在汽车领域中的应用得到了快速增长，用途包括吸排气控制阀、风门挡板等。

(2) 聚对苯二甲酸丁二醇酯(PBT)。聚对苯二甲酸丁二醇酯(PBT)是对苯二甲酸和丁二醇缩聚的产物。其制法与PET相似，只是用1，4－丁二醇代替乙二醇，目前主要以酯交换法为主。其分子式为

$$\left[O(CH_2)_4O-\overset{\overset{\displaystyle O}{\|}}{C}-C_6H_4-\overset{\overset{\displaystyle O}{\|}}{C} \right]_n$$

PBT与其他通用的工程塑料比较有以下特点：

① 优良的电绝缘性能，在高温、高湿条件下仍保持良好的电绝缘性能；

② 抗化学性及耐油性好；

③ 耐热性好，玻纤产品连续使用温度可达到120～150℃；

④ 可以制成阻燃塑料，另外可以快速成型。

目前国内PBT应用主要集中在以下几个方面：在电子、电气工业上，用于生产接插件、变压器、熔断器外壳、开关、线圈骨架、电机外壳、电熨斗部件等；在汽车工业上，用于继电器、电子点火系列、把手、灯座等，在其他方面用于电脑键盘、色母料、光纤护套等。

6.3　常用合成纤维

合成纤维是化学纤维的一种，它利用石油、天然气、煤及农副产品等为原料，经一系列的化学反应，制成合成高分子化合物，再经加工而制得的纤维。合成纤维工业是20世纪40年代才发展起来的，由于其具有优良的物理、机械性能和化学性能，如强度高、密度小、弹性高、电绝缘性能好等，在生活用品、工农业生产和国防工业、医疗等方面得到了广泛应用，是一种发展迅速的工程材料。

合成纤维的主要品种如下：① 按主链结构可分为碳链合成纤维，如聚丙烯纤维(丙纶)、聚对苯二甲酸乙二酯(涤纶)等。② 按性能功用可分耐高温纤维，如聚苯咪唑纤维；耐高温腐蚀纤维，如聚四氟乙烯；高强度纤维，如聚对苯二甲酰对苯二胺；耐辐射纤维，如聚酰亚胺纤维，还有阻燃纤维、高分子光导纤维等。

合成纤维的发展非常迅速，目前品种众多，但常用合成纤维主要是聚酰胺、聚酯和聚丙烯腈三大类。三者的产量占合成纤维的90%以上。

1. 聚酰胺纤维

聚酰胺纤维是指大分子主链中含有酰胺键的一类 $\left(\overset{\overset{\mathrm{O}}{\|}}{\mathrm{C}}-\mathrm{NH}\right)$ 合成纤维。它是最早投入工业化生产的合成纤维，商品名称为锦纶或尼龙。主要品种有聚酰胺6、聚酰胺66、聚酰胺612和聚酰胺1010等。

由于该纤维长分子链上含有酰胺基，可以通过氢键的作用，加强酰胺基之间的连结，从而使纤维有较高的强度。另外，聚酰胺纤维分子链上含有许多亚甲基的存在，使该纤维柔软，富有弹性，同时也具有良好的耐磨性，它的耐磨性是棉花的10倍，羊毛的20倍。

聚酰胺是制作运动服和休闲服的好材料，在工业上主要用于轮胎帘子线、降落伞、绳索、渔网和工业滤布。

2. 聚酯纤维

聚酯纤维是指大分子主链中含有酯结构的一类聚合物，由二元酰及其衍生物(酰卤、酸酐、酯等)和二元醇经缩聚而得，故称聚酯纤维。

聚酯纤维的品种众多，主要包括聚对苯二甲酸乙二醇酯(PET)、聚对苯二甲酸丙二醇酯(PTT)、对苯二甲酸丁二醇酯(PBT)等纤维。其中最主要的是聚对苯二甲酸乙二醇酯。聚对苯二甲酸乙二醇酯商品名称为涤纶，俗称的确良，由聚对苯二甲酸乙二醇酯(PET)经熔融纺丝制成的，相对分子量为15 000～22 000。PET的纺丝温度控制在275～295℃(熔点为262℃，玻璃化转变温度为80℃)。

聚酯纤维的弹性好，弹性接近羊毛，由涤纶纤维制成的纺织品抗皱性和环保性特别好，外形挺括，即使变形也易恢复。强度高，它的强度比棉花高1倍，比羊毛高3倍。耐冲击强度高，比聚酰胺纤维高4倍，比粘胶纤维高20倍。耐腐蚀性能好，不发霉，不腐烂，不怕虫蛀。缺点是染色性能差，吸水性低。

聚酯纤维主要做成各种混纺或交织产品，是理想的纺织材料。在工业上，广泛用于电绝缘材料、运输带、绳索、渔网、轮胎帘子线等。

3. 聚丙烯腈纤维

聚丙烯腈纤维是由丙烯腈为原料聚合成的合成纤维，商品名叫腈纶。聚丙烯腈纤维蓬松柔软，有较好的弹性，被誉为人造羊毛；强度比较高，约为羊毛的1～2.5倍。它的耐光性和耐候性能，除聚四氟乙烯纤维外，是其他所有天然纤维和化学纤维中最好的；具有较好的耐热性，其软化温度为190～230℃，仅次于聚酯纤维。在化学稳定方面，能耐酸、氧化剂和有机溶剂。

由于聚丙烯腈大分子链上的腈基极性很大，使大分子间作用力很强，分子排列紧密，所以聚丙烯腈纤维具有吸湿和保水性差的特点，为了改善腈纶的吸湿、吸水性，目前采用的主要改进方法有：① 用碱减量法对其表面处理，使纤维表面粗糙化，产生沟槽、凹窝，以增强其吸水效果；② 通过氨基酸在不同的反应条件下对其进行改性，使腈基部分转化为羧酸基团。

聚丙烯腈纤维主要用于代替羊毛，制成帐篷、窗帘、毛毯等。目前又发展了抗静电聚丙烯腈纤维、阻燃聚丙烯腈纤维、高收缩丙烯腈纤维、细纤度丙烯腈纤维等不同类型的纤维，该类纤维将得到广泛的应用。

6.4 橡胶

6.4.1 橡胶的分类和橡胶制品的组成

橡胶是一种具有极高弹性的高分子材料，具有一定耐磨性，很好的绝缘性和不透气、不透水性，是制造飞机、汽车等所必需的材料。

根据来源不同，橡胶可以分为天然橡胶和合成橡胶。合成橡胶是人工合成的高弹性聚合物，以煤、石油、天然气为原料制成。合成橡胶品种很多，并可按工业、公交运输的需要合成各种具有特殊性能(如耐热、耐寒、耐磨、耐油、耐腐蚀等)的橡胶，目前世界上合成橡胶的总产量已远远超过了天然橡胶。

合成橡胶的种类很多，目前主要有二烯类橡胶、氯丁橡胶、丁基橡胶、乙丙橡胶等。习惯上按用途将合成橡胶分为通用合成橡胶和特种合成橡胶两大类。

1. 生胶

生胶主要包括天然橡胶和合成橡胶，为橡胶制品的主要部分。

2. 橡胶的配合剂

为了改善生胶的性能、降低成本、提高使用价值，需要添加一定的配合剂。有些配合剂在不同的橡胶中起着不同的作用，也可能在同一橡胶中起着多方面的作用。

(1) 硫化剂。在一定条件下能使橡胶发生交联的物质称为硫化剂。常用的硫化剂有硫磺、含硫化合物、金属氧化物、过氧化物等。

(2) 硫化促进剂。凡是能加快橡胶与硫化剂反应速率，缩短硫化时间，降低硫化温度，减少硫化剂使用量，并能改善硫化胶物理机械性能的物质称为硫化促进剂。常用的有胺类、秋兰姆类等。

(3) 补强剂和填充剂。能够提高橡胶物理机械性能的物质称为补强剂。能够在胶料中增加容积的物质称为填充剂。这两者无明显界限，通常一种物质兼有两类的作用，既能补强又能增容，但在分类上以起主导作用为依据。最常用的补强剂是炭黑。

此外，还可在橡胶中加入防老剂、增塑剂、着色剂、软化剂等。

6.4.2 常用合成橡胶

1. 二烯类橡胶

二烯类橡胶包括二烯类均聚橡胶和二烯类共聚橡胶。二烯类均聚橡胶主要包括聚丁二烯橡胶、聚异戊二烯橡胶和聚间戊二烯橡胶等。二烯类共聚橡胶主要包括丁苯橡胶、丁腈橡胶等。

1) 聚丁二烯橡胶

聚丁二烯橡胶是以1，3-丁二烯为单体聚合而得的一种通用合成橡胶，在世界合成橡胶中，聚丁二烯的产量和消耗量仅次于丁苯橡胶，居第二位。

聚丁二烯橡胶中最重要的品种是溶聚高顺式丁二烯橡胶。其性能特点是：弹性高，是当前橡胶中弹性最高的一种；耐低温性能好，其玻璃化温度为−105℃，是通用橡胶中耐低温性能最好的一种；此外，其耐磨性能优异，滞后损失小，生热性低；耐屈挠性好；与其他橡胶的相容性好。

高顺式聚丁二烯橡胶具有优异的高弹性、耐寒性和耐磨耗性能，主要用于制造轮胎、胶鞋、胶带、胶辊等耐磨性制品。其缺点是：抗张强度和抗撕裂强度均低于天然橡胶和丁苯橡胶；工艺加工性能和粘着性能较差，不容易包辊；用于轮胎对抗湿滑性能不良。为了克服其缺点，又发展了一些新的品种。如中乙烯基丁二烯橡胶、高乙烯基丁二烯橡胶、低反式丁二烯橡胶和超高顺式丁二烯橡胶。

2) 聚异戊二烯橡胶

聚异戊二烯橡胶简称异戊橡胶，其分子结构和性能与天然橡胶相似，也称做合成天然橡胶。

聚异戊二烯橡胶是一种综合性能最好的通用合成橡胶。具有优良的弹性、耐磨性、耐热性、抗撕裂及低温耐屈挠性。与天然橡胶相比，又具有生热小、抗龟裂的特点，且吸水性小，电性能及耐老化性能好。但其硫化速度较天然橡胶慢，此外，炼胶时容易粘辊，成型时粘度大，而且价格较贵。

聚异戊二烯橡胶的用途与天然橡胶大致相同，用于制造轮胎、各种医疗制品、胶管、胶鞋、胶带以及运动器材等。

在此基础上，又发展了其他异戊橡胶，主要包括两种：充油异戊橡胶和反式聚1，4-异戊二烯橡胶。充油异戊橡胶是填充各种不同分量的油(如环烷油、芳烃油)，可改善异戊橡胶的性能，降低成本，充油异戊橡胶流动性好，适用于复杂的模型制品。反式聚1，4-异戊二烯橡胶，又称为巴拉塔橡胶，其常温下是结晶状态，具有较高的拉伸强度和硬度，主要用于制造高尔夫球皮层、海底电缆、电线、医用夹板等。其缺点是成本较高，影响了它在实际中的使用。

3) 丁苯橡胶(SBR)

丁苯橡胶是以丁二烯为主体通过溶液聚合和乳液聚合而制得的一系列共聚物，是最早工业化生产的合成橡胶，也是目前产量和消耗量最大的合成橡胶胶种。丁苯橡胶(包括胶乳)约占合成橡胶总产量的55%。

丁苯橡胶的耐磨、耐热、耐油、耐老化比天然橡胶好，硫化曲线平坦，不易焦烧和过硫，与天然橡胶、顺丁橡胶混溶性好。丁苯橡胶成本低廉，当与天然橡胶并用时可改善性能，主要用于制造各种轮胎及其他工业橡胶制品，如乳胶带、胶管、胶鞋等。其缺点是弹性、耐寒性、耐撕裂性和粘着性能均较天然橡胶差，纯胶强度低，滞后损失大，生热高，硫化速度慢。

4) 丁腈橡胶(NBR)

丁腈橡胶以丁二烯和丙烯腈为单体，经乳液聚合而制得的高分子弹性体。其结构式为

$$\left[\left(CH_2-CH=CH-CH_2\right)_x\left(\underset{\displaystyle CN}{\underset{|}{CH_2-CH}}\right)_y\right]_n$$

丁腈橡胶的主要特点是具有优良的耐油性和耐非极性溶剂性能，另外，其耐热性、耐腐蚀、耐老化性、耐磨性及气密性均优于天然橡胶。但其耐臭氧性、电绝缘性能和耐寒性较差。

丁腈橡胶主要用于各种耐油制品，丙烯腈含量高的丁腈橡胶可用于直接与油接触的制品，如密封垫圈、输油管、化工容器衬里；丙烯腈含量低的丁腈橡胶也适用于低温耐油制品和耐油减震制品。

在此基础上又发展了丁二烯、丙烯腈和丙烯酸类三元共聚，称之为羧基丁腈橡胶，该种橡胶主要特点是具有突出的高强度、良好的粘着性和耐老化性能。由丁二烯、丙烯腈和二乙烯基苯共聚，可制得部分交联和交联型丁腈橡胶，主要用于丁腈橡胶和用，以改善胶料的加工性能。

2. 氯丁橡胶

氯丁橡胶是由氯丁二烯聚合而成的。其分子结构式为

$$\left(CH_2-\overset{\displaystyle Cl}{\overset{|}{C}}=CH-CH_2\right)_n$$

由于在分子结构中含有氯原子，使氯丁橡胶具有许多优良的性能。氯丁橡胶的耐油性、耐磨性、耐热性、耐燃烧性、耐溶剂性、耐老化性能均优于天然橡胶，而且氯丁橡胶的机械性能和天然橡胶相似，所以称为“万能橡胶”，它既可作为通用橡胶，又可作为特种橡胶。其缺点主要是耐寒性较差(使用温度应高于−35℃)，相对密度较大(为1.23 g/cm^3)，生胶稳定性差，成本较高。氯丁橡胶目前主要用于制造电线、电缆、胶辊和输送带等。

3. 丁基橡胶

丁基橡胶是丁烯和少量异戊二烯的共聚物，为白色或暗灰色的透明弹性体，又称为异丁橡胶，由于性能好，发展很快，已成为通用橡胶之一，其结构式为

$$\left(\underset{\underset{\displaystyle CH_3}{|}}{\overset{\overset{\displaystyle CH_3}{|}}{C}}-CH_2\right)_x CH_2-\overset{\overset{\displaystyle CH_3}{|}}{C}=CH-CH_2\left(\underset{\underset{\displaystyle CH_3}{|}}{\overset{\overset{\displaystyle CH_3}{|}}{C}}-CH_2\right)_y$$

丁基橡胶是气密性最好的橡胶，其透气率约为天然橡胶的1/20及顺丁橡胶的1/30。

由于经硫化后几乎不存在双键，所以有高度的饱和度，因此有高度的耐热性，最高使用温度可达 200℃。此外还具有优异的耐候性，可以长时间曝露于阳光和空气中而不易损坏；臭氧性能是天然橡胶、丁苯橡胶的 10 倍；化学稳定性好，能耐酸、碱和极性溶剂；耐水性能优异、水渗透率极低，另外电绝缘性、减震性能良好。其主要缺点是硫化速度较慢，需采用强促进剂和高温、长时间硫化；由于缺乏极性基团，所以自粘性和互粘性差，与其他橡胶相容性不好，难以并用，且耐油性不好。

丁基橡胶主要用于气体密性制品，如汽车内胎、无内胎轮胎的气密层等，在化工设备衬里、耐热耐水密封垫片、电绝缘材料及防震缓冲器材等也得到了广泛应用。

4. 乙丙橡胶(ERP)

乙丙橡胶主要由二元乙丙橡胶和三元乙丙橡胶构成，二元乙丙橡胶由乙烯、丙烯所生成，三元乙丙橡胶由乙烯、丙烯和少量非共轭双烯为单体组成。二元乙丙橡胶结构式为

$$-\!\!\!\left(CH_2-CH_2\right)\!\!\!-_x\;-\!\!\!\left(CH_2-\underset{}{\overset{CH_3}{\overset{|}{CH}}}\right)\!\!\!-_y$$

二元乙丙橡胶中不含双键，不能用硫磺硫化，只能用过氧化物进行交联。于是就使硫化速度慢并且所得胶的性能也差，这样，通过引入第三类单体(一般使用量是总单体量的3%～8%)即可得到三元乙丙橡胶。此类单体主要有双环戊二烯、乙叉降冰片烯、1，4－己二烯。此类单体提供的双键能起交联作用，但一般不进入主链，因进入主链后易使橡胶老化或在聚合时易引起凝聚和交联。

三元乙丙橡胶基本上是一种饱和橡胶，因而构成了它的独特性能。三元乙丙橡胶虽然引入了少量不饱和基团，但由于双键处于侧链上，因此基本性质仍保留乙丙橡胶的特点，其耐老化性能是通用橡胶中最好的一种，包括具有突出的耐臭氧性、耐候性，能长期在阳光下曝晒而不开裂；具有较高的弹性，其弹性仅次于天然橡胶和顺丁橡胶；耐热性好，能在 120℃下长期使用，最低使用温度也可达－50℃；电绝缘性能优良；化学稳定性好，对酸、碱和极性溶剂有较大的抗耐性。其主要缺点是硫化速度慢，不易与不饱和橡胶并用，自粘性和互粘性差，耐燃、耐油性和气密性差。

三元乙丙橡胶主要用于非轮胎方面，如汽车零件、电气制品、建筑材料、橡胶工业制品及家庭用品等。

5. 其他合成橡胶

除了上述介绍的合成橡胶以外，还有一些品种的合成橡胶，在某一方面性能独特，可满足某些特殊需要，所以尽管产量不大，但在技术上、经济上都具有特殊的重要意义。

6. 硅橡胶

硅橡胶是由环状有机硅氧烷开环聚合或以不同硅氧烷进行共聚而制得的弹性共聚物。

硅橡胶的分子结构式为：

$$\left[\begin{array}{c} R \\ | \\ Si-O \\ | \\ R \end{array}\right]_m \left[\begin{array}{c} R_1 \\ | \\ Si-O \\ | \\ R_2 \end{array}\right]_n$$

式中，R、R_1、R_2 为甲基、乙烯基、氟基、氰基、苯基等有机基团。

由于硅橡胶是由硅原子和氧原子组成，键能比大，所以具有优异的耐高、低温性能，在所有的橡胶中具有最宽广的工作温度范围(−100～350℃)；具有优异的耐热氧老化、耐天候老化及耐臭氧老化性能；极好的疏水性，使之具有优良的电绝缘性能、耐电晕性和耐电弧性。可制造高压电力电气制品，如绝缘子，还可以制成耐高、低温的橡胶制品，如垫圈、密封件、电缆料等；在食品工业、医疗卫生事业等行业中也得到了广泛应用，如人工肺等。

硅橡胶包含氟硅橡胶、单组分室温硫化硅橡胶、双组分室温硫化硅橡胶、液态硅橡胶等类型，各种不同类型的橡胶有不同的应用，如液态硅橡胶的流动性好、强度高，适宜制作模具和浇注仿古艺术品等。

7. 氟橡胶

氟橡胶是指主链和侧链的碳原子上含有氟原子的一类高分子弹性体，其品种众多，主要分为四大类：含氟烯烃类氟橡胶、亚硝基类氟橡胶、全氟醚类氟橡胶和氟化磷腈类氟橡胶。

氟橡胶中氟原子的存在赋予了它优异的耐化学药品特性和热稳定性，其耐化学药品性和腐蚀性在所有橡胶中最好，可在250℃下长期使用；氟橡胶具有重要的压缩永久变形、伸长率、热膨胀特性等重要的性能，常用来制作密封制品。

8. 丙烯酸酯橡胶

丙烯酸酯橡胶是指丙烯酸酯类与其他不饱和单体共聚而得到的一类弹性体，丙烯酸酯一般采用丙烯酸乙酯和丙烯酸丁酯，含有不同的交联单体的丙烯酸酯橡胶，加工性能和硫化特性也不相同。较早使用的交联单体为2-氯乙基乙烯醚和丙烯腈。

丙烯酸酯橡胶的分子主链的饱和性以及含有的极性酯基侧链决定了它的主要性能。饱和的分子主链结构使丙烯酸酯橡胶具有良好的耐热氧老化和耐臭老化性能。具有良好的耐热和耐油性能，在低于150℃的油中，丙烯酸酯橡胶具有近似氟橡胶的耐油性能，在更高温的油中，仅次于氟橡胶。

丙烯酸酯橡胶广泛应用于耐高温、耐热油的制品中，尤其是作各类汽车密封配件；此外，在电器工业和航空工业中也有应用。

6.5 胶粘剂

胶粘剂又称为粘和剂，是通过粘合作用使被粘物相互结合在一起的物质。借助胶粘剂将各种物件连接起来的技术称为胶接技术，该技术发展迅速，应用十分广泛，形成了与焊接、铆接等相并列的一种连接技术。

胶粘剂品种繁多，有不同的分类方法：

按胶接的强度特性可分为结构型胶粘剂、非结构型胶粘剂和次结构型胶粘剂。结构型胶粘剂要求具有足够高的胶接强度，可用于胶接结构件；非结构型胶粘剂的胶接强度较低，主要用于非结构部件的胶接；次结构型胶粘剂介于二者之间。

按固化方式不同可分为溶剂挥发型、化学反应型和热熔型三大类。溶剂挥发型是一种全溶剂蒸发型，溶剂从粘接端面挥发或者被粘物自身吸收而消失，形成粘接膜而发挥粘接力，是一种纯粹的物理可逆过程。反应型胶粘剂是由不可逆的化学变化引起固化，此变化是在主体化合物中加入催化剂，通过加热或不加热进行。热熔型胶粘剂是固体聚合物通过热熔融粘接，随后冷却固化发挥粘接力。

按胶粘剂基体材料的来源可分为无机胶粘剂和有机胶粘剂，如图 6－4 所示。无机胶粘剂由于具有不燃烧，耐高温，原料丰富、价格低、不污染环境等优点，正日益受到人们的重视。有机胶粘剂主要分为天然胶粘剂和合成胶粘剂。由于合成胶粘剂能根据不同要求方便地配制不同的胶粘剂，并且具有良好的物理机械性能和粘合强度，目前用量很大，约占总量的 60%～70%。

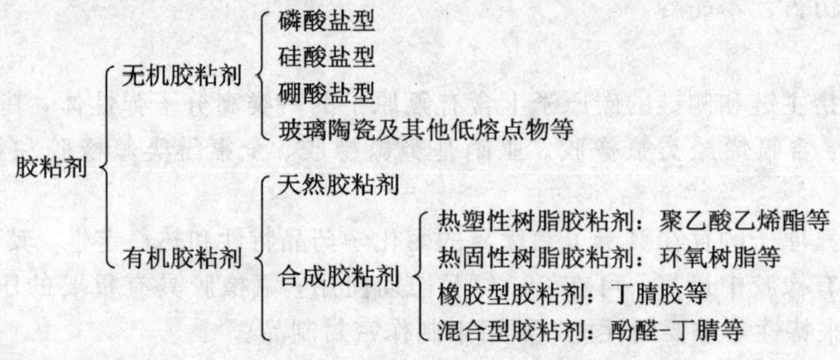

图 6－4 胶粘剂的分类

6.5.1 常用胶粘剂

1）环氧树脂胶粘剂

以环氧树脂为基料的胶粘剂统称为环氧树脂胶粘剂，简称为环氧胶。环氧胶是由环氧树脂、固化剂及各种添加剂所组成的，是当前应用最广泛的胶种之一。环氧胶能够粘接大部分材料，如金属、玻璃、木材、纤维等，故有“万能胶”之称。

环氧树脂胶粘剂属于热固性树脂胶粘剂，近年来，随着对环氧树脂的改性不断深入，互穿网络、化学共聚和纳米粒子增韧等方法广泛应用，由环氧树脂配制成的各种高性能胶粘品种越来越多，包括室温固化环氧胶粘剂、低温快速固化环氧胶、耐热环氧树脂胶粘剂、高强度环氧树脂胶粘剂、水性环氧胶粘剂、环氧树脂压敏胶、环氧丙烯酸光敏胶、环氧密封胶、环氧树脂导电胶粘剂等多种类型。

环氧树脂胶粘剂的拉伸强度、剪切强度高，耐酸、碱和耐油、醇、酮、酯等多种有机溶剂，抗蠕变，固化收缩率小，电绝缘性能良好，通常被用作结构型胶粘剂；耐热性能好，如采用改性环氧树脂配制的耐热环氧树脂胶粘剂，可在 250℃下间歇使用，甚至可在 400℃下长期使用；工艺性能好。胶接时可以不加压或仅使用接触应力，可在室温或低温快速固化。如由双酚 F 环氧树脂配制的低温快固化环氧胶，在－5℃温度可迅速固化，目前已开发并应用于土木建筑领域。未改性环氧树脂脆性，耐冲击性能较差，常用增韧剂改性提高其冲击韧性。

2）聚氨酯胶粘剂

以多异氰酸酯和聚氨酯为基本组分的胶粘剂统称为聚氨酯胶粘剂。聚氨酯胶粘剂可分为四类：多异氰酸胶粘剂、端异氰酸酯胶粘剂、端羟基聚氨酯胶粘剂和氨酯树脂粘合剂。

聚氨酯胶粘剂的特性有：

(1) 粘接力强，使用范围广。由于聚氨酯胶粘剂的分子链中含有极性和化学活性的异氰酸酯基(—NCO)可以和多种含活泼氢的官能团反应，形成界面化学键结合。因此，对多种材料具有极强的粘附性能，可以粘接金属、无机材料、塑料、橡胶和皮革等。

(2) 耐低温性能突出。在极低的温度下，一般的高分子材料都转化为玻璃态而变脆，而聚氨酯胶粘剂在－250℃以下仍能保持较高的剥离强度，其剪切强度随着温度的降低反而大幅度上升。

此外还有良好的耐磨、耐油、耐溶剂、耐老化等性能。其缺点是：固化速度慢，完全固化有时长达数天；耐高温性能比较差。

聚氨酯胶粘剂以其优异的性能广泛应用于各个领域，日渐成为人类生活中重要的合成材料，广泛应用于汽车、土木、包装、建筑、土木等各个领域。

3) 酚醛树脂胶粘剂

酚醛树脂是最早用于胶粘剂工业的合成树脂品种之一，是由苯酚及其衍生物和甲醛在酸性或碱性催化剂存在的条件下缩聚而成。

未改性的酚醛树脂胶粘剂主要用于粘接木材和纸制品，目前通用的主要有醇溶性酚醛树脂粘合剂、钡酚醛树脂胶粘剂和水溶性酚醛树脂胶粘剂三种。

在合成树脂胶粘剂领域中，酚醛树脂以其良好的耐候性、耐水性、耐温性以及粘合强度高等特点，在涂料、摩擦材料、绝缘材料等方面得到了广泛应用。

一般酚醛树脂胶粘剂的缺点主要是：固化温度高，固化时间长，生产效率低；价格较贵；含有游离醛、游离酚。为了克服其缺点，进一步提高酚醛树脂的性能和应用范围，对酚醛树脂进行改性，现主要介绍如下几种：

(1) 尿素改性酚醛树脂胶粘剂。它利用尿素与苯酚等三元共缩聚合的方法提高酚醛树脂的固化速度，当尿素替代苯酚量为25%～30%时，合成胶粘剂的成本可降低15%～20%。

(2) 钼改性酚醛树脂。在普通的酚醛树脂中引入钼元素改性酚醛树脂，以提高树脂的耐热性，改性树脂固化温度为160℃左右，热分解温度为534.8℃。

(3) 环保型酚醛树脂粘合剂。采用甲醛和苯酚在不同阶段分批加入的工艺流程，使得粘合剂在符合粘接性能要求的基础上，有效地降低了产品的游离甲醛和制造后甲醛释放量。用该粘合剂粘接的胶合板甲醛释放量不超过0.05 mg・L^{-1}，远远低于国家标准。该粘合剂适用于竹板的粘接，是一种比较理想的低毒环保型酚醛树脂粘合剂。

(4) 陶瓷改性酚醛树脂粘合剂。以碳化硒和硅粉为改性添加剂制备高温胶粘剂，并对石墨材料进行粘接，测试了不同温度热处理后的剪切强度。碳化硼改性酚醛树脂胶粘剂对石墨材料具有较好的粘接强度，1500℃处理后的粘接强度达到8.6～11.2 MPa。

近年来，随着对酚醛树脂研究的更加深入，使得酚醛树脂的许多性能得到了改善，从而使得酚醛树脂胶粘剂的应用领域不断得到扩展。

4) 丙烯酸酯类胶粘剂

丙烯酸脂类胶粘剂是以各种类型的丙烯酸酯为基材配成的化学反应型胶粘剂，其特点是固化速度迅速、强度较高、使用方便，适用于粘接各种材料，为一种理想的胶粘剂，其品种很多，按有无溶剂及溶剂的类型可分为无溶剂型、溶液型、乳液型等。

（1）聚丙烯酸酯无溶剂型胶粘剂。该胶粘剂不含有机溶剂和水，只要加热熔融即可施胶，施胶后无须加热挥发溶剂和分散剂，节约能源和资源，符合环保要求。

（2）聚丙烯酸酯溶液型胶粘剂。该种胶粘剂分为两种类型：一种是将聚合物溶解在适当的溶剂中，制成一定粘度的聚合物溶液胶粘剂；另一种是以丙烯酸酯为单体进行溶液聚合制成胶粘剂。按构成聚合物的单体组分不同可分为单组分、双组分、多组分胶粘剂。溶液型胶粘剂发展十分迅速，已成为应用广泛的胶粘剂。

（3）聚丙烯酸酯乳液型胶粘剂。该胶粘剂是由丙烯酸酯和甲基丙烯酸酯类共聚，或加入醋酸乙烯酯等其他单体共聚而成。该胶粘剂原料来源广泛，容易制备，粘接性能好、粘附力强、耐紫外光、耐老化、保色性能好、无毒、无气味。该胶粘剂广泛应用于包装、涂料、建筑、纺织以及皮革等各行各业。

5）橡胶型胶粘剂

橡胶型胶粘剂是以橡胶或弹性体为主体材料，加入适当的助剂、溶剂等配合而成，又叫做弹性体胶粘剂。橡胶型胶粘剂有氯丁橡胶、丁腈橡胶、丁基橡胶、丁苯橡胶、硅橡胶、天然橡胶等品种，其中以氯丁橡胶、丁腈橡胶胶粘剂最为重要。

氯丁橡胶胶粘剂是橡胶型胶粘剂中产量最大、用途最多的一种重要品种。其主要特点为粘结强度高，对多种材料都有较好的粘结性能，胶层柔韧、弹性好、并且具有耐燃、耐光、抗臭氧性、耐老化及耐介质(油、水等)性能。它使用方便，价格低廉，为一种非结构型胶粘剂，可用于极性和非极性橡胶、非金属、金属材料的胶接，在汽车、飞机、船舶和建筑方面得到了广泛应用。

丁腈橡胶胶粘剂是以丁腈橡胶为主体，加入增粘剂、增塑剂、防老剂、溶剂等配合成15％～30％的胶液。有单组分和双组分、溶剂型和乳液型、室温固化和高温固化等品种。其特点是具有优异的耐油性、耐水性，较高的粘接强度；良好的耐热、耐磨、耐化学介质和耐老化性。丁腈橡胶胶粘剂适用于金属、塑料、橡胶、木材、织物以及皮革等多种材料的胶接，尤其在各种耐油产品中得到了广泛应用。

6.5.2 胶粘剂的选用

1. 根据粘接对象的主要矛盾来选择

胶粘剂的品种繁多，性能不一，因此选择胶粘剂时抓住粘接对象的主要矛盾是十分重要的。如，对于低档产品，应该考虑成本问题；对于结构件的粘接则主要应考虑粘结强度。

2. 根据被粘接件材料的性质、种类、组成和形态来选择

被粘物的材料性质、种类、组成、形态不同，如金属中铝、钢、铸铁的组成；橡胶和塑料中的热塑性和热固性，纤维、陶瓷、玻璃、木材等不同材质。所以需要根据被粘材料的差别而选择不同的胶粘剂。

1）金属材料

金属材料是高强度材料，在胶接金属时，应根据载荷、工作环境等条件来选择适当的胶粘剂。胶接金属的胶粘剂主要有改性环氧胶、丙烯酸酯胶、改性酚醛胶及聚氨酯胶等，如表 6－3 所示。杂环化合物胶种及聚苯硫醚也是较好的金属胶粘剂。由于金属是致密材料，不能吸收水分和溶剂，所以一般不宜采用溶剂型或胶乳型胶粘剂。

表6-3 金属材料常用胶粘剂

被粘物	常用胶粘剂	被粘物	常用胶粘剂
金属-木材	环氧胶、氯丁胶、聚醋酸乙烯酯胶	金属-玻璃	环氧胶、α-氰基丙烯酸酯胶
金属-织物	氯丁胶	金属-混凝土	环氧胶、聚酯胶、氯丁胶
金属-纸张	聚醋酸乙烯酯胶	金属-橡皮	氯丁胶、氰基丙烯酸酯胶
金属-皮革	氯丁胶、聚氨酯胶	金属-PVC	聚氨酯胶、丙烯酸酯胶、氯丁胶

2）塑料与橡胶

橡胶与橡胶胶接可用氯丁橡胶等，橡胶与皮革胶接可用氯丁胶、聚氨酯胶。橡胶-塑料、橡胶-玻璃及橡胶-陶瓷可用硅橡胶；橡胶-玻璃钢、橡胶-石材可用氯丁胶、环氧胶、氰基丙烯酸酯胶等；橡胶-金属的胶接一般可选用改性的橡胶胶粘剂，如氯丁-酚醛胶、氰基丙烯酸酯胶等。

3）玻璃

用于粘接玻璃的胶粘剂，除考虑强度外还要考虑透明性以及与玻璃热胀系数的匹配。常用的有环氧树脂胶、聚醋酸乙烯酯胶、聚乙烯醇缩丁醛胶等。

4）混凝土

胶接混凝土一般均采用环氧树脂胶粘剂，对载荷不大的非结构件也可用聚氨酯胶。混凝土与其他材料胶接时常用胶粘剂如表6-4所示。

表6-4 混凝土与其他材料胶接时常用胶粘剂

粘接材料	胶 种	粘接材料	胶 种
混凝土-木材	环氧胶、聚醋酸乙烯酯胶、聚乙烯醇缩醛胶、氯丁胶	混凝土-石材	环氧树脂胶、聚醋酸乙烯酯胶
混凝土-塑料	聚氨酯胶、氯丁胶、丙烯酸酯胶	混凝土-陶瓷	环氧树脂胶、聚醋酸乙烯酯胶
混凝土-橡胶	氰基丙烯酸酯、氯丁胶	混凝土-金属	环氧树脂胶、丙烯酸酯胶、聚氨酯胶

3. 根据粘接件的形状、结构和粘接工艺来选择

被粘接件小，而且是平面搭接形式或对接的金属，可采用高温、高压固化的胶粘剂。

如果用常温、低压固化的胶粘剂就能满足性能要求时，就不要选择高温、高压固化的胶粘剂。

对于套接(嵌接)结构，不宜采用含溶剂的和加压固化的胶粘剂。

对于热敏材料和压敏材料，不宜使用固化温度较高和固化压力较大的胶粘剂。

4. 其他因素的考虑

被粘接零件所承受的负荷和形式，是承受剪切、拉伸还是剥离力等。考虑粘接零件在使用过程中受周围环境影响的各种因素，如气候、湿热、光、射线、水分、酸碱及其他可能影响粘接强度的因素对胶粘剂的破坏作用。

对特殊要求的考虑，如对导电、导热系数、导磁、超高温、超低温等性能有特殊要求就必须选择供这些特殊应用的胶粘剂。

价格和成本在选择胶粘剂时也是应考虑的因素。

思考与练习

6－1　高聚物的结构分为哪几个层次?

6－2　高分子材料非晶聚合物有哪几种力学行为，其出现的条件和特点是什么?

6－3　试述工程塑料的种类、性能及其应用。

6－4　工程塑料有哪些成型方法?

6－5　试述合成橡胶的种类、性能及其应用。

6－6　简述合成纤维的主要生产方法及三种主要合成纤维的结构、性能及用途。

6－7　试述胶粘剂的分类及选用原则。

第7章 陶瓷材料

传统意义上的陶瓷主要指陶器和瓷器，也包括玻璃、搪瓷、耐火材料、砖瓦等。这些材料都是用粘土、石灰石、长石、石英等天然硅酸盐类矿物制成的。因此，传统的陶瓷材料是指硅酸盐类材料。现今意义上的陶瓷材料已有了巨大变化，许多新型陶瓷已经远远超出了硅酸盐的范畴，不仅在性能上有了重大突破，在应用上也已渗透到各个领域。所以，一般认为，陶瓷材料是指各种无机非金属材料的统称。

陶瓷材料种类繁多，它具有熔点高、硬度高、化学稳定性高、耐高温、耐磨损、耐氧化和耐腐蚀，以及重量轻、弹性模量大、强度高等优良性质。因此，陶瓷材料能够在各种苛刻的环境(如高温、腐蚀、辐射环境)下工作，成为非常有发展前途的工程结构材料，它的应用前景是非常广阔的。近十几年来，特别是一些陶瓷材料用来制作柴油发动机及燃气轮机上的一些结构零件和刀具，代替了金属材料，使陶瓷材料备受人们的关注。

7.1 概 述

7.1.1 陶瓷的概念

陶瓷是一种天然或人工合成的粉状化合物，经过成型或高温烧结而成的，是由金属和非金属的无机化合物所构成的多相多晶态固体物质，它实际上是各种无机非金属材料的统称，是现代工业中很有发展前途的一类材料。

陶瓷是金属(或类金属)和非金属之间形成的化合物，这些化合物之间的结合键是离子键或共价键。例如 Al_2O_3 主要是离子键结合的化合物，SiC 是共价键结合的化合物。这些化合物有些是结晶态，如 MgO、Al_2O_3、ZrO_2 和 SiC、Si_3Ni_4 等；有些则呈非晶态，如玻璃，但是玻璃中也可加入适当的形核催化剂以及一定的热处理，使之变为主要由晶体组成的微晶玻璃或玻璃陶瓷。

7.1.2 陶瓷的分类

陶瓷是一种无机非金属材料，在现代工业中有重要应用，按照不同的标准有不同的分类方法。

1. 按化学成分分类

(1) 氧化物陶瓷：有 $A1_2O_3$、SiO_2、ZrO_2、MgO、CaO、BeO、Cr_2O_4、CeO_2、ThO_2 等；

(2) 碳化物陶瓷：有 SiC、B_4C、WC、TiC 等；

(3) 氮化物陶瓷：有 Si_3N_4、AlN、TiN、BN 等；

(4) 硼化物陶瓷：有 TiB_2、ZrB_2 等，应用不广，主要作为其他陶瓷的第二相或添加剂；

(5) 复合瓷、金属陶瓷和纤维增强陶瓷：复合瓷有 $3Al_2O_3 \cdot 2SiO_2$（莫来石）、$MgAl_2O_3$（尖晶石）、$CaSiO_3$、$ZrSiO_4$、$BaTiO_3$、$PbZrTiO_3$、$BaZrO_3$、$CaTiO_3$ 等。

2. 按原料分类

陶瓷按原料可分为普通陶瓷(硅酸盐材料)和特种陶瓷(人工合成材料)。特种陶瓷按化学成分也分为氧化物陶瓷、碳化物陶瓷、氮化物陶瓷、硼化物陶瓷、金属陶瓷、纤维增强陶瓷等。

3. 按用途和性能分类

陶瓷按用途可分为日用陶瓷、结构陶瓷和功能陶瓷；按性能可分为高强度陶瓷、高温陶瓷、耐磨陶瓷、耐酸陶瓷、压电陶瓷、光学陶瓷、半导体陶瓷、磁性陶瓷、生物陶瓷等。

7.2　常用陶瓷材料

7.2.1　普通陶瓷

利用天然硅酸盐矿物为原料制成的陶瓷为普通陶瓷。普通陶瓷也叫传统陶瓷，即粘土类陶瓷，是以粘土($Al_2O_3 \cdot 2SiO_2 \cdot 2H_2O$)、长石($K_2O \cdot Al_2O_3 \cdot 6SiO_2$)和钠长石($Na_2O \cdot Al_2O_3 \cdot 6SiO_2$)、石英($SiO_2$)为原料配制成的，产量大，应用广。这类陶瓷的主晶相为莫来石，约占25%～30%，玻璃相约占35%～60%，气相约占1%～3%。通过改变组成物的配比，熔剂、辅料以及原料的细度和致密度，可获得不同特性的陶瓷。

图7-1为各种普通陶瓷的组分构成。组分的配比不同，陶瓷的性能会有所差别。例如：粘土或石英含量高时，烧结温度高，陶瓷的抗电性能差，但有较高的热性能和机械性能；长石含量高时，陶瓷致密，熔化温度低，抗电性能高，但耐热性能及机械性能差。一般地，普通陶瓷坚硬，但脆性较大，绝缘性和耐蚀性极好。由于其制造工艺简单、成本低廉，因而在各种陶瓷中用量最大。

普通陶瓷质地坚硬，有良好的抗氧化性、耐蚀性和绝缘性，能耐一定高温，成本低、生产工艺简单。但由于含有较多的玻璃相，故结构疏松，强度较低；在一定温度下会软化，耐高温性能不如近代陶瓷，通常最高使用温度为1200℃左右。除日用陶瓷、瓷器外，大量用于建筑工业，电器绝缘材料，耐蚀要求不很高的化工容器、管道以及力学性能要求不高的耐磨件，如纺织工业中的导纺零件等。

普通陶瓷通常分为日用陶瓷和工业陶瓷两大类。

1. 日用陶瓷

日用陶瓷主要用作日用器皿和瓷器，一般具有良好的光泽度、透明度、热稳定性和较高的机械强度。根据瓷质，日用陶瓷通常分为长石质瓷、绢云母质瓷、骨质瓷和日用滑石质瓷等四大类(如表7-1所示)。长石质瓷是国内外常用的日用瓷，也可作一般工业瓷制品；绢云母质瓷是我国的传统日用瓷；骨质瓷近些年来得到广泛应用，主要作高级日用瓷制品；滑石质瓷是我国发展的综合性能较好的新型高质日用瓷。特别指出，最近几年我国成功研制了高石英质日用瓷，石英质量分数在40%以上，具有瓷质细腻、色调柔和、透光度好、机械强度和热稳定性好等优点。

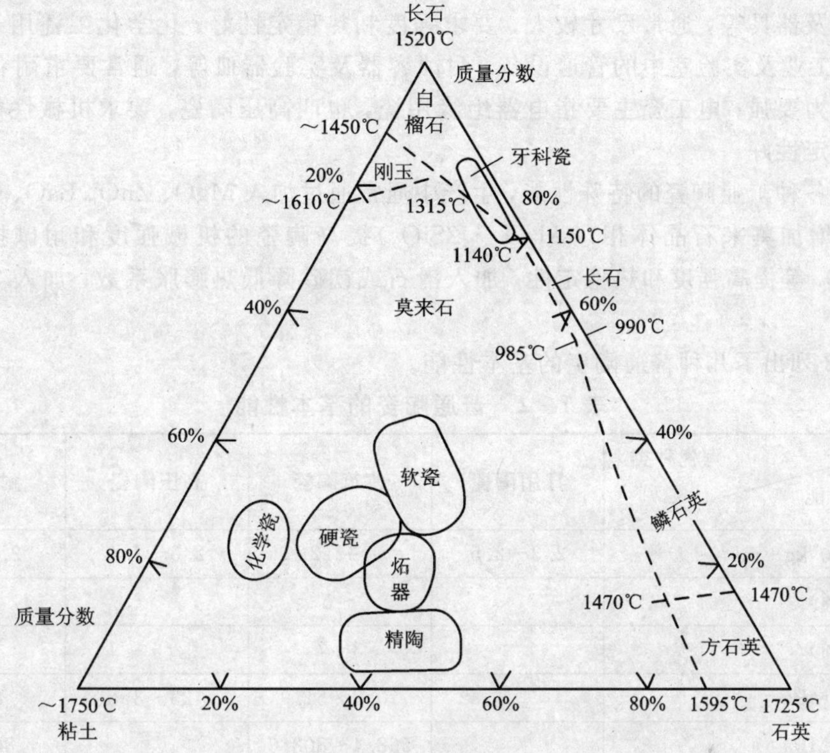

图7-1 各种普通陶瓷的组分构成图

表7-1 各类日用陶瓷的配料、性能特点和应用

日用陶瓷类型	原料配比/(%)	烧结温度/℃	性能特点	主要应用
长石质瓷 $K_2O \cdot Al_2O_3 \cdot 6SiO_2$	长石 20~30 石英 25~35 粘土 40~50	1250~1350	瓷质洁白，半透明，不透气，吸水率低，坚硬度高，化学稳定性好	餐具、茶具、陈设陶瓷器、装饰美术瓷器和一般工业制品
绢云母质瓷 $K_2O \cdot 3Al_2O_3 \cdot 6SiO_2 \cdot 2H_2O$	绢云母 30~50 高岭土 30~50 石英 15~25 其他矿钩 5~10	1250~1450	同长石质瓷，但透明度、外观色调较好	餐具、茶具、工艺美术制品
骨质瓷 磷灰石，含大量$Ca_3(PO4)_2$	骨灰 20~60 长石 8~22 高岭土 25~45 石英 9~20	1220~1250	白度高，透明度好，瓷质软，光泽柔和，但较脆，热稳定性差	高级餐具、茶具、高级工艺美术瓷器
日用滑石质瓷 $3MgO \cdot 4SiO_2 \cdot H_2O$	滑石约 73 长石约 12 高岭土约 11 粘土约 4	1300~1400	良好的透明度、热稳定性，较高的强度和良好的电性能	高级日用器皿、一般电工陶瓷

2. 工业陶瓷

工业陶瓷按用途可分为建筑卫生瓷、电工瓷、化学化工瓷等。建筑卫生瓷用于装饰板、卫生间装置及器具等，通常尺寸较大，要求强度和热稳定性好；化学化工瓷用于化工、制药、食品等工业及实验室中的管道设备、耐蚀容器及实验器皿等，通常要求耐各种化学介质腐蚀的能力要强；电工瓷主要指电器绝缘用瓷，也叫高压陶瓷，要求机械性能高、介电性能和热稳定性好。

为改善各种工业陶瓷的特殊性能，生产中通常通过加入 MgO、ZnO、BaO、Cr_2O_3 等氧化物，或者增加莫来石晶体相($3Al_2O_3 \cdot 2SiO_2$)提高陶瓷的机械强度和耐碱抗力；加入 Al_2O_3、ZrO_2 等提高强度和热稳定性；加入滑石或镁砂降低热膨胀系数；加入 SiC 提高导热性和强度。

表 7-2 列出了几种普通陶瓷的基本性能。

表 7-2　普通陶瓷的基本性能

性能 \ 陶瓷种类	日用陶瓷	建筑陶瓷	高压陶瓷	耐酸陶瓷
密度/($\times10^3$ kg·m^{-3})	2.3～2.5	～2.2	2.3～2.4	2.2～2.3
气孔率/(%)		～5		<6
吸水率/(%)		3～7		<3
抗拉强度/MPa		10.8～51.9	23～35	8～12
抗压强度/MPa		568.4～803.6		80～120
抗弯强度/MPa	40～65	40～96	70～80	40～60
冲击韧性/(kJ·m^{-2})	1.8～2.1		1.8～2.2	1～1.5
线膨胀系数/($\times10^{-6}$·℃$^{-1}$)	2.5～4.5			4.5～6.0
导热系数/(W·(m·K)$^{-1}$)		～1.5		0.92～1.04
介电常数			6～7	
损耗角正切			0.02～0.04	
体积电阻率/(Ω·m)			$<10^{11}$	
莫氏硬度	7	7		7
热稳定性/℃	220	250	150～200	(2*)

* 试样由 220℃急冷至 20℃的次数。

7.2.2　特种陶瓷

将人工合成的高纯度原料(如氧化物、氮化物、碳化物、硅化物、硼化物、氟化物等)用传统陶瓷工艺方法制造的新型陶瓷，称为特种陶瓷。特种陶瓷也叫现代陶瓷、精细陶瓷或高性能陶瓷，按应用可分为特种结构陶瓷和功能陶瓷两大类，如压电陶瓷、磁性陶瓷、电容器陶瓷、高温陶瓷等。特种陶瓷的出现给陶瓷工业带来巨大活力。工程上最重要的是高温陶瓷，高温陶瓷主要包括氧化物陶瓷、硼化物陶瓷、氮化物陶瓷和碳化物陶瓷。

1. 氧化物陶瓷

氧化物陶瓷可以是单一氧化物，也可以是复合氧化物。常用的纯氧化物陶瓷包括Al_2O_3、ZrO_2、MgO、CaO、BeO、ThO_2和UO_2等，其熔点大多在2000℃以上，烧结温度在1800℃左右。在烧结温度时，氧化物颗粒发生快速烧结，颗粒间出现固体表面反应，从而形成大块陶瓷晶体(单相多晶体结构)，有时有少量气体产生。根据测定，氧化物陶瓷的强度随温度的升高而降低，但在1000℃以下一直保持较高的强度，随温度变化不大。纯氧化物陶瓷都是很好的高耐火度结构材料，因为在任何高温下这些陶瓷都不会氧化。

1) 氧化铝陶瓷

氧化铝陶瓷又叫高铝陶瓷，主要成分是Al_2O_3和SiO_2。氧化铝的结构是O^{2-}排成密排六方结构，Al^{3+}占据间隙位置。由于化合价的原因，只能由两个Al^{3+}对三个O^{2-}，因而有2/3的间隙被占据。在自然界中存在含少量Cr、Fe和Ti的纯氧化铝。根据含杂质的多少，氧化铝可呈红色(如红宝石)或蓝色(如蓝宝石)。Al_2O_3含量越高则性能越好，但工艺更复杂，成本更高。实际生产中，氧化铝陶瓷按Al_2O_3含量可分为75、95和99等几种。

(1) 氧化铝陶瓷的性能特点：

① 强度高于粘土类陶瓷。硬度很高，有很好的耐磨性。

② 耐高温，可在1600℃高温下长期使用。

③ 耐腐蚀性很强。

④ 良好的电绝缘性能，在高频下的电绝缘性能尤为突出，每毫米厚度可耐电压8000 V以上。

⑤ 韧性低，抗热振性差，不能承受温度的急剧变化。

氧化铝陶瓷的主要性能见表7-3。

表7-3 氧化铝陶瓷的主要性能

名称	刚玉-莫来石瓷	刚玉瓷	
牌号	75瓷	95瓷	99瓷
Al_2O_3含量/(%)	75	95	99
主晶相	$\alpha-Al_2O_3$和$3Al_2O_3\cdot 2SiO_2$	$\alpha-Al_2O_3$	$\alpha-Al_2O_3$
密度/($g\cdot cm^{-3}$)	3.2～3.4	3.5	3.9
抗拉强度/MPa	140	180	250
抗弯强度/MPa	250～300	280～350	370～450
抗压强度/MPa	1200	2000	2500
热膨胀系数/($\times 10^{-6}$)	5～5.5	5.5～5.7	6.7
介电系数/($kV\cdot mm^{-1}$)	25～30	15～18	25～30

(2) 氧化铝陶瓷的主要用途。由于氧化铝的熔点高达2050℃，耐高温，能在1600℃左右长期使用，而且抗氧化性好，所以广泛用作耐火材料。较高纯度的Al_2O_3粉末压制成型、高温烧结后可得到刚玉耐火砖、高压器皿、坩埚、电炉炉管、热电偶套管等。微晶刚玉的硬

度极高(仅次于金刚石)，并且其红硬性达 1200℃，所以微晶刚玉可作要求高的各类工具，如切削淬火钢刀具、金属拔丝模等，其使用性能皆高于其他工具材料。

氧化铝陶瓷具有很高的电阻率和低的导热率，是很好的电绝缘材料和绝热材料。同时，由于其强度和耐热强度均较高(是普通陶瓷的 5 倍)，所以是很好的高温耐火结构材料，如可作内燃机火花塞、空压机泵零件等。此外，它还具有良好化学稳定性，能耐各种酸碱的腐蚀，可用于制造化工用泵的密封滑环、轴套、叶轮等。

2) 氧化铍陶瓷

氧化铍陶瓷生产中采用优质的人工制备的 BeO，工业生产的 BeO 是一种松散的白色粉末，它们是由含铍的矿物原料经化学处理、煅烧而成的。制备氧化铍的矿物中最有价值的为绿柱石，它的化学成分为 $3BeO \cdot Al_2O_3 \cdot 6SiO_2$，其中 BeO 的含量为 14.1%，$Al_2O_3$ 的含量为 19%，SiO_2 的含量为 66.9%。矿石中常含有 K_2O、Al_2O_3 等杂质，使 BeO 的含量下降到 10%～12%。

氧化铍晶体属六方晶系，纤锌矿型晶体构造。纯氧化铍的密度为 3.02 g/cm^3，熔点为 (2570±20)℃，沸点为 4000℃，莫氏硬度为 9。

除了具备一般陶瓷的特性外，氧化铍陶瓷最大的特点是导热性极好，因而具有很高的热稳定性。虽然其强度性能不高，但抗热冲击性较高。BeO 制品能很好地经受从 1500～1700℃高温至室温空气中的急冷处理，也能进行从此高温下水冷的热交换。氧化铍陶瓷比任何一种陶瓷都具备更强的散射中子的能力，因此，它主要用于核能工业。BeO 烧结体可用做在常温和高温下工作的核反应堆的结构件，包括作为中子的减速剂和反射物。氧化铍陶瓷是核燃料氧化铀的良好模具材料。BeO 坩埚具有良好的化学稳定性，可用于稀有金属的冶炼，如熔炼铍、钠、钍、铀等金属，熔炼金属时可采用真空感应电炉加热。BeO 陶瓷有良好的介质性能和真空密度，使之可应用于电子工业中，作为电真空密封陶瓷材料。另外，气体激光管、晶体管散热片和集成电路的基片和外壳等也多用该种陶瓷制造。

3) 氧化锆陶瓷

氧化锆陶瓷的熔点在 2700℃以上，能耐 2300℃的高温，其推荐使用温度为 2000～2200℃。由于 ZrO_2 固溶体具有离子导电性，故可用作高温下工作的固体电解质，应用于工作温度为 1000～1200℃的化学燃料电池，还可用于其他电源，其中包括用于磁流体发动机的电极材料。利用稳定 ZrO_2 的高温导电性，还可将这种材料作为电流加热的光源和电热发热元件。ZrO_2 高温发热元件可在氧化气氛中工作，将窑炉加热到 2200℃。

由于氧化锆还能抗熔融金属的侵蚀，所以多用作铂、锗等金属的冶炼坩埚和 1800℃以上的发热体及炉子、反应堆绝热材料等。特别指出，氧化锆作添加剂可大大提高陶瓷材料的强度和韧性。氧化锆增韧氧化铝陶瓷材料的强度达 1200 MPa、断裂韧性为 15.0，分别比原氧化铝提高了 3 倍或近 3 倍。氧化锆增韧陶瓷可替代金属制造模具、拉丝模、泵叶轮等，还可制造汽车零件，如凸轮、推杆、连杆等。增韧氧化锆制成的剪刀既不生锈，也不导电。

4) 氧化镁/钙陶瓷

氧化镁/钙陶瓷通常是通过加热白云石(镁或钙的碳酸盐)矿石除去 CO_2 而制成的，其特点是能抗各种金属碱性渣的作用，因而常用作炉衬的耐火砖。但这种陶瓷的缺点是热稳定性差，MgO 在高温下易挥发，CaO 甚至在空气中就易水化。

5) 氧化钍/铀陶瓷

氧化钍/铀陶瓷是具有放射性的一类陶瓷，具有极高的熔点和密度，多用于制造熔化铑、铂、银和其他金属的坩埚及动力反应堆中的放热元件等，ThO_2 陶瓷还可用于制造电炉构件。

2. 碳化物陶瓷

碳化物陶瓷包括碳化硅、碳化硼、碳化铈、碳化钼、碳化铌、碳化钛、碳化钨、碳化钽、碳化钒、碳化锆、碳化铪等。这类陶瓷的突出特点是具有很高的熔点、硬度(近于金刚石)、耐磨性(特别是在侵蚀性介质中)和化学稳定性，缺点是耐高温氧化能力差(约900～1000℃)、脆性极大。

1) 碳化硅陶瓷

碳化硅陶瓷的制造方法有反应烧结、热压烧结与常压烧结三种。反应烧结是用α-SiC粉末和碳混合，成型后放入盛有硅粉的炉子中加热至1600～1700℃，使硅的蒸气渗入坯体与碳反应生成β-SiC，并将坯体中原有的α-SiC紧密结合在一起；热压烧结碳化硅要加入B_4C、Al_2O_3 等烧结助剂；常压烧结是一种较新的方法，一般要在SiC中加入0.36%的硼及0.25%以上的碳，烧结温度高达2100℃。

(1) 性能特点。碳化硅的最大特点是高温强度高，其抗弯强度在1400℃时仍保持在300～600 MPa，而其他陶瓷在1200℃时抗弯强度已显著下降。此外，它还具有很高的热传导能力，较好的热稳定性、耐磨性、耐蚀性和抗蠕变性。

(2) 主要用途。碳化硅陶瓷在碳化物陶瓷中应用最广泛。由于碳化硅具有高温、高强度的特点，因而可用于火箭尾喷管的喷嘴、浇注金属用的喉嘴、热电偶套管、炉管，以及燃气轮机的叶片、轴承等零件、加热元件、石墨表面保护层以及砂轮和磨料等。因其具有良好的耐磨性，所以可用于制作各种泵的密封圈。将用有机粘接剂粘接的碳化硅陶瓷加热至1700℃后加压成型，有机粘接剂被烧掉，碳化物颗粒间呈晶态粘接，从而形成高强度、高致密度、高耐磨性和高抗化学侵蚀的耐火材料。

2) 碳化硼陶瓷

碳化硼陶瓷的硬度极高，抗磨粒磨损能力很强；熔点高达2450℃左右，但在高温下会快速氧化，并且与热或熔融黑色金属发生反应，因此其使用温度限定在980℃以下。其主要用途是作磨料，有时用于超硬质工具材料。

3) 其他碳化物陶瓷

碳化铈、碳化钼、碳化铌、碳化钽、碳化钨和碳化锆陶瓷的熔点和硬度都很高，通常在2000℃以上的中性或还原气氛作高温材料；碳化铌、碳化钛等甚至可用于2500℃以上的氮气气氛；在各类碳化物陶瓷中，碳化锆的熔点最高，可达2900℃。

3. 氮化物陶瓷

氮化硅(Si_3N_4)和氮化硼(BN)是最常见的氮化物陶瓷。

1) 氮化硅陶瓷

(1) 氮化硅陶瓷的生产方法。氮化硅是键能高且稳定的共价键晶体，不能以单纯的高温烧结法制造，它的生产方法有两种：

① 反应烧结法：将硅粉与 Si_3N_4 粉混合，用一般陶瓷生产方法成型，放入氮化炉中于

1200℃预氮化，然后可以用机械加工的方法加工成所需要的尺寸形状，最后再放入炉中在1400℃进行20～25 h的最终氮化，成为尺寸精确的制品；

② 热压烧结法：在Si_3N_4粉中加入少量促进烧结的添加剂(如氧化镁)，装入用石墨制造的模具中，在1600～1700℃和(2～3)×10^7 MPa条件下烧结，得到几乎没有气相的致密制品。

(2) 氮化硅陶瓷的性能特点。具体如下：

① 强度：氮化硅的强度随着制造工艺的不同有很大差异。反应烧结氮化硅室温抗弯强度为200 MPa，但其强度可一直保持到1200～1350℃的高温仍无衰减。热压氮化硅由于组织致密，气孔率可接近于零，因而室温时的抗弯强度可高达800～1000 MPa，加入某些添加剂后，抗弯强度可高达1500 MPa。

② 硬度与耐磨性：氮化硅硬度很高，仅次于金刚石、立方氮化硼、碳化硼等几种物质。氮化硅的摩擦系数仅为0.1～0.2，相当于加油润滑的金属表面。在无润滑的条件下工作是一种极为优良的耐磨材料。

③ 抗热振性：反应烧结氮化硅热膨胀系数仅为2.53×10^{-6}/℃，其抗振性高于其他陶瓷材料，只有石英和微晶玻璃才具有这样好的抗热振性。

④ 化学稳定性：Si_3N_4结构稳定，不易与其他物质起反应，能耐除熔融的NaOH和HF外的所有无机酸和某些碱溶液的腐蚀。其抗氧化温度可达1000℃。

⑤ 电绝缘性：氮化硅室温电阻率为1.1×10^{14} Ω·cm，700℃的电阻率为1.31×10^8 Ω·cm，是良好的绝缘体。

⑥ 制品精度：反应烧结氮化硅的制品精度极高，烧结时的尺寸变化仅为0.1%～0.3%，但由于受到氮化深度限制，只能制作壁厚20～30 mm以内的零件。表7-4为氮化硅陶瓷的性能。

表7-4 氮化硅陶瓷的性能

性　能	反应烧结	热压烧结
密度/(g·cm^{-3})	2.4	3.2
抗弯强度/MPa	295	1000
弹性系数/MPa	1.75×10^5	3.2×10^5
热膨胀系数/(×10^{-6})	3.1	3.2

(3) 氮化硅陶瓷的主要用途。主要有以下几方面：

① 热压烧结氮化硅强度与韧性均高于反应烧结氮化硅。但其制品只能是形状简单且精度要求不高的零件。热压氮化硅刀具可切削淬火钢、铸铁、硬质合金、镍基合金等，其成本低于金刚石和立方氮化硼刀具。热压氮化硅也可制作高温轴承等。

② 反应烧结氮化硅的强度低于热压氮化硅，多用于制造形状复杂、尺寸精度要求高的零件，可用于要求耐磨、耐腐蚀、耐高温、绝缘等场合。其制品包括泵的机械密封环、热电偶套管、输送铝液的电磁泵的管道和阀门等。例如农用潜水泵密封环在泥砂环境下工作，采用铸造锡青铜时寿命很低。用氧化铝陶瓷则寿命可达1000小时；改用反应烧结氮化硅后，寿命可达4800小时以上。另外，在腐蚀介质中工作时，用反应烧结氮化硅制作的密封

环的寿命比其他陶瓷寿命高6～7倍。

氮化硅陶瓷硬度高、摩擦系数低，且有自润滑作用，所以是优良的耐磨、减摩材料；氮化硅的耐热温度比氧化铝低，而抗氧化温度高于碳化物和硼化物；氮化硅具有良好的高温强度及较低的热膨胀系数、较高的导热系数和较高的抗热振性，因而极有希望成为使用温度达1200℃以上的新型高温高强度材料。另外，氮化硅陶瓷能耐各种无机酸(氢氟酸除外)和碱溶液侵蚀，是优良的耐腐蚀材料。

2）氮化硼陶瓷

氮化硼有六方晶型与立方晶型两种。六方氮化硼的结构、性能均与石墨相似，因而有“白石墨”之称。其特点是：硬度较低，是唯一易于进行机械加工的陶瓷；导热和抗热性能高，耐热性好，有自润滑性能；高温下耐腐蚀、绝缘性好。所以，该种材料主要用于高温耐磨材料和电绝缘材料、耐火润滑剂等。六方氮化硼在高温(1500～2000℃)和高压(6×10^3～9×10^3 MPa)下会转变为立方氮化硼，其密度为3.45×10^3 kg/m^3，硬度提高到接近金刚石的硬度，是极好的耐磨材料。而且在1925℃以下不会氧化，所以可用作金刚石的代用品，用于制作耐磨切削刀具、高温模具和磨料等。

4. 硼化物陶瓷

最常见的硼化物陶瓷包括硼化铬、硼化钼、硼化钛、硼化钨和硼化锆等。其特点是高硬度，同时具有较好的耐化学腐蚀能力。其熔点范围为1800～2500℃。与碳化物陶瓷相比，硼化物陶瓷具有较高的抗高温氧化性能，使用温度达1400℃。硼化物陶瓷主要用于高温轴承、内燃机喷嘴、各种高温器件、处理熔融非铁金属的器件等。此外，还用作电触点材料。

特种陶瓷的发展日新月异。由前面分析可知，从化学组成上讲，新型陶瓷由单一的氧化物陶瓷发展到了氮化物等多种陶瓷；就品种而言，新型陶瓷也由传统的烧结体发展到了单晶、薄膜、纤维等，而且形式多种多样。陶瓷材料不仅可以做结构材料，而且可以做性能优异的功能材料。目前，功能陶瓷材料已渗透到各个领域，尤其在空间技术、海洋技术、电子、医疗卫生、无损检测、广播电视等已出现了性能优良、制造方便的功能陶瓷。

思考与练习

7-1 陶瓷的组织由哪几个相组成？它们对陶瓷的性能各有什么影响？

7-2 陶瓷的成型和制造工艺是什么？

7-3 简述工程结构陶瓷的种类、性能及用途。

7-4 简述陶瓷材料大量广泛应用的原因是什么？通过什么途径来进一步提高其性能，扩大其使用范围？

7-5 试比较氮化物瓷、碳化物瓷、氯化物瓷的性能特点。

7-6 陶瓷的典型组织由哪几部分构成？它们对陶瓷的性能各起什么作用？

7-7 举出四种常见的工程陶瓷材料，并说明其性能及在工程中的应用。

7-8 说明陶瓷材料的典型显微结构及其对性能的影响。

第8章　复合材料

复合材料以人工或天然方式早已大量存在于自然界中。木料就是一种天然的纤维增强复合材料，主要由纤维素纤维(木头细胞壁)和木质素(粘结剂)组成；混凝土是水泥和水将石头、砂子粘在一起形成的复合材料，加入钢筋时增强效果更好。近代复合材料最早有玻璃纤维增强热固性树脂(如酚醛树脂、环氧树脂)，即玻璃钢。

随着材料科学技术的不断发展，尤其是随着航空航天、运输、能源和建筑等行业的飞速发展，对材料性能的要求也越来越高，已不仅仅局限于强度、韧性、抗疲劳性、耐磨性等，还应包括耐热性、耐蚀性、比强度、比刚度、屈强比及其他的物理和化学性能。原来的金属、高分子或陶瓷等单一材料已不能满足这些方面的要求。复合材料的出现能很好地满足这些要求，它最大的特点是其性能比组成材料的性能优越得多，大大改善或克服了组成材料的弱点，从而使得人们能够按零件的结构和受力情况，并按预定的、合理的配套性能进行最佳设计，甚至可创造单一材料不具备的双重或多重功能，或者在不同时间或条件下发挥不同的功能。最典型的例子是汽车的玻璃纤维挡泥板，若单独使用玻璃会太脆，单独使用聚合物材料则强度低，而且挠度满足不了要求，但强度和韧性都不高的这两种单一材料经复合后得到了令人满意的高强度、高韧性的新材料，而且很轻。再如，用缠绕法制造的火箭发动机壳，由于玻璃纤维的方向与主应力的方向一致，所以在这一方向上的强度是单一树脂的20多倍，从而最大限度地发挥了材料的潜能。另外，自动控温开关是由温度膨胀系数不同的黄铜片和铁片复合而成的，如果单用黄铜或铁片，不可能达到自动控温的目的。导电的铜片两边加上两片隔热、隔电塑料，可实现一定方向导电，另外的方向绝缘及隔热的双重功能。

由此可见，因复合材料在生产、生活中有着极其广泛的应用，使得现代复合材料得以蓬勃发展，并形成了独立的学科。

8.1　概　述

8.1.1　复合材料的定义与命名

1. 复合材料的定义

根据国际标准化组织(International Organization for Standardization，ISO)为复合材料所下的定义，复合材料(Composite Materials)是由两种或两种以上物理和化学性质不同的物质组合而成的一种多相固体材料。复合材料的组分材料虽然保持其相对独立性，但复合材料的性能却不是组分材料性能的简单加和，而是有着重要的改进。它既保留了原组分材料的主要特色，又通过复合效应获得原组分所不具备的性能；可以通过材料设计使各组分的性能互相补充并彼此关联，从而获得新的优越性能，故与一般材料的简单混合有本质的区别。

复合材料由基体和增强材料组成。基体是构成复合材料连续相的单一材料，如玻璃钢中的树脂，其作用是将增强材料黏合成一个整体；增强材料是复合材料中不构成连续相的材料，如玻璃钢中的玻璃纤维，它是复合材料的主要承力组分，特别是拉伸强度、弯曲强度和冲击强度等力学性能主要由增强材料承担，起到均衡应力和传递应力的作用，使增强材料的性能得到充分发挥。

2. 复合材料的命名

复合材料可根据增强材料与基体材料的名称来命名。将增强材料的名称放在前面，基体材料的名称放在后面，后面缀以“复合材料”。例如，由玻璃纤维和环氧树脂构成的复合材料称为“玻璃纤维环氧树脂复合材料”；由碳纤维和环氧树脂构成的复合材料称为“碳纤维环氧树脂复合材料”。通常为了书写简便，也可仅写增强材料和基体材料的缩写名称，中间加一半字线或斜线隔开，后面再加“复合材料”。如上述玻璃纤维和环氧树脂构成的复合材料，也可写作“玻璃-环氧复合材料”，碳纤维和环氧树脂构成的复合材料，也可写作“碳纤维-环氧复合材料”。有时为突出增强材料和基体材料，根据强调的组分不同，也可简称为“玻璃纤维复合材料”或“环氧树脂复合材料”。碳纤维和金属基体构成的复合材料叫“金属基复合材料”，也可写为“碳/金属复合材料”。碳纤维和碳构成的复合材料叫“碳/碳复合材料”。

8.1.2 复合材料的分类

复合材料的分类方法较多，如根据增强原理分类，有弥散增强型复合材料、粒子增强型复合材料和纤维增强型复合材料；根据复合过程的性质分类，有化学复合的复合材料、物理复合的复合材料和自然复合的复合材料；根据复合材料的功能分类，有电功能复合材料、热功能复合材料、光功能复合材料等。

常见的分类方法有以下几种：

1. 按基体材料类型分类

(1) 聚合物基复合材料：以有机聚合物(主要为热固性树脂、热塑性树脂及橡胶)为基体制成的复合材料。

(2) 金属基复合材料：以金属为基体制成的复合材料，如铝基复合材料、钛基复合材料等。

(3) 无机非金属基复合材料：以陶瓷材料(也包括玻璃和水泥)为基体制成的复合材料。

2. 按增强材料类型分类

(1) 玻璃纤维复合材料(玻璃纤维增强的树脂基复合材料俗称玻璃钢)；

(2) 碳纤维复合材料；

(3) 有机纤维(芳香族聚酰胺纤维、芳香族聚酯纤维、高强度聚烯烃纤维等)复合材料；

(4) 金属纤维(如钨丝、不锈钢丝等)复合材料；

(5) 陶瓷纤维(如氧化铝纤维、碳化硅纤维、硼纤维等)复合材料等。

3. 增强材料形态分类

(1) 连续纤维复合材料：作为分散相的纤维，每根纤维的两个端点都位于复合材料的边界处。

(2) 短纤维复合材料：短纤维无规则地分散在基体材料中制成的复合材料。

(3) 粒状填料复合材料：微小颗粒状增强材料分散在基体中制成的复合材料。

(4) 编织复合材料：以平面二维或立体三维纤维编织物为增强材料与基体复合而成的复合材料。

4. 按材料作用分类

(1) 结构复合材料：用于制造受力构件的复合材料。

(2) 功能复合材料：具有各种特殊性能(如阻尼、导电、导磁、换能、摩擦、屏蔽等)的复合材料。

8.2 复合材料的增强机制和复合原则

8.2.1 复合材料的增强机制

复合材料由基体与增强材料复合而成，这种复合不是两种材料简单的组合，而是两种材料发生相互的物理、化学、力学等作用的复杂组合过程。

对于不同形态的增强材料，其承载方式不同。

1. 颗粒增强复合材料

承受载荷的主要载体是基体，此时，增强材料的作用主要是阻碍基体中位错的运动或阻碍分子链的运动。复合材料的增强效果与增强材料的直径、分布、数量有关。一般认为，颗粒相的直径为0.01～0.1 μm时，增强效果最大。若直径太小，则容易被位错绕过，对位错的阻碍作用小，增强效果差。当颗粒直径大于0.1 μm时，容易造成基体的应力集中，产生理纹，使复合材料强度下降。这种性质与金属中第二相强化原理相同。

2. 纤维增强复合材料

承受载荷的载体主要是增强纤维。这是因为：第一，增强材料是具有强结合键的材料或硬质材料，如陶瓷、玻璃等，增强相的内部一般含有微裂纹，易断裂，表现在性能上就是脆性大，但若将其制成细纤维，使纤细断面尺寸缩小，从而降低裂纹长度和出现裂纹的几率，最终使脆性降低，复合材料的强度明显提高；第二，纤维在基体中的表面得到较好的保护，且纤维彼此分离，不易损伤，在承受载荷时不易产生裂纹，承载能力较大；第三，在承受大的载荷时，部分纤维首先承载，若过载可能发生纤维断裂，但韧性好的基体能有效地阻止裂纹的扩展(图8-1为钨纤维铜基复合材料中裂纹扩展的受阻情况)；第四，纤维过载断裂时，在一般情况下断口不在同一个平面上(如图8-2所示)，复合材料的断裂必须使许多纤维从基体中抽出，即断裂须克服粘结力这个阻力，因而复合材料的断裂强度很高；第五，在三向应力状态下，即使是脆性组成，复合材料也能表现出明显的塑性，即受力时不表现为脆性断裂。

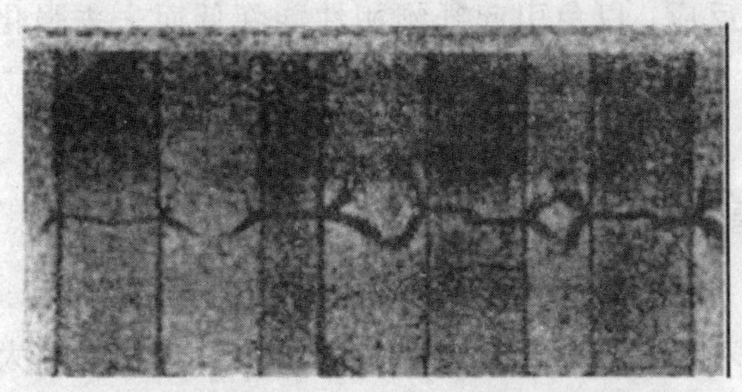

图 8-1　钨纤维铜基复合材料中的裂纹在铜中扩展受阻

图 8-2　碳纤维环氧树脂复合材料断裂时纤维端口的扫描电镜照片

由于以上几点原因，纤维增强复合材料强化效果明显，复合材料的强度很高。

8.2.2　复合材料的复合原则

1. 颗粒复合材料的复合机制和原则

对于颗粒复合材料，基体承受载荷时，颗粒的作用是阻碍分子链或位错的运动。增强的效果同样与颗粒的体积含量、分布、尺寸等密切相关。颗粒复合材料的复合原则可概括为：

(1) 颗粒相应高度均匀地弥散分布在基体中，从而起到阻碍导致塑性变形的分子链或位错的运动。

(2) 颗粒大小应适当。颗粒过大本身易断裂，同时会引起应力集中，从而导致材料的强度降低；颗粒过小，位错容易绕过，起不到强化的作用。通常，颗粒直径为几微米到几十微米。

(3) 颗粒的体积含量应在20%以上，否则达不到最佳强化效果。

(4) 颗粒与基体之间应有一定的结合强度。

2. 纤维增强复合材料的复合机制和原则

由上述纤维复合材料的增强机制可以得出以下复合原则：

(1) 纤维增强相是材料的主要承载体，所以纤维相应有高的强度和模量，并且要高于基体材料。

(2) 基体相起粘接剂的作用，所以应该对纤维相有润湿性，从而把纤维有效结合起来，并保证把力通过两者界面传递给纤维相；基体相还应有一定的塑性和韧性，从而防止裂纹的扩展，保护纤维相表面，以阻止纤维损伤或断裂。

(3) 纤维相与基体之间结合强度应适当高。结合力过小，受载时容易沿纤维和基体间产生裂纹；结合力过高，会使复合材料失去韧性而发生危险的脆性断裂。

(4) 基体与增强相的热膨胀系数不能相差过大，以免在热胀冷缩过程中自动削弱相互间的结合强度。

(5) 纤维相必须有合理的含量、尺寸和分布。一般来讲，基体中纤维相体积分数越高，其增强效果越明显，但过高的含量会使强度下降；纤维越细，则缺陷越少，其增强效果越明显；连续纤维的增强效果大大高于短纤维，短纤维含量必须超过一定的临界值才有明显的强化效果。

(6) 纤维和基体间不能发生有害的化学反应，以免引起纤维相性能降低而失去强化作用。

8.3　非金属基复合材料

按基体材料的种类，复合材料可大致分为非金属基复合材料和金属基复合材料两大类。非金属基复合材料又分为聚合物基复合材料、陶瓷基复合材料、碳基复合材料、混凝土基复合材料等，其中以纤维增强聚合物基和陶瓷基复合材料最为常用。

8.3.1　聚合物基复合材料

1. 聚合物基复合材料的发展

聚合物基复合材料是结构复合材料中发展最早、应用最广的一类。第二次世界大战期间出现了以玻璃纤维增强工程塑料的复合材料，即玻璃钢，从而使得机器零件不用金属材料成为了现实。接着又相继出现了玻璃纤维增强尼龙和其他的玻璃钢品种。但是，玻璃纤维存在模量低的缺点，大大限制了其应用范围。因此，20 世纪 60 年代又先后出现了硼纤维和碳纤维增强塑料，从而复合材料开始大量应用于航空航天等领域。20 世纪 70 年代初期，聚芳酰胺纤维增强聚合物基复合材料问世，进一步加快了该类复合材料的发展。20 世纪 80 年代初期，在传统的热固性树脂复合材料基础上，产生了先进的热塑性复合材料。从此，聚合物基复合材料的工艺及理论不断完善，各种材料在航空航天、汽车、建筑等各领域得到了全面应用。

2. 聚合物基复合材料的种类和性能

聚合物基复合材料有两种分类方式：一种以基体性质的不同分为热固性树脂复合材料、热塑性树脂复合材料和橡胶类复合材料；另一种是按增强相类型分类。具体如图 8-3 所示。

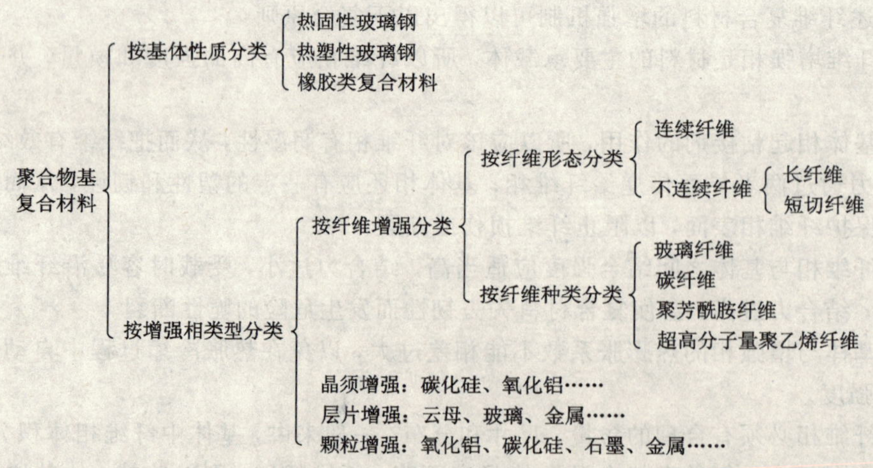

图 8-3　聚合物基复合材料分类

聚合物基复合材料是以有机聚合物为基体，连续纤维为增强材料组合而成的。纤维的高强度、高模量的特性使它成为理想的承载体。基体材料由于其粘接性能好，把纤维牢固地粘接起来。同时，基体又能使载荷均匀分布，并传递到纤维上去，并允许纤维承受压缩和剪切载荷。纤维和基体之间良好的复合显示了各自的优点。聚合物基复合材料除了具有上述复合材料的基本性能外，还体现出了如下一些优良特性：

1）高温性能好

聚合物基复合材料的耐热性能是相当好的，所以适宜作烧蚀材料。所谓材料的烧蚀，是指材料在高温时，表面发生分解，引起汽化，与此同时吸收热量，达到冷却的目的，随着材料的逐渐消耗，表面出现很高的吸热率。例如玻璃纤维增强酚醛树脂，就是一种烧蚀材料，烧蚀温度可达1650℃。其原因是酚醛树脂受高的入射热时，会立刻碳化，形成耐热性很高的碳原子骨架，而且纤维仍然被牢固地保持在其中。此外，玻璃纤维本身有部分汽化，而表面上残留下几乎是纯的二氧化硅，它的粘结性相当好，从而阻止了进一步的烧蚀，并且它的导热系数只有金属的0.1%～0.3%，瞬时耐热性好。

2）可设计性强、成型工艺简单

通过改变纤维、基体的种类及相对含量、纤维集合形式及排列方式、铺层结构等可以满足对复合材料结构与性能的各种设计要求。由于其制品多为整体成型，一般不需焊、铆、切割等二次加工，工艺过程比较简单。一次成型不仅减少了加工时间，而且零部件、紧固件和接头的数目也随之减少，使得结构更加轻量化。

3. 常用聚合物基复合材料的性能及应用

由于组成聚合物基复合材料的纤维和基体的种类很多，决定了其种类和性能的多样性，如玻璃纤维增强热固性塑料(俗称玻璃钢)、短切玻璃纤维增强热塑性塑料、碳纤维增强塑料、芳香族聚酰胺纤维增强塑料、碳化硅纤维增强塑料、矿物纤维增强塑料、石墨纤维增强塑料、木质纤维增强塑料等。下面重点介绍几种常用的聚合物基复合材料的性能及应用。

1）玻璃钢

玻璃钢可分为热固性和热塑性两类。

(1) 热固性玻璃钢。热固性玻璃钢(代号GFRP)是指玻璃纤维(包括长纤维、布、带、毡等)作为增强材料，热固性塑料(包括环氧树脂、酚醛树脂、不饱和聚酯树脂等)作为基体的纤维增强塑料。根据基体种类不同，可将GFRP分成三类，即玻璃纤维增强环氧树脂、玻璃纤维增强酚醛树脂、玻璃纤维增强聚酯树脂。

GFRP的突出特点是比重小、比强度高。它的比重为1.6～2.0，比最轻的金属铝还要轻，而比强度比高级合金钢还高，“玻璃钢”这个名称便由此而来。表8-1为几种常见热固性玻璃钢的性能指标、特点和用途。

GFRP还具有良好的耐腐蚀性，在酸、碱、有机溶剂、海水等介质中均很稳定；GFRP也是一种良好的电绝缘材料，主要表现在它的电阻率和击穿电压强度两项指标都达到了电绝缘材料的标准；GFRP还具有保温、隔热、隔音、减振等性能；另外，GFRP不受电磁作用的影响，它不反射无线电波，微波透射性好，可用来制造扫雷艇和雷达罩。

GFRP也有不足之处，其最大的缺点是刚性差，它的弯曲弹性模量仅为0.2×10^3 GPa(约是结构钢的1/10～1/5)；其次是GFRP的耐热温度低(低于250℃)、导热性差、易老化等。

表 8-1　常用热固性玻璃钢的性能特点

性能特点＼材料类型	环氧树脂玻璃钢	聚酯树脂玻璃钢	酚醛树脂玻璃钢	有机硅树脂玻璃钢
密度/($\times10^3$ kg·m^{-3})	1.73	1.75	1.80	—
抗拉强度/MPa	341	290	100	210
抗压强度/MPa	311	93	—	61
抗弯强度/MPa	520	237	110	140
特　点	耐热性较高，150～200℃下可长期工作，耐瞬时超高温。价格低，工艺性较差，收缩率大，吸水性大，固化后较脆	强度高，收缩率小，工艺性好，成本高，某些固化剂有毒性	工艺性好，适用各种成型方法，作大型构件，可机械化生产。耐热性差，强度较低，收缩率大，成型时有异味，有毒	耐热性较高，200～250℃可长期使用。吸水性低，耐电弧性好，防潮，绝缘，强度低
用　途	主承力构件，耐蚀件，如飞机、宇航器等	一般要求的构件，如汽车、船舶、化工件	飞机内部装饰件、电工材料	印刷电路板、隔热板等

为改善该类玻璃钢的性能，通常将树脂进行改性。例如，把酚醛树脂和环氧树脂混溶后得到的玻璃钢，既有环氧树脂的良好粘结性，又降低了酚醛树脂的脆性，同时还保持了酚醛树脂的耐热性，由此得到的玻璃钢也具有较高的强度。

(2) 热塑性玻璃钢。热塑性玻璃钢(代号 FR-TP)是指玻璃纤维(包括长纤维或短切纤维)作为增强材料，热塑性塑料(包括聚酰胺、聚丙烯、低压聚乙烯、ABS 树脂、聚甲醛、聚碳酸酯、聚苯醚等工程塑料)为基体的纤维增强塑料。

热塑性玻璃钢除了具有纤维增强塑料的共同特点外，它与热固性玻璃钢相比较，其突出的特点是具有更轻的比重，一般在 1.1～1.6 之间，为钢材的 1/5～1/6；比强度高，蠕变性大大改善。例如，合金结构钢 50CrVA 的比强度为 162.5 MPa，而玻璃纤维增强尼龙 610 为 179.9 MPa。表 8-2 列出了常见热塑性玻璃钢的性能和用途。

表 8-2　常用热塑性玻璃钢的性能及用途

材　料	密度/($\times10^3$ kg·m^{-3})	抗拉强度/MPa	弯曲模量/($\times10^2$ MPa)	特性及用途
尼龙 66 玻璃钢	1.37	182	91	刚度、强度、减摩性好。用作轴承、轴承架、齿轮等精密件、电工件、汽车仪表、前后灯等
ABS 玻璃钢	1.28	101	77	化工装置、管道、容器等
聚苯乙烯玻璃钢	1.28	95	91	汽车内装、收音机机壳、空调叶片等
聚碳酸酯玻璃钢	1.43	130	84	耐磨、绝缘仪表等

热固性玻璃钢的用途很广泛，主要用于制造要求自重轻的受力构件和要求无磁性、绝缘、耐腐蚀的零件。例如在航天工业中制造雷达罩、飞机螺旋桨、直升飞机机身、发动机叶轮、火箭导弹发动机壳体和燃料箱等；在船舶工业中用于制造轻型船、艇及船艇的各种配件，因玻璃钢的比强度大，可用于制造深水潜艇外壳，因玻璃钢无磁性，用其制造的扫雷艇可避免水雷的袭击；在车辆工业中制造汽车、机车、拖拉机的车身、发动机机罩、仪表盘等；在电机电器工业中制造重型发电机护环、大型变压器线圈筒以及各种绝缘零件、各种电器外壳等；在石油化工工业中代替不锈钢制作耐酸、耐碱、耐油的容器、管道等。玻璃纤维增强尼龙可代替有色金属制造轴承、齿轮等精密零件；玻璃纤维增强聚丙烯塑料制作的小口径化工管道，每年也有数万米投入使用；用此材料制造的阀门有隔膜阀、球阀、截止阀；有数万只经开发研制的离心泵、液下泵也已成功投入生产。

2）*碳纤维增强塑料*

碳纤维增强塑料于20世纪60年代迅速发展起来，是一种强度、刚度、耐热性均好的复合材料。由于碳是六方结构的晶体，底面上的原子以结合力极强的共价键结合，所以碳纤维比玻璃纤维有更高的强度，其拉伸强度可达$6.9\times10^{5}\sim2.8\times10^{6}$ MPa，其弹性模量比玻璃纤维高几倍以上，可达$2.8\times10^{4}\sim4\times10^{5}$ MPa；高温低温性能好：在2000℃以上的高温下，其强度和弹性模量基本不变，在−180℃以下时脆性也不增高；碳纤维还具有很高的化学稳定性、导电性和低的摩擦系数。所以，碳纤维是很理想的增强剂。但是，碳纤维脆性大，与树脂的结合力比不上玻璃纤维，通常用表面氧化处理来改善其与基体的结合力。

碳纤维环氧树脂、酚醛树脂和聚四氟乙烯是常见的碳纤维增强塑料。由于碳纤维的优越性，使得碳纤维增强塑料具有低密度、高比强度和比模量，还具有优良的抗疲劳性能、减摩耐磨性、抗冲击强度、耐蚀性和耐热性。这些性能普遍优于树脂玻璃钢，并在各个领域，特别是航空航天工业中得到广泛应用。例如：在航空航天工业中用于制造飞机机身、机翼、螺旋桨、发动机风扇叶片、卫星壳体等；在汽车工业中用于制造汽车外壳、发动机壳体等；在机械制造工业中用于制造轴承、齿轮等；在化学工业中用于制造管道、容器等；还可以制造纺织机梭子，X-射线设备，雷达、复印机、计算机零件，以及网球拍、赛车等体育用品。

3）*硼纤维增强塑料*

硼纤维增强塑料是指硼纤维增强环氧树脂。硼纤维的比强度与玻璃纤维相近，但比弹性模量却比玻璃纤维高5倍，而且耐热性更高，无氧化条件下可达1000℃。因此，硼纤维环氧树脂、聚酰亚胺树脂等复合材料的抗压强度和剪切强度都很高(优于铝合金、铁合金)，并且蠕变小、硬度和弹性模量高，尤其是其疲劳强度很高，达340～390 MPa。另外，硼纤维增强塑料还具有耐辐射及导热极好的优点。目前多用于航空航天器、宇航器的翼面、仪表盘、转子、压气机叶片、螺旋桨叶的传动轴等。由于该类材料制备工艺复杂、成本高，在民用工业方面的应用不及玻璃钢和碳纤维增强塑料广泛。

4）*芳香族聚酰胺纤维增强塑料*

芳香族聚酰胺纤维增强塑料的基体材料主要是环氧树脂，其次是热塑性塑料的聚乙烯、聚碳酸酯、聚酯树脂等。

芳香族聚酰胺纤维增强环氧树脂的抗拉强度大于GFRP，而与碳纤维增强环氧树脂相似。它最突出的特点是有压延性，与金属相似；它的耐冲击性超过了碳纤维增强塑料；自由振动的衰减性为钢筋的 8 倍，是 GFRP 的 4～5 倍；耐疲劳性比 GFRP 或金属铝还好。它主要用于飞机机身、机翼、发动机整流罩、火箭发动机外壳、防腐蚀容器、轻型船艇、运动器械等。

5）*石棉纤维增强塑料*

石棉纤维增强塑料的基体材料主要有酚醛、尼龙、聚丙烯树脂等。

石棉纤维与聚丙烯复合以后，使聚丙烯的性能大为改观。其性能的突出特点是断裂伸长率由原来纯聚丙烯的 200%变成 10%，从而使抗拉弹性模量大大提高，是纯聚丙烯的 3 倍；其次是耐热性提高了，纯聚丙烯的热变形温度为(0.46 MPa)110℃，而增强后为 140℃，提高了 30℃；再次是线膨胀系数由 11.3×10^{-5} cm/cm/℃缩小到 4.3×10^{-5} cm/cm/℃，因而成型加工时尺寸稳定性更好了。其性能见表 8-3。

表 8-3　石棉增强聚丙烯的性能

性　　能	石棉增强 PP	纯 PP
比重/($g\cdot cm^{-3}$)	1.24	0.90
成型线性收缩率/(%)	0.8～1.2	1.0～2.0
吸水率/(%)	0.02	<0.01
抗拉强度/MPa	35	35
伸长率/(%)	10	200
抗拉弹性模量/MPa	4.5×10^{3}	1.3×10^{3}
洛氏硬度	R105	R100
悬梁冲击硬度(缺口)/($MPa\cdot m^{-1}$)	20	30
维卡软化点(1 kg)/℃	157	153
热变形温度(4.6 kgf/cm^2)/℃	140	110
线膨胀系数(−20～−70℃)/($\times10^{-5}$ cm/cm/℃)	4.2	11.3
体积电阻/$\Omega\cdot m$	1×10^{4}	1×10^{4}
绝缘性/($kV\cdot mm^{-1}$)	40	40
介电常数/14 Hz	2.6	2.3
介电损耗/14 Hz	3×10^{-3}	2×10^{-4}
耐电弧性/s	140	130

石棉纤维增强塑料主要用于汽车制动件、阀门、导管、密封件、化工耐腐蚀件、隔热件、电绝缘件、导弹火箭耐热件等。

6）*碳化硅纤维增强塑料*

碳化硅纤维增强塑料主要是指碳化硅纤维增强环氧树脂。碳化硅纤维与环氧树脂复合时不需要表面处理，粘结力就很强，材料层间剪切强度可达 1.2 MPa。碳化硅纤维增强塑料具有高的比强度和比模量，具有高的抗弯强度和抗冲击强度，主要用于宇航器上的结构件，还可用于制作飞机机翼、门、降落传动装置箱等。

7）其他增强塑料

其他增强塑料还有混杂纤维增强塑料及颗粒、薄片增强塑料等。

（1）混杂纤维增强塑料。由两种或两种以上纤维增强同一种基体的增强塑料，如碳纤维和玻璃纤维、碳纤维和芳纶纤维混杂，它具有比单一纤维增强塑料更优异的综合性能。

（2）颗粒、薄片增强塑料。颗粒增强塑料是各种颗粒与塑料的复合材料，其增强效果不如纤维显著，但能改善塑料制品的某些性能，成本低。薄片增强塑料主要是用纸张、云母片或玻璃薄片与塑料的复合材料，其增强效果介于纤维增强与颗粒增强之间。

8.3.2　陶瓷基复合材料

陶瓷基复合材料（Ceramic Matrix Composite，CMC）是在陶瓷基体中引入第二相材料，使之增强、增韧的多相材料，又称为多相复合陶瓷（Multiphase Composite Ceramic）或复相陶瓷。

1. 常用的陶瓷基复合材料

1）连续纤维补强增韧陶瓷基复合材料

（1）陶瓷基复合材料的补强增韧机制。最优化设计的陶瓷基复合材料的应力－应变曲线如图8－4所示，图中*OA*段为低应力水平阶段，材料将发生弹性变形，*A*点对应材料的弹性极限σ_e从*A*点开始偏离直线段，这与基体开裂有关。*AB*为第二阶段，这一阶段随应力的增大，内部裂纹逐渐增多，*B*点对应于材料的抗拉强度σ_b。与单相陶瓷相比（图中虚线所示），陶瓷基复合材料的抗拉强度低，但在极限强度条件下的应变值要比单相陶瓷大，这就是陶瓷基复合材料中的增韧效果。*BC*阶段它对应着纤维与基体的分离、纤维的断裂和纤维被拔出的过程。

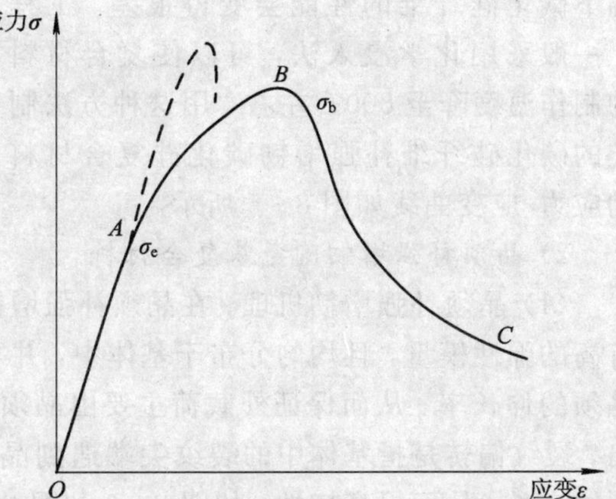

图8－4　典型CMC材料的应力-应变曲线

连续长纤维补强增韧的陶瓷基复合材料，在轴向应力的作用下产生基体的开裂、基体裂纹的增加、纤维的断裂、纤维与基体的分离以及纤维从基体中拔出的复杂过程。

对于纤维与陶瓷基体构成的复合材料，必须要考虑两者之间的相容性，其中化学相容性要求纤维与基体之间不发生化学反应，物理相容性是指纤维与基体热膨胀系数和弹性模量上要匹配。对于连续纤维补强陶瓷复合材料，一般要求$\alpha_f > \alpha_m$、$E_f > E_m$（α、E分别表示热膨胀系数和弹性模量，下标f、m分别表示纤维和基体）。

（2）常用的纤维补强增韧陶瓷基复合材料。具体如下：

① 碳纤维补强增韧石英玻璃［$C_{(f)}/SiO_2$］。这种复合材料在强度和韧性方面与石英玻璃相比有了很大的提高，特别是抗弯强度提高了至少10倍以上，冲击吸收功增加了两个数量级。其主要原因是碳纤维与石英玻璃之间有好的相容性，即二者之间没有任何化学反应，同时碳纤维与基体的热膨胀系数基本相当。碳纤维补强增韧石英玻璃复合材料的性能见表8－4。

表 8-4 碳纤维补强增韧石英玻璃

材 料	碳纤维/石英玻璃	石英玻璃
体积密度/g·cm^{-3}	2.0	2.16
纤维含量(体积分数)/(%)	30	—
抗弯强度(室温)/MPa	600	51.5
冲击韧度/kJ·m^{-2}	40.9	1.02

② 碳化硅纤维补强增韧碳化硅复合材料[$SiC_{(f)}$/SiC]。碳化硅是具有很强共价键的非氧化物材料，它具有良好的高温强度和优良的耐磨性、抗氧化性、耐蚀性，但是有很大的脆性，只有在2000℃的高温下加入硼、碳等添加剂才能烧结。采用碳化硅纤维可以改善韧性，减小脆性，但在2000℃的高温下碳化硅纤维的性能会变得很差。工程上一般采用化学浸入法，可以使复合材料的制作温度降至800℃左右，用这种方法制作的碳化硅纤维补强增韧碳化硅复合材料的应力-应变曲线如图8-5所示。

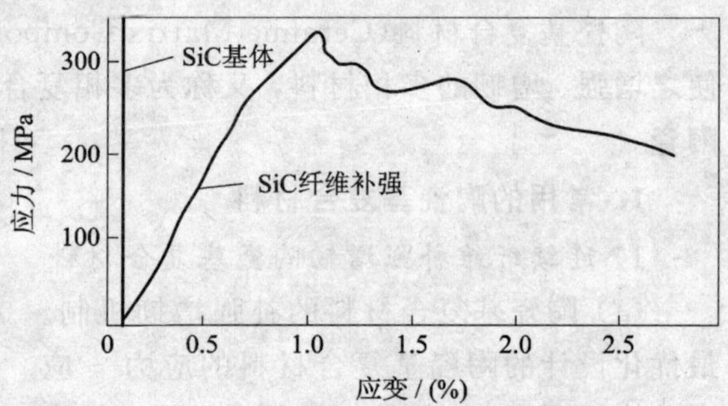

图 8-5 SiC纤维补强增韧SiC材料的应力-应变曲线

2) 晶须补强增韧陶瓷基复合材料

(1) 晶须补强增韧机理。在晶须补强增韧陶瓷基复合材料中，作为第二相的晶须必须有高的弹性模量，且均匀分布于基体中，并与基体结合的界面良好，基体的伸长率应大于晶须的伸长率，从而保证外载荷主要由晶须承担。增韧效果主要靠裂纹的偏转和晶须的拔出。裂纹偏转是指基体中的裂纹尖端遇到晶须后发生扭曲偏转，由直线扭曲成三维曲线，裂纹变长，从而提高韧性，如图8-6和图8-7所示。

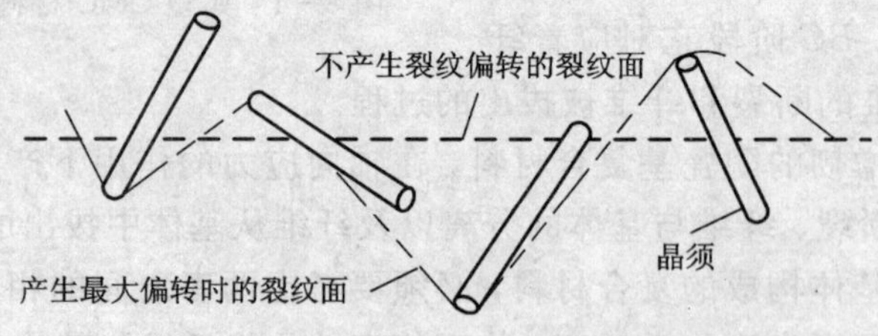

图 8-6 晶须引起的裂纹偏转示意图

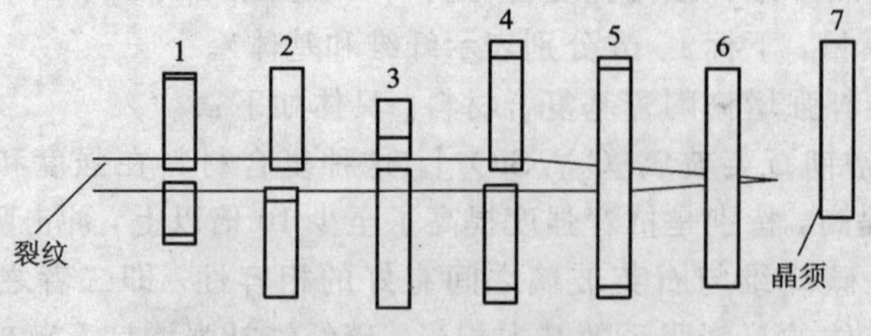

图 8-7 晶须拔出示意图

(2) 典型晶须补强增韧陶瓷基复合材料。有以下三种：

① 碳化硅晶须补强增韧氮化硅复合材料[$SiC_{(W)}/Si_3N_4$]。碳化硅补强氮化硅复合材料是在1750℃条件下热压烧结而成的。这种复合材料的主要力学性能见表8-5，表中Si6、Si10分别表示以Si粉为起始料，添加6%、10%的烧结添加物；SN6表示以Si_3N_4为起始料，添加6%的烧结添加物。

表8-5 $SiC_{(W)}/Si_3N_4$ 复合材料的力学性能

材 料	抗弯强度/MPa	断裂韧度/$(MPa\cdot m^{1/2})$
Si10(HPRBSN)①	660±33	5.6±0.3
Si10+10%③ $SiC_{(W)}$	620±50	7.8±0.3
Si6(HPRBSN)	580±21	3.4±0.2
Si6+10%③ $SiC_{(W)}$	640±57	5.1±0.2
Si6+20%③ $SiC_{(W)}$	360±74	4.0±0.4
SN6(HPSN)②	800±27	7.0±0.2
SN6+10%③ $SiC_{(W)}$	850±42	7.7±0.3

注：① HPRBSN为热压反应烧结氮化硅；
② HPSN为热压氮化硅；
③ 皆为体积分数。

② 碳化硅晶须补强增韧莫来石陶瓷复合材料[$SiC_{(W)}$/Mullite]。莫来石陶瓷具有很小的热膨胀系数，低的热导率和良好的抗高温蠕变性。从作为高温结构材料来看，它有极大的发展潜力。但它的室温抗弯强度和韧性均较差。

碳化硅晶须与莫来石基体的热膨胀系数相近，但弹性模量较高，这符合增强材料与基体间的相容性，用它们制成$SiC_{(W)}$/Mullite复合材料的抗弯强度和断裂韧度与晶须含量的关系如图8-8所示。由图可以看出，该复合材料的强度随晶须含量的增多而提高，当体积分数为20%时强度最大，可达435 MPa，比莫来石强度246 MPa高80%，随后强度逐渐下降。下降的原因主要是晶须分布不均，造成了气孔和其他缺陷，材料致密度下降，从而使强度降低。

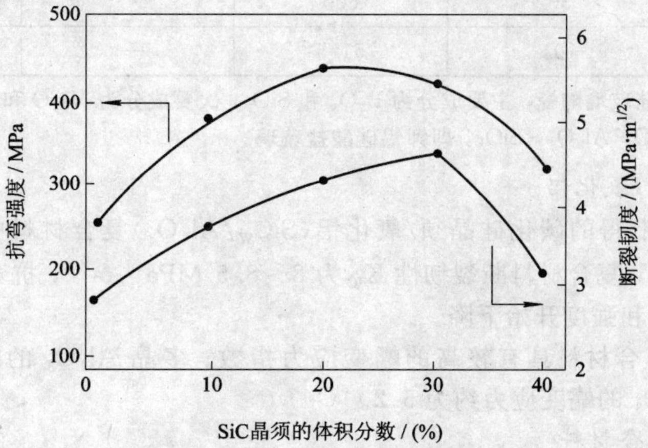

图8-8 $SiC_{(W)}$/Mullite复合材料的抗弯强度与$SiC_{(W)}$含量的关系

$SiC_{(W)}$/Mullite 复合材料的断裂韧度 K_{IC} 随晶须含量的变化与强度变化相似。在体积分数为 30%时，K_{IC} 最大，约 4.6 MPa·$m^{1/2}$，比莫来石增大了 50%，因此碳化硅和莫来石陶瓷界面的结合强度较高。由于晶须的加入，使得莫来石的强度和韧性大大提高。

③ Al_2O_3/$SiC_{(W)}$/TiC 纳米复合材料。这种复合材料使用的 Al_2O_3 颗粒直径约 0.4 μm；TiC 颗粒直径为 0.2 μm；$SiC_{(W)}$ 颗粒直径为 0.5 μm，长度为 20 μm。采用热压烧结工艺，工艺条件：温度为 1850℃，压力为 250 MPa，保温 12 h。$SiC_{(W)}$ 的质量分数为 20%，TiC 的质量分数为 2%～10%。

TiC 含量为 4%时，强度最高约达 1200 MPa，断裂韧度可达 7.5 MPa·$m^{1/2}$。

(3) 异相颗粒弥散强化增韧的复相复合陶瓷。异相颗粒弥散强化增韧的复相复合陶瓷是指在脆性陶瓷基体中加入一种或多种弥散相而组成的陶瓷。弥散相可以是粒状或板条状。

这类陶瓷的强度主要受下列因素影响：弥散相和基体截面的结合状态和化学相容性；弥散相和基体间的物理性能的匹配，如热膨胀系数和弹性模量等；弥散相的形状、大小、体积含量、分布状态等。

3. 增韧陶瓷基复合材料的性能

1) 碳纤维/玻璃(玻璃陶瓷)

碳纤维增强硼硅玻璃、微晶玻璃和石英玻璃后，各项力学性能指标均有改善，其中表征韧性的断裂功明显提高，见表 8-6。碳纤维与玻璃复合还具有在高温下不发生化学反应的优点，同时，由于碳纤维的轴向热膨胀系数为负值，所以可以通过控制碳纤维的取向和体积分数来调节复合材料的热膨胀系数。

表 8-6 单向碳纤维增韧玻璃(玻璃陶瓷)的性能

体 系	纤维体积含量/(%)	抗弯强度/MPa	弹性模量/GPa	断裂韧性/(kJ·m^{-2})
C/7740①	50	700	193	5.0
7740	0	100	60	0.004
C/LAS②	36	680	168	3.0
LAS	0	150	77	0.003
C/SiO_2	30	600	—	7.9
SiO_2	0	51.5	—	0.009

注：① 7740—硼硅玻璃陶瓷，主要成分为 B_2O_3 和 SiO_2，次要成分为 Na_2O 和 Al_2O_3；

② LAS—Li_2O-Al_2O_3-SiO_2，即锂铝硅酸盐玻璃。

2) 碳化硅晶须/氧化铝

以热压烧结法制得的碳化硅晶须/氧化铝(SiC_W/Al_2O_3)复合材料中，当 SiC_W 体积分数为 20%～30%时，复合材料断裂韧性 K_{IC} 为 8～8.5 MPa·$m^{1/2}$，抗弯强度达 650 MPa，在 1000℃以上韧性和强度开始下降。

SiC_W/Al_2O_3 复合材料具有较高的蠕变应力指数。多晶 Al_2O_3 的蠕变应力指数约为 1.6，而 SiC_W/Al_2O_3 的蠕变应力约为 5.2。

3) 碳化硅基复合材料

BN/SiC、C/SiC、SiC/SiC 等碳化硅基复合材料具有较高的断裂应变和抗弯强度，同时具有较好的断裂韧性和高温抗氧化性。采用纤维多向编织的预制坯件，通过 CVD 或 CVI 制成的 C/SiC、SiC/SiC 复合材料，具有较好的抗压性能和较高的层间剪切强度，高温工作时热辐射率高，可有效降低构件的表面温度，其机械性能随温度变化不大。表 8-7 列出了不同增强材料预制坯件与 SiC 基体复合时的断裂韧性及断裂韧性随温度的变化情况。

表 8-7　SiC 基复合材料热力学性能

复 合 材 料		温　度		
		23℃	1000℃	1400℃
二维 C/SiC	断裂韧性/($MPa \cdot m^{1/2}$)	32	32	32
	弹性模量/GPa	90	100	100
二维 SiC/SiC	断裂韧性/($MPa \cdot m^{1/2}$)	30	30	30
	弹性模量/GPa	230	200	170

4. 陶瓷基复合材料的应用

陶瓷基复合材料具有的高强度、高模量、低密度和耐高温性能使其商业化应用已经在多个领域开展，但是由于陶瓷基复合材料制作成本较大，目前的应用主要分为两大类：一类在航天领域，一类在非航天领域。

1) 航天领域

航空飞行器一般都要求有高的推动力以及快的飞行速度等，将这些性能转化为对材料的要求就是强度、密度、硬度及复合材料在高温中的耐损伤能力。耐高温结构复合材料是先进的航天领域的关键技术，连续纤维增强的陶瓷基复合材料已经被广泛应用于该领域，在 C/C 复合材料表面涂覆 SiC 层作为耐烧蚀材料已用在美国的航天飞机上，C/SiC 复合材料已作为太空飞机的主要可选材料。

2) 非航天领域

陶瓷基复合材料在耐高温和耐腐蚀的发动机部件、切割工具、耐磨损部件、喷嘴或喷火导管，以及与能源相关的如热交换管等方面得到广泛应用。

增韧的氧化锆及其他晶须和连续纤维增韧的陶瓷基复合材料由于其高硬度、低摩擦和超耐磨性而用作耐磨损部件。

在切割工具方面，已经有 TiC 颗粒增强 Si_3N_4、Al_2O_3、SiC_W/Al_2O_3 等材料，美国金属切割工具市场的 50% 是由碳化钨/钴制成的切割工具所占领的。陶瓷基复合材料制作切割工具的主要优点是化学稳定、超高硬度、在高速运转产生的高温中能保持良好的性能等。

在热交换、储存和回收领域，与金属相比，陶瓷基复合材料可以在更高的温度和更复杂的环境中使用，如以连续纤维增强的热蒸气过滤部件等。此外，在汽车发动机中使用陶瓷基复合材料，它所具有的耐热件、高强度、低磨耗等等都可以有效降低燃油消耗并进一步提高汽车行驶速度等。以陶瓷基复合材料为主要原料的陶瓷发动机已经被开发和应用。

8.3.3　碳/碳复合材料

碳/碳复合材料是由碳纤维或各种碳织物增强碳，或石墨化的树脂碳(或沥青)以及化学气相(CVD)碳所形成的复合材料，是具有特殊性能的新型工程材料，也被称为碳纤维增强碳复合材料。其组成元素为单一的碳，因而这种复合材料具有许多碳和石墨的特点，如密度小、导热性高、膨胀系数低以及对热冲击不敏感。同时，该类复合材料还具有优越的机械性能；强度和冲击韧性比石墨高 5～10 倍，并且比强度非常高；随温度升高，这种复合材料的强度也升高；断裂韧性高；化学稳定性高，耐磨性极好。这种材料是最好的高温复合材料，耐温最高可达 2800℃。

碳/碳复合材料的性能随所用碳基体骨架用碳纤维性质、骨架的类型和结构、碳基质所用原料及制备工艺、碳的质量和结构、碳/碳复合材料制成工艺中各种物理和化学变化、界面变化等因素的影响而有很大差别，主要取决于碳纤维的类型、含量和取向等。表 8-8 为单向和正交碳纤维增强碳基复合材料的性能。

表 8-8 单向和正交碳纤维增强碳基复合材料的性能

材 料	纤维含量（体积分数）	密度 /($\times10^3$ kg·m^{-3})	抗拉强度 /MPa	抗弯强度 /MPa	弯曲模量 /GPa	热膨胀系数 0～1000℃/($\times10^{-6}$·K^{-1})
单向增强材料	65%	1.7	827	690	186	1.0
正交增强材料	55%	1.6	276	—	76	1.0

由此可见，碳/碳复合材料的高强度、高模量主要来自碳纤维。碳纤维在材料中的取向直接影响其性能，一般是单向增强复合材料沿纤维方向强度最高，但横向性能较差，正交增强可以减少纵、横面向的强度差异。

目前，碳/碳复合材料主要应用于航空航天、军事和生物医学等领域，例如：导弹弹头、固体火箭发动机喷管、飞机刹车盘、赛车和摩托车刹车系统，航空发动机燃烧室、导向器、密封片及挡声板等，人体骨骼替代材料，以及代替不锈钢或钴台金作人工关节。随着这种材料成本的不断降低，其应用领域也逐渐向民用工业领域转变，如用于制造超塑性成形工艺中的热锻压模具，用于制造粉末冶金中的热压模具；在涡轮压气机中可用以制造涡轮叶片和涡轮盘的热密封件等。

8.4 金属基复合材料

现代工业技术的发展，尤其是航空航天和宇航业的飞速发展，对材料性能的要求越来越高。在结构材料方面，不但要保证零件结构的高强度和高稳定性，又要使结构尺寸小、质量小，这就要求材料的比强度和比刚度(模量)要更低。20 世纪 50 年代发展起来的纤维增强聚合物基复合材料具有较高的比强度和刚度，但却具有使用温度低、耐磨性差、导热与导电性能差、易老化、尺寸不稳定等缺点，很难满足需要。为了弥补这些不足，20 世纪 60 年代逐步发展起来了一种复合材料，即金属基复合材料。金属基复合材料是以金属及其合金为基体，以一种或几种金属或非金属为增强体而制得的复合材料。与传统金属材料相比，它具有较高的比强度与比刚度；而与聚合物基复合材料相比，它又具有优良的导电性与耐热性；与陶瓷材料相比，它又具有高韧性和高冲击性能。这些优良的性能使得金属基复合材料在尖端技术领域得到了广泛应用。随着不断发现新的增强相和新的复合材料制备工艺，新的金属基复合材料不断出现，使得其应用由纯粹的航空航天、军工等领域，转向了汽车工业等民用领域。

金属基复合材料按基体来分类可分为铝基复合材料、镍基复合材料、钛基复合材料；按增强体来分类可分为颗粒增强复合材料、层状复合材料、纤维增强复合材料等。目前备受研究者和工程界关注的金属基复合材料有长纤维增强型、短纤维或晶须增强型、颗粒增强型以及共晶定向凝固型复合材料，所选用的基体主要有铝、镁、钛及其合金、镍基高温合金以及金属间化合物。

本节将着重介绍以下几种金属基复合材料。

8.4.1 金属陶瓷

金属陶瓷是发展最早的一类金属基复合材料，是以金属氧化物(如 Al_2O_3、ZrO_2 等)或金属碳化物为主要成分，加入适量金属粉末，通过粉末冶金方法制成的，具有某些金属性质的颗粒增强型的复合材料。它是一种是把金属的热稳定性和韧性与陶瓷的硬度、耐火度、耐蚀性综合起来而形成的具有高强度、高韧性、高耐蚀和高的高温强度的新型材料。金属陶瓷中的金属通常为钛、镍、钴、铬等及其合金，陶瓷相通常为氧化物(Al_2O_3、ZrO_2、BeO、MgO 等)、碳化物(TiC、WC、TaC、SiC 等)、硼化物(TiB、ZrB_2、CrB_2)和氮化物(TiN、Si_3N_4、BN 等)，其中以氧化物和碳化物应用最为成熟。

1. 氧化物基金属陶瓷

氧化物基金属陶瓷是目前应用最多的金属陶瓷。在这类金属陶瓷中，通常以铬为粘结剂，其含量不超过10%。由于铬能和 Al_2O_3 形成固溶体，故可将 Al_2O_3 粉粒牢固地粘结起来。这类材料的热稳定性和抗氧化能力较好、韧性高，特别适合于作高速切削工具材料，有的还可做高温下工作的耐磨件，如喷嘴、热拉丝模以及耐蚀环规、机械密封环等。

氧化铝基金属陶瓷的特点是热硬性高(达1200℃)、高温强度高，抗氧化性良好，与被加工金属材料的粘着倾向小，可提高加工精度和降低表面粗糙度。但它们的脆性仍较大，且热稳定性较低，主要用作工具材料，如刃具、模具、喷嘴、密封环等。

2. 碳化物基金属陶瓷

碳化物金属陶瓷是应用最广泛的金属陶瓷。通常以 Co 或 Ni 作金属粘接剂。根据金属含量不同，可作耐热结构材料或工具材料。碳化物金属陶瓷做工具材料时，通常称为硬质合金。表8-9列出了常见的硬质合金的牌号、成分、性能和基本用途。

硬质合金一般以钴为粘结剂，其含量为3%～8%。若含钴量较高，则韧性和结构强度愈好，但硬度和耐磨性稍有下降。常用的硬质合金有 WC-Co、WC-TiC-Co 和 WC-TiC-TaC-Co 硬质合金。其性能特点是硬度高，达86～93 HRA(相当于69～81 HRC)，热硬性好(工作温度达900～1000℃)，用硬质合金制作的刀具的切削速度比高速钢高4～7倍，刀具寿命可提高几倍到几十倍。

另外，碳化物金属陶瓷可作为耐热材料使用，它是一种较好的高温结构材料。高温结构材料中最常用的是碳化钛基金属陶瓷，其粘接金属主要是 Ni、Co，含量高达60%，以满足高温构件的韧性和热稳定性要求。其特点是高温性能好，如在900℃时仍可保持较高的抗拉强度。碳化钛基金属陶瓷主要用作蜗轮喷气发动机燃烧室、叶片、蜗轮盘以及航空、航天装置中的某些耐热件。

表 8-9　常见硬质合金的牌号、成分、性能和用途

牌　号		WC-Co 硬质合金			WC-Ti-Co 硬质合金			WC-TiC-TaC-Co 硬质合金	
		YG3	YG6	YG8	YT30	YT15	YT14	YW1	YW2
化学组成/(%)	WC	97	94	92	66	79	78	84	82
	TiC				30	15	14	6	6
	TaC							4	4
	Co	3	6	8	4	6	8	6	8
机械性能(>)	硬度/HRA	91	89.5	89	92.5	91	90.5	92	91
	抗弯强度/MPa	1080	1370	1470	880	1130	1180	1230	1470
密度/($\times 10^3$ kg·m^{-3})		14.9～15.3	14.6～15.0	14.4～14.8	9.4～9.8	11.0～11.7	11.2～11.7	12.6～13.0	12.4～12.9
用　途		加工断续切削的脆性材料，如铸铁及有色金属和非金属材料			用于车、铣、刨的粗、精加工			用于难加工的材料，如耐热钢和合金等的粗、精加工	

8.4.2　纤维增强金属基复合材料

纤维增强金属基复合材料是指以各种金属材料作基体，以各种纤维作分散质的复合材料。常用的长纤维增强材料有硼纤维、碳(石墨)纤维、氧化铝纤维、碳化硅纤维(单丝、单束)等，配合的基体金属有铝及铝合金、钛及钛合金、镁及镁合金、铜合金、铅合金、高温合金及金属间化合物等；常用的短纤维增强材料有氧化铝纤维、氮化硅纤维，配合的基体金属有铝、钛、镁等。

金属基复合材料的耐热、导电、导热性能均较优异，其比模量可与高分子基复合材料相媲美，但比强度则与高分子基复合材料有差距，且加工复杂。

下面重点介绍几种常用的纤维增强金属基复合材料。

1. 纤维增强铝基复合材料

铝基复合材料有高的比刚度和比强度，在航空航天工业中可替代中等温度下使用的铁合金零件。研究最多的铝基复合材料是 B/Al 复合材料，还有 G(石墨)/A1 和 SiC/Al 复合材料等。它们的性能见表 8-10。

表 8-10　铝基复合材料的性能

材料＼性能	纤维体积含量/(%)	抗拉强度/MPa	拉伸模量/GPa	密度/(mg·m^{-3})
B/Al	50	1200～1500	200～220	2.6
SiC(CVD)/Al	50	1300～1500	210～230	2.85～3.0
G/Al	35	500～800	100～150	2.4
SiC(纺丝)/Al	35～40	700～900	95～110	2.6
SiC(晶须)/Al	18～20	500～620	96.5～138	2.8

1）硼纤维增强铝合金

（1）硼纤维-铝复合材料的性能特点。在金属基复合材料中，硼纤维-铝基复合材料应用最多、最广。硼纤维－铝复合材料能够把硼纤维和铝的最优性能充分结合并发挥出来。有的硼纤维-铝复合材料的弹性模量很高，特别是横向弹性模量高于硼纤维-环氧树脂复合材料，也高于代号为LC9的超硬铝和钛合金Ti－6A14V。其抗压强度和抗剪强度也高于硼纤维一环氧树脂复合材料。它的高温性能和使用温度也比LC9高。除此之外，它还有好的抗疲劳性能。

增强金属基的硼纤维表面一般要涂覆SiC涂层，其原因是在制造或使用的过程中，温度约500℃时硼纤维和基体中的铝能够化合形成AlB_2和B_2O_3，这就使基体与硼纤维之间具有不相容性，而涂覆SiC后可使硼不易形成其他化合物。

（2）硼纤维-铝复合材料的基体。硼纤维增强的铝基体可以是纯铝、变形铝合金或是铸造铝合金，在工艺不同时基体性质不一样。例如：用热压扩散结合成形时，基体选用变形铝合金；用熔体金属润浸或铸造时，基体选用流动性好的铸造铝合金。

（3）硼纤维－铝复合材料的显微组织与性能。硼纤维-铝复合材料的显微组织如图8－9所示。这种复合材料是用厚度为0.07～0.13 mm的多层铝箔和直径为0.1 mm的硼纤维，经524℃加热，在70 MPa的压应力作用下保持1.5 h制成。

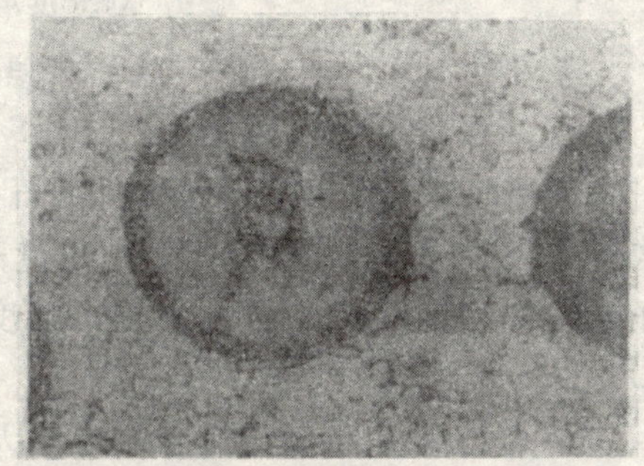

图8－9　硼-铝复合材料的显微组织

由50％(体积)涂SiC的硼纤维增强变形铝合金6A02(LD2)的物理性能和力学性能见表8－11。当硼纤维含量、直径均不同时，对复合材料抗拉强度有较大的影响，如图8－10所示。由图可知，随试验温度的升高，硼纤维－铝复合材料的抗拉强度逐渐下降。

表8－11　50％(体积)涂SiC的硼纤维增强变形铝合金6A02(LD2)的物理性能和力学性能

性能名称	数值
密度/$(g \cdot cm^{-3})$	2.7
纤维方向的弹性模量/$(\times 10^4\ MPa)$	20.7
横纤维方向的弹性模量/$(\times 10^4\ MPa)$	8.27
切变模量/$(\times 10^4\ MPa)$	4.83
纤维方向的抗拉强度/$(\times 10^2\ MPa)$	9.65～13.1
横纤维方向的抗拉强度/$(\times 10^2\ MPa)$	0.83～1.03
层间抗剪强度/$(\times 10^2\ MPa)$	<0.90

（4）硼纤维-铝复合材料的应用。硼纤维-铝复合材料是研究最成功、应用最广泛的复合材料。由于这种复合材料的密度小，刚度比钛合金还高，比强度、比刚度更高，同时还有良好的耐蚀性与耐热性（一般使用温度可达300℃），因此主要用于航天飞机蒙皮、大型壁板、长梁、加强肋、航空发动机叶片、导弹构件等。

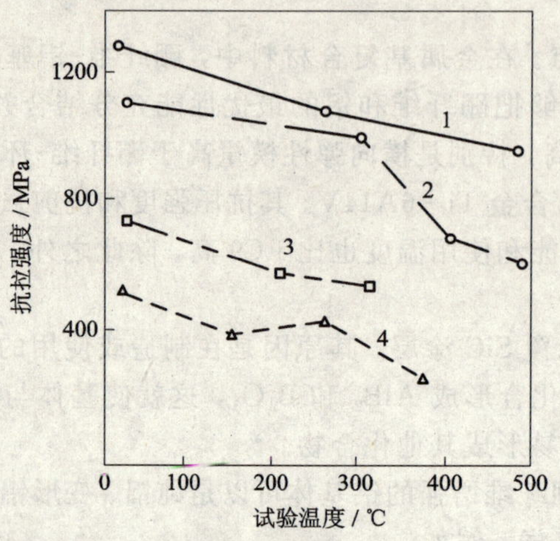

图 8-10 硼-铝复合材料在不同温度下的抗拉强度

2) 石墨纤维增强铝基复合材料

石墨纤维增强铝基复合材料由石墨(碳)纤维与纯铝、变形铝合金、铸造铝合金组成。这种复合材料具有比强度高、比模量高、高温强度好、导电性高、摩擦系数低和耐磨性能好等优点，在500℃以下轴向抗拉强度可高达 690 MPa，在500℃时的比强度比钛合金高1.5倍。

G/Al 主要用于制造航空航天器天线、支架、油箱，飞机蒙皮、螺旋桨、蜗轮发动机的压气机叶片、蓄电池极板等，也可用于制造汽车发动机零件(如活塞、气缸头)和滑动轴承等。

2. 纤维增强钛基复合材料

钛的主要特点是比强度高，纤维增强钛基合金的强度在815℃时比镍基超耐热合金还高2倍，是较理想的蜗轮发动机材料。一般采用 SiC 纤维增强 α-β 钛合金。工艺操作是将钛合金制成箔，再将箔与纤维分层交替堆放制成预制件，经外部加热、加压固化成 SiC/Ti 复合材料。另外，也可采用等离子体喷涂法将钛合金粉熔融过热并喷涂在缠绕有碳化硅纤维的转鼓上，然后进行热压制得。现用的钛合金一般为 Ti-6Al-4V。硼纤维-钛合金复合材料的密度很小，约 3.6 g/cm^3，而抗拉强度却高达 1.21×10^3 MPa，弹性模量为 2.34×10^5 MPa，由于其工艺不很成熟，目前应用较少。

3. α-Al_2O_3 纤维增强镍基复合材料

单晶的 α-Al_2O_3 纤维(蓝宝石)具有高熔点及高强度、高弹性模量，较低的密度，良好的高温强度和抗氧化性能，因此作为高温金属的增强纤维受到重视。

α-Al_2O_3 作为增强纤维的镍基复合材料，其制法有液态渗透法和粉末冶金法。由于纤维不受液态金属侵润，故首先须对纤维进行金属涂层处理。如用溅射法使其表面涂上一层比基体更难熔的金属。另一方法是将镍电镀到纤维上，然后热压成型。该法制出的小块材料在室温下有明显的增强效果，但高温时不理想。

4. 自增强金属基复合材料

用控制熔体凝固的方法使熔体合金在一个有规则的温度梯度场中进行冷却凝固，在金属基体内自身生长晶须，而制造出自增强金属基复合材料。此即原位型复合材料。

自增强金属基复合材料的优点如下：

(1) 增强纤维分布均匀；

(2) 基体与纤维界面以相当强的连接键或半连接键结合，可克服晶须与基体浸润性不好的缺点；

(3) 由两相材料形成的条件接近热力学平衡条件，它所具有的高温热稳定性对材料在高温下应用极为重要；

(4) 易于加工，能直接铸成所需的构件形状。

这种自增强高温合金，在高温下，仍有很好的强度和抗蠕变性能，是航天工业和制造燃气蜗轮的优异材料。

8.4.3 颗粒和晶须增强金属基复合材料

颗粒和晶须增强金属基复合材料多以铝、镁和钛合金为基体，以碳化硅、碳化硼、氧化铝颗粒或晶须为增强相，是目前应用最广泛的一类金属复合材料。

颗粒增强通常是为了提高刚性和耐磨性，减少热膨胀系数。一般使用价格较低的碳化物、氧化物和氮化物颗粒作为增强体，基体采用铝、镁、钛的合金。例如 A356－T6 铝材在添加体积率 20%的 SiC 颗粒(尺寸为 10 μm)时，弹性模量从 80 GPa 提高到 100 GPa(提高 25%)，热膨胀系数从 21.41 减少到 16.4。与纤维强化比较，颗粒强化工艺的优点是铸造或挤压等二次加工容易。

晶须是一种自由长大的金属或陶瓷型针状单晶纤维，直径在 30 μm 以下，长度约为几毫米，它的强度极高，因此，用它作为增强材料的复合材料，其性能特别优良。常用的增强晶须有氧化铝晶须(Al_2O_3w)、碳化硅晶须(SiCw)、氮化硅晶须等，配合的基体金属有铝、钛、镁等。

这里以下面两种材料为例来说明颗粒和晶须增强金属基复合材料的性能、特点及应用。

1. SiC 增强铝合金

SiC 增强铝合金具有极高的比强度和比模量，主要应用于军工行业，如制造轻质装甲、导弹飞翼、飞机部件。另外，在汽车工业如发动机活塞、制动件、喷油嘴件等中也有使用。表 8－12 给出了几种材料的特点及应用。

表 8－12 颗粒和晶须增强铝基复合材料特点及应用

材 料	应 用	特 点
体积分数为 25%的颗粒增强铝基复合材料	航空结构导槽、角材	代替 7075Al，密度更低，模量更高
体积分数为 17%的 SiC 颗粒增强铝基复合材料	飞机、导弹用板材	拉伸模量 $>100\times10^3$ MPa
体积分数为 40%的 SiC 晶须或颗粒增强铝基复合材料	三叉戟、导弹制导元件	代替铍，成本低，无毒
体积分数为 15%的 Ti 颗粒增强铝基复合材料	汽车制动件，连杆，活塞	模量高

2. 氧化铝晶须增强镍基复合材料

氧化铝晶须密度小(<4 g/cm^3)，熔点高，耐高温，900℃以下随温度上升其强度下降不大。它多用于增强镍和镍基高温材料，研制较早的 Al_2O_3 - Ni 复合材料的性能见表 8-13。由表可以看出温度从室温增加至 1000℃时，复合材料的强度可保持 40%。镍基体与晶须之间有化学不相容性，并且晶须与基体的热膨胀系数相差很大，使这类复合材料的使用受到一定的限制。

表 8-13 Al_2O_3 连续晶须①-镍复合材料的抗拉强度与比强度

试验温度/℃	晶须体积比/(%)	抗拉强度/MPa	比强度/×10^4 m
25	22	1200	1.63
25	51	1050	1.68
25	39	1350	2.0
1000	21	495	0.67
1000	21	495	0.67
100	29	795	1.08

注：① 连续晶须指晶须长度贯穿试样的长度。

思考与练习

8-1 名词解释：

复合材料，比刚度，比强度，纤维复合材料，玻璃钢。

8-2 复合材料的种类有哪些？粒子增强、纤维增强的机制是什么？

8-3 常用增强纤维有哪些？它们各自的性能特点是什么？

8-4 试述树脂基、金属基、陶瓷基三种基体的纤维增强复合材料的性能特点及用途。

8-5 比较高分子材料、陶瓷材料、复合材料的性能特点及应用。

8-6 什么叫玻璃钢？玻璃钢在性能上有什么特点？

8-7 简述玻璃钢、碳纤维增强塑料等常用纤维增强塑料的性能特点及应用。

8-8 试比较热塑性塑料和热固性塑料的结构、性能和成型工艺特点。

8-9 试比较环氧玻璃钢、酚醛玻璃钢和聚酯玻璃钢在性能上的异同点。

8-10 研究和发展金属基复合材料和陶瓷基复合材料的必要性有哪些？

8-11 分别列举一种颗粒增强和纤维增强复合材料，说明两种增强原理的区别。

8-12 常用增强材料有哪些？在聚合物基和金属基复合材料中，常用的基体材料有哪些？

8-13 简述常用纤维增强金属基复合材料的性能特点及应用。

第三部分　工程材料的应用

第 9 章　机械零件的失效与选材原则

9.1　机械零件的失效及失效分析

各类机电产品的机械零(部)件、微电子元件和仪器仪表等以及各类金属及其他材料形成的构件(工程上统称为零件，以下简称为零件)都具有一定的功能，承担各种各样的工作任务，如承受载荷、传递能量、完成某种规定的运动等。所谓失效，主要指某零件由于某种原因，导致其尺寸、形状或材料的组织与性能的变化而不能圆满地完成指定的功能。

一个机械零件的失效一般包括以下几种情况：

(1) 零件由于断裂、腐蚀、磨损、变形等完全被破坏，全部丧失其功能，不能继续工作；

(2) 零件在外部环境作用下，部分失去其原有的功能，虽仍能安全工作，但不能完成规定功能，如由于磨损导致尺寸超差等；

(3) 零件虽然能够工作，也能完成规定功能，但继续使用时，不能确保安全的可靠性。如经过长期高温运行的压力容器及其管道，其内部组织已经发生变化，当达到一定的运行时间，继续使用就存在开裂的可能。

失效在英文中叫做“failure”，指达不到预期的或需要的功能或不足，按词义可译为“失灵”、“失事”、“故障”、“不足”等。在国内有时俗称“损坏”、“事故”等。上述名词的含义有很多相似之处，常常混用。为防止混乱，在 1980 年 12 月召开的中国机械工程学会机械产品失效分析会议上，我国学者正式将其确定为“失效”。

应特别指出，“失效”与“事故”是两个不同的概念，必须加以区别。事故是指一种后果，它可能是由“失效”引起的，也可能是由其他原因造成的。

传统的零件失效多指零件失效，即由名义上各向同性材料制成的零件失效。随着材料科学的发展，复合材料的应用比重越来越大，进入 21 世纪，复合材料将超过金属材料的使用量，从而在材料中占有主导地位，因此应加强对复合材料失效的研究。复合材料的失效又称为复合材料被破坏，是指复合材料在经过某些物理、化学过程后(如载荷作用、材料老化、温度和湿度变化等)发生了形状尺寸、性能的变化而丧失了预定的功能。复合材料是一种各向异性的多相复合体，失效过程要比通常的各向同性材料复杂得多，它涉及到组分材料的性能、复合方式、工艺条件、界面性能、载荷的性质与环境因素等，不可能只用一种失效模式来描述复合材料的失效。绝大多数情况下是几种失效模式同时存在和发生。

9.1.1　失效的分类

失效通常按失效模式和其相应的失效机理进行分类。

失效模式是指失效的外在宏观表现和规律，失效机理则是指引起失效的微观的物理、化学变化过程的本质。失效模式和失效机理相结合的分类，就是将宏观和微观相结合由表及里地揭示失效的物理本质的过程。

表 9－1 是根据机械零件最常见的失效模式进行的分类，可归纳为畸变失效、断裂失效、表面损伤失效三大类型，每一类型又可细分为几种不同的情况，同时列出了各种类型的失效机理。

表 9－1　零件失效的模式及其失效机理

失效模式		失效机理
畸变失效	弹性变形失效	弹性变形
	塑性变形失效	塑性变形
	翘曲畸变失效	弹、塑性变形
断裂失效	韧性断裂失效	塑性变形
	低应力脆断失效	断裂韧性
	疲劳断裂失效	疲劳
	蠕变断裂失效	蠕变断裂
	介质加速断裂失效	应力腐蚀
表面损伤失效	磨损失效	磨粒磨损、粘着磨损
	表面疲劳失效	疲劳机理
	腐蚀失效	氧化、电化学

9.1.2　失效的基本因素

无论是机械设备或其零件，影响其失效的基本因素都可以归结为设计制造过程因素(原始因素)和运转维修过程因素(工况使用因素)两大方面。具体如下：

1. 设计因素

为了保证产品质量，必须精心设计，精心施工。施工技术文件的根据是设计图纸和设计计算说明书，其设计计算的核心是该零件在特定工况、结构和环境等条件下可能发生的基本失效模式而建立的相应设计计算准则，即在给定条件下正常工作的准则，从而定出合适的材质、尺寸、结构，提出必要的技术文件：图纸、说明书等。如设计有误，则机械设备或零件将不能使用或过早失效。

2. 制造(工艺)因素

工艺制造条件往往是达不到设计要求而导致零件失效的一个重要因素。如零件在锻造过程中产生的夹层、冷热裂纹；焊接过程的虚焊、偏析、冷热裂纹；铸造过程的疏松、夹渣；机加工过程的尺寸公差和表面粗糙度不合适；热处理工艺产生的缺陷，如淬裂、硬度不足、回火脆性、硬软层硬度梯度过大；精加工磨削中的磨削裂纹等。

3. 装配调试因素

在安装过程中，未达到所要求的质量指标，如啮合传动件(齿轮、杆、螺旋等)的间隙不合适(过松或过紧，接触状态未调整好)，联接零件必要的“防松”不可靠，铆焊结构的必要探伤检验不良，润滑与密封装置不良等。在初步安装调试后，未按规定进行逐级加载跑合。

4. 材质因素

主要体现在：选材不当，即所选用的材料的性能不能满足工作条件的要求；材质内部缺陷、毛坯加工(铸锻焊)工艺或冷热加工(特别是热处理)工艺过程产生的缺陷等。

5. 运转维修因素

首先是对运转工况参数(载荷、速度等)的监控是否准确，定期大、中、小检修的制度是否合理、执行。润滑条件是否保证，包括润滑剂和润滑方法是否选得合适，润滑装置以及冷却、加热和过滤系统功能是否正常。

最后，在影响失效的基本因素中，特别要强调人的因素，即注意人的素质条件的影响。

9.1.3　失效分析的基本方法

科学试验是失效分析的依据，通过试验研究，取得数据。常用的试验项目有：成分分析、断口分析、显微分析、应力分析、机械性能调试和断裂力学分析等。

9.2　零件失效形式

9.2.1　畸变失效

畸变是一种不正常的变形。所谓畸变，是指在某种程度上减弱了零件规定功能的变形。

畸变可以是塑性的、弹性的或是弹塑性的。从变形的形貌上看，畸变有两种基本类型：尺寸畸变或体积畸变(长大或缩小)和形状畸变(如弯曲或翘曲)。例如，受轴向载荷的连杆可产生轴向拉、压变形，轴的弯曲、壳体的翘曲变形等。

畸变失效的构件或零件，可体现为：

(1) 不能承受所规定载荷；

(2) 不能起到规定的作用；

(3) 与其他零件的运转发生干扰。

例如，车间用的大型吊车，其大车横梁通过两边的各两个车轮跨支于两边的钢轨上。当其吊物工作时，横梁必产生一定的挠度，如果超过规定的许用挠度，两边车轮由于梁的弯曲变形以及相应梁的两端过大的转角变形会导致车轮挤住了轨道，造成畸变失效(运行干扰)。

1. 弹性畸变失效

弹性畸变的变形量是在弹性范围内变化，其不恰当的变形量与零件的强度无关，属于刚度问题。

对于拉压变形的杆、柱类零件，其过大的畸变量会导致支承件(如轴承)过载，或机械因丧失尺寸精度而造成动作失误。

对于弯、扭(或其合成)变形的轴类零件，其过大的畸变量(过大挠度、偏角或扭角)会造成轴上啮合零件的严重偏载，甚至啮合失常，如轴承的严重偏载，甚至咬死，进而导致传动失效，对于某些控制元件，如温控元件，预定的弹性变形(挠度)则是元件所在装置的精度的保证。

对于某些靠摩擦力传动的零件，例如由带传动的传动带，如果初拉力不够，即带的弹性变形量不足，则会严重影响其传动(摩擦)动力。

对于复合变形的柜架及箱体类零件，要其具有合适的、足够的刚度以保证系统的刚度，特别要防止刚度不当而造成系统振动，降低设备、特别是产品的精度。

影响弹性畸变的主要因素是零件形状、尺寸，材料的弹性模量，零件工作的温度和载荷的大小。在一定的材料和外加载荷的条件下，零件的结构(形状、尺寸)因素是影响变形大小的关键。如等量相同的材料，在受到相同的载荷下，工字形刚度最大(变形量最小)，立矩形次之，方形更次，薄板最差(变形最大)。当采用不同材料时，相同结构的零件，材料的弹性模量 E 越大，则其相应变形就小，如采用碳钢($E=2\sim2.2$)所发生的弹性变形就小于铜、铝合金。

当温度升高、载荷加大时，通常弹性变形呈线性增大，其中温度升高还会导致零件的蠕变(即可在外载荷不变的条件下不断变形)，当温度下降到一定值(即低于韧—脆转变温度)时，会发生脆性断裂。

2. 塑性畸变失效

塑性畸变是外加应力超过零件材料的屈服极限时发生明显的塑性变形(永久变形)。引起零件塑性畸变的因素除在弹性畸变中所讨论的有关影响因素外，常见的还有材质缺陷、使用不当、设计有误等，特别是热处理不良更为突出。实际上往往是多种因素的综合结果。

1) 材质缺陷

材质缺陷包括材料本身的冶金缺陷和热加工缺陷，其中较为常见的是热处理不良造成的缺陷。如淬火时，加热温度或冷却速度不合适，导致较软的组织的形成，从而未达到所需的硬度和屈服强度，导致零件在工作时发生塑性畸变失效。

2) 使用不当

使用不当主要是严重过载和润滑不当，是导致塑性畸变的另一种原因。如齿轮传动是在过高的压力或润滑不足的条件下运行，齿面很可能出现如鳞皱、起脊等塑性畸变，导致齿轮失效。

3）设计失误

设计失误主要表现为对载荷估计不足，对温度的影响、材质缺陷估计太低，以及缺少对一些重要零件的全面质量管理要求。

3. 翘曲畸变失效

翘曲畸变是一种大小与方向上常产生复杂规律的变形而最终形成翘曲的外形，从而导致严重的翘曲畸变失效。这种畸变往往是由温度、外加载荷、受力截面、材料组成等所引起的不均匀性的组合，其中以温度变化，特别是高温所导致的形状翘曲最为严重。

9.2.2　断裂失效

机械零件的断裂失效，尤其是突然断裂会带来巨大的损失。人们长期以来就非常重视断口的观察及其分析技术的研究，寻找断裂的原因和影响因素。

1. 断裂分类

对断裂进行分类的方法很多，是按各自具体的需要和研究的方便而进行的，常用的分类方法有以下几种。

1）按断裂性质分

＋ 按材料或零件断裂前所产生的宏观塑性变形量的大小分，可将断裂类型分为韧性断裂、脆性断裂和韧性-脆性断裂三种。

(1) 韧性断裂。材料断裂之前发生明显的宏观塑性变形的断裂称为韧性断裂。韧性断裂是金属材料破坏的主要方式之一。当韧性较好的材料所承受的载荷超过该材料的强度极限时，就会发生韧性断裂。韧性断裂是一个缓慢的断裂过程，在断裂过程中需要不断地消耗相当多的能量，与之相伴随的是产生大量的塑性变形，宏观的塑性变形方式和大小取决于应力状态和材料性质。

(2) 脆性断裂。脆性断裂指材料在断裂之前不发生或发生很小的宏观可见的塑性变形的断裂，断裂之前没有明显的预兆，裂纹长度一旦达到临界长度，即以声速扩展，并发生瞬间断裂。有时在电镜下仍可以观察到很局部的塑性变形。通常把金属材料的塑性变形量小于 2%～5%的断裂均称之为脆性断裂。

(3) 韧性-脆性断裂。韧性-脆性断裂又称为准脆性断裂。实质上这是一种塑性与脆性混合的断裂。

2）按断裂路径分

按断裂路径分，可分为沿晶断裂、穿晶断裂和混晶断裂三种类型。

(1) 沿晶断裂：指多晶体材料的裂纹萌生与扩展是在晶界处发生的分离过程。

(2) 穿晶断裂：指裂纹萌生和扩展是在晶粒内部发生的断裂。

(3) 混晶断裂：指断裂时裂纹的扩展不是单一的沿晶界或沿晶内发生，而是具有两种混合的路径。

2. 断口分析方法

断口真实地记录了与断裂过程有关的各种信息，如它记录了产生裂纹的原因，外部因素对裂纹萌生的影响及材料本身的缺陷对裂纹萌生的促进作用；同时也记录着裂纹发展的选径、发展过程及内外因素对裂纹扩展的影响。通过对断口记录的信息进行分析，就可以找出断裂的原因及影响因素。因此断口分析在断裂失效分析中占据着非常重要的位置。可以说断口分析是断裂失效分析的核心，同时又是断裂失效分析的向导，指引断裂失效分析少走弯路。

对金属材料的室温拉伸或冲击试样的断口进行宏观观察，可以看到其断口可分为纤维状区、放射状区及剪切唇区三个不同的区域，在断口分析中，通常将这三个区域的断口宏观形貌特征称之为断口三要素(图 9-1)。

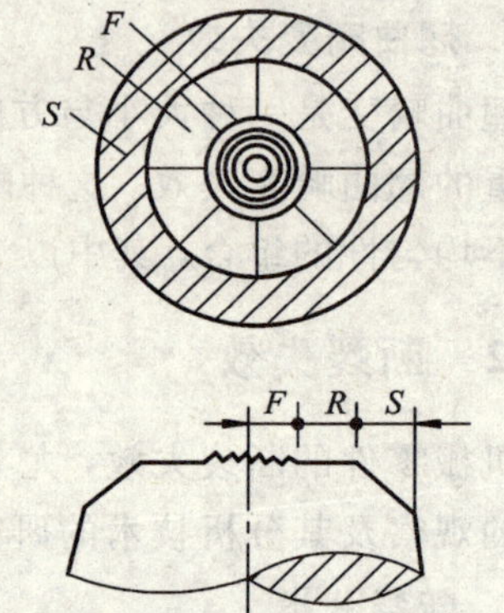

F—纤维状区；R—放射状区；S—剪切唇区

图 9-1 断口三要素示意图

金属在拉伸时不断发生塑性变形，开始时是均匀伸长，随后在某一部位上产生颈缩，其颈缩的中心部位最先开始分离，最后在颈缩的边缘部分沿与拉伸轴成 45°角的方向被切断，即形成杯状断口，其中心区域呈现纤维状形貌特征。断口的边缘为切断区域，具有金属光泽，呈灰色鹅毛状，表面较光滑，通常称为剪切唇。纤维状区域与剪切唇区域之间还存在一个具有脆性特征的放射区域。

9.2.3 磨损失效

相互接触的一对金属表面在相对运动时不断发生损耗或产生塑性变形，使金属表面状态和尺寸改变的现象称为磨损。磨损是零件表面失效的主要原因之一，直接影响着机器的使用寿命。

1. 磨损失效的基本类型

磨损失效的基本类型有粘着磨损、磨料磨损、表面疲劳磨损、冲刷磨损、腐蚀磨损等五种。在实际的分析中往往遇到多种磨损类型的复合状况，即“复合磨损失效”。

1) *粘着磨损*

粘着磨损也称擦伤、磨伤、胶合、咬住、结疤等。两个金属表面的微凸部分在局部高压下产生局部粘结(固相粘着)，使材料从一个表面转移到另一表面或撕下作为磨料留在两个表面之间，这一现象称为粘着磨损。

粘着磨损使摩擦副降低了零件的使用性能，严重时可产生“咬合”现象，完全丧失滑动能力。如轴承轴颈部件润滑失效时，可发生擦伤甚至咬死等损伤。

2) *磨料磨损*

配合表面之间在相对运动过程中，因外来硬颗粒或表面微凸体的作用造成表面损伤的磨损称为磨粒(料)磨损。

磨料磨损的主要特征是表面被犁削形成沟漕。

3) *表面疲劳磨损*

两个接触面作滚动或滚动-滑动复合摩擦时，在交变接触压应力作用下，使材料表面疲劳面产生材料损失的现象称为表面疲劳磨损。齿轮副、凸轮副、滚动轴承的滚动体与外座圈、轮箍与钢轨等都可能产生表面疲劳磨损。

表面疲劳磨损是在交变载荷的作用下，产生表面裂纹或亚表面裂纹(一般是夹杂物处)，裂纹沿表面平行扩展而引起表面金属小片的脱落，在金属表面形成麻坑。

4) *冲刷磨损*

冲刷磨损是由于含固态粒子的流体(常为液体)冲刷造成表面材料损失的磨损。

冲刷流体中所带固体粒子的相对运动方向与被冲刷表面相平行的冲刷称为研磨冲刷。如风机中带硬粒气流对叶片纵向冲刷；液体中固态粒子的相对运动方向与被冲刷表面近于垂直的冲刷称为碰撞冲刷。

5) *腐蚀磨损*

金属在摩擦过程中，同时与周围介质发生化学或电化学反应，产生表层金属的损失或迁移现象。化学反应会增强机械磨损的作用。

2. 磨损失效的基本影响因素

从摩擦学角度考虑，涉及到三个基本方面的问题，即摩擦、磨损和润滑，即磨损失效涉及到摩擦副的材质和磨损工况。

1) *摩擦副材质*

这首先是材料副的互溶性，相同金属、晶格类型、原子间距、电子密度、电化学性能相近的材料副互溶性大，易于粘着而导致粘着磨损失效。而金属与非金属(如塑料、石墨等)，互溶性小，粘着倾向小。其次是指材料副的表面强化处理情况。合理的表面强化处理，一是改变组织结构，二是适度提高硬度。表面强化处理有利于降低磨料磨损、表面疲劳磨损、粘着磨损等的磨损率。此外，影响磨损的因素还有材料表层组织和结构缺陷。夹杂、疏松、空洞、锻造夹层以及各种微裂纹，过高的装配应力等都将使各种磨损加剧。表面结构缺陷则包括：表面结构设计缺陷，如过大的截面变化、过小的圆角半径、过大过盈联接量等；表面加工质量缺陷，如表面粗糙度过大，尺寸精度过低、表面刀痕划伤等；以及各种热处理缺陷，如淬火裂纹、渗碳和氮化表面层的网状组织等。

2) *工况参数*

工况参数主要包括接触应力、滑动距离和滑动速度、温度、介质条件与润滑等。

9.2.4　腐蚀失效

腐蚀是金属暴露于活性介质环境中因表面损耗而发生的化学和电化学作用的结果。

腐蚀失效有下列几种基本类型：

1. 均匀腐蚀

均匀腐蚀是在整个金属的表面均匀地发生。

腐蚀均匀性的前提是：被腐蚀的金属表面具有均匀的化学成分和显微组织，同时腐蚀环境包围金属表面是均匀而且不受限制与障碍的。如质量保证的钢材在大气中所产生的锈蚀。

均匀腐蚀可在大气、液体以及土壤里发生，且常在正常条件下发生。

2. 点腐蚀

点腐蚀集中于局部，呈尖锐小孔，进而向深度扩成孔穴甚至穿透(孔蚀)。

点腐蚀是由于洁净表面上的钝化膜的破坏或起防护作用的防蚀剂的局部被破坏而产生

的。金属表面的受破坏处和未受破坏处可形成“局部电池”，其中受破坏处是阳极，未受破坏处是阴极，两极极大的面积差造成相应的电流密度差，具有很小面积的阳极具有很大的电流密度，腐蚀电流由阳极流向周围的阴极，阳极处很快被腐蚀成小孔，小孔逐渐被腐蚀加深乃至穿透，而周围部分受到阴极保护。

3. 晶间腐蚀

晶间腐蚀发生于晶粒边界或其近旁。

晶间腐蚀会使其机械性能显著下降以致酿成突然事故，危害很大。不锈钢、镍合金、铝合金、镁合金及钛合金均可在某特定环境介质条件下产生晶间腐蚀。

晶间腐蚀的主要原因是晶界处化学成分不均匀。由于晶界是原于排列较为疏松而紊乱的区域，因此在这个区域易于富集杂质原子和发生晶界沉淀。例如不锈钢的晶间腐蚀，是由于碳化铬在晶界析出，使晶界贫铬而成为阳极，晶粒本身相对成为阴极，组成“局部电池”而导致的晶间腐蚀。

9.3　机械零件选材原则

机械设计不仅包括零件结构的设计，同时也包括所用材料和工艺的设计。正确选材是机械设计的一项重要任务，它必须使选用的材料保证零件在使用过程中具有良好的工作能力，保证零件便于加工制造，同时保证零件的总成本尽可能低。优异的使用性能、良好的加工工艺性能和便宜的价格是机械零件选材的最基本原则。

9.3.1　使用性能原则

使用性能是保证零件完成规定功能的必要条件。在大多数情况下，它是选材首先要考虑的问题。使用性能主要是指零件在使用状态下材料应该具有的机械性能、物理性能和化学性能。材料的使用性能应满足使用要求。对大量机器零件和工程构件，则主要是机械性能。对一些特殊条件下工作的零件，则必须根据要求考虑到材料的物理、化学性能。

使用性能的要求是在分析零件工作条件和失效形式的基础上提出来的。零件的工作条件包括三个方面。

1. 受力状况

受力状况主要是载荷的类型(例如动载、静载、循环载荷或单调载荷等)和大小、载荷的形式(例如拉伸、压缩、弯曲或扭转等)以及载荷的特点(例如均布载荷或集中载荷等)。

2. 环境状况

环境状况主要是湿度特性(例如低温、常温、高温或变湿等)和介质情况(例如有无腐蚀或摩擦作用等)。

3. 特殊要求

特殊要求主要是对导电性、磁性、热膨胀、密度、外观等的要求。零件的失效形式则如前述，主要包括过量变形、断裂和表面损伤三个方面。

通过对零件工作条件和失效形式的全面分析，确定零件对使用性能的要求，然后利用使用性能与实验室性能的相应关系，将使用性能具体转化为实验室机械性能指标，例如强度、韧性或耐磨性等。这是选材最关键的步骤，也是最困难的一步。然后，根据零件的几何形状、尺寸及工作中所承受的载荷，计算出零件中的应力分布。再由工作应力、使用寿命或安全性与实验室性能指标的关系，确定对实验室性能指标要求的具体数值。

表9-2列举了几种常用零件的工作条件、失效形式和要求的主要机械性能指标。

表9-2　几个常用零件的工作条件、失效形式和要求的主要机械性能指标

零　件	工作条件			常见的失效形式	要求的主要机械性能
	应力种类	载荷性质	受力状态		
紧固螺栓	拉、剪应力	静载		过量变形，断裂	强度，塑性
转动轴	弯、扭应力	循环、冲击	轴颈摩擦、振动	疲劳断裂，过量变形，轴颈磨损	综合机械性能
转动齿轮	压、弯应力	循环、冲击	摩擦、振动	齿折断，磨损，疲劳断裂，接触疲劳(麻点)	表面高强度及疲劳极限，心部强度、韧性
弹簧	扭、弯应力	交变、冲击	振动	弹性失稳，疲劳破坏	弹性极限，屈服比，疲劳极限
冷作模具	复杂应力	交变，冲击	强烈摩擦	磨损，脆断	硬度，足够的强度，韧性

在确定了具体机械性能指标和数值后，即可利用手册选材。但是，零件所要求的机械性能数据，不能简单地同手册、书本中所给出的完全等同相待，还必须注意以下情况。第一，材料的性能不仅与化学成分有关，也与加工、处理后的状态有关，金属材料尤其明显。所以要分析手册中的性能指标是在什么加工、处理条件下得到的。第二，材料的性能与加工处理时试样的尺寸有关，随截面尺寸的增大，机械性能一般是降低的。因此必须考虑零件尺寸与手册中试样尺寸的差别，并进行适当的修正。第三，材料的化学成分、加工处理的工艺参数本身都有一定波动范围。一般手册中的性能，大多是波动范围的下限值。就是说，在尺寸和处理条件相同时，手册数据是偏安全的。

在利用常规机械性能指标选材时，有两个问题必须说明。第一个问题是，材料的性能指标有各自的物理意义。有的比较具体，并可直接应用于设计计算，例如屈服强度σ_S、疲劳强度σ_{-1}、断裂韧性K_{IC}等；有些则不能直接应用于设计计算，只能间接用来估计零件的性能，例如伸长率δ、断面收缩率φ和冲击韧性a_k等。传统的看法认为，这些指标属于保证安全的性能指标。对于具体零件，δ、φ、a_k值为多大才能保证安全，至今还没有可靠的估算方法，而完全依赖于经验。第二个问题是，由于硬度的测定方法比较简便，不破坏零件，并且在确定的条件下与某些机械性能指标有大致固定的关系，因此常用来作为设计中控制材料性能的指标。但它也有很大的局限性，例如，硬度对材料的组织不够敏感，经不同处理的材料常可得到相同的硬度值，而其他机械性能却相差很大，因而不能确保零件的使用安全。所以，设计中在给出硬度值的同时，还必须对处理工艺(主要是热处理工艺)作出明确的规定。

对于在复杂条件下工作的零件，必须采用特殊实验室性能指标作选材依据。例如采用高温强度、低周疲劳及热疲劳性能、疲劳裂纹扩展速率和断裂韧性、介质作用下的机械性能等。

9.3.2 工艺性能原则

材料的工艺性能表示材料加工的难易程度。在选材中，同使用性能比较，工艺性能常处于次要地位。但在某些特殊情况下，工艺性能也可成为选材考虑的主要依据。另外，一种材料即使使用性能很好，但若加工极困难，或者加工费用太高，它也是不可取的。所以材料的工艺性能应满足生产工艺的要求，这是选材必须考虑的问题。

材料所要求的工艺性能与零件生产的加工工艺路线有密切关系，具体的工艺性能是从工艺路线中提出来的。下面讨论各类材料的一般工艺路线和有关的工艺性能。

1. 高分子材料的工艺性能

高分子材料的加工工艺路线如图 9-2 所示。

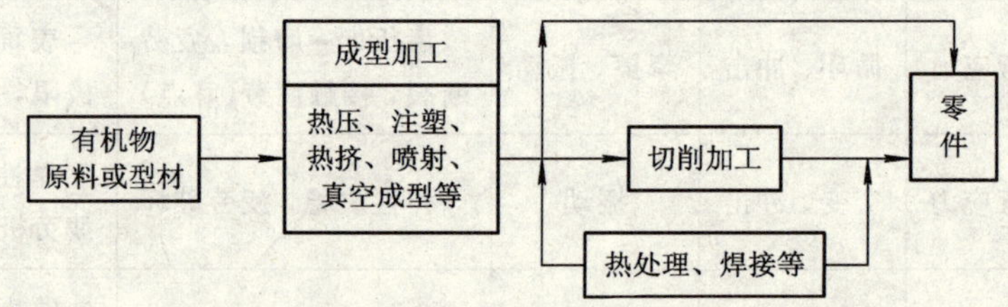

图 9-2 高分子材料的加工工艺路线

从图中可以看出，工艺路线比较简单，其中变化较多的是成型工艺。主要成型工艺的比较见表 9-3。

表 9-3 高分子材料主要成型工艺的比较

工 艺	适用材料	形 状	表面粗糙度	尺寸精度	模具费用	生产率
热压成型	范围较广	复杂形状	很低	好	高	中等
喷射成型	热塑性塑料	复杂形状	很低	非常好	很高	高
热挤成型	热塑性塑料	棒状	低	一般	低	高
真空成型	热塑性塑料	棒状	一般	一般	低	低

高分子材料的切削加工性能较好。不过要注意，它的导热性差，在切削过程中不易散热，易使工件温度急剧升高，使其变焦(热固性塑料)或变软(热塑性塑料)。

2. 陶瓷材料的工艺性能

陶瓷材料的加工工艺路线如图 9-3 所示。

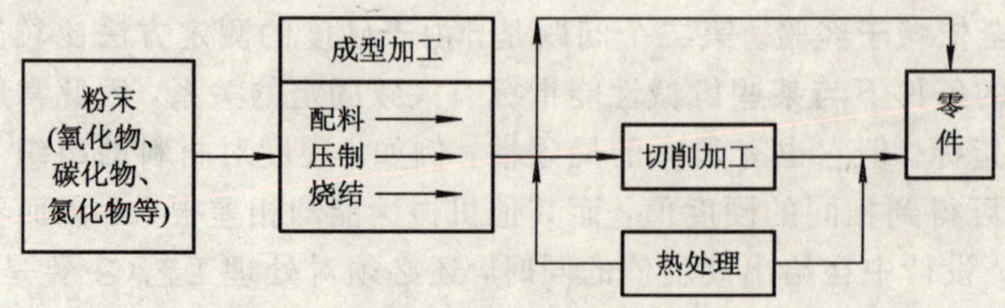

图 9-3 陶瓷材料的加工工艺路线

从图中可以看出，工艺路线也比较简单，主要工艺就是成型，其中包括粉浆成型、压制成型、挤压成型、可塑成型等。它们的比较见表 9－4。陶瓷材料成型后，除了可以用碳化硅或金刚石砂磨加工外，几乎不能进行任何其他加工。

表 9－4　陶瓷材料的各种成型工艺比较

工　艺	优　　点	缺　　点
粉浆成型	可做形状复杂件、薄塑件，成本低	收缩大，尺寸精度低，生产率低
压制成型	可做形状复杂件，有高密度和高强度，精度较高	设备较复杂，成本高
挤压成型	成本低，生产率高	不能做薄壁件，零件形状需对称
可塑成型	尺寸精度高，可做形状复杂件	成本高

3. 金属材料的工艺性能

1）金属材料的加工工艺路线

金属材料的加工工艺路线如图 9－4 所示。

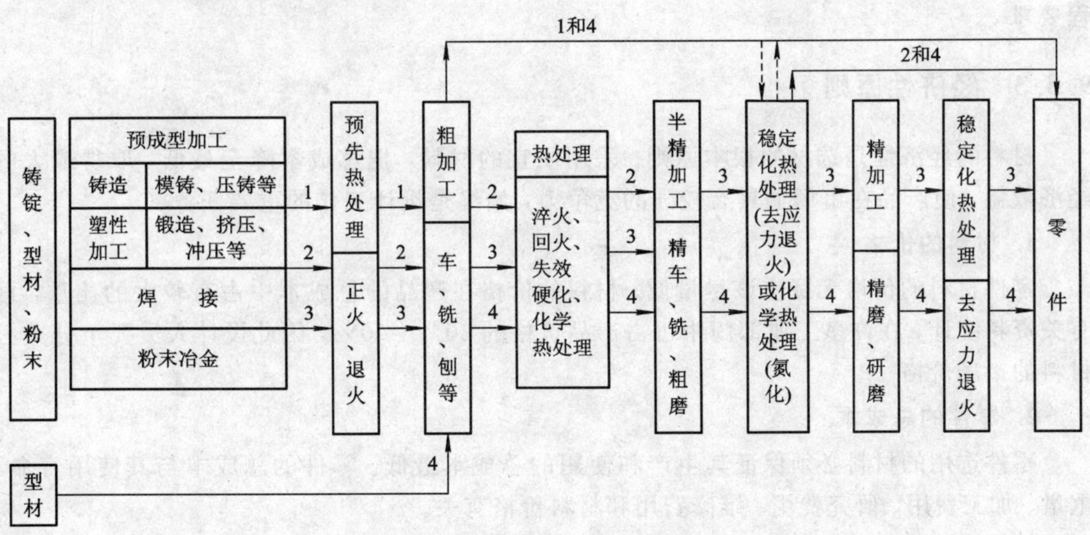

图 9－4　金属材料的加工工艺路线

从图中可以看出，金属材料远比高分子材料和陶瓷材料复杂，而且变化多，这不仅影响零件的成型，还大大影响其最终性能。金属材料(主要是钢铁材料)的工艺路线大体可分成三类。

(1) 性能要求不高的一般零件的工艺路线为：毛坯→正火或退火→切削加工→零件。即图 9－4 中的工艺路线 1 和 4。毛坯由铸造或锻轧加工获得。如果用型材直接加工成零件，则因材料出厂前已经退火或正火处理，可不必再进行热处理。一般情况下的毛坯的正火或退火，不单是为了消除铸造、锻造的组织缺陷和改善加工性能，还赋予零件以必要的机械性能，因而也是最终热处理。由于零件性能要求不高，多采用比较普通的材料如铸铁或碳钢制造。它们的工艺性能都比较好。

(2) 性能要求较高的零件的工艺路线为：毛坯→预先热处理(正火、退火)→粗加工→最终热处理(淬火、回火，固溶时效或渗碳处理等)→精加工→零件。即图 9-4 中的工艺 2 和 4。预先热处理是为了改善机加工性能，并为最终热处理作好组织准备。大部分性能要求较高的零件，如各种合金钢、高强铝合金制造的轴、齿轮等，均采用这种工艺路线。它们的工艺性能不一定都是很好的，所以要重视这些性能的分析。

(3) 要求较高的精密零件的工艺路线为：毛坯→预先热处理(正火、退火)→粗加工→最终热处理(淬火、低温回火、固溶、时效或渗碳)→半精加工→稳定化处理或氮化→精加工→稳定化处理→零件。

这类零件除了要求有较高的使用性能外，还要有很高的尺寸精度和表面光洁度。因此大多采用图 9-4 中的工艺路线 3 或 4，在半精加工后进行一次或多次精加工及尺寸的稳定化处理。要求高耐磨性的零件还需进行氯化处理。由于加工路线复杂，性能和尺寸的精度要求很高，因此零件所用材料的工艺性能应充分保证。这类零件有精密丝杠、镗床主轴等。

2) 金属材料的主要工艺性能

金属材料的加工工艺路线复杂，要求的工艺性能较多，如铸造性能、锻造性能、焊接性能、切削加工性能、热处理工艺性能等。金属材料的工艺性能应满足其工艺过程要求。

9.3.3　经济性原则

材料的经济性是选材的根本原则。采用便宜的材料，把总成本降至最低，取得最大的经济效益，使产品在市场上具有较强的竞争力，始终是设计工作的重要任务。

1. 材料的价格

零件材料的价格无疑应该尽量低。材料的价格在产品的总成本中占有较大的比重，据有关资料统计，在许多工业部门中可占产品价格的 30%～70%，因此设计人员要十分关心材料的市场价格。

2. 零件的总成本

零件选用的材料必须保证其生产和使用的总成本最低。零件的总成本与其使用寿命、重量、加工费用、研究费用、维修费用和材料价格有关。

如果准确地知道了零件总成本与上述各因素之间的关系，则可以对选材的影响作精确的分析，并选出使总成本最低的材料。但是，要找出这种关系，只有在大规模工业生产中进行详尽实验分析的条件下才有可能。对于一般情况，详尽的实验分析有困难，要利用一切可能得到的资料，逐项进行分析，以确保零件总成本降低，使选材和设计工作做得更合理些。

3. 国家的资源

随着工业的发展，资源和能源问题的日渐突出，选用材料时必须对此加以考虑，特别是对于大批量生产的零件，所用材料应该来源丰富并顾及我国资源状况。另外，还要注意生产所用材料的能源消耗，应尽量选用耗能低的材料。

思考与练习

9-1　零件的三种基本失效形式是什么？哪些因素会造成零件的失效？

9-2　什么是失效分析？进行失效分析时的基本思路是什么？

9-3　失效分析常采用哪些试验方法，一般步骤是什么？

9-4　零件在高温下的失效分析有哪些？如何预防？

9-5　设计人员在选材时应考虑什么原则？如何才能做到合理选材？

9-6　简述选用材料的一般方法与步骤。

第 10 章 典型工件的选材及工艺路线设计

10.1 齿轮选材

10.1.1 齿轮的工作条件、失效形式及其对材料性能的要求

1. 齿轮的工作条件

齿轮主要用于传递扭矩和调节速度，其工作时的受力情况如下：

(1) 由于传递扭矩，齿根承受很大的交变弯曲应力；

(2) 换挡、启动或啮合不均时，齿根承受一定冲击载荷；

(3) 齿面相互滚动或滑动接触，承受很大的接触压应力及摩擦力的作用。

2. 齿轮的失效形式

按照工作条件的不同，齿轮的失效形式主要有以下几种：

1) 疲劳断裂

疲劳断裂是齿轮最严重的失效形式，主要从根部发生，常常有一齿断裂引起数齿甚至所有齿的断裂。

2) 齿面磨损

齿面磨损是指由于齿面接触区摩擦，使齿厚变小。

3) 齿面接触疲劳破坏

在交变接触应力作用下，齿面产生微裂纹，微裂纹的发展继而引起点状剥落(或称麻点)。

4) 过载断裂

过载断裂主要是冲击载荷过大造成的断齿。

表 10－1 是美国的一个关于齿轮失效形式及原因的统计资料。结果表明，疲劳断裂占失效齿轮总数的 1/3 以上，居首位；其次是表面损伤。总的来讲，断裂是齿轮失效的主要形式。

3. 齿轮的性能要求

根据工作条件及失效形式的分析，可以对齿轮材料提出如下性能要求：

(1) 高的弯曲疲劳强度；

(2) 高的接触疲劳强度和耐磨性；

(3) 较高的强度和冲击韧性。

表 10-1 美国931个齿轮失效方式及原因的统计结果

失效方式	统计结果/(%)	失效原因	统计结果/(%)
	61.2	使用不当，总计	74.7
断裂，总计	32.8	润滑不良	11.0
疲劳断裂，轮齿轮	4.0	安装不良	21.2
过载断裂，轮齿轮	23.8	过载	38.9
	0.6	其他	3.6
表面疲劳，总计	20.3	设计，总计	6.9
麻点	7.2	设计不合理	2.8
剥落	6.8	选材不当	1.6
麻点-剥落混合	6.8	热处理条件规定不当	2.5
磨损，总计	13.2	热处理，总计	16.2
磨粒磨损	10.3	淬火不良	5.9
粘着磨损	2.9	硬化层浅	4.8
		心部硬度低	2.0
塑性变形，总计	5.3	硬化层太深	1.8
		其他，总计	1.4

此外，还要求有较好的热处理工艺性能，例如热处理变形小或变形有一定规律等。

10.1.2 齿轮类零件的选材

齿轮材料要求的性能主要是疲劳强度，尤其是弯曲疲劳强度和接触疲劳强度。

强度与齿面硬度之间大致有以下关系：

$$S_B = k(\mathrm{HV})^m$$

式中，S_B 为疲劳强度；HV为齿面硬度值；k、m 为与材料有关的常数。显然，表面硬度越高，疲劳强度也越高。

齿心应有足够的冲击韧性，目的是防止轮齿受冲击过载断裂。这方面还没有合适的计算方法，基本上凭经验决定。

从以上两方面考虑，宜选用低、中碳钢或其合金钢。它们经表面强化处理后，表面有高的强度和硬度，心部有好的韧性，能满足使用要求。此外，这类钢的工艺性能好，经济上也较合理，所以是比较理想的材料。

10.1.3 典型齿轮选材举例

1. 机床齿轮

机床变速箱齿轮担负传递动力，改变运动速度和方向的任务。工作条件较好，转速中等，载荷不大，工作平稳无强烈冲击。因此，按照经验，一般可选中碳钢制造，为了提高淬透性，也可选用中碳合金钢。它的工艺路线为：

下料→锻造→正火→粗加工→调质→精加工→轮齿高频淬火及回火→精密

正火处理对锻造齿轮毛坯是必须的热处理工序，它可消除锻造应力，均匀组织，使同批坯料具有相同的硬度，便于切削加工，改善齿轮表面加工质量。对于一般齿轮，正火也可作为高频淬火前的最后热处理工序。

调质处理可使齿轮具有较高的综合力学性能，心部有足够的强度和韧性，能承受较大的交变弯曲应力和冲击载荷，并可减少齿轮的淬火变形。

高频淬火及低温回火是决定齿轮表面性能的关键工序。通过高频淬火，轮齿表面硬度可达 52 HRC 以上，提高了耐磨性，并使轮齿表面有残余压应力存在，从而提高了抗疲劳破坏的能力。为了消除淬火应力，高频淬火后进行低温回火。

表 10－2 给出了机床齿轮的用材及热处理情况。

表 10－2 机床齿轮的用材及热处理

序号	齿轮工作条件	钢 种	热处理工艺	硬度要求
1	在低载荷下工作，要求耐磨性好的齿轮	15	900～950℃渗碳，直接淬火，或 780～800℃水冷，180～200℃回火	58～63 HRC
2	低速(<0.1 m/s)、低载荷下工作的不重要的变速箱齿轮和挂轮架齿轮	45	840～860℃正火	156～217 HB
3	低速(<1 m/s)、低载荷下工作的齿轮(如车床溜板上的齿轮)	45	820～840℃水冷，500～550℃回火	200～250 HB
4	中速、中载荷或大载荷下工作的齿轮(如车床变速箱中的次要齿轮)	45	高频加热，水冷，300～340℃回火	45～50 HRC
5	速度较大或中等载荷下工作的齿轮，齿部硬度要求较高(如钻床变速箱中的次要齿轮)	45	高频加热，水冷，230～240℃回火	50～55 HRC
6	高速、中等载荷，要求齿面硬度高的齿轮(如磨床砂轮箱齿轮)	45	高频加热，水冷，180～200℃回火	54～60 HRC
7	速度不大，中等载荷，断面较大的齿轮(如铣床工作面变速箱齿轮、立车齿轮)	40 Cr 42 SiMn 45 MnB	840～860℃油冷，600～650℃回火	200～230 HB
8	中等速度(2～4 m/s)、中等载荷下工作的高速机床走刀箱、变速箱齿轮	40 Cr 42 SiMn	调质后高频加热，乳化液冷却，260～300℃回火	50～55 HRC
9	高速、高载荷、齿部要求高硬度的齿轮	40 Cr 42 SiMn	调质后高频加热，乳化液冷却，180～200℃回火	54～60 HRC
10	高速、中载荷、受冲击、模数<5 的齿轮(如机床变速箱齿轮、龙门铣床的电动机齿轮)	20 Cr 20 Mn2B	900～950℃渗碳，降温至 820～850℃淬火，180～200℃回火	58～63 HRC
11	高速、重载荷受冲击、模数>6 的齿轮(如立车上的重要齿轮)	20 CrMnTi 20 SiMnVB	900～950℃渗碳，降温至 820～850℃淬火，180～200℃回火	58～63 HRC
12	高速、重载荷、形状复杂，要求热处理变形小的齿轮	38 CrMoAl 38 CrAl	正火或调质后 510～550℃氮化	850 HV 以上
13	在不高载荷下工作的大型齿轮	50 Mn2 65 Mn	820～840℃空冷	241<HB
14	传动精度高，要求具有一定耐磨性的大齿轮	35 CrMo	850～870℃空冷，600～650℃回火(热处理后精切齿形)	255～302 HB

冲击载荷小的低速齿轮也可采用 HT250、HT350、QT500—5、QT600—2 等铸铁制造。

机床齿轮除选用金属齿轮外，有的还可改用塑料齿轮。如 C336—1 车床走刀机构的传动齿轮(模数 2、齿数 55、压力角 20°、齿宽 15 mm)，原采用 45 钢制造，现改为聚甲醛(或单体浇铸尼龙)，工作时传动平稳，噪声减少，长期使用无损坏，且磨损很小。M120W 万能磨床油泵中圆柱齿轮(模数 3、齿数 14、压力角 20°、齿宽 24 mm)，承载较大，转速高(1440 r/min)。原采用 40Cr 钢制造，在油中运转，连续工作时油压约 1.5 MPa。现改用单体浇铸尼龙或氯化聚醚，注射成全塑料结构的圆柱齿轮，经长期使用无损坏现象，并且噪声小，油泵压力稳定。

2. 汽车齿轮

汽车齿轮主要分装在变速箱和差速器中。在变速箱中，通过它改变发动机、曲轴和主轴齿轮的速比；在差速器中，通过齿轮增加扭矩，并调节左右轮的转速。全部发动机的动力均通过齿轮传给车轴，推动汽车运行。所以，汽车齿轮受力较大，受冲击频繁，其耐磨性、疲劳强度、心部强度以及冲击韧性等，均要求比机床齿轮高。采用调质钢高频淬火不能保证要求，所以，对于重要齿轮，通常用低碳钢进行渗碳处理。我国应用最多的是合金渗碳钢 20Cr 或 20CrMnTi，并经渗碳、淬火和低温回火。渗碳后表面碳含量大大提高，保证淬火后得到高硬度，提高耐磨性和接触疲劳抗力。由于合金元素提高淬透性，淬火、回火后可使心部获得较高的强度和足够的冲击韧性，因此为了进一步提高齿轮的耐用性，渗碳、淬火、回火后，还可采用喷丸处理，增大表层压应力，有利于提高疲劳强度，并清除氧化皮。

渗碳齿轮的工艺路线为：

下料→锻造→正火→切削加工→渗碳、淬火及低温回火→喷丸→磨削加工

表 10-3 中给出了汽车、拖拉机齿轮的常用钢种及热处理情况。

表 10-3　汽车、拖拉机齿轮的常用钢种及热处理方法

<table>
<tr><th rowspan="2">序号</th><th rowspan="2">齿轮类型</th><th rowspan="2">常用钢种</th><th colspan="2">热　处　理</th></tr>
<tr><th>主要工序</th><th>技术条件</th></tr>
<tr><td rowspan="2">1</td><td rowspan="2">汽车变速箱和分动箱齿轮</td><td>20 CrMnTi，
20 CrMo 等</td><td>渗碳</td><td>层深：
m_n①<3 时，0.6～1.0 mm；
3<m_s②<5 时，0.9～1.3 mm；
m_n>5 时，1.1～1.5 mm
齿面硬度：
58～64 HRC
心部硬度：
$m_n \leqslant 5$ 时，32～45 HRC；
m_n>5 时，29～45 HRC</td></tr>
<tr><td>40 Cr</td><td>(浅层)
碳氮共渗</td><td>层深：>0.2 mm
表面硬度：51～61HRC</td></tr>
</table>

续表

序号	齿轮类型	常用钢种	热处理	
			主要工序	技术条件
2	汽车驱动桥主动及从动圆柱齿轮，汽车驱动桥主动及从动圆锥齿轮	20 CrMnTi， 20 CrMo 20 CrMnTi， 20 CrMnMo	渗碳 渗碳	渗层深度按图纸要求，硬度要求同序号 1 中渗碳工序 层深： $m_n<5$ 时，0.9～1.3 m； $5m_s<8$ 时，1.0～1.4 mm； $m_n>8$ 时，1.2～1.6 mm 齿面硬度： 58～64 HRC 心部硬度： $m_n\leqslant 8$ 时，32～45 HRC； $m_n>8$ 时，29～45 HRC
3	汽车驱动桥差速器行星及半轴齿轮	20 CrMnTi， 20 CrMo， 20 CrMnMo	渗碳	同序号 1 中渗碳工序
4	汽车发动机凸轮轴齿轮	灰口铸铁， HT 150， HT 200		170～229 HB
5	汽车曲轴正时齿轮	35，40，45， 40 Cr	正火	149～179 HB
			调质	207～241 HB
6	汽车起动机齿轮	15Cr，20Cr， 20 CrMo， 15 CrMnMo， 20 CrMnTi	渗碳	层深：0.7～1.1 mm； 表面硬度：58～63 HRC； 心部硬度：33～43 HRC
7	汽车里程表齿轮	20，A2	（浅层） 碳氮共渗	层深：0.2～0.35 mm
8	拖拉机传动齿轮，动力传动装置中的圆柱齿轮，圆锥齿轮及轴齿轮	20 Cr， 20 CrMo， 20 CrMnMo， 20 CrMnTi， 30 CrMnTi	渗碳	层深： ≥模数的 0.18 倍，但≤2.1 mm 各种齿轮渗层深度的上下限≤0.5 mm，硬度要求同序号 1、2
9	拖拉机曲轴正时齿轮，凸轮轴齿轮，喷油泵驱动齿轮	45	正火	156～217 HB
			调质	217～255 HB
		灰口铸铁 HT 150		170～229 HB
10	汽车拖拉机油泵齿轮	40，45	调质	28～35 HRC

注：① m_n—法向模数；② m_s—端面模数。

10.2　轴类零件选材

轴是机器上的最重要零件之一，一切回转运动的零件，如齿轮、凸轮等都装在轴上。所以，轴主要起传递运动和转矩的作用。

10.2.1　轴类零件的工作条件

(1) 轴类零件工作时主要受交变弯曲和扭转应力的复合作用；

(2) 轴与轴上零件有相对运动，相互间存在摩擦和磨损；

(3) 轴在高速运转过程中会产生振动，使轴承受冲击载荷；

(4) 多数轴会承受一定的过载载荷。

10.2.2　轴类零件的失效方式

由于轴类零件的受力情况及工作条件较复杂，因此其失效方式也是多样的。轴类零件的一般失效方式有长期交变载荷下的疲劳断裂(包括扭转疲劳和弯曲疲劳断裂)，大载荷或冲击载荷作用引起的过量变形甚至断裂，与其他零件相对运动时产生的表面过度磨损等。

10.2.3　轴类零件的性能要求

根据轴类材料的工作条件和失效方式，对其可有以下性能要求：

(1) 良好的综合机械性能：足够的强度、塑性和一定的韧性，以防止过载断裂、冲击断裂；

(2) 高的疲劳强度，对应力集中敏感性低，以防疲劳断裂；

(3) 足够的淬透性，热处理后表面要有高硬度、高耐磨性，以防磨损失效；

(4) 良好的切削加工性能，价格便宜。

10.2.4　轴类零件材料及选材方法

轴类零件选材时主要考虑强度，同时也要考虑材料的冲击韧性和表面耐磨性。强度设计一方面可保证轴的承载能力，防止变形失效；另一方面由于疲劳强度与拉伸强度大致成正比关系，也可保证轴的耐疲劳性能，并且对耐磨性有利。

为了兼顾强度和韧性，同时考虑疲劳抗力，轴一般用经锻造或轧制的低、中碳钢或合金钢来制造。

由于碳钢比合金钢便宜，并且有一定的综合机械性能及对应力集中敏感性较小的特点，因此一般轴类零件使用较多。常用的优质碳结构钢有：35、40、45、50 钢等，其中 45 钢最常用。为改善其性能，这类钢一般要经正火、调质或表面淬火热处理。

合金钢比碳钢具有更好的力学性能和热处理性能，但对应力集中敏感性较高，价格也较贵，因此当载荷较大并要求限制轴的外形、尺寸和重量，或轴颈的耐磨性等等要求高时应采用合金钢。常用的合金钢有 20Cr、40Cr、40CrNi、20CrMnTi、40MnB 等。采用合金钢必须采取相应的热处理才能充分发挥其作用。

除了上述碳钢和合金钢外，还可以用球墨铸铁和高强度灰铸铁作为轴的材料，特别是曲轴的材料。

轴类零件很多，如机床主轴、内燃机曲轴、汽车半轴等，其选材原则主要是根据载荷大小、类型等来决定的。

轴类零件承受的载荷主要是弯曲载荷、扭转载荷和轴向载荷。

对于弯曲载荷，轴内应力分布为

$$\sigma = kEy$$

式中，σ 为法向应力；k 为曲率，在一定载荷下纯弯曲时为常数；E 为弹性模量；y 为离中心轴线的距离。所以最大应力值在外表面上。

对于扭转载荷，轴内应力分布为

$$\tau = G\rho\theta$$

式中，τ 为剪应力；G 为剪切模量；ρ 为距圆心的径向距；θ 为扭转角，在一定载荷下纯扭转时为常数。所以应力的最大值也在外表面上。对于轴向载荷，轴截面上应力分布均匀。

所以，主要受扭转、弯曲的轴，可以不必用淬透性很高的钢种；而受轴向载荷的轴，由于心部受力也较大，选用的钢应具有较高的淬透性。图 10－1 提供了一个帮助选择轴类零件材料的方法。在图中，从横轴上轴的直径数值处引垂线，根据轴的主要载荷形式（受扭转、弯曲还是受拉伸、剪切）和拟用的淬火冷却方式，与相应的曲线相交。由交点在左边纵轴上找到钢的淬透性大小，在右边找到可选用的钢种和其价格。

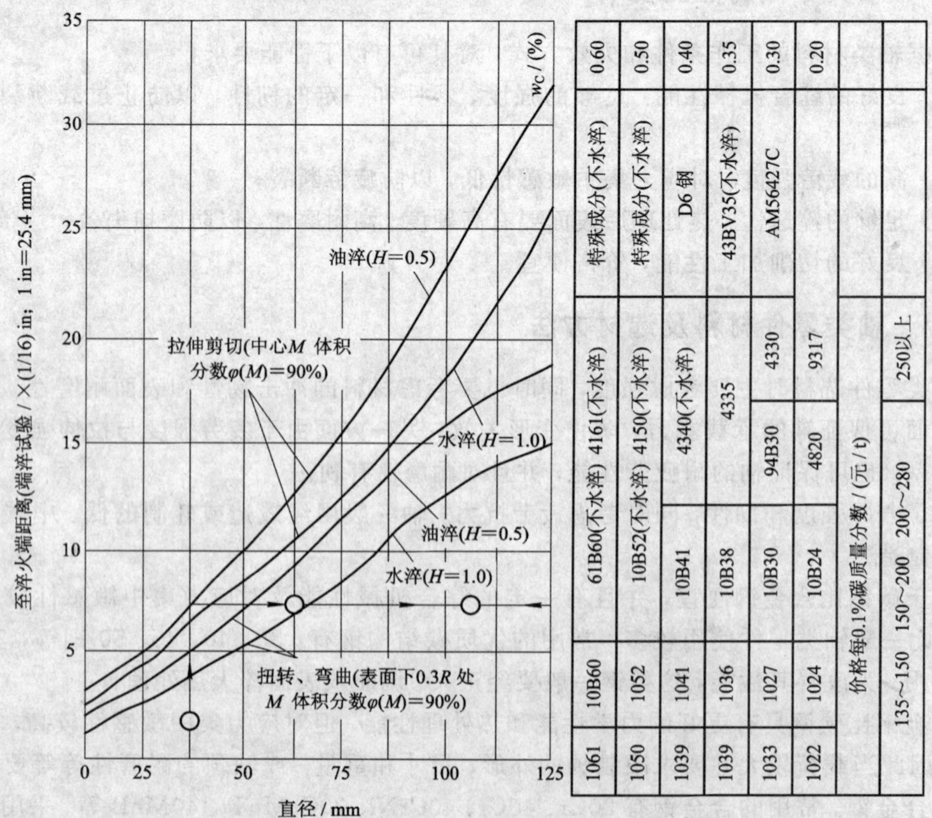

图 10－1　满足规定机械性能的轴用钢种的选择

举例如下：

设有一受拉伸的轴(例如连杆或高强螺栓)，其直径为 ϕ37.5 mm，工作应力为 700 MPa，安全系数 $k=2$，试选取合适材料。

根据工作应力及安全系数，所选钢的屈服强度应为 1400 MPa，相应的硬度约为 48HRC。根据硬度，并且考虑到其他因素，确定所选钢的碳质量分数；按淬硬性公式(淬透的硬度 $HRC=60\sqrt{w_C}+16$)算出，如果钢的碳质量分数小于 0.30%，淬火后硬度就达不到 48HRC，因此所选钢的碳质量分数应在 0.3%以上。由于回火时硬度要降低，加上实际淬火难以达到理论硬度值，因此假定低温回火后硬度比理论值低约 5 HRC。这样，即使采用低温回火工艺，钢的碳质量分数也不应低于 0.4%。如采用更高碳质量分数，钢的强度并不显著提高，但韧性下降，所以钢的碳质量分数以 0.4%～0.45%为宜。然后再由图 10－1 确定具体钢种。受拉伸轴的应力分布均匀，要求轴中心淬透。为了避免变形，采用油淬。按照这样的分析，如图中箭头线所示，给定轴可采用 10B41 钢(即我国的 40B 钢)制造。

10.2.5　典型轴的选材举例

以 C620 车床主轴为例进行选材。图 10－2 为其简图。

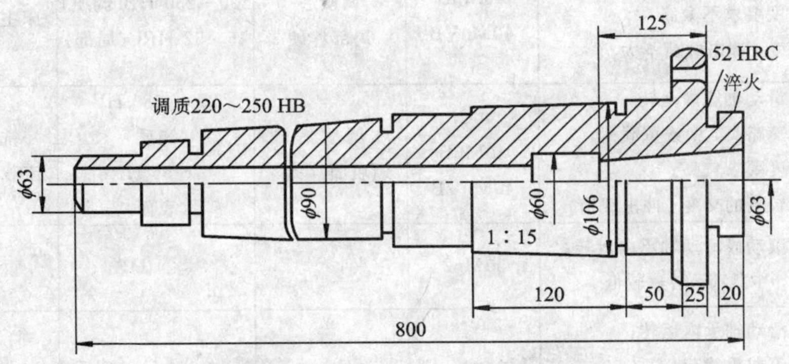

图 10－2　C620 车床主轴简图

该主轴受交变弯曲和扭转复合应力作用，使得载荷和转速均不高，冲击载荷也不大，所以具有一般综合机械性能即可满足要求。但大端的轴颈、锥孔与卡盘、顶尖之间有摩擦，这些部位要求有较高的硬度和耐磨性。

根据以上分析，车床主轴可选用 45 钢。整体的热处理工艺为调质处理，可使轴得到较高的综合力学性能与疲劳强度，调质后组织为回火索氏体，硬度要求为 220～250 HB；轴颈和锥孔处进行表面淬火与低温回火处理后，硬度要求为 52 HBC，可满足局部高硬度与高耐磨性的要求。它的工艺路线如下：

下料→锻造→正火→粗加工→调质→精加工→表面淬火及低温回火→磨削加工→零件

如果这类机床主轴的载荷较大，可用 40Cr 钢制造。当承受较大的冲击载荷和疲劳载荷时，则可采用合金渗碳钢制造，如 20Cr 或 20CrMnTi 等。当轴的精度、尺寸稳定性与耐磨性都要求很高时，如精密镗床的主轴，往往选用 38CrMoAlA 渗氮钢，经调质处理后再进行渗氮处理。

常用机床主轴的工作条件，选材及热处理工艺等列于表 10－4 中。

表 10－4 常用机床主轴的工作条件、选材及热处理

序号	工作条件	材 料	热处理工艺	硬度要求	应用举例
1	(1) 在滚动轴承中运转； (2) 低速，轻或中等载荷； (3) 精度要求不高； (4) 稍有冲击载荷	45	正火或调质	220～250 HB	一般简易机床主轴
2	(1) 在滚动轴承中运转； (2) 转速稍高，轻或中等载荷； (3) 精度要求不太高； (4) 冲击、交变载荷不大	45	整体淬硬	40～45 HRC	龙门铣床、立式铣床、小型立式车床主轴
			正火或调质＋局部淬火	≤229 HB(正火) 220～250 HB(调质) 46～52 HRC(表面)	
3	(1) 在滚动或滑动轴承内运转； (2) 低速，轻或中等载荷； (3) 精度要求不太高； (4) 有一定的冲击、交变载荷	45	整体淬硬	40～45 HRC	CB3463、CA6140、C61200 等重型车床主轴
			正火或调质后轴颈局部表面淬火	≤229 HB(正火) 220～250 HB(调质) 46～57 HRC(表面)	
4	(1) 在滚动轴承中运转； (2) 转速略高，中等载荷； (3) 精度要求不太高； (4) 交变、冲击载荷不大	40Cr 40MnB 40MnVB	整体淬硬	40～45 HRC	滚齿机、组合机床主轴
			调质后局部淬硬	220～250 HB(调质) 46～52 HRC(局部)	
5	(1) 在滑动轴承内运转； (2) 转速略高，中或重载荷； (3) 精度要求较高； (4) 有较高的交变、冲击载荷	40Cr 40MnB 40MnVB	调质后轴颈表面淬火	220～280 HB(调质) 46～55 HRC(表面)	铣床、M74758 磨床砂轮主轴
6	(1) 在滚动或滑动轴承内运转； (2) 轻、中载荷、转速较低	50Mn2	正火	≤24 HB	重型机主轴
7	(1) 在滑动轴承内运转； (2) 中等或重载荷； (3) 要求轴颈部分有更高的耐磨性； (4) 精度很高； (5) 交变应力较大，冲击载荷较小	65Mn	调质后轴颈和头部局部淬火	250～280 HB(调质) 56～161 HRC(轴颈表面) 50～55 HRC(头部)	M1450 磨床主轴
8	工作条件同上，但表面硬度要求更高	GCr15 9Mn2V	调质后轴颈和头部局部淬火	250～280 HB(调质) ≥59 HRC(局部)	MQ1420、MB1432A 磨床砂轮主轴
9	(1) 在滑动轴承内运转； (2) 重载荷，转速很高； (3) 精度要求极高； (4) 有很高的交变、冲击载荷	38CrMoAl	调质后渗氮	≤260 HB(调质) ≥850 HV(渗氮表面)	高精度磨床砂轮主轴，T68 镗杆，T4240A 坐标镗床主轴，C2150.6 多轴自动车床中心轴
10	(1) 在滑动轴承内运转； (2) 重载荷，转速很高； (3) 高的冲击载荷； (4) 很高的交变压力	20CrMnTi	渗碳淬火	≥50 HRC(表面)	Y7163 齿轮磨床、CG1107 车床、SG8630 精密车床主轴

曲轴是另外一种类型的轴类零件，是内燃机中形状复杂而又重要的零件之一，其作用是输出内燃机功率，并驱动内燃机内其他运动机构。曲轴在工作中受到更加复杂的力的作用；弯曲、扭转、剪切、拉压、冲击等交变应力，从而还可造成曲轴的扭转和弯曲振动，使之产生附加应力；因曲轴形状极不规则，所以应力分布很不均匀；另外，曲轴颈与轴承发生滑动摩擦。因此曲轴的失效形式主要是疲劳断裂和轴颈严重磨损两种。

根据曲轴的损坏形式，要求制造曲轴的材料必须具有高的强度，一定的冲击韧性，足够的弯曲、扭转疲劳强度和刚度，轴颈表面还应有高的硬度和耐磨性。

实际生产中，按制造工艺把曲轴分为锻钢曲轴和铸造曲轴两种。锻钢曲轴主要由优质中碳钢和中碳合金钢制造，如 35、40、45、35Mn2、40Cr、35CrMo 钢等，以及非调质钢 45V、48MnV、49MnVS3 等，其中 45 钢是最常用的，一般在调质或正火后采用中频感应淬火对轴颈进行表面强化处理。某些汽车、拖拉机的曲轴轴颈也有采用氮碳共渗处理，以提高曲轴的疲劳强度和耐磨性。铸造曲轴主要由铸钢、球墨铸铁、珠光体可锻铸铁以及合金铸铁等制造，如 ZG230－450、QT600－3、QT700－2、KTZ450－5、KTZ500－4 等。球磨铸铁是铸造曲轴最常用的材料，在轿车发动机中应用很广泛。一般汽车发动机曲轴选用的球磨铸铁强度应不低于 600 MPa，制造农用柴油发动机曲轴的球磨铸铁强度则不低于 800 MPa。

内燃机曲轴选材原则主要根据内燃机的类型、功率大小、转速高低和相应轴承材料等项条件而定。同时也需考虑加工条件，生产批量和热处理工艺及制造成本等。

图 10－3 是 175A 型农用柴油机曲轴简图。175A 型柴油机为单缸四冲程柴油机，汽缸直径为 75 mm，转速为 2200～2600 r/min，功率为 4.4 kW。由于功率不大，因此曲轴所承受的弯曲、扭转、冲击等载荷也不大。但由于在滑动轴承中工作，故要求轴颈部位有较高的硬度及耐磨性。一般对其性能要求是 $\sigma_b \geqslant 750$ MPa，整体硬度在 240～260 HB，轴颈表面硬度≥625 HV，$\delta \geqslant 2\%$，$a_{kU} \geqslant 150$ kJ/m^2。

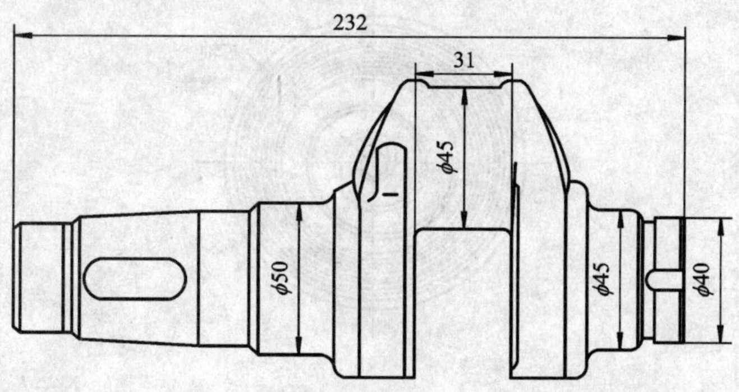

图 10－3　175A 型柴油机曲轴简图

根据上述要求，曲轴材料可选用 QT700－2。其工艺路线如下：

铸造→高温正火→高温回火→切削加工→轴颈气体渗氮

高温正火(950℃)是为了通过增加组织中珠光体的含量并使其细化来提高其强度、硬度与耐磨性。正火后的高温(560℃)回火是为了消除正火时产生的内应力。轴颈气体渗氮(渗氮温度为 570℃)是在保证不改变组织及加工精度的前提下提高轴颈表面硬度和耐磨性。

汽车发动机曲轴也可用 45、40Cr 钢制造。经过模锻、调质、切削加工后，在轴颈部位进行表面淬火。

10.3　弹 簧 选 材

弹簧是一种重要的机械零件。它的基本作用是利用材料的弹性和弹簧本身的结构特点，在载荷作用下产生变形时，把机械功或动能转变为形变能；在恢复变形时，把形变能转变为动能或机械功。弹簧的种类很多，按形状分主要有螺旋弹簧(压缩、拉伸、扭转弹簧)、板弹簧、片弹簧和蜗卷弹簧几种(见图 10-4)。

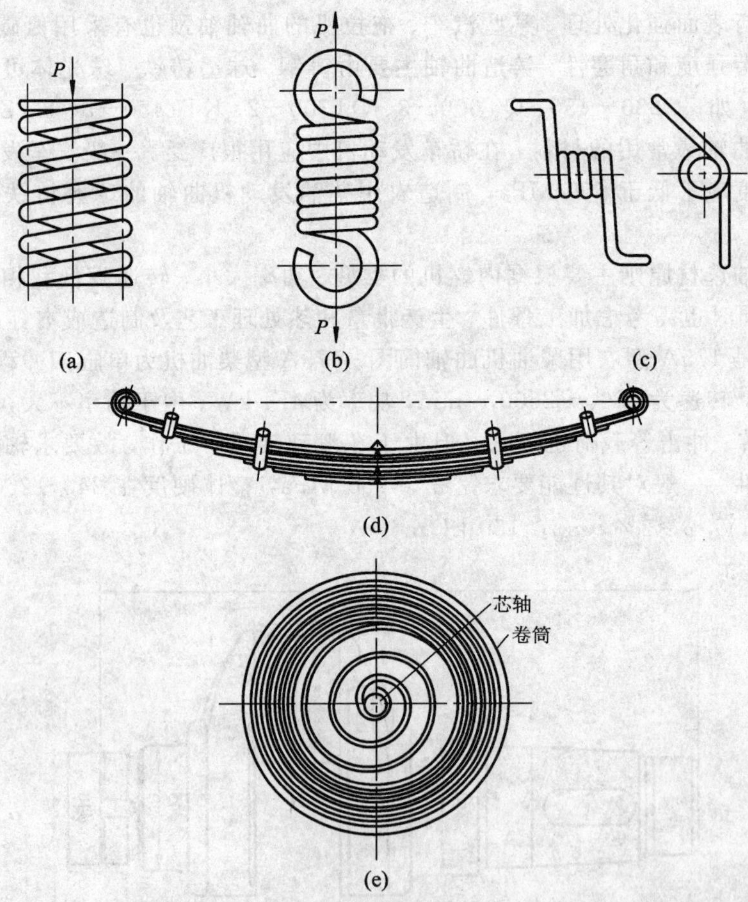

图 10-4　弹簧种类

(a) 压缩螺旋弹簧；(b) 拉伸螺旋弹簧；(c) 扭转螺旋弹簧；
(d) 板弹簧；(e) 蜗卷弹簧

弹簧的用途非常广泛，其主要用途有：

(1) 缓冲或减振。如汽车、拖拉机、火车中使用的悬挂弹簧。

(2) 定位。如机床及其夹具中利用弹簧特定位销(或滚珠)压在定位孔(或槽)中。

(3) 复原。外力去除后自动恢复到原来位置，如汽车发动机中的气门弹簧。

(4) 储存和释放能量。如钟表、玩具中的发条。

(5) 测力。如弹簧称、测力计中使用的弹簧。

10.3.1　弹簧的工作条件、失效形式及其对材料性能的要求

1. 弹簧的工作条件

(1) 弹簧在外力作用下，压缩、拉伸、扭转时，材料将承受弯曲应力或扭转应力。

(2) 缓冲、减振或复原用的弹簧承受交变应力和冲击载荷的作用。

(3) 某些弹簧受到腐蚀介质和高温的作用。

2. 弹簧的失效形式

1) 塑性交形

在外载荷作用下，材料内部产生的弯曲应力或扭转应力超过材料本身的屈服应力后弹簧发生塑性变形。外载荷去掉后，弹簧不能恢复到原始尺寸和形状。

2) 疲劳断裂

在交变应力作用下，弹簧表面缺陷(裂纹、折叠、刻痕、夹杂物)处产生疲劳源，裂纹扩展后造成断裂失效。

3) 快速脆性断裂

某些弹簧存在材料缺陷(如粗大夹杂物，过多脆性相)、加工缺陷(如折叠、划痕)、热处理缺陷(淬火温度过高导致晶粒粗大，回火温度不足使材料韧性不够)等，当受到过大的冲击载荷时，发生突然脆性断裂。

4) 在腐蚀性介质中使用的弹簧易产生应力腐蚀断裂失效

高温使弹簧材料的弹性模量和承载能力下降，高温下使用的弹簧易出现蠕变和应力松弛，产生永久变形。

3. 弹簧材料的性能要求

(1) 高温的弹性极限 σ_e 和高的屈强比 σ_s/σ_b。弹簧工作时不允许有永久变形，因此要求弹簧的工作应力不超过材料的弹性极限。弹性极限越大，弹簧可承受的外载荷越大。对于承受重载荷的弹簧，如汽车用板簧，火车用螺旋弹簧等，其材料需要高的弹性极限。当材料直径相同时，碳素弹簧钢丝和合金弹簧钢丝的抗拉强度相差很小，但屈强比差别较大。65 钢为 0.7，60Si2Mn 钢为 0.75，50CrVA 为 0.9。屈强比高，弹簧可承受更高的应力。

(2) 高的疲劳强度。弯曲疲劳强度 σ_{-1} 和扭转疲劳强度 τ_{-1} 越大，则弹簧的抗疲劳性能越好。

(3) 好的材质和表面质量。夹杂物含量少，晶粒细小，表面质量好，缺陷少，对于提高弹簧的疲劳寿命和抗脆性断裂十分重要。

(4) 某些弹簧需要材料有良好的耐蚀性和耐热性。良好的耐蚀性和耐热性可以保证在腐蚀性介质和高温条件下的使用性能。

10.3.2　弹簧的选材

弹簧种类很多，载荷大小相差悬殊，使用条件和环境各不相同。制造弹簧的材料很多，金属材料、非金属材料(如塑料、橡胶)都可用来制造弹簧。由于金属材料的成型性好、容

易制造，工作可靠，在实际生产中，多选用弹性极高的金属材料来制造弹簧，如碳素钢、合金弹簧钢、钢合金等。

根据生产特点的不同，弹簧钢通常分为热轧弹簧用材及冷轧(拔)弹簧用材两大类。

热轧弹簧用材是将弹簧钢通过热轧方法加工成圆钢、方钢、盘条及扁钢，制造尺寸较大、承载较重的螺旋弹簧或板簧。弹簧热成型后要进行淬火及回火处理。弹簧钢的特点和用途见表 10－5。

表 10－5 主要弹簧钢的特点及用途

钢 类	代表钢号	主 要 特 点	用 途 举 例
碳钢	65 70	经热处理或冷拔硬化后，可得到较高的强度和适当的塑性、韧性；在相同表面状态和完全淬透情况下，疲劳极限不比合金弹簧钢差，但淬透性低，尺寸较大，油中淬不透，水淬则变形及开裂倾向增大，只适用于较小尺寸的弹簧	调压调速弹簧，柱塞弹簧、测力弹簧、一般机器上的圆、方螺旋弹簧或拉成钢丝作小型机械的弹簧
	75 80		汽车、拖拉机和火车等机械上承受振动的螺旋弹簧
锰钢	65Mn	Mn 可提高淬透性，12 mm 直径的钢材油中可以淬透，表面脱碳倾向比硅钢小，经热处理后的综合机械性能略优于碳钢，缺点是有过热敏感性和回火脆性	小尺寸各种扁、圆弹簧、坐垫弹簧、弹簧发条，也适用于制造弹簧环、气门簧、离合器簧片、刹车弹簧等
硅锰钢	55Si2Mn 55Si2MnB 60Si2Mn 60Si2MnA 70Si3MnA	Si 和 Mn 提高弹性极限和屈强比，提高淬透性以及回火稳定性和抗松弛稳定性，过热敏感性也较小，但脱碳倾向较大。尤其硅与碳含量较高时，碳易于石墨化，使钢变脆	汽车、拖拉机、机车上的减振板簧和螺旋弹簧，汽缸安全弹簧，转向架弹簧，轧钢设备以及要求承受较高应力的弹簧，还可用作低于 230℃条件下使用的弹簧，70Si3MnA 用于承受较高振动弹簧
铬钒钢	50CrVA	良好的工艺性能和机械性能，淬透性比较高，加入 V，使钢的晶粒细化，降低过热敏感性，提高强度和韧性	气门弹簧、喷油咀簧、气缸涨圈、安全阀用簧、中压表弹簧元件、密封装置等，适用于 210℃条件下工作弹簧
铬锰钢	50CrMn	较高强度、塑性和韧性，过热敏感性比锰钢低，比硅锰钢高，对回火脆性较敏感，回火后宜快冷	汽车、拖拉机和较重要板簧、螺旋弹簧
硅锰钨钢	65Si2MnWA	在 60Si2Mn 基础上提高碳含量，加入质量分数为 1%的 W，提高淬透性，提高硬度，降低过热敏感性，较高温度下回火，仍保持较高温度	要求强度更大的弹簧及其他大截面用簧

冷轧(拔)弹簧用材以盘条、钢丝或薄钢带(片)供应，用来制作小型冷成型螺旋弹簧、片簧、蜗卷弹簧等。

不锈钢也可用来制造弹簧。如 oCr18Ni9、1Cr18Ni9、1Cr18Ni9Ti 等，一般通过冷轧(拔)加工成带或丝材，制造在腐蚀性介质中使用的弹簧。黄铜、锡青铜、铝青铜、铍青铜具有良好的导电性，非磁性、耐蚀性、耐低温性及弹性，用于制造电器、仪表弹簧及在腐蚀性介质中工作的弹性元件。

10.3.3　典型弹簧选材举例

1. 火车螺旋弹簧

火车螺旋弹簧用于机车和车箱的缓冲和吸振，其使用条件和性能要求与汽车板簧相近。使用 50CrMn、55SiMnMoV 等钢制造。其工艺路线为

热轧钢棒下料→两头制扁→热卷成形→淬火→中温回火→喷丸强化→端面磨平

淬火与回火工艺同汽车板簧。

2. 气门弹簧

内燃机气门弹簧是一种压缩螺旋弹簧(图 10-4(a))。其用途是在凸轮、摇臂或挺杆的联合作用下，使气门打开或关闭，承受应力不是很大，可采用淬透性比较好、晶粒细小、有一定耐热性的 50CrVA 钢制造，工艺路线为

冷卷成型→淬火→中温回火→喷丸强化→两端磨平

将冷拔退火后的盘条校直后用自动卷簧机卷制成螺旋状，切断后两端并紧，经 850～860℃加热后油淬，再经 520℃回火，组织为回火屈氏体，喷丸后两端磨平。弹簧弹性好，屈服强度和疲劳强度高，有一定的耐热性。

气门弹簧也可用冷拔后经油淬及回火后的钢丝制造，绕制后经 300～350℃加热消除冷卷簧时产生的内应力。

3. 自行车手闸弹簧

自行车手闸弹簧是一种扭转弹簧(图 10-4(c))，其用途是使手闸复位。该弹簧承受载荷小，不受冲击和振动作用，精度要求不高。因此手闸弹簧可用碳素弹簧铜 60 或 65 钢制造。经过冷拔加工获得的钢丝直接冷卷、弯钩成形即可。卷后可低温(200～220℃)加热消除内应力，一般也可不进行热处理。

4. 汽车板簧

汽车板簧(图 10-4(d))用于缓冲和吸振，承受很大的交变应力和冲击载荷的作用，需要高的屈服强度和疲劳强度，一般选用 65Mn、60SiMn 钢制造。中型或重型汽车，板簧用 50CrMn、55SiMnVB 钢，重型载重汽车大截面板簧用 55SiMnMoV、55SiMnMoVNb 钢制造。其工艺路线为

热轧钢带(板)冲裁下料→压力成型→淬火→中温回火→喷丸强化

淬火温度为 850～860℃(60Si2Mn 钢为 870℃)，采用油冷，淬火后组织为马氏体。回火温度为 420～500℃，组织为回火屈氏体。屈服强度 $\sigma_{0.2}$ 不低于 1100 MPa，硬度为 42～47 HRC，冲击韧性 a_k 为 250～300 kJ/m^2。

5. 继电器簧片

继电器簧片是一种片簧(图 10-5)，其作用是使两电触点接触时，产生一定大小的压

力，以保证触头紧密接触良好导电。簧片材料要有好的弹性、导电性和耐蚀性。簧片所受弯曲应力很小。可用黄铜(H70)、锡青铜(QSn6.5～0.1)、白铜(B19)等制造。

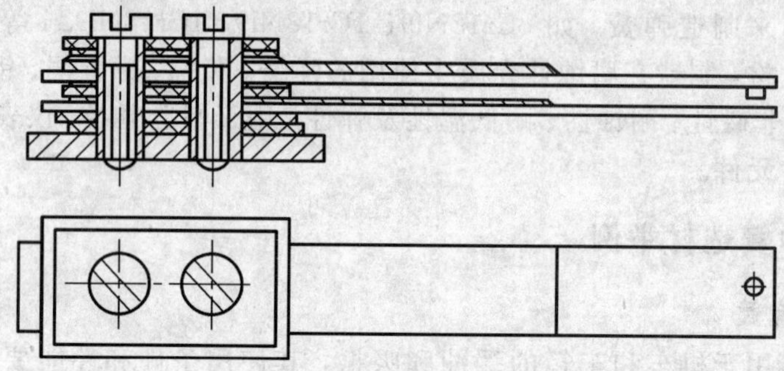

图 10－5　继电器簧片

黄铜的导电性好，抗疲劳性能较高，弹性一般，价格较低。锡青铜的导电性稍低，但抗疲劳性能高，弹性好，价格稍高。白铜的导电性好，抗蚀性高，抗疲劳性能较高，弹性好，价格较贵。

簧片生产工艺简单，可用上述材料的冷轧薄片冲裁下料成型制造。

10.4　刃具选材

10.4.1　刃具的工作条件、失效形式及对材料性能的要求

1. 刃具的工作条件

切削加工使用的车刀、铣刀、钻头、锯条、丝锥、板牙等工具统称为刃具。刃具的工作条件是：

(1) 刃具切削材料时，受到被切削材料的强烈挤压，刃部受到很大的弯曲应力。某些刃具(如钻头、铰刀)还会受到较大的扭转应力作用。

(2) 刃具刃部与被切削材料强烈摩擦，刃部温度可升到 500～600℃。

(3) 机用刃具往往承受较大的冲击与振动。

2. 刃具的失效形式

1) 磨损

由于摩擦，刃具刃部易磨损，这不但增加了切削抗力，降低了切削零件的表面质量，也由于刃部形状变化，使被加工零件的形状和尺寸精度降低。

2) 断裂

刃具在冲击力及振动的作用下折断或崩刃。

3) 刃部软化

由于刃部温度升高，若刃具材料的红硬性低或高温性能不足，使刃部硬度显著下降，丧失切削加工能力。

3. 刃具材料的性能要求

(1) 高硬度，高耐磨性，硬度一般要大于 62 HRC。

(2) 高的红硬性。

(3) 强韧性好。

(4) 高的淬透性，可采用较低的冷速淬火，以防止刃具变形和开裂。

10.4.2　刃具的选材

制造刃具的材料有碳素工具钢、低合金刃具钢、高速钢、硬质合金和陶瓷等，根据刃具的使用条件和性能要求不同进行选用。

简单、低速的手用刃具，如手锯锯条、锉刀、木工用刨刀、凿子等对红硬性和强韧性要求不高，主要的使用性能是高硬度、高耐磨性。因此可用碳素工具钢制造。如 T8、T10、T12 钢等。碳素工具钢价格较低，但淬透性差。

低速切削、形状较复杂的刃具，如丝锥、板牙、拉刀等，可用低合金刃具钢 9SiCr、CrWMn 制造。因钢中加入了 Cr、W、Mn 等元素，使钢的淬透性和耐磨性大大提高，耐热性和韧性也有所改善，可在低于 300℃的温度下使用。

高速切削用的刃具选用高速钢(W18Cr4V、W6Mo5Cr4V2 等)制造。高速钢具有高硬度、高耐磨性、高的红硬性、好的强韧性和高的淬透性的特点，因此在刃具制造中广泛使用，主要用来制造车刀、铣刀、钻头和其他复杂、精密刃具。高速钢的硬度为 62～68 HRC，切削温度可达 500～550℃，价格较贵。

硬质合金是由硬度和熔点很高的碳化物(TiC、WC)和金属用粉末冶金方法制成，常用硬质合金的牌号有 YG6、YG8、YT6、YT15 等。硬质合金的硬度很高(89～94 HRA)，耐磨性、耐热性好，使用温度可达 1000℃。它的切削速度比高速钢高几倍。硬质合金制造刃具时的工艺性比高速钢差。一般制成形状简单的刀头，用钎焊的方法将刀头焊接在碳钢制造的刀杆或刀盘上。硬质合金刃具用于高速强力切削和难加工材料的切削。硬质合金的抗弯强度较低，冲击韧性较差，价格贵。

陶瓷由于硬度极高、耐磨性好、红硬性极高，也可以用来制造刃具。热压氮化硅(Si_3N_4)陶瓷显微硬度为 5000 HV，耐热温度可达 1400℃。立方氯化硼的显微硬度可达 8000～9000 HV，允许的工作温度达 1400～1500℃。陶瓷刃具一般为正方形、等边三角形的形状，制成不重磨刀片，装夹在夹具中使用。用于各种淬火钢、冷硬铸铁等高硬度难加工材料的精加工和半精加工。陶瓷刃具抗冲击能力较低，易崩刃。

10.4.3　典型刃具选材举例

1. 板锉

板锉(图 10-6)是钳工常用的工具，其表面刃部要求有高的硬度(64～67 HRC)，柄部硬度<35 HRC。锉刀可用 T12 钢制造，制造工艺路线为

热轧钢板(带)下料→锻(轧)柄部→正火→球化退火→机加工→淬火→低温回火

球化退火的目的是使钢中碳化物呈粒状分布，细化组织，降低硬度，改善切削加工性能。同时为淬火准备好适宜的组织，使最终成品组织中含有细小的碳化物颗粒，以提高钢的耐磨性。锉刀通常采用普通球化退火工艺。将毛坯加热到 760～770℃，保温一定时间(2～4 h)后，以 30～50℃/h 的速度冷却到 550～600℃，出炉后空冷。处理后组织为球化体，硬度为 180～200 HB。

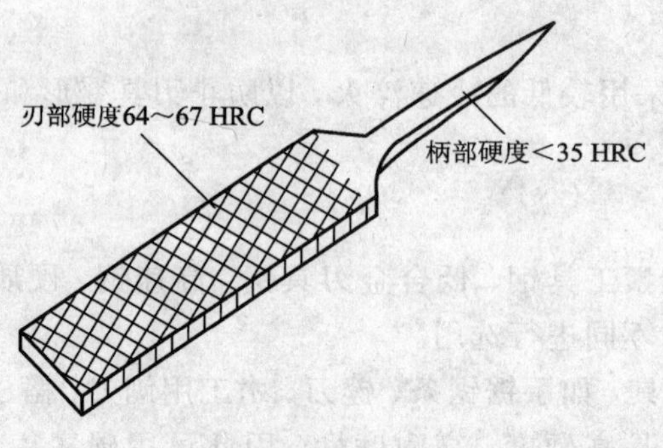

图 10-6 板锉

机加工包括刨、磨和剁齿，使锉刀成型。

淬火温度为 770～780℃，可用盐浴加热或在保护气氛炉中加热，以防止表面脱碳和氧化。也可采用高频感应加热。加热后在水中冷却。由于锉刀柄部硬度要求较低，在淬火时先将齿部放在水中冷却，待柄部颜色变成暗红色时才全部浸入水中。当锉刀冷却到 150～200℃时，提出水面。若锉刀有弯曲变形，可用木锤将其校直。

回火温度为 160～180℃，时间为 45～60 min。若柄部硬度太高，可将柄部浸入 500℃的浴盆中进行回火，或用高频加热回火，降低柄部硬度。

2. 齿轮滚刀

齿轮滚刀形状见图 10-7，是生产齿轮的常用刃具，用于加工外啮合的直齿和斜齿渐开线圆柱齿轮。其形状复杂，精度要求高。齿轮滚刀可用高速钢 W18Cr4V 制造。其工艺路线为

热轧棒材下料→锻造→球化退火→粗加工→淬火→回火→精加工→表面处理

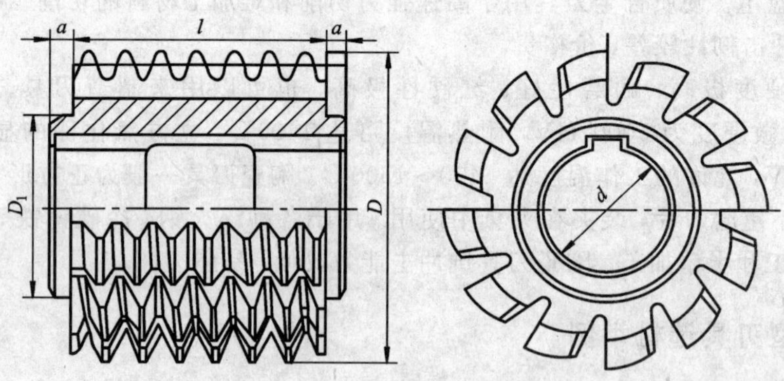

图 10-7 齿轮滚刀

W18Cr4V 钢的始锻温度为 1150～1200℃，终锻温度为 900～950℃。锻造的目的一是成型，二是破碎、细化碳化物，使碳化物均匀分布，防止成品刀具崩刃和掉齿。由于高速钢淬透性很好，锻后在空气中冷却即可得到淬火组织，因此锻后应慢冷。锻件应进行球化退火，以便于机加工，并为淬火做好组织准备。高速钢的淬火、回火工艺较为复杂，详见有关章节。精加工包括磨孔、磨端面、磨齿等磨削加工。精加工后刀具可直接使用。为了提高其使用寿命，可进行表面处理，如硫化处理、硫氮共渗、离子氮碳共渗—离子渗硫复合处理，表面涂覆 TiN、TiC 涂层等。

圆锯片用于切割各种钢材、有色金属、石料、塑料等材料。要求圆锯片整体强韧性好，锯齿硬度高、耐磨性好。圆锯片可以是整体的，也可以是镶齿的。现以镶齿式圆锯片为例来介绍其工艺流程。锯片的本体用 60 钢或 65Mn 钢制造，锯齿用高速钢刀片或硬质合金刀片。圆锯片的制造工艺路线为

钢板下料→冲孔→淬火→高温回火→机加工→钎焊锯齿→磨齿

钢板冲压下料、冲孔后进行调质处理。淬火加热温度为 830～840℃、采用油冷。回火温度为 500～550℃。为校正圆锯片淬火变形，回火时可用夹具夹紧。回火后的组织为回火索氏体，强韧性好。热处理后锯片需进行端面磨平、开槽等机加工，用钎焊方法将锯齿焊接在锯片本体上，最后进行磨齿。

思 考 与 练 习

10－1　某汽车齿轮选用 20CrMnTi 制作，其工艺路线为

下料→锻造→正火①→切削加工→渗碳②、淬火③、低温回火→喷丸④→磨削加工

请回答上述工艺路线中①、②、③和④热处理工艺的目的及工艺。

10－2　简述 QT700—2 作为曲轴材料的工艺路线。

10－3　简述弹簧的工作条件及失效形式。

10－4　刃具材料的性能要求。

10－5　简述板锉的制造工艺路线。

10－6　齿轮滚刀可用高速钢 W18Cr4V 制造，简述其工艺路线。

第 11 章　工程材料的应用

11.1　机 床 用 材

机床用材是用来制造各种机床零部件的工程材料。从牛头刨床结构简图(图 11 - 1)可以看出，常用的机床零部件有机座、轴承、导轨、轴类、齿轮、弹簧、紧固件、刀具等。

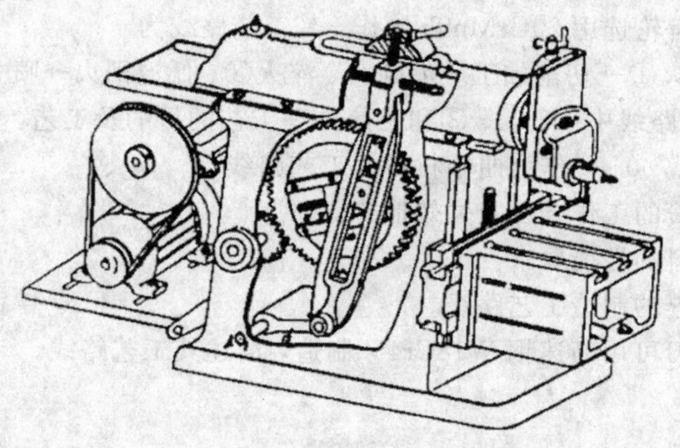

图 11 - 1　牛头刨床结构示意图

机床零部件在工作时将承受拉伸、压缩、弯曲、剪切、扭转、冲击、摩擦、振动等力的作用，或几种力的同时作用。在机床零部件的截面上产生拉、压、切等应力，这些应力值或是恒定的或是变化的，在方向上或是单向的或是反复的，在加载方式上或是逐渐加载或是骤然加载。这些零部件的工作温度多在－50～150℃之间，同时受到大气、水分、润滑油及其他介质的腐蚀作用。

机床零部件在制造过程中往往要经过锻压、铸造、焊接、弯曲、拉拔和车、铣、刨、镗、磨等冷、热加工工序，所以机床用材应该具有良好的热加工性能及切削加工性能。

常用的机床用材有各种结构钢、轴承钢、工具钢、铸铁、有色金属、橡胶和工程塑料等。本节将介绍典型的机床零部件经常使用的材料。

11.1.1　机身、底座用材

机身、机床底座、油缸、导轨、齿轮箱体、轴承座等大型零件以及其他一些如牛头刨床的滑枕、皮带轮、导杆、摆杆、载物台、手轮、刀架等零件或重量大，或形状复杂，首选材料当为灰口铸铁、孕育铸铁，球墨铸铁亦可选用，因它们成本低、铸造性好、切削加工性优异、对缺口不敏感、减振性好，故非常适合铸造上述零部件，且石墨具有良好的润滑作用，并能储存润滑油，很适宜制造导轨，同时铸铁有良好的耐磨性。

常使用的灰口铸铁牌号是：HT150、HT200 及孕育铸铁 HT250、HT300、HT350、HT400 等，其中 HT200 和 HT250 用得最多。常使用的球墨铸铁牌号为：QT400－17、QT420－10、QT500－5、QT600－2、QT700－2、QT800－2，如 QT400－17、QT420－10 可用来制造阀体、阀盖，QT600－2、QT700－2、QT800－2 可制造冷冻机缸体。

机身、箱体等大型零部件在单件或小批量生产时。也可采用普通低碳碳素钢来制造，如 Q215、Q235、Q255，其中 Q235 用得最多。

随着对产品外观装饰效果的日益重视，1Cr13、1Cr18Ni10、1Cr18Ni9Ti 等不锈钢，H62、H68 等黄铜的使用也日趋增多。铝(工业纯铝 L5 及防锈铝 LF5、LF11、LF21，硬铝 LY11、LY12 等)的装饰效果也很好。可制作控制面板、标牌、底版及箱体等。

非金属材料，尤其是工程塑料和复合材料，机械性能大幅度提高，颜色鲜艳、不锈蚀、成本低，已经大量应用于机床行业中。如聚丙烯，其刚性、弹性模量、硬度等机械性能都较高，同时绝缘性优越，可用于电气部分。ABS 塑料机械性能良好，同时尺寸稳定，容易电镀和易于成型，耐热和耐蚀性较好，且原料易得，价钱便宜，是制造机床控制箱壳体等的优异材料。聚甲醛塑料具有良好的综合性能，弹性模量和硬度较高，抗蠕变性能好，韧性也好，耐疲劳性能在热塑性工程塑料中是最高的，已广泛用作各种容器、管道等。复合材料如玻璃纤维增强聚乙烯的强度和抗蠕变性能好，耐水性优良，可以制作转矩变换器、干燥器壳体等。

11.1.2　齿轮用材

开式齿轮传动防护和润滑的条件较差，其可能破坏的方式除了在齿根折断外，主要还是齿面发生磨损。因此，选用材料应当考虑其耐磨性且不需要经常给予润滑。这样由于有足够硬度的 HT250、HT300 和 HT400 等灰口铸铁既有较好的耐磨性，又因内部含有石墨起减摩作用而降低对润滑的要求，同时还具有容易做成复杂的形状和成本低的优点而成为首选材料。但是灰口铸铁弯曲强度低、脆性大，不宜承受冲击载荷，同时为了减轻磨损，一般限制开式灰铁齿轮的节圆线速度在 3 m/s 以下。钢在无润滑情况下，只能用作小齿轮和铸铁的大齿轮互相啮合。常用普通碳素钢 Q235、Q255 和 Q275 制造。成对的钢齿轮不应用于开式齿轮传动。

闭式齿轮多采用 40 钢、45 钢等经正火或调质处理的中碳优质钢制造，齿面硬度在 170～280 HB 之间为宜。整体淬火和表面淬火后强度和硬度更高，硬度可达 40～63 HRC，适合用于较高的速度($v>2～4$ m/s)和承受较重的载荷。高速、重载或受强烈冲击的闭式齿轮，宜采用 40Cr 等调质钢或 20Cr、20CrMnTi 等渗碳钢制造，并进行相应的热处理。

不重要的闭式齿轮可使用普通碳素钢 Q275 制造，一般不经热处理。球墨铸铁 QT450－5，可锻铸铁 KTZ450－5、KTZ500－4 已广泛用来制造尺寸较大或形状复杂的闭式传动齿轮，并可将速度提高到 5～6 m/s。普通的灰口铸铁脆性大，非金属材料强度较低，都不宜用来制造机床闭式传动的齿轮。

相互啮合的一对钢齿轮，如果材料的硬度一样，则由于两个齿轮的转速不同，常引起齿面磨损不均匀，为防止产生这种现象，小齿轮的齿面硬度比大齿轮高 20～40 HB 为宜。表 11－1 为配对齿轮材料的常用选配方案。

表 11-1　配对齿轮材料的可用选配方案

小齿轮材料	大齿轮材料	小齿轮材料	大齿轮材料
Q275 [开式]	HT200 HT250	40Cr 调质	50 调质 51 调质 QT450—5
45 正火 [开式]	HT250 HT300	45 淬火 50 淬火	35 淬火 QT450—5
45 正火(调质)	35 正火(调质) ZG35 正火(调质)	55 淬火	45 淬火
50 正火(调质)	Q275 36 止火(调质) ZG45 正火(调质)	40Cr 淬火	50 淬火 55 淬火
55 正火(调质)	45 正火(调质) ZG55 正火(调质)		

11.1.3　轴类零件用材

轴类零件用材应具有足够的疲劳强度，较小的应力集中敏感性和良好的加工性能，后者是易于加工和获得高光洁表面的必要条件。

一般采用正火或调质处理的 45 钢等优质碳素钢制造轴类零件。不重要的或受力较小的轴及一般较长的传动轴可以采用 Q235、Q255 或 Q275 等普通碳素钢制造。

承受载荷较大，且要求直径小、重量轻或要求提高轴颈耐磨性的轴，可以采用 40Cr 等合金调质钢或 20Cr 等合金渗碳钢，整体与轴颈应进行相应的热处理。

常采用 QT600—2、KTZ600—3 等球墨铸铁和可锻铸铁制造曲轴和主轴。

11.1.4　螺纹联接件用材

螺纹联接件可由螺栓、多头螺栓、紧固螺钉和紧定螺钉等联接零件构成，亦可由被联接零件本身的螺纹部分构成。前一种联接中的联接零件称为紧固件，多为标准件；后一种是非标准零件。螺纹联接件常用材料如下：

无特殊要求的一般螺纹联接件常用低碳或中碳的普通碳素钢 Q235、Q255、Q275 制造，其中 Q275 通常用于相对载荷较大的螺栓。普通碳素钢螺栓一般不进行热处理。

用 35 钢、45 钢等优质碳素结构钢制造的螺栓，常用于中等载荷以及精密的机床上。这种螺栓一般应进行整体的或局部的热处理。如机床主轴法兰联接螺栓可用 35 钢调质处理。用 35 钢及 45 钢制造的，经常要拧进、拧出的螺栓头部，紧固螺钉的端部，往往要进行氰化以便获得较高的硬度。

合金结构钢 40Cr、40CrV 等主要用于受重载高速的极重要的联接螺栓。例如各种大型工程机械的联接螺栓。这类螺栓必须经过热处理，一般经热处理后的螺栓强度可提高 75%左右。在水和其他弱腐蚀介质中工作的螺栓、螺母可以使用马氏体不锈钢制造，如水压机用螺栓材料可用 1Cr13。

11.1.5　螺旋传动件用材

螺旋传动可以把回转运动变为直线运动，亦可以把直线运动变为回转运动。在机床中这种传动广泛用作进给机构和调节装置，如丝杠—螺母传动。

螺旋传动件使用的材料要求具有高的耐磨性，重载荷的螺旋材料必须有高的强度。通常，不进行热处理的螺旋传动件用 45 钢、50 钢制造，经受热处理的用 T10、65Mn、40Cr 等制造。

螺母的材料用锡青铜 ZQSn10－2、ZQSn6－6－3，其中 ZQSn6－6－3 使用得最为广泛。在较小载荷及低速传动中用耐磨铸铁。

11.1.6　蜗轮传动用材

蜗轮蜗杆的啮合情况与齿轮齿条相似，其可能破坏的形式也和齿轮一样，对于低速运转的开式传动，常因齿根和齿面磨损而破坏，对于一般的闭式传动，当齿面接触强度不足时，常因齿面剥落而破坏，当齿面接触强度较高时，也有可能因齿根折断而破坏。但是由于蜗轮传动有着齿的侧面滑动的特殊问题，当长期高速运转时往往会因发热严重而在齿面胶合破坏，因此为防止蜗轮传动件破坏，应采取比齿轮传动要求更高的措施。

由于蜗轮与蜗杆的转速相差比较悬殊，在相同的时间内，蜗杆受磨损的机会远较蜗轮大得多，因此蜗轮、蜗杆要采用不同的材料来制造，蜗杆材料要比蜗轮材料坚硬耐磨，以免蜗杆很快磨损。一般应根据传动件的滑动速度选择蜗轮、蜗杆的材料。

制造蜗轮的材料有铸锡青铜、铸铝青铜和铸铁。当滑动速度 $v \geqslant 3$ m/s 时，常采用锡青铜 ZQSn10、ZQSn10－1 或 ZQSn6－6－3 等。这些材料的耐磨性好，但价格较高。铸铝青铜 ZQAl9－4 的强度较高，价格较低，但耐磨性较差，容易发生胶合破坏，一般用在滑动速度 $v \leqslant 4$ m/s 的地方。至于普通灰口铸铁，如 HT150、HT200、HT250 等，则应用于滑动速度 $v \leqslant 2$ m/s，对性能要求不高的传动中。

为节约贵重的钢合金，对于直径大于 100～200 mm 的青铜蜗轮，应采用青铜轮缘与灰铸铁轮心分别加工再组装成一体的结构。

蜗杆材料一般为碳钢或合金钢。蜗杆表面的硬度和光洁度越高，耐磨性和抵抗胶合破坏的性能就越好，因此滑动速度高的蜗杆以及与铸铝青铜相配的蜗杆都用高硬度的材料来制造，如用 15 钢、20 钢和 15Cr 钢、20Cr 钢，表面渗碳淬硬到 56～62 HRC，或 45 钢、40Cr 钢，表面高频淬火到 45～50 HRC，并经磨削、抛光以提高表面光洁度。

一般速度的蜗杆可用 45 钢、50 钢或 40Cr 铜制造，经调质处理后表面硬度达 220～260 HB，最好再经过抛光后使用。低速传动的蜗杆也可以用普通碳素钢 Q275 制造。

11.1.7　轴承材料

滑动轴承主要在高速、高精度、重载和重冲击载荷，或在低速及低要求和特殊条件下使用。如在化学腐蚀介质或水的环境下工作的装置中，滚动轴承不能胜任工作，要采用滑动轴承。轴承材料应具有优异的减摩性，耐磨性，抗胶合能力以及足够的冲击韧性、抗压性、疲劳强度。轴承材料可分为下述四类。

1. 轴承用金属材料

1）轴承合金

巴氏合金的减摩性优于其他所有减摩合金，但强度不如青铜和铸铁，因此不能单独作为轴瓦或轴套，而仅作为轴承衬使用，它主要用于最高速重载条件下。就减摩性能来说以ZChSnSb11－6最好，其次是ZChPbSb14－10－18。

铜基轴承合金中，锡青铜在铜合金中具有最好的减摩性能，如ZQSn10－1广泛用于高速和重载条件下。中速和中载条件下锡锌铅青铜2QSn6－6－3应用广泛，但是锡青铜强度较低，价格较高。铸铝青铜ZQAl9－2适宜制造形状简单(铸造性比锡青铜差)的大型铸件，如衬套、齿轮和轴承。ZQAl10－3－15、ZQAl9－4的强度和耐磨性高，可用在重载和低中速条件下。ZQPb30、ZQPb12－8、ZQPb10－10等铸铅青铜冲击韧性、冲击疲劳强度高，主要用于大型曲轴轴承等高速和重的冲击与变动载荷条件下，可作为ZChSnSb11－6的代用材料，且其疲劳强度比后者高。铸铝、铸铅青铜对轴颈的磨损较大，所以要求轴颈表面淬火和高光洁。

黄铜的减摩性能和强度显著低于青铜，但铸造工艺性优异，易于加工。在低速和中等载荷下可作为青铜的代用品。常用的有铝黄铜ZHAl66－6－3－2和锰黄铜ZHMn58－2－2。

2）铸铁

HT250、HT350等灰口铸铁或耐磨铸铁轴承主要用于低速、轻载条件下，为了减少轴颈的磨损，铸铁轴承的硬度最好比轴颈硬度低20～40 HB。

2. 轴承用粉末冶金材料

粉末冶金材料可用于制造含油轴承，常用的有铁石墨和青铜石墨含油轴承，它们分别用铁的粉末和铜的粉末为基体加入一定量的石墨、硫和锡等粉末用压力机压制成型，然后在高温下烧结而成。国内用的最多的是Fe－C、Fe－S－C和Cu－Sn－Pb－C系合金。加入S、Sn、Pb等元素是为了提高其减摩性能。由于烧结后其结构呈多孔性，预先将其浸在润滑油中使其吸满润滑油，工作时可实现自动润滑作用，所以称为含油轴承。它已广泛用于机床、起重运输机械、纺织机械等产品中代替滚动轴承和青铜轴套。如皮带运输机中支撑辊子轴的滚动轴承过长，用含油轴承代替效果很好。

含油轴承的硬度低，所以与钢轴的磨合性好，也不易伤轴，可与未淬火的轴颈相配。

含油轴承的缺点是韧性小，只用于平稳、无冲击载荷、低中速和间歇工作的条件下。铁石墨含油轴承、青铜石墨轴承分别用于$v\leqslant 4$ m/s或$v\leqslant 6$ m/s的场合。铁石墨含油轴承比青铜石墨含油轴承容易制造、强度高、价廉(不用有色金属)，所以应用更广泛。

3. 塑料轴承

塑料轴承的优点是低的摩擦系数和优异的自润滑性能，良好的耐磨性和磨合性，高的抗胶合能力和耐腐蚀性。塑料轴承在润滑条件非常差的情况下也能正常工作，在低速、轻载时还可以在干摩擦情况下工作，因此塑料轴承不仅可以在很多情况下代替金属轴承，且可以完成金属轴承不能完成的任务。如在某些加油困难、要求避免油污(医药、造纸及食品机械)和由于润滑油蒸发有发生爆炸危险(制氧机)的机床中。在无油润滑条件下工作或在水、腐蚀性液体(酸、碱、盐及其他化学溶液)等介质中工作时，由于塑料的自润滑性能和高的耐腐蚀性能以及弹性良好、能够吸振、消音功能，因而塑料轴承的性能比金属轴承的性能更优越。塑料轴承的缺点是耐热性差。常用的塑料轴承材料有 ABS 塑料、尼龙、聚甲醛、聚四氯乙烯等。

4. 橡胶轴承

橡胶轴承主要用于水轮机、水泵及其他工作于多泥沙而有充足的水润滑的机器中。由于橡胶弹性好，能吸振和适应轴的偏斜。有充足的水润滑时，橡胶轴承与钢轴的摩擦系数和轴承合金与钢轴在油润滑时的摩擦系数差别很小。当润滑的水中混有砂粒时仅能引起橡胶的变形，磨粒在轴颈旋转的带动下落入润滑沟槽后即被水冲掉。但橡胶导热性差，当温度超过 60～70℃时易老化，轴承即丧失工作能力并发生抱轴现象，所以必须有充足的水润滑和冷却。

11.1.8　滚动轴承用材

滚动轴承是一个组件，有多种标准件可以选购。根据滚动轴承的工作条件，滚动体与内外因滚道的接触理论上为点接触或线接触，受载后接触应力较大，所以要求主要零件的材料有高的硬度、接触疲劳强度、耐磨性和高的冲击韧性和强度等。为此，滚动轴承的内外圈和滚动体一般用 GCr9、GCr15、GCr15SiMn 等高碳铬或铬锰轴承钢和 GSiMnV 等无铬轴承钢制造。工作表面要经过磨削和抛光，热处理后一般要求材料硬度可达 61～65 HRC。

对保持架材料一般要求较低，普通轴承的保持架多采用低碳钢薄板冲压成形，有的则用铜合金制成。高速轴承要求保持架强而轻，多采用塑料或轻合金制造。

11.1.9　机床其他零件用材

1. 凸轮用材

机床大多数凸轮所用材料为中碳钢或中碳合金钢，一般尺寸不大的平板凸轮可用 45 钢板制造，进行调质处理。要求高的凸轮可用 45 钢或 40Cr 钢制造，进行表面淬火，硬度可达 50～60 HRC。尺寸较大的凸轮(直径大于 300 mm 或厚度大于 30 mm)，一般采用 HT200、HT250 或 HT300 等灰铸铁或耐磨铸铁制造，对于和凸轮配套使用的滚子，由于容易制造，一般希望使用中比凸轮先坏，但因为滚子比配套的凸轮工作时间长，故一般滚子和凸轮可使用相同的材料，实际中采用 45 钢者较多。

一些承载不同的操纵凸轮也可用工程塑料或复合材料制造。如尼龙、聚甲醛、玻璃纤维增强的酚醛树脂复合材料等。

2. 刀具用材

工具材料包括碳素工具钢(如 T8、T10、T12)、合金刃具钢(如 9Mn2V、9SiCr、Cr、CrW5、CrMn、CrWMn)、高速钢(如 W18Cr4V、9W18Cr4V、W6Mo5Cr4V2、W6Mo5Cr4V3)和硬质合金(如 WC－Co 硬质合金 YG3、YG6、YG8，WC－TiC－Co 硬质合金 YT30、YT15、YT14，WC－TiC－TaC－Co 硬质合金 YW1、YW2)。

3. 其他一些机床零件用材

转轴、心轴、主轴、啮合和摩擦离合器、链环片、刹车钢带、键以及强烈受磨损或强度要求高的零件可使用 45 钢、50 钢、60 钢制造，并经调质处理。而许多要求较低的机床用零件可以使用成本低廉的灰铸铁和普通碳素钢制造，表 11-2 和表 11-3 举例说明了这些常用零件通常使用的材料牌号。

表 11-2 一些常用机床零件的材料牌号(灰铸铁)

常用零件举例	工作条件	牌号
盖、外罩、油盘、手轮、手把、支架、座板、重锤等形状简单，不甚重要的零件。这些铸件通常不经实验即被采用，一般只需简单加工	1. 负荷极低； 2. 磨损无关紧要； 3. 变形很小	HT100
1. 一般机械制造中的铸件，如支柱、底座、罩壳、齿轮箱、刀架、刀架座、普通机床床身及其他形状复杂，不允许有很大变形又不能时效处理的零件； 2. 滑板、工作台等与较高强度级铸件相摩擦的零件； 3. 薄壁(重量不大)零件，工作压力不大的管子配件以及壁厚不大于 30 mm 的耐磨轴套等； 4. 圆周速度小于 6～12 m/s 的皮带轮以及其他符合右列条件的零件	1. 承受中等压力的零件(抗弯压力均达 10 MPa)； 2. 摩擦面间的单位面积压力不大于 0.5 MPa 的零件	HT150
1. 一般机械制造中比较重要的铸件，如汽缸、齿轮、机座、金属切削机床床身，飞轮等； 2. 具有测量平面的零件，如划线平板、V 形铁； 3. 承受 8 MPa 以下中等压力的油缸、泵体、阀体等； 4. 圆周速度为 12～20 m/s 的皮带轮以及符合右列工作条件的其他零件	1. 承受较大应力的零件(抗弯压力至 30 MPa)； 2. 摩擦面间的单位压力大于 0.5 MPa者(大于 10 吨的大型铸件大于 0.15 MPa)或须经表面淬火的零件； 3. 要求保持气密性，或要求抗振性以及韧性的零件	HT200
1. 机械制造中的重要铸件，如剪床、压力机、自动机床和其他重型机床的床身、机座、机架和大而厚的衬套、齿轮、凸轮、大型发动机的曲轴、汽缸体、缸套、汽缸盖等； 2. 高压的油缸、水缸、泵体、阀体等； 3. 圆周速度为 20～25 m/s 的皮带轮以及符合右列工作条件的其他零件	1. 承受高弯曲应力(至 50 MPa)及抗拉应力的零件； 2. 摩擦面间的单位面积压力不小于 2 MPa 或须进行表面淬火的零件； 3. 要求保持高度气密性的零件	HT250 HT300 HT350

表 11-3 一些常用机床零件的材料牌号

常用机床零件	材料牌号
金属结构载荷小的零件、垫块、铆钉、垫圈、地脚螺栓、开口销、拉杆、冲压件及焊接件	Q195
金属结构件、拉杆、套圈、铆钉、螺栓、短轴、心轴、凸轮(载荷不大的)、钓钩、垫圈、渗碳零件及焊接件	Q215
金属结构件、心部强度要求不高的渗碳或氰化零件、钓钩、拉杆、车钩、套圈、气缸、齿轮、螺栓、螺母、连杆、轮轴、盖及焊接件	Q235
金属结构件、转轴、心轴、拉杆、钓钩、遥杆螺栓、键以及其他对性能要求不高的零件	Q255
转轴、心轴、销轴、链轮、刹车杆、螺杆、螺母、垫圈、连杆、垫钩、齿轮、键以及其他强度要求较高的零件	Q275

11.2　仪器仪表用材

仪器仪表品种繁多，性能各异，统一要求是外表美观、小巧、轻便和满足要求的使用性能。仪器仪表中一般都有多种零部件组成，如壳体、面板、齿轮、蜗轮、紧固件、轴、轴承、弹簧、电子元器件等。壳体及内部零件多在轻载荷下工作，对强度要求不高，但对精度、装饰性、耐蚀性及摩擦件的耐磨性有时要求很高。这些零部件的工作温度多为－50～150℃，同时受到大气、水分、润滑油及其他介质的腐蚀作用。

仪器仪表用材包括结构钢、有色金属和工程塑料等多种材料，一般应具有良好的切削加工性能。本节介绍的典型的仪器仪表零件经常使用的材料，以轻载下使用者为主。

11.2.1　壳体材料

1. 金属材料

仪器仪表的壳体(包括面板、底盘)用材广泛。如用低碳结构钢(如 Q195、Q215、Q235)，再用油漆防锈和装饰，可达到较好效果，用铬不锈钢、铬镍奥氏体不锈钢(如 1Cr13、1Cr18Ni9、1Cr18Ni9Ti)则更华丽，且耐蚀性好，如某型号电梯控制面板及箱体板用 1Cr18Ni9Ti 不锈钢制造，显得富丽堂皇；铝(工业纯铝 L5 及防锈铝 LF5、LF11、LF21 等)、黄铜(H62、H68 等)等有色金属材料亦有很好的装饰效果。

2. 非金属材料

非金属材料如工程塑料和复合材料，机械性能已有大幅度提高，有的已经超过铝合金，且颜色鲜艳、不锈蚀、成本低。例如 ABS 塑料，易电镀和易成型、机械性能良好，是制造管道、储槽内衬、电机外壳、仪表壳、仪表盘、小轿车车身等的良好材料。聚甲醛塑料的综合性能优异，耐疲劳性能在热塑性工程塑料中是最高的，已广泛用作各种仪表板和外壳、容器、管道等。玻璃纤维增强尼龙的刚度、强度和减摩性好，可代替有色金属制作仪表盘。玻璃纤维增强苯乙烯类树脂广泛应用于收音机壳体、磁带录音机底盘、照相机壳、空气调节器叶片等。玻璃纤维增强聚乙烯的强度和抗蠕变性能好，耐水性优良，可以作转矩变换器、干燥器壳体。

11.2.2　轴类零件用材

仪器仪表的轴其一般载荷很小，考虑到要减轻重量、降低成本或提高精度，可以使用 Q235 等普通碳素钢、聚甲醛塑料等工程塑料制造。硬铝 LY12、LY11 和黄铜 HAL60－1－1 多用于制造重要且需要耐蚀的轴销等零件。

11.2.3　凸轮用材

仪器中多数凸轮所用材料为中碳钢或中碳合金钢，一般尺寸不大的平板凸轮可用 45 钢板制造，进行调质处理。要求高的凸轮可用 45 钢或 40Cr 钢制造，进行表面淬火。和钢凸轮配套使用的滚子，采用 45 钢者较多。

一些承载小的凸轮可以使用尼龙等工程塑料或玻璃纤维增强尼龙等复合材料制造。

11.2.4 齿轮用材

仪器仪表中齿轮用材范围非常广泛，有钢、铜、工程塑料和复合材料等。用普通碳素钢 Q275 制造齿轮，一般不经热处理。

钢合金常用来制造仪器仪表齿轮，如铝青铜具有高的硬度、强度、抗蚀性、减摩耐磨性以及良好的加工性，QAl10－4－4 可用来制造 400℃以下工作的齿轮、阀座，QAl11－6－6 可用来制造 500℃以下工作的齿轮、套管及其他减摩和耐蚀的零件。硅青铜 QSi3－1 有高的弹性、强度和耐磨性，耐蚀性良好，可用来制造耐蚀件及齿轮、制动杆等。铂青铜 QBe2、QBe1.9、QBe1.7 可用于制造钟表等仪表齿轮。钛青铜 QTi3.5、QTi3.5－0.2、QTi6－1 有高的强度、硬度、弹性、耐磨性、耐热性、耐疲劳性和耐蚀性，并且无铁磁性，适宜制造齿轮等耐磨零件。

可以使用工程塑料制造仪表齿轮，ABS 塑料机械性能良好，尺寸稳定，容易电镀和易于成型，耐热性较好，是制造齿轮、泵叶轮的理想材料。尼龙是一种热塑性塑料，具有突出的耐磨性和自润滑性能，良好的机械性能，耐水、油等多种溶剂，成型性能也好，适合制造要求耐磨、耐蚀的某些承载的传递零件，如齿轮螺钉、螺母以及其他小型零件。聚甲醛塑料具有优异的综合性能，摩擦系数低而稳定，在干摩擦条件下尤为突出，抗蠕变性能好，耐疲劳性能在热塑性工程塑料中是最高的，可以制造主要受摩擦的各种零件，如齿轮、凸轮、辊子、阀杆等，也可制造垫圈、垫片、法兰弹簧等构件。聚碳酸酯誉称“透明金属”，有优良的综合性能，冲击韧性和延性突出，在热塑性塑料中是最好的，抗蠕变性能好，尺寸稳定性高，透明度高，可染成各种颜色，吸水性小，可在－60～120℃温度范围内长期工作，可制造轻载但冲击韧性和尺寸稳定性要求高的零件，如轻载齿轮、芯轴、凸轮、螺栓螺帽、铆钉、齿条和绝缘垫圈、安管和电子仪器外壳、信号灯等。酚醛塑料具有一定的强度和硬度，耐磨性好，绝缘性好，耐热性较高，广泛用于制造各种电信器材和电木制品，如各种插头、开关、电话机、仪表盒、内燃机曲轴皮带轮、无声齿轮、泵体等。

11.2.5 蜗轮、蜗杆用材

仪器仪表中经常使用铜合金制造蜗轮、蜗杆。如铝青铜具有高的硬度、强度、抗蚀性、减摩耐磨性以及良好的加工性，QAl11-6-6 可用来制造 500℃以下工作的蜗轮、套管及其他减摩和耐蚀的零件。硅青铜 QSi3-1 有高的弹性、强度和耐磨性，耐蚀性良好，可用来制造蜗轮、蜗杆及耐蚀件等。

聚碳酸酯等工程塑料可制造轻载蜗轮、蜗杆等零件。

11.3 热能设备用材

热能设备种类很多，主要包括锅炉、汽轮机、电机等。这些设备多数在高温、高压和腐蚀介质作用下长期运行，对所用材料提出了很高的要求。因此，应根据不同设备及其零部件的工作条件，合理地选用材料，以保证热能设备的安全运行。本节主要介绍锅炉和汽轮机及其部件的用材。

11.3.1　锅炉主要设备用钢

1. 锅炉管道用钢

1）锅炉管道的工作条件和对材料的要求

锅炉管道包括受热面管子(过热器、水冷壁管、省煤器等管子)和蒸汽管道(主蒸汽管道、蒸汽导管、联箱、连接管等)。这些管道在高温、应力和腐蚀介质作用下长期工作，会产生蠕变、氧化和腐蚀。如过热器管外部受高温烟气的作用，管内则流通着高压蒸汽，而且管壁温度(即材料温度)比蒸汽温度还高 50～80℃。为保证设备安全可靠地运行，对管道用钢提出如下要求：

(1) 足够高的蠕变极限和持久强度；

(2) 高的抗氧化性能和耐腐蚀性能；

(3) 良好的组织稳定性；

(4) 良好的工艺性能，特别是焊接性能要好。

2）锅炉管道用钢

锅炉管道用钢的选择应根据管道的工作条件尤其是管道的工作温度，合理地进行选择。下面按锅炉管道的壁温(工作温度)介绍用钢情况：

(1) 壁温≤500℃的过热器管和壁温≤450℃的蒸汽管道。一般选用优质碳素结构钢，其碳质量分数在 0.1%～0.2%之间，常用的是 20 钢。该钢在 450℃以下具有足够的强度，530℃以下具有良好抗氧化性能，而且工艺性能良好，价格低廉。

(2) 壁温≤550℃的过热器管和壁温≤510℃的蒸汽管道。15CrMo 钢是在这个温度范围应用很广泛的钢种。该钢在 500℃热强性、足够的抗氧化性和良好的工艺性能。

(3) 壁温≤580℃的过热器管和壁温≤540℃的蒸汽管道。12Cr1MoV 钢是该温度范围应用最广泛的锅炉管道用钢。该钢是在 Cr－Mo 钢的基础上，加入质量分数为 0.2%的钒的低合金耐热钢，其耐热性能比铬钢高，工艺性能也很好，得到广泛的应用。

(4) 壁温≤600～620℃的过热器管和壁温≤550～570℃的蒸汽管道。12Cr2MoWVB 和 12Cr3MoVSiTiB 钢是该温度范围应用较广的材料。它们的共同特点是采用微量多元合金化。铬质量分数在 2%左右，其他的元素质量分数更少，通过多种元素的相互作用，使钢具有更高的组织稳定性和化学稳定性，因而耐热性能更好，使用温度更高。

(5) 壁温≤600～650℃的过热器管和壁温≤550～600℃的蒸汽管道。

在此温度范围内，一般珠光体型的低合金耐热钢已不能满足使用要求，需要采用高合金耐热钢，较常用的是 Cr 质量分数为 12%马氏体型耐热钢，如德国的 X20CrMoWV121(F11)和 X20CrMoV121(F12)、瑞典的 HT9 等钢种。

过热器壁温超过 650℃、蒸汽管道壁温超过 600℃后，需要使用奥氏体耐热钢体耐热钢具有较高的高温强度和耐腐蚀性能，最高使用温度可达 700℃左右。

2. 锅炉汽包用钢

1）锅炉汽包的工作条件及对材料的要求

锅炉汽包钢材在中温(350℃以下)、高压状态下工作，它除承受较高的内压以外，还会受到冲击、疲劳载荷及水和蒸汽介质的腐蚀作用。对锅炉汽包材料的要求是：

(1) 较高的常温和中温强度；

(2) 良好的塑性、韧性和冷弯性能；

(3) 较低的缺口敏感性。制造锅炉时，要在锅炉钢板上开孔和焊接管接头，易造成应力集中，因此要求钢材有较低的缺口敏感性；

(4) 气孔、琉松、非金属夹杂物等缺陷尽可能少；

(5) 良好的焊接性能等加工工艺性能。

2) 汽包用钢

低压锅炉汽包用钢为12Mng、16Mng和15MnVg等普通低合金钢板。这些钢板的综合机械性能比碳钢高，可以减轻锅炉汽包的重量，节省大量钢材。

14MnMoV8钢是屈服极限为500 MPa级的普通低合金钢。钢中由于加入了质量分数为0.5%的Mo，提高了钢的屈服强度及中温机械性能，特别适合生产厚度为60 mm以上的厚钢板，以满足制造高压锅炉汽包的需要。

14MnMoV6Re8钢是500 MPa级的多元低碳贝氏体钢，屈服极限比碳钢高一倍，有良好的综合机械性能。由于加入了适量的硼、稀土，所以钢的强度更高，符合我国资源情况。

14CrMnMoVBe钢的屈服极限很高，σ_s为650～700 MPa。该钢又加入强化元素，也是微量多元低合金钢，不仅强度高，塑性、韧性也较好，焊接性能也好，并且能耐湿度较大地区的大气腐蚀。

11.3.2 汽轮机主要零部件用钢

汽轮机主要零部件包括汽轮机叶片、汽轮机转子和汽轮机静子等。

1. 汽轮机叶片

1) 汽轮机叶片的工作条件和对材料的要求

叶片是汽轮机中将气流的动能转换为有用功的重要部件。按照叶片的工作条件又分为动叶和静叶两种。与转子相连接并一起转动的为动叶，与静子相连接处于不动状态的为静叶(又称导叶)。汽轮机叶片，尤其是动叶的工作条件是非常恶劣的，主要表现在：

(1) 每一级叶片的工作温度均不相同。第一级叶片所处的温度最高，接近于进口蒸汽温度，随着蒸汽逐渐作功，温度逐渐降低，达到末级叶片时将降到100℃以下。

(2) 叶片在运动着的蒸汽介质中工作，主要是过热蒸汽，末级叶片则是在潮湿蒸汽中工作，会造成材料的高温氧化腐蚀。

(3) 汽轮机工作过程中，动叶片承受着静应力、动应力和交变应力的作用。静应力主要是转子旋转时作用于叶片上的离心力所引起的拉应力。此外，汽流的压力作用还产生弯曲应力和扭力。叶片受激振力的作用会产生强迫振动，当强迫振动的频率与叶片自振频率相同引起共振时，振幅加大，交变应力急剧增加，容易产生疲劳而导致断裂。

总之，汽轮机叶片被是在温度、介质和应力等复杂工况条件下长期工作的。一台汽轮机有几千个叶片，只要有一个叶片被打断就会造成事故。因此，对叶片材料提出了严格的要求：

① 足够的室温和高温机械性能；

② 良好的减振性；

③ 高的组织稳定性；

④ 良好的耐蚀性及抗冲蚀稳定性；

⑤ 良好的冷、热加工工艺性能。

2) 汽轮机叶片材料

(1) 铬不锈钢(1Cr13 和 2Cr13)。1Cr13 和 2Cr13 属于 Cr12%型马氏体耐热钢，它们除了在室温和工作温度下具有足够的强度外，还具有高的耐腐蚀性和减振性，是使用最广泛的汽轮机叶片材料。1Cr13 在汽轮机中用于前几级动叶片，2Cr13 多用于后几级动叶片。1Cr13 和 2Cr13 钢的热强性不高，当温度超过 500℃时，热强性明显下降。lCr13 钢的最高工作温度为 480℃左右，2Cr13 为 450℃左右。

(2) 强化型铬不锈钢。在 1Cr13 和 2Cr13 基础上加入锡、钨、钒、钼、硼等强化元素，得到 Cr11MoV、Cr12WMoV、Cr12WMoNbVB、2Cr12WMoNbVB 和 1Cr11Ni2W2MoV 等强化型铬不锈钢，它们的热强性比 1Cr13 和 2Cr13 高，可在 560～600℃下长期工作。

(3) 铬 - 镍不锈钢。在 600℃温度以上工作的叶片，应选用铬 - 镍奥氏体不锈钢或高温合金 Cr17Ni13W、Cr14Ni18W2NbBCe、Cr15Ni35W3Ti3A1B 等。

2. 汽轮机转子

1) 转子的工作条件和对材料的要求

汽轮机转子(主轴和叶轮组合部件)是汽轮机的心脏，其工作条件十分恶劣。高压蒸汽喷射到工作叶片后，转动力矩由叶轮传到主轴。主轴不但承受扭矩和由自重引起的弯矩作用，而且因为主轴较长，蒸汽温度自第一级至最末级叶轮是逐渐降低的，在轴的末端，温度低于 100℃，由于这样不均匀的温度分布，主轴还要承受温度梯度造成的热应力。总之，主轴承受扭转应力、弯曲应力和热应力以及振动产生的附加应力和发电机短路时产生的巨大扭转应力和冲击载荷的共同作用。

叶轮是装配在主轴上的，在高速旋转时，圆周线速度很大，在离心力作用下产生巨大的切向和径向应力，其中轮毂部分受力最大。对于大功率汽轮机的叶轮，在长叶片的离心力作用下，轮毂部分的应力可高达 300 MPa；叶轮的轮毂和轮缘之间存在温度差(例如启动时轮缘升温快)，因而造成热应力；此外，叶轮还要受到振动应力和轮缘与轴之间的压缩应力。为了防止疲劳损坏，由叶轮重量不平衡所产生的离心力不应超过转子重量的 4%～5%，而动平衡的振幅以不超过 0.01～0.25 mm 为宜。

高参数大功率机组的转子因在高温蒸汽区工作，还要考虑到材料的蠕变、腐蚀、热疲劳、持久强度、断裂韧性等问题。

针对上述情况，对制造转子的材料提出如下要求：

(1) 良好的综合机械性能，强度高，塑性、韧性要好。沿轴向和径向的机械性能应均匀一致。材料的缺口敏感性要小。

(2) 一定的抗氧化、抗蒸汽腐蚀的能力。对于在高温下运行的叶轮和主轴，还要求高的蠕变极限和持久强度，以及足够的组织稳定性。

(3) 不允许存在白点、内裂、缩孔、大块非金属夹杂物或密集性细小夹杂物等缺陷。

(4) 有良好的淬透性、可焊性等工艺性能，以免在制造过程中产生较大的残余应力和其他缺陷。

2）转子用钢

叶轮、主轴和转子的材料是按不同的强度级别选用的，但它们都属于中碳钢和中碳合金钢，只有制作焊接转子时，为了保证材料的可焊性才适当降低含碳量(例如选用 17CrMo1V 钢)。在钢中加入一定量的合金元素铬、镍、钼、锰等，可提高钢的淬透性，增加钢的强度。其中钼还可以减小钢的回火脆性，铬、钼、钨、钒等可提高钢的热强性。

34CrMo 钢采用正火(或淬火)加高温回火处理，用作工作温度 480℃以下的汽轮机叶轮和主轴，它有较好的工艺性能和较高的热强性，而且长时期使用组织比较稳定，无热脆倾向，但工作温度超过 480℃时热强性明显降低。

35CrMoV 钢由于加入了钒，使钢的室温和高温强度均超过 34CrMo 钢，可用来制造要求较高强皮的锻件，如用于工作温度 500～520℃以下的叶轮和 2.5×10^4 kW 和 5×10^4 kW 中压汽轮机叶轮。

27Cr2MoV 钢含有较多的铬、钼，有较好的制造工艺性能和热强性，可用来制造工作温度在 540℃以下的大型汽轮机转子和叶轮。该钢在 500～550℃长期工作仍具有良好的塑性，如在 550℃，16 000 h，$\delta=8.3\%\sim8.8\%$，组织稳定性较好。若用作整锻转子和叶轮，需经两次正火及去应力退火处理，其加热温度分别为 970～990℃空冷、930～950℃空冷、680～700℃ 炉冷。

34CrNi3Mo 钢是大截面高强度钢，具有良好的综合机械性能和工艺性能，无回火脆性，在 450℃以下具有高的蠕变极限和持久强度，但该钢白点敏感性大，需进行防白点退火处理，可用于制造工作温度 400℃以下的发电机转子和汽轮机整锻转子及叶轮。

33Cr3MoWV 钢是我国研制的无镍大锻件用钢，主要用来代替 34CrNi3Mo 钢。可用来制造工作温度为 450℃、厚度＜450 mm、$\sigma_s=736$ MPa 级的汽轮机叶轮，目前已在 5×10^4 kW 以下的汽轮机中应用，运行情况良好。该钢的优点是淬透性高(轮毂厚度为 450 mm 时，能保证叶轮各部分的机械性能均匀)，没有回火脆性，白点敏感性和缺口敏感性都比 34CrNi3Mo 钢小。

18CrMnMoB 钢是我国研制成功的一种无镍少铬大锻件用钢，淬透性良好，能保证 $\phi500\sim\phi800$ mm 截面上强度均匀一致，高温性能与 34CrNi3Mo 钢相似，并具有高的疲劳强度和良好的工艺性能，现用于制造工作温度 450℃以下、轮毂厚度大于 300 mm 的叶轮和直径大于 500 mm 的主轴、转子等。可作为 34CrNi3Mo 的代用钢。

20Cr3WMoV 钢是一种性能优良的低合金耐热钢，用于工作温度低于 550℃的汽轮机和燃气轮机整锻转子和叶轮等大锻件。

3. 汽轮机静子

1）静子的工作条件和对材料的要求

汽轮机静子部件(汽缸、隔板、蒸汽室等)是在高温、高压或一定的温差、压力差作用下长期工作的。汽缸是汽轮机的重要部件，通常分为上、下两部分。汽缸工作时受到气流的压力，这种压力在汽缸的前部最大，沿轴线向后逐渐降低，因此在汽缸壁上所受的力是变化的。同时，汽缸内温度场分布也比较复杂，例如汽缸前后存在着温度梯度，在大功率高参数凝汽式汽轮机的中压缸中，从蒸汽入口到出口的温度差超过 500℃，低压缸则在真空条件下工作，承受外部空气的压力。

基于上述工作条件的分析，静子部件在机组运行时将承受蒸汽的内压力(汽缸末级承受外压力)、转子重量所引起的静应力、由于温差所产生的热应力以及由于变化的热应力所引起的热疲劳作用。因此，对静子材料提出以下要求：

(1) 足够高的室温机械性能和较好的热强性；

(2) 具有一定的抗氧化性和抗腐蚀性能，良好的抗热疲劳性能和组织稳定性；

(3) 具有尽可能好的铸造性能和良好的焊接性能。

2) 静子零部件用钢

由于汽缸、隔板、喷嘴室、阀壳等所处的温度和应力水平不同，因而，按其对材料性能的不同要求可选用灰口铸铁、高强度耐热铸铁、碳钢或低合金耐热钢。灰口铸铁多用于制造低中参数汽轮机的低压缸和隔板。

对于工作温度在 425℃以下的某些汽轮机的汽缸、隔板、阀门等零件，可以用 ZG25 钢制造，然后在 900℃退火或 900℃正火加 650℃回火 6～8 h。铸件在粗加工或补焊后应在 650～680℃退火 6～8 h。

对于工作温度在 500℃以下的汽缸、隔板、主蒸汽阀门等可采用 ZG20CrMo 钢制造，铸件在 900℃正火，650～680℃回火，粗加工或补焊后要在 650～680℃退火 4～8 h。

对于工作温度在 540℃以下的部件，一般采用 ZG20Cr9MoV 钢制造，对于 565℃以下工作的部件一般采用 ZG15Cr1Mo1V 钢制造。例如我国的 12.5×10^4 kW 高压中间再热双缸双排汽凝汽式汽轮机，其低压缸采用铬钼合金铸铁，中压排汽缸采用 ZG25 钢，高、中压外缸采用 ZG20CrMo1V 钢，高中压内缸则采用 ZG15CrMo1V 钢。

11.4　汽 车 用 材

一辆汽车由上万个零部件组装而成，而上万个零部件又是由各种不同材料制成的。以我国中型载货汽车用材为例，钢材约占 64%，铸铁约占 21%，有色金属约占 1%，非金属材料约占 14%。可见，汽车用材以金属材料为主，塑料、橡胶、陶瓷等非金属材料也占有一定的比例。

11.4.1　汽车用金属材料

汽车主要结构可分为以下四部分：

(1) 发动机。提供动力，由缸体、缸盖、活塞、连杆、曲轴及配气、燃料供给、润滑、冷却等系统组成。

(2) 底盘。包括传动系(离合器、变速箱、后桥等)、行驶系(车架、车轮等)、转向系(方向盘、转向蜗杆等)和制动系(油泵或气泵、刹车片等)。

(3) 车身。驾驶室、货厢等。

(4) 电气设备。电源、启动、点火、照明、信号、控制等。

图 11-2 为汽车发动机和传动系示意图。表 11-4 和表 11-5 分别为汽车发动机和底盘主要零件的用材情况。下面就汽车典型零件的用材作一简要说明。

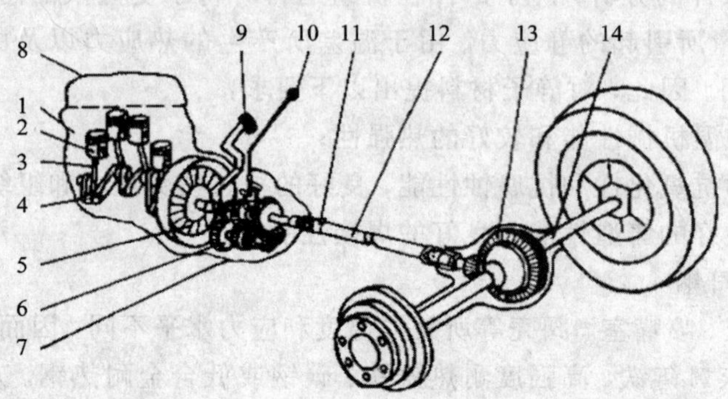

1—缸体；2—活塞；3—连杆；4—曲轴；5—离合器；6—变速齿轮；7—变速箱；8—汽缸盖；
9—离合器踏板；10—变速手柄；11—万向节；12—传动轴；13—后桥齿轮；14—半轴

图 11-2　汽车发动机和传动系示意图

表 11-4　汽车发动机零件用材概况

代表零件	材料种类及牌号	使用性能要求	主要失效方式	热处理及其他
缸体、钢盖、飞轮、正时齿轮	灰口铸铁 HT200	刚度、强度、尺寸稳定性	产生裂纹、孔臂磨损、翘曲变形	不处理或去应力退火。也可用 ZL104 铝合金做缸体缸盖，固溶处理后时效
缸套、排气门座等	合金铸铁	耐磨性、耐热性	过量磨损	铸造状态
曲轴等	球墨铸铁 QT600-2	刚度、强度、耐磨性、疲劳抗力	过量磨损、断裂	表面淬火、圆角滚压、氮化，也可用锻件
活塞销等	渗碳钢 20、20Cr、18CrMnTi、12Cr2Ni4	强度、冲击韧性、耐磨性	磨损、变形、断裂	渗碳、淬火、回火
连杆、连杆螺栓、曲轴等	调质钢 45、40Cr、40MnB	强度、疲劳抗力、冲击韧性	过量变形、断裂	调质、探伤
各种轴承、轴瓦	轴承钢和轴承合金	耐磨性、疲劳抗力	磨损、剥落、烧蚀破裂	不热处理(购买)
排气门	高铬耐热钢 4Cr10Si2Mo、4Cr14Ni14W2Mo	耐热性、耐磨性	起槽、变宽、氧化烧蚀	淬火、回火
气门弹簧	弹簧钢 65Mn、50CrVA	疲劳抗力	变形、断裂	淬火、中温回火
活塞	有色金属高硅铝合金 ZL108、ZL110	耐热强度	烧蚀、变形、断裂	固溶处理及时效
支架、盖、罩、挡板、油底、壳等	钢板 A3、08、20、16Mn	刚度、强度	变形	不热处理

表 11－5　汽车底盘零件用材概况

代表零件	材料种类及牌号	使用性能要求	主要失效方式	热处理及其他
纵梁、横梁、传动轴(4000 转/分)保险柜、钢圈等	25、16Mn 钢板等	强度、刚度、韧性	弯曲、扭斜铆钉松动、断裂	要求用冲压工艺性能好的优质钢板
前桥(前轴)转向节臂(羊角)、半轴等	调质钢 45、40Cr、40MnB	强度、韧性、疲劳抗力	弯曲变形、扭转变形、断裂	模锻成形、调质处理、圆角滚压、无损探伤
变速箱齿轮、后桥齿轮等	渗碳钢 20CrMnTi、30CrMnTi、20MnTiB、12Cr2Ni4 等	强度、耐磨性、接触疲劳抗力及断裂抗力	麻点、剥落、齿面过量、磨损、变形、断齿	渗碳(渗碳层深度 0.8 mm以上)淬火、回火，表面硬度为 58～62 HRC
变速器壳、离合器壳	灰口铸铁 HT200	刚度、尺寸稳定性、一定强度	产生裂纹、轴承孔磨损	去应力退火
后桥壳等	可锻铸件 KT350－10 球墨铸铁 QT400－10	刚度、尺寸稳定性、一定强度	弯曲、断裂	后桥还可用优质钢板冲压后焊成或用铸钢
钢板弹簧等	弹簧钢 65Mn、65Si2Mn、50CrMn、55SiMnVB	耐疲劳、冲击和腐蚀	折断、弹性减退、弯度减小	淬火、中温回火、喷丸强化
驾驶室、车厢、罩等	钢板 08、20	刚度、尺寸稳定性	变形、开裂	冲压成型
分泵活塞、油管	有色金属、铝合金、紫铜	耐磨性、强度	变形、开裂	

1. 缸体和缸盖

缸体是发动机的骨架和外壳，在缸体内外安装着发动机主要的零部件。缸体在工作中承受气压力的拉伸和气压力与惯性力联合作用下的倾覆力矩的扭转和弯曲以及螺栓预紧力的综合作用。在这些大小、方向变化的力和力矩作用下，使机体产生横向和纵向的变形，变形超过许用值时将影响与机座相联零部件的可靠性和工作能力，尤其是活塞、连杠和曲轴等零件的工作可靠性和耐磨性会受到严重影响，并导致发动机不能正常运转。因此缸体材料必须满足下列要求：

(1) 有足够的强度和刚度。特别是要有足够的刚度，以减小变形，保证尺寸的稳定性。

(2) 良好的铸造性和切削性。

(3) 价格低廉。

缸体常用的材料有灰口铸铁和铝合金两种。铝合金的密度小，但刚度差、强度低及价格贵。所以除了某些发动机为减轻重量而采用外，一般均用灰口铸铁作为缸体材料。

灰口铸铁在汽车上应用较为广泛，还可用以制造飞轮、飞轮壳、变速箱壳及盖、离合器壳及压板、进排气支管、制动鼓以及液压制动总泵和分泵的缸体等。

缸盖主要用来封闭气缸构成的燃烧室。缸盖承受燃气的高温、高压作用，机械负荷(如气压力使缸盖承受弯曲，缸盖螺栓的预紧力等)和热负荷的作用。由于温度高、形状复杂、受热不均匀使缸盖上的热应力很大，严重时可造成缸盖变形甚至出现裂纹。

根据上述工作条件，缸盖应用导热性好、高温机械强度高、能承受反复热应力、铸造性能良好的材料来制造。目前使用的缸盖材料有两种：一种是灰铸铁或合金铸铁；另一种是铝合金。

铸铁缸盖具有高温强度高、铸造性能好、价格低等优点，但其导热性差、重量大。铝合金缸盖的主要优点是导热性好、重量轻，但其高温强度低，使用中容易变形、成本较高。

2. 缸套

发动机的工作循环是在气缸内完成的。气缸内与活塞接触的内壁面，由于直接承受燃气的冲刷，并与活塞存在着具有一定压力的高速相对运动，使气缸内壁受到强烈的摩擦，从而造成磨损。气缸内壁的过量磨损是造成发动机大修的主要原因之一，根据气缸内壁工作条件的这一特殊性应选用相应的材料，即缸体用普通铸铁或铝合金，而气缸工作面则用耐磨材料，制成缸套镶入气缸。

常用缸套材料为耐磨合金铸铁，主要有高磷铸铁、硼铸铁、合金铸铁等。

为了提高缸套的耐磨性，可以用镀铬、表面淬火、喷镀金属钼或其他耐磨合金等办法对缸套进行表面处理。

3. 活塞、活塞销和活塞环

活塞、活塞销和活塞环等零件组成活塞组，与气缸、气缸盖配合形成一个容积变化的密闭空间，以完成内燃机的工作过程；同时，它还承受燃气作用力并通过连杆把力传给曲轴输出。

活塞组在工作中受周期性变化的高温、高压燃气(温度最高可达 2000℃，压力最高可达 13～15 MPa)作用，并在气缸内作高速往复运动(平均速度一般为 9～13 m/s)，产生很大的惯性载荷。活塞在传力给连杆时，还承受着交变的侧压力，工作条件十分苛刻。活塞组最常见的失效方式有磨损、变形和断裂。

对活塞用材料的要求是热强度高、导热性好、吸热性差、膨胀系数小、密度小，减摩性、耐磨性、耐蚀性和工艺性好等。目前很难找到一种材料能完全满足上述要求。常用的活塞材料是铝硅合金。铝合金的特点是导热性好、密度小，硅的作用是使膨胀系数减小，耐磨性、耐蚀性、硬度、刚度和强度提高。铝硅合金活塞需进行固溶处理及人工时效处理，以提高表面硬度。

由上述活塞组的工作条件可知，经活塞销传递的力高达数万牛顿，且承受的载荷是交变的。这就要求活塞销材料应有足够的刚度和强度以及足够的承压面积和耐磨性，还要求外硬内韧，表面耐磨，同时具有较高的疲劳强度和冲击韧性。

活塞销材料一般用 20 低碳钢或 20Cr、18CrMnTi 等低碳合金钢。活塞销外表面应进行渗碳或氰化处理，以满足外表面硬而耐磨，材料内部韧而耐冲击的要求。活塞销的冷挤压成型也是提高其强度的有效手段，约可提高 25%的强度，且省工、省料。

活塞环材料应具有耐磨性好、易磨合、韧性好(变形时不易折断)以及良好的耐热性、导热性和易加工性等性能特点。目前一般多用以珠光体为基的灰铸铁或在灰铸铁基础上添加一定量的铜、铬、钼及钨等合金元素的合金铸铁，也有的采用球墨铸铁或可锻铸铁。为了改善活塞环的工作性能，活塞环需经表面处理。目前应用最广泛的是镀多孔性铬，可使环的耐久性提高 2～3 倍。其他表面处理的方法还有喷钼、磷化、氧化、涂敷合成树脂等。

4. 连杆

连杆是汽车发动机中的重要零件，它连接着活塞和曲轴，其作用是将活塞的往复运动转变为曲轴的旋转运动，并把作用在活塞上的力传给曲轴以输出功率。

连杆在工作中除承受燃烧室燃气产生的压力外，还要承受纵向和横向的惯性力。因此，连杆在一个很复杂的应力状态下工作。它既受交变的拉压应力，又受弯曲应力。连杆的主要损坏形式是疲劳断裂和过量变形。通常疲劳断裂的部位是在连杆上的三个高应力区域(图 11-3)。连杆的工作条件要求连杆具有较高的强度和抗疲劳性能；又要求具有足够的刚性和韧性。

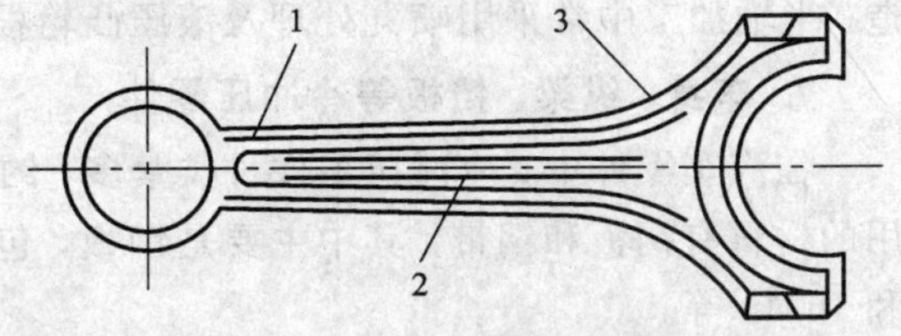

1—小头与连杆的过渡区；2—连杆中间；3—大头与杆部的过渡区

图 11-3　连杆上的三个高应力区域

连杆材料一般采用 45 钢、40Cr 或 40MnB 等调质钢。合金钢虽具有很高强度，但对应力集中很敏感。所以，在连杆外形、过渡圆角等方面需严格要求，还应注意表面加工质量以提高疲劳强度，否则高强度合金钢的应用并不能达到预期效果。

5. 气门

气门的主要作用是开或闭进、排气道。对气门的主要要求是保证燃烧室的气密性。

气门在工作时，需要承受较高的机械负荷和热负荷，尤其是排气门工作温度高达 650～850℃。另外，气门头部还承受气压力及落座时因惯性力而产生的相当大的冲击。气门经常出现的故障有：气门座扭曲、气门头部变形、气门座面积炭时引起燃烧废气对气门座面强烈地烧蚀。

气门材料应选用耐热、耐蚀、耐磨的材料。进、排气门工作条件不同，材料的选择也不同。进气门一般可用 40Cr、35CrMo、38CrSi、42Mn2V 等合金钢制造；而排气门则要求用高铬耐热钢制造，采用 4Cr10Si2Mo 作为气门材料时工作温度可达 550～650℃，采用 4Cr14Ni14W2Mo 作为气门材料时，工作温度可达 650～900℃。

6. 半轴

汽车半轴是驱动车轮转动的直接驱动零件，也是汽车后桥中的重要受力部件。汽车运行时，发动机输出的扭矩经过变速器、差速器和减速器传递给半轴，再由半轴传给车轮，推动汽车行驶。

半轴在工作时主要承受扭转力矩和交变弯曲以及一定的冲击载荷。在通常情况下，半轴的寿命主要取决于花键齿的抗压陷和耐磨损性能，但断裂现象也不时发生。载重汽车半轴最容易损坏的部位是在轴的杆部和凸线的连接处、花键端以及花键与杆部相连的部位(图 11-4)。在这些部位发生损坏时，一般为疲劳断裂。

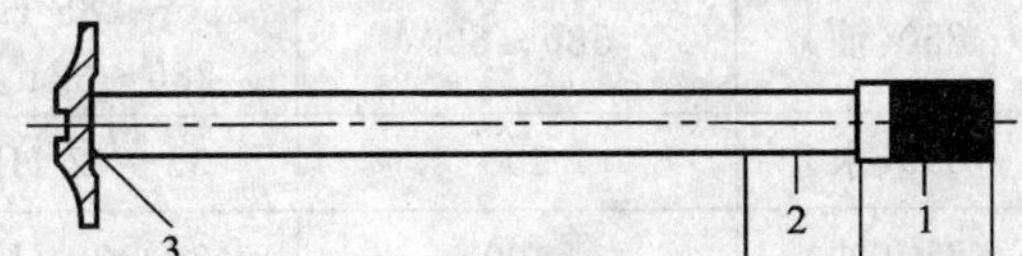

1—花键端；2—花键与杆部相连部位；3—凸缘与杆部相连部位

图 11-4　半轴易损坏部位示意图

根据半轴的工作条件，要求半轴材料具有高的抗弯强度、疲劳强度和较好的韧性。汽车半轴是要求综合机械性能较高的零件，通常选用调质钢制造。中、小型汽车的半轴一般用45钢、40Cr，而重型汽车用40MnB、40CrNi或40CrMnMo等淬透性较高的合金钢制造。半轴加工中常采用喷丸处理及滚压凸轮根部圆角等强化方法。

7. 车身、纵梁、挡板等冷冲压零件

在汽车零件中，冷冲压零件种类繁多，约占总零件数的50%～60%。汽车冷冲压零件用的材料有钢板和钢带，其中主要是钢板，包括热轧钢板和冷轧钢板，如钢板08、20、25和16Mn等。

热轧钢板主要用来制造一些承受一定载荷的结构件，如保险杠、刹车盘、纵梁等。这些零件不仅要求钢板具有一定刚度、强度，而且还要具有良好的冲压成型性能。

冷轧钢板主要用来制造一些形状复杂，受力不大的机器外壳、驾驶室、轿车的车身等覆盖零件。这些零件对钢板的强度要求不高，但却要求它具有优良的表面质量和良好的冲压性能，以保证高的成品合格率。

近年开发的加工性能良好、强度(屈服强度和抗拉强度)高的薄钢板——高强度板，由于其可降低汽车自重、提高燃油经济性而在汽车上获得应用，如已用于制造车身外面板(包括车顶、前脸、后围、发动机罩、车门、行李厢等)、车身内蒙板、保险杠、横梁、边梁、支架、发动机框架等。

8. 螺栓、铆钉等冷镦零件

汽车结构中的螺栓和铆钉等冷镦零部件，主要起连接、紧固、定位以及密封汽车各零部件的作用。

在汽车行驶过程中，由于螺栓连接的零部件不同，而这些零部件所受的载荷各不相同，故不同螺栓的应力状态也不相同。有的承受弯曲或剪切应力；有的承受反复交变的拉应力和压应力；也有的承受冲击载荷；或同时承受上述几种载荷。此外，由于螺栓的结构及其所传递的载荷的特性，螺栓具有很高的应力集中。因此，应根据螺栓的受力状态合理地选用。汽车螺栓、铆钉用材及热处理工艺见表11-6。

表11-6 螺栓、铆钉热处理工艺及其技术要求

种 类	推荐钢号	热处理工艺		硬 度	金相组织
		淬火温度/℃	回火温度/℃		
木螺栓	10、15				
普通螺栓	35	850(水)	580～620	255～285 HB	回火索氏体
	35		冷墩后经再结晶处理	187～207 HB	均匀的珠光体＋铁素体
重要螺栓	40Cr	850(油)	580～620	255～285 HB或285～321 HB	回火索氏体
	15MnVB	850(水)	200	35～42 HRC	低碳马氏体
		850(油)	400	33～39 HRC	
铆钉	10、15		冷墩后经再结晶处理		珠光体＋铁素体

11.4.2 汽车用塑料

塑料在汽车中的应用发展很快，从机械、热应力较小的内饰件和小机件，发展到大型结构件，如车身、车架悬挂弹簧等，从 20 世纪 80 年代以来已逐步发展到进入发动机内部，用于制造连杆、活塞销、进气门等配件。用塑料取代金属制造汽车配件，可以直接达到汽车轻量化的效果，还可以改善汽车的某些性能，如防腐、防锈蚀、减振、抑制噪声、耐磨等。

1. 汽车内饰用塑料

用于汽车内饰件的材料，要求其具备吸振性好、手感好、耐用性好的特点，以满足安全、舒适、美观的目的。在 20 世纪 80 年代，塑料已是汽车的主要内饰材料。内饰用主要塑料品种为聚氨脂(PU)、聚氯乙烯(PVC)、聚丙烯(PP)和 ABS 等。内饰塑料制品主要有：坐垫、仪表板、扶手、头枕、门内衬板、顶棚衬里、地毯、控制箱、转向盘等。

1) 聚氨酯泡沫塑料

聚氨配泡沫塑料具有质轻、强度高、导热系数低、耐油、耐寒、防振和隔音等特点，已成为汽车的一种主要内饰材料。聚氨酯泡沫塑料在汽车上一般用于制造汽车坐垫、汽车仪表板、扶手、头枕等。其缓冲材料大部分都使用半硬质聚氨酯泡沫塑料制品。

2) 聚氨酯塑料

聚氨酯除了用作泡沫塑料外，还可以采用不同配方制成热塑性聚氨酯塑料。主要用于制造汽车保险杠、仪表板、挡泥板、前端部、发动机罩等大型部件。

3) 聚氯乙烯

聚氯乙烯在汽车上的用量约占汽车用塑料总量的 20%～30%，主要用于制造各种表皮材料和电线包皮。如聚氯乙烯人造革用于汽车坐垫、车门内板及其他装饰覆盖件上，聚氯乙烯地毯用于货车驾驶室等。

2. 汽车用工程塑料

工程塑料在汽车上主要用作结构件，要求塑料具有足够的温度——强度特性和温度-蠕变特性以及尺寸稳定性。工程塑料是能够满足这些技术要求的。汽车上常用的工程塑料有聚丙烯、聚乙烯、聚苯乙烯、ABS、聚酰胺、聚甲醛、聚碳酸酯、酚醛树脂等。

1) 聚丙烯

一辆汽车的聚丙烯零件可达 70 多种，主要用于通风采暖系，发动机的某些配件以及外装件，如汽车转向盘、仪表板、前、后保险杠、加速踏板、蓄电池壳、空气滤清器、冷却风扇、风扇护罩、散热器格栅、转向机套管、分电器盖、灯壳、电线覆皮等。

2) 聚乙烯

在汽车上，聚乙烯可用于制造汽油箱、挡泥板、转向盘、各种液体储罐以及衬板。聚乙烯在汽车上最重要的用途是用于制造汽油箱，较金属油箱，它具有以下优点：聚乙烯油箱长期稳定性良好；冲撞时不发生火花，因此不会发生燃烧爆炸；设计自由度大，可充分利用空间；质量轻，较金属油箱可减轻质量 1/3～1/2；耐腐蚀性好；成型工艺简单，价廉。

3) 聚苯乙烯

聚苯乙烯在汽车上主要用作各种仪表外壳、灯罩及电器零件。

4）ABS

根据使用性能的要求，通过改变ABS中三个单体组份的变化，以及引入第四组分等方式，可获得许多新品种，如一般用品种、电镀用品种、耐热品种、透明品种等。可以说，在热塑性塑料中ABS的品种牌号最多。

ABS具有良好的机械性能，刚性好，耐寒性强，加工性能好，表面光洁，制品表面可以电镀。

ABS材料在汽车上的应用情况见表11-7。

表11-7 ABS材料类型及其在汽车上应用实例

类型	特性	主要加工方法	典型汽车零件
一般型	耐冲性 高强度 高流动性	注射、挤压 注射 注射	车轮罩、保险杠垫板、镜框 控制箱、手柄、开关喇叭盖 后端板
电镀型		注射	水箱面罩
耐热型	耐热	注射	百叶罩、仪表板、控制板、收音机壳、杂物箱、暖风壳
透明型 (用于与PVC复合)	耐冲击 耐冲击、透明	挤压、压延 挤压、中空、压延	仪表板表皮(ABS＋PVC＋橡胶复合片材)、坐垫表皮

5）聚酰胺(尼龙)

尼龙可用于制造燃油滤清器、空气滤清器、机油滤清器、正时齿轮、水泵壳、水泵叶轮、风扇、制动液避、动力转向液避、雨刷器齿轮、前大灯壳、百叶窗、轴承保持架、保险丝盒、速度表齿轮等。以后发展的还有玻璃纤维增强尼龙制造的发动机摇臂罩、发动机机油盘、散热器水箱、蓄电池托架等。尼龙11和尼龙12可制造曲轴箱通风软管、制动软管、冷却液软管、离合器液压软管、燃油软管等。

6）聚甲醛(POM)

用POM制造的汽车零件很多。主要有各种阀门，如排水阀门、空调器阀门；各种叶轮，如水泵叶轮、暖风器叶轮、油泵叶轮；轴套及衬套如行星齿轮和半轴垫片、钢板弹簧吊耳衬套；轴承保持架等机能结构件；各种电器开关及电器仪表上的小齿轮；各种手柄及门销等。在20世纪60年代发展起来的聚甲醛-塑料钢背复合材料轴承GS-2(相当于国外DX轴承)，作为预润滑材料，在汽车上用作滑动轴承材料。

7）饱和聚酯

汽车上常用的饱和聚酯有PBT(对苯二甲酸丁二醇酯)和PET(聚对苯二甲酸乙二醇酯)。PBT与PET耐热性较好，吸水率很小、耐老化性优良。用玻璃纤维增强的PBT与PET可与尼龙、POM、酚醛塑料相竞争。

用PBT制造的汽车零件主要有：后窗通风格栅、车尾板通风格栅、前挡泥板延伸部分、灯座、车牌支架等车身部件，分电器盖、点火线圈架、开关、插座等电器零件，冷却风扇、雨刷器杆、油泵叶轮和壳体、镜架、各种手柄等机能结构件。

3. 汽车外装及结构件用纤维增强塑料复合材料

纤维增强塑料复合材料统称为 FRP，是一种纤维和塑料复合而成的材料。增强用的纤维为玻璃纤维、碳纤维和高强度合成纤维。母体树脂根据使用要求，可用环氧树脂、酚醛树脂、不饱和聚酯等。汽车上常用的是玻璃纤维和热固性树脂的复合材料。

FRP 作为汽车用材料具有材质轻、设计灵活、便于一体成型、耐腐蚀、耐化学药品、耐冲击、着色方便等优点，但这种材料用于大批量汽车生产时，与金属材料比较还存在着生产效率低、可靠性差、耐热性差、表面加工性差、材料回收困难等方面的问题。

FRP 材料可用于制造汽车顶棚、空气导流板、前端部、前灯壳、发动机罩、挡泥板、后端板、三角窗框、尾板等外装件。用碳纤维增强塑料复合材料制成的汽车零件，还有传动轴、悬挂弹簧、保险杠、车轮、转向节、制动鼓、车门、座椅骨架、发动机罩、格栅、车架等。

11.4.3　汽车用橡胶

橡胶具有很好的弹性，是汽车用的一种重要材料。一辆轿车的橡胶件约占轿车整备质量的 4%～5%。轮胎是汽车的主要橡胶件，此外还有各种橡胶软管、密封件、减震垫等约 300 件。

轮胎的主要材料有生胶(包括天然橡胶、合成橡胶、再生胶)、骨架材料即纤维材料(包括棉纤维、人造丝、尼龙、聚酯、玻璃纤维、钢丝等)以及炭黑等。

生胶是轮胎最重要的原材料，轮胎用的生胶约占轮胎全部原材料质量的 50%。目前，轿车轮胎以合成橡胶为主，而载重轮胎以天然橡胶为主。

天然橡胶在许多性能方面优于通用型合成橡胶，其主要特点是强度高、弹性高，生热和滞后损失小，耐撕裂，以及有良好的工艺性、内聚性和粘着性。用它制成的轮胎耐刺扎，特别对使用条件苛刻的轮胎，其胎面上层胶大多完全采用天然橡胶。

丁苯橡胶主要用于轿车轮胎，以提高轮胎的抗湿滑性，保证行车安全。

顺丁橡胶一般都与天然橡胶或丁苯橡胶并用。随着顺丁橡胶掺用量的增加，耐磨性提高，生热降低，但抗撕裂和抗湿滑性却随之降低，为了保证行车安全，它的掺用量不宜太高。

丁基橡胶是一种特种合成橡胶。具有优良的气密性和耐老化性。用它制造的内胎，气密性比天然橡胶内胎好。由于气密性好，使用中不必经常充气，轮胎使用寿命相应提高。它又是无内胎轮胎密封层的最好材料。

11.4.4　汽车用陶瓷材料

陶瓷材料具有耐高温、耐磨损、耐腐蚀以及在电导与介电方面的特殊性能。利用陶瓷材料制作某些汽车部件，可改善汽车部件的运行特性，达到汽车轻量化的效果，因而得到一定程度的应用。这里主要介绍陶瓷材料在汽车发动机零部件上应用的情况。

表 11－8 示出日本、美国绝热发动机上采用工程陶瓷的情况。日野汽车公司在重型载货汽车用柴油机(排量 1.5 L)的基础上开发了陶瓷复合发动机系统。该发动机气缸套、活塞等燃烧室件中有 40%左右是陶瓷件。同时装用了排气再利用系统，使功率提高 10%，燃料消耗率降低 30%。

表 11－8　日本、美国绝热发动机上采用的工程陶瓷

零　件		性能要求					适用的工程陶瓷
		耐热	耐磨	低摩擦	轻量	耐蚀	膨胀小	
活塞		✓						Si_3N_4、PSZ、TTA
活塞环		✓	✓			✓		SSN、PSZ 涂层
汽缸套		✓	✓	✓	✓			Si_3N_4、PSZ 涂层
预燃烧室		✓				✓		PSZ、Si_3N_4
气门头		✓	✓			✓	✓	SSN、PSZ 复合材料
气门座		✓	✓			✓		PSZ、SSN
气门挺柱			✓		✓	✓	✓	PSZ、Si_3N_4、SiC
气门导管				✓				PSZ、SSN、SiC
进排气管		✓			✓	✓		ZrO_2、Si_3N_4、TiO_2、Al_2O_3
排气口/进气口		✓				✓		ZrO_2、Si_3N_4、TiO_2、Al_2O_3
机械密封		✓	✓	✓				SiC、Si_3N_4、PSZ
蜗轮增压器	叶片		✓			✓	✓	Si_3N_4、SiC
	蜗轮壳		✓				✓	LAS
	隔热板		✓				✓	ZrO_2、LAS
	轴承		✓	✓	✓	✓	✓	SSN

说明：SSN—烧结氮化硅；PSZ—部分稳定氧化锆；LAS—锂-铝-硅酸盐；TTA—改性的韧性氧化铝。

日本五十铃发动机厂研制的陶瓷发动机，采用 Si_3N_4 制造气阀头、活塞顶、气缸套、歧管、蜗轮增压器叶片、转子、轴承等，能经受 1200℃的高温，因取消了散热器和冷却装置，其热效率提高 48%。

美国通用汽车公司在其所制成的 2.3 L 柴油机上，采用陶瓷缸套、气门头、燃烧室、排气门通道、汽缸盖、活塞顶以及用陶瓷涂镀的气门摇臂、气门挺杆、气门导管和滑动轴承，并已装在轿车上作了 20 290 km 路试；用 Si_3N_4 陶瓷制造的蜗轮叶轮(如图 11－5 所示)，其热膨胀系数是金属的 1/3，利用这一特点，采用热压和钎焊相结合的方法把陶瓷叶轮和金属轴连接起来，使陶瓷叶轮的惯性力矩比金属叶轮减少了 1/3，使蜗轮增压器的动态响应性提高 36%。

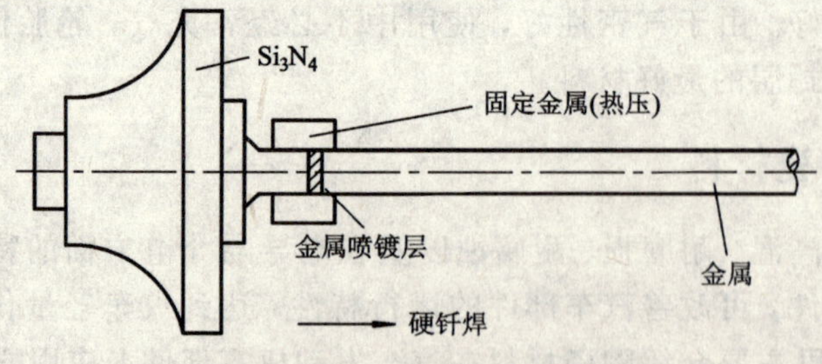

图 11－5　陶瓷蜗轮叶轮

此外，为了有效地利用陶瓷的耐磨性，开发了陶瓷凸轮轴和陶瓷摇臂镶块。陶瓷凸轮轴的滑动部位采用 ZrO 或 SiC，其他部位用金属管制成。陶瓷部位与金属部位的结合采用硬钎焊和扩散法。凸轮接触面部位融接陶瓷片的铝摇臂，大大提高了摇臂寿命。

陶瓷片是用微米级的 Si_3N_4 粉末在 1500℃的高温下烧结而成的。长 20 mm，宽 20 mm，厚 5 mm 的带筋陶瓷片，其筋条插进摇臂中。其浇注工艺是把陶瓷片放在摇臂铸型中，然后浇入 600℃铝溶液，利用铝的冷缩性固紧镶片(图 11－6)。

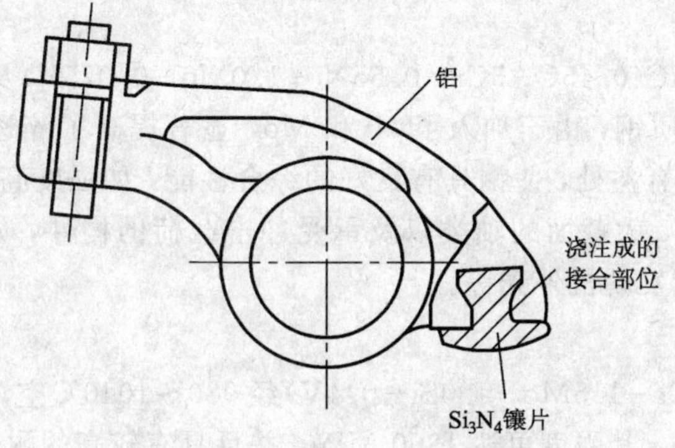

图 11－6　陶瓷摇臂镶块

另外，利用陶瓷的绝缘性、介电性、压电性等特性制作汽车陶瓷传感器，已成为汽车电子化的重要方面。

11.5　航空航天器用材

航空航天器用材很广泛，工程塑料、橡胶、陶瓷材料和各种金属，几乎应有尽有。本文仅提及一些主要设备使用的材料，这些材料或是比强度高，或是具有很好的使用性能，如较好的热强性、抗氧化性和耐蚀性。

11.5.1　中碳调质钢

中碳调质钢是重要的航空航天材料。其特点是高的比强度和高硬度。当要求 $\sigma_{0.2}$ 高达 880～1176 MPa 以上时，必须将碳的质量分数提高到 0.25%～0.45%，所以淬透性很大，焊接性较差。这类钢的纯度对焊接性影响很大，当钢材热处理到很高强度水平时(如作为火箭发动机外壳，强度约 1380 MPa)，钢材与焊丝都必须采用真空熔炼，以提高纯度。中碳调质钢中可以作为航空航天材料的有如下三个系列钢种。

1. Cr－Mn－Si 钢

30CrMnSiA、30CrMnSiNi2A、40CrMnSiMoVA 钢都属于 Cr－Mn－Si 钢系列。30CrMnSiA 是 Cr－Mn－Si 钢中最典型的钢种，调质状态下的组织是回火索氏体，在 300～450℃内出现第一类回火脆性，回火时必须避开该温度范围，还具有第二类回火脆性，高温回火时必须快冷，否则冲击韧度会显著下降。该钢除了在调质状态下应用外，为了提高钢的强度，减轻结构重量，有时需采用 200～250℃的低温回火，在损失一定韧性的情况下得到具有很高强度的低温回火马氏体组织(σ_b 为 1666～1715 MPa)。当截面小于 25 mm 时可采用等温淬火来处理，以便得到下贝氏体，此时材料的强度与塑性、韧性得到了良好的配合。该钢由于不含贵重的镍，故在我国飞机制造中应用广泛。30CrMnSiNi2A 由于增加了镍，大大提高了钢的淬透性，因此与 30CrMnSiA 相比，调质后钢的强度有了较大的提高，并保持了良好的韧性，但其焊接性变差。40CrMnSiMoVA 是属于一种较新的低 Cr 无 Ni 中碳调质高强钢，其中加入了淬透性强的 Mo，与 30CrMnSiNi2A 相比，因含碳量高且不合镍，焊接性要差一些，可用来代替 30CrMnSiNi2A 制造飞机上的一些构件。

2. Cr－Ni－Co 钢

40CrNiMoA、D6AC(0.45C－5Cr－0.55Ni－1.0Mo－0.075V)及 34CrNi3MoA 都属于 Cr－Ni－Mo 系统的调质钢，由于加入了 Ni 和 Mo，显著提高了淬透性和抗回火软化的能力，对改善钢的韧性也有益处，使钢具有良好的综合性能，如强度高、韧性好、淬透性大等优点。主要用于高负荷、大截面的轴类以及承受冲击载荷的构件，如喷气涡轮机轴、喷气式客机的起落架及火箭发动机外壳等。

3. 超高强度钢

H－11(0.35C－5Cr－1.5Mo－1.0Si－0.4V)经 980～1040℃空淬、540℃回火后，由于特殊碳化物的弥散析出，其强度可达 1960 MPa，并且具有较高的耐热性。为了保证钢材的韧性，按国家标准规定，该钢的 S、P 质量分数均不大于 0.01%，且应采取严格的真空冶炼和热处理制度。该钢可用作超音速喷气机机体材料。

11.5.2 高合金耐热钢

高合金耐热钢可分为马氏体型、铁素体型、奥氏体型、弥散硬化型四种类型，按合金系统，可分为 Ni－Cr 型和 Ni 型。为提高钢的抗氧化性、热强性和改善其工艺性，还可在这两种基本合金系统中加入 Ti、Nb、A1、W、Mo 等元素。高合金耐热钢最主要的特性是 600℃温度以上具有较高的力学性能和抗氧化性。典型钢种有 1Cr13(马氏体型)、2Cr25N(铁素体型)、0Cr25Ni20(奥氏体型)、0Cr12Ni20Ti3A1B(弥散硬化型)等，用于制造蜗轮泵及火箭发动机、航空发动机转子和其他零件。

11.5.3 高温合金

高温合金是指高温下有较高力学性能，抗氧化和抗腐蚀性能的合金。这类合金按基体成分可以分为镍基、铁基、钴基(我国应用较少)。在航空航天工业中常用的镍基高温合金为 TD－Ni、TD－NiCr 和铸造镍基合金。TD－Ni、TD－NiCr 是在镍或镍－20%铬基体中加入 2%左右的弥散分布的氧化钍(ThO_2)颗粒，产生弥散强化效果的高温合金。由于氧化钍在高温下不易聚集长大，不溶于基体，同时合金的熔点高，晶粒极细小，故在 1000～200℃下仍有较高的强度，抗疲劳性能高，缺口敏感性小，室温塑性较好，可轧成棒和板材。但其抗氧化性和耐腐蚀性低，须涂层保护，中温强度低，不能熔化焊。主要用于制造燃气蜗轮发动机的燃烧室等高温工作构件和航天飞机的隔热材料。

铸造镍基合金是在镍的基体加入 Cr、Co、W、Mo、Ti 等合金元素的铸造合金，如 K403(Ni－11Cr－5.25Co－4.65W－4.3Mo－5.6Al)。它主要用于制造蜗轮工作叶片和导向器叶片。铁基高温合金是含铁质量分数 50%，含镍质量分数大于 20%，含铬质量分数大于 12%，再添加 W、Mo、Al、Ti、Nb 等合金元素的高温合金，如 GH2018(Fe－42Ni－19.5Cr－2.0W－4.0Mo－0.55Al－2.0Ti)在中温下具有较高的热强性，良好的抗氧化和抗腐蚀性，在固溶和退火状态下工艺塑性和焊接性良好，主要用于制造在 500～700℃下承受较大应力的构件，如机匣、燃烧室外套等。

11.5.4　镍基耐蚀合金

镍与镍基耐蚀合金是航空航天工业中耐高温、高压、高浓度或混有不纯物等各种苛刻腐蚀环境的比较理想的金属结构材料。镍 200 和镍 201 均为商业纯的锻造镍，力学性能良好，尤其韧、塑性优良，能适应多种腐蚀环境，镍 201 含碳量低，高于 300℃时耐蚀性比镍 200 好，二者皆可用来制造航天器及导弹元件。在 Ni 中加入 Cr、Mo、Cu、W 等耐蚀元素，可获得大量耐蚀性优异的镍基耐蚀合金。其中多种合金已经用于航空航天工业，如 Monel K－500(Ni－29.5Cu)，强度与硬度较高，Inconel 718(Ni－19Cr－18.5Fe－5.1Nb－3Mo－0.9Ti)，在－250～705℃ 内均具有优良的力学性能。两者都是沉淀强化型合金，用于制造泵轴、蜗轮等航空发动机零部件。

11.5.5　铝及其合金

铝及铝合金具有良好的耐蚀性，较高的比强度、导电性及导热性好等优点，在航空航天工业中已大量应用。

1. 形变铝合金

防锈铝合金 LF5、LF11 用于焊接油箱、油管，制造铆钉和中载零件制品。LF21 用于焊接油箱、油管，制造铆钉及轻载零件和制品。硬铝合金 LY1 可制造工作温度不超过 100℃的结构用中等强度铆钉。LY11 用于制造骨架、模锻的固定接头、支柱、螺旋桨叶片、局部墩粗的零件、螺栓和铆钉等中等强度的结构零件。LY12 适宜制造飞机的高强度结构零件，如骨架、蒙皮、隔框、肋、梁、铆钉等 150℃以下工作的零件。超硬铝合金 LC4、LC6 适宜制造飞机大梁、桁架、加强框、蒙皮接头及起落架等结构中的主要受力件。锻铝合金 LD5，适宜制造形状复杂、中等强度的锻件和模锻件。LD7 适合制造高温下工作的复杂锻件，板材可做高温下工作的结构件。LD10 用于制造承受重载荷的锻件和模锻件。

2. 铸造铝合金

铸造铝硅合金 ZL101，耐蚀性、机械性能和铸造工艺性能良好，变质和不变质处理的铸件均可使用，淬火后可自然时效，易气焊。可用于形状复杂的砂型、金属型和压力铸造零件，如飞机零件、壳体、工作温度不超过 185℃的气化器。ZL104，铸造工艺性良好，耐蚀性尚可，强度高，焊接性和切削加工性尚可，铸造工艺复杂，易生成气孔，可用砂型、金属型和压力铸造形状复杂、在 200℃以下工作的零件，如发动机机匣、气缸体等。ZL109，强度高，耐磨性好，产生缩孔倾向较小，气密性较高，切削加工性差，可热处理强化。用于制造较高温度下工作的零件，如活塞等。铸造铝铜合金 ZL201，铸造性不好，有形成热裂纹和疏松的倾向，气密性较差，耐蚀性低，焊接性和切削加工性良好，可热处理强化，用于砂型铸造在 175～300℃下工作的零件，如活塞、支臂、挂架梁等。铸造铝镁合金 ZL301，强度高，耐蚀性好、切削加工性好，焊接性尚可，在熔融状态下易氧化，铸造性差易形成显微疏松，气密性低，用于砂型铸造在大气中工作的零件，承受大振动载荷，工作温度不超过 150℃的零件。铸造铝锌合金 ZL401，铸造性良好，缩孔和热裂纹倾向小，铸态下可自然时效，焊接性良好，切削加工性良好，耐蚀性能低，比重较大，是一种铸态下高强度合金，砂型铸造须变质处理，适宜制造压力铸造工作温度不超过 200℃，结构形状复杂的飞机零件。

11.5.6 镁合金

镁的熔点为651℃，密度仅为1.748/cm^2，比铝还轻。纯镁强度低，一般以合金形式使用，例如铸造高强镁合金ZM1(Mg-4.5Zn-0.75Zr)和变形耐热镁合金MB8(Mg-2.0Mn-0.2Ce)。镁合金具有较高的比强度和比刚度，并具有高的抗振能力，能承受比铝及其合金大的冲击载荷，切削加工能力优良，易于铸造和锻压，所以在航天航空工业中获得较大应用。

11.5.7 钛及其合金

钛及其合金的最大优点是比强度大，钴合金的比强度超过铝合金和超高强中碳调质钢。比强度超过钛合金TC4的超高强钢，由于韧性低和焊接性差，使用范围受到很大的限制。

α型钛合金TA7具有良好的超低温性能，在航空工业中用于制造机匣、压气机内环等。α型钛合金不能热处理强化，必要时可进行退火处理，以消除残余应力。α+β型钛合金TC4可热处理强化，淬火-时效处理态的σ_b比退火态高180 MPa。TC4以合金综合性能良好，焊接性也令人满意，因此在航空航天工业中应用的钛合金多为该合金。其主要缺点是淬透性较差，不超过25 mm，为此发展了高淬透性且强度也略高于TC4的TC10合金。

由于钛合金的比强度大，又具有较好的韧性和焊接性，钛合金在航空工业中得到广泛应用，目前近一半的钛合金用于该领域。主要用于制造重量轻、可靠性强的结构，例如中央冀盒、机冀转轴、进气道框架、机身桁条、发动机支架、发动机机匣、压气机盘、叶片、外涵道等。民用飞机中钛结构的重量已占5%，军用飞机则达25%以上，钛合金的重量若由8%增加到25%，发动机的推力/重量的比值可增加一倍左右。在航天工程中，比强度更为重要，钛合金主要用来制造压力容器、储箱、发动机壳体、卫星蒙皮、构架、发动机喷管延伸段、航天飞机机身、机翼上表面、层翼、梁、肋等。Apollo登月飞机上的压力容器，70%以上是用钛合金制造的。

11.5.8 钨、钼、铌及其合金

钨、钼、铌属于难熔金属，它们的熔点分别为3410℃、2622℃、2460℃，它们都具有熔点高、高温强度高、弹性模量高以及抗腐蚀性能优异的特点。同时这三种难熔金属在加热时均不产生同素异晶转变。钨、钼还具有导热性好、热膨胀系数小以及蒸汽压低的特性。钨、钼及其合金在航天工业中可作为火箭发动机喷管材料。铌在难熔金属中具有出色的综合性能，熔点较高，密度最低，在1093～1427℃范围比强度最高，温度低至－200℃仍有良好的塑性和良好的加工性，使它成为航天方面优先选用的热防护材料和结构材料。但是钨、钼、铌三者高温抗氧化性能都差，作为高温条件下使用的结构材料，应采用抗氧化涂层或惰性气体保护等方法给予防护。

11.5.9 复合材料

玻璃纤维增强尼龙、玻璃纤维增强苯乙烯类树脂、玻璃纤维增强聚乙烯等复合材料刚度、强度和抗蠕变性能好，耐水性优良，广泛应用于直升飞机机身、机冀，各种航天器内置

结构件，如仪表盘、底盘、仪器壳体等。碳纤维树脂复合材料和硼纤维树脂复合材料，由于强度、弹性模量很高，耐热、耐辐射，是制造宇宙飞船、人造卫星壳体的重要材料。

11.6　化工设备用材

化学工业部门的主要设备有压力容器、换热器、塔设备和反应釜等。这些设备的使用条件比较复杂，温度从低温到高温；压力从真空(负压)到超高压；物料有易燃、易爆、剧毒或强腐蚀等。不同的使用条件对设备材料有不同的要求，如有的要求良好的机械性能和加工工艺性能，有的要求优良的耐腐蚀性能，有的则要求材料耐高温或低温等。目前，化工设备的主要用材是合金钢，有的还用有色金属及其合金、非金属材料。

11.6.1　合金钢

1. 压力容器用低合金结构钢

化工压力容器常用的是低合金结构钢。对该钢除要求强度外，还要求有较好的塑性和焊接性，以利于设备的加工制造。但强度较高者，其塑性和焊接性能将会下降。因此，必须根据容器的具体工作条件(如温度、压力)和制造加工要求(如卷板、焊接)来选用适当强度级别的钢材。常用的钢种有 16MnR、15MnVR 和 18MnMoNbR 等。

2. 不锈钢

化工设备对材料耐蚀性能有较高的要求，因为化工设备往往在酸、碱、盐以及各种活性气体等介质中工作，其失效多是由于腐蚀所致。因此，化工设备广泛地应用各种类型的不锈钢。

1) 铬不锈钢

1Cr13、2Cr13 等钢种在弱腐蚀介质(如盐水溶液、硝酸、浓度不高的有机酸等)和温度低于 30℃时，有良好的耐蚀性。在海水、蒸汽和潮湿大气条件下，也有足够的耐蚀性。但在硫酸、盐酸、热硝酸、熔融碱中耐蚀性较低。故多用作化工设备中受力不大的耐蚀零件，如轴、活塞杆、阀件、螺栓等。

0Cr13、0Cr17Ti 等钢种具有较好的塑性，而且耐氧化性酸(如稀硝酸)和硫化氢气体腐蚀，常用于代替高铬镍型不锈钢用于化工设备上，如用于维纶生产中耐冷醋酸和防铁锈污染产品的耐蚀设备上。

2) 铬镍不锈钢

有耐蚀要求的压力容器常用铬镍不锈钢，主要牌号有 1Cr18Ni9、0Cr18Ni11Ti 和 0Cr17Ni12Mo2 等。该类钢经固溶处理后是单一的奥氏体组织，可得到良好的耐蚀性、耐热性、低温和高温机械性能及焊接性能。

高铬镍不锈钢在强氧化性介质(如硝酸)中具有很高的耐蚀性，但在还原性介质(如盐酸、稀硫酸)中则是不耐蚀的。为了扩大在这方面的耐蚀范围，常在铬镍钢中加入合金元素 Mo、Cu，如 00Cr17Ni14Mo2，一般含 Mo 的钢对氯离子 Cl^- 的腐蚀具有较大的抵抗力，而同时含 Mo 和 Cu 的钢在室温、浓度为 50%以下的硫酸中具有较高的耐蚀性，在低浓度盐酸中也比不含 Mo、Cu 的钢具有较高的化学稳定性。

3. 耐热钢

有些化工设备是在650℃以上的高温环境下工作，如原油加热、裂解、催化设备，在工作时就要求能承受650～800℃左右的高温。在这样高的温度下，一般碳钢抗氧化腐蚀性能和强度变得很差而无法使用，此时必须采用耐热钢。

耐热钢性能的主要特点是良好的化学稳定性，主要是抗氧化性，以及热强性。化工设备上常用的耐热钢，按耐热要求的不同，可分为抗氧化钢与热强钢。抗氧化钢主要能抗高温氧化，但强度并不高，常用作直接着火但受力不大的零部件，如热裂解管、热交换器等。热强钢主要能抗蠕变，也有一定的抗氧化能力，常用作高温下受力的零部件，如加热炉管、再热蒸汽管等。

实验表明，在钢中加入 Cr、Al、Si、Mn、Ni、Mo 和 Ti 等元素，可提高钢的高温强度和抗氧化能力。常见耐热钢的主要性能及用途举例见表 11-9。

表 11-9 常见耐热钢的主要性能及用途举例

用途分类	钢号	主要性能	最高使用温度/℃		用途举例
			抗氧化	热强	
抗氧化钢	1Cr13Si3 1Cr25Si2	铁素体钢，有晶粒长大倾向，不宜承受冲击负荷，但抗氧化性好，在含硫的气氛中有好的抗蚀性	900 1150		过热器吊架，吹灰器管，喷嘴等，热交换器，渗碳箱
	1Cr23Ni13 1Cr25Ni20Si2	奥氏体钢，有较高的高温温度及抗氧化性，对含硫气氛敏感，在600～800℃有析出相的脆化倾向	1050 1200		热裂解管，炉内传送带，炉内支架，高温加热炉管，燃烧室构件
	3Cr18Mn12Si2N	无镍奥氏体钢，有较高的高温强度和一定的抗氧化性，并有较好的抗硫及抗增碳性	1000		吊挂支架，渗碳炉构件，加热炉传送带，料盘，炉爪
	1Al3Mn2MoWTi	无铬抗硫耐蚀钢，具有良好的抗硫及抗氧化性	650		石油炼厂加热炉管及反应塔体和塔内构件
热强钢	1Cr13	有较高的强度和良好的减振性能	750	500	蒸汽透平叶片、阀、螺栓和导管等
	1Cr5Mo 1Cr6Si2Mo	抗石油裂化过程中产生的腐蚀	650 750	600 600	再热蒸汽管，石油裂解管，锅炉吊架，高压加氢设备部件、紧固件
	1Cr18Ni9Ti	奥氏体钢，有良好的耐热性及抗腐蚀性	850	650	加热炉管，燃烧室筒体，退火炉罩

4. 其他类型的特殊性能钢

1）低温钢

在化工生产中，有些设备如深冷分离、空气分离、润滑油脱脂、液化天然气储存等，常处于低温状态下工作，因而其零部件必须采用能承受低温的金属材料制造。

2）抗氢腐蚀钢

氢在常温下对钢没有明显的腐蚀，但当温度在 200～300℃，压力为 30 MPa 时，氢会扩散入钢内，与渗碳体进行化学反应而生成甲烷，使钢脱碳并产生大量的晶界裂纹和鼓泡，从而使钢的强度和塑性显著降低，并且产生严重的脆化。因此，在高温、高压及富氢气体中工作的设备，在选材时首先要考虑氢腐蚀。

为防止氢对钢的腐蚀，可以在钢中加入与碳的亲和力较氢强的合金元素，如 Cr、Ti、W、V、Nb、Mo 等，以形成稳定的碳化物，从而把碳固定住，以免生成甲烷。而另一方面，则应尽量降低钢中碳的含量。如“微碳纯铁”，其碳质量分数低于或等于 0.01%，它抗 H_2、N_2、NH_3 的腐蚀性都很好，但其强度低，故使用上常受到限制。

根据上述原则，我国目前生产的抗氢钢种有下列几种：

15CrMo 用于温度低于 300℃的氨合成塔出塔气管材。

20CrMo 在合成氨生产中用于 250℃以下的高压管道，在非腐蚀介质中使用时，温度可达 520℃。

12Cr3MoA 为高压抗氢钢之一，可用作绕带式高压容器的内层。

微碳纯铁不含任何合金元素，可部分取代铬－镍不锈钢作氨合成塔内件。经试用，使用期可达 4 年。

10MoVWNVb、15MnV 是化工、石油、化肥耐腐蚀新钢种，对 H_2、N_2、NH_3、CO 等介质的抗腐蚀性能较好，适于用作化肥系统 400℃左右的抗 H_2、N_2、NH_3 腐蚀用的高压管、炼油厂 500℃以下高压抗氢装置、甲醇合成塔内件和小化肥氨合成塔内件，渗铝后可作 800℃以下石油裂解炉管。由于其抗氢性能较好，也可用于石油加氢设备。而且它同时具有良好的加工工艺性能和焊接性能，是一种很有发展前途的耐蚀低合金钢。

3）抗氮腐蚀钢

干燥的氮气在温度低于 500℃时，对大多数金属是不起作用的。因为 N_2 是一种不易离解的气体分子，不易溶于钢，也不易与金属生成化合物，因此氨肥厂合成气中的 N_2 对钢是没有腐蚀作用的。不过，合成氨在 300～500℃时(合成塔内件的工作温度即在此范围内)，却能在铁表面上分解，并形成初生态的氮，而这种初生态的氮能和很多金属元素，如 Fe、Mn、Cr、W、V、Ti、Nb 等形成氮化物。这种氮化物性质很脆，当腐蚀严重时，钢材就极容易发生脆裂。但氮化腐蚀与氢腐蚀不同，氮化腐蚀首先在金属表面开始形成一层薄的氮化层，并随着时间增加，由于氮与金属原子的不断扩散，氮化层也愈来愈深，以至深化到钢材的整个截面，而且温度愈高，氮化腐蚀的速度也愈快。在钢的氮化过程中，氮化速度的大小还与形成氮化物的组织状况有关，例如 1Cr18Ni9Ti 不锈钢之所以比 15CrMo 耐氮化腐蚀，并不是由于表面不形成氮化层，而是表面所形成的氮化层的组织比 15CrMo 的紧密得多，这就使氮化过程中原子扩散的阻力大大增加，从而使氮化速度变得很慢，故常用 1Cr18Ni9Ti 钢作氨合成塔的内件。

11.6.2　有色金属及其合金

应用于化工设备的有色金属主要有铜、铝、铅、镍及其合金。

1. 铜及其合金

1）纯铜

铜耐不浓的硫酸、亚硫酸，稀的和中等浓度的盐酸、醋酸、氢氟酸及其他非氧化性酸等介质的腐蚀。对淡水、大气和碱类溶液的耐蚀能力很好。铜不耐各种浓度的硝酸、氨和铵盐溶液。纯铜主要用于制造有机合成和有机酸工业上用的蒸发器、蛇管等。

2）黄铜

Cu-Zn系合金由于其价格较低，锌质量分数小于45%时又具有良好的压力加工性和较高的机械性能，耐蚀性与铜相似，特别是大气中耐蚀性要比铜好，在化工设备上应用很广。化工上常用的黄铜牌号是H80、H68和H62等。H80和H68塑性好，可在常温下冲压成型，可用于制造容器零件。H62在常温下塑性较差，机械性能较高，可作深冷设备的筒体、管板、法兰和螺母等。

3）青铜

化工设备常用锡青铜。锡青铜不仅强度、硬度高，铸造性能好，而且耐蚀性好，在许多介质中的耐蚀性都比铜高，特别在稀硫酸溶液、有机酸和焦油、稀盐溶液、硫酸钠溶液、氢氧化钠溶液和海水介质中，都具有很好的耐蚀性。锡青铜主要用来铸造耐蚀和耐磨零件，如泵外壳、阀门、齿轮、轴瓦、蜗轮等零件。

2. 铝及其合金

1）工业纯铝

工业纯铝广泛应用于制造硝酸、含硫石油工业、橡胶硫化和含硫的药剂等生产所用设备如反应器、热交换器、槽车和管件等。

2）防锈铝

防锈铝的耐蚀性比纯铝高，可用作空气分离的蒸馏塔、热交换器、各式容器和防锈蒙皮等。

3）铸铝

铸铝可用来铸造形状复杂的耐蚀军件，如化工管件、气缸、活塞等。

3. 铅及其合金

铅在许多介质中，特别是在热硫酸和冷硫酸中，具有很高的耐蚀性。由于铅的强度和硬度低，不适宜单独制作化工设备零件，主要作设备衬里。另外，铅和铅锑合金（又称硬铅）在化肥、化学纤维、农药等设备中作耐酸、耐蚀和防护材料。

4. 镍及其合金

镍在许多介质中有很好的耐蚀性，尤其是在碱类中。在化工上主要用于制造在碱性介质中工作的设备，如苛性碱的蒸发设备，以及铁离子在反应过程中会发生催化影响而不能采用不锈钢的那些过程设备，如有机合成设备等。

化工应用的镍合金，是含有$w(Cu)=31\%$、$w(Fe)=1.4\%$、$w(Mn)=1.5\%$的Ni-Cu合金（Ni66Cu31Fe），通常称为蒙乃尔合金，它具有较高的机械性能，包括高温机械性能，主要用于高温并在一定载荷下工作的耐蚀零件和设备。

11.6.3　非金属材料

非金属材料具有优良的耐腐蚀性能，原料来源丰富，品种多样，是有发展前途的化工材料，主要作设备的密封材料、保温材料、金属设备保护衬里、涂层等。

1. 无机非金属材料

1）化工陶瓷

化工陶瓷化学稳定性很高，除对氢氟酸和强碱等介质外，对各种介质都是耐蚀的，具有足够的不透性、耐热性和一定的机械强度。主要用于制作塔、泵、管道、耐酸瓷砖和设备衬里。

2）玻璃

化工生产上常见的玻璃为硼-硅酸玻璃（耐热玻璃）和石英玻璃，用来制造管道、离心泵、热交换器管、精馏塔等设备。

3）天然耐酸材料

化工厂常用的天然耐酸材料有花岗石、中性长石和石棉等。花岗石耐酸性高，常用于砌制硝酸和盐酸吸收塔，以替代不锈钢和某些贵重金属。中性长石热稳定性好，耐酸性高，可以衬砌设备或配制耐酸水泥。石棉可用作绝热（保温）和耐火材料，也用于设备密封衬垫和填料。

2. 有机非金属材料

1）工程塑料

工程塑料品种很多，在化工生产中应用较广泛。耐酸酚醛塑料有良好的耐腐蚀性能，用于制作搅拌器、管件、阀门、设备衬里等。硬聚氯乙烯塑料可用于制造塔器、储槽、离心泵、管道、阀门等。聚四氟乙烯塑料常用作耐蚀、耐温的密封元件，无油润滑的轴承、活塞环及管道。

2）不透性石墨

用各种树脂浸渍石墨则可消除孔隙得到不透性石墨。它具有很高的化学热稳定性，可作换热设备，如氯乙烯车间的石墨换热器等。

附　录

附录 1　国内外常用钢钢号对照表

钢号	中国	前苏联	美国	英国	日本	法国	德国
	GB	ГОСТ	ASTM	BS	JIS	NF	DIN
优质碳素结构钢	08F	08KII	1006	040A04	S09CK		C10
	08	08	1008	045M10	S9CK		C10
	10F		1010	040A10		XC10	
	10	10	1010,1012	045M10	S10C	XC10	C10,CK10
	15	15	1015	095M15	S15C	XC12	C15,CK15
	20	20	1020	050A20	S20C	XC18	C22,CK22
	25	25	1025		S25C		CK25
	30	30	1030	060A30	S30C	XC32	
	35	35	1035	060A35	S35C	XC38TS	C35,CK35
	40	40	1040	080A40	S40C	XC38H1	
	45	45	1045	080M46	S45C	XC45	C45,CK45
	50	50	1050	060A52	S50C	XC48TS	CK53
	55	55	1055	070M55	S55C	XC55	
	60	60	1060	080A62	S58C	XC55	C60,CK60
	15Mn	15Г	1016,1115	080A17	SB46	XC12	14Mn4
	20Mn	20Г	1021,1022	080A20		XC18	
	30Mn	30Г	1030,1033	080A32	S30C	XC32	
	40Mn	40Г	1036,1040	080A40	S40C	40M5	40Mn4
	45Mn	45Г	1043,1045	080A47	S45C		
	50Mn	50Г	1050,1052	030A52	S53C	XC48	
				080M50			

续表(一)

钢号	中国	前苏联	美国	英国	日本	法国	德国
合金结构钢	20Mn2	20Г2	1320,1321	150M19	SMn420		20Mn5
	30Mn2	30Г2	1330	150M28	SMn433H	32M5	30Mn5
	35Mn2	35Г2	1335	150M36	SMn438(H)	35M5	36Mn5
	40Mn2	40Г2	1340		SMn443	40M5	
	45Mn2	45Г2	1345		SMn443		46Mn7
	50Mn2	50Г2				~55M5	
	20MnV						20MnV6
	35SiMn	35CГ		En46			37MnSi5
	42SiMn	35CГ		En46			46MnSi4
	40B		TS14B35				
	45B		50B46H				
	40MnB		50B40				
	45MnB		50B44				
	15Cr	15X	5115	523M15	SCr415(H)	12C3	15Cr3
	20Cr	20X	5120	527A19	SCr420H	18C3	20Cr4
	30Cr	30X	5130	530A30	SCr430		28Cr4
	35Cr	35X	5132	530A36	SCr430(H)	32C4	34Cr4
	40Cr	40X	5140	520M40	SCr440	42C4	41Cr4
	45Cr	45X	5145,5147	534A99	SCr445	45C4	
	38CrSi	38XC					
	12CrMo	12XM		620C_RB		12CD4	13CrMo44
	15CrMo	15XM	A-387Cr B	1653	STC42	12CD4	16CrMo44
					STT42		
					STB42		

续表(二)

钢号	中国	前苏联	美国	英国	日本	法国	德国
合金结构钢	20CrMo	20XM	4119,4118	CDS12	SCT42	18CD4	20CrMo44
				CDS110	STT42		
					STB42		
	25CrMo		4125	En20A		25CD4	25CrMo4
	30CrMo	30XM	4130	1717COS110	SCM420	30CD4	
	42CrMo		4140	708A42		42CD4	42CrMo4
				708M40			
	35CrMo	35XM	4135	708A37	SCM3	35CD4	34CrMo4
	12CrMoV	12XMΦ					
	12Cr1MoV	12X1MΦ					13CrMoV42
	25Cr2Mo1VA	25X2M1ΦA					
	20CrV	20XΦ	6120				22CrV4
	40CrV	40XΦA	6140				42CrV6
	50CrVA	50XΦA	6150	735A30	SUP10	50CV4	50CrV4
	15CrMn	15XΓ,18XΓ					
	20CrMn	20XΓCA	5152	527A60	SUP9		
	30CrMnSiA	30XΓCA					
	40CrNi	40XH	3140H	640M40	SNC236		40NiCr6
	20CrNi3A	20XH3A	3316			20NC11	20NiCr14
	30CrNi3A	30XH3A	3325	653M31	SNC631H		28NiCr10
			3330		SNC631		
	20MnMoB		80B20				
	38CrMoAlA	38XMIOA		905M39	SACM645	40CAD6.12	41CrAlMo07
	40CrNiMoA	40XHMA	4340	871M40	SNCM439		40NiCrMo22

续表(三)

钢号	中国	前苏联	美国	英国	日本	法国	德国
弹簧钢	60	60	1060	080A62	S58C	XC55	C60
	85	85	C1085	080A86	SUP3		
			1084				
	65Mn	65Г	1566				
	55Si2Mn	55C2Г	9255	250A53	SUP6	55S6	55Si7
	60Si2MnA	60C2ГA	9260	250A61	SUP7	61S7	65Si7
			9260H				
	50CrVA	50XФA	6150	735A50	SUP10	50CV4	50CrV4
滚动轴承钢	GCr9	ШX9	E51100		SUJ1	100C5	105Cr4
			51100				
	GCr9SiMn				SUJ3		
	GCr15	ШX15	E52100	534A99	SUJ2	100C6	100Cr6
			52100				
	GCr15SiMn	ШX15CГ					100CrMn6
易切削钢	Y12	A12	C1109		SUM12		
	Y15		B1113	220M07	SUM22		10S20
	Y20	A20	C1120		SUM32	20F2	22S20
	Y30	A30	C1130		SUM42		35S20
	Y40Mn	A40Г	C1144	225M36		45MF2	40S20
耐磨钢	ZGMn13	116Г13Ю			SCMnH11	Z120M12	X120Mn12
碳素工具钢	T7	y7	W1-7		SK7,SK6		C70W1
	T8	y8			SK6,SK5		
	T8A	y8A	W1-0.8C			1104$Y_1$75	C80W1
	T8Mn	y8Г			SK5		
	T10	y10	W1-1.0C	D1	SK3		
	T12	y12	W1-1.2C	D1	SK2	Y2 120	C125W
	T12A	y12A	W1-1.2C			XC 120	C125W2
	T13	y13			SK1	Y2 140	C135W

续表(四)

钢号	中国	前苏联	美国	英国	日本	法国	德国
合金工具钢	8MnSi						C75W3
	9SiCr	9XC		BH21			90CrSi5
	Cr2	X	L3				100Cr6
	Cr06	13X	W5		SKS8		140Cr3
	9Cr2	9X	L				100Cr6
	W	B1	F1	BF1	SK21		120W4
	Cr12	X12	D3	BD3	SKD1	Z200C12	X210Cr12
	Cr12MoV	X12M	D2	BD2	SKD11	Z200C12	X165CrMoV46
	9Mn2V	9Γ2Φ	02			80M80	90MnV8
	9CrWMn	9XBΓ	01		SKS3	80M8	
	CrWMn	XBΓ	07		SKS31	105WC13	105WCr6
	3Cr2W8V	3X2B8Φ	H21	BH21	SKD5	X30WC9V	X30WCrV93
	5CrMnMo	5XΓM			SKT5		40CrMnMo7
	5CrNiMo	5XHM	L6		SKT4	55NCDV7	55NiCrMoV6
	4Cr5MoSiV	4X5MΦC	H11	BH11	SKD61	Z38CDV5	X38CrMoV51
	4CrW2Si	4XB2C			SKS41	40WCDS35 - 12	35WCrV7
	5CrW2Si	5XB2C	S1	BSi			45WCrV7
高速工具钢	W18Cr4V	P18	T1	BT1	SKH2	Z80WCV	S18 - 0 - 1
						18 - 04 - 01	
	W6Mo5Cr4V2	P6M3	N2	BM2	SKH9	Z85WDCV	S6 - 5 - 2
						06 - 05 - 04 - 02	
	W18Cr4VCo5	P18K5Φ2	T4	BT4	SKH3	Z80WKCV	S18 - 1 - 2 - 5
						18 - 05 - 04 - 01	
	W2Mo9Cr4VCo8		M42	BM42		Z110DKCWV	S2 - 10 - 1 - 8
						09 - 08 - 04 - 02 - 01	

续表(五)

钢号	中国	前苏联	美国	英国	日本	法国	德国
不锈钢	1Cr18Ni9	12X18H9	302	302S25	SUS302	Z10CN18.09	X12CrNi188
			S30200				
	Y1Cr18Ni9		303	303S21	SUS303	Z10CNF18.09	X12CrNiS188
			S30300				
	0Cr19Ni9	08X18H10	304	304S15	SUS304	Z6CN18.09	X5CrNi189
			S30400				
	00Cr19Ni11	03X18H11	304L	304S12	SUS304L	Z2CN18.09	X2CrNi189
			S30403				
	0Cr18Ni11Ti	08X18H10T	321	321S12	SUS321	Z6CNT18.10	X10CrNiTi189
			S32100	321S20			
	0Cr13Al		405	405S17	SUS405	Z6CA13	X7CrAl13
			S40500				
	1Cr17	12X17	430	430S15	SUS430	Z8C17	X8Cr17
			S43000				
	1Cr13	12X13	410	410S21	SUS410	Z12C13	X10Cr13
			S41000				
	2Cr13	20X13	420	420S37	SUS420J1	Z20C13	X20Cr13
			S42000				
	3Cr13	30X13		420S45	SUS420J2		
	7Cr17		440A		SUS440A		
			S44002				
	0Cr17Ni7Al	09X17H7Ю	631		SUS631	Z8CNA17.7	X7CrNiAl177
			S17700				

续表(六)

钢号	中国	前苏联	美国	英国	日本	法国	德国
耐热钢	2Cr23Ni13	20X23H12	309	309S24	SUH309	Z15CN24. 13	
			S30900				
	2Cr25Ni21	20X25H20C2	310	310S24	SUH310	Z12CN25. 20	CrNi2520
			S31000				
	0Cr25Ni20		310S		SUS310S		
			S31008				
	0Cr17Ni12Mo2	08X17H13M2T	316	316S16	SUS316	Z6CND17. 12	X5CrNiMo1810
			S31600				
	0Cr18Ni11Nb	08X18H12E	347	347S17	SUS347	Z6CNNb18. 10	X10CrNiNb189
			S34700				
	1Cr13Mo				SUS410J1		
	1Cr17Ni2	14X17H2	431	431S29	SUS431	Z15CN16－02	X22CrNi17
			S43100				
	0Cr17Ni7Al	09X17H7Ю	631		SUS631	Z8CNA17. 7	X7CrNiAl177
			S17700				

附录 2　工程材料常用词汇表

A

奥氏体 austenite
奥氏体本质晶粒度 austenite inhorent grain size
奥氏体化 austenitization，austenitizing

B

白口铸铁 white cast iron
白铜 white brass，copper-nick-elalloy
板条马氏体 lath martensite
棒材 bar
包晶反应 peritectic reaction
薄板 thin sheet
薄膜技术 thin film technique
贝氏体 bainite
本质晶粒度 inherent grain size
比强度 strength-to-weight ratic
变质处理 inoculation，modification
变质剂 modifying agent，modificator
表面处理 surface treatment
表面粗糙度 surface roughness
表面淬火 surface quenching
表面腐蚀 surface corrosion
表面硬化 surface hardening
玻璃 glass
玻璃态 vitreous state，glass state
玻璃钢 glass fiber reinforced plastics
玻璃纤维 glass fiber
不可热处理的 non-heat-treatable
不锈钢 stainless steel
布氏硬度 Brinell hardness

C

材料强度 strength of material
残余奥氏体 residual austenite
残余变形 residual deformation
残余应力 residual stress
层状珠光体 lamellar pearlite
超导金属 superconducting metal
成核 nucleate，nucleation
成形 forming，shaping
成长 growth，growing
磁材料 magnetic materials
冲击韧性 impact toughness
纯铁 pure iron
粗晶粒 coarse grain
脆性 brittleness
脆性断裂 brittle fracture
淬火 quenching，quench
淬透性 hardenability
淬硬性 hardenability，hardening capacity

D

带材 band，strip
单晶 single crystal，unit crystal
单体 monomer，element
氮化层 nitration case
氮化物 nitride
刀具 cutting tool
导磁性 magnetic conductivity
导电性 electric conductivity
导热性 heat conductivity，thermal conductivity
导体 conductor
等离子堆焊 plasma surfacing
等离子弧喷涂 plasma spraying
等离子增强化学气相沉积 plsma chemical vapour deposition（PCVD）
等温转变曲线 isothermal transformation curve
低合金钢 low alloy steel
低碳钢 low carbon steel
低碳马氏体 low carbon martensite
低温回火 low tempering
点阵常数 grating constant，lattice constant
电镀 electroplating，galvanize

电弧喷涂 electric arc spraying
电子显微镜 electron microscope
定向结晶 directional solidification
端淬试验 end quenching test
断口分析 fracture analysis
断裂强度 breaking strength，fracture strength
断裂韧性 fracture toughness
断面收缩率 contraction of cross sectional area
锻造 forge，forging，smithing
多晶体 polycrystal

E

二次硬化 secondary hardening
二元合金 binary alloy，two-component alloy

F

防锈的 rust-proot，rust resistant
非金属 non-metal，nonmetal
非晶态 amorphous stats
分子键 molecular bond
分子结构 molecular structure
分子量 molecular weight
酚醛树脂 bakelite，phenolic resin
粉末冶金 powder metallurgy
粉末复合材料 particulate composite
腐蚀 corrosion，corrode，etch，etching
腐蚀剂 corrodent，corrosive，etchant
复合材料 composite material

G

感应淬火 induction quenching
刚度 rigidity，stiffness
钢 steel
钢板 steel plate
钢棒 steel bar
钢锭 steel ingot
钢管 steel tube，steel pipe
钢丝 steel wire
钢球 steel ball
杠杆定理 lever rule，lever principle
高分子聚合物 high polymer，superpolymer
高合金钢 high alloy steel
高锰钢 high manganess steel
高频淬火 high frequency quenching
高速钢 high speed steel ，quick-cutting steel
高碳钢 high-carbon steel
高碳马氏体 high carbon martensite
高弹态 elastomer
高温回火 high tempering
各向同性 isotropy
各向异性 anisotropy，anisotropism
工程材料 engineering material
工具钢 tool steel
工业纯铁 industrial pure iron
工艺 technology
共价键 covalent bond
共晶体 eutectic
共晶反应 eutectic reaction
共析体 eutectoid
共析钢 eatectoid steel
功能材料 functional materials
固溶处 solid solution treatment
固溶强化 solution strengthening
固溶体 solid solution
固相 solid phase
光亮热处理 bright heat treatment
滚珠轴承钢 ball bearing steel
过饱和固溶体 supersaturated solid solution
过共晶合金 hypereutectic alloy
过共析钢 hypereutectoid steel
过冷 over-cooling，supercooling
过冷奥氏体 supercooled austenite
过冷度 degree of supercooling
过热 overheat，superheat

H

焊接 welding，weld
航空材料 aerial material
合成纤维 synthetic fiber
合金钢 alloy steel
合金化 alloying
合金结构钢 structural alloy steel
黑色金属 ferrous metal
红硬性 red hardness
滑移 slip，glide
滑移方向 glide direction，slip direction

滑移面 glide plane，slip plane
滑移系 slip system
化合物 compound
化学气相沉积 chemical vapour eposition（CVD）
化学热处理 chemical heat treatment

J

基体 matrix
机械混合物 mechanical mixture
机械性能 mechanical property
激光热处理 heat treatment with a laser beam
激光 laser
激光熔凝 laser melting and consolidation
激光表面硬化 surface hardening by laser beam
加工硬化 work hardening
加热 heating
胶粘剂 adhesive
结构材料 structural material
结晶 crystallize，crystallization
结晶度 crystallinity
金属材料 metal material
金属化合物 metallic compound
金属键 metallic bond
金属组织 metal structure
金属结构 metallic framework
金属塑料复合材料 plastimets
金属塑性加工 metal plastic working
金属陶瓷 metal ceramic
金相显微镜 metallographic microscope，metalloscope
金相照片 metallograph
晶胞 cell
晶格 crystal lattice
晶格常数 lattice constant
晶格空位 lattice vacancy
晶粒 crystal grain
晶粒度 grain size
晶粒细化 grain refining
晶体结构 crystal structure
聚四氟乙烯 polytetrafluoroethy lene（PTFE）
聚合度 degree of polymerization
聚合反应 polymerization
绝热材料 heat-insulating material
绝缘材料 insulating material

K

抗拉强度 tensile strength
抗压强度 compression strength
颗粒复合材料 particle composite
扩散 diffusion，diffuse

L

老化 aging
莱氏体 ledeburite
冷变形 cold deformation
冷加工 cold work，cold working
冷却 cool，cooling
冷作硬化 cold hardening
离子 ion
粒状珠光体 granular pearlite
连续转变曲线 continuous cooling transformation（CCT）curve
孪晶 twin crystal
孪生 twinning，twin
螺旋位错 helical dislocation
洛氏硬度 Rockwell hardness

M

马氏体 martensite（M）
密排六方晶格 close-packed hexagonal lattice(C. P. H.）
面心立方晶格 face-centred cubic lattice（F. C. C.）
摩擦 friction
磨损 wear，abrade，abrasion
模具钢 die steel
Mf 点 martensite finishing point
Ms 点 martensite starting point

N

纳米材料 nanostructured materials
耐磨钢 wear-resisting steel
耐磨性 wearability，wear resistance
耐热钢 heat resistant steel ，high temperature steel
内耗 internal friction
内应力 internal stress
尼龙 nylon
粘弹性 viscoelasticity

凝固 solidify，solidification
扭转强度 torsional strength
扭转疲劳强度 torsional fatigue strength

P

泡沫塑料 foamplastics，expanded plastics
配位数 coordination number
喷丸硬化 shot-peening
疲劳强度 fatigue strength
疲劳寿命 fatigue life
片状马氏体 lamellar martensite，plate type martensite
普通碳钢 ordinary steel，plain carbon steel

Q

气体渗碳 gas carburizing
切变 shear
切削 cut，cutting
切应力 shearing stress
球化退火 spheroidizing annealing
球墨铸铁 nodular graphite cast iron，spheroidal graphite cast iron
球状珠光体 globular pearlite
屈服强度 yielding strength，yield strength
屈强比 yielding-to-tensile ratio
屈氏体 troolstite (T)
去应力退火 relief annealing

R

热处理 heat treatment
热加工 hot work，hot working
热喷涂 thermal spraying
热固性 thermosetting
热塑性 hot plasticity
热硬性 thermohardening
柔顺性 flexibility
人工时效 artificial ageing
刃具 cutting tool
刃型位错 edge dislacation，blade dislocation
韧性 toughness
溶质 solute
溶剂 solvent
蠕变 creep
蠕墨铸铁 quasiflake graphite cast iron
软氮化 soft nitriding

S

扫描电镜 scanning electron microscope (SEM)
上贝氏体 upper bainite
渗氮 nitriding
渗硫 sulfurizing
渗碳 carburizing，carburization
渗碳体 cementite (Cm)
失效 failure
石墨 graphite (G)
时间-温度转变曲线 time temperature transformation (TTT) curve
时效硬化 age-hardening
实际晶粒度 actual grain size
使用寿命 service life
使用性能 usability
树枝状晶 dendrite
树脂 resin
双金属 bimetal，duplex metal
水淬 water quenching，water hardening，water quench
松弛 relax，relaxation
塑料 plastics
塑性 plasticity，ductility
塑性变形 plastic deformation
索氏体 sorbite (S)

T

弹簧钢 spring steel
弹性 elasticity，spring
弹性变形 elastic deformation
弹性极限 elastic limit
弹性模量 elastic modulus
碳素钢 carbon steel
碳含量 carbon content
碳化物 carbide
碳素工具钢 carbon tool steel
陶瓷 ceramic
陶瓷材料 ceramic material
体心立方晶格 body-centered cubic lattice(B. C. C.)
体型聚合物 three-dimensional polymer

调质处理 quenching and tempering
调质钢 quenched and tempered steel
铁碳平衡图 iron-carbon equilibrium diagram
透明(结晶)陶瓷 crystalline ceramics
同素异构转变 allotropic transformation
涂层 coat，coating
退火 anneal，annealing
托氏体 troostite (T)

W

弯曲 bend，bending
完全退火 full annealing
微观组织 microstructure
维氏硬度 Vickers hardness
未经变质处理的 uninoculated
温度 temperature
无定形的 amorphous
物理气相沉积 physical vapour deposition (PVD)

X

下贝氏体 lower bainite
线型聚合物 linear polymer
纤维 fibre，fiber
纤维增强复合材料 filament reinforced composite
显微照片 metallograph，microphotograph，micrograph
显微组织 microscopic structure，microstructure
橡胶 rubber
相 phase
相变 phase transition
相图 phase diagram
消除应力退火 stress relief annealing
形状记忆合金 shape memory alloys
形变 deformation
性能 performance，property
X－射线结构分析 X-ray structural analysis

Y

压力加工 press work
亚共晶铸铁 hypoeutectic cast iron
亚共析钢 hypoeutectoid steel
氧化物陶瓷 oxide ceramics
延伸率 elongation percentage
盐溶淬火 salt both quenching
液相 liquid phase
应变 strain
应力 stress
应力场强度因子 stress intensity factor
应力松弛 relaxation of stress
硬质合金 carbide alloy，hard alloy
油淬 oil quenching，oil hardening
有机玻璃 methyl-methacrylate，plexiglass
有色金属 nonferrous metal
匀晶 uniform grain
孕育处理 inoculation，modification

Z

再结晶退火 recrystallization annealing
载荷 load
增强塑料 reinforced plastics
针状马氏体 acicular martensite
正火 normalize，normalization
致密度 tightness
支化型聚合物 branched polymer
智能材料 intelligent materials
中合金钢 medium alloy steel
轴承钢 bearing steel
轴承合金 bearing alloy
珠光体 pearlite (P)
柱状晶体 columnar crystal
铸造 cast，foundry
自然时效 natural ageing
自由能 free energy
组元 component，constituent
组织 structure
α钛合金 α titanium alloy

参 考 文 献

[1] 肖建中，编. 材料科学导论. 北京：中国电力出版社，2001.

[2] 耿香月，编. 工程材料学. 天津：天津大学出版社，2002.

[3] 英)F·A·A·克兰，(英)J·A·查尔斯，著. 工程材料的选择与应用. 北京：北京-科学出版社，1990.

[4] (美)詹姆斯·谢弗(James P. Snchaffer)，等著. 余永宁，等译. 工程材料科学与设计. 机械工业出版社，2003.

[5] 周凤云，编. 工程材料及应用. 2 版. 武汉：华中科技大学出版社，2002.

[6] 朱张校，编. 工程材料. 北京：清华大学出版社，2001.

[7] 马伯江，蒋建清，马爱斌，等. 稀土、AlTi4C1 对纯铝板箔组织与性能的影响. 特种铸造及有色合金，2002,4：14－15.

[8] 张留成，瞿雄伟，丁会利. 分子材料基础. 北京：化学工业出版社，2002.

[9] 吕广庶,张远明，编. 工程材料及成形技术基础. 北京：高等教育出版社，2001.

[10] 黄丽，编. 高分子材料. 北京：化学工业出版社，2005.

[11] 鞠鲁粤，编. 工程材料与成形技术基础. 北京：高等教育出版社，2004.

[12] 高俊刚,李源勋，编. 高分子材料. 北京：化学工业出版社，2002.

[13] 全国珍，编. 工程塑料. 北京：化学工业出版社，2001.

[14] 永芝，杨清彪，杜建时，等. 电纺丝技术——一种高效低耗的纳米纤维制备技术. 化工新型材料，2005，33(6)：12－14.

[15] 徐炽焕. 纺丝法制聚合物纳米纤维. 工新型材料，2004，32(12)：29－31.

[16] Doshi J, Reneker D H. Electrospinning process and applications of electrospun fibers. Journal of Electrostatics. 1995,35(2)：51－160.

[17] 钱秋平. 新世纪合成橡胶工业技术的方向. 合成橡胶工业，2001，24(1)：1－4.

[18] 范继宽. 顺丁橡胶生产技术的发展. 现代化工，2000，20(8)：15－18.

[19] 刘亚青，编. 工程塑料成型加工技术. 北京：化学工业出版社，2006.

[20] 朱张校，编. 工程材料. 北京：清华大学出版社，2000.

[21] 张代东，编. 机械工程材料应用基础. 北京：机械工业出版社，2001.

[22] 赵程，杨建民，编. 机械工程材料. 北京：机械工业出版社，2003.

[23] 梁耀能，编. 工程材料及加工工程. 北京：机械工业出版社，2001.

[24] 齐乐华，编. 工程材料及成形工艺基础. 西安：西北工业大学出版社，2002.

[25] 方昆凡，编. 工程材料手册非金属材料卷. 北京：北京出版社，2000.

[26] 丁厚福，王立人，编. 工程材料. 武汉：武汉理工大学出版社，2001.

[27] 孙康宁，等编．现代工程材料成形与制造工艺基础．北京：机械工业出版社，2001.

[28] 王仁智，吴培远，编．疲劳失效分析．北京：机械工业出版社，1987.

[29] 王大伦，赵德寅，郑伯芳，编．轴及紧固件的失效分析．北京：机械工业出版社，1988.

[30] 杨建虹，雷建中，叶健熠，等编．轴承钢洁净度对轴承疲劳寿命的影响．2001，(5)：28.

[31] 刘英杰，编．磨损失效分析．北京：机械工业出版社，1988.

[32] 朱敦伦，周汉民，强颖怀，编．机械零件失效分析．徐州：中国矿业大学出版社，1993.

[33] 王昆林，编．材料工程基础．北京：清华大学出版社，2003.

[34] 倪礼忠，陈麒，编．复合材料科学与工程．北京：科学出版社，2002.

[35] 王耀先，编．合材料结构设计．北京：化学工业出版社，2001.

[36] 黄家康，等编．合材料成型技术．北京：化学工业出版社，1999.

[37] 周祖福，编．复合材料学．武汉：武汉工业大学出版社，1997.

[38] 王荣国，等编．合材料概论．哈尔滨：哈尔滨工业大学出版社，1999.

[39] 王章忠，编．机械工程材料．北京：机械工业出版社，2001.

[40] 闫康平，编．工程材料．北京：化学工业出版社，2001.

[41] 张长瑞，等编．陶瓷基复合材料——原理、工艺、性能与设计．长沙：国防科技大学出版社，2001.

[42] 陈兰芬，编．机械工程材料与热加工工艺．北京：机械工业出版，1985.

[43] 邱平善，编．工程材料辅助教材．哈尔滨：哈尔滨工程大学出版社，2001.

[44] 王章忠，编．机械工程材料．北京：机械工业出版社，2001.

[45] 王笑天．金属材料学．北京：机械工业出版社，1986.

[46] 王健安．金属学与热处理．北京：机械工业出版社，1987.

[47] 吴承建．金属材料学．北京：冶金工业出版社，2000.

[48] 崔忠圻．金属学与热处理原理．哈尔滨：哈尔滨工业大学工业出版社，1998.

[49] 戚正风．金属热处理原理．北京：机械工业出版社，1992.

[50] 马伯江，胡宪正，蒋建清，等．1TiCRE合金细化剂对纯铝的细化作用．江苏冶金，2002，30(4)：1085-1088.

[51] 张代东，编．机械工程材料应用基础．北京：机械工业出版社，2001.

[52] 梁耀能，编．机械工程材料．广州：华南理工大学出版社，2002.

[53] 郝建民，编．机械工程材料．西安：西北工业大学出版社，2003.

[54] 何庆复，编．机械工程材料及选用．北京：中国铁道出版社，2001.

[55] 孙鼎伦，陈全明，编．机械工程材料学．上海：同济大学出版社，2002.

[56] 武建军，编．机械工程材料．北京：国防工业出版社，2004.

[57] 于永泗，齐民，编．机械工程材料．大连：大连理工大学出版社，2003.

[58] 高为国，编．机械工程材料基础．长沙：中南大学出版社，2004.

[59] 齐宝森，等编. 机械工程材料. 哈尔滨：哈尔滨工业大学出版社，2003.
[60] 王焕庭，等编. 机械工程材料. 大连：大连理工大学出版社，1991.
[61] 朱荆璞，张德惠，编. 机械工程材料学. 北京：机械工业出版社，1988.
[62] 北京农业机械化学院，编. 机械工程材料学. 北京：农业出版社，1986.
[63] 张继世，编. 机械工程材料基础. 北京：高等教育出版社，2000.